高等学校土木工程专业系列规划教材

建筑材料显微结构研究方法

孟 涛 彭 宇 编著

图书在版编目(CIP)数据

建筑材料显微结构研究方法/孟涛,彭宇编著.—武汉:武汉大学出版社,2022.9
高等学校土木工程专业系列规划教材
ISBN 978-7-307-23232-7

Ⅰ.建… Ⅱ.①孟… ②彭… Ⅲ.建筑材料—显微结构—高等学校—教材
Ⅳ.TU5

中国版本图书馆 CIP 数据核字(2022)第 139581 号

责任编辑:邓 瑶　　责任校对:方竞男　　装帧设计:吴 极

出版发行:**武汉大学出版社** (430072 武昌 珞珈山)
(电子邮箱:whu_publish@163.com 网址:www.stmpress.cn)
印刷:武汉雅美高印刷有限公司
开本:880×1230 1/16 印张:20.5 字数:664 千字
版次:2022 年 9 月第 1 版 2022 年 9 月第 1 次印刷
ISBN 978-7-307-23232-7 定价:92.00 元

丛书序

土木工程涉及国家的基础设施建设，投入大，带动的行业多。改革开放后，我国国民经济持续稳定增长，其中土建行业的贡献率达到1/3。随着城市化的发展，这一趋势还将继续呈现增长势头。土木工程行业的发展，极大地推动了土木工程专业教育的发展。目前，我国有500余所大学开设土木工程专业，在校生达40余万人。

2010年6月，中国工程院和教育部牵头，联合有关部门和行业协(学)会，启动实施"卓越工程师教育培养计划"，以促进我国高等工程教育的改革。其中，"高等学校土木工程专业卓越工程师教育培养计划"由住房和城乡建设部与教育部组织实施。

2011年9月，住房和城乡建设部人事司和高等学校土建学科教学指导委员会颁布《高等学校土木工程本科指导性专业规范》，对土木工程专业的学科基础、培养目标、培养规格、教学内容、课程体系及教学基本条件等提出了指导性要求。

在上述背景下，为满足国家建设对土木工程卓越人才的迫切需求，有效推动各高校土木工程专业卓越工程师教育培养计划的实施，促进高等学校土木工程专业教育改革，2013年住房和城乡建设部高等学校土木工程学科专业指导委员会启动了"高等教育教学改革土木工程专业卓越计划专项"，支持并资助有关高校结合当前土木工程专业高等教育的实际，围绕卓越人才培养目标及模式、实践教学环节、校企合作、课程建设、教学资源建设、师资培养等专业建设中的重点、亟待解决的问题开展研究，以对土木工程专业教育起到引导和示范作用。

为配合土木工程专业实施卓越工程师教育培养计划的教学改革及教学资源建设，由武汉大学发起，联合国内部分土木工程教育专家和企业工程专家，启动了"高等学校土木工程专业系列规划教材"建设项目。该系列教材贯彻落实《高等学校土木工程本科指导性专业规范》《卓越工程师教育培养计划通用标准》和《土木工程卓越工程师教育培养计划专业标准》，力图以工程实际为背景，以工程技术为主线，着力提升学生的工程素养，培养学生的工程实践能力和工程创新能力。该系列教材的编写人员，大多主持或参加了住房和城乡建设部高等学校土木工程学科专业指导委员会的"土木工程专业卓越计划专项"教改项目，因此该系列教材也是"土木工程专业卓越计划专项"的教改成果。

土木工程专业卓越工程师教育培养计划的实施，需要校企合作，期望土木工程专业教育专家与工程专家一道，共同为土木工程专业卓越工程师的培养作出贡献！

是以为序。

2014年3月于同济大学四平路校区

特别提示

教学实践表明，有效地利用数字化教学资源，对于学生学习能力以及问题意识的培养乃至怀疑精神的塑造具有重要意义。

通过对数字化教学资源的选取与利用，学生的学习从以教师主讲的单向指导模式转变为建设性、发现性的学习，从被动学习转变为主动学习，由教师传播知识到学生自己重新创造知识。这无疑是锻炼和提高学生的信息素养的大好机会，也是检验其学习能力、学习收获的最佳方式和途径之一。

本系列教材在相关编写人员的配合下，逐步配备基本数字教学资源，主要内容包括：

文本：课程重难点、思考题与习题参考答案、知识拓展等。

图片：课程教学外观图、原理图、设计图等。

视频：课程讲述对象展示视频、模拟动画，课程实验视频，工程实例视频等。

音频：课程讲述对象解说音频、录音材料等。

数字资源获取方法：

① 打开微信，点击“扫一扫”。

② 将扫描框对准书中所附的二维码。

③ 扫描完毕，即可查看文件。

更多数字教学资源共享、图书购买及读者互动敬请关注“开动传媒”微信公众号！

前　言

建筑材料是建筑工程的物质基础，对建筑工程的安全和质量起着决定性的作用，与建筑设计、施工、经济也有着密不可分的联系。然而，建筑材料在制备和服役过程中容易因各种因素受损，从而影响产品质量和工程安全。因此，基于建筑材料的微观构性特征及演变规律，分析建筑材料的损伤机理和优化方法，已成为建筑材料学科研究和发展新型建筑材料的必要手段，为建筑材料行业科学和技术的进步奠定了基础。

本书既包括几何晶体学等建筑材料微观结构的基本理论知识，也涵盖当前常用的先进建筑材料显微结构分析方法，例如可用于元素和物相分析的 X 射线衍射分析、光谱分析、热分析、核磁共振波谱分析，可用于微观形貌和结构研究的扫描和透射电子显微分析、孔结构分析、X 射线计算断层扫描分析等，并特别增加了建筑材料显微结构相关案例分析以及材料结构表征新趋势，推动相关人员能更深入地了解和使用这些建筑材料最新研究方法和测试技术。

本书基于浙江大学土木工程专业研究生课程“新型建筑材料研究技术”以及相关教师长期从事建筑材料显微结构分析的经验，并结合各自的研究领域编著而成，具体编写分工如下：第 1 章绪论——孟涛；第 2 章几何晶体学——孟涛；第 3 章 X 射线物相分析——孟涛；第 4 章透射电子显微分析——彭宇；第 5 章扫描电子显微分析——彭宇；第 6 章光谱分析——孟涛；第 7 章孔结构分析——孟涛；第 8 章热分析——孟涛；第 9 章 X 射线计算断层扫描技术——彭宇；第 10 章核磁共振波谱法——戴大旺、杨秀芬。浙江大学研究生陈珊、祁宇轩、杨日交参与了第 4 章、第 5 章和第 9 章的编著工作。同时，在本书编著过程中参考了《建筑材料物相研究基础》《水泥基材料测试分析方法》《材料科学研究方法》《X 射线晶体学基础》等相关书籍，在此对相关作者表示感谢。

本书可作为建筑材料或土木工程专业本科生或研究生的教材，以及相关专业研究工作者的参考书籍。由于编著者水平有限，书中难免出现疏漏之处，敬请读者批评指正。

孟　涛

2022 年 5 月于杭州

目　录

1 绪　　论

内容简介

本章首先介绍了建筑材料在建筑工程中的地位及发展趋势，然后从不同的分析角度概括了建筑材料显微结构研究方法。

本章导读

1.1 建筑材料的地位 >>>

建筑材料是应用于建设工程中的无机材料、有机材料和复合材料的总称。通常根据材料名称前的工程类别加以适当区分，如建筑工程常用材料称为建筑材料，道路（含桥梁）工程常用材料称为道路建筑材料，主要用于港口码头的称为港工材料，主要用于水利工程的称为水工材料。此外，还有市政材料、军工材料、核工业材料等等。本书以建筑材料为主。

建筑材料在建设工程中有着举足轻重的地位。

第一，建筑材料是建设工程的物质基础。土建工程中，建筑材料的费用占土建工程总投资的60%左右，因此，建筑材料的价格直接影响建设投资。

第二，建筑材料与建筑结构和施工之间有着相互促进、相互依存的密切关系。一种新型建筑材料的出现，必将促进建筑形式的革新，同时结构设计和施工技术也将相应改进和提高。同样，新的建筑形式和结构布置，也呼唤新的建筑材料，并促进建筑材料的发展。例如，采用建筑砌块和板材替代实心黏土砖墙体材料，就要求改进结构构造设计和施工工艺、施工设备；高强混凝土的推广应用，衍生推出新的钢筋混凝土结构设计和施工技术规程的需求；同样，高层建筑、大跨度结构、预应力结构的大量应用，衍生提供更高强度的混凝土和钢材的需求，以减小构件截面尺寸，减轻建筑物自重；又如随着建筑功能的要求提高，需要提供同时具有保温、隔热、隔声、装饰、耐腐蚀等性能的多功能建筑材料；等等。

第三，构筑物的功能和使用寿命在很大程度上取决于建筑材料的性能。如装饰材料的装饰效果欠佳、钢材的锈蚀、混凝土的劣化、防水材料的老化等等，无一不是材料问题。也正是这些材料特性构成构筑物的整体性能。因此，从强度设计理论向耐久性设计理论的转变，关键在于材料耐久性的提高。

第四，建设工程的质量，在很大程度上取决于材料的质量控制。如钢筋混凝土结构的质量主要取决于混凝土强度、密实性和是否有裂缝。在材料的选择、生产、储运、使用和检验评定过程中，任何环节的失误，都可能导致工程质量事故。事实上，在国内外建设工程中的质量事故，绝大部分与材料的质量相关。

第五，构筑物的可靠度评价，在很大程度上依存于材料可靠度评价。材料信息参数是构成构件和结构性能的基础，在一定程度上“材料—构件—结构”组成了宏观意义上的“本构关系”。因此，作为一名建筑工程技术人员，无论是从事设计、施工还是管理工作，都必须掌握建筑材料的基本性能，并做到合理选材和正确使用。

1.2 建筑材料的发展趋势 >>>

材料科学的发展标志着人类文明的进步。人类的历史按制造生产工具所用材料的种类划分，由史前的石器时代，经过青铜器时代、铁器时代，发展到今天的人工合成材料时代，标志着材料科学的进步。同样，建筑材料的发展也标志着建设事业的进步。高层建筑、大跨度结构、预应力结构、海洋工程等等，无一不与建筑材料的发展紧密相连。

从目前我国的建筑材料现状来看，普通水泥、普通钢材、普通混凝土、普通防水材料仍是最主要的组成部分。这一类材料在生产工艺和应用技术方面比较成熟，使用性能尚能满足目前的需求。

虽然近年来我国建筑材料工业有了长足的进步和发展，但与发达国家相比，还存在着品种少、质量档次低、生产和使用能耗大及浪费严重等问题。因此，如何发展和应用新型建筑材料已成为现代化建设工程急需解决的关键问题。

随着人民生活水平、国民经济实力的提高，现代化建筑向高层、大跨度、节能、美观、舒适的方向发展，特别是基于新型建筑材料的自重小、抗震性能好、能耗低、大量利用工业废渣等优点，研究、开发和应用新型建筑材料已成为必然。遵循可持续发展战略，建筑材料的发展方向可以理解为：

①生产所用的原材料要求充分利用工业废料、能耗低、可循环利用、不破坏生态环境、有效保护天然资源。

②生产和使用过程不产生环境污染，即废水、废气、废渣、噪声等零排放。

③做到产品可再生循环和回收利用。

④产品性能要求轻质、高强、多功能，不但对人畜无害，而且能净化空气、抗菌、防静电、防电磁波等等。

⑤加强材料的耐久性研究和设计。

⑥主产品和配套产品同步发展，并平衡好利益关系。

1.3 建筑材料的分析方法 >>>

1.3.1 组织形貌分析

材料的组织形貌是指不同层次材料的相分布、形状、大小、数量等各种晶粒的组合特征，可分为表面形貌和内部组织形貌两种，具体包括材料的外观形貌（如断口、裂纹等），晶粒的数量，尺寸大小与形态（等轴晶、柱状晶、枝晶等），界面（表面、相界、晶界）及分布特征等。组织分为单相组织和多相组织。对多相组织来说，组织形貌是指材料中两相或者多相的体积分数，各相的尺寸、形状及分布特征等。材料的显微组织形貌受到材料的化学成分、晶体结构及工艺过程等因素的影响，它与材料的性能有密切的关系。从某种意义上说，材料的显微组织形貌特征对材料性能有着决定性的影响。材料的组织形貌分析是指借助各种显微技术探索材料的微观结构，主要包括光学显微技术、透射电子显微技术、扫描电子显微技术、扫描隧道显微技术、原子力显微技术、场离子显微技术等。

光学显微镜是在微米尺度上观察材料的普及工具，是最常用、最简单的观察材料显微组织的工具，它能直接反映材料样品的组织形态（如晶粒大小、珠光体还是马氏体、焊接热影响区的组织形态、铸造组织的晶粒形态等)。但由于其分辨率低(约 200nm)和放大倍数低(约 1000 倍),因此只能观察到 100～200nm 级别的组织结构,而对于更小的组织形态与结构单元(如位错、原子排列等)则无能为力。同时,由于光学显微镜只能观察表面形态而不能观察材料内部的组织结构,更不能对所观察的显微组织进行同位微区的成分分析,而目前材料研究中的微观组织结构分析已深入原子的尺度层次,因此光学显微镜已远远满足不了当前材料研究的需要。扫描电子显微镜与透射电子显微镜则把观察的尺度推进到亚微米和微米以下的层次。

1.3.2 相结构分析

材料的相结构是指各种相的结构(即晶体结构类型和晶体常数)、相组成、各种相的尺寸与形态及含量与分布(球、片、棒、沿晶界聚集或均匀分布等)、位向关系(新相与母相、孪生面、惯习面)、晶体缺陷(点缺陷、位错、层错)、夹杂物及内应力。在化学成分相同的情况下,晶体结构不同或局部点阵常数的改变同样会引起材料性能的变化。物相结构分析是指利用衍射的方法探测晶格类型和晶胞常数,确定物质的相结构。主要的晶体物相结构分析方法有 X 射线衍射(X-ray diffraction,XRD)、电子衍射(electron diffraction,ED)及中子衍射(neutron diffraction,ND),其共同的原理是利用电磁波或运动电子束、中子束等与材料内部规则排列的原子作用产生相干散射,获得材料内部原子排列的信息,从而重组出物质的结构。

在材料的结构测试方法中,X 射线衍射分析仍是最主要的方法,这一技术包括德拜粉末照相分析,高温、常温和低温衍射仪,背散射和透射劳厄照相,利用四圆衍射仪测定单晶结构,织构的极图测定等。在计算机及软件的帮助下,只要提供试样的尺寸及完整性满足一定的要求,现代的 X 射线衍射仪就可以打印出测定晶体样品有关晶体结构的详尽资料。但 X 射线不能在电磁场作用下汇集,所以要分析尺寸在微米量级的单晶晶体材料需要更强的 X 射线源,这样才能采集到可供分析的 X 射线衍射强度。由于电子与物质的相互作用比 X 射线衍射强度强 4 个数量级,而且电子束又可以会聚,因此电子衍射特别适用于测定微细晶体或材料的亚微米尺度结构。电子衍射分析多在透射电子显微镜上进行,与 X 射线衍射分析相比,选区电子衍射可实现晶体样品的形貌特征和微区晶体结构相对应,而且能进行样品内组成相的位向关系及晶体缺陷分析。以能量为 10～1000eV 的电子束照射样品表面的低能电子衍射,能给出样品表面 15 个原子层的结构信息,已成为分析晶体表面结构的重要方法,也已应用于表面吸附、腐蚀、催化、表面处理等表面工程领域。

中子受物质中原子核散射,所以轻、重原子对中子的散射能力差别比较小,中子衍射有利于测定轻原子的位置。近几年,一种安装在扫描电子显微镜上的 EPSP 自动分析系统,利用电子背散射花样测定样品表面微区的晶体结构和位向信息,最佳空间分辨率可达 0.1μm。如果和能谱分析仪联用,就可以在同一仪器中获得晶体样品的微区成分、晶体结构和形貌特征,并且避免了透射电子显微镜制样的困难,因此,越来越广泛地应用于金属材料、电子材料及矿物材料等研究领域中。

此外,还值得一提的是热分析技术。热分析技术虽然不属于衍射法的范畴,但它是研究材料结构(特别是材料组成与结构)的一种重要手段。目前,热分析技术已经发展为系统的分析方法,是材料研究中一种极为有用的工具。它不但能获得材料结构方面的信息,而且能测定一些物理性能。

1.3.3 成分与价键分析

材料的成分与价键主要包括宏观和微观化学成分(不同相的成分、基体与析出相的成分)、同种元素的不同价键类型和化学环境。化学成分是影响材料性能的最基本因素。材料性能不仅受主要化学成分的影响,而且在许多情况下还与少量杂质元素的种类、浓度和分布情况等有很大的关系。研究少量杂质元素在材料组成中的聚散特性、存在状态等,不仅探讨了杂质的作用机理,还开拓了利用少量杂质元素改善材料性能的途径。在大多数情况下,不仅要检测材料中元素的种类和浓度,还要确定元素的存在状态和分布特征。

成分与价键分析主要应用 X 光谱和电子能谱。X 光谱包括 X 射线荧光光谱(X-ray fluorescence spectrometry,XFS),电子探针 X 射线显微分析(electron probe microanalysis,EPMA)等;电子能谱主要有俄歇电子能谱(Auger electron spectroscopy,AES)、X 射线光电子能谱(X-ray photoelectron spectroscopy,XPS)、电子能量损失谱(electron energy loss spectroscopy,EELS)等。大部分成分与价键(电子)结构的分

析方法是基于同一个原理,即核外电子的能级分布反映了原子的特征信息。利用不同的入射波激发核外电子使之发生层间跃迁,在此过程中产生元素的特征信息。

1.3.4 分子结构分析

有机物的分子结构包括高分子链的局部结构(官能团、化学键)、构型序列分布、共聚物的组成等。分子结构分析的基本原理是利用电磁波与分子键、原子核的作用而产生的辐射的吸收、发射、散射等来获得分子结构信息。红外光谱(infrared radiation,IR)、拉曼光谱(Raman scattering,RS)、荧光光谱(photoluminescence,PL)等利用的是电磁波与分子键作用时的吸收或发射效应,而核磁共振(nuclear magnetic resonance,NMR)则是利用原子核与电磁波的作用来获得分子结构信息。

1.4 显微结构分析方法的发展历史 >>>

材料分析技术的最初阶段以化学分析为主,是在分析化学学科的基础上建立的。而现代材料分析测试方法则起源于金相显微镜的应用与发展。德国科学家阿贝(Abbe)和他的合作者蔡司(Zeiss)在 19 世纪 60 年代对金相技术做出了重要的贡献。德国的科勒(Köhler)在 1893 年引入新的照明方法,极大地改善了图像质量。荷兰物理学家泽尔尼克(Zernike)在 20 世纪 30 年代发展了相位衬度光学理论。随后将电视技术引入光学显微镜中,CCD(charge-coupled device)照相机使显微镜获得优于视频照相机和胶片照相机数十倍乃至数百倍光强空间的分辨率。20 世纪 80 年代末,共聚焦激光扫描显微镜的问世解决了光学显微镜景深不够的问题,极大地拓展了显微镜的应用领域。可以说,金相显微镜至今仍是材料微观组织表征的重要技术之一。

随着基础理论取得重大进展,分析方法也进入快速发展的阶段,德国物理学家伦琴(Röntgen)于 1895 年发现了射线,随后发展出利用 X 射线的照相法和衍射仪法。X 射线分析反映的是大量原子散射行为的统计结果,因此与材料的宏观性能有良好的对应关系。X 射线衍射技术的应用范围非常广泛,现已渗透到物理学、化学、地质学、生命科学、材料科学以及各种工程技术科学中,成为一种重要的实验手段和分析方法。

德布罗意(de Broglie)于 1924 年提出了电子与光一样具有波动性的假说,布什(Bush)于 1926 年发现了旋转对称、不均匀的磁场可作为用于聚焦电子束的透镜,为电子显微镜的问世奠定了理论基础。1938 年,冯・阿登(von Ardenne)把扫描线圈装入透射电子显微镜中,试制出第一台扫描透射电子显微镜。1939 年,德国西门子公司在卢斯卡(Ruska)的指导下生产了第一批作为商品的透射电子显微镜。透射电子显微镜在 20 世纪 50 年代后期开始配备选区电子衍射装置,这样不仅可获得形貌图像,还可以进行微区的结构分析,材料的显微组织和亚结构的研究也因此有了决定性的突破。场发射电子枪的商业化使电子显微镜获得了相干性好、照明亮度高和能量发散小的电子源。1956 年,蒙特(Monte)用双束电子成像的方法,开创了高分辨电子显微术。1965 年,斯图尔特(Steuart)和其合作者在剑桥科学仪器公司制造了世界上第一批扫描电子显微镜商品。20 世纪 70 年代末,日本大阪大学应用物理系教授桥本(Hashimoto)应用透射电子显微镜直接观察到单个重金属原子(金原子)及原子团中的近程有序排列,并用快速摄影记录下原子跳动的踪迹,终于实现了人类直接观察原子的夙愿。

F. Bloch 和 E. M. Purcell 建立了核磁共振测定方法,获得了 1952 年诺贝尔物理学奖;20 世纪 40 年代,A. J. P. Martin 和 R. L. M. Synge 建立了气相色谱分析法,后人认为他们因此而获得了 1952 年诺贝尔化学奖;J. Heyrovsky 建立的极谱分析法获得了 1959 年诺贝尔化学奖。20 世纪 60 年代末被研制出的 X 射线能谱仪,在 20 世纪 70 年代中期被用于透射电子显微镜对薄样品的成分分析,随后电子能量损失谱仪问世,不仅弥补了 X 射线能谱仪在超轻元素分析中的不足,同时克服了 X 射线能谱仪在微分析与高分辨成像和高空间分辨率微区成分分析方面的缺点,为材料的结构和成分表征提供了有力的工具。电子探针 X 射线显微分析仪是在电子光学和 X 射线光谱学的基础上发展起来的,习惯上简称"电子探针"。

从 20 世纪 90 年代开始，得益于计算机技术的应用，分析仪器的发展产生了质的飞跃，分析测试技术更加高效、灵敏，在实时、智能等方面也有了长足的发展。随着材料研究手段日益精进、全面，并向综合化和大型化发展，单一的分析方法已经不能满足人们对材料分析的要求，在一个完整的研究工作中，常常需要综合利用组织形貌分析、晶体物相分析、成分和价键（电子）结构分析才能获得丰富而全面的信息。

随着材料现代分析测试技术的发展，材料分析不仅包括材料的成分与结构分析，也包括材料表面与界面分析、微区分析、形貌分析等诸多内容。材料现代分析测试方法也不再是以材料成分、结构等分析、测试为唯一目的，而是成为材料科学的重要研究手段，广泛应用于研究与解决材料理论和工程实际问题。近二三十年，材料现代分析测试方法呈现出如下的发展趋势。

（1）多种手段联合使用

随着材料科学研究的发展，人们更希望在原子或分子尺度直接观察材料的内部结构，能够同时对材料的组元、成分、结构特征以及组织形貌或缺陷等进行观察和分析。首先，当前的材料科学研究强调综合分析，希望分析仪器能够同机进行形貌观察、晶体结构分析和成分分析，即具有分析微相、观察图像、测定成分、鉴定结构等组合功能。而且每种测试方法都有局限性，因此在研究材料时不能单靠一种仪器或一种方法，而要联合应用多种手段。例如，能谱仪（energy-dispersive spectrometer，EDS）经常作为扫描电子显微镜（scanning electron microscope，SEM）的附件出现，而利用特征能量损失电子进行元素分析的电子能量损失谱仪（electron energy loss spectrometer，EELS）则经常作为透射电子显微镜的附件出现，且能量分辨率远高于能谱仪，特别适合用于轻元素的分析，从而具备了全面的分析功能。此外，还有色谱-质谱联用技术、色谱-核磁共振波谱联用技术、色谱-红外吸收光谱联用技术、差热-热重联用技术等。其次，现代的材料研究不仅向纵向及横向多尺度方向发展，在多因素作用下，材料损伤及破坏机理的研究也对新材料的合成制备及应用至关重要。根据预期目的，选用合适的测量技术，才能带来研究领域的重大突破。

（2）制样手段个性化

对于材料微观性能分析来说，样品的制备方法和分析手段同样重要。例如，透射电子显微镜的制样方法就有支持膜法、超薄切片法、一级复型、二级复型等多种方法，其制备过程难简各异、制得的图像优劣不等。再如压汞法制备混凝土试样，为获得准确度更高、更能反映试样特征的孔结构特征参数，针对不同的净浆、砂浆及混凝土，具体制样方法也有细微的差异。与砂浆和净浆相比，由于混凝土样品存在粗骨料，测试结果存在较大的偏差，所以钻芯后尽量去除粗骨料，且使用大容量的膨胀计（$15cm^3$）进行实验，必要时取多次实验结果的平均值。

（3）从静态研究材料结构性能向动态研究材料形成过程发展

我们不仅需要对各种材料的力学性能、光学性能、声学性能等有透彻的了解，更重要的是要弄清楚不同材料的形成过程中衍生出的材料性能的不同之处，这样才有可能精准控制材料的制备过程，通过控制中间产物的化学组成和矿物组成最终得到希望获得的组成及结构。所以，动态研究材料形成过程成为材料研究的发展趋势和热点，其中，使用环境扫描电子显微镜是一个典型代表。

（4）测试设备大型化、精密化和高科技化

当今材料测试设备发展的一大趋势就是大型化、精密化和高科技化。例如，用于成分谱分析等具有多种功能的中子衍射仪在全世界仅有 100 余台，该装置占地面积大且造价高昂。

参考文献

[1] 金祖权，张苹．材料科学研究方法[M]．哈尔滨：哈尔滨工业大学出版社，2018.

[2] 钱晓倩．建筑材料[M]．杭州：浙江大学出版社，2013.

[3] 史才军，元强．水泥基材料测试分析方法[M]．北京：中国建筑工业出版社，2018.

[4] 陈文哲．材料测试与表征技术的挑战和展望[J]．理化检验（物理分册），2007，43(5)：245-249.

[5] 郑捷，陈景恒，雷震东，等．绿色建筑材料研究与应用综述及发展趋势[J]．地震工程学报，2016，38(6)：985-990，1003.

2　几何晶体学

本章导读

内容简介

本章首先介绍了晶体的基本特性及对称原理，在此基础上，详细讲解晶体的定向，晶系的划分，晶面指数、晶棱指数及其相互关系。本章内容可作为X射线衍射技术部分的理论基础。

2.1　晶体基本特性

任何物质均由原子、离子或分子所构成。晶体是原子、离子、分子或它们的固定的有限的集合在三维空间中周期性地重复排列形成的固态物质。在不同物质的晶体内，原子、离子或分子的排列方式是各不相同的，因此呈现出各种不同的性质。但千差万别的晶体有一个共同的基本点，即它们内部都具有三维空间排列上的周期性。这是晶体与其他非晶态物质的主要区别，也是晶体具有各种不同特性的根本原因。

晶体除了内部物质点作周期性的排列外，还具有其他一些基本特性，例如：

(1)对称性

无论晶体的宏观形貌还是晶体内部微观结构，都具有自身特有的对称性，晶体的对称性显然取决于晶体内部的结构。晶体中的物质是按空间格子规律无限地在三维空间作周期性重复排列的。显然，晶体对称性所具有的特性是由其周期性所决定的。

(2)均一性

由于在晶体结构中任一物质点在三维空间都呈周期性重复，因而在晶体的不同部位取足够大体积的一块时，它们的内部物质点的性质和排列方式都是相同的，其他性质也是相同的。

(3)各向异性

在晶体结构中，各物质点在不同方向的排列方式是不相同的，因而在晶体的不同方向上其性质不同。例如石墨烯平行于 z 轴和垂直于 z 轴的物理和力学性能存在很大的差别。

(4)封闭性

晶体的封闭性是指晶体具有自发地形成封闭的几何多面体外形的趋势，并以此范围封闭着晶体本身。例如，氯化钠在理想环境中生长，它可以结晶成一个完整无色透明的立方体，这个立方体由六个正方平面相互连接组成有限封闭的空间。晶体表面的每一个平面称为晶面，两个晶面之间所连接的直线称为晶棱，由多个晶面组成的有限封闭体称为晶体多面体。

(5)最小内能性

根据热力学原理,任何物质,包括晶体在内,在平衡条件下,对于化学组分相同的物质,在不同的外界热力学条件(温度、压力等)下,可能出现具有不同结构的物相。然而,其稳定存在的物相都对应该热力学条件下自由能最小的物相。

(6)稳定性

晶体的这一基本性质正是晶体最小内能的必然结果。晶体内的物质点因必须达到平衡位置而作规则排列。物质点只能在其平衡位置上作轻微振动,而不能脱离其平衡位置,否则将导致相变的发生。从能量的观点说,由于晶体的内能最小,因而物质点间相互维系的作用力最大,要改变它的位置就必须对它做功,也就是说需要外界传入能量。因此,相对来说,晶体状态是最稳定的状态。

2.2 晶体的对称原理 >>>

2.2.1 对称的概念及晶体的对称性

对称是指物体或物体各个部分借助一定的操作而有规律地重复。例如,人的双手就是对称的。它们可以借助一个反映平面的反映操作使之相重合。

晶体的对称是指晶体中各个部分借助一些几何要素及以此为依赖的一些操作而有规律地重复。几何晶体学中所讨论的对称是指晶体多面体外形中的各个部分(晶面、晶棱、角)借助一些几何要素及以此为依赖的一些操作得以有规律地重复。

呈现一定形式对称的图形称为对称图形。几何晶体学的研究对象是一个有限空间的晶体多面体外形,它是一个有限的对称图形。有限对称图形中各个独立部分依赖于某种几何要素通过某一种(或多种)操作使之相互重合,而且循环重复使整个对称图形复原。类似于双手这样的一个图形属于其中一种有限对称图形,其中一只手(对称图形的一个独立部分)可以借助在两只手之间的一个反映平面的反映操作而与另一只手(对称图形的另一独立部分)得以重合。继续进行这种操作,另一只手将与原来那一只手重合,循环重复,使整个对称图形(双手)复原。对称图形中各个独立相同部分通过某一种操作互相重合并最终复原的这种操作,我们称之为对称操作。这种使对称图形复原的特性称为对称操作的封闭性。

施行对称操作时,必须凭借一定的几何要素(点、线、面),这些几何要素称为对称要素,即对称元素。

对称图形经对称操作后,各个相互重合的独立部分图形,称为对称等效图形。各个对称等效图形之间存在着“对称等效”的关系。

晶体的形貌学研究指出,晶体多面体外形中的晶面(晶棱及角)之间存在着各种对称关系。凭借一定的对称元素进行对称操作之后,它们得以重合。晶体多面体是一个十分完美的有限空间对称图形。在这种对称图形中,晶面将是整个图形中的一个独立部分。

我们在研究晶体的对称性时所注意的只是晶体多面体中晶面之间的几何关系,而晶面在实际晶体中的形状和大小并不重要。在下面的许多讨论中,对我们来说,研究晶体多面体中晶面之间的关系,只需研究其在投影球面上一群点内点与点之间的关系就足够了。由晶面组成的对称图形将由一群点所组成的对称图形所代替,晶面之间的对称将由点与点之间的对称所代替。在这样的讨论中,点与点的对称等效、(对称)等效点、(对称)等效点系以及点群等的概念将会被建立和运用。

晶体多面体是一个有限空间的对称图形,因此,它所具有的对称元素(点、线、面)将通过这个多面体的重心。换句话说,各种对称元素必然与投影球面的球心相交。

下面我们将详细介绍晶体中可能存在的各种对称元素,它们是晶体多面体的有限图形中可能存在的宏观对称元素。为了帮助理解每个对称元素的性质及其对称操作特点,我们将画出每一种对称元素及其对称等效点的示意图、对称元素及其对称等效点的极射赤平投影图，以及表达这种对称性的多面体。另外，为了方便读者在实际工作中应用，除了介绍每一种对称元素的国际符号及习惯记号外，我们还将列出该对称元素的对称操作所导出的一般位置等效点坐标，这实际上就是该对称元素的一般位置等效点系。在对称元素国际符号后面的圆括弧内所标出的是该对称元素的坐标。这里必须向读者预先说明，按照晶体学国际习惯的表达方式，坐标变量的负值 $-x$，$-y$，$-z$ 将等同地表示为 $\bar{x}$，$\bar{y}$，$\bar{z}$。

2.2.2 对称自身、对称中心及对称面

(1)对称自身

对称自身的对称操作是自身对称操作，图形的自身实际上是什么操作也不必进行，当然也没有对称等效。这是晶体中可能存在的一种具有最低对称性的对称元素，而且是在晶体中实际存在的一种对称元素。

国际符号为 1，习惯记号为 L'。

当它处于任意坐标系中的坐标原点时，它的坐标是 1(000)，所导出的一般位置等效点系为

$$x,y,z \xrightarrow{1(000)} x,y,z$$

(2)对称中心

对称中心的对称操作是反伸对称操作。设有一个几何点，作通过该点的任意直线，在直线上距该点等距离的两端可以找到性质完全相同的两个对称等效点，该几何点就是对称中心。以空间中任意一点作为初始点向对称中心作直线并延伸等距离，必然会找到与初始点性质完全相同的点。这两点以对称中心为对称等效，即对称中心的等效点系。

国际符号为 $\bar{1}$，习惯记号为 C。

设对称中心位于任意坐标原点上 $\bar{1}(000)$，对称图形中任意一点，坐标为 x,y,z，经过此对称中心的对称操作后，获得另一对称等效点，其坐标对应为 $\bar{x},\bar{y},\bar{z}$，即

$$x,y,z \xrightarrow{1(000)} \bar{x},\bar{y},\bar{z}$$

(3)对称面

对称面的对称操作是反映对称操作。设在对称图形中有一个几何平面，以对称图形中任意一点作为初始点向该几何平面作垂线并向平面另一方延伸等距离，此端点与初始点的性质完全相同。那么，这一几何平面将对称图形分为性质完全相同的两个独立部分，则这几何平面为对称面，上述操作称为反映对称操作。对称图形由此而划分的两个独立部分之间具有对称面的对称等效。上述初始任意点与对称操作后的对称等效点组成了对称面的等效点系。

国际符号为 m，习惯记号为 P。

设对称面与坐标系的 Y 轴垂直并与 X、Z 轴重合。这样的坐标系将有如下坐标轴之间的夹角：$X \wedge Y = Y \wedge Z = 90°$，$X \wedge Z$ 为任意值。此时对称面的坐标为 $m(x0z)$。以任意点为初始点，坐标为 x,y,z，经此对称面 $m(x0z)$ 的对称操作后可得等效点，其坐标应为 $x,\bar{y},z$。反过来，从坐标为 $x,\bar{y},z$ 的点出发，亦可得其等效点，其等效点坐标当然就是 x,y,z。

$$x,y,z \xrightarrow{m(x0z)} x,\bar{y},z$$

同理，可以导出与 X 轴或 Z 轴垂直的对称面 $m(0yz)$ 及 $m(xy0)$ 的等效点系。

2.2.3 对称轴

对称轴的对称操作是绕轴旋转对称操作。设有一几何直线通过对称图形，以对称图形中任意点作为初始点，绕此直线旋转 α 角度(称此角度 α 为基转角)之后，与另一点重合，此点与初始点的性质完全相同。而且经 n 次上述操作之后，回到原来的初始点。这样的几何直线称为 n 次旋转对称轴(简称 n 次旋转轴)，上述操作称为旋转对称操作。凭借 n 次旋转轴经 n 次操作的 n 个对称等效点组成此 n 次旋转轴的等效点系。n 次旋转轴必然使对称图形分割为 n 个互相对称等效的独立部分。

几何晶体学中只可能存在一次旋转轴、二次旋转轴、三次旋转轴、四次旋转轴和六次旋转轴 5 种，即 $n=$

1、2、3、4、6。它们的基转角 α 分别为 360°、180°、120°、90°及 60°。至于为什么 $n=5$ 以及 $n>6$ 的旋转轴不可能存在于晶体中，我们将会在下面给予简单的论证。

(1)一次旋转轴($n=1$，$\alpha=360°$)

很明显，这种对称元素就是对称自身，绕轴旋转 360°的操作必然就是自身对称操作，这种对称在前面已经讨论过了。

国际符号为 1，习惯记号为 L^1，在此不再重述。

(2)二次旋转轴($n=2$，$\alpha=180°$)

国际符号为 2，习惯记号为 L^2，投影图符号为↔。

设二次旋转轴与坐标系中 Z 轴重合并与 X、Y 轴垂直，此时，二次旋转轴在这坐标系中的坐标是 $2(00z)$。以任意点为初始点，坐标为 x,y,z，经此二次旋转轴对称操作后可得等效点，其坐标为 $\overline{x},\overline{y},z$。继续进行对称操作，等效点将回到初始点。由此可知，上述二次旋转轴 $2(00z)$ 应由两个等效点 $x,y,z;\overline{x},\overline{y},z$ 组成一般位置等效点系。同理，对于与坐标系中的 X 轴重合并垂直于 Y 轴及 Z 轴的二次旋转轴 $2(x00)$，应有一般位置等效点系 $x,y,z;x,\overline{y},\overline{z}$。对于与 Y 轴重合且垂直于 X 轴及 Z 轴的二次旋转轴 $2(0y0)$，应有一般位置等效点系 $x,y,z;\overline{x},y,\overline{z}$。

$$x,y,z \xrightarrow{2(00z)} \overline{x},\overline{y},z$$

$$x,y,z \xrightarrow{2(0y0)} \overline{x},y,\overline{z}$$

$$x,y,z \xrightarrow{2(x00)} x,\overline{y},\overline{z}$$

(3)三次旋转轴($n=3$，$\alpha=120°$)

国际符号为 3，习惯记号为 L^3，投影符号为▲。

在几何晶体学中，符合三次旋转轴特性的坐标系有下述两类：

①第一类坐标系。

第一类坐标系中，Z 轴与 X 轴及 Y 轴垂直，而 X 轴与 Y 轴的单位轴长相等($a_0=b_0$)，而且相交成 120°($X\wedge Y=120°$)。三次旋转轴在此坐标系中与 Z 轴重合，其坐标为 $3(00z)$。这类坐标系称为 H 取向坐标系。以任意点为初始点，坐标为 x,y,z，经此三次旋转轴对称操作后可得等效点，其坐标为 $\overline{y},x-y,z$，继续进行对称操作可得另一等效点，其坐标为 $\overline{x}+y,\overline{x},z$，再进行对称操作将回到初始点。由此可知，上述三次旋转轴的一般位置等效点系为 $x,y,z;\overline{y},x-y,z;\overline{x}+y,\overline{x},z$。

②第二类坐标系。

第二类坐标系为等轴坐标系，即 X 轴、Y 轴及 Z 轴的单位轴长都相等，即 $a_0=b_0=c_0$，而且 3 个坐标轴之间的夹角均相等，即 $\alpha=\beta=\gamma$，为任意值。在特殊情形下，$\alpha=\beta=\gamma=90°$。三次旋转轴在此坐标系中通过坐标原点与 3 个坐标轴的夹角都相等(即处于 3 个轴之间的中分线上)，其坐标为 $3(xxx)$。这类坐标系称为 R 取向坐标系。以任意点为初始点，坐标为 x,y,z，经此三次旋转轴的对称操作后，分别可得坐标为 y,z,x 及 z,x,y 等效点。因而三次旋转轴 $3(xxx)$ 的一般位置等效点系为 $x,y,z;y,z,x;z,x,y$。

(4)四次旋转轴($n=4$，$\alpha=90°$)

国际符号为 4，习惯记号为 L^4。

在几何晶体学中符合四次旋转轴特性的坐标系必须是直角坐标系，即 3 个坐标轴的夹角应为直角，$\alpha=\beta=\gamma=90°$。而且若四次旋转轴与 Z 轴重合，那么其余两个坐标轴 X 轴及 Y 轴的单位轴长应相等，即 $a_0=b_0\neq c_0$。亦即，四次旋转轴与一坐标轴相重合，而另外两个与四次旋转轴垂直的坐标轴的单位轴长应相等。在处于特殊情形的坐标系中，3 个坐标轴的单位轴长都相等，此时 $a_0=b_0=c_0$。

设四次旋转轴与 Z 轴重合，其坐标为 $4(00z)$。以任意点为初始点，坐标为 x,y,z，经四次旋转轴 $4(00z)$ 连续施行对称操作可得等效点，其坐标依次为 $\overline{y},x,z;\overline{x},\overline{y},z$ 及 $y,\overline{x},z$。由此可知，四次旋转轴 $4(00z)$ 的一般位置等效点系为 $x,y,z;\overline{y},x,z;\overline{x},\overline{y},z;y,\overline{x},z$。

上述四次旋转轴的一般位置等效点系中 x,y,z 与 $\overline{x},\overline{y},z;\overline{y},x,z$ 与 $y,\overline{x},z$ 都说明(满足)二次旋转轴 $2(00z)$ 的对称等效关系，其中坐标恰好与四次旋转轴 $4(00z)$ 重合。很显然，四次旋转轴为偶次旋转轴，自然应该包含二次旋转轴的对称性。

(5)六次旋转轴($n=6$,$\alpha=60°$)

国际符号为6,习惯记号为L^6。

在几何晶体学中符合六次旋转轴特性的坐标系必须和三次旋转轴的第一类坐标系一样,即六次旋转轴与Z轴重合,而X轴与Y轴的单位轴长必须相等(即$a_0=b_0$),而且相交成120°($X\wedge Y=120°$),即H取向坐标系。六次旋转轴在此坐标系中的坐标为$6(00z)$。以任意点为初始点,坐标为x,y,z,经六次旋转轴连续进行对称操作后,可得等效点,其坐标依次为:$x-y,x,z;\overline{y},x-y,z;\overline{x},\overline{y},z;\overline{x}+y,\overline{x},z;y,\overline{x}+y,z$。由此可知,六次旋转轴$6(00z)$的一般位置等效点系为$x,y,z;x-y,x,z;\overline{y},x-y,z;\overline{x},\overline{y},z;\overline{x}+y,\overline{x},z;y,\overline{x}+y,z$。在上述旋转轴的一般位置等效点系中$x,y,z$与$\overline{x},\overline{y},z;x-y,x,z$与$\overline{x}+y,\overline{x},z;\overline{y},x-y,z$与$y,\overline{x}+y,z$都表明(满足)二次旋转轴$2(00z)$的对称等效关系,此二次旋转轴恰好与六次旋转轴重合。显然,六次旋转轴为偶次旋转轴,自然应该包含二次旋转轴的对称性。同理,在上述六次旋转轴的一般位置等效点系中,$x,y,z;\overline{y},x-y,z;\overline{x}+y,\overline{x},z$这3个等效点之间,以及$\overline{x},\overline{y},z;y,\overline{x}+y,z;x-y,x,z$之间都说明(满足)三次旋转轴$3(00z)$的对称性。所以,六次旋转轴同时包含二次旋转轴及三次旋转轴的对称性。

(6)五次和大于六次的旋转轴不可能存在

对于晶体的一切对称图形,由于受到空间点阵周期规律的制约,它们的旋转轴的轴次n将是有限的。

如图2-1所示,设有一基转角为α的旋转轴L垂直于纸面且通过点阵格子中的结点A,而B则为与A相隔1个周期的另一结点。由于空间格子中的各个结点必互为等同点,因此,垂直于纸面通过B结点必然有一基转角亦为α的旋转轴L'。L与L'的性质应完全相同。结点B经旋转轴L的对称操作(绕轴旋转α角度)得等效点C结点,同样A结点经旋转轴L'对称操作后得等效点D结点。如此,结点A、B、C、D亦必互为等同的格子结点,同时$AC=BD=AB$。于是连接A、B、D、C成一等腰梯形,$AB//CD$。由于晶体空间格子中相互平行的行列,其结点间距必定相等,因此必须满足:

$$CD=k\cdot AB\quad(\text{其中 }k\text{ 应为整数})$$

过点A和点B分别作CD之垂线AE和BF,于是

$$\begin{aligned}CD&=CE+EF+FD\\&=AC\cdot\cos(180°-\alpha)+AB+BD\cdot\cos(180°-\alpha)\\&=AB\cdot(1-2\cos\alpha)\end{aligned}\tag{2-1}$$

代入式(2-1),可得$k=1-2\cos\alpha$,即

$$\cos\alpha=(1-k)/2\tag{2-2}$$

以具体的整数代入k,在式中可分别求出α值($\alpha>360°$的略去)。结果如表2-1所示。

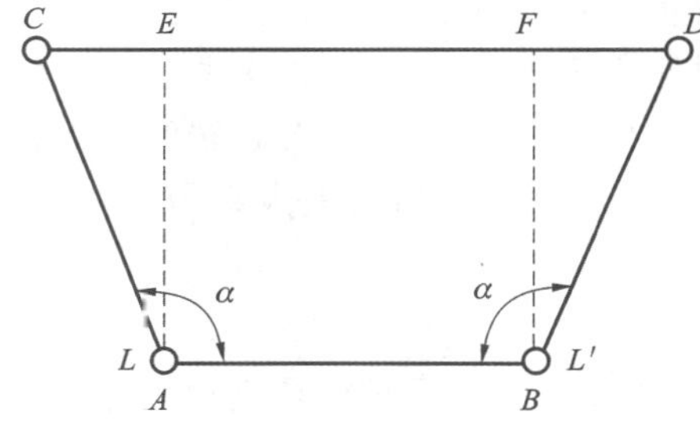

图2-1 晶体结构中对称轴轴次的限制

表2-1 基转角的可能值

k	>3	3	2	1	0	-1	<-1
$\cos\alpha=(1-k)/2$	<-1	-1	$-1/2$	0	1/2	1	>1
α	无解	180°	120°	90°	60°	360°	无解

由表 2-1 可知，在晶体学中旋转轴的基转角 α 只可能为 360°、180°、120°、90°和 60°。在前面有关对称图形及对称操作中已提及，经一次或 n 次对称操作后对称图形必须得以复原，这就是所谓对称操作的“封闭性”。旋转轴的对称操作亦不例外，因而旋转轴的轴次 n 与基转角 α 将有如下关系：

$$n = 360°/\alpha \text{ 或 } \alpha = 360°/n \tag{2-3}$$

根据上述基转角 α 的可能值，在晶体学中旋转轴只能是一次、二次、三次、四次及六次旋转轴，而不可能有五次和高于六次的旋转轴。

至今为止，我们介绍了几何晶体学中四种最基本的对称操作：自身对称操作、反伸对称操作、反映对称操作和绕轴旋转对称操作，而且上述各种对称元素（对称自身、对称中心、对称面和旋转轴）都是由单一的基本对称操作构成的对称元素。几何晶体学中除了单一的基本对称操作外，还可以有复合对称操作。复合对称操作是由两种基本对称操作复合后的一种对称操作。对称图形中独立部分经第一种基本对称操作后并不能与另一独立部分重合，还需要经另一种基本对称操作后才能与另一对称等效独立部分重合。实际上，复合对称操作对于基本对称操作而言是一种复合操作，而就它的操作本身来说，复合对称操作仍然是一种单一的对称操作。不仅在几何晶体学中可以有这种复合对称操作，以后在晶体内部结构中许多微观空间对称元素都可以具有平移操作与基本对称操作复合后的对称操作。

并非任何两种基本对称操作复合后都具有新的含义，例如自身对称操作与其他三种基本对称操作的复合并不会产生新的内容。又如，反伸对称操作与反映对称操作的复合只是得到绕轴二次旋转对称操作（二次旋转轴所具有的对称操作）。只有反伸对称操作或反映对称操作与绕轴旋转对称操作复合后才会产生一些新的内容。下面我们将介绍这两种复合对称操作以及它们相应的对称元素。

2.2.4 旋转反伸轴 L_i^n

（1）一次旋转反伸轴 L_i^1

一次旋转反伸对称操作如图 2-2 所示。对称图形中处于初始位置 1 的独立部分经绕轴旋转 360°（实际上仍然在位置 1 上），再经轴上的假想点实施反伸对称操作之后，将与位置 2 上的另一独立部分相重合。继续施行同样操作，将回到初始位置 1。对称图形中，如此两个对称等效部分之间的关系表明一次旋转反伸轴 L_i^1 并非新的对称元素，而是对称中心，其位置就在假想点上，即 $L_i^1=C$，国际符号仍然用 $\bar{1}$ 表示。

（2）二次旋转反伸轴 L_i^2

图 2-3 表示二次旋转反伸对称操作。对称图形中位置 1 的独立部分经绕轴旋转 180°后到达位置 2，再以轴上假想点实施反伸对称操作后，将与位置 3 上的另一独立部分相重合。继续进行同样的操作，将经位置 4 后回复到位置 1 上的独立部分。对称图形中，位置 1 及 3 上两个对称等效部分之间指出二次旋转反伸轴也不是新的对称元素，而是对称面，其位置应在通过假想点并垂直于轴处，即 $L_i^2=P$，国际符号仍然以 m 表示。

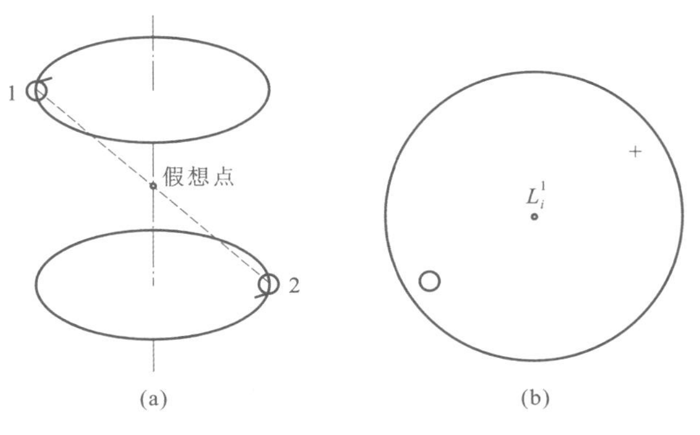

图 2-2　一次旋转反伸轴 L_i^1

(a)对称图形；(b)极射赤平投影图，实际结果是 $L_i^1=C$

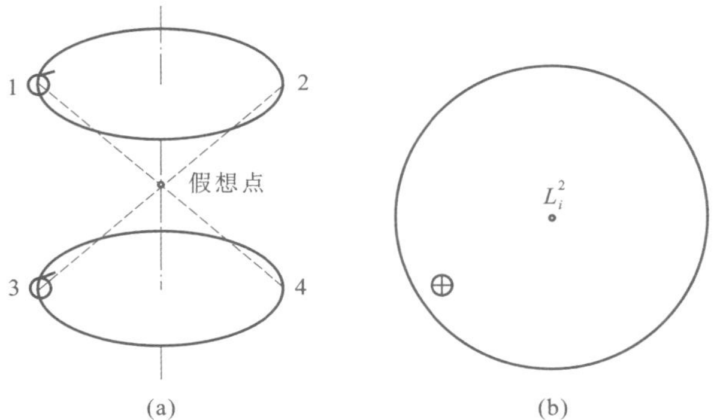

图 2-3　二次旋转反伸轴 L_i^2

(a)对称图形；(b)极射赤平投影图，实际结果是 $L_i^2=P$

(3)三次旋转反伸轴 L_i^3

如图 2-4 所示，对称图形中，初始位置 1 中的独立部分经绕轴旋转 120°到达位置 5，再经轴上假想点施行反伸对称操作后，与位置 2 上的独立部分相重合，继续同样操作，经位置 6 与位置 3 上的部分相重合。如此操作直至回到初始位置 1。对称图形中标号为 1～6 的 6 个独立部分相互之间对称等效。三次旋转反伸轴具有新的内容，被认为是一个新的对称元素。它的国际符号为 $\overline{3}$，习惯记号是 L_i^3，其轴次 $n=3$，基转角 $\alpha=120°$，而且在几何晶体学中，轴上的假想点位于坐标系的原点上。

设三次旋转反伸轴 $\overline{3}$ 与三次旋转轴 3 的第一类坐标系处于完全一样的坐标系中，即坐标系中 Z 轴与 $\overline{3}$ 重合，而 X 轴与 Y 轴相交 120°，且垂直于 Z 轴，X 轴与 Y 轴具有相等的单位轴长。另外，$\overline{3}$ 轴上的假想点落在坐标系的原点上，此时的三次旋转反伸轴(简称为三次反转轴或三次反轴)的坐标是 $\overline{3}(00z)$。

$\overline{3}(00z)$在上述 H 取向坐标系中将有如下的一般位置等效点系：$x,y,z;x-y,x,\overline{z};\overline{y},x-y,z;\overline{x},\overline{y},\overline{z};\overline{x}+y,\overline{x},z;y,\overline{x}+y,\overline{z}$。

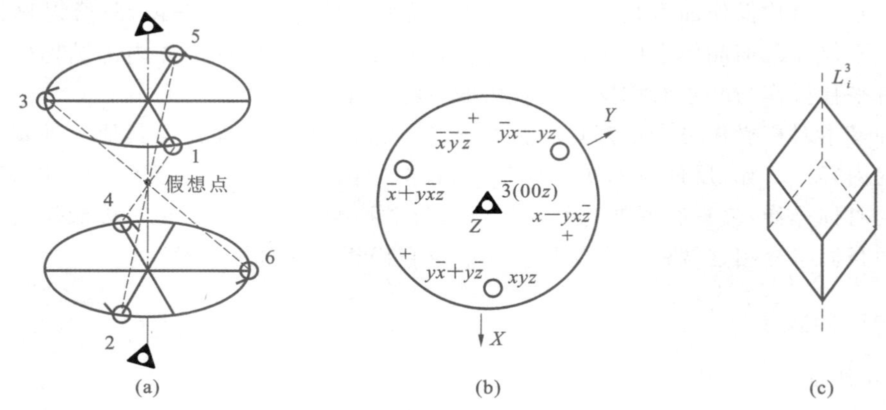

图 2-4　三次旋转反伸轴 L_i^3

(a)对称图形；(b)极射赤平投影图；(c)多面体

从图 2-4 中极射赤平投影图及一般位置等效点系中等效点坐标的相互关系，可以得知，三次旋转反伸轴 $\overline{3}$ 包含三次旋转轴 3 和对称中心 $\overline{1}$ 的对称性。也就是说，三次旋转反伸轴是三次旋转轴与对称中心的复合。

$$\overline{3}=3+\overline{1}$$

(4)四次旋转反伸轴 L_i^4

四次旋转反伸轴(四次反轴)的对称操作是绕轴旋转 90°后再以轴上假想点进行反伸对称操作。如图 2-5所示，对称图形中初始位置 1 的独立部分绕轴旋转 90°至位置 2，并以轴上的假想点作反伸对称操作后与位置 3 上的独立部分重合。继续由位置 3 的部分图形出发绕轴旋转 90°至位置 4，再作反伸对称操作到位置 5，得到另一等同部分图形，如此继续同样的操作，经位置 6 到达位置 7，经位置 8 回到初始位置 1。因此，位置 1、3、5、7 上的 4 个独立部分相互对称等效并构成对称图形。从图 2-5 可以肯定，四次旋转反伸轴是一个新的对称元素。它的国际符号表示为 $\overline{4}$，习惯记号为 L_i^4。

设四次旋转反伸轴 $\overline{4}$ 处于四次旋转轴 4 所处的坐标系，即 Z 轴与 $\overline{4}$ 重合，轴上的假想点落在坐标系原点上，而 X 轴与 Y 轴的单位轴长相等，相互垂直且垂直于 Z 轴。此时四次旋转反伸轴的坐标为 $\overline{4}(00z)$并有一般位置等效点系 $x,y,z;\overline{y},x,\overline{z};\overline{x},\overline{y},z;y,\overline{x},\overline{z}$。从图 2-5 中我们很容易发现，就像其他的偶次对称轴一样，四次反轴 $\overline{4}$ 也包含二次旋转轴的对称性。

(5)六次旋转反伸轴 L_i^6

六次旋转反伸轴(六次反轴)的操作如图 2-6 所示，对称图形中初始位置 1 的独立部分绕轴旋转 60°至位置 2，再以轴上的假想点施行反伸对称操作后与位置 3 重合。连续以同样操作经位置 4 与 5 重合，经位置 6 与 7 重合，经位置 8 与 9 重合，经位置 10 与 11 重合，最后经位置 12 与初始位置 1 重合。位置为 1、3、5、7、9、11 的 6 个独立部分相互对称等效并构成六次旋转反伸对称图形。六次旋转反伸轴具有新的对称特点，它是一个新的复合对称元素，其国际符号是 $\overline{6}$，习惯记号为 L_i^6。

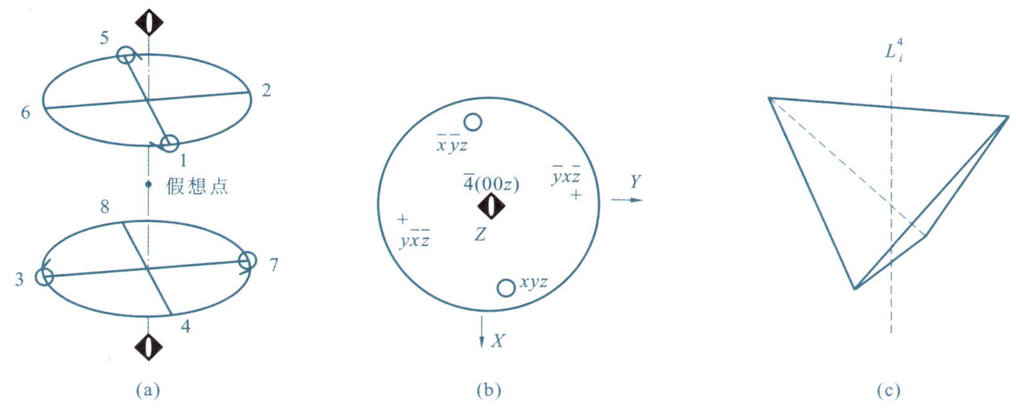

图 2-5 四次旋转反伸轴 L_i^4

(a)对称图形;(b)极射赤平投影图;(c)多面体

让六次旋转反伸轴 $\bar{6}$ 处于六次旋转轴的 H 取向坐标系中,即坐标系中 X 轴与 Y 轴具有同一单位轴长,相交 120°而且都垂直于 Z 轴。六次反轴 $\bar{6}$ 与 Z 轴重合,并以坐标原点为假想点。此时六次反轴的坐标是 $\bar{6}(00z)$,它的一般位置等效点系是 $x,y,z;\bar{y},x-y,z;\bar{x}+y,\bar{x},z;x,y,\bar{z};\bar{y},x-y,\bar{z};\bar{x}+y,\bar{x},\bar{z}$。

从图 2-6 中不难发现六次旋转反伸轴既包含三次旋转轴 3,又有对称面的对称性,且是二者的复合,所以 $\bar{6}=3+m$,其中 3 与 m 相互垂直。

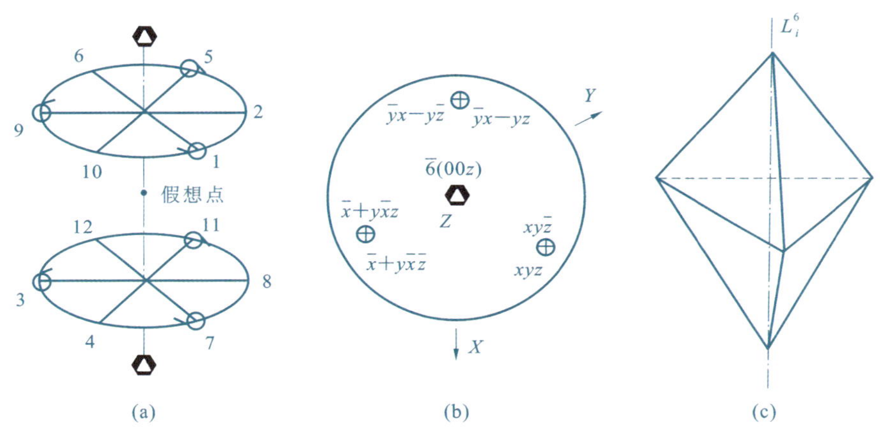

图 2-6 六次旋转反伸轴 L_i^6

(a)对称图形;(b)极射赤平投影图;(c)多面体

2.2.5 旋转反映轴 L_s^n

旋转反映轴的对称操作是绕轴旋转对称操作与反映对称操作复合后的一种对称操作。对称图形某独立部分绕直线旋转基转角 α 后,再经与此直线垂直并通过坐标系原点的一个假想平面施行反映对称操作之后,才与对称图形中另一对称等效部分相重合。旋转反映轴的习惯记号为 L_s^n(n 为轴次)。

(1)一次旋转反映轴 L_s^1

对称图形中独立部分绕轴旋转 360°后经垂直于直线的假想平面实施反映对称操作之后,与另一独立部分相重合。显然,初始的独立部分与对称等效的独立部分之间,实际上是一种纯粹的反映对称等效关系。也就是说,一次旋转反映轴并非是一种新的对称元素,而只是一个与假想平面重合的对称面,即 $L_s^1=P$,国际符号仍然以 m 表示(见图 2-7)。

(2)二次旋转反映轴 L_s^2

如图 2-8 所示,对称图形中独立部分处于初始位置 1,绕轴旋转 180°经位置 2,再经假想平面施行反映对称操作之后,在位置 3 上有对称等效的另一独立部分,继续进行同样操作后,经位置 4 回到初始位置 1。组

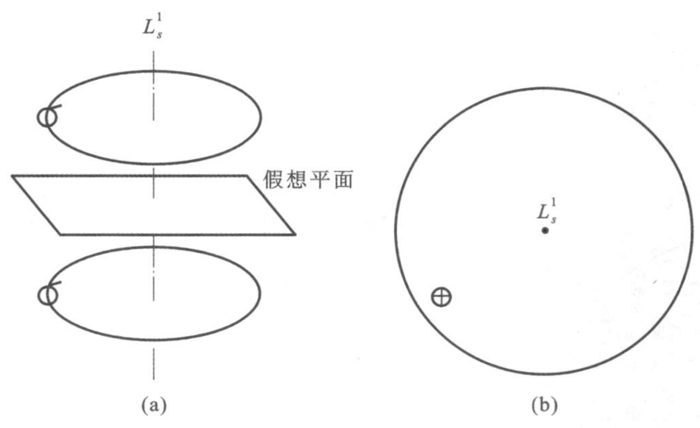

图 2-7　一次旋转反映轴 L_s^1

(a)对称图形;(b)极射赤平投影图,实际结果是 $L_s^1=P$

成对称图形的两个对称等效部分表明二次旋转反映轴并非是一个新的对称元素,而只是对称中心 C。它处于轴与假想平面的垂直交点上,国际符号仍然以 $\bar{1}$ 表示。

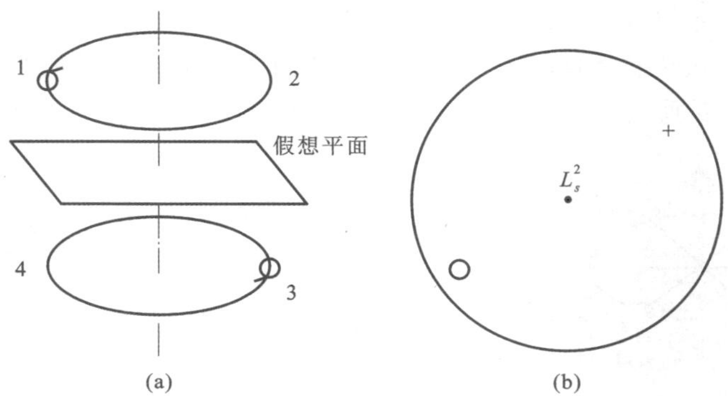

图 2-8　二次旋转反映轴 L_s^2

(a)对称图形;(b)极射赤平投影图,实际结果是 $L_s^2=C$

(3)三次旋转反映轴 L_s^3

如图 2-9 所示,对称图形中独立部分处于初始位置 1,绕轴旋转 120°后,经位置 2,再经假想平面施行反映对称操作之后,在位置 3 上获得对称等效的另一部分,继续进行同样操作,经位置 4 到位置 5 上的等效部分,经位置 1 到 6,经位置 3 到 2,经位置 5 到 4,经位置 6 回到位置 1 上的独立部分。

很明显,图 2-9 的对称图形与图 2-6 所示的图形是完全一样的,也就是说,三次旋转反映轴 L_s^3 与六次旋转反伸轴 L_i^6 的对称结果相同。按国际习惯,统一以 $\bar{6}$ 表示。它们的一般位置等效点系及其极射赤平投影图请参阅图 2-6。

(4)四次旋转反映轴 L_s^4

如图 2-10 所示,对称图形中独立部分处于初始位置 1,绕轴旋转 90°到位置 2 后,经假想平面的反映对称操作到达位置 3 的等效部分,继续进行同样的操作,经位置 4 到 5,经位置 6 到 7,经位置 8 回到位置 1 上的独立部分。

由图 2-10 的对称图形可知,由四次旋转反映轴 L_s^4 所导出位置 1、3、5、7 的 4 个对称等效图形与图 2-5 中的 L_i^4 结果一样。换句话说,L_s^4 并不具有新的内容,完全可以由 L_i^4 表示,按国际习惯均以符号 $\bar{4}$ 表示。它的一般位置等效点系及其极射赤平投影图如图 2-5 所示。

(5)六次旋转反映轴 L_s^6

如图 2-11 所示,对称图形中独立部分处于初始位置 1,绕轴旋转 60°到位置 2,再经假想平面的反映对称操作到位置 3 的对称等效部分,继续同样的操作,经位置 4 到 5,经位置 6 到 7,经位置 8 到 9,经位置 10 到 11,经位置 12 回到位置 1 上的独立部分。

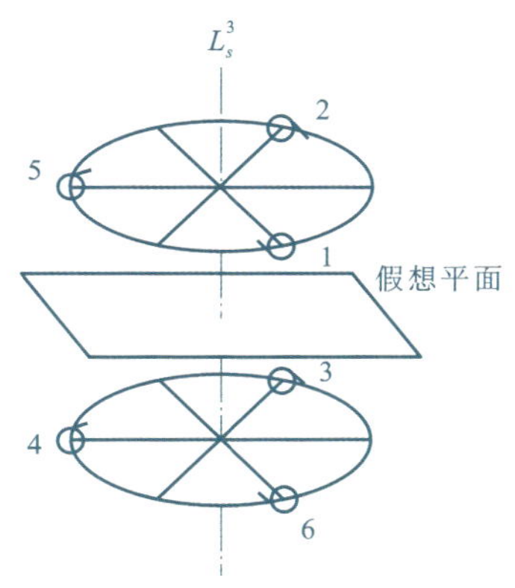

图 2-9 三次旋转反映轴 L_s^3

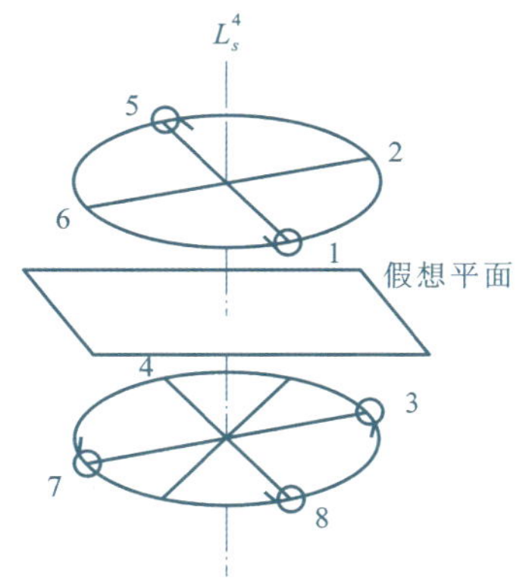

图 2-10 四次旋转反映轴 L_s^4

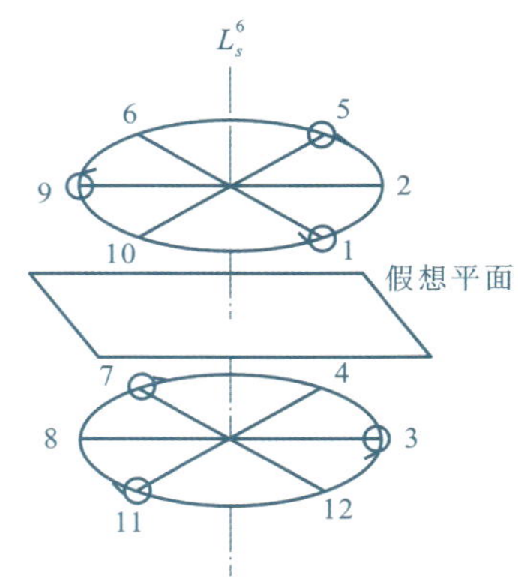

图 2-11 六次旋转反映轴 L_s^6

由六次旋转反映轴 L_s^6 所导出位置 1、3、5、7、9、11 共 6 个对称等效部分所组成的对称图形(图 2-11)与图 2-4 的三次旋转反伸轴 L_i^3 的结果完全一样。换句话说，L_s^6 并非是一个新的对称元素，它完全可以由 L_i^3 代替。按国际习惯，均以符号 $\overline{3}$ 表示。它的一般位置等效点系及其极射赤平投影图如图 2-4 所示。

2.3 晶体结构与空间点阵

2.3.1 空间点阵的基本概念

晶体中的原子、离子或它们的基团在三维空间中作有规则的重复排列。作为基本结构单元的原子、离子或其基团称为结构基元。为了反映晶体中原子排列的周期性，用一个几何点表示一个结构基元，这样的点叫作阵点。阵点在三维空间的周期性分布形成无限的阵列，这种阵点的总体称为空间点阵。在空间点阵中连接任意两个阵点的矢量进行平移后，均能使空间点阵复原。空间点阵中任何一个阵点都具有完全相同的周围环境，整个空间点阵对应一个无限的对称图案。

必须明确区分晶体结构与空间点阵。晶体结构是物质实体(原子、离子或其基团)在空间的周期性排列，而空间点阵则是从晶体结构中抽象出来的几何点在空间按周期性排列的无限大的几何图案。因此，晶体结构与空间点阵是两个不同的概念。下面以 NaCl 晶体为例，具体说明晶体结构与空间点阵的对应关系。

NaCl 晶体属于立方体晶系，如图 2-12 所示。晶体中每个 Na^+ 周围均是几何规律相同的 Cl^-，每个 Cl^- 周围均是几何规律相同的 Na^+。也就是说，所有 Na^+ 的几何环境和物质环境相同，属于一类等同点；而所有 Cl^- 的几何环境和物质环境也相同，属于另一类等同点。从图 2-12 可以看出，由 Na^+ 构成的几何图形和由 Cl^- 构成的几何图形是完全相同的，即晶体结构中各类等同点所构成的几何图形是相同的。因此，可以用各类等同点排列规律所共有的几何图形来表示晶体结构的几何特征。将各类等同点概括地用一个抽象的几何点来表示，该几何点就是空间点阵的阵点。所以，NaCl 晶体的空间点阵就应该是如图 2-13 所示的面心立方空间点阵，NaCl 晶体的结构基元由 Na^+ 和 Cl^- 构成。

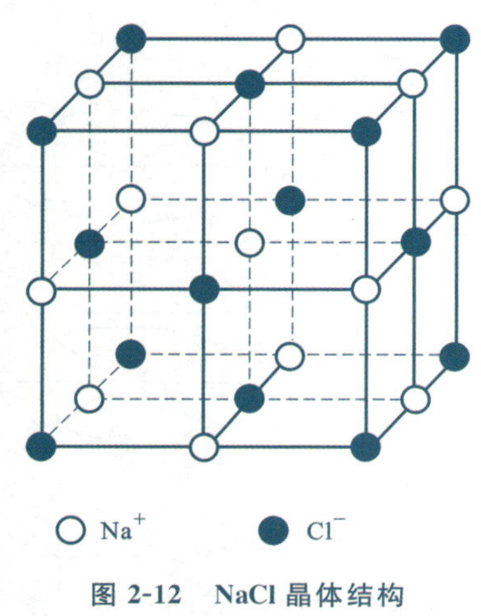

图 2-12 NaCl 晶体结构

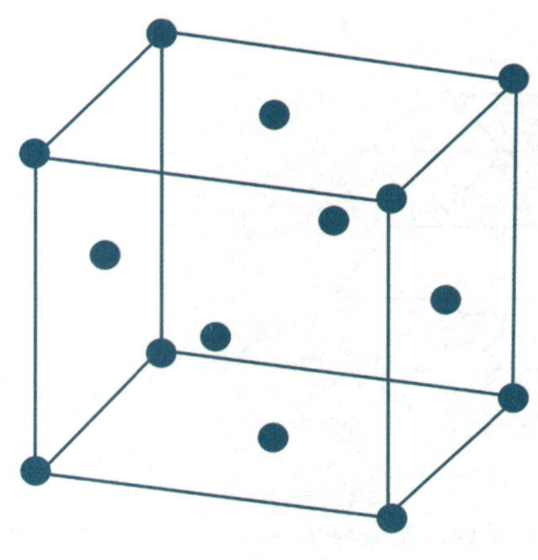

图 2-13 面心立方空间点阵

2.3.2 空间点阵的种类

晶体结构的基本特征是质点分布的周期性和对称性。为了使空间点阵能以更鲜明的几何形态显示出晶体结构的周期性和宏观对称性，通常在空间点阵中按一定的方式选取一个平行六面体，作为空间点阵的基本单元，称为阵胞。阵胞是空间点阵几何形象的代表。阵胞可以以不同的方式选取。若以不同的方式连接空间点阵中的阵点，便可得到不同形态的阵胞。如果只是为了表达空间阵点的周期性，则一般应选取体积最小的平行六面体作为阵胞。这种只在顶点上有阵点的阵胞，称为简单阵胞。但若要阵胞能同时反映出空间点阵的周期性和宏观对称性，简单阵胞是不能满足要求的。必须选取比简单阵胞体积更大的复杂阵胞。在复杂阵胞中除顶点外，体心或面心也可能有阵点分布。

选取复杂阵胞的原则是：①能同时反映空间点阵的周期性和宏观对称性；②在满足①的条件下，有尽可能多的直角；③在满足①和②的条件下，体积最小。

法国晶体学家布拉菲的研究结果表明，按上述三条原则选取的阵胞只能有 14 种，称为 14 种布拉菲点阵。

根据阵胞中阵点位置的不同可将布拉菲点阵分为四类：

①简单点阵：用字母 P 表示。仅在阵胞的八个顶点上有阵点，每个阵点同时为毗邻的八个平行六面体所共有，因此，每个阵胞只占有一个阵点。阵点坐标的表示方法为：以阵胞的任意顶点为坐标原点，以与原点相交的三条棱边为坐标轴，分别用点阵周期(a、b、c)为度量单位。阵胞顶点的阵点坐标为：000。

②底心点阵：用字母 C(或 A、B)表示。除八个顶点上有阵点外，两个相对面的面心上还有阵点，面心上的阵点为毗邻的两个平行六面体所共有。因此，每个阵胞占有两个阵点。其阵点坐标分别为：000，$\frac{1}{2}\ \frac{1}{2}\ 0$。

③体心点阵：用字母 I 表示。除八个顶点上有阵点外，体心上还有一个阵点，阵胞体心的阵点为其自身所独有。因此，每个阵胞占有两个阵点，其阵点坐标分别为：000，$\frac{1}{2}\ \frac{1}{2}\ \frac{1}{2}$。

④面心点阵：用字母 F 表示。除八个顶点上有阵点外，每个面心上都有一个阵点。因此，每个阵胞占有 4 个阵点。其阵点坐标分别为：000，$\frac{1}{2}\ \frac{1}{2}\ 0$，$\frac{1}{2}\ 0\ \frac{1}{2}$，$0\ \frac{1}{2}\ \frac{1}{2}$。

阵胞的形状和大小用相交于某一顶点的三条棱边上的点阵周期 a、b、c 以及它们之间的夹角 α、β、γ 来描述。习惯上，以 b、c 之间的夹角为 α，以 a、c 之间的夹角为 β，以 a、b 之间的夹角为 γ。这六个参数称为点阵参数。

按点阵参数的不同可将晶体点阵分为七个晶系。每个晶系包含几种点阵类型。各晶系的点阵参数及其所属的布拉菲点阵列于表 2-2 中。

空间点阵种类的有限性是由选取阵胞的条件所决定的。

例如，在选取复杂阵胞时，除平行六面体顶点外，只能在体心或面心有附加阵点，否则将违背空间点阵的周期性。所以，只可能有简单、底心、体心、面心四类点阵。

这四类点阵除了在斜方晶系中可同时出现外，在其他晶系中由于受对称性的限制或者不同类型点阵可互相转换，都不能同时出现。

例如，在立方晶系中，由于底心点阵与该晶系的对称性不符，因此不能存在。在正方晶系中，底心点阵可以转换为比其体积更小的简单点阵，面心点阵可转换为比其体积更小的体心点阵。所以，正方晶系中只能存在简单和体心两种独立的点阵类型。同理，单斜晶系的体心点阵和面心点阵分别可转换成体积不变和体积减小一半的底心点阵。

菱方晶系只能存在简单点阵，因为底心点阵与该晶系的对称性不符，而体心和面心点阵均可转换为简单点阵；六方晶系只存在呈菱方柱形的简单点阵，但考虑它的六次对称性，而又不违背空间点阵的周期性，所以选取由三个菱方柱形简单点阵拼成的六棱柱形底心点阵。三斜晶系的对称性最低，故只能出现简单点阵。

表 2-2 七个晶系及其所属的布拉菲点阵

晶系	点阵参数	布拉菲点阵	点阵符号	阵胞内阵点数	阵点坐标
立方晶系	$a=b=c$ $\alpha=\beta=\gamma=90°$	简单立方	P	1	000
		体心立方	I	2	$000,\frac{1}{2}\frac{1}{2}\frac{1}{2}$
		面心立方	F	4	$000,\frac{1}{2}\frac{1}{2}0,\frac{1}{2}0\frac{1}{2},0\frac{1}{2}\frac{1}{2}$
正方晶系	$a=b\neq c$ $\alpha=\beta=\gamma=90°$	简单正方	P	1	000
		体心正方	I	2	$000,\frac{1}{2}\frac{1}{2}\frac{1}{2}$
斜方晶系	$a\neq b\neq c$ $\alpha=\beta=\gamma=90°$	简单斜方	P	1	000
		体心斜方	I	2	$000,\frac{1}{2}\frac{1}{2}\frac{1}{2}$
		底心斜方	C	2	$000,\frac{1}{2}\frac{1}{2}0$
		面心斜方	F	4	$000,\frac{1}{2}\frac{1}{2}0,\frac{1}{2}0\frac{1}{2},0\frac{1}{2}\frac{1}{2}$
菱方晶系	$a=b=c$ $\alpha=\beta=\gamma\neq 90°$	简单菱方	R	1	000
六方晶系	$a=b\neq c$ $\alpha=\beta=90°$ $\gamma=120°$	简单六方	P	1	000
单斜晶系	$a\neq b\neq c$ $\alpha=\gamma=90°\neq\beta$	简单单斜	P	1	000
		底心单斜	C	2	$000,\frac{1}{2}\frac{1}{2}0$
三斜晶系	$a\neq b\neq c$ $\alpha\neq\beta\neq\gamma\neq 90°$	简单三斜	P	1	000

2.3.3 阵点平面指数

阵点平面指数(hkl)是米勒(Miller)在 1839 年首先采用的，故又可称为米勒指数，用圆括号表示。

当选取适当的坐标轴系及基矢 a,b,c 后，就可以确定单位平面，所有其余平面的截距都可以用 pa,qb 和 rc 来表示，这里 p,q,r 是有理数或无穷大，由于阵点平面在平行于它自身而移动时，始终不失去它的等同性，即它在各晶轴上的截距之比保持不变。因此，可以直接把 p,q,r 数值作为标志给定阵点平面的指数。但是这样的指数有时可能出现无穷大值，这会给数学计算带来麻烦，因而采用 p,q,r 的倒数，$h\propto\frac{1}{p}$，$k\propto\frac{1}{q}$，

$l \propto \frac{1}{r}$，并乘以适当的因子，换算成三个简单的互质的整数比，即该阵点平面指数(hkl)。

晶轴是参考坐标轴。它们从原点出发可分别向正、负两个方向延伸，当晶面与晶轴在负向相截时，其截距为负值，这个晶面的米勒指数也是负的。米勒指数为负值时，负号应写在该米勒指数的上方，因此，三个晶轴形成八个区，(hkl)分别为

$$(h\ k\ l),(\bar{h}\ k\ l),(h\ \bar{k}\ l),(h\ k\ \bar{l})$$

$$(\bar{h}\ \bar{k}\ \bar{l}),(h\ \bar{k}\ \bar{l}),(\bar{h}\ k\ \bar{l}),(\bar{h}\ \bar{k}\ l)$$

米勒指数绝对值相同、符号相反的晶面，即上列同一竖行的一对晶面，它们是相互平行的。

在结构分析时用含有公因数的米勒指数表示相当于一级衍射时的面指数，实际上它代表一个给定晶面的高级的X射线衍射。例如，(222)表示(111)晶面的二级衍射，(333)表示(111)晶面的三级衍射。

对于三斜或六方晶系，为适应其对称性，常采用四个坐标轴系来标定晶面的米勒指数。在这种定向中，三次对称轴或六次对称轴为$z(c)$轴。而其他三个坐标轴$x(a)$，$y(b)$和I轴在同一个水平面上，并与$z(c)$轴相垂直。三斜和六方晶系的三坐标轴系和四坐标轴系沿z轴投影见图2-14。三坐标轴系x轴、y轴在水平面上相交120°。四坐标轴系即在此基础上，与x轴和y轴分别各成120°加一个I轴。晶面的米勒指数为$(hkil)$，它们的比值为

$$h:k:i:l=\frac{1}{p}:\frac{1}{q}:\frac{1}{s}:\frac{1}{r} \tag{2-4}$$

式中　s——I轴的基矢倍数。

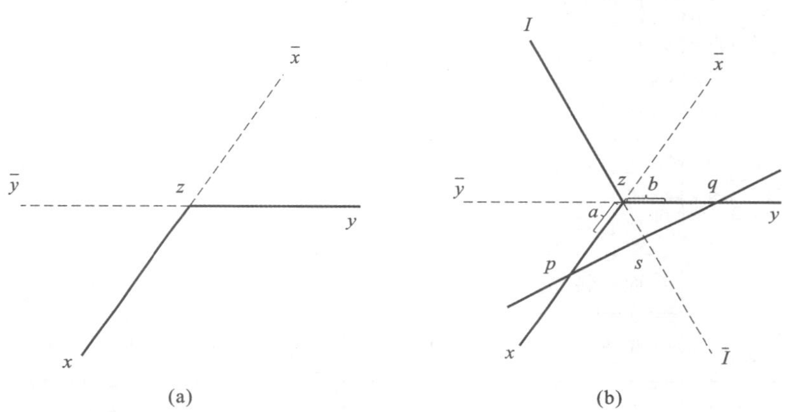

图2-14　三斜和六方晶系坐标轴的两种表示方法

(a)三坐标轴系；(b)四坐标轴系

由于平面上三个轴互交120°，从平面几何不难证明，所附加的晶面米勒指数$i=-(h+k)$。即$h+k+i=0$。设有一平面平行于z轴，其在xy平面的投影线为pq，见图2-14(b)。pq在四个轴上的截距分别为$2a$，$2a$，$-a$和∞，取截距倍数的倒数为$\frac{1}{2}$，$\frac{1}{2}$，$-\frac{1}{1}$，$\frac{1}{\infty}$，乘最小公倍数2，得四坐标轴系的米勒指数为$(11\bar{2}0)$。

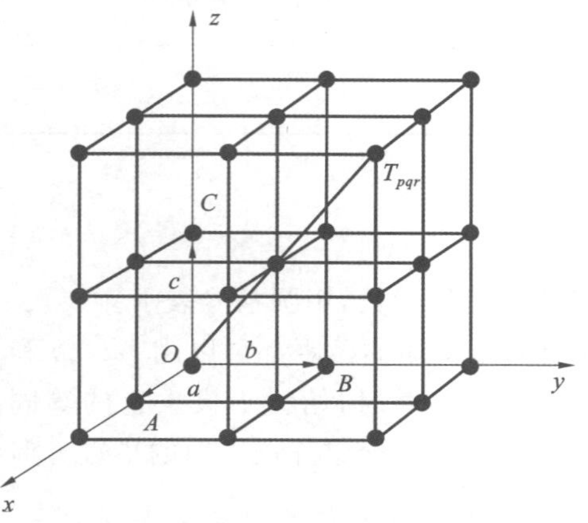

图2-15　空间点阵的阵点直线方向指数

2.3.4　空间点阵的阵点直线方向指数

设空间点阵三个轴的基矢为a，b，c，如图2-15所示。图中T_{pqr}为一阵点，它在A，B，C三个坐标轴上的分量(均为有理数)分别为2，2，2，则阵点T_{pqr}的矢径可表示为

$$T_{pqr}=pa+qb+rc \tag{2-5}$$

若把这三个有理数简化成三个互质的整数u，v，w；同时$u:v:w=p:q:r$，这样，$[u\ v\ w]$即为(p,q,r)阵点直线的方向指数。

图 2-15 中，通过原点连接阵点(p,q,r)的方向指数为[111]，方向指数用方括号表示。

确定阵点直线的方向指数[$u\ v\ w$]的方法有如下两种：

①把欲决定方向指数的阵点直线平移，使其通过坐标原点，求得阵点直线上任意一点的坐标分量 p,q,r。再将 p,q,r 简化成三个互质整数 u,v,w，[$u\ v\ w$]即为该阵点直线的方向指数。

②在欲决定方向指数的阵点直线上任取两个阵点坐标，如[$p_1\ q_1\ r_1$]和[$p_2\ q_2\ r_2$]，将$(p_1-p_2):(q_1-q_2):(r_1-r_2)$简化为三个互质的整数比 $u:v:w$，[$u\ v\ w$]即是该阵点直线的方向指数。

在晶体结构中，一组相互平行的阵点直线的方向指数相同，均可用[$u\ v\ w$]表示。通过坐标原点的阵点直线的方向指数在原点两边分别为[$u\ v\ w$]和[$\overline{u}\,\overline{v}\,\overline{w}$]。空间点阵的等效阵点直线的数量与其点阵的对称性有关，对称性愈好，其等效阵点直线的数量也就愈多。

2.3.5 空间点阵与晶体结构的对应关系

空间点阵与晶体结构是相互关联的，但又是两种不同的概念。空间点阵是从晶体结构中抽象出来的几何图形，它反映晶体结构最基本的几何特征。因此，空间点阵不可能脱离晶体结构而单独存在。但是，空间点阵并不是晶体结构的简单描绘，它的阵点虽然与晶体结构中的任一类等同点相当，但只具有几何意义，并非具体质点。自然界中晶体结构的种类繁多，而且很复杂。但是，从实际晶体结构中抽象出来的空间点阵却只有 14 种。这是因为空间点阵中的每个阵点所代表的结构单元可以由一个、两个或更多个等同质点组成。而这些质点在结构单元中的结合及排列又可以采取不同的形式。因此，每一种布拉菲点阵都可以代表许多种晶体结构。

空间点阵与晶体结构的关系可概括地表示为：空间点阵＋结构基元→晶体结构。

下面通过对几种常见的晶体结构的分析来具体说明晶体结构与空间点阵的关系。大多数金属元素具有最简单的体结构，主要是面心立方、体心立方和密堆六方结构。其中具有面心立方和体心立方结构金属晶体的原子与空间点阵的阵点重合。所以，对这两种结构的金属而言，它们的晶体结构与空间点阵是相同的。

密堆六方结构金属的晶胞可以用两种形式表示：①单位平行六面体晶胞，晶胞中有两个原子，其坐标分别为 000，$\frac{2}{3}\ \frac{1}{3}\ \frac{1}{2}$；②由三个单位平行六面体晶胞拼成的密堆六方晶胞，晶胞中有六个原子。

共价晶体金刚石属于立方晶系，晶胞中有八个碳原子。其中位于 000，$\frac{1}{2}\ \frac{1}{2}\ 0$，$\frac{1}{2}\ 0\ \frac{1}{2}$，$0\ \frac{1}{2}\ \frac{1}{2}$坐标位置的四个原子属于一类等同点，而位于$\frac{1}{4}\ \frac{1}{4}\ \frac{1}{4}$，$\frac{3}{4}\ \frac{3}{4}\ \frac{1}{4}$，$\frac{3}{4}\ \frac{1}{4}\ \frac{3}{4}$，$\frac{1}{4}\ \frac{3}{4}\ \frac{3}{4}$坐标位置的四个原子属于另一类等同点。两类等同点分别构成完全相同的面心立方点阵。所以，金刚石晶体结构属于面心立方布拉菲点阵。

离子晶体 NaCl 属于立方晶系，晶胞中有两个离子。Na^+ 的坐标为 000，属于一类等同点；Cl^- 的坐标为$\frac{1}{2}\ \frac{1}{2}\ \frac{1}{2}$，属于另一类等同点。两类等同点分别构成完全相同的简单立方点阵。所以，NaCl 晶体结构属于简单立方布拉菲点阵。

综上所述，面心立方纯金属、共价晶体金刚石和离子晶体 NaCl 的晶体结构和性质虽是各不相同的，但是它们的空间点阵同属于面心立方布拉菲点阵。

就某一种晶体而言，它的晶胞与其空间点阵的阵胞参数(a、b、c、α、β、γ)是相同的。不同之处是它们所包含的物质内容，以及晶胞中的质点数与阵胞中的阵点数。晶胞中质点数是其阵胞中阵点的倍数(有时相等)。

2.4 晶体的定向及晶系

2.4.1 晶带与晶带轴

晶体多面体由许多晶面(至少 4 个晶面)所包围。平行于同一直线的各个晶面组成一个“晶带”,被平行的那条直线称为“晶带轴”。从晶带及晶带轴的定义可知,同一晶带中各晶面的法线皆处于同一平面上,而其晶带轴必定垂直于此平面。此外,同一晶带的晶面总是落在极射赤平投影中的同一个通过球心的大圆上。

两个晶面相交形成一晶棱,晶棱总是与这两个晶面平行。同一晶带的晶面所构成的晶棱是相互平行的,将这些晶棱平移并使之通过坐标原点,即构成此晶带的晶带轴。与晶带轴垂直的平面必定与此晶带所有的晶面垂直。晶带轴与晶带中的晶棱平行,表示晶带中全部晶棱的方向及全部晶面都平行的那个方向。从晶体内部点阵看,任何一族相互平行的阵点平面都可能是一个晶面。在晶体点阵中,这样的平面族将有无穷多个,自然它也存在着无穷多个可能的晶带。从晶体点阵原点引出的任何一条阵点列直线都可能是晶带轴。从晶体内部点阵看,每一条晶带轴都必定是通过原点,并且具有周期性排列的阵点列。从这一意义上说,晶带轴不但表示了一个方向,而且包含着在此方向上阵点之间的周期参数。同理,任何一个可能晶面的法线,不但表达了一族相互平行的结点面的方向,而且也包含这族结点面之间距离的周期参数。

晶体中任何一个可能晶面都必定属于两个或两个以上的晶带所共有。由特别多的晶带所共有的晶面,我们称为主要晶面。另外,由特别多的晶面所构成的晶带,我们称之为主要晶带,它的轴即称之为主要晶带轴。在实际晶体发育中残留着的实际晶面往往与晶体内部结构中结点密度比较大的结点面族相对应。一些实际的或可能的主要晶面往往也与阵点密度很大的阵点面族相对应。下面我们再对晶体内部点阵作一些讨论,并且说明主要晶面的法线往往就是一个主要晶带轴。

晶体点阵中任何一族相互平行的阵点平面所组成的面族都可以看作由垂直于此面族的许多阵点面族所构成的,这些面族都平行于此面族的法线。显然,阵点密度越大的阵点面族,构成它(垂直于它)的那些面族的数量将可能越多,面间距离将越小。显然,点阵中阵点密度最大的阵点面族,构成它的那些面族的数量将最大,面间距离将最小。因此,与阵点密度最大的面族相垂直的方向将是由数量最多的可能晶面构成的晶带方向,亦即所谓最主要晶带的方向。换句话说,阵点密度很大的一些面族,其法线都将是可能的主要晶带轴。

晶体点阵中通过原点的任何一个阵点平面都可以看作由许多通过原点的阵点列所构成。我们已经知道,通过原点的任一条阵点列都是一个可能的晶带轴。因此,通过原点的一个阵点平面包含许多个晶带轴。处于同一平面上的晶带轴就构成了一个“晶带轴族”。不难看出,一个“晶带轴族”的法线方向,必然也是一个晶带轴。阵点密度很大的通过原点的阵点平面必然包含更多的通过原点的阵点列,而且它们的阵点间距是比较小的。它们中的一些都是比较主要的可能晶带轴。由比较主要的晶带轴所构成的“晶带轴族”,其法线方向必定是最主要的可能晶带轴。厘清“晶带轴族”及其法线的概念不仅有助于理解晶体的定向相关内容,对在 X 射线晶体学中诠释劳埃法衍射照片也极为有益。

2.4.2 晶体的定向

几何晶体学中的对称元素能够阐述晶体对称性的几何要素,即几何点、平面及直线。既然对称元素表达了晶体固有的对称特性,它们就应该与反映晶体内部结构特性的晶体点阵相对应。对称元素的几何点、平面及直线就与晶体点阵中的原点、通过原点的阵点平面及阵点列的概念一致,而且对称面及对称轴往往与晶体点阵中阵点密度最大的一些阵点面及阵点列一致。换句话说,对称面的法线方向及对称轴的方向往往都是晶体中实际的或可能存在的一些主要的或最主要的晶带轴。

晶体的定向就是在晶体内确定一个坐标系。所选取的3个坐标轴，我们称之为结晶学轴(简称晶轴)，分别以a、b、c标记。按照国际通例，必须以右手法则确定晶轴a、b、c的次序及相互取向，其3个晶轴在正方向上的夹角分别以α、β、γ标记。在这里要特别强调，除了给出声明之外，晶体的晶轴取向必定与晶体所处的坐标系X轴、Y轴、Z轴方向完全一致。晶轴a、b、c与X轴、Y轴、Z轴一一重合，且它们的单位轴长也相应一致。

为了表述晶体的特性，包括内部结构的周期性及对称性等特性，3个晶轴a、b、c的方向总是从那些最主要的阵点列中选择，即从那些最主要的晶带轴中选择。这种选择必然与晶体中最重要的一些实际或可能晶棱及晶面法线方向相一致。不难理解，对称轴及对称面的法线方向将是晶轴a、b、c优先选择的重要依据。

晶轴a、b、c必然都与晶体中最主要的晶带轴相一致。从晶体内部点阵看，与晶轴a、b、c一致的阵点列上，它们阵点之间最短距离的周期分别以a_0、b_0、c_0标记，我们将a_0、b_0、c_0定义为晶体3个晶轴a、b、c的单位轴长。这样一来，a_0、b_0、c_0及α、β、γ 6个参数表征晶体内部结构的点阵特性。由这6个参数必可建立一个平行六面体的格子。可将晶体内部点阵看作这样的平行六面体沿a、b、c方向无穷排列的结果。这里需要提醒一下，在往后的许多讨论中，a、b、c既代表晶轴又代表单位轴长(即代替a_0、b_0、c_0)。

所有实际存在或可能存在的晶体的对称性均已被32个点群(对称类型)所概括，所有晶体的取向问题可以在点群范围内进行讨论，每一个点群(严格地说，应该是该点群所概括的所有晶体)的取向都会有自己的特点。或者说，每个点群的取向——6个参数的确定不应该与该点群的对称性相矛盾。下面我们对32个点群分别作一些必要的讨论。

(1)点群1及点群$\bar{1}$

它们的对称性对6个参数的选择并无任何约束。原则上，任何3条互不平行的主要阵点列(即实际晶棱或可能晶棱)方向都可以选作a,b,c。但一般应取3个最明显的晶带轴，并使α,β,γ接近90°。

(2)只具有一个二次轴或一个对称面的点群2、点群m以及两者组合的点群$2/m$

应该首先选择二次轴或对称面法线为一个晶轴，而且按国际惯例将这唯一的二次轴及唯一的对称面法线确定为b轴。a轴及c轴除了必须垂直于b轴外，这些点群的对称性对它们并没有更多的约束。因此，垂直于二次轴，或位于对称面上的任何两条互不平行的主要阵点列(晶棱或晶面法线－晶带轴)都可以选择为a轴、c轴，只是二者的夹角β最好大于并接近90°。

(3)不具有高次轴，但具有一个以上的二次轴或一个以上对称面的点群$mm2$、点群222及点群mmm

它们的对称面之间或二次轴之间都是互相垂直的。二次轴及对称面法线作为3个晶轴a、b、c。这样的坐标系必然是正交坐标系，这样的正交坐标系与它们点阵的正交性质是一致的。以上所讨论过的点群，它们所选定的晶轴a、b、c，在单位轴长上并没有任何要求，即a_0、b_0、c_0之间并未受点群对称性的任何制约。

(4)具有一个四次轴(或四次反轴)的点群4,$\bar{4}$,$4/m$,422,$4mm$,$4/mmm$及$\bar{4}m2$等

首先选择这些点群中唯一的一个四次轴(或四次反轴)作为晶轴，而且习惯上将其选为c轴，然后将垂直于四次轴的两个相互垂直的二次轴或晶面法线作为a轴及b轴。如果点群中并没有这样的二次轴及对称面(例如点群4及$\bar{4}$)，那么，可以选择垂直四次轴的两个相互垂直的主要晶带轴(晶棱或晶面法线)作为a、b轴。在四次轴(或四次反轴)与c轴重合的情况下，为了满足四次旋转对称的要求，a轴与b轴不但要相互垂直，而且它们的单位轴长必须相等，即$a_0=b_0$。

按照上述要求，点群$\bar{4}m2$中的a轴及b轴可以有两种选择：一种是将两个相互垂直的晶面法线选作a轴及b轴；另一种是将两个相互垂直的二次轴选为a轴及b轴。后者点群符号将以$42m$表示。这两种选择在几何晶体学中是可以任意的，而在微观空间对称中却是非任意的。它们之间的差别只是将a轴与b轴同时沿c轴转动45°。

(5)具有一个六次轴(或六次反轴)的点群 $6,\bar{6},6/m,622,6mm,6/mmm$ 及 $\bar{6}m2$

首先选择这些点群中唯一的一个六次轴(或六次反轴)作为晶轴,而且习惯上将其选为 c 轴。六次轴的基转角 α 为 60°,沿着 c 轴的六次旋转对称对 a 轴及 b 轴的选择将有如下制约:①垂直于 c 轴的 a 轴与 b 轴应相交 120°(120°与 60°是互补角);②a 轴与 b 轴的单位轴长必须相等,即 $a_0=b_0$。所以,我们总是选择垂直于六次轴(或六次反轴)的两个相交 120°的二次轴或两个对称面的法线作为 a 轴及 b 轴。如果点群中不具有这样的二次轴或对称面(例如点群 6 及 $\bar{6}$),那么,将要选择垂直于六次轴的两个相交 120°的主要晶带轴(晶棱或晶面法线)作为 a 轴、b 轴。

(6)具有一个三次轴(或三次反轴)的点群 $3,\bar{3},32,3m,\bar{3}m$

有两种取向方式。第一种取向方式与上述具有一个六次轴的点群一样,称为 H(Hexagonal 的首字母)取向。

对于点群 3 及点群 $\bar{3}$,选择唯一的三次轴(或三次反轴)为 c 轴,以垂直于三次轴的两个相交 120°的主要晶带轴(晶棱、晶面法线)为 a 轴及 b 轴。同理,a 轴及 b 轴的单位轴长必须相等,即 $a_0=b_0$。

对于点群 $32,3m$ 及 $\bar{3}m$ 同样以三次轴(或三次反轴)为 c 轴。但 a 轴及 b 轴可以有两种取向选择:一种是以垂直于三次轴(或三次反轴)的两个二次轴或晶面法线为 a 轴、b 轴。此时,点群符号标记为 $321,3m1,\bar{3}m1$。另一种是以垂直于三次轴(或三次反轴)并与两个二次轴或晶面法线相垂直的方向为 a 轴、b 轴。此时,点群符号将写成 $312,31m,\bar{3}1m$。这两种 a、b 轴取向,各相差 30°。这种区别只在微观空间对称中才有意义,在几何晶体学中却是任意的。

第二种取向方式是这些点群所特有的一种取向,称为 R(Rhombohedral 的首字母)取向。

在这些点群里,可以选取以三次轴(或三次反轴)为对称的相交的 3 个主要晶带轴(晶棱、晶面法线)为 a 轴、b 轴、c 轴。三次轴的对称性对这种取向方式有如下要求:$a_0=b_0=c_0$,$\alpha=\beta=\gamma\neq 90°$。

(7)具有四个三次轴的点群 $23,43,m\bar{3},\bar{4}3m,m\bar{3}m$

这些点群的共同特征是具有 4 个三次轴,并相互以 109°28′16″相交。可以设想,将每个点群中的 4 个三次轴与一个立方体中 4 个体对角线重合,那么,此立方体中 3 个通过体心(坐标原点)并互相垂直的三对面的法线将被选择为晶轴 a、b、c。3 个晶轴与上述点群的 3 个二次轴或 3 个四次轴或 3 个四次反轴重合。这些具有 4 个三次轴的点群,它们的对称性对于晶轴的规定具有十分严厉的约束,晶轴的选择必须满足 $a_0=b_0=c_0$,$\alpha=\beta=\gamma=90°$。

2.4.3 晶系的划分

前文的讨论指出了晶体的取向依赖于晶体内部结构的点阵特征。晶体的晶轴 a、b、c 的选择一定是使它们与晶体点阵的 3 个最主要的阵点列相重合,而且以阵点列上最短的阵点之间距离作为晶轴的单位轴长,因而晶体的取向被确定后所给出的 6 个参数 a_0、b_0、c_0 及 α、β、γ 将完全表征晶体内部整个点阵的特点。所以,这 6 个参数被称为晶体的点阵参数。以此 6 个参数不难建立一个平行六面体,这样的平行六面体是晶体点阵内的一个基本单元,称为晶体点阵的单位格子。晶体内部结构是以具体的结构基元在三维方向周期性堆积而成的。这样在三维方向上无穷的周期性排列的晶体结构也完全可以用其中一个单位体积来表征。晶体内部结构的特征是以同样的 a_0、b_0、c_0 及 α、β、γ 在晶体内部割取的平行六面体来表达的。它的大小和形状与抽象的晶体点阵中的单位格子一样,但它却包含具体的结构基元,我们把这种包含具体结构内容的平行六面体称为晶体结构的单位晶胞,简称晶胞。因此,我们也把晶体点阵参数称为晶体的晶胞参数。晶体内部结构就是由晶胞沿三维方向周期性排列的结果。

晶胞参数(点阵参数)表达了晶体点阵的特征,而晶体的对称性是晶体内部结构特征的一种表象,它也包含单位格子(晶胞)的各种特征。因此,晶胞参数(点阵参数)必然要与表达晶体对称性的点群相适应。

不难看出,32 个点群共有 7 种晶胞参数选择,也就是说,32 个点群所包括的全部实际存在或可能存在的晶体一共只有 7 种晶胞类型。以此为依据,称它们为 7 种晶系,32 个点群自然分属于 7 种晶系之中(表 2-3)。

表 2-3 7 种晶系的特征对称及其所属点群

晶系		特征对称元素	晶胞类型	所属点群
低级晶系	三斜晶系	对称自身或对称中心	$a_0 \neq b_0 \neq c_0$ $\alpha \neq \beta \neq \gamma \neq 90^\circ$	$1, \bar{1}$
	单斜晶系	二次轴或对称面	$a_0 \neq b_0 \neq c_0$ $\alpha = \gamma = 90^\circ \neq \beta$ $\beta > 90^\circ$	$m, 2, \frac{2}{m}$
	正交晶系	互相垂直的二次轴或对称面	$a_0 \neq b_0 \neq c_0$ $\alpha = \beta = \gamma = 90^\circ$	$222, mm2, mmm$
中级晶系	三方晶系	三次轴或三次反轴	(1) $a_0 = b_0 \neq c_0$ $\alpha = \beta = 90^\circ$ $\gamma = 120^\circ$ (2) $a_0 = b_0 = c_0$ $\alpha = \beta = \gamma \neq 90^\circ$	$3, \bar{3}, 3m, 32, \bar{3}m$
	四方晶系	四次轴或四次反轴	$a_0 = b_0 \neq c_0$ $\alpha = \beta = \gamma = 90^\circ$	$4, \bar{4}, \frac{4}{m}$ $\bar{4}m2, 422$ $4mm, \frac{4}{m}mm$
	六方晶系	六次轴或六次反轴	$a_0 = b_0 \neq c_0$ $\alpha = \beta = 90^\circ$ $\gamma = 120^\circ$	$6, \bar{6}, \frac{6}{m}, \bar{6}m2$ $622, 6mm, \frac{6}{m}mm$
高级晶系	立方晶系	四个三次轴按立方体的体对角线取向	$a_0 = b_0 = c_0$ $\alpha = \beta = \gamma = 90^\circ$	$23, m\bar{3}, 43, \bar{4}3m, m\bar{3}m$

每一晶系都有其特征对称元素及表征晶胞类型的 6 个晶胞参数。我们有时候也把这些表征晶系特性的要素称为晶系对称。

7 个晶系中不具有高次轴者(三斜晶系、单斜晶系、正交晶系)称为低级晶系,具有一个高次轴者(三方晶系、四方晶系、六方晶系)称为中级晶系,具有一个以上高次轴者(立方晶系)称为高级晶系。

表 2-3 列出了 7 种晶系及其所属点群。表中每个晶系所列的最后一个点群是该晶系最高对称类型,称为该晶系的全对称型。表 2-3 中还列出了每个晶系的特征对称元素及表征该晶系特点的晶胞类型。

天然生物大分子是具有手性(或称单向性)的生物分子,分子内部不可能存在反伸对称性或反映对称性,也不可能有两个互为对映对称体的分子存在于晶体内。因而天然生物大分子的晶体只能是具有旋转对称操作的轴对称类型,即不能存在对称中心及对称面。适合天然生物大分子晶体的对称类型(点群)只有如下 11 种:1,2,222,4,422,3,32,6,622,23,43。

2.5 晶面指数与晶棱指数 >>>

2.5.1 晶面指数

为了表示晶体中每一个实际的或可能存在的晶面与 3 个晶体学轴 a、b、c 的取向关系,我们给每一晶面以 3 个整数并加以圆括弧来表示——(hkl)。其中,hkl 称为晶面指数,晶面指数中 h、k、l 为互质数,即它们之间不存在公约数。

我们指定晶体的晶胞单位长度 a_0、b_0、c_0 分别为 3 个晶体学轴 a、b、c 的单位轴长。

如图 2-16 所示,现有晶面 ABC 与晶轴 a、b、c 相交,其截距分别为 $\overline{OA}$、$\overline{OB}$、$\overline{OC}$。它们分别等于或大于

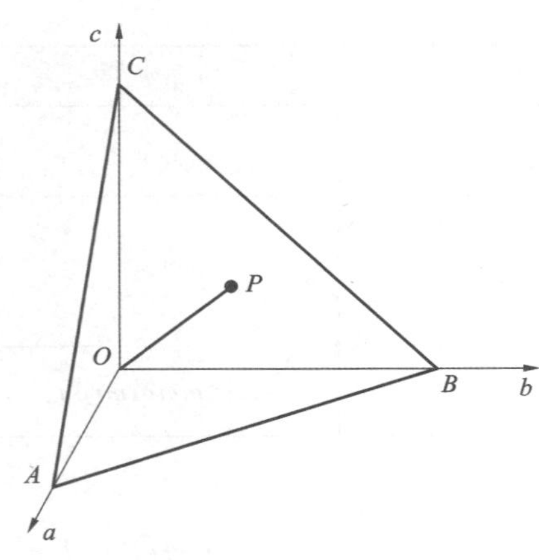

图 2-16 晶面 ABC 及其面法线 OP 在特定坐标中的示意图

a_0、b_0、c_0，并为后者的整数倍。那么，晶面 ABC 的面指数 hkl 将有如下的表达：

$$h : k : l = a_0/\overline{OA} : b_0/\overline{OB} : c_0/\overline{OC} \tag{2-6}$$

从式(2-6)可知，如果晶体的轴比 $a_0 : b_0 : c_0$，以及晶面在 3 个晶轴上的截距 $\overline{OA}$、$\overline{OB}$、$\overline{OC}$ 都已给出，那么该晶面的面指数 hkl 将可确定。

在另一情况下，面指数为 hkl 的晶面在晶轴上的截距 $\overline{OA}$、$\overline{OB}$、$\overline{OC}$ 已经给出，那么该晶体的轴比将可确定，此时式(2-6)将表达为

$$a_0 : b_0 : c_0 = h \cdot \overline{OA} : k \cdot \overline{OB} : l \cdot \overline{OC} \tag{2-7}$$

当然，若该已知面指数的晶面是单位晶面，即它的面指数为(111)，那么式(2-6)将有如下表述：

$$a_0 : b_0 : c_0 = \overline{OA} : \overline{OB} : \overline{OC} \tag{2-8}$$

也就是说，单位晶面(111)在晶轴上截距之比就是该晶体的轴比。如果找不到与 3 个晶轴都相交的单位晶面(111)，也可以选出几个基本晶面，如(110)，(011)，(101)等，分别代入式(2-7)，联合解出该晶体的轴比。这就是所谓“双单位面”的方法。

习惯上往往把轴比 $a_0 : b_0 : c_0$ 表达成$(a_0/b_0) : 1 : (c_0/b_0)$。

晶面指数中的 3 个互质整数 h、k、l 分别与晶体的 3 个晶轴一一对应。从式(2-6)可知，晶面在晶轴上的截距是与晶面指数成反比的。晶面在某晶轴上的截距越小，晶面指数中对应这一轴的指数值就越大。当晶面平行于某一晶轴，即其截距为无穷大时，则它相应于此轴的晶面指数等于零。

假定作任意晶面 ABC 的面法线 OP 通过坐标原点并与此晶面相交于 P 点(见图 2-16)，面法线 OP 与晶轴 a、b、c 的夹角为$\angle AOP$、$\angle BOP$ 及$\angle COP$。为了简便，我们将晶面指数为 hkl 的晶面法线 OP 与三个晶轴的夹角(即$\angle AOP$、$\angle BOP$ 及$\angle COP$)写成$(hkl)_a$、$(hkl)_b$ 及$(hkl)_c$。如图 2-16 所示，以余弦关系表达晶面 hkl 在晶轴上的截距分别为：

$$\left.\begin{aligned}\overline{OA} &= \overline{OP}/\cos(hkl)_a \\ \overline{OB} &= \overline{OP}/\cos(hkl)_b \\ \overline{OC} &= \overline{OP}/\cos(hkl)_c\end{aligned}\right\} \tag{2-9}$$

若晶面为单位晶面，即它的晶面指数为(111)，那么代入式(2-9)并结合式(2-8)，晶体的轴比表达如下：

$$a_0 : b_0 : c_0 = 1/\cos(111)_a : 1/\cos(111)_b : 1/\cos(111)_c \tag{2-10}$$

在单位晶面(111)的情况下，轴比等于单位晶面(111)在晶轴上截距之比，若已知夹角$(111)_a$、$(111)_b$ 及$(111)_c$，根据图 2-16 可以求得晶轴 a、b、c 之间的夹角 α、β 及 γ。

根据式(2-9)及式(2-6)，对于任意晶面(hkl)有如下表达

$$h : k : l = a_0\cos(hkl)_a : b_0\cos(hkl)_b : c_0\cos(hkl)_c \tag{2-11}$$

由式(2-11)可知，若晶体的轴比 $a_0 : b_0 : c_0$ 已知，对于任何晶面(hkl)，只要得知其法线与晶轴的夹角，则该晶面的指数 hkl 就可被确定。

根据式(2-10)及式(2-11)可得

$$h : k : l = \cos(hkl)_a/\cos(111)_a : \cos(hkl)_b/\cos(111)_b : \cos(hkl)_c/\cos(111)_c \tag{2-12}$$

由式(2-12)可知，当单位晶面(111)及任一晶面(hkl)的法线与晶轴之间的夹角已被测知，就可求出该晶面的晶面指数 hkl。

从式(2-11)可知，在特定的轴比值下，晶面法线与某晶轴间的夹角越小，其余弦值越大，与此轴相应的指数也越大。从式(2-6)或式(2-11)都可以作出如下推断：当晶面平行于某个晶轴时，则它相应于此轴的指数等于零。例如，晶面指数为 $hk0$ 的晶面必然是与 c 轴平行的；同理，晶面指数为 $h0l$ 及 $0kl$ 的晶面一定分别平行于 b 轴及 a 轴。

运用极射赤平投影方法，任意晶体的轴比、晶轴夹角，以及晶体中各个晶面的晶面指数都可以在该晶体的投影图中用简单测量大圆弧的方法求得。对极射赤平投影方法的应用，弗林特在《几何结晶学实习指导》

中作了详细的讲解。

晶面指数 hkl 是晶体中晶面的一个记号，其更重要的意义还在于它表示在已确定的晶轴 a、b、c 中该晶面所具有的特定方位，或者说 (hkl) 是表示该晶面面法线在晶轴 a、b、c 中的特定取向。

2.5.2 晶棱指数

与晶面指数相似，我们也用 3 个整数并加方括弧表示晶棱的方向——$[uvw]$。这些整数称为晶棱指数。晶棱指数中的 3 个整数 u,v,w 就如指数 h,k,l 那样是互质数，即它们之间不存在公约数。

晶带轴是与相应的一些晶轴相平行的，晶棱指数表示该晶棱在已确定的晶轴 a、b、c 中的方向。不难理解，相互平行的晶棱，其指数必然相同，与这些晶棱相平行的晶带轴，其指数当然也就与此晶棱指数一样。

依照晶体内部点阵的概念可以指出：通过任意两结点的直线都是一个可能的晶棱方向。在晶体学中也可以指出：任何平行于两个实际或可能存在的晶面的交线方向都是一个实际或可能存在的晶棱。

任何晶棱直线都可以平移到通过晶体点阵的坐标原点，此时晶棱直线将与某一通过原点的阵点列重合。在此阵点列上距离坐标原点最近的阵点，其指数（阵点平面指数）就是此晶棱的指数。距原点最近的阵点有两个，分别在此阵点列的正、反方向。它们的指数互为反符号，这两个互为反符号的晶棱指数都表示着同一个晶棱的方向。例如$[\bar{3}12]=[3\bar{1}\bar{2}]$表示着同一个晶棱的方向。作为表示晶棱的方向，这两个晶棱指数是相互等效的。阵点列上其他阵点的指数都是它们的整数倍（即具有一公约数）。图 2-17 中的 OP 阵点直线表示在已确定的晶轴 a、b、c 中，晶棱指数为[213]的晶棱方向。

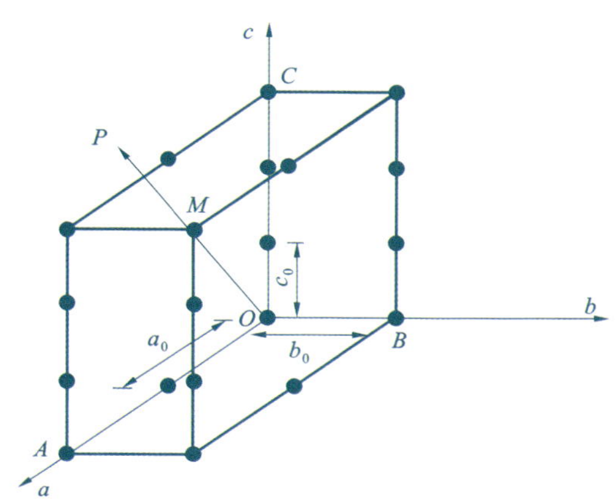

图 2-17 晶棱[213]在晶轴 a、b、c 中的方向，其中 a_0、b_0、c_0 为单位轴长

设在晶轴 a、b、c 上的单位轴长为 a_0、b_0、c_0，在通过晶体点阵的坐标原点的阵点列 OP 上，任意阵点 M 在坐标轴 a、b、c 上的截距投影分别为 OA、OB 及 OC，此阵点的指数 r_1、r_2、r_3 将分别为

$$r_1 = \overline{OA}/a_0;\quad r_2 = \overline{OB}/b_0;\quad r_3 = \overline{OC}/c_0 \tag{2-13}$$

那么，在此 OP 方向的晶棱指数$[uvw]$将是此阵点总指数 r_1,r_2,r_3 除以公约数之后的指数。它们有如下关系：

$$u : v : w = \overline{OA}/a_0 : \overline{OB}/b_0 : \overline{OC}/c_0 \tag{2-14}$$

在此比例式中，u,v 及 w 之间不再存在公约数 n。换句话说，晶棱指数$[uvw]$与此阵点直线上任意阵点的指数 r_1,r_2,r_3 有如下倍数关系：

$$u = r_1/n;\quad v = r_2/n;\quad w = r_3/n \tag{2-15}$$

其中 n 为正整数。

前面已指出晶轴 a、b、c 不但一定是晶体内部点阵中通过原点的阵点列，而且是三条最主要的阵点列。从上述讨论不难理解，它们的晶棱指数应分别为：a 轴为[100]，b 轴为[010]，c 轴为[001]。

2.5.3 晶面指数与晶棱指数的相互关系

在晶体学中，晶带定律指出：①任何平行于两个可能或实际存在晶棱的平面就是一个可能或实际存在的晶面；②任何平行于两个可能或实际存在的晶面的交线方向都是可能或实际存在的晶棱。

晶棱指数$[uvw]$与晶面指数(hkl)有如下关系：

$$hu + kv + lw = 0 \tag{2-16}$$

(1)晶面指数与其晶带轴指数

晶带轴指数即此晶带中各个晶棱的指数，由式(2-16)我们可以找出同一晶带内各晶面指数的共同特征。例如，对于晶带[111]，式(2-16)将为

$$h+k+l=0 \tag{2-17}$$

由此可知，属于晶带[111]的任何晶面，其晶面指数中3个指数之和应等于零。

例如，对于晶带[100]，式(2-16)将为

$$h=0 \tag{2-18}$$

由此可知，属于晶带[100]的所有晶面，其晶面指数中第一指数必为零，即($0kl$)。同理可以推导出，属于晶带[010]的所有晶面，其晶面指数中第二指数必为零，即($h0l$)；属于晶带[001]的所有晶面，其晶面指数应为($hk0$)。

例如，对于晶带[110]，式(2-16)将为

$$h+k=0 \text{ 或 } k=-h \tag{2-19}$$

由式(2-19)可知，属于晶带[110]的任何晶面，其晶面指数中第一指数与第二指数的绝对值必相同而且符号相反，即($h\bar{h}l$)，其中在晶体学里 $\bar{h}$ 表示 h 的负值。同理，可以推知晶带[101]及[011]的结果。

(2)晶面指数与晶棱指数的相互关系

由式(2-16)可以解出两个晶面($h_1k_1l_1$)及($h_2k_2l_2$)相交的晶棱指数[uvw]。

将晶面($h_1k_1l_1$)及晶面($h_2k_2l_2$)分别代入式(2-16)可得

$$\begin{aligned} h_1u+k_1v+l_1w=0 \\ h_2u+k_2v+l_2w=0 \end{aligned} \tag{2-20}$$

联解方程组[式(2-20)]可得下列结果(中间推导从略)：

$$u:v:w=(k_1l_2-l_1k_2):(l_1h_2-h_1l_2):(h_1k_2-k_1h_2) \tag{2-21}$$

即

$$\begin{aligned} u&=k_1l_2-l_1k_2 \\ v&=l_1h_2-h_1l_2 \\ w&=h_1k_2-k_1h_2 \end{aligned} \tag{2-22}$$

也可以用下面的行列式形式求解式(2-20)，以容易记忆的方法确定 uvw：

$$\begin{array}{c|ccccccc|c} h_1 & k_1 & & l_1 & & h_1 & & k_1 & l_1 \\ & & \times & & \times & & \times & & \\ h_2 & k_2 & & l_2 & & h_2 & & k_2 & l_2 \end{array} \tag{2-23}$$

具体步骤：①将每一晶面的晶面指数在一列上连续写两次，两个晶面写成两列，其指数按次序一一对应；②将最右及最左的纵行删去，如式(2-23)；③用交叉相乘方法，并依次取乘积差数，即可得式(2-22)的结果。例如已知晶面(320)及(211)，求它们相交的晶棱指数[uvw]。

$$\begin{array}{c|ccccccc|c} 3 & 2 & & 0 & & 3 & & 2 & 0 \\ & & \times & & \times & & \times & & \\ 2 & 1 & & 1 & & 2 & & 1 & 1 \end{array}$$

$u=2\times1-1\times0=2$；$v=0\times2-3\times1=-3$；$w=3\times1-2\times2=-1$，所以，晶面(320)及(211)相交的晶棱，其指数应为[$2\bar{3}\bar{1}$]。很明显，利用式(2-16)亦可作出另一种表达。沿着同样的途径，可以推知平行于两个晶棱[$u_1v_1w_1$]及[$u_2v_2w_2$]的晶面的晶面指数(hkl)：

$$\begin{aligned} h&=v_1w_2-w_1v_2 \\ k&=w_1u_2-u_1w_2 \\ l&=u_1v_2-v_1u_2 \end{aligned} \tag{2-24}$$

同理，利用与式(2-23)类似的行列式形式，也可以求出晶面指数。

例如，已知晶棱[$\bar{1}20$]及[122]，求兼有此二晶棱的晶面指数。

可得，$h=2\times2-0\times2=4$，$k=0\times1-\bar{1}\times2=2$，$l=\bar{1}\times2-2\times1=\bar{4}$，分别除以公约数2以后，求得晶面指数为($21\bar{2}$)。

(3)同一晶带内各个晶面在指数上的相互关系

从同一晶带中的两个晶面($h_1k_1l_1$)及($h_2k_2l_2$)，可以推知在同一晶带中另一晶面，其晶面指数将是两个

初始晶面的晶面指数之和，即$(h_1+h_2, k_1+k_2, l_1+l_2)$。新的晶面位于两个初始晶面之间，下面作简单证明。

设两个晶面$(h_1k_1l_1)$及$(h_2k_2l_2)$在同一晶带里，并令此晶带轴的指数为$[uvw]$。分别代入式(2-16)可得：

$$h_1u+k_1v+l_1w=0$$
$$h_2u+k_2v+l_2w=0$$

将上式[也即式(2-20)]中两方程相加，可得

$$(h_1+h_2)u+(k_1+k_2)v+(l_1+l_2)w=0 \tag{2-25}$$

从式(2-25)可以得知，与上述两个初始晶面共有的晶带轴$[uvw]$，可能存在着晶面指数为$(h_1+h_2, k_1+k_2, l_1+l_2)$的晶面。从晶面指数可推知，新的晶面位于两个初始晶面之间。

同理，将式(2-20)中两方程相减，可得下列两个新方程：

$$(h_1-h_2)u+(k_1-k_2)v+(l_1-l_2)w=0 \tag{2-26}$$
$$(h_2-h_1)u+(k_2-k_1)v+(l_2-l_1)w=0 \tag{2-27}$$

式(2-26)及式(2-27)表明，与上述两个初始晶面共有的晶带轴$[uvw]$，还可能存在着另外两个新的晶面，其晶面指数分别为$(h_1-h_2, k_1-k_2, l_1-l_2)$及$(h_2-h_1, k_2-k_1, l_2-l_1)$。从晶面指数可推知它们分别位于两个初始晶面的两侧。前者位于初始晶面$(h_1k_1l_1)$侧，后者位于初始晶面$(h_2k_2l_2)$侧。

依据这一原理，从晶体的某些已知晶面，可以求出该晶体所有可能存在的晶面，并确定其晶面指数。若已知晶体的4个最基本晶面(100)，(010)，(001)及(111)，那么这种推演就非常容易进行了。

图2-18是以立方晶系作为示范，当4个最主要晶面(100)，(010)，(001)及(111)已被确定，那么运用上述原理可以在此极射赤平投影图中推导出其他晶面在投影图中的位置及其晶面指数。

在图2-18上可作一些实际练习。例如，从已知的晶面(110)及(111)可推知晶面(221)，反之从晶面(111)及(221)亦可推知晶面(110)，等等。

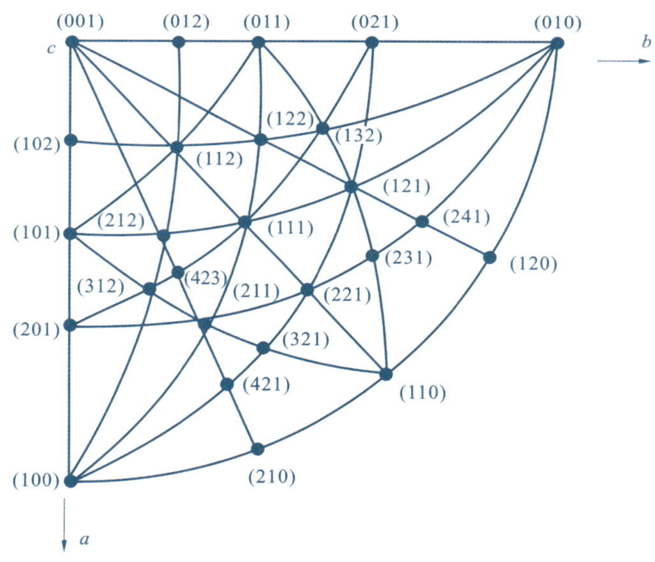

图2-18 在立方晶系中推导可能存在的晶面及其晶面指数示意图

参考文献

[1] 梁栋材. X射线晶体学基础[M]. 北京：科学出版社，1991.
[2] 梁敬魁. 相图与相结构[M]. 北京：科学出版社，1993.
[3] 梁敬魁. 粉末衍射法测定晶体结构(上册)[M]. 北京：科学出版社，2011.
[4] 王仁卉，郭可信. 晶体学中的对称性[M]. 北京：科学出版社，1990.

[5] 张克从. 近代晶体学基础(上册)[M]. 北京:科学出版社,1987.

[6] 李树棠. 晶体X射线衍射学基础[M]. 北京:冶金工业出版社,1990.

[7] JENKINS R, SNYDER R L. Introduction to X-ray powder diffractometry [M]. New York: John Wiley & Sons. Inc., 1996.

[8] BUNN C W. Chemical crystallography an introduction to optical and X-ray[M]. London: Oxford University Press, 1961.

[9] PEISER H S. X-ray diffraction by polycrystalline materials [M]. London: Chapman & Hall, 1960.

3　X 射线物相分析

内容简介

本章从 X 射线的产生、发展与性质引入，介绍了其与物质相互作用的机理。在此基础上讨论了 X 射线的检测及物相分析方法。在本章的最后附上了 X 射线衍射分析技术在建筑材料中的应用案例分析，以便读者加深对 X 射线物相分析技术的理解。

本章导读

3.1　X 射线的产生、发展、性质

3.1.1　X 射线的产生及发展

X 射线是在 1895 年由德国物理学家伦琴发现的。伦琴在研究阴极射线时，发现一种穿透力很强的辐射能使黑纸密封的照相底片感光，并将这种新的辐射线命名为“X 射线”，这一伟大的发现很快被应用于医学领域。X 射线与可见光、无线电波一样，也是一种电磁波，其波长为 0.001～10nm。在晶体结构分析中所用的 X 射线，其波长一般为 0.05～0.25nm。这个波长范围与晶体点阵的阵点平面间距大致相当，在此范围内晶体内部结构，原子（离子、分子）的三维周期排列正好作为光栅。波长太长（远远超过 0.25nm）会使样品和空气对 X 射线的吸收量增加，也难以产生晶面之间的干涉现象；波长太短（远远小于 0.05nm），X 射线经晶体内部结构所产生的干涉将集中在低角度区，干涉花纹相互重叠，不易分辨。

晶体的 X 射线衍射效应证实了几何晶体学提出的空间点阵假说，即晶体内部的原子、离子、分子等存在有规律的周期性排列，也使这一假说发展为科学理论，并诞生了一种可以在原子-分子尺度上研究物质结构的重要实验方法——X 射线衍射分析法。X 射线衍射分析法是利用 X 射线在晶体中的衍射现象来分析材料的晶体结构、晶格参数、晶体缺陷（位错等）、不同结构组织的含量及内应力的方法，这种方法是建立在晶体结构模型基础上的间接方法，即根据与晶体样品产生衍射后的 X 射线信号的特征去分析、计算样品的晶体结构与晶格参数，并可以达到很高精度的方法。人们可以利用 X 射线晶体衍射效应研究晶体的结构，可以根据衍射方向确定晶胞的形状和大小，可以根据衍射强度确定晶体的结构（原子、离子、分子的位置），此即 X 射线晶体学。这门新科学对材料科学产生了深远的影响，人们对材料微观世界的深入了解得以突飞猛进。然而它不像显微镜那样可以直观可见地观察，因此也无法把形貌观察与晶体微观结构分析结合起来。由于 X 射线聚焦困难，所能分析样品的最小区域（光斑）为毫米数量级，因此无法对微米及纳米级的微观区域进行单独选择性分析。

X 射线衍射技术可应用于多种材料的结构分析，如单晶体结构、多晶体结构，以及目前比较热门的新结构，如非晶体结构和准晶体结构等。当前，最常用的衍射方法是多晶体衍射法或者粉末衍射法，此类衍射方法是相对单晶体衍射来命名的。在单晶体衍射中，被分析试样是一枚单晶体；而在多晶体衍射中，被分析试样是一些细小的单晶体(粉末)。

在 X 射线多晶体衍射发展的初期，X 射线衍射主要用于解晶体结构，因此发展得并不快。20 世纪 30 年代中期，Hanawalt 和 Rinn 提出了在混合物中用多晶体衍射鉴定化合物的方法，接着又提出了包含 1000 种化合物参比谱的数据库，使 X 射线多晶体衍射成为表征多晶聚集体结构的重要手段，开创了 X 射线多晶体衍射应用的新领域，受到了众多研究学者的关注，得到了较快的发展。20 世纪 40 年代后期，基于光子计数器的衍射仪的发展，大大提高了衍射谱的质量，能更加准确地测量衍射峰位置、强度和线形等参数，从而显著扩大了 X 射线衍射仪的应用范围。例如，通过对衍射峰强度的准确测量，物相分析可从定性分析发展到定量分析。通过对衍射峰峰形(也称衍射线线形)的分析，可以测定多晶聚集体的晶粒尺寸、外形和尺寸分布等性质。在此基础上，可以进一步研究晶体的真实结构，如研究存在于晶体内的微应变、缺陷等。这些发展促使 X 射线多晶体衍射技术成为比较重要的材料表征技术之一。

20 世纪 70 年代，随着同步辐射强光源和计算机技术的应用，X 射线多晶体衍射技术的发展突飞猛进。同时，随着数字衍射谱和 Rietveld 全谱拟合技术的应用，数据分析方法有了新的突破，这大大提高了测试结果精度，其数据已成为改进材料的必需信息，且使得基于 X 射线多晶体衍射技术研制新材料成为可能。X 射线衍射技术是一门有几百年历史的学科，也是一门尚在发展中的科学，其前途十分广阔，已经成为许多研究机构及工厂实验室的必备技术手段。

3.1.2 X 射线的性质

(1)X 射线的本质

X 射线具有很强的穿透能力，X 射线发生设备通常称为 X 光机，它包括高压发生器，整流、稳压电路，控制系统和保护系统，X 射线源。将衍射用密封 X 射线管处于真空条件下(10^{-6} Torr，1Torr＝133.32Pa)的钨丝在低电压(通常为 6～12V)下加热，产生大量热电子，热电子在灯丝(阴极)和靶子(阳极)之间的强电场(通常为 20～40kV)作用下高速轰击靶子，在它们与靶子碰撞的瞬间产生 X 射线。X 射线发生设备中的 X 射线源主要由 X 射线管、高压发生器和控制电路所组成。目前使用的 X 射线管有封闭式和可拆式两大类。图 3-1所示为封闭式 X 射线管的构造。高能电子在轰击靶材料(如铜)时产生连续 X 射线谱和特征 X 射线谱。

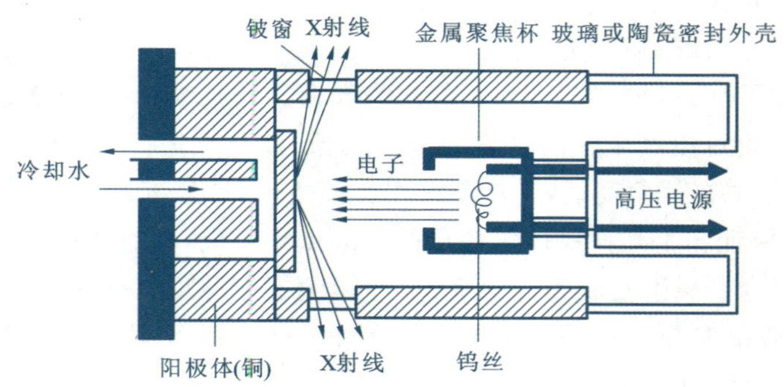

图 3-1 封闭式 X 射线管

作为一种电磁波，X 射线表现出波动性，其电场强度矢量和磁场强度矢量互相垂直，并且两者都在垂直于 X 射线传播方向的平面内。如果 X 射线在传播的过程中，其电场完全被限制在 *XOY* 平面上，则称此时的 X 射线是平面偏振波。对于非偏振的 X 射线，其电场强度矢量和磁场强度矢量可以在 *YOZ* 平面的任意方向，但二者保持垂直关系。

电磁波在经典物理理论中是一种波，能够发生干涉和衍射；然而从量子理论来看，电磁波又是一种被称为光子或者光量子的粒子流。因此，X 射线和其他电磁波一样都具有波粒二象性，X 射线可以看作由大量以光速运动的光量子组成的不连续的粒子流。

波粒二象性是 X 射线的客观属性。但是，在一定的条件下，可能只有某一方面的属性表现得比较明显；而当条件改变时，有可能另一方面的属性表现得更明显。例如，X 射线在传播过程中发生的干涉、衍射现象就突出表现其波动特性；而在与物质相互作用交换能量时则表现其粒子特性。对于 X 射线在传播过程中表现出来的特性，具体强调哪种属性需要视情况而定。

(2)X 射线谱

由 X 射线管发射出来的 X 射线可以分为两种类型。一种是具有连续波长的 X 射线，可构成连续 X 射线谱，它和可见光中的白光相似，故也称为多色 X 射线。另一种是在连续谱的基础上叠加若干条具有一定波长的 X 射线所构成的谱线，称为特征 X 射线谱或标识 X 射线谱，它和可见光中的单色光相似，所以也被称为单色 X 射线。

①连续 X 射线谱。高能电子打到靶材上时会因突然受阻产生负加速度，电子失去动能所发出的光子形成连续 X 射线谱。按照经典电磁辐射理论，作加速运动的带电粒子辐射电磁波，由此产生的 X 射线是连续 X 射线。连续 X 射线谱的特点是强度连续分布在较宽波长范围内，虽然总能量不小，但与特征 X 射线谱相比，一定波长下的强度要小得多。因此，对于普通 X 射线源，虽然把连续 X 射线谱分光可得到一定波长的 X 射线，但是强度很低，应用价值有限。

②特征 X 射线谱。当高速电子与原子发生碰撞时，电子可以把原子内壳层的 K 层上的电子击出并产生空穴，此时次外壳层 L 层上的较高能量电子跃迁到 K 层，并释放能量，跃迁的能量差($\Delta E = E_L - E_K = h\nu$)转换为 X 射线，X 射线的波长仅取决于原子序数，遵守莫塞莱定律：$\lambda = K(Z-\sigma)$，其中 K 和 σ 都是常数，Z 是原子序数。向 K 层跃迁时发射的是 K 系谱线，其中 L 层电子向 K 层跃迁时发出的射线称为 K_α 线，M 层电子向 K 层跃迁时发出的射线称为 K_β 线，依次类推。由于对一定种类的原子，各层能量是一定的，频率不变，具有代表原子特征的固定波长，所以其电子跃迁产生的射线称为特征 X 射线。特征 X 射线只有在达到某一加速电压时才出现，这个电压称为激发电压。例如，Cu 靶的 $V_K = 8.9$kV，工作电压通常选用 30～45kV。

3.2　X 射线与物质的相互作用

3.2.1　晶体的 X 射线衍射

X 射线与物质相互作用时，会产生各种复杂的物理、化学和生化过程。例如，它可以使气体电离，可以使一些物质发出可见的荧光；它能破坏物质的化学键，也能促使新键的形成，从而用于物质合成；它还能引起新陈代谢变化等生物效应。X 射线与物质之间的物理作用可以用图 3-2 来描述，当 X 射线在经过物质之后有可能会产生不同波长的散射 X 射线、不同能量的电子以及热能，也就是被电子散射或被原子吸收。

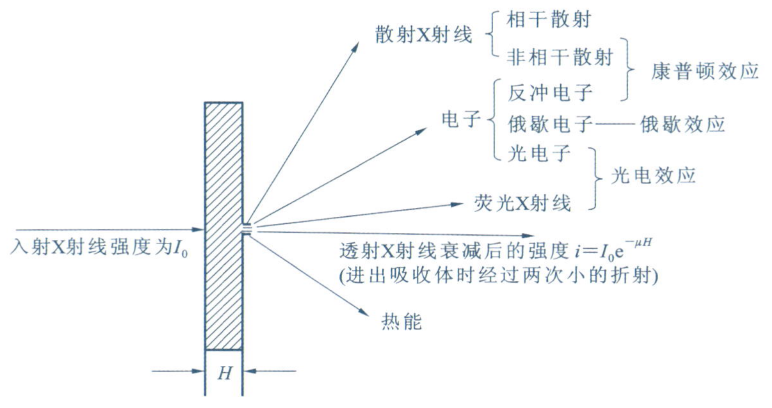

图 3-2　X 射线与物质的相互作用

X 射线被电子散射时有两种模式：一种是只引起 X 射线方向改变，不引起能量改变的散射，称为相干散射，这是 X 射线衍射的物理基础；另一种是既引起 X 射线方向改变，也引起能量改变的散射，称为非相干散射或康普顿散射。

相干散射是由一个电子引起的。由于原子是电子的集合体，因此根据相干散射的干涉现象可以分析原子的散射过程，作为规则排列原子所组成的晶体，原子散射线干涉会造成在特定的方向上散射 X 射线很强的现象，这就是晶体的 X 射线衍射。

3.2.2 X 射线的吸收与散射

物质对 X 射线的吸收是指 X 射线能量在通过物质时转变为其他形式能量的过程，在这一过程中 X 射线能量发生了损耗。物质对 X 射线的吸收主要是由原子内部的电子跃迁而引起的，即发生 X 射线的光电效应和俄歇效应，X 射线部分能量转变为光电子、荧光 X 射线及俄歇电子的能量，因此入射 X 射线的强度发生衰减。

(1)光电效应

物质吸收 X 射线的主要方式是以 X 光子的能量激发物质中的原子，使原子处于激发态，这些被激发的原子，也会像 X 射线管中靶材上的被激发的原子一样，发出一系列特征 X 射线。由于这些特征 X 射线是由 X 射线的入射而产生的二次射线，因此称为二次 X 射线或 X 荧光。这种通过光子激发原子所发生的激发和辐射过程被称为光电效应，被击出的电子称为光电子。图 3-3 描述了 X 射线管中的 Cu 靶受电子的激发和 Cu 试样受 X 光子的激发从而产生 Cu 特征 X 射线谱的过程。

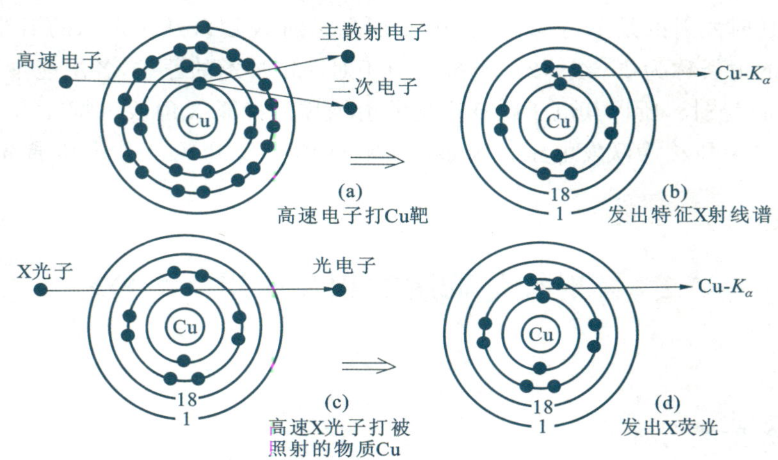

图 3-3 电子和 X 光子激发 Cu 特征 X 射线谱的比较

(a)、(b)电子激发过程；(c)、(d)X 光子激发过程

图中 Cu 表示原子核，“·”表示电子轨道上的电子，轨道上的数字为其拥有的电子数目

对于同一种物质，不管是用电子激发还是用 X 光子激发，它们所辐射的特征 X 射线谱是相同的。激发 K 系光电效应时，X 射线光子的能量必须大于(其临界值应等于)击出一个 K 层电子所做的功 W_K。

$$W_K = h\nu_K = \frac{h_C}{\lambda_K} \tag{3-1}$$

式中 ν_K，λ_K——K 系吸收限频率和波长。

击出一个 K 层电子，不论是用电子激发还是用光子激发，所需要的最低能量是相同的。

激发 K 系辐射的激发电压 V_K 可由下式确定：

$$eV_K = W_K \tag{3-2}$$

因此，结合式(3-1)和式(3-2)，有

$$eV_K = W_K = \frac{h_C}{\lambda_K}$$
$$\lambda_K = \frac{h_C}{eV_K} = \frac{12.4}{V_K} \tag{3-3}$$

式中 V_K——单位是 kV。

λ_K——单位是 Å。

不同材料的吸收限波长如表 3-1 所示。

表 3-1 某些常用靶的 K 系谱线波长

原子序数 Z	元素	波长/Å				K 系吸收限波长/Å	K 系激发电压/kV
		K_α	$K_{\alpha 2}$	$K_{\alpha 1}$	K_β		
24	Cr	2.2909	2.29352	2.28962	2.08479	2.0702	5.98
26	Fe	1.9373	1.93991	1.93597	1.75654	1.7433	7.10
27	Co	1.7902	1.79279	1.78890	1.62073	1.6081	7.71
28	Ni	1.6591	1.66168	1.65783	1.50008	1.4880	8.29
29	Cu	1.5418	1.54434	1.54050	1.39217	1.3804	8.86
42	Mo	0.7107	0.71354	0.70926	0.63225	0.6198	220.0

从激发光电效应的角度讲，可以称 λ_K 为激发限波长；从 X 射线吸收的角度讲，又可以称 λ_K 为吸收限波长。这是因为只有当 X 射线的波长不大于 λ_K 时才能产生光电效应，使 X 射线的能量被吸收。

光电效应中产生的荧光 X 射线会增加衍射花样，对于一般的衍射工作是有害的，因此不希望其产生。但在 X 射线荧光光谱分析中，则要利用荧光 X 射线，因此希望得到尽可能强的荧光 X 射线。

(2)俄歇效应

如果原子在吸收入射 X 射线光子的能量变成 K 激发态之后，不通过辐射荧光 X 射线来降低能量，而是把另外轨道上的电子激发出去，就会产生俄歇效应。例如，当原子处于 K 激发态时，能量为 E_K，当一个 L_2 层电子填充这个空位后，K 电离就变成了 L_2 电离，能量由 E_K 变成了 E_{L_2}，这时会有数值等于 $E_K - E_{L_2}$ 的能量被释放出来，而这个能量的释放可以采取两种方式，一种是产生 K_α 荧光 X 射线，另一种是使另一个核外电子脱离原子变为二次电子。如果 $E_K - E_{L_2} > E_L$，它就可能使 L_2、L_3、M、N 等层的电子逸出。例如，当 L_2 层的电子逸出时，这种称为 KL_2L_2 电子的二次电子，它的能量有固定值，近似等于 $E_K - 2E_{L_2}$。这种具有特征能量的电子是 M. P. Auger 于 1923 年发现的，故一般称为俄歇电子。

俄歇电子的能量与激发源（光子或电子）的能量无关，只取决于物质原子的能级结构，所以每种元素都有自己的特征俄歇电子能谱，它是元素的固有特性，可以利用俄歇电子能谱进行元素成分分析。俄歇电子的能量很低，一般为几百电子伏特，其平均自由程非常短。例如，碳的 KL_2L_2 俄歇电子的能量为 267eV，在银中的平均自由程为 7Å，大于这个距离时，这种俄歇电子就要不断损失能量甚至被吸收。因此，人们所能检测到的俄歇电子只来源于表面的两三层原子，故俄歇电子能谱可用于对材料表面两到三个原子层厚的区域进行成分分析。

(3)相干散射与非相干散射

当 X 射线量子与原子中束缚较强的电子发生弹性碰撞时，若 X 射线量子能量不足以使电子摆脱束缚，光量子将与整个原子交换能量。由于原子比光量子质量大得多，按照碰撞理论，原子的动量和能量变化极微小，光量子也只是方向改变而且可视为几乎没有能量损失，故散射线和入射线波长一样。在这种情况下，可以不考虑入射 X 射线的粒子性而只注意它的波动性，用经典的电磁波理论更便于进行解释：当电磁波遇到任一带电粒子时，必将迫使其作受迫振动并且成为一个波源向四周辐射电磁波，其周相与入射波相同而与散射的方向无关。这时，入射波在物质中遇到的所有的电子，它们的散射辐射是可以相互干涉的，构成一群相干的波源，由此产生的散射称为相干散射，或称经典散射、汤姆逊散射或瑞利散射(Rayleigh scattering)。

当X射线量子与原子中束缚较弱的电子(如外层电子)发生弹性碰撞时,X射线量子的一部分能量传递给电子使其增加了动能而脱离原子核的束缚,同时其本身不仅方向改变而且能量也有所降低。这些散射线的波长也与入射线不同,略微变长,其改变量与散射角有关。这些散射线因分布在各方向上、波长有改变,其相位与入射线也没有固定的关系,所以这种散射不产生相互干涉,不能产生衍射,故称之为非相干散射,或称量子散射、康普顿(Compton)散射,与其相伴产生的电子称为反冲电子或康普顿电子。

3.2.3 X射线的衰减

当X射线穿过物质时,因其产生散射和吸收作用而减弱,衰减的程度与经过物质的距离成正比。设入射X射线的强度为 I_0,透过厚度为 d 的物质之后的强度为 I,$I<I_0$。图3-4显示了 I_0 与 I 的关系。在被照物质中取一个深度 x 处的小厚度元 dx,照到此小厚度元上的X射线强度为 I_x,透过此厚度元的X射线强度为 I_{x+dx},于是强度改变量为

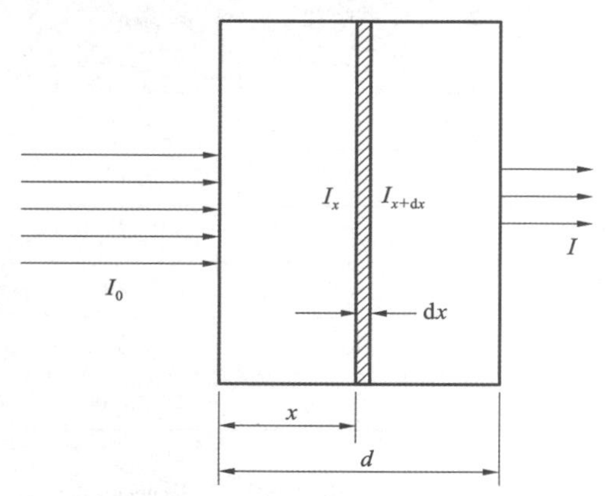

图3-4 X射线减弱规律示意图

$$dI_x = I_{x+dx} - I_x$$

假设此改变量与入射到此厚度元上的强度和厚度元的厚度成正比,即

$$dI_x = -\mu I_x dx \tag{3-4}$$

式中 负号(—)——dI_x 与 dx 的变化方向相反。

μ——线减弱系数,是一个常数。它与入射X射线束的波长及被照物质的元素组成和状态有关。

对式(3-4)积分,有

$$\ln(I/I_0) = -\mu d$$

于是

$$I = I_0 e^{-\mu d} \tag{3-5}$$

式(3-5)是X射线透过物质时的减弱规律。

由于因吸收引起的X射线减弱远大于因散射引起的减弱,因此一般用吸收系数代替减弱系数。各元素对某些波长的X射线的质量吸收系数 μ_m:

$$\mu_m = \frac{\mu}{\rho}$$

式中 ρ——材料密度,g/cm^3。

μ_m——单位是 cm^2/g,它与试样的状态无关,只是波长与试样元素组成的函数。

不同物质对相同波长的X射线的吸收差别很大,例如Pb对Cu-K_α 的质量吸收系数是Be的178.5倍,而线吸收系数前者是后者的1112.3倍。

如果材料(如化合物、合金、溶液等)由多种元素组成,则其质量吸收系数 μ'_m 可利用下式计算:

$$\mu'_m = \sum_{i=1}^{n} w_i \mu_{mi}$$

式中 μ_{mi},w_i——第 i 种元素的质量吸收系数和在材料中所占的质量分数。

X射线穿过物质后的透射强度 I 与入射强度 I_0 之比 I/I_0 称为透射因数。对于同样的物质,X射线波长越长,透射因数越小。

3.2.4 X射线的防护

X射线能对人体组织造成伤害。人体受X射线辐射损伤的程度,与受辐射的量(强度和面积)和部位有关,其中眼睛和头部较易受伤害。衍射分析用的X射线比医用X射线的波长长、穿透弱、吸收强,故危害更大。所以,实验人员必须注意对X射线的防护。

当人体受到超剂量的X射线照射后,轻则烧伤,重则造成放射病甚至死亡。X射线看不见,又不引起人的任何感觉,所以要特别警惕勿因麻痹大意而导致过大剂量的照射,特别是直射线的照射。一定要避免受到直射X射线束的直接照射,对散射线也需加以防护。实验人员进行仪器操作时,对初级X射线(直射线束)和次级X射线(散射X射线)都要警惕。

X射线的防护可以使用含铅等重金属元素的制品(如铅板、铅玻璃、铅橡胶板等)。根据X射线减弱规律可以得出,对于Cu-K_α,只要用1mm厚的铅板就能使X射线的透射因数减小到e^{-273},即透射X射线强度趋于零。因此,只要注意就可以很好地进行防护。例如,装取相机前要关闭X射线窗口,调整相机时不要碰到直射线,工作时要用铅板屏蔽直射线与散射线等。目前生产的X射线仪都有专用的防护罩及警告装置,以保证工作人员的安全。

X射线的防护具体可参照《电离辐射防护与辐射源安全基本标准》(GB 18871—2002)。

3.3 X射线检测 >>>

3.3.1 X射线衍射装置的构造

20世纪50年代之前,基本上是用照相法来进行X射线衍射分析,即以底片来记录衍射信息,但用照相法难以准确地测量衍射线的强度和线形。从20世纪50年代起,衍射仪法逐渐发展起来。在衍射仪中,采用可以逐个记录衍射光子的探测器。探测器每接收一个衍射X射线光子,即把它转化成一个电脉冲,经后续电子学系统处理后输出,就可得到衍射图样。因此,利用衍射仪可以准确地测量衍射线的强度和线形。

近几十年来,衍射仪技术已有了很大的发展。就其仪器种类而言,有测定多晶试样衍射用的粉末衍射仪、测定单晶衍射用的四圆衍射仪、具有特殊用途的双晶谱仪、微区衍射仪和表层用衍射仪等。在这些衍射仪中,粉末衍射仪的应用最广,它已成为X射线实验室的通用仪器。同时,近些年来,探测器、电子学系统、计算机的联机运行及软件等方面也都有极大的发展。

(1)粉末衍射仪

本节主要介绍最通用的粉末衍射仪,它是由X射线发生器、测角仪、控制和数据处理系统三部分组成的,同时也可外加一些附件以满足特殊分析的要求。图3-5是衍射仪构成示意图。

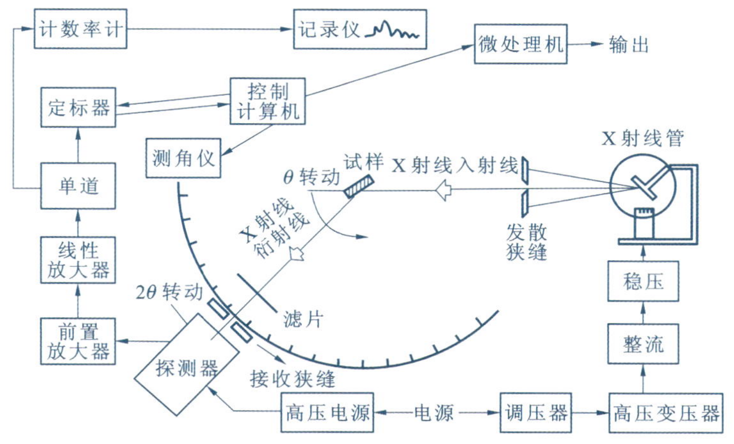

图3-5 衍射仪构成示意图

①测角仪。

测角仪是衍射仪的核心部件,它有两个同轴转盘,如图3-6所示,轴心为O。两个转盘既可以联动,又能分立转动。两个转盘联动时,大转盘转动的角速度为小转盘的2倍。小转盘中心装有试样支架,放有试样

P,大转盘上放有接收狭缝 RS 和探测器 C,接收狭缝绕轴心 O 转动的轨迹为衍射仪圆 G。

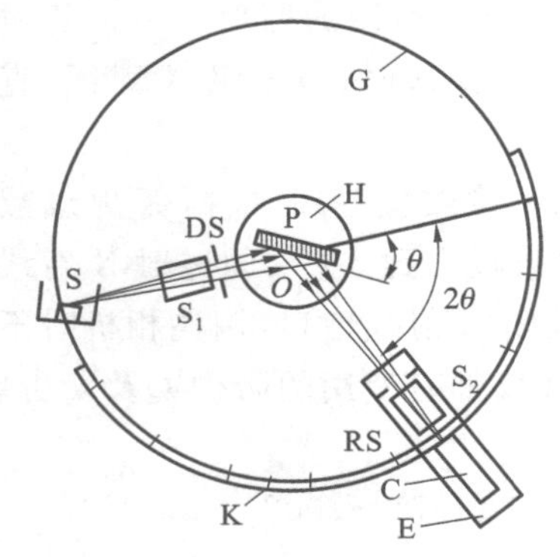

图 3-6 测角仪构造示意图

G—衍射仪圆;S—光源;S_1,S_2—索拉狭缝;P—试样;H—试样台;DS—发射狭缝;RS—接收狭缝;C—探测器;E—支架;K—刻度尺

衍射仪用的 X 射线源为线焦,光源 S 在衍射仪圆上,测角仪的台面上装有刻度尺 K,用以读出试样和接收狭缝的转动位置。以 X 射线源 S 与转轴 O 的连线与衍射仪圆的交点作为大、小转盘的共同初始位置,即 θ 角与 2θ 角的共同零点。当大、小转盘从零点开始沿顺时针方向联动转动时,如果试样表面与 X 射线入射线呈 θ 角,接收狭缝和探测器就与入射线呈 2θ 角,也就是如果 θ 为试样中某晶面的布拉格角时,探测器就刚好探测到该晶面的衍射线。该衍射线的衍射角 2θ,既可以从刻度尺上读出,也可以由电子系统显示。探测器的转动速度被称为扫描速度,衍射仪的扫描速度一般可以在较大范围内变动。

②探测器。

探测器是用来记录衍射谱的,因而是衍射仪中不可或缺的部件之一。探测器通过电子电路直接记录衍射的光子数,已经全面取代了早先使用的照相底片的记录方法。最初的探测器是盖革计数器,但它的时间分辨率不高,计数的线性范围不大。后来,正比计数器和闪烁计数器取代了盖革计数器,成为应用最广泛的探测器。随着实验要求的提高,近几十年又发展出固体探测器、阵列探测器和位置灵敏探测器等新型探测器。

近年发展起来的硅漂移探测器(silicon drift detector,SDD)通过将场效应管(FET)和 Peltier 效应器件整合到一起,其能量分辨率高,目前在衍射仪中的应用日益广泛。硅漂移探测器的结构如图 3-7 所示。它的主要结构是一块低掺杂的高阻硅,背面的辐射入射处有一层很薄的异质突变结,正面的异质掺杂电极设计成间隔很短的条纹(通常做成同心圆环状),反转偏置场在电极间逐步增加,形成平行于表面的电场分量。耗尽层电离辐射产生的电子受该电场力驱动,向极低电容的收集阳极"漂移",形成计数电流。

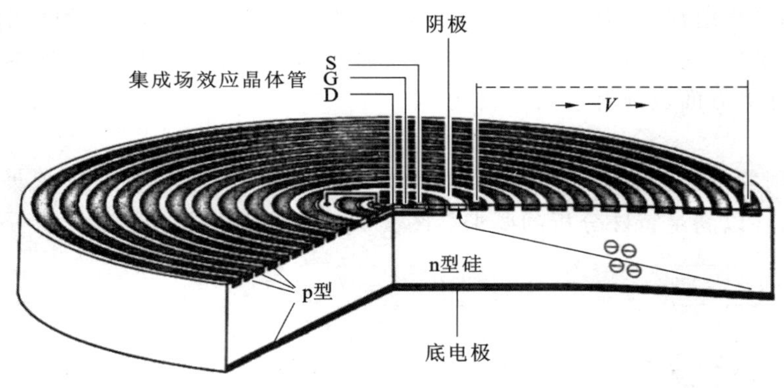

图 3-7 硅漂移探测器示意图

③控制和数据处理系统。

这部分系统包括图 3-5 中除 X 射线发生器、测角仪和探测器以外的所有部件,是控制 X 射线窗口的开关,可以使测角仪按需要的方式运行,也可以按需要的方式输出探测器的信号,记录、打印衍射图形和处理衍射数据等。一台衍射仪自动化程度的高低,主要体现在这一部分。一台单板机就能控制整个衍射仪的运行与信号记录,并能对衍射数据进行简单处理。需要对复杂的数据进行处理时,则使用计算机,并配有各种数据处理程序。这里主要介绍这部分系统的核心部件,即单道脉冲高度分析器、定标器和计数率计。

实际上,射入探测器的 X 射线光子中,除了相干散射产生的衍射光子外,还有试样的荧光散射光子和空气、滤片、狭缝边缘、索拉狭缝以及探测器窗口的散射光子,这些光子会形成一定的干扰脉冲。为了排除这些干扰脉冲的影响,需要使用单道脉冲高度分析器,简称单道。定标器又称计数器,它把预定时间内通过单道的脉冲数用数码管显示出来,从而得到衍射线的强度。在某些仪器上还可以有定时计数或定数计时两种用法。一般使用衍射分析时,往往需要快速得到衍射图样,此时要使用计数率计,它所得到的并不是某一预定时间内的总计数值，而是这一预定时间内平均每秒接收到的脉冲数，即计数率。计数率计内有一个由电阻和电容器组成的并联电路(RC电路)，脉冲在到达此电路之前，先要经过成形电路，使所有脉冲都具有相同的高度和宽度。当每个脉冲到达此RC电路时，就会给电容器充电，同时通过电阻放电。计数率高时，电容器上的电压就高，反之则低。当测角仪扫描时，随着衍射线的出没，用与测角仪扫描速度同步的电位差记录仪记下此电压的变化，即可得到衍射图。

④晶体单色器。

降低背底的最好方法是采用晶体单色器，如图3-8所示。在衍射仪的接收狭缝后先放置一块单晶体——晶体单色器，此单色器的某晶面与通过接收狭缝的衍射线所成的角度等于此晶面对靶 K_α 的射线的布拉格角，试样的衍射线经单晶体再次衍射后可以进入探测器，非试样的衍射线不能在单晶体处发生衍射从而不能进入探测器。同时，接收狭缝、单色器和探测器的位置是相对固定的。于是，尽管衍射仪在转动，也只有试样对 K_α 的衍射线才能进入探测器，因而大大降低了背底。例如用Cu-K_α 测Fe，甚至可能使背底降到10c/s(每秒计数)以下。

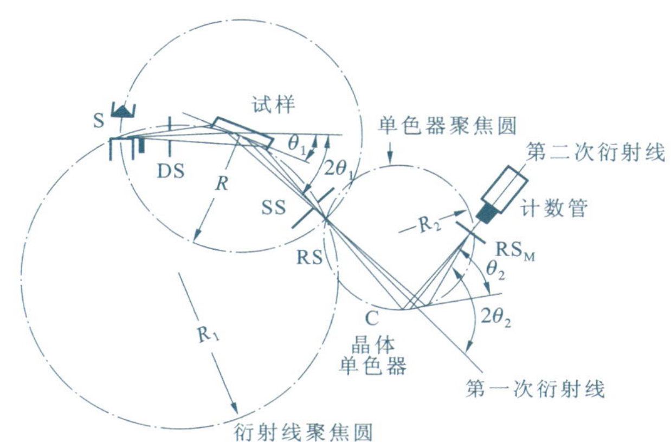

图3-8　采用衍射光束单色器时的几何光路图

选择单色器用的晶体及晶面时，有两种方案：一是强调分辨率，二是强调强度。对于前者，一般选用石英等晶体。对于后者，则使用热解石墨单色器，它的(0002)晶面的衍射效率高于其他单色器。与此同时，由于石墨单色器并不足以区分 $K_{\alpha1}$ 和 $K_{\alpha2}$ 两条线，研发者利用四块晶体依次衍射构成的四晶单色器通过合适的衍射几何可将入射线的 $K_{\alpha2}$ 滤除，但是由于多次衍射会导致入射线强度下降，因此四晶单色器的使用往往需要更高的入射光强和更敏锐的探测器。

(2)其他衍射仪。

以上部分已介绍了粉末衍射仪的核心配件，而在实际测试过程中，由于测试样品、测试条件、测试需求的不同，除常规粉末衍射仪外，众多功能多样的衍射仪不断面世。

例如，温度变化会使材料的晶格由于热效应发生膨胀与收缩，也会导致存在相转变的材料晶体结构的改变，为表征这样一种随温度变化的晶格信息，需要为衍射仪样品台添加温度调节配件，使变温X射线衍射仪得以形成并广泛应用。图3-9所示为配有圆弧形一维多丝正比探测器的变温X射线衍射仪，这种探测器还可以使衍射仪在大角度范围内同时记录衍射信息，实现在0.1s内完成一次衍射谱的记录。

图3-9　变温X射线衍射仪

虽然分辨率并不能达到最高水平，但可实现变温过程晶格变化的实时记录，为探究晶体随温度变化的改变提供了有力的手段。图3-10为南京大学唐绍龙教授课题组在稀土合金 $PrFe_{1.9}$ 中利用变温X射线手段，对低温下的磁致伸缩效应进行的研究。结果表明，当具有立方Laves相结构的材料发生磁致伸缩时，其会产生不同的结构畸变，相应的X射线衍射特征峰也会发生变化。通过对 $PrFe_{1.9}$ 立方Laves相合金的特征峰{440}和

{222}在不同温度下的X射线衍射谱进行测量，发现该合金在70～300K范围内发生了菱方结构畸变，而在15～30K范围内发生了四方结构畸变。

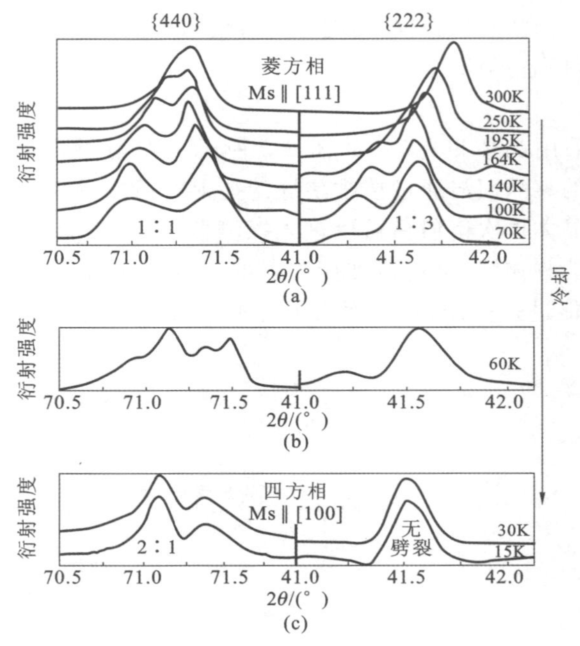

图 3-10 $PrFe_{1.9}$的变温X射线谱

3.3.2 试样的制备方法

利用X射线衍射仪测试试样不同衍射线的相对强度或定量比较不同样品中同一条衍射线强度时，要求入射X射线照射在试样上的面积必须小于试样本身的面积且试样的厚度要大于X射线透射的深度，否则由于衍射线的强度与参与衍射的晶胞数成正比，会使得以上所测衍射线强度之间不具可比性。

(1)粉体样品的制备

由于样品的颗粒度对X射线的衍射强度以及重现性有很大的影响，因此制样方式对物相的定量分析也存在较大的影响。一般样品的颗粒度越大，则参与衍射的晶粒数就越少，还会产生初级消光效应，使得强度的重现性较差。为了达到样品重现性的要求，一般要求粉体样品的颗粒度大小在0.1～10μm范围内。此外，吸收系数大的样品，参加衍射的晶粒数减少，也会使重现性变差。因此，在选择参比物质时，应尽可能选择结晶完好、晶粒小于5μm、吸收系数小的样品，如MgO、Al_2O_3、SiO_2等。同时，由于X射线的吸收与样品质量密度有关，因此要求样品制备均匀，否则会严重影响定量结果的重现性。

对于粉体样品，一般要求样品厚度是其对X射线的线性吸收系数的3倍以上。对于样品量比较少的粉体样品，一般可采用分散在胶带纸上黏结或分散在石蜡油中形成石蜡糊的方法进行分析，且要求尽可能分散均匀以及每次分散量相同，这样才能保证测量结果的重复性。

(2)薄膜样品的制备

对于薄膜样品，需要注意的是薄膜的厚度。由于X射线衍射分析中X射线的穿透能力很强，一般达到几百微米，所以适合对比较厚的薄膜样品进行分析，除此之外，还要求样品具有比较大的面积，表面比较平整以及粗糙度较小，这样获得的结果才具有代表性。当然，通过一些特殊手段也可以获得有用的信息，如把X射线的入射角固定在一个极小的角度上，只做检测器扫描，记录薄膜的衍射谱图，这样可充分利用样品的面积增强薄膜的衍射信号。

对于一些本身具有解理面，或是主要以某一晶面为外表面的晶体试样，在制备样品时，容易造成这些晶面大量平行于样品板表面，从而使这些晶面的衍射强度显著高于理论强度。一般可以通过以下方法来解决这类问题:将样品磨细从而增加其他晶面形成晶粒外表面的机会,或在样品中混入球形或不规则形状的其他晶体粉末;或用颗粒度适当的砂纸代替玻璃垫在下面用透孔试样板压样,用与砂纸接触的一面作为测试面,都可以增加待测晶粒在空间随机取向的机会。

表面粗糙的样品对入射光的散射能力更强,特别是在比较小的角度范围内,会引起较大的背景噪声,所以应尽可能使用表面粗糙度较低的样品。因此,正确制备试样是进行X射线衍射试验的关键因素之一。

3.3.3 试验方法

实验者总是希望能够得到真实准确的、清晰的衍射图,如要求衍射图上的衍射峰分辨率高、峰位精确、强度高且峰形不失真等。然而,各实验条件参数的选择对这些要求的影响常是互相矛盾、互相制约的。因此,若要获得尽可能好的衍射图数据、充分发挥仪器的性能,且有效率、节省时间,就需要在了解仪器原理和各项可选择的实验条件的作用的基础上,根据自己的分析要求、实验目的做出合理的、折中的选择。关于实验条件的选择要领如下。

(1)实验波长的选择

如果衍射仪没有配备石墨单色器,则必须合理选择适用的特征波长,保证组成样品的主要元素(钙和原子序数比钙小的元素除外)的原子序数比靶材元素的原子序数稍大(或相等)。例如组成样品的主要元素为过渡金属时,则不宜使用Cu-K_α。

如果需要样品在高角度区($2\theta>70°$)有更多的、强度较好的衍射峰,应该选择较长的波长,例如Cr-K_α。

(2)X射线发生器工作电压(kV)与工作电流(mA)的选择

选择大的工作电压(kV)值与工作电流(mA)值,可以有高的光源强度,但不宜让射线管长时间在额定功率下运行,对于铜靶管,一般可使用40kV工作电压和40mA工作电流。如果样品衍射能力甚好,则应降低射线管的工作电流以延长其使用寿命。

(3)狭缝宽度的选择

选用宽度小的发散狭缝和接收狭缝可以获得较好的衍射角分辨率与较小的衍射峰宽;反之,选用宽度大的发散狭缝和接收狭缝则有利于提高衍射线的接收强度,但衍射峰宽增加,衍射峰分辨率变差,峰形趋向不对称。

防散射狭缝是辅助狭缝,其宽度应与发散狭缝相同,或宽一级。插上防散射狭缝后衍射强度的衰减不应大于2%。

如果使用的是自动发散狭缝,则衍射图上面所得的衍射峰相对强度必须经过换算才能得到正确的相对强度;如果使用的是宽度固定的发散狭缝插片,则在扫描范围内的低角度段入射束的照射宽度超过粉体样品表面的宽度时,也需修正才能得到正确的衍射峰相对强度。

(4)扫描方式的选择

一般选用连续扫描方式。选择连续扫描方式时需要设定扫描速度,其实质是设定每采数步的计数时间。选择较快的扫描速度可以缩短实验时间,但也减小了每采数步的计数时间,且衍射强度变化幅度加大,但不会引起峰位位移。

选择步进扫描方式时需要设定每采数步的计数时间,通常应用于高精度的峰位、峰强度或峰形的测量。

(5)扫描范围的选择

衍射仪的最大扫描范围可达2.5°~155°(2θ),但对具体的样品应合理选择适宜的扫描范围。扫描起始角可参考样品的d值最大的衍射峰的角度来设定,终止角对无机物而言一般设置为65°(2θ)即可,除非样品在更大的角度还有强度较大的衍射峰。

(6)采数步宽的选择

采数步宽一般可设为0.02°(2θ),并非选仪器的最小可选步宽就是适宜的。对峰宽较大的样品应该选用较大的步宽。对于同样的扫描速度,选用较大的步宽则每步的采数时间将较长,数据点的涨落会相对小一些。但采数步宽不应大于最尖锐峰的半高度宽的1/3。

(7)特殊扫描方式的选择

常规一般选用 $\theta:2\theta$ 为 1∶2 的扫描方式，只有有特殊的实验需要时才考虑特殊的扫描方式。

3.4 物相分析

3.4.1 定性相分析

3.4.1.1 制样

若试样量较大，可用玛瑙研钵将其研磨成细粉末，试样能全部过325目筛更好。如试样少不能过筛，研细到试样能粘在玛瑙研钵时就可以了。用衍射仪测量时，可将粉末放入凹槽中，用细砂纸垫上，压成一平面试样。如果试样是一平板且不能研成粉末，则可将它磨制成平板状试样嵌入试样槽内。如果粉末试样量很小，则可先在试样槽内垫上玻璃片或按一定方向切下的单晶硅片，滴一滴稀的加拿大胶在单晶硅片表面，然后把粉末撒在单晶硅片表面上，摊成一个小平面；如果粉末是严重变形的金属粉末(如锯末或锉末)，则最好先经消除应力的退火处理后再制成试样；如果平板试样是表面经研磨变形的金属试样，则应用稀酸溶液蚀去或电解除去表面加工层，这样测得的数据才有代表性。

利用德拜法照相时，粉末试样需粘在细玻璃丝上制成 ϕ0.5mm 左右的针状圆柱试样。纪尼叶相机是由非对称分布的弯曲晶体单色器与聚焦机相结合而成的，使用纪尼叶相机时，需制成薄的粉末透射试样(如XDC-700相机)。

3.4.1.2 测量 d 值和 I 值

使用调整得较好的德拜相机、纪尼叶相机或衍射仪，选择合适的试验条件，获取试样的衍射花样。最好使用纪尼叶相机或衍射仪，可以在 d 值测定及强度测定方面达到较高的精度。为缩短测算时间，当用 Cu-K_α 或更短波长的 K_α 时，一般测量取 2θ 不超过 90°范围内的衍射线是适宜的。ϕ114.6mm 的纪尼叶相机的 $2\theta=0.5L$，一般 $2\theta<60°$，同时可摄照四个试样。

对于调整好的衍射仪，其精度相当于纪尼叶相机的精度，可以用 α-SiO_2 标样测定五条线(用 Cu-K_α 时，在 $2\theta=67°\sim69°$范围内)分开程度来检验其调整情况和分辨率。

对所测得的衍射花样，用相应的工具测算出 2θ、d 和相对强度 I/I_l(I_l 是最强线强度)。在带计算机的衍射仪中，d 值与 I/I_l 的计算是自动的，并可作 $K_{\alpha 2}$ 的分离校正，主要列出 $2\theta<90°$范围内的衍射线。在用衍射仪自动测量时，2θ 值精度可到 0.01°；有些衍射仪 2θ 值可精确到 0.002°或有更高的精度，所以 d 值可取到小数点后面四位数字。将所得衍射花样按 d 值大小列成表，并将 d 值及 I/I_l 列入表中。

3.4.1.3 手工检索未知相的 PDF 卡片

手工检索主要是根据所测得的 d 值和 I/I_l，选择三强线，参考其第一、第二强线的 d 值正负误差范围，利用数值索引进行检索；在已知所含化学元素信息时，可选用字母索引进行检索。因 d 值能测得较准(一般为四位有效数字)，应以 d 值为主进行检索，如候选 PDF 卡片上全部 d 值及强度都符合，则是十分可能的物相。

使用数值索引检索的具体步骤大致如下：

①用所测衍射花样的 d 值及 I/I_l 值表内的最强线的 d 值在哈纳瓦特索引(或 Fink 索引)中定位哈纳瓦特组(或 Fink 组)。

②用第一、第二强线 d 值及其误差范围的组合定出哈纳瓦特组内的检索条目(或用第一强线 d 值或下一个较小 d 值及其误差范围的组合定出 Fink 组内的检索条目，误差范围在索引中已给出，并可考虑 d 值变

化±1%)，首先比较实测衍射花样与上述条目中的第一、第二强线，然后比较第三至第八强线。

③若八强线均较符合，则初步鉴定成功。进一步比较 PDF 中该卡片的全部线条的 d 值和 I/I_t 值，并结合化学、物理、晶体学等方面信息作出最终鉴定。

④若初步鉴定不成功，则用再下一条强线(或再下一个较小的 d 值)与第一强线组成线对，重复进行②与③两步骤，需注意的特殊情况是，有时由于仪器调整欠佳或分辨率不够高或多相物质衍射，最强与次强线重合，组成检索的第一、第二强线线对时，最强线应再算一次作第二强线(在 Fink 检索时则再算一次作较小 d 值)，然后重复②与③两步骤。这种情况发生频率为 3%～5%。还有重叠线分开成两条线后 d 值变化，如 $d=4.36$ 的线可分开成 $d=4.33$ 和 $d=4.39$ 两条线。其发生频率约为 2%。必要时第一、第二最强线的 d 值可在两倍误差范围内重复②和③步骤进行检索。

⑤当②～④步骤完成，并鉴定出一种物相之后，实测衍射花样仍有剩余线条(非 $K\beta$，线条和干扰线条)，表明所测试样中还含有别的物相，则要重新在剩余线条中选取新的强线对(强度可重新归一化)，并重复上述检索步骤，直至全部对上为止。

试样所含元素全部或部分已知时，优先采用字母索引进行检索。检索元素化合物名称索引或化学式索引(有机物和有机金属化学式索引大部分以 C_mH_n 打头，其他元素按字母顺序紧接其后，并从小到大以 m、n 值排列条目)，将试样的几条强线对比索引所列的三强线(无机物、有机物及有机金属)、四强线(矿物化学名)、五强线(矿物名)进行鉴定，如果初步鉴定成功，找出相应卡片号的 PDF 卡片，核对全部 d、I 数据，作出最后鉴定。如不成功，则应继续查找其他化合物或盐类(如硫可生成硫化物，也可生成硫酸盐)，直到物相鉴定成功。之后若仍有剩余线条，表明尚有其他物相，可重复上述步骤进行检索，直至全部鉴定为止。

3.4.1.4 检索和匹配

在考虑适当的实验误差以后，合理地使用各种索引，寻找可能符合的 PDF 卡号，抽出卡片与未知花样的实验数据核对，必要时应作多次反复核对。

由于 PDF 卡片逐年增多，手工检索变得越来越费时，利用计算机 PDF 数据库 PCPD-FWIN 系统或 Jade 程序的定性分析及系统进行检索已经成为主流检索方式。

在人工检索时应灵活使用各种索引，不可局限于一种。除考虑实验数据的可能偏差外，还需要有信心和毅力，切忌急躁；抽卡核对时要细心，反复核对比较，以对所抽出的许多卡片(特别是使用三强线索引时)做出尽可能合理的取舍，同时还要注意由于待分析衍射花样的实验条件与 PDF 卡片标注的实验条件不同而造成的差异以及 d 值系统偏离和卡片中可能存在的错误。

人工检索和计算机检索各有其特点，不可偏废。虽然计算机处理速度快，但常常存在漏检和误检的现象，在许多情况下还需人工作出最后判断。

3.4.1.5 最后判断

单纯从数据分析作最后判断，有时是完全错误的。比如，TiC、TiN 和 TiO 都属面心立方结构，点阵参数相近，元素分析阳离子都是 Ti，即使了解试样的来源，仍难以区别 TiN 和 TiO，这时需要借助精确测定点阵参数才能作出最后判断。此外还应注意以下事项：

①分析结果的合理性和可能性。如在某种复杂矿物试样中分析出多种矿物物相，但由矿物知识得知它们不可能共生，则分析结果必须重新考虑。又如，在分析腐蚀产物、氧化产物时，虽然数据符合度尚好，但实际不可能生成时，此结果也应重新考虑。

②分析结果的唯一性。特别是单相分析时，要注意分析结果的唯一性，最好能与其他手段密切配合。一般可根据初步分析结果，计算点阵参数，使用《晶体数据》在相应晶系和点阵参数附近查寻是否存在与此相似的物相，这对物相的最后判定是有益的。

3.4.2 定量相分析

定量相分析的目的，是确定多相混合物中各相的含量。多相混合物的衍射图样中，会同时呈现各个相的衍射线，各衍射线的强度与其含量有关。其理论基础是物质的衍射强度与该物质参加衍射的体积成正比，如式(3-6)所示。

$$I=\frac{I_0\lambda^3}{32\pi RV_0^2}\left(\frac{e^2}{mc^2}\right)^2\frac{1+\cos^2 2\theta}{\sin^2\theta\cos\theta}F^2PVe^{-2M}A(\theta) \tag{3-6}$$

事实上，这个强度公式是对单相物质而言的。对于多相物质，参加衍射的物质中各相对X射线的吸收情况各不相同[对于粉末衍射仪法，$A(\theta)=1/2\mu$，当每个相的含量发生变化时，都会改变实际吸收系数 μ 的数值]。因此，在多相物质的衍射花样中，受吸收的影响，某一组分相的衍射线强度与该相参加衍射的体积并不呈线性关系。所以，在多相物质定量相分析方法中，要想根据衍射强度求得各相的含量，必须先处理吸收系数 μ 的影响，这是定量相分析方法中要处理的主要问题。

假设试样为α相与β相的双相混合物，衍射强度与其中每个相参与衍射的体积 V_α 和 V_β 有关，衍射强度分别为

$$I_\alpha=\frac{I_0\lambda^3}{32\pi RV_\alpha^2}\left(\frac{e^2}{mc^2}\right)^2\left(\frac{1+\cos^2 2\theta}{\sin^2\theta\cos\theta}F^2Pe^{-2M}\right)_\alpha^{\frac{V_\alpha}{2\mu}} \tag{3-7}$$

$$I_\beta=\frac{I_0\lambda^3}{32\pi RV_\beta^2}\left(\frac{e^2}{mc^2}\right)^2\left(\frac{1+\cos^2 2\theta}{\sin^2\theta\cos\theta}F^2Pe^{-2M}\right)_\beta^{\frac{V_\beta}{2\mu}} \tag{3-8}$$

式中 μ——混合物的线吸收系数；

V_α,V_β——α相与β相的晶胞体积。

上述两式是定量相分析的基础。

从上式可以看出，定量相分析与定性相分析不同，它关心的不是整个衍射图样的形状，而是试样所包含的各个物相的某条衍射线的强度。选择物相中的衍射线时，应使它的强度尽量高，与其他衍射线的分离情况尽量好。同时，在进行定量相分析时要注意两点：一是试样制作要极仔细，要使各相的颗粒足够细，混合足够均匀，以使所测数据能代表整个试样的情况；二是强度测量要极为精确，因为这是计算的依据。

定量相分析的方法极多，本书主要以标样的选择方式进行分类。标样指作为强度标准的试样或物相。

(1)外标法

外标法是以外部试样为标样的方法，并且通常是以待测物相的纯物相试样为标样。假设试样由α,β,γ,…各相组成。各相的体积分数为 $c_\alpha,c_\beta,c_\gamma,\cdots$，质量分数为 $w_\alpha,w_\beta,w_\gamma,\cdots$，而 $\rho_\alpha,\rho_\beta,\rho_\gamma,\cdots,\mu_\alpha,\mu_\beta,\mu_\gamma,\cdots,\mu_\alpha^*,\mu_\beta^*,\mu_\gamma^*,\cdots$ 分别为各相的实际密度、线吸收系数和质量吸收系数。

如果要测定试样中α相的含量，则可以将式(3-7)中与α相含量无关的各项归结为常数 K，从而该试样中的α相的衍射强度应为

$$I_\alpha=K\frac{c_\alpha}{\mu} \tag{3-9}$$

式中 K——与测试条件、α相结构及所选择的衍射线指数有关的常数；

μ——变量，它随试样中物相的组成而变化。

按定义，有

$$\mu=\frac{\sum\mu_i c_i}{\sum c_i}\quad(i=\alpha,\beta,\gamma,\cdots) \tag{3-10}$$

并且

$$c_\alpha=\frac{w_\alpha}{\rho_\alpha}\Big/\sum\frac{w_i}{\rho_i} \tag{3-11}$$

于是，由式(3-10)可以得到

$$\mu=\left(\sum\mu_i\frac{w_i}{\rho_i}\right)\mu^*\left(\sum\frac{w_i}{\rho_i}\right)$$

按质量吸收系数的定义，$\mu_i^*=\mu_i/\rho_i$，混合试样的质量吸收系数 $\mu^*=\sum w_i\mu_i^*$，有

$$\mu=\mu^*\Big/\sum\frac{w_i}{\rho_i}$$

于是，式(3-9)可以写成

$$I_{\alpha}=K\frac{w_{\alpha}}{\rho_{\alpha}\mu^{*}} \tag{3-12}$$

而对于纯 α 相的试样，即标样，其同指数衍射线的强度应为

$$I_{\alpha0}=K\frac{1}{\rho_{\alpha}\mu_{\alpha}^{*}} \tag{3-13}$$

因此，待测试样中 α 相的衍射强度与标样的衍射强度的比值为

$$\frac{I_{\alpha}}{I_{\alpha0}}=\frac{\mu_{\alpha}^{*}}{\mu^{*}}w_{\alpha} \tag{3-14}$$

如果试样仅由 α、β 两相组成，则上式可以写成

$$\frac{I_{\alpha}}{I_{\alpha0}}=\frac{w_{\alpha}\mu_{\alpha}^{*}}{w_{\alpha}(\mu_{\alpha}^{*}-\mu_{\beta}^{*})+\mu_{\beta}^{*}} \tag{3-15}$$

式中　μ_{α}^{*}，μ_{β}^{*}——常数。

所以在实验条件保持不变的情况下，$I_{\alpha}/I_{\alpha0}$是 w_{α} 的单值函数。

在定量相分析之前，可以计算或实测得到对应值，获得类似图 3-11 的工作曲线。图 3-11 分别为石英(SiO_2)-氧化铍(BeO)、石英(SiO_2)-方石英(SiO_2)、石英(SiO_2)-氯化钾(KCl)三类混合物的工作曲线。

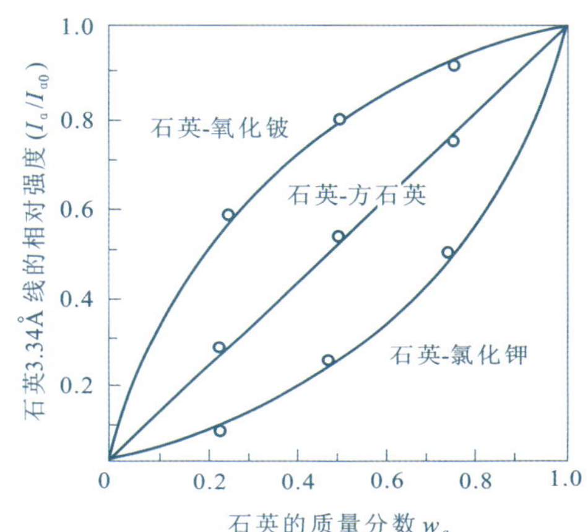

图 3-11　定量相分析的工作曲线

石英和方石英是同素异构体，其质量吸收系数相等，即

$$\mu_{\alpha}^{*}=\mu_{\beta}^{*} \tag{3-16}$$

于是式(3-15)可简化为

$$\frac{I_{\alpha}}{I_{\alpha0}}=w_{\alpha} \tag{3-17}$$

这时的工作曲线应为一条直线。在氧化铝粉的工业生产中，测定产品中的 α-Al_2O_3 与 γ-Al_2O_3 的相对含量，也属于这种简单情况。

定量相分析时，只要分别测得试样和标样的一条衍射线(通常为最强线)的强度 I_{α} 和 $I_{\alpha0}$，就可根据 $I_{\alpha}/I_{\alpha0}$ 这一比值，利用工作曲线获得试样中的 α 相含量 w_{α}。I_{α} 和 $I_{\alpha0}$是通过两次实验分别测定的，任何影响衍射线强度的实验条件变化，都会使测定结果出现偏差。这是外标法的最大缺点。

(2)内标法

内标法是在试样中加进一定质量的标样之后，根据待测相与标样的衍射线强度比，来确定两者的含量比的方法。

设试样中的待测相为 α 相，其含量为 w_{α}。在试样中加进标样之后，α 相的含量降低为 w_{α}'，而标样的含量为 w_s，可按试样与标样的配比计算，是已知量。于是由式(3-7)、式(3-8)可以得到

$$\frac{I_{\alpha}'}{I_s}=K'\frac{c_{\alpha}}{c_s}=K'\frac{\rho_s}{\rho_{\alpha}}\cdot\frac{w_{\alpha}'}{w_s}$$

将常数 ρ_s、ρ_{α} 和 K'归并成常数 K，有

$$\frac{I_{\alpha}'}{I_s}=K\frac{w_{\alpha}'}{w_s} \tag{3-18}$$

式中　I_{α}'，I_s——α 相和标样的衍射线强度，可由实验测出。

w_s 为已知，所以只要得知 K 值，就能由实验结果计算出 w_{α}'值。

K 值的获得有三种方式：一是利用任何已知物相成分的试样测出两相强度比后，根据式(3-18)算出 K 值。二是利用粉末衍射卡片库。在检索手册的某些条目中，列出了参考强度比 I/I_c，如果由 PDF 卡片查到 α 相和 s 相的参考强度比分别为 I_{α}/I_c 和 I_s/I_c，则式(3-18)中的 K 值可由下式计算。

$$K=\frac{I_\alpha/I_c}{I_s/I_c} \tag{3-19}$$

三是直接计算。根据 K 值的定义,有

$$K=\frac{V_s^2}{V_\alpha^2}\cdot\frac{\left(\frac{1+\cos^2 2\theta}{\sin^2\theta\cos\theta}F^2Pe^{-2M}\right)_\alpha}{\left(\frac{1+\cos^2 2\theta}{\sin^2\theta\cos\theta}F^2Pe^{-2M}\right)_s}\cdot\frac{\rho_s}{\rho_\alpha} \tag{3-20}$$

式中,各项均可在手册中查到,或通过简单计算得到。

如果设定试样的质量 W 与标样的质量 W_s 之和为 1,则

$$\begin{cases} w_s=\dfrac{W_s}{W+W_s} \\ w_\alpha'=\dfrac{W_\alpha}{W+W_s} \end{cases} \tag{3-21}$$

将上式中的 w_α'取倒数,得

$$\frac{1}{w_\alpha'}=\frac{1}{w_\alpha}+\frac{W_s}{W_\alpha}$$

再以 $W+W_s$ 除以上式,可得到实际 α 相含量 w_α 与 w_α'之间的换算关系

$$w_\alpha=\frac{w_\alpha'}{1-w_s} \tag{3-22}$$

内标法可以借用标样来一一测定试样中各个晶态相的含量。在测定某一物相的含量时,只涉及该相的衍射强度,而与其他相的衍射图样无关。即使试样中含有非晶态物质,也不妨碍内标法对试样中各个晶态相含量的测定。此外,内标法不受试样吸收的干扰。由于它清除了试样基体吸收的影响,有时又称为基体清除法,而将标样称为清除剂。所以,有时候也可以用待测物相 α 本身作为标样加入。

3.4.3 物质状态的鉴定

结晶度是指物质或材料中晶态部分所占的质量分数或体积分数。由于晶态与非晶态在有序程度上有明显差别,因此结晶度能清晰地表征体系中聚集态结构的情况。例如,图 3-12 是无机材料的不同状态及其对应的 XRD 谱图。在 500℃时样品 30°处的宽峰是无定形 $GdCoO_3$ 的峰。

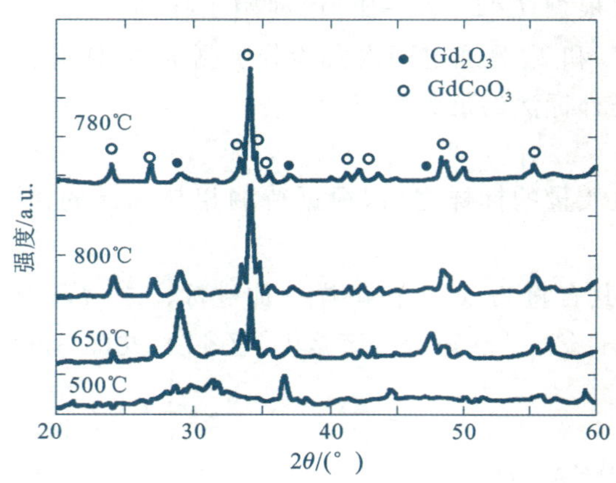

图 3-12 无机材料不同状态的 XRD 谱图

图 3-13 显示了二乙炔衍生物在加热(100℃)条件下发生固体聚合后结晶性质发生的变化。可以看出,随着加热时间的增加,单体化合物由原来的晶体变为无定形(加热 41h)。

图 3-14 是 1,4-二(3-喹啉基)-1,3-丁二炔(DQ)在一定温度下 X 射线衍射谱图的变化。从图中可知,随着加热时间的增加,DQ 发生聚合,得到三种聚合物的晶形与单体晶形不同。

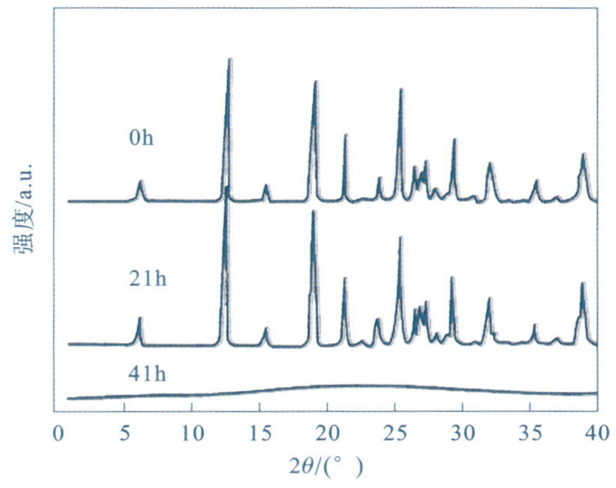

图 3-13 二乙炔衍生物在一定条件下的 XRD 谱图

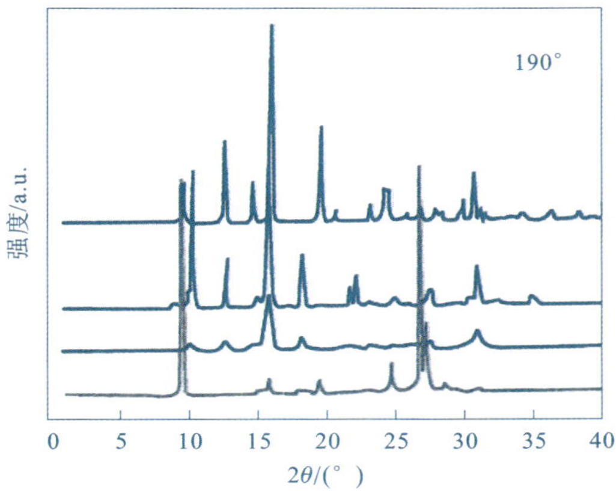

图 3-14 单体 DQ 在加热条件下 X 射线衍射谱图

高聚物结构的复杂性常使得结晶性高聚物的"两态"不易明确划界，从而导致结晶度意义模糊，以致失去意义。因高聚物结构复杂多样，在分析处理结晶度的方法上不统一，下面仅对"两态分明"体系的分析处理方法作一一介绍。两态分明体系的衍射图由两部分简单叠加而成。一部分是晶态产生的衍射峰，另一部分是晶态产生的弥散隆峰。理论上推导出如下质量结晶度公式：

$$X_C = \frac{I_C}{I_C + kI_\alpha} \tag{3-23}$$

式中 X_C——质量结晶度；

I_C——晶态部分衍射强度；

I_α——非晶态部分衍射强度；

k——单位质量非结晶态与单位质量晶态的相对射线系数。

3.4.4 单晶和多晶取向测定

单晶定向就是确定晶体内主要结晶方向与试样宏观坐标之间的关系。通常以 X 射线衍射进行单晶定向的主要方法是将劳厄法与衍射仪法结合。例如，在多晶材料中，微晶取向通常是指大量晶粒的待定晶轴或晶面相对某个参考方向或平面的平行程度，是形态结构的一个方面，也是影响材料物理性能的重要因素。半结晶高聚物材料也多属多晶材料，用 X 射线衍射法可以测定其晶粒(区)的取向。

高聚物材料总伴生非晶态，而且许多高聚物只以非晶态存在，因此在高聚物材料科学中，取向常常指分子链与某个参考方向或平面的平行程度，据此可分为晶区链取向、非晶区取向、折叠链取向、伸直链取向等。由于晶区分子链方向一般被定为晶体 c 轴方向，而一些主要晶面总为分子链排列平面，因此用 X 射线衍射法测得结晶高聚物晶区 c 轴，或特定晶面的取向，实际上也就直接或间接地表明了晶区分子链取向。而非晶区或非晶态高聚物材料中的分子链取向则需采用其他手段测定。X 射线衍射法测定微晶取向有三种表征方法：①极图法；②Hermans 因子(f)法；③轴取向指数(R)法。它们在实验方法、数据分析处理、适用性等方面各不相同，各有特点。在实验方法和数据分析处理方面，极图法很繁复，Hermans 因子法次之，轴取向指数法最简单。极图法用平面投影反映微晶在空间的取向分布状况，信息全面，但要看懂却需足够的晶体几何学与空间投影知识。因此，极图法一般只用于特制部件中取向状况的剖析。Hermans 因子法与轴取向指数法最终都是用数值反映材料的轴取向程度，但 Hermans 因子法表征性更好，轴取向指数法则较为粗略。尽管如此，轴取向指数法由于在实验方法与数据处理上简便迅速，实际中比较系列样品轴取向程度时，大都采用轴取向指数 R。R 反映样品中所有晶粒的某族晶面与取向轴(如纤维样品的纤维轴)平行程度。定义为

$$R = \frac{180^\circ - H}{180^\circ} \times 100\% \tag{3-24}$$

式中 H——单位为(°)，容易由实验获得。

完全取向时，可以认为 $H=0^\circ$，$R=100\%$；无规取向时，$H=180^\circ$，$R=0^\circ$。需要说明的是，不管为哪种取

向表征，实验中都要用到特殊的样品架和专门的实验方法。

3.4.5 晶粒度的测定

多晶材料的晶粒尺寸是材料形态结构的指标之一，是决定其物理化学性质的一个重要因素。利用X射线衍射法测量材料中晶粒尺寸有一定的限制条件。首先，当晶粒尺寸大于100nm时，其衍射峰的宽度随晶粒大小变化敏感度降低，而小于10nm时其衍射峰有显著变化；其次，多晶材料中晶粒数目庞大，且形状不规则，则由X射线衍射法测得的"晶粒尺寸"是大量晶粒个别尺寸的一种统计平均值。使用X射线衍射法测量晶粒尺寸的原理是X射线被原子散射后互相干涉的结果，当衍射方向满足布拉格方程时，各晶面的反射波之间的相位差是波长的整数倍，振幅完全叠加，光的强度加强；反之，当不满足布拉格方程时，相互抵消；当散射方向稍微偏离布拉格方程且晶面数目有限时，因部分可以叠加而不能抵消，造成了衍射峰的宽化，显然散射角越接近布拉格角，晶面的数目越少，其光强越接近峰值强度。对于一个粒径而言，衍射(hkl)的面间距如d_{hkl}和晶面层数的乘积就是垂直于此晶面方向上的粒度D_{hkl}。试样中晶粒大小可采用Scherrer公式（又名德拜-谢乐公式）计算。

$$D_{hkl}=Nd_{hkl}=\frac{0.89\lambda}{\beta_{hkl}\cos\theta} \tag{3-25}$$

式中 D_{hkl}——纳米晶的直径，Å；

λ——入射波长，Å；

θ——hkl的布拉格角，(°)；

β_{hkl}——衍射(hkl)的半峰宽，rad。

图3-15为不同陈化时间下ZnO纳米晶粉末的X射线衍射谱。与标准JCPDS卡相对照可知，所制备纳米晶粉末均为无择优取向的六方纤锌矿结构。从图中可以看出，由于粒子的尺寸为纳米量级，各衍射峰均有明显的宽化。同时，随着陈化时间的延长，各衍射峰的半高宽(FWHM)均有明显减小的现象。利用德拜-谢乐公式可以计算出纳米晶的尺寸，由此得到随着陈化时间的延长，ZnO纳米晶的平均晶粒尺寸迅速增大的结论。对应于陈化时间为40min、60min、120min、240min的样品，(110)衍射峰的半高宽分别为1.875±0.038、1.767±0.040、1.685±0.054和1.354±0.171，对应半径分别为3.37nm、4.10nm、4.30nm和5.35nm，这说明在陈化过程中有明显的奥斯特瓦尔德熟化(Ostwald ripen)。同样，对应于上述样品(110)衍射峰的峰位分别为56.383°、56.474°、56.513°和56.629°，对应d值分别为0.16319nm、0.16294nm、0.16284nm和0.16253nm，与六方纤锌矿结构的体相ZnO(110)面间距0.16247nm相比有明显的增大，并且随着陈化时间延长逐渐向体相ZnO的d值逼近。这种现象也反映出ZnO纳米晶不同于体相材料的独特表面特性，由于表面原子所占比例较大，纳米晶的面间距随粒径的减小有增大的趋势。对于不同条件下得到的ZnO粉末晶体的尺寸研究中，根据得到的XRD图可以计算其晶粒大小。图3-16是根据ZnO纳米晶粉末A和粉末B的XRD谱图，从图中(110)衍射峰的半高宽计算出粉末A和粉末B的平均晶粒半径分别为5.3nm和6.5nm。

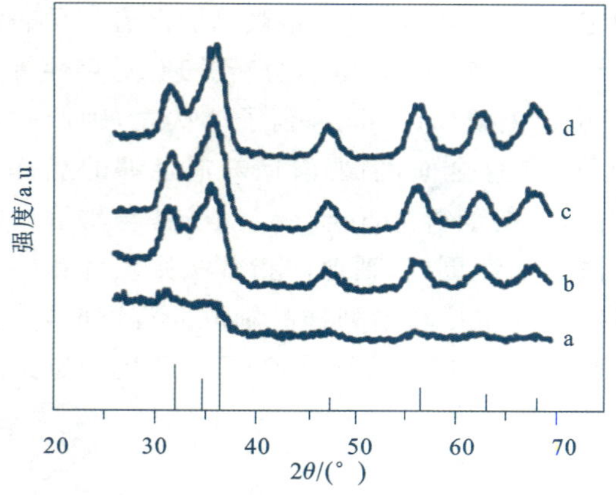

图3-15 不同陈化时间下的ZnO粉末样品的X射线衍射谱

（注：a为40min；b为60min；c为120min；d为240min）

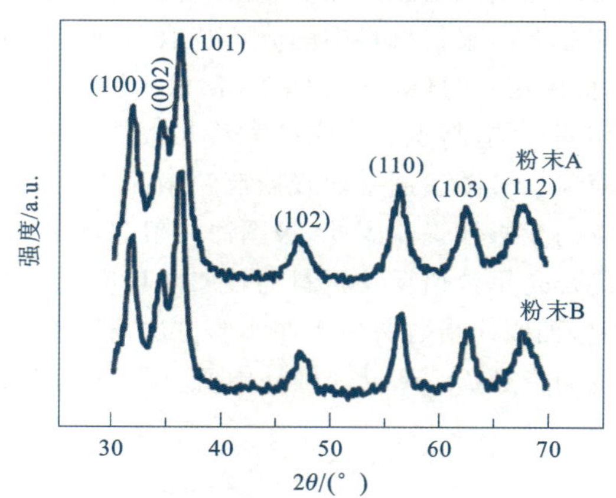

图3-16 ZnO纳米晶粉末A和B的X射线衍射谱

3.4.6 介孔结构测定

小角X射线衍射峰可以用来研究纳米介孔材料的介孔结构，这是由于介孔材料可形成规则的孔，可以将其看作周期性结构。图3-17是在己二胺处理前后黏土的XRD谱图。处理后，层间距(001)由1.31nm增加到1.40nm，说明有机阳离子与黏土层间的水合离子进行了交换，并已经插入黏土层中。此外，研究者还对介孔二氧化钛粉体进行了详细研究。

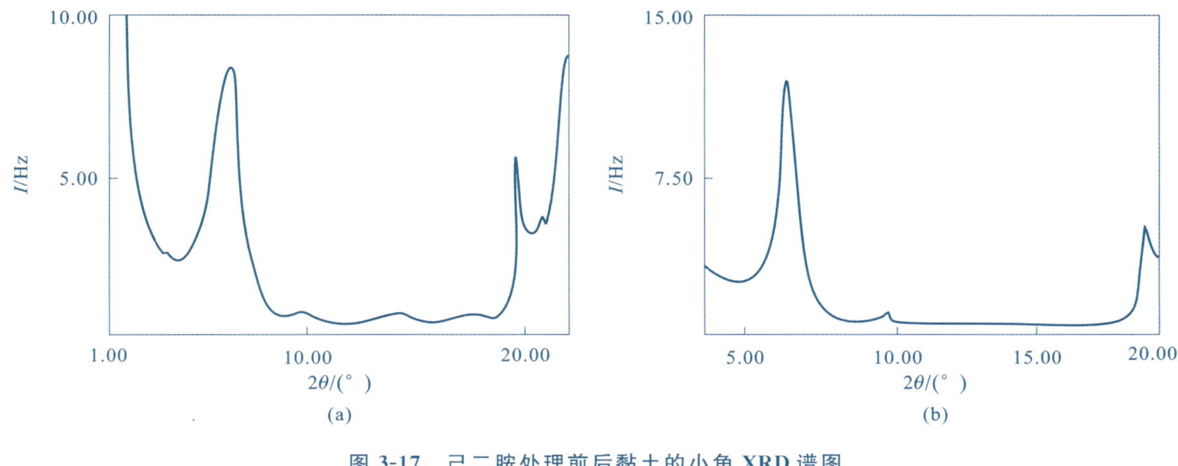

图3-17 己二胺处理前后黏土的小角XRD谱图

(a)处理前；(b)处理后

3.5 X射线衍射分析技术在建筑材料中的应用案例分析 >>>

3.5.1 防水剂和纳米材料改性水泥净浆的X射线衍射分析

防水剂和纳米材料改性水泥净浆的X射线衍射分析的结果如图3-18～图3-21所示。根据不同的衍射角度对应的主要物相，可探究各物相在水化进程中的变化规律。

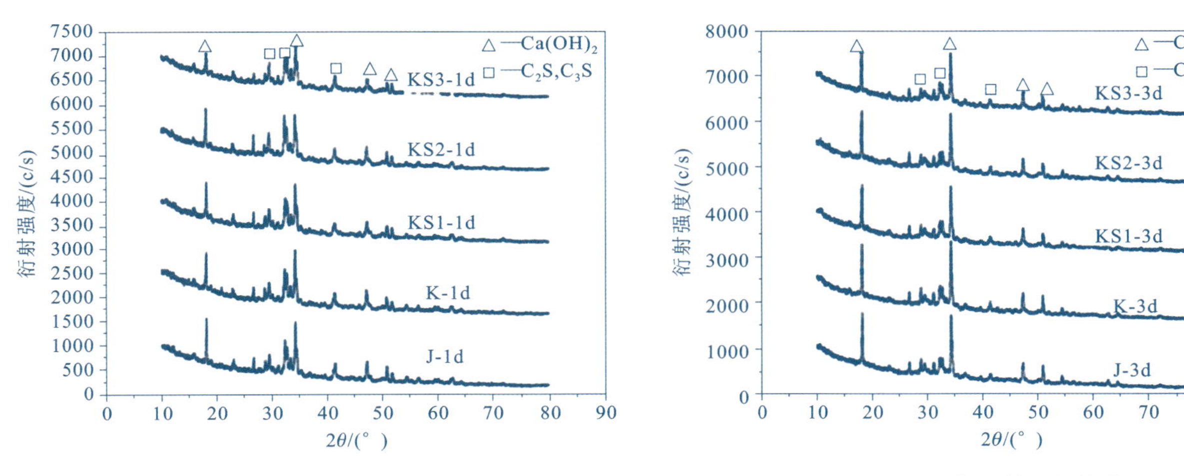

图3-18 1d龄期X射线衍射谱图

图3-19 3d龄期X射线衍射谱图

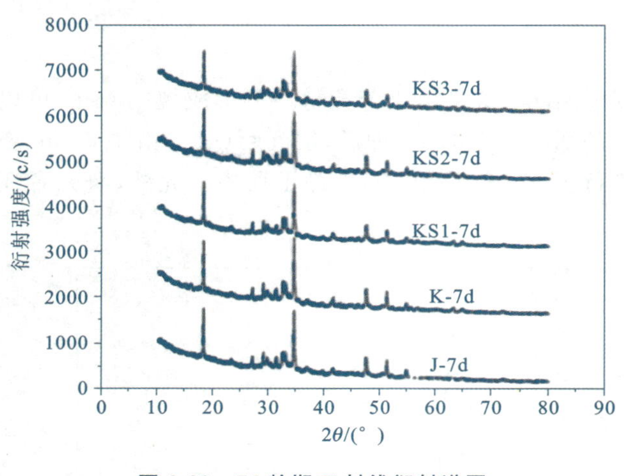

图 3-20 7d 龄期 X 射线衍射谱图

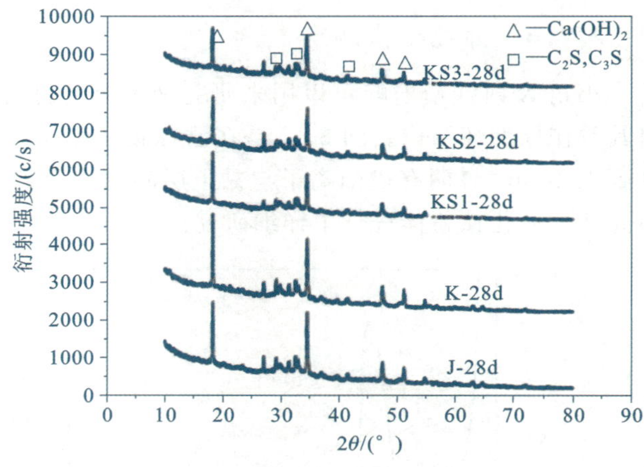

图 3-21 28d 龄期 X 射线衍射谱图

从衍射图中可以看出，各组的 X 射线衍射谱基本相同，主要的物质均为 $Ca(OH)_2$、C_3S、C_2S 等。选择 29.4°处作为 C_3S 的特征峰，选择 18.1°和 34.1°处作为 $Ca(OH)_2$ 的特征峰。通过对降噪处理后物相变化的分析，探究防水剂和纳米材料对微结构及水泥水化的综合影响。

X 射线衍射分析所得的主要物质峰值详见表 3-2、表 3-3、图 3-22～图 3-25。

表 3-2 C_3S 衍射峰值 （单位：c/s）

样品	C_3S (29.4°)			
	1d	3d	7d	28d
J	255	190	193	138
K	275	204	139	195
KS1	317	158	145	138
KS2	315	235	158	162
KS3	294	223	111	164

表 3-3 $Ca(OH)_2$ 衍射峰值 （单位：c/s）

样品	(001)/CH (18.1°)				(101)/CH (34.1°)			
	1d	3d	7d	28d	1d	3d	7d	28d
J	691	717	810	1168	865	1087	1048	1327
K	557	737	825	1491	885	1076	1109	1250
KS1	540	481	810	1024	754	840	1047	757
KS2	577	502	740	867	705	761	986	876
KS3	432	388	581	738	686	728	848	1016

上述图表分别列出了 1d、3d、7d 和 28d 龄期的各组别的 C_3S 和 $Ca(OH)_2$ 特征峰值。结合图表进行分析：

首先，分析 C_3S 的变化。C_3S 是水泥材料中重要的矿物成分，随着龄期的增长，C_3S 不断消耗，衍射峰值也逐渐降低。从表 3-2 可以看出，从 1d 龄期到 28d 龄期，J 组 C_3S 衍射峰值从 255 到 138，下降了 117；掺 KIM 防水剂的 K 组 C_3S 衍射峰值从 275 到 195，下降了 80。K 组消耗的 C_3S 少于 J 组，说明 KIM 防水剂对水泥水化有抑制作用。而同时加入纳米 SiO_2 之后，KS 系列组消耗的 C_3S 均多于 K 组，说明纳米 SiO_2 的加入能提高水泥的水化程度，但是掺量增加对提高水泥水化程度影响不大。

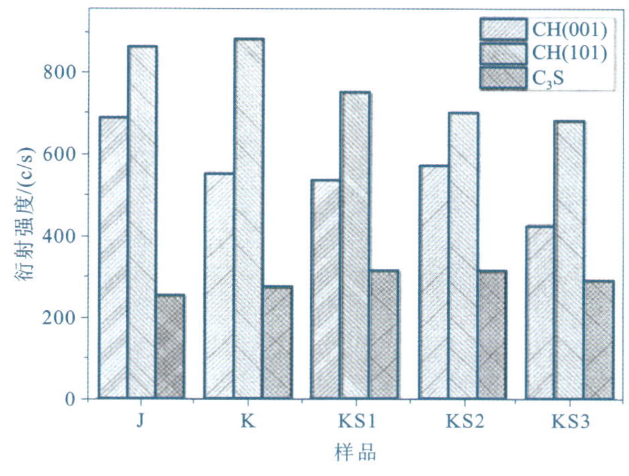

图 3-22　1d 龄期 $Ca(OH)_2$ 和 C_3S 衍射峰值

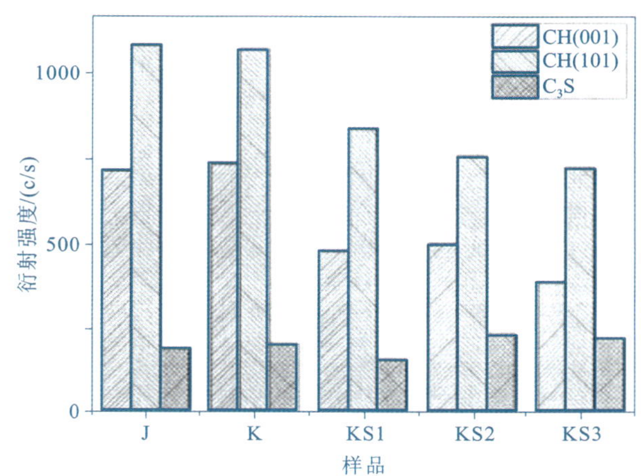

图 3-23　3d 龄期 $Ca(OH)_2$ 和 C_3S 衍射峰值

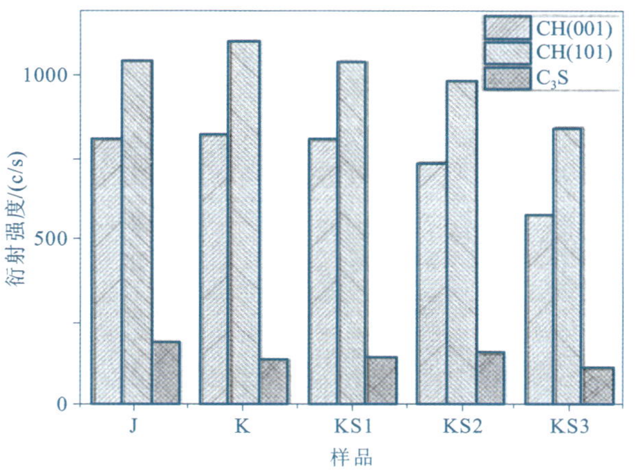

图 3-24　7d 龄期 $Ca(OH)_2$ 和 C_3S 衍射峰值

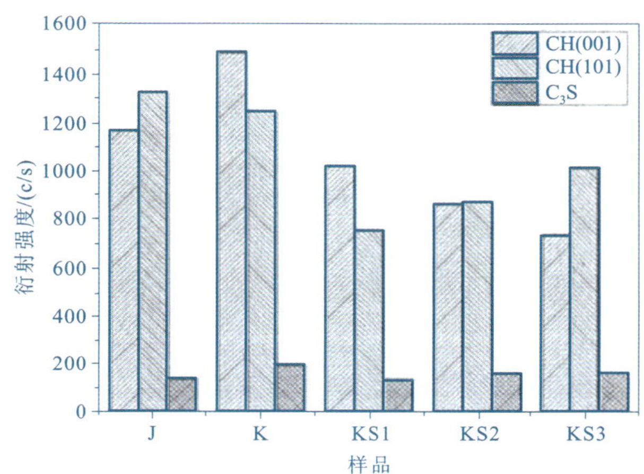

图 3-25　28d 龄期 $Ca(OH)_2$ 和 C_3S 衍射峰值

然后，分析水化产物 $Ca(OH)_2$。对不同龄期的各组试样的 $Ca(OH)_2$ 衍射峰值进行分析。

由图 3-26、图 3-27 可以发现掺入 KIM 防水剂的 K 组的 $Ca(OH)_2$ 衍射峰值在后期明显大于基准 J 组，因为 KIM 防水剂中化学成分与水发生反应，生成大量结晶体，形成防水膜，从而对水泥的水化过程起着抑制作用。

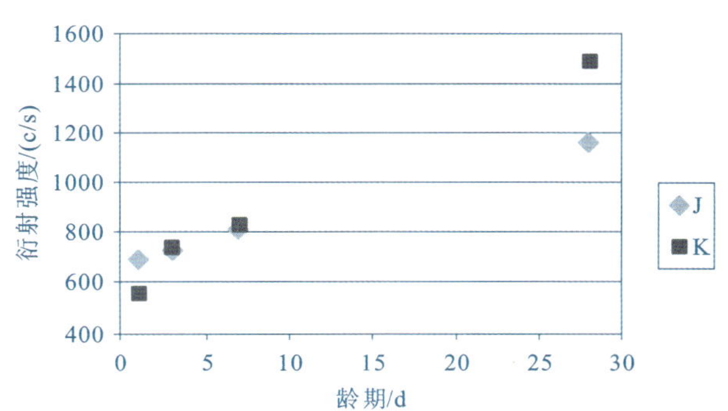

图 3-26　KIM 防水剂对 $Ca(OH)_2$①衍射强度的影响

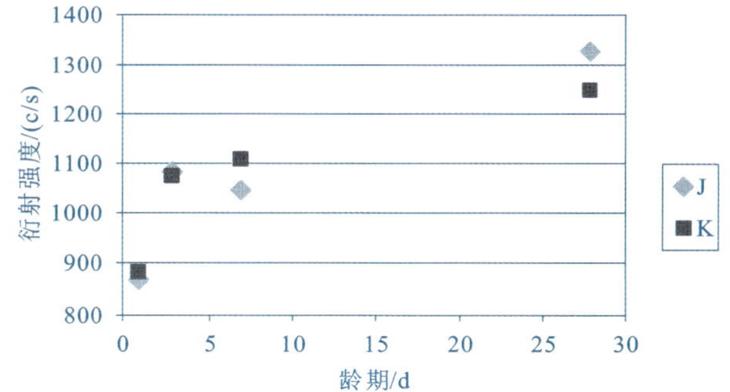

图 3-27　KIM 防水剂对 $Ca(OH)_2$②衍射强度的影响

在 1d、3d、7d、28d 龄期，掺入纳米 SiO_2 的 KS 系列相对 K 组的 $Ca(OH)_2$ 衍射峰值更小（图 3-28、图 3-29）。已知纳米 SiO_2 在水化过程中可以与 $Ca(OH)_2$ 发生火山灰反应，消耗 $Ca(OH)_2$。SiO_2 与 $Ca(OH)_2$ 反应的方程式如下：

$$SiO_2 + mH_2O + nCa(OH)_2 \rightarrow nCaO \cdot SiO_2 \cdot (n+m)H_2O$$

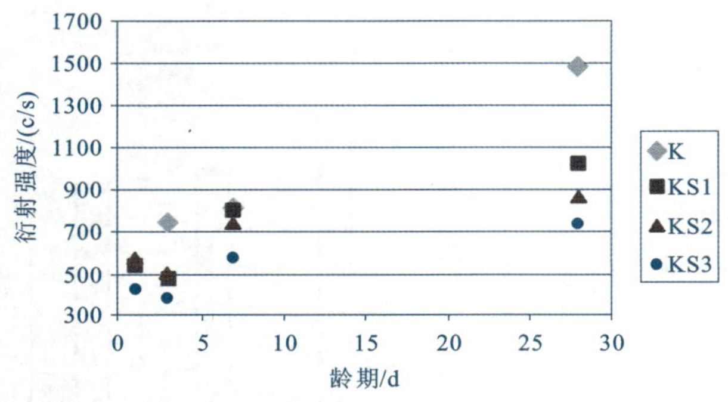

图 3-28 纳米 SiO_2 对 $Ca(OH)_2$①衍射强度的影响

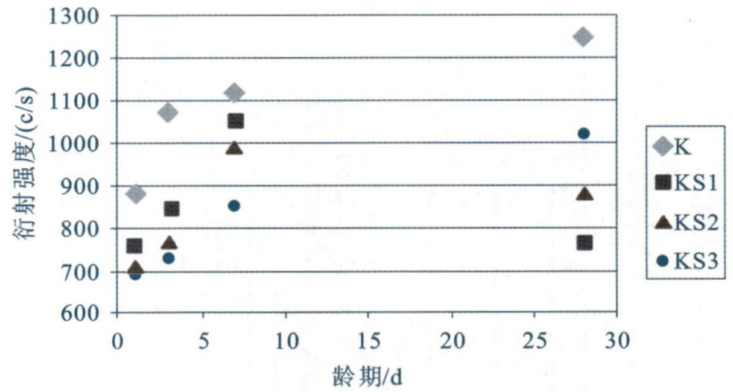

图 3-29 纳米 SiO_2 对 $Ca(OH)_2$②衍射强度的影响

这说明高活性掺和料纳米 SiO_2 在早期能够与水化产物 $Ca(OH)_2$ 发生反应，加速水泥基材料的水化过程。

通过比较 KS1、KS2、KS3 三组的 $Ca(OH)_2$ 衍射峰值，可以发现随着纳米 SiO_2 掺量的增加，$Ca(OH)_2$ 衍射峰值强度相应降低，说明适当增加纳米 SiO_2 掺量可以提高水泥熟料的水化速率，但并不明显。

CH 的取向性对水泥基材料的强度有重要影响，取向趋于一致时，强度降低；取向越复杂，则强度越高。Hussin 和 Poole 通过 X 射线衍射分析来计算 CH 的取向指数。取向指数 R 可按下式计算：

$$R=I(001)/[I(101)\times 0.74]$$

当 CH 没有趋向性时，$R=1$；当 CH 有趋向性时，$R>1$，且 R 越大，取向性越强。各组别的 CH 的取向指数如图 3-30 所示。

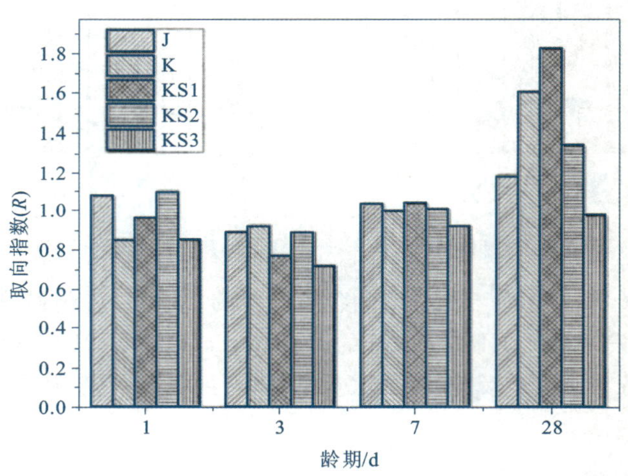

图 3-30 各组 CH 的取向指数

可以看出，随着龄期增加，KIM 防水剂愈加提高取向指数，故对水泥基材料强度有降低作用；加入纳米 SiO_2 后，对取向指数有一定的降低作用，有利于提高水泥基材料的强度。

综上所述，纳米 SiO_2 能够快速地与早期形成的 $Ca(OH)_2$ 发生反应，加速早期的水化过程，形成水化硅酸钙凝胶。同时，纳米 SiO_2 与 $Ca(OH)_2$ 快速反应产生大量的水化热，加速了水泥其他成分的水化过程，使得水泥熟料的消耗速率大于基准组。在适当范围内，随着纳米 SiO_2 的掺量增加，水泥净浆的水化速率也随之加快，但并不明显。KIM 防水剂对水泥基材料的水化过程则起到了抑制作用。

3.5.2 纳米改性的水泥基材料的 X 射线衍射分析

纳米改性的水泥基材料的 X 射线衍射分析的结果如图 3-31～图 3-36 所示。根据不同的衍射角度标出相对应的物相，用于比较各种物相在水化过程中的变化规律。水泥矿物 C_3S 选 29.4°处作为特征峰值，SiO_2 选 26.6°处作为特征峰值，$Ca(OH)_2$ 选择 18.1°和 34°处作为特征峰值。通过比较特征峰值，采用半定量法判断相应物质的多少。

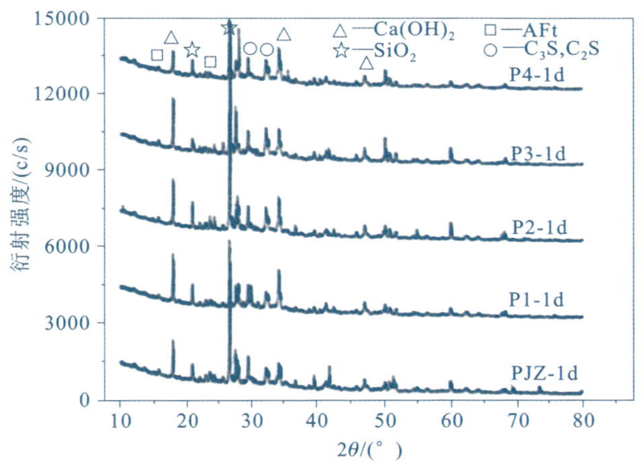

图 3-31 C30 混凝土 1d 龄期 X 射线衍射谱图

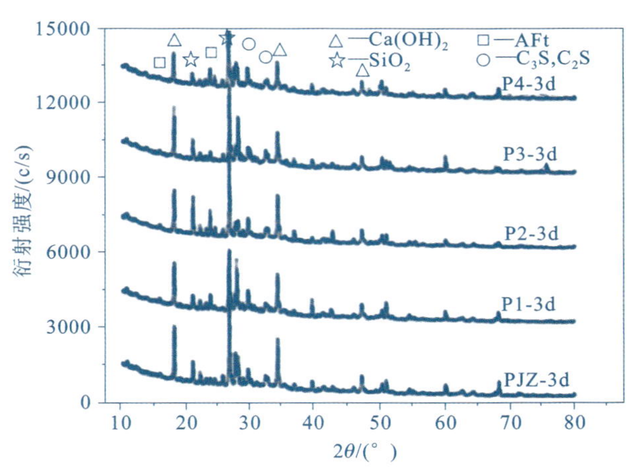

图 3-32 C30 混凝土 3d 龄期 X 射线衍射谱图

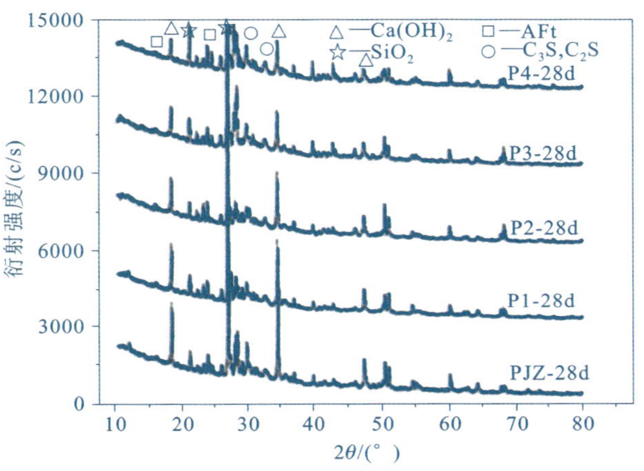

图 3-33 C30 混凝土 28d 龄期 X 射线衍射谱图

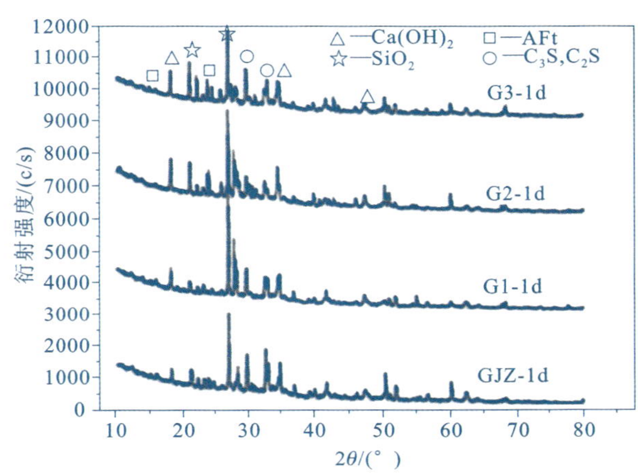

图 3-34 C60 混凝土 1d 龄期 X 射线衍射谱图

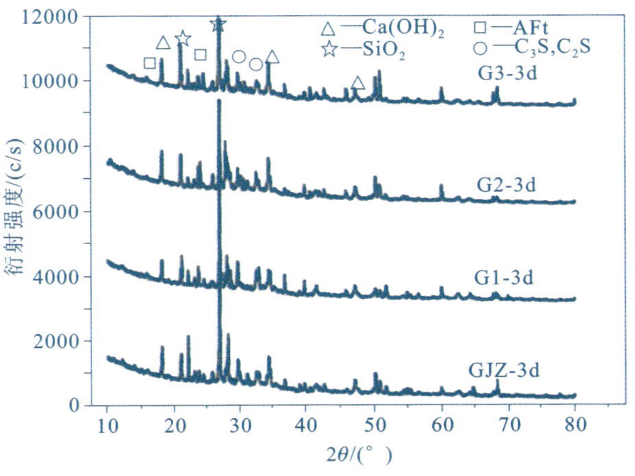

图 3-35 C60 混凝土 3d 龄期 X 射线衍射谱图

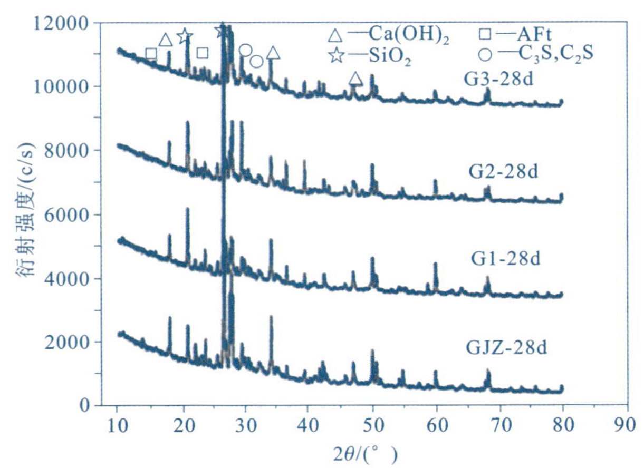

图 3-36 C60 混凝土 28d 龄期 X 射线衍射谱图

表 3-4 和图 3-37～图 3-39 分别列出了 1d、3d 和 28d 龄期的各组别的 CH 和 C_3S 衍射峰值。

表 3-4　　CH 和 C_3S 的衍射峰值　　（单位：c/s）

样品	晶面/晶体								
	(001)/CH			(101)/CH			C_3S		
	1d	3d	28d	1d	3d	28d	1d	3d	28d
PJZ	1471	2014	2174	611	1729	3356	1017	839	826
P1	1819	1711	1756	1239	1399	2374	915	790	596
P2	1765	1635	1119	1196	1512	1957	819	736	507
P3	1958	1863	1207	805	1033	1361	719	467	297
P4	834	1170	707	1025	882	1082	693	503	294
GJZ	445	883	1083	243	600	1235	1171	660	702
G1	558	854	764	435	662	1137	729	763	556
G2	518	869	705	444	998	977	756	550	1792
G3	724	925	540	495	757	1171	964	521	745

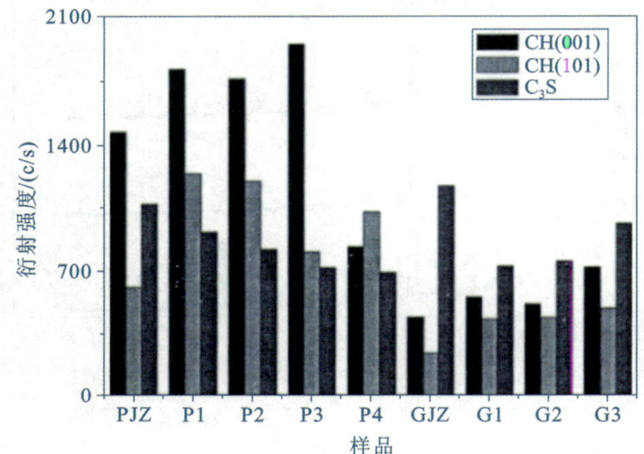

图 3-37　1d 龄期 CH 和 C_3S 的衍射峰值

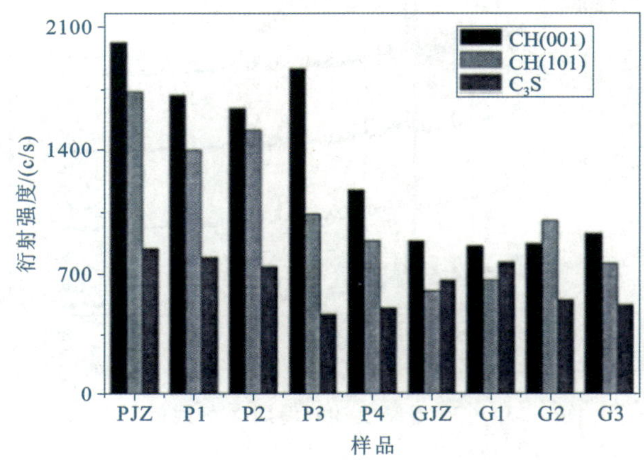

图 3-38　3d 龄期 CH 和 C_3S 的衍射峰值

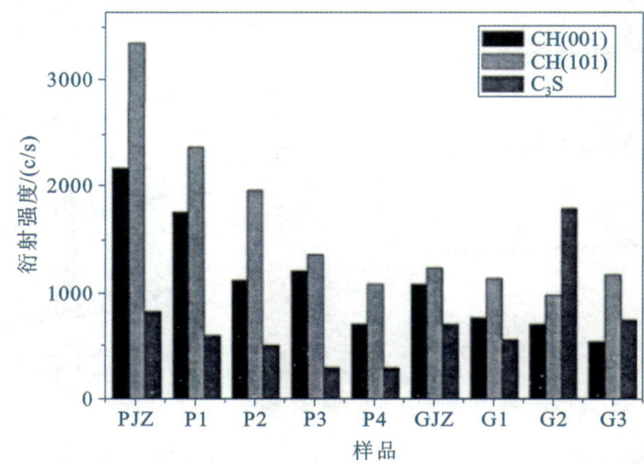

图 3-39　28d 龄期 CH 和 C_3S 的衍射峰值

首先分析 C_3S 含量的变化，从表 3-4 中我们可以发现，随着龄期的增加，水泥不断水化，C_3S 的数量不断减少。在 1d 龄期加入纳米材料之后，C30 和 C60 混凝土中的 C_3S 的含量都显著下降，这说明纳米材料的掺入能够加快水泥熟料的水化。随着纳米掺量的增加，C30 混凝土中 C_3S 的含量越来越少，而 C60 混凝土中 C_3S 的含量先减少后增多，这也与混凝土强度的发展规律一致。到了 3d 和 28d 龄期，随着纳米 SiO_2 的掺入，C30 混凝土中 C_3S 的含量下降依旧显著，而 C60 混凝土中 C_3S 的含量下降却没有 1d 龄期明显，这说明纳米 SiO_2 对高强混凝土后期水化的抑制作用更加明显。

再分析水化产物 CH 的含量。对于 C30 混凝土，1d 龄期时，水泥水化受到纳米 SiO_2 影响比较大，从图 3-37 中可以看出，掺加纳米 SiO_2 之后，CH 的衍射峰值显著增加，这说明在早期纳米 SiO_2 促进了水泥的水化进而产生了更多的 CH。但是当纳米掺量达到 7%时，CH 的含量反而减少，这是由于掺加了大量的纳米 SiO_2 后水化产生的 CH 与纳米 SiO_2 发生火山灰反应，使得 CH 的含量下降。在 3d 和 28d 龄期，基准组的 CH 的含量均大于掺加了纳米 SiO_2 的组别的，这个现象可以从两个方面来解释：一是由于纳米 SiO_2 在水化后期可以与 CH 发生火山灰反应，消耗 CH；二是水化反应进入扩散(D)控制阶段后，掺加纳米 SiO_2 的水泥水化速率将小于基准组水泥水化速率，产生的 CH 数量逐渐下降并低于基准组中 CH 的数量。对于 C60 混凝土，由于掺加了粉煤灰替代水泥，在 X 射线衍射图中 C_3S 和 CH 的衍射峰值大部分均小于 C30 混凝土中的衍射峰值。与 C30 混凝土一样，在 1d 龄期，掺加纳米 SiO_2 之后，CH 的衍射峰值明显大于基准组中 CH 的衍射峰值，这同样说明在水化早期阶段纳米材料可以促进水泥的水化。在 3d 和 28d 龄期，基准组的 CH 的衍射峰值也逐渐增加并超过掺加纳米 SiO_2 组的衍射峰值，这里的规律与 C30 混凝土的规律是一致的。

从上面的分析可以发现，纳米 SiO_2 对于 C30 和 C60 混凝土的水化规律的影响基本上是一致的，在水化早期都能促进水泥的水化，产生更多的 CH；到了后期，纳米 SiO_2 会抑制水泥水化，造成水化速率的下降。

图 3-40 列出了 1d、3d 和 28d 龄期各组别的 CH 的取向指数。

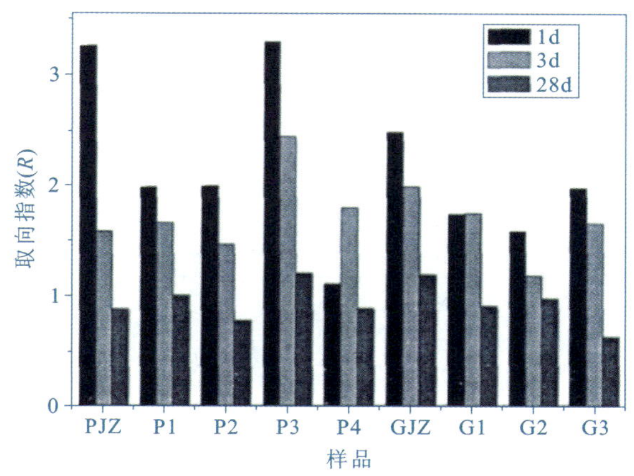

图 3-40 各组别中 CH 的取向指数

从图中可以发现，随着龄期的增加，C30 和 C60 混凝土中 CH 的取向指数整体呈下降趋势。将在不同龄期，含有不同掺量的纳米材料的 C30 混凝土与基准组比较，CH 的取向指数没有特别明显的规律，这说明纳米 SiO_2 对 C30 混凝土中 CH 的取向性没有太大的影响。反观 C60 混凝土，在各个龄期，掺入纳米 SiO_2 之后，混凝土中 CH 的取向指数较基准组都有所下降，且 C60 混凝土中 CH 的取向指数与 C60 混凝土的抗压强度有很大的相关性，CH 取向指数较低的 G2 组对应的混凝土的抗压强度却是最高的，这也证明，高强混凝土纳米材料的掺量不宜过高，通常为胶凝材料的 2%左右。

综上所述，纳米 SiO_2 对 C30 混凝土中 CH 的取向指数没有太大的影响，但是适当掺量的纳米 SiO_2 可以降低 C60 混凝土中 CH 的取向指数，且 C60 混凝土中 CH 的取向指数与混凝土的抗压强度表现出一定的相关性。

3.5.3 地聚合物物相组成分析

为探究 PVA 纤维与碳纳米管改性地聚合物的改性机理，采用多种微观分析技术手段进行分析，在此基础上提出基于多尺度的双纤维改性作用机理。地聚合物在室温下发生硬化反应生成无定形至半晶态物质，其无序程度可以通过 X 射线衍射谱图表征。非晶态物质的 XRD 谱图表现为宽漫峰，而不是尖锐的衍射峰，地聚合物中占绝大多数的非晶相的结构不能单独由 XRD 谱图分析得出。因此，除了通过 XRD 对地聚合物进行表征以外，还需要采用傅立叶变换红外光谱仪(FTIR)分析地聚合物中基本结构基团情况，采用魔角旋转核磁共振光谱(MAS-NMR)分析地聚合物的无定形体系，包括体系的结构和动力学特性。本部分主要对XRD谱图进行分析。

本试验采用X射线衍射谱图分析经碳纳米管和PVA纤维改性前后地聚合物经28d标准养护后的物相组成，图3-41显示了偏高岭土(MK)、B0、T4、P2和PT5组28d的X射线衍射谱图。通过谱图可以发现，PVA纤维和碳纳米管改性地聚合物的反应产物仍以无定形物质为主，PVA纤维和碳纳米管的掺入不会改变地聚合反应终产物的物相组成。偏高岭土中2θ为25.580°的尖锐峰，在B0、P2组中左移为25.492°，在T4、PT5组中左移为25.448°；偏高岭土中对应石英的尖锐特征峰经地聚合反应后消失；偏高岭土中在17°～30°处的宽泛弥散峰经地聚合物反应后形成18°～38°的弥散馒头状峰。这表明偏高岭土经过地聚合反应产生了新的无定形物质，偏高岭土中的石英晶体也参与地聚合反应生成了新的物质。此外，改变硅铝比、钠铝比和水钠比这三个关键摩尔比参数可以改变驼峰中心角，PVA纤维和碳纳米管的掺入不影响弥散馒头状峰的驼峰中心角，表明驼峰的中心角与地聚合物的原材料摩尔比有关，而与不改变原材料摩尔比的改性材料无关。T4组和PT5组的馒头状峰相对B0组和P2组更为平缓，这表明T4组和PT5组与B0组和P2组相比，拥有更好的非晶态结构，这可能是因为碳纳米管可以在一定程度上优化地聚合物非晶态组成的结构。

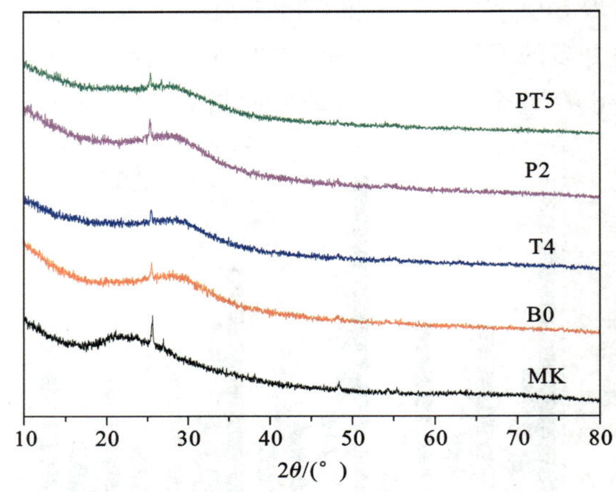

图3-41 PVA纤维和碳纳米管改性地聚合物28d XRD谱图

参考文献

[1] 张锐. 现代材料分析方法[M]. 北京：化学工业出版社，2007.

[2] 徐勇，范小红. X射线衍射测试分析基础教程[M]. 北京：化学工业出版社，2013.

[3] 潘峰，王英华，陈超. X射线衍射技术[M]. 北京：化学工业出版社，2016.

[4] 江超华. 多晶X射线衍射技术与应用[M]. 北京：化学工业出版社，2013.

[5] BISH D L，HOWARD S A. Quantitative phase analysis using the Rietveld method[J]. Appl. Cryst.，1988，21(4)：86-91.

[6] AHTEE M，NURNELA M，SOURTTI P，et al. Correction for preferred orientation in Rietveld refinement[J]. Appl. Cryst.，1989，22(6)：261-268.

[7] MAICHLE J K，HRINGER J I，PRANDE W. Simultaneous structure refinement of neutron，synchrotron and X-ray powder diffraction patterns[J]. Appl. Cryst.，1988，21(2)：22-38.

[8] 朱永法. 纳米材料的表征与测试技术[M]. 北京：化学工业出版社，2006.

[9] 王梦华. 纳米SiO_2对掺防水剂水泥基材料性能的影响及作用机理研究[D]. 杭州：浙江大学，2015.

[10] 于悦. PVA纤维和碳纳米管对地聚合物性能的影响与机理分析[D]. 杭州：浙江大学，2018.

4　透射电子显微分析

内容简介

本章介绍了透射电子显微镜的基本原理与功能、仪器结构、样品要求与制备方法，并通过一些实例简要介绍了透射电子显微镜在建筑材料中的运用。

本章导读

4.1　透射电子显微镜

透射电子显微镜(transmission electron microscope,TEM)是一种以波长极短的电子束作为照明源，以电磁场为透镜，利用透射电子束进行成像的高精密电子光学仪器。第一台透射电子显微镜的发明可追溯至1932年，由德国柏林工业大学高压实验室的卡诺尔(Knoll)与鲁斯卡(Ruska)共同研制，如图4-1所示。该仪器装置的最高加速电压为70 kV,放大倍数仅为12倍，这是现代透射电子显微镜的雏形。同年，鲁斯卡在其发表的名为《几何电子光学的发展》的论文中第一次使用了电子显微镜(electron microscope,EM)的名称，因此这一年也被公认为电子显微镜的发明年。但透射电子显微镜的发展与一系列科学，特别是与物理学及光学的发展分不开。电子显微镜与光学显微镜(optical microscope,OM)的基本成像原理相近，不同的是前者的光源是电子束而不是可见光、透镜是用电磁透镜而不是光学玻璃透镜。因此，在叙述透射电子显微镜的发展之前，先简要介绍一下光学显微镜的发展及基本原理，有助于理解透射电子显微镜的原理与构造。

图4-1　德国科学家鲁斯卡及其研制的第一台透射电子显微镜

4.1.1 光学显微镜的发展及基本原理

两千多年前，人们就已经发现透过球形的透明物体去观察物体，物体会放大，但并不了解其背后的原理。人们普遍认为，1590 年前后，荷兰眼镜制造商詹森父子制作了第一台光学显微镜，他们利用镜片造出了一种具有放大功能的玻璃工具，其外观呈直筒形，由两个透镜组成，一个是目镜，一个是物镜，如图 4-2(a)所示。1610 年左右，意大利的伽利略与德国的开普勒等物理学家在研究望远镜的原理时，通过改变物镜和目镜之间的距离，设计出了合理的光路结构，并以此制造出了具有物镜、目镜及镜筒的复式显微镜。伽利略的工作促使了当时一些科学家积极地投入显微镜的研制和改进工作中。荷兰的列文虎克是一位透镜制作爱好者，他一生中磨制了超过 500 个镜片，并制造了 400 种以上的显微镜，其中有 9 种至今仍有人使用。图 4-2(b)是列文虎克制造出的一种可放大 140 倍的单式显微镜。在之后的研究中，他又加入调焦系统、照明系统和载物台等，这些结构也是现代显微镜不可或缺的组成部件。几乎是在同一时期，英国的罗伯特・虎克也利用其自制的显微镜观察了大量的显微组织，并出版了《显微术》一书，现在我们所熟知的细胞(cell)一词，便是由罗伯特・虎克提出的。图 4-2(c)为罗伯特・虎克在《显微术》中所描绘的跳蚤形态。

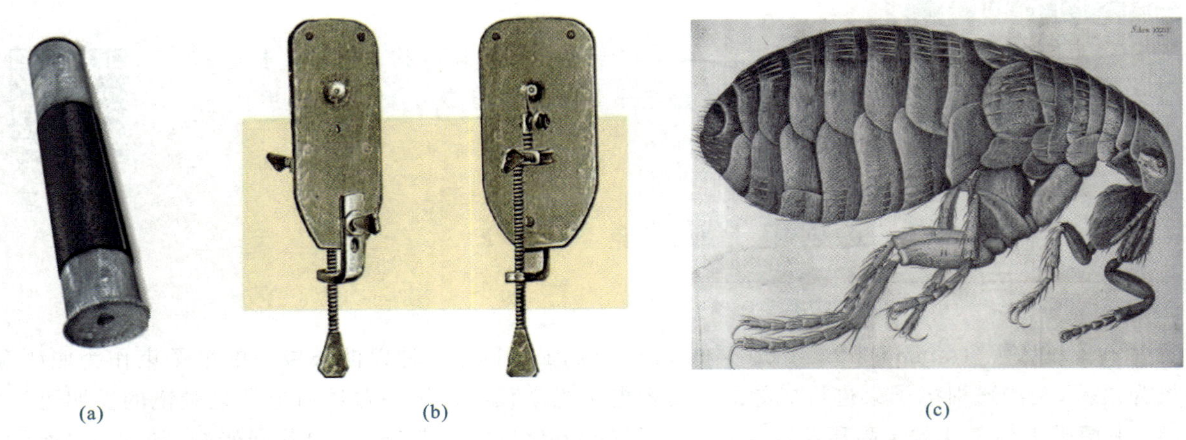

(a) (b) (c)

图 4-2 光学显微镜

(a)詹森父子所制造的显微镜；(b)列文虎克制作的显微镜；(c)罗伯特・虎克在《显微术》中所描绘的跳蚤形态

光学显微镜一般由目镜、物镜、载物台和反光镜组成。目镜和物镜都是凸透镜，焦距不同，物镜焦距小于目镜。物镜相当于投影仪，将物体放大后的实像投影给目镜。目镜将物镜投影的像进一步放大。反光镜用来反射入射光，照亮被观察的物体。反光镜一般有两个反射面：一个是平面镜，在光线较强时使用；一个是凹面镜，在光线较弱时使用，可会聚光线。载物台用于承载样品，可在靠近或远离物镜的方向上移动。图 4-3 为光学显微镜的成像光路图，在一倍物镜焦距外的样品经物镜折射后形成一倒立、放大的实像，该实像又通过目镜的二次放大形成正立、放大的虚像。由于光沿直线传播，人眼在目镜侧观察到的是物体倒立、放大的虚像。放大倍数为物镜与目镜的放大倍数之乘积。

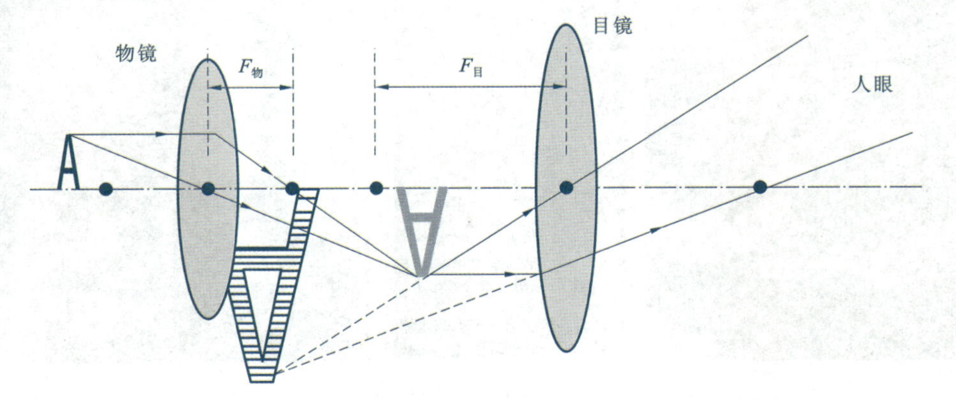

图 4-3 光学显微镜成像光路图

4.1.2 为什么需要电子显微镜?

一般来讲,人眼所能分辨的最小距离约为0.1mm,这还需要人眼所处的光照环境足够理想。因此,人们之所以需要显微镜,是因为显微镜可以放大人肉眼不能识别的微小结构和物质。根据瑞利判据,光学显微镜的分辨率(δ)可表示如下:

$$\delta = \frac{0.61\lambda}{\mu \sin\theta}$$

式中 λ——光波波长;

μ——光在被观察物体与物镜间介质中的折射率(大部分情况下显微镜所处的介质为空气,其折射率近似等于1.00);

θ——透镜的收集半角(孔径角的一半)。

该公式的分母($\mu\sin\theta$)通常被称为数值孔径,数值孔径是显微镜物镜的重要技术参数,决定了物镜的分辨率:数值孔径越大,物镜的分辨率越高。数值孔径的大小受到折射率与透镜的收集半角的影响,在光源一定(即光波波长一定)的前提下,能通过提高物镜孔径角与介质折射率来提高数值孔径大小。孔径角是物镜光轴上的物体点与物镜前透镜的有效直径所形成的角度。孔径角越大,进入物镜的光通量就越大,它与物镜的有效直径成正比,与焦点的距离成反比。对于一个给定的透镜,其孔径角是一定的,要想提高光学显微镜的分辨率,唯一的办法是增大介质的折射率。为此,人们发明了水浸物镜和油浸物镜(水与油的折射率要大于空气的折射率)。目前已知可用的折射率最高的介质为溴萘,其折射率为1.66。

因此,要提高显微镜分辨率,可从三个角度入手:①降低光波波长,即使用短波光源;②增大介质折射率;③增大物镜孔径角。一言以蔽之,在以上各种条件都最优的情况下,光学显微镜的分辨率约为所用光波波长的一半。我们知道,可见光也是一种电磁波,其波长分布于400~700nm范围内(见本书第9章图9-2所示的电磁波谱图),因此最理想情况下,光学显微镜的极限分辨率约为200nm。

依据透镜分辨率公式,想要提高显微镜的分辨率以观察到物质更细微的结构,关键是降低所用光源的波长。比可见光波长更短的紫外光的波长分布于13~390nm,但由于大多数物质都强烈地吸收紫外光,因此紫外光难以作为照明光源使用。波长更短的电磁波为X射线(0.01~10nm),但迄今为止还没有找到能使X射线改变方向、发生折射和聚焦成像的物质,也就是说还没有基于X射线的透镜存在。最终,人们将目光锁定在了电子波上,除了电磁波谱外,在物质波中,电子波波长短,且电子能够在电磁场的作用下发生偏转。通过调节电磁场的磁场强度,可使电子束发生会聚或扩散,类似于凸透镜和凹透镜对可见光的会聚和扩散。这启发人们可以将电子波作为照明光源,由此诞生了电子显微镜。

同样地,也可用瑞利判据来计算电子显微镜的极限分辨率。电子显微镜与光学显微镜在原理上有许多相似之处,本质上不同在于电子显微镜所用的“光源”为电子波束、用于会聚和发散电子束的部件为电磁透镜。根据德布罗意物质波波长公式,电子波波长与其动能的关系如下:

$$\lambda = \frac{h}{p} = \frac{h}{mv}$$

式中 λ——电子波的波长;

h——普朗克常数,取6.62607015×10^{-34} J·s;

p——电子的动量;

m——电子的质量,为9.10956×10^{-31}kg;

v——电子的运动速度,其大小取决于电子束的加速电压。

$$\frac{1}{2}mv^2 = eU$$

$$v = \sqrt{\frac{2eU}{m}}$$

式中 U——加速电压;

e——电子电荷,取1.6×10^{-19} C。

从上式可以看出，电子波的波长与电子的动量（也就是电子的运行速度）成反比，当赋予静止的电子一定能量（E,keV）后，可得电子波的波长如下：

$$\lambda=\frac{h}{\sqrt{2mE}}=\frac{h}{\sqrt{2meU}}$$

当加速电压较高时，运用上式计算出的电子运行速度将极高，因此需要对其进行相对论修正，可表示如下：

$$m=\frac{m_0}{\sqrt{1-\left(\frac{v}{c}\right)^2}}$$

式中　m_0——电子的静止质量，为 9.10956×10^{-31}kg；

m——经相对论修正后的电子质量；

c——光速，取 3×10^8m/s。

由此，可以计算出在不同加速电压下电子波的波长如图 4-4 与表 4-1 所示。

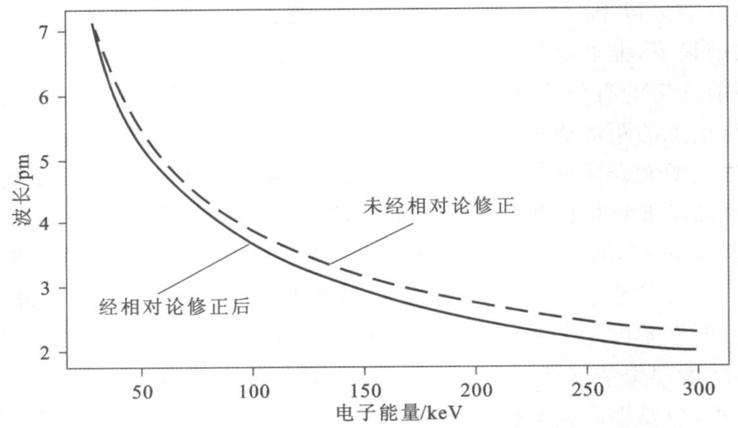

图 4-4　电子波的波长与能量关系示意图

表 4-1　**不同加速电压下电子波的波长**

加速电压/kV	电子波波长/nm	加速电压/kV	电子波波长/nm
1	0.0338	50	0.00536
2	0.0274	80	0.00418
5	0.0173	100	0.00370
10	0.0122	200	0.00251
20	0.00859	500	0.00142
30	0.00698	1000	0.00087

由表 4-1 中数据可知，当加速电压仅为 1kV 时，电子波的波长就已经达到 0.0338nm；当加速电压为 100kV 时，电子波的波长为 0.0037nm；而加速电压为 1000kV 时，电子波的波长为 0.00087nm。因此，从理论上来讲，100kV 时的透射电子显微镜的理论分辨率就可以达到 0.002nm；然而实际上目前最先进的电子显微镜也无法达到这么高的分辨率，这一方面受到样品的影响，另一方面主要是由于电磁透镜具有的各种像差（如球差、色差、像散、畸变）等阻碍了电子显微镜分辨率的提高。虽如此，即便是一台普通的电子显微镜的分辨率也比最先进的光学显微镜高出一两个数量级。

4.1.3　透射电子显微镜与光学显微镜的区别

本质上，透射电子显微镜（简称透射电镜）与光学显微镜（简称光镜）的原理完全不同，但它们的光路图有诸多相似之处，如图 4-5 所示。

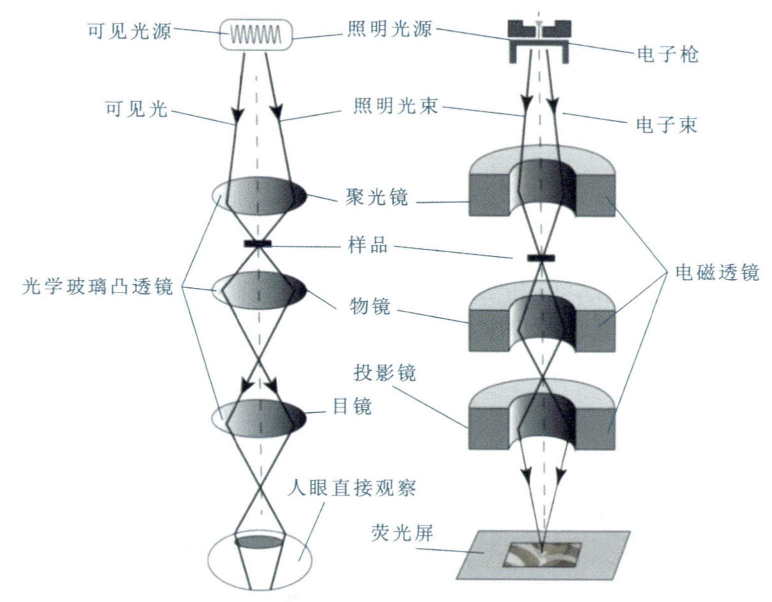

图 4-5 光学显微镜与透射电子显微镜光路示意图

两者不同之处在于：

(1) 照明光源不同

电镜所用的照明光源是电子枪发出的电子流，而光镜的照明光源是可见光源(日光或灯光)，因光波波长是不可调的，而电子束的波长可以通过调节加速电压来控制，其值远远小于光波波长，因此透射电镜的放大率及分辨率显著地高于光镜。

(2) 透镜不同

透镜的作用是使透过光束发生偏转，通过光束的偏转实现聚焦或扩散。电镜中的透镜为电磁透镜，通过调节环形线圈中的电流能在中央部位产生不同强度的电磁场，以实现对穿过电子束不同程度的聚焦或扩散。而光学显微镜中的透镜为光学玻璃凸透镜，主要为包括聚光镜、物镜与目镜的三级透镜系统。而电镜中的电磁透镜一般也有三组，分别与光镜中聚光镜、物镜和目镜的功能相当。

(3) 成像原理不同

透射电子显微镜是将透射电子束通过电磁透镜的聚焦和放大后打到荧光屏上或作用于感光胶片上进行成像，其衬度来源主要是电子束在样品不同区域的透过率不同。电子束透过样品时，由于不同区域样品的厚度、原子序数或晶体结构不同，对电子束流的散射作用不同，导致不同区域的透过电子束流的强度和特征也不同，因此荧光屏上所成的像呈现出反映样品结构特征的明暗花样。而光学显微镜中样品的物像以亮度差呈现，它是由被检样品的不同结构吸收光线多少的不同所造成的，由于可见光可以直接透过人眼晶状体并在视网膜上进行成像，因此人眼可以直接通过光学显微镜的目镜对物像结构进行观察。

(4) 分辨率不同

光学显微镜因为光的干涉、衍射以及可见光波长的限制，分辨率最高可达 200nm。而电子显微镜因为采用电子束作为光源，其分辨率可达到 0.1nm，一些配备球差校正装置的透射电镜，分辨率可更高。

4.2 透射电子显微镜的图像衬度 >>>

衬度是指一张图像上不同区域或物相之间存在的明暗差异程度，不同物相之间只有具有足够的明暗差异，才能被识别，因此，衬度是图像分析的基础。

电子显微镜是利用一束聚焦到很细的电子束轰击样品，入射电子进入样品内部后会与样品发生各种激烈作用，这些作用能够改变入射电子的状态、运行轨迹等，也能在样品内部激发若干种电子信号。如图 4-6 所示，电子束进入样品内部后，受到原子核及核外电子云的作用，除被散射外，还能够在样品内部激发出二次电子、俄歇电子、阴极发光、X 射线等信号。当样品较厚时，电子在散射过程中被消耗或被吸收，不能穿透样品，因此不能产生透射电子，如图 4-6(a)所示。而靠近样品上表面的一些电子信号，能够从样品中逃逸出来，这些信号与样品内部结构的成分、表面形貌等物理信息相关，通过探测器对其进行检测与解析，就可得到样品内部结构、微区成分和表面形貌等信息，这是扫描电子显微镜的成像机理。

而当样品较薄时，如图 4-6(b)所示，有相当一部分电子透过样品。电子在透过过程中，不同区域因其结构特征不同，对电子的散射、衍射和吸收的程度也不同，因此不同区域的电子透过率与样品内部的结构密切相关，透射电镜就是通过不同区域透射电子的散射和衍射差异所形成的衬度进行成像。根据信号特征及收集方式，又可将透射电镜成像模式分为质厚衬度成像、衍射衬度成像、相位衬度成像及 Z 衬度成像等。与扫描电镜中的厚样品相比，电子在薄样品中的扩散区域较小[图 4-6(a)中的中间水滴形状和图 4-6(b)中的虚线区域]，因此透射电镜中的信号成像分辨率要远高于扫描电镜。

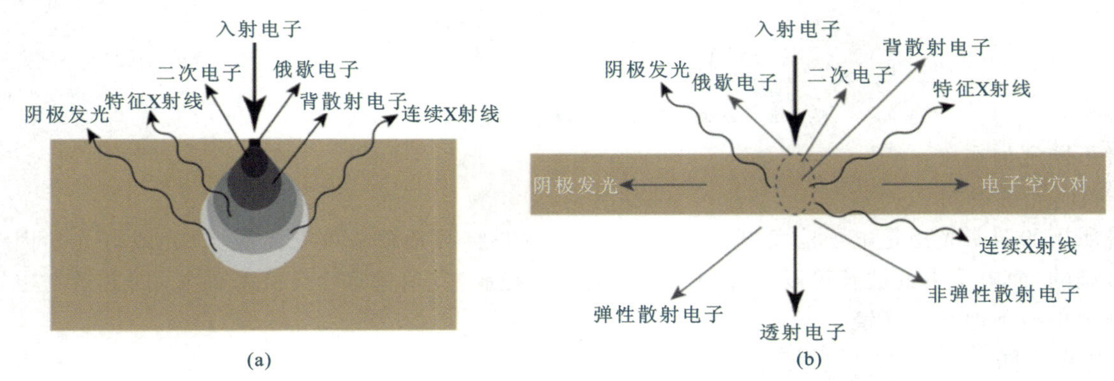

图 4-6 电子束在与厚、薄样品作用时所激发的信号示意图

(a)厚样品；(b)薄样品

4.2.1 电子散射

电子散射是指电子束进入样品后受到物质原子的库仑场作用而导致其运动方向和状态发生改变的过程。根据散射前后电子的能量是否发生变化，电子散射又分为弹性散射和非弹性散射。弹性散射是指电子能量不发生改变的散射，非弹性散射是指电子能量减小的散射。发生弹性散射时，电子仅改变运动方向，其波长和能量没有发生改变。而非弹性散射不仅改变了电子的运动方向，同时还降低了其能量，由德布罗意物质波公式可知，动能降低，电子波波长将增加。同时根据电子的波动特性，还可将电子散射分为相干散射和非相干散射，弹性散射通常都是相干散射，而非弹性散射通常是非相干散射。相干散射的电子在散射后波长不变，与入射电子保持相同相位，而非相干散射的电子与入射电子无确定的相位关系。

电子在样品内部的散射源自样品物质原子的库仑场。原子由原子核和核外电子两部分组成，原子核带正电而核外电子带负电，物质原子对电子的散射可以看成原子核和核外电子的库仑场分别对入射电子的散射。由于原子核由质子和中子组成，每一个质子的质量为电子的 1836 倍，因此原子核的质量远远大于电子的质量，因此原子核和核外电子对入射电子的散射具有不同的特征。

根据卢瑟福(Rutherford)模型，入射电子经过原子核附近时，受到原子核电场的库仑力作用而发生偏转，其偏转轨迹为双曲线形，如图 4-7(a)所示。散射角(α_n)的大小取决于入射电子的能量、原子核质量以及电子与原子核的距离(r_n)：

$$\alpha_n = \frac{eZ}{r_n U}$$

式中 e——电子电荷；

Z——经过原子的原子序数；

U——电子的加速电压。

相应地，一个孤立原子核的散射截面为

$$\sigma_n = \pi r_n^2$$

而当一个电子与一个孤立的核外电子相互作用时，由于库仑力的作用，也会发生类似的偏转，如图 4-7(b)所示，其散射角(α_e)的大小取决于入射电子的能量和核外孤立电子间的距离(r_e)：

$$\alpha_e = \frac{e}{r_e U}$$

相应地，一个核外电子的散射截面为

$$\sigma_e = \pi r_e^2$$

因此，单个原子的散射截面为

$$\sigma_0 = \sigma_n + \sigma_e$$

当入射电子与原子核相互作用时，发生的散射以弹性散射为主。弹性散射发生机制为：入射电子穿透原子核外电子云并接近原子核时，电子受到库仑力的作用而被原子核强烈吸引，并发生大角度散射。当入射电子与核外电子相互作用时，发生的散射以非弹性散射为主。由于入射电子与核外电子的质量相同，入射电子将其部分能量转移给了原子的核外电子，使核外电子的状态和分布结构发生变化，而入射电子被散射后能量将显著减小，是一种非弹性散射。透射电镜主要利用与原子相互作用的弹性散射电子进行成像，与电子相互作用产生的非弹性散射电子在成像中属于背景、噪声，导致图像衬度降低。

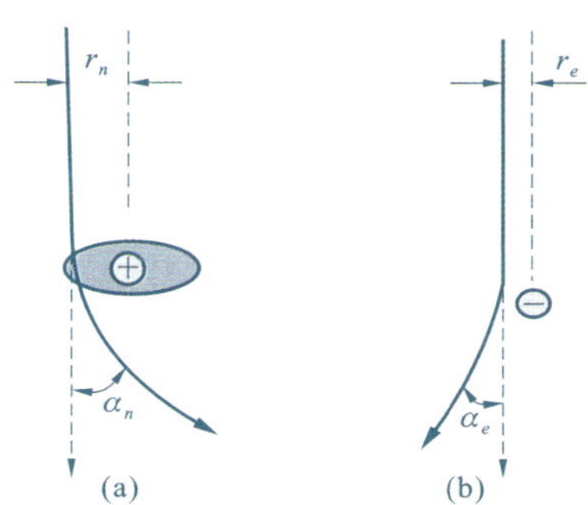

图 4-7　入射电子与原子核及核外电子发生散射示意图

(a)入射电子与原子核发生散射；(b)入射电子与核外电子发生散射

4.2.2　质厚衬度

质厚衬度(或称为质量-厚度衬度)也被称为散射衬度，是由于样品不同区域的厚度或原子序数差异而导致透射电子的散射程度不同而产生的衬度，主要用于非晶样品的观察，也是透射电镜中最常用的成像衬度。当样品微区的厚度较大或原子序数较大时，电子束照射该区域，被散射和吸收的概率要远远大于厚度较小或原子序数较小区域，其散射截面较大，因此散射后能透过物镜光阑被探测器接收到的透射电子数量减少，从而在图像上体现出亮度差别。

假设一强度为 I_0 的电子束穿过厚度为 t、总散射截面为 Q 的试样后，参与成像的电子束强度为 I，二者之间具有如下的关系：

$$I = I_0 \mathrm{e}^{-Qt}$$

$$Q = N\sigma_0$$

$$N = N_0 \frac{\rho}{A}$$

式中　N_0——阿伏伽德罗常数，为 6.02×10^{23}；

ρ——试样密度；

A——原子量。

首先从该式中可以看到，I 随着 Q 和 t 的增大而减小。因此，厚度较大的区域在透射电镜图像上较暗，而厚度较小区域在图像上较亮。存在这样一个特殊的厚度，即当 $Qt=1$ 时：

$$t = \frac{1}{Q} = t_c$$

t_c 为临界厚度，厚度小于临界厚度的样品对电子束是透明的，亦即当样品的厚度小于临界厚度时，TEM 像不会有任何衬度。

$$Qt = \left(\frac{N_0 \sigma_0}{A}\right)(\rho t)$$

这里将 ρt 定义为质量厚度，参与成像的电子束强度随着质量厚度的增加而减小；同时当 $Qt=1$ 时，临界质量厚度 $(\rho t)_c$ 随着加速度电压的升高而增加。

我们假设试样中存在如图 4-8(a)所示的材质相同、厚度不同的区域 A 与 B，强度为 I_0 的电子束穿过后，能够参与成像的电子束强度分别为 I_A 与 I_B，则 A 与 B 区域的可成像电子束强度差为

$$\Delta I = I_B - I_A$$

则区域 A 与 B 的图像衬度(C)为

$$C = \frac{\Delta I}{I_B} = \frac{I_B - I_A}{I_B}$$

这里，I_B 被称为背景强度，结合前述公式，则图像衬度可表示为

$$C = 1 - e^{-(Q_A t_A - Q_B t_B)}$$

当 A 区域与 B 区域是同种材料时：

$$C = 1 - e^{-Q(t_A - t_B)}$$

而当 A 区域与 B 区域厚度相同、材质不同时：

$$C = 1 - e^{-t(Q_A - Q_B)}$$

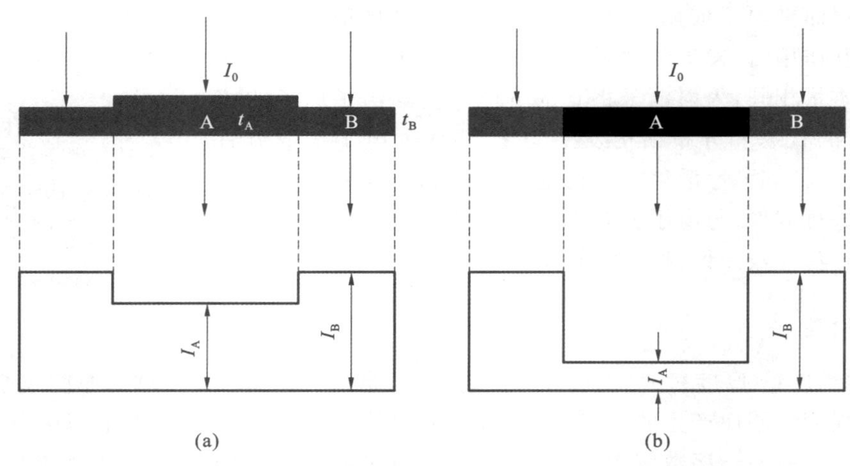

图 4-8 试样不同区域厚度、材质不同时产生的衬度示意图

(a)材质相同，厚度不同；(b)材质不同，厚度相同

综上所述，试样中不同区域的原子散射截面、原子量、密度和厚度的差异都会影响成像衬度。图 4-9 为质厚衬度成像光路图示意图，当入射电子束进入质量厚度不同的区域时，在低质量厚度区域遭受的散射较少，其散射角度小，多数电子在靠近光轴区域。而电子束在穿过高质量厚度区域时受到的散射较多，其散射角度大，只有少数电子在靠近光轴区域。为了增大两个区域的衬度差，在物镜后焦面上放置一个环形光阑，仅让靠近光轴部分的低角度散射电子通过，而散射角度较大的电子则被阻挡不参与成像。因此，在像平面上，低质量厚度区域的电子强度较高，而高质量厚度区域电子强度较低。将电子强度信息转换成灰度信息时，则图像中低质量厚度区域灰度高，而高质量厚度区域灰度低。

因此，获得和增强图像衬度的途径有两条：一为增大不同区域的厚度差，如利用蚀刻法使结构或成分不同的区域产生试样厚度上的差异；二为增大不同区域的成分差异。为了改善质厚衬度，可以在试样制备方面采取一些措施。例如，如图 4-10(b)所示的经粉磨工艺改性后的碳纳米管，由于其表面附着、枝接了粉煤灰的活性组分，可明显改善碳纳米管与水泥的界面性能，从图像上来看，附着的粉煤灰活性组分提高了碳纳米管表面的原子序数，因此透过的电子数量减少，其图像要明显暗于图 4-10(a)中未改性的碳纳米管，利用 TEM 质厚衬度图像，也能够轻易地对活性组分在碳纳米管表面的附着效果进行评价。图 4-10(c)和图 4-10(d)为丁苯乳液颗粒与氧化石墨烯的 TEM 质厚衬度图像。丁苯乳液是在功能型砂浆中广泛使用的一种有机改性剂，可以显著提升水泥基材料的柔韧性，改善其黏结、抗渗与耐久性能。核壳型胶粉颗粒的“壳”在破乳前能够保护丁苯颗粒不团聚，而当胶粉在水泥基材料中均匀分散后，“壳”结构破裂，丁苯分子溶出，能够在水泥基体中均匀形成聚合物膜结构，进而使其性能得到改善。因此，“壳”结构对乳液的性能具有十分重要的影响，通

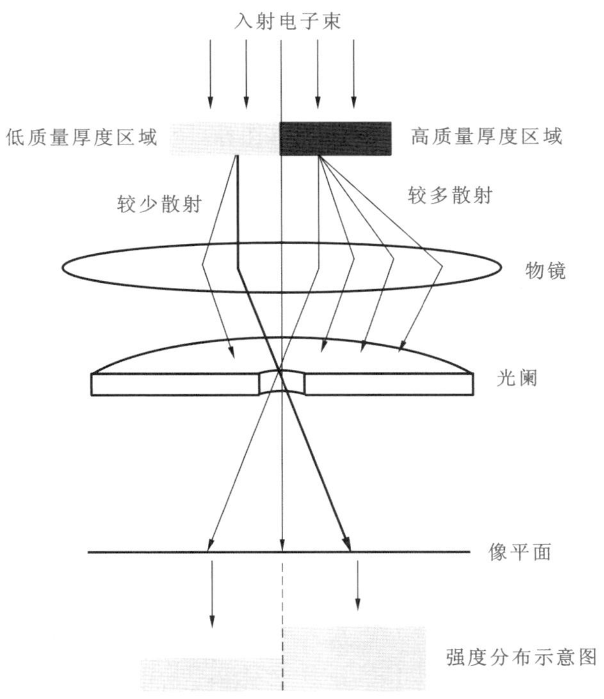

图 4-9 质厚衬度成像光路图示意图

过图 4-10(c)的 TEM 质厚衬度图像可以清晰地看到该丁苯乳液颗粒为核壳型且粒径分布均匀,在溶液中分散良好。

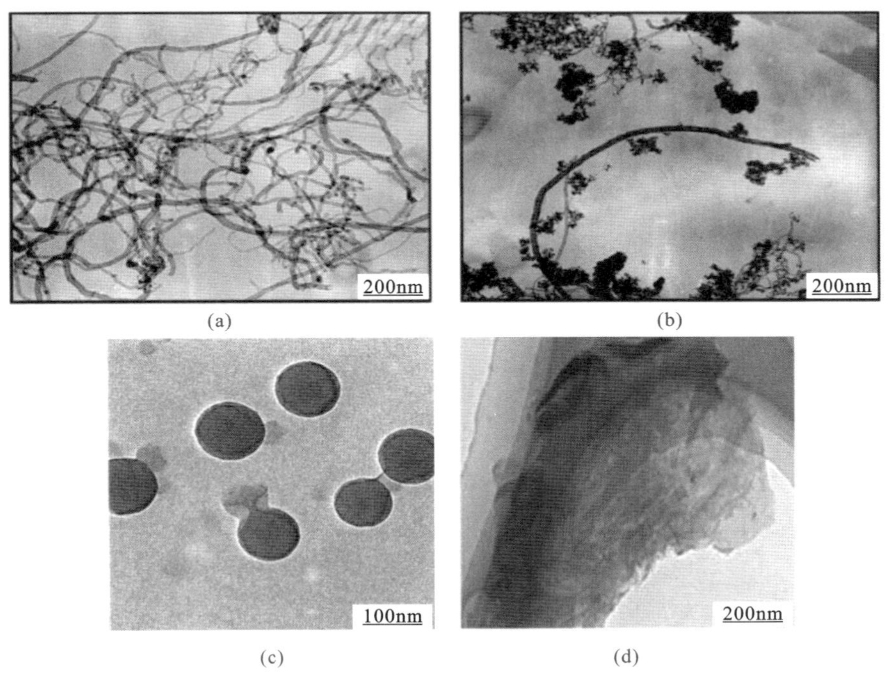

图 4-10 几种典型的 TEM 质厚衬度图像

(a)碳纳米管;(b)经粉磨工艺改性后的碳纳米管;(c)丁苯乳液颗粒;(d)氧化石墨烯

图 4-11 为水灰比为 20 的水泥 C_3S 颗粒水化过程的透射电镜图像,水化 12h 时,C—S—H 凝胶的生成量较少,纤维长度较短;水化 3d 时,可在 C_3S 颗粒周围看到明显的 C—S—H 凝胶;水化 34d 时,未水化的部分所占比例已经很少,纤维状鸟巢结构的 C—S—H 凝胶团聚成三维网状结构的球形;而水化至 40d 时,可以看到画面中两个直径约 $3\mu m$ 的颗粒已经完全水化。这是在水灰比极大的情况下水泥颗粒的水化状况,由于

水的供应充足，水泥颗粒内部已经充分水化，其水化产物与外部水化产物呈现出基本一致的特征，如针棒状、孔隙率大等。而在实际水泥混凝土中，由于水灰比较低(一般为 0.3～0.6)，浆体一般比较密实，水分的供应相对不充实，且水分一般难以进入水泥颗粒内部，因此普通水泥混凝土中水泥颗粒的内外产物往往呈现出不一致的特征。图 4-12 所示为某 8 年龄期水泥颗粒的 TEM 图像，图 4-12(a)中白色箭头所指处显示的是内部水化产物和外部水化产物的分界线，通过 TEM 图像可以清晰地看到内部水化产物呈颗粒状、相对比较密实，其放大图如图 4-12(b)所示；而外部水化产物为针棒状、产物之间的孔隙率较大，其放大图如图 4-12(c)所示。

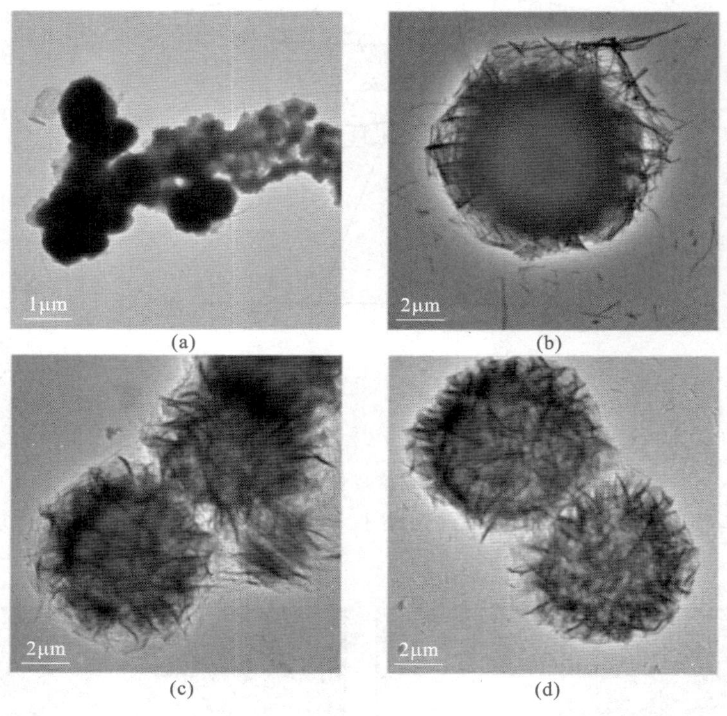

图 4-11 高水灰比(20)下 C_3S 颗粒水化过程的 TEM 图像

(a)12h；(b)72h；(c)34d；(d)40d

图 4-12 某 8 年龄期水泥颗粒的 TEM 图像

4.2.3 电子衍射及衍射衬度

衍射衬度是由样品各处衍射束强度的差异形成的衬度，主要用于结晶样品的结构观察。衍射是波的一种传播特性，指波在传播过程中，遇到障碍物或小孔后能够绕过障碍物继续传播的现象，可见光、X 射线等电磁波均存在衍射现象。如前所述，当单个电子与单个原子相互作用时，其要么与原子核相互作用，发生弹性散射;要么与核外电子相互作用,发生非弹性散射。实际中,电子束中的电子与样品中的原子数量均是无限的,因此若样品为晶体结构,其原子按照一定的规律排列,数量众多的电子散射也将呈现一定的规律性,其规律与晶体原子的排布密切相关,在荧光屏上显示出具有样品结构特征的衍射花样,对衍射花样进行解析即可得出样品晶体结构。所以,电子衍射在本质上是一种特殊的电子散射现象。

最早,爱因斯坦提出光具有波粒二象性,而后德布罗意提出物质波(或称为德布罗意波)的概念,即实物粒子也具有波粒二象性,并提出了物质波计算公式(参见本章第一节)。由于根据其公式计算出的宏观物体的物质波波长小到无法测量,因此宏观物体仅表现出粒子性。1927 年,汤姆逊(G. P. Thomson)通过电子束照射多晶铝箔时首先观测到了电子衍射花样,随后,人们利用中子束流、分子束流等照射晶体结构时,也观察到了衍射现象,进而证明了物质波的存在。电子束流照射单晶样品、多晶样品和非晶样品时的衍射花样如图 4-13 所示。

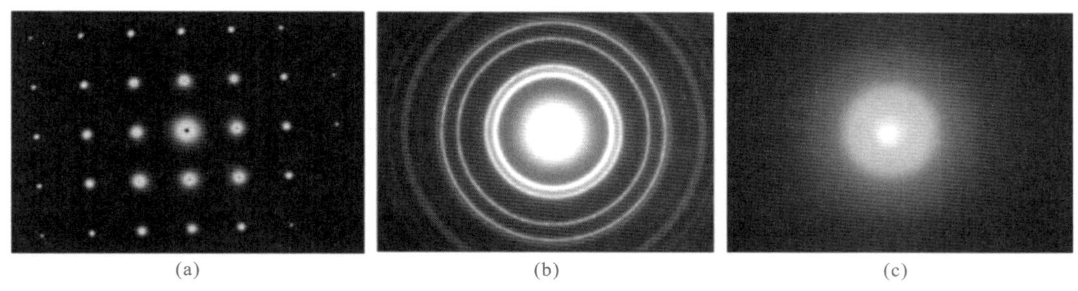

(a) (b) (c)

图 4-13 电子束流照射单晶样品、多晶样品和非晶样品时的衍射花样

(a)单晶样品电子衍射花样;(b)多晶样品电子衍射花样;(c)非晶样品电子衍射花样

在对晶体试样进行 TEM 观察时,由于各处晶体取向和结构不同,满足布拉格条件的程度不同,在对应试样下表面处有不同的衍射效果,从而在下表面形成一个随位置而异的衍射振幅分布,这样形成的衬度称为衍射衬度。衍射衬度对晶体结构缺陷和取向十分敏感,当试样中某处存在晶体缺陷时,该处相对周围完整晶体发生了微小的取向变化,导致缺陷处和周围完整晶体具有不同的衍射条件,从而将缺陷显示出来。

晶体材料对入射电子的衍射与对 X 射线的衍射一样,也需要满足衍射的几何条件与物理条件。由布拉格方程可以知道:

$$\sin\theta = \frac{\lambda}{2d} \leqslant 1$$

所以:

$$\lambda \leqslant 2d$$

式中 θ——电子入射角度;

λ——电子波波长;

d——晶体材料的晶面间距。

从这个公式可以知道,只有入射束的波长足够小时,才可能发生衍射。如前所述,电子波的波长极小,当透射电镜的加速电压在 100～200kV 时,电子波的波长在 2×10^{-3}～3×10^{-3}nm 数量级,而普通晶体的晶面间距在 10^{-1}～100nm 数量级,于是:

$$\sin\theta = \frac{\lambda}{2d} \approx 10^{-2}$$

因此:

$$\theta \approx 10^{-2}\,\text{rad} < 1^{\circ}$$

由此可以知道,电子衍射的衍射角一般都非常小。

与散射衬度一样,衍射衬度也是一种振幅衬度,它是电子波在样品下表面强度(振幅)差异的反映。衍射衬度来源主要有晶粒的取向差异、缺陷存在导致的晶体局部畸变、微区元素的富集或第二相粒子存在导致的晶体材料的晶面间距变化、晶体等厚条纹(完整晶体中随厚度的变化而显示出来的衬度)与等倾条纹(在完整晶体中,由于弯曲程度不同而引起的衬度)等几种。

衍射衬度成像是单束、无干涉成像,由此得到的并不是样品的真实像,但是,衍射衬度像上的衬度分布反映了样品出射面各点处成像束的强度分布,它是入射电子波与样品的物质波交互作用后的结果,携带了晶体散射体内部的结构信息,特别是缺陷引起的衬度。基于此,衍射衬度成像也广泛应用于晶体缺陷研究。

综上,衍射衬度成像更多的是反映晶体内部的组织结构特征,而质厚衬度更多的是反映样品的形貌特征。

4.2.4 明场成像、暗场成像和中心暗场成像

衍射衬度像有明场成像、暗场成像与中心暗场成像三种成像模式。明场成像是指利用透射束成像;暗场成像是指利用衍射束成像;而中心暗场成像是指用倾斜装置把衍射束调到主轴上成像,使成像的衍射束通过电镜中轴,以减小球差而获得较高质量的图像。

假设试样仅由 A、B 两个晶粒组成,其中晶粒 A 完全不满足布拉格方程的衍射条件,晶粒 B 中也仅有一组晶面(hkl)满足布拉格衍射条件而产生衍射,其他晶面均远离布拉格条件,这样入射电子束作用后,将在晶粒 B 中产生衍射束 I_{hkl},形成衍射斑点 hkl,而晶粒 A 因不满足衍射条件而无衍射束产生,仅有透射束 I_0。此时,移动物镜光阑,挡住衍射,仅让透射束通过,如图 4-14(a)所示,晶粒 A 和 B 在像平面上成像,其电子束强度分别为

$$I_A \approx I_0$$
$$I_B = I_0 - I_{hkl}$$

晶粒 A 的亮度远高于晶粒 B。若以晶粒 A 的强度为背景强度,则晶粒 B 像的衍射衬度为

$$\left(\frac{\Delta I}{I_A}\right)_B = \frac{I_A - I_B}{I_A} \approx \frac{I_{hkl}}{I_A}$$

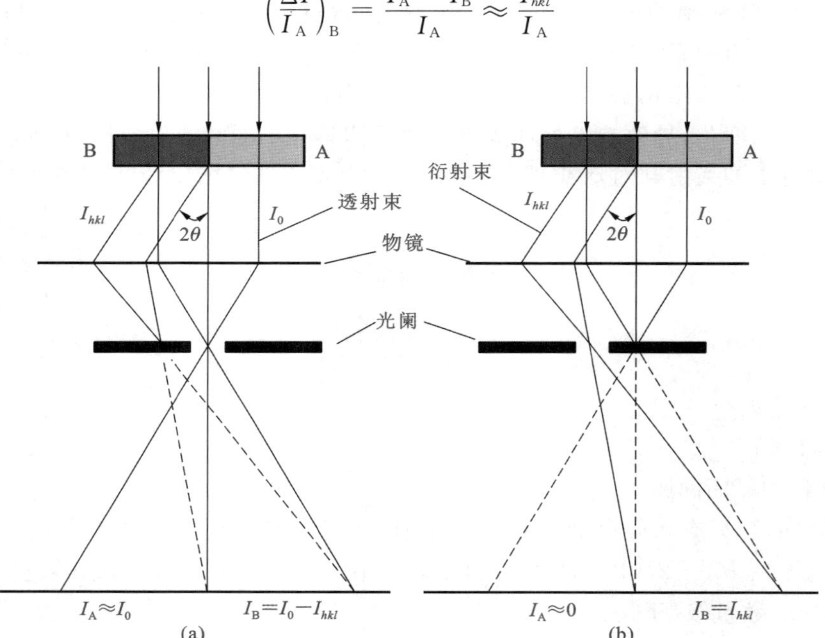

图 4-14 透射电镜明场成像与暗场成像示意图

(a)明场成像;(b)暗场成像

这种挡住衍射束,让透射束成像的操作称为明场操作,所成的像称为明场像。如果移动物镜光阑挡住透射束,仅让衍射束通过成像,得到的像称为暗场像,此成像操作称为暗场操作,如图 4-14(b)所示。此时两晶粒成像的电子束强度分别为

$$I_A \approx 0$$
$$I_B = I_{hkl}$$

在像平面上晶粒 A 基本不显亮度，而晶粒 B 由衍射束成像亮度高。若仍以晶粒 A 的强度为背景强度，则晶粒 B 像的衍射衬度趋近于无穷大：

$$\left(\frac{\Delta I}{I_A}\right)_B = \frac{I_A - I_B}{I_A} \approx \frac{I_{hkl}}{I_A} \approx \infty$$

但由于暗场操作时的衍射束偏离了中心光轴，其孔径半角相对平行于中心光轴的电子束要大，因而磁透镜的球差较大，图像的清晰度较低，成像质量较低。为此，调整偏置线圈，使入射电子倾斜一定的角度，如图 4-15 所示，晶粒 B 中的(hkl)晶面组完全满足衍射条件，产生强烈衍射，此时的衍射斑点移到了中心位置，衍射束与透镜的中心轴重合，孔径半角减小，所成像比暗场像更加清晰，成像质量得到明显改善，我们称这种成像操作为中心暗场操作，所成像为中心暗场像。

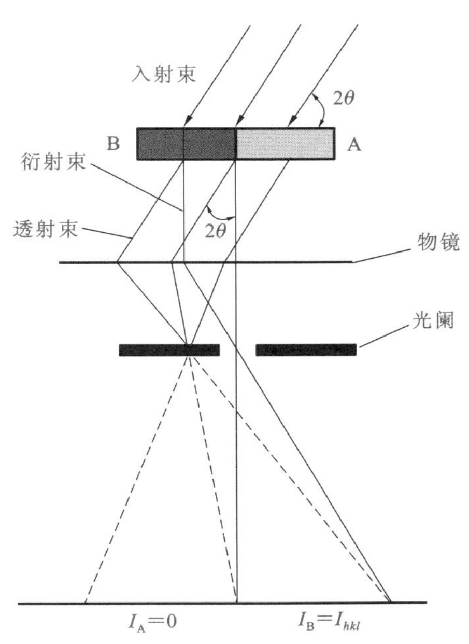

图 4-15 中心暗场成像示意图

由以上分析可知，通过移动物镜光阑的位置和利用偏置线圈改变电子束入射角可实现明场操作、暗场操作和中心暗场操作三种成像操作，其中暗场像的衍射衬度高于明场像的衍射衬度，中心暗场的成像质量又因孔径半角的减小而比暗场好，因此在实际操作中通常采用暗场操作或中心暗场操作进行成像分析。以上三种操作均是通过移动物镜光阑来完成的，因此物镜光阑又称衬度光阑。需要指出的是，进行暗场或中心暗场成像时，采用的是衍射束进行成像的，其强度要低于透射束，但其产生的像衬度却比明场像高。

图 4-16(a)是 ZrO_2 晶粒的明场像，像衬度中既存在由晶体学取向差异所形成的衍射衬度，还存在由质量厚度数值差异所形成的质厚衬度，因此无法观察到各片状晶体的具体形状。在暗场成像模式下使用束偏转装置调整电子束的入射角度，使多个相邻的(101)衍射束通过物镜中心，并采用适当孔径的物镜光阑仅让通过物镜中心的衍射束参与成像，结果如图 4-16(b)所示。根据图像衬度的差异，可以从中划分出四个晶体，亮区域对应衍射激励强的晶体，暗的区域对应衍射弱的或不产生衍射的晶体。图像衬度显示 ZrO_2 晶粒形状规则、排列紧密，呈六方片状堆积，晶体间的接口平滑清晰，粒径为 305～410nm。

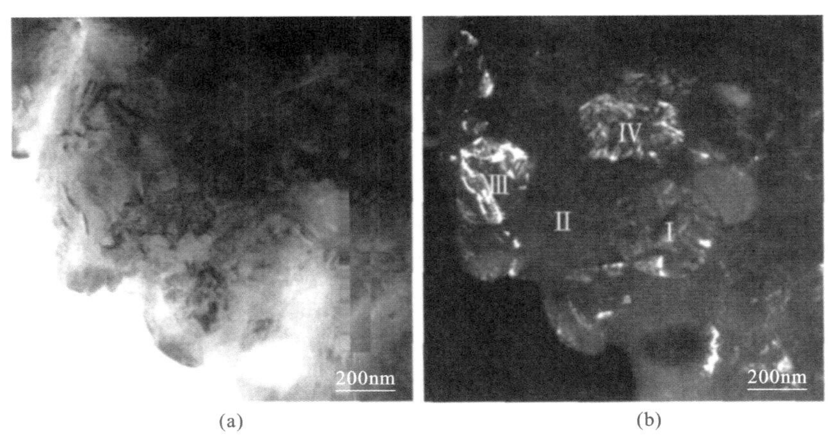

图 4-16 ZrO_2 晶粒在同一视域的明场像与暗场像对比图

(a)明场像;(b)暗场像

图 4-17(a)、(b)分别为某多晶铜在同一视场的质厚衬度像和衍射衬度明场像，可以看出两种衬度像显示的微结构细节有明显差异，从图 4-17(a)中可以看到左侧灰色区域的质厚衬度趋于一致，不能区分晶粒；而图 4-17(b)所示的衍射衬度明场像则可看出该区域由数个不同取向的晶粒组成。质厚衬度与衍射衬度互为补充，因此可以获得更多样品的微结构信息。

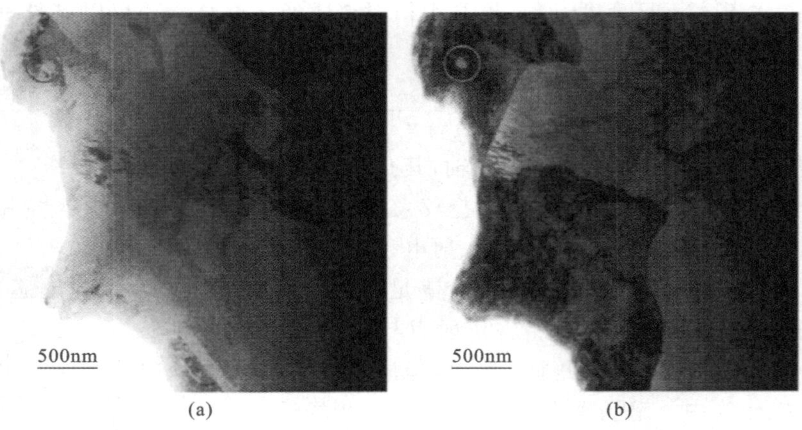

图 4-17 某多晶铜在同一视场的质厚衬度像与衍射衬度明场像对比

(a)质厚衬度像;(b)衍射衬度明场像

4.2.5 相位衬度

存在这样一种情况,当样品非常薄时,入射到样品内的电子束流只经过十分有限的散射便透过了样品,由质厚或衍射差异在图像上产生的衬度常常不足以显示试样不同区域的结构差异,但散射后的电子能量会有 10~20eV 的变化,亦即相当于电子波波长发生了改变,从而引起相位变化,将这个相位变化转变为像衬度即相位衬度成像。

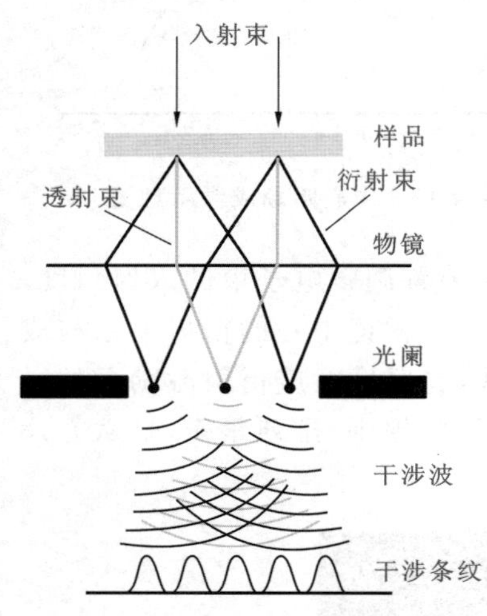

图 4-18 相位衬度成像示意图

相位衬度的成像原理如图 4-18 所示,由于样品较薄,可忽略电子波的振幅变化影响,电子束穿过样品后,让透射束和衍射束同时通过物镜和光阑,由于试样中各处对入射电子的作用不同,在穿出试样时相位不一,再经相互干涉后便形成了反映晶格点阵和晶格结构的干涉条纹。这种主要由相位差所引起的强度差异称为相位衬度。为获得相位衬度,要求照明光源有好的相干性。相位衬度成像具有很高的分辨率,常称为高分辨像(HR-TEM),可达到 0.1nm 数量级。

4.2.6 Z 衬度

Z 衬度是原子序数衬度像技术(Z-contrast)的简称,也被称为高角环形暗场(high-angle annular dark-field,HAADF)像,是一种采用高角环形检测器收集扫描透射电子显微镜在衍射模式下的高角度散射电子成像的技术,可以达到原子级别的分辨率。其示意图是:入射电子与试样中原子之间发生多种相互作用,其中弹性散射电子分布在比较大的散射角范围内,而非弹性散射电子分布在较小的散射角范围内,因此,如果只探测高角度散射电子则意味着主要探测的是弹性散射电子。这种方式并没有利用中心部分的透射电子,所以观察到的是暗场像。除晶体试样产生的布拉格反射外,电子散射是呈轴对称的,所以为了实现高探测效率,使用了环形电子探测器,这种方法称为高角环形暗场方法。其示意图如图 4-19 所示。按照彭尼库克(Pennycook)等人的理论,若环形电子探测器的中心孔足够大,散射角 θ_1 与 θ_2 之间的环状区域中散射电子的散射截面($\sigma_{\theta_1\theta_2}$)也可以用卢瑟福散射公式在环形电子探测器上直接积分得到:

$$\sigma_{\theta_1\theta_2}=\frac{m}{m_0}\cdot\frac{Z^2\lambda^4}{4\pi^3\alpha_0^2}\left(\frac{1}{\theta_1^2+\theta_0^2}-\frac{1}{\theta_2^2+\theta_0^2}\right)$$

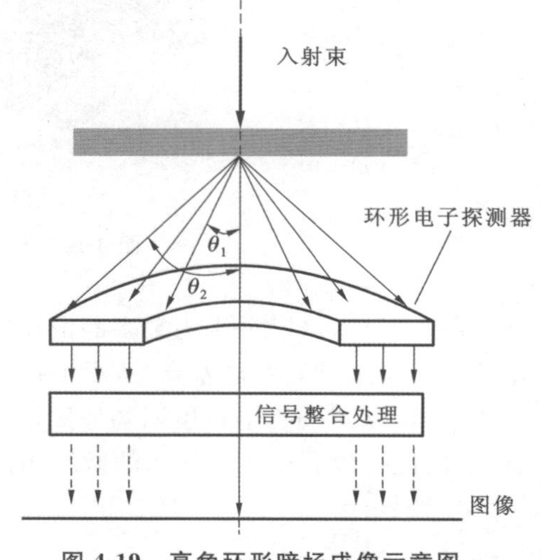

图 4-19 高角环形暗场成像示意图

式中 m——高速运动电子的质量；

m_0——电子的静止质量；

Z——样品原子序数；

λ——电子波波长；

α_0——波尔半径；

θ_0——波恩特征散射角。

由该式可以看出，高角环形暗场像的强度与原子序数的平方成正比。因高角度弹性散射电子更多的是与原子核发生强烈的库仑作用后产生的，因此，原子序数越大的原子能够散射更多的高角度散射电子。对于一定厚度的样品，HAADF 像中较亮区域代表原子序数较大的原子，较暗区域则代表原子序数较小的原子，这是 HAADF 像又被称为 Z 衬度像（或 Z 平方衬度像）的原因。HAADF 像的分辨率高，可清晰地分辨样品中不同的原子。

与传统的电子显微镜成像技术相比，Z 衬度像在很大程度上简化了原子列位置确定的步骤。它是一种非相干成像过程，在结构测定中避免了相差的问题，可以排除由于相差引起的像解析的复杂性。它的衬度依赖于原子序数，不随着物镜的欠焦量和样品的厚度的变化而发生衬度反转，比传统的高分辨像（HRTEM）分辨率更高、更容易解释，所获得的图像信息也更多。

相晨生等人首先利用溶液沉积法生成了金二十四面体颗粒，而后通过调节溶液中 Pd^{2+} 与 Au 颗粒所含金元素的摩尔比分别为 1∶48、1∶12 和 1∶8 而制备了 Pd 包覆层为 1、4 与 6 的 Au@Pd_{nL} 颗粒（nL 为层数），而后利用 Z 衬度像观察其原子结构图像。因 Au 与 Pd 的原子序数分别为 79 和 46，故二者能够产生足够的 Z 衬度。如图 4-20 所示，中间较亮区域为 Au 原子，边缘灰色区域为 Pd 原子层。借助 Z 衬度像极高的分辨率，可以清晰地数出 Pd 原子层数。

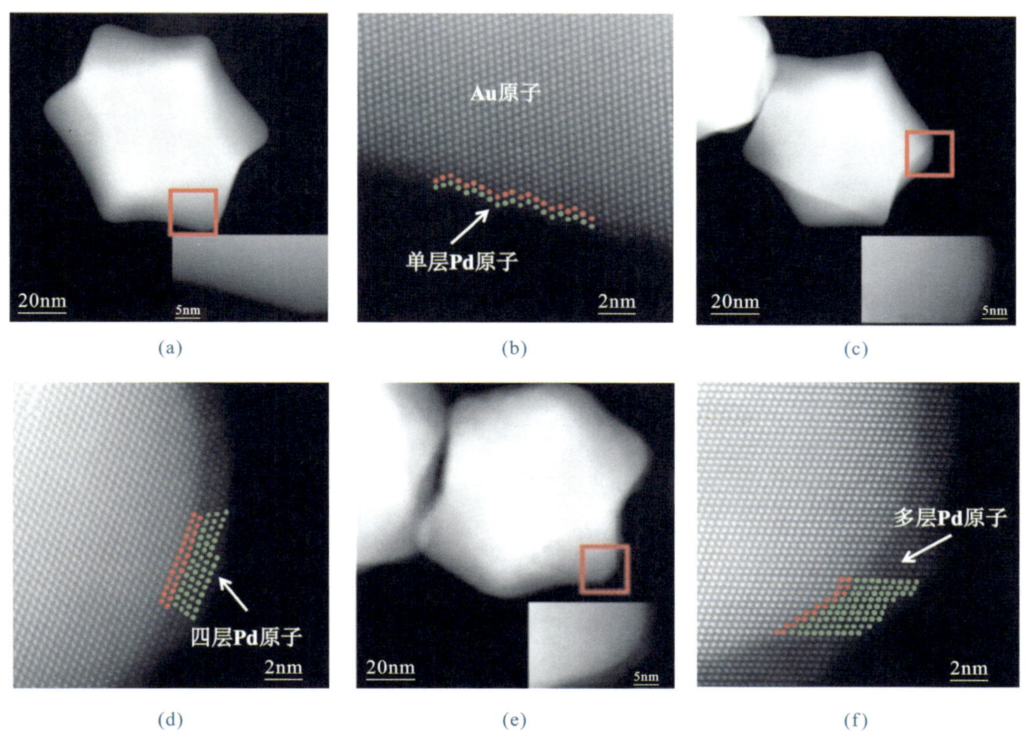

图 4-20 Au@Pd_{nL}（nL 代表层数）核壳结构二元合金纳米催化颗粒的 HAADF 像

其中（a）（b）对应 $n=1$，（c）（d）对应 $n=4$，（e）（f）对应 $n=6$。

（b）（d）（f）中，内部红色圆点代表 Au，外侧绿色圆点代表 Pd 原子的详细排列方式。

（a）（c）（e）中的内嵌图分别对应其所在图片的红框部分，其放大图分别对应（b）（d）（f）

4.3 透射电镜的构造 >>>

一般来说，一台透射电镜从上到下主要可分为三部分：照明系统、成像系统和观察记录系统。图4-21所示为一种典型的透射电镜结构示意图，照明系统的功能是产生一束很细的电子束，从上往下主要部件有高压产生装置、电子枪、聚光镜及光阑等。高压产生装置用于提供透射电镜所需要的高电压，从几百伏到几百千伏不等。电子枪的作用在于提供电子束流，在电子枪和束流偏转线圈之间有加速电场，用于给电子枪产生的电子加速，加速电场由加速电压提供，加速电压可以根据实验的实际情况进行调整。束流偏转线圈用于偏转刚从电子枪出来的电子束，因为刚从电子枪出来的电子束往往并不是完美地沿着电子束轴传播的，需要用束流偏转线圈进行初步调节。接下来为聚光镜，一般设置一到两个聚光镜，用于对电子束进行聚焦。一般从电子枪直接出来的电子束的质量并不好，再加上透镜的影响（透镜一般都是不完美的，存在球差和色差，对于这种磁透镜而言，不同方向的折射能力也有差别），所以在电子枪与聚光镜之间、在聚光镜之间等均设置消像散调节装置和光阑等，一方面使电子束在样品上的光斑尽可能均匀，另一方面通过光阑将较发散的、能量不均匀的电子遮挡住，只让中间比较均匀的部分电子通过，于是我们就得到了一个聚焦良好的、圆形的光斑。

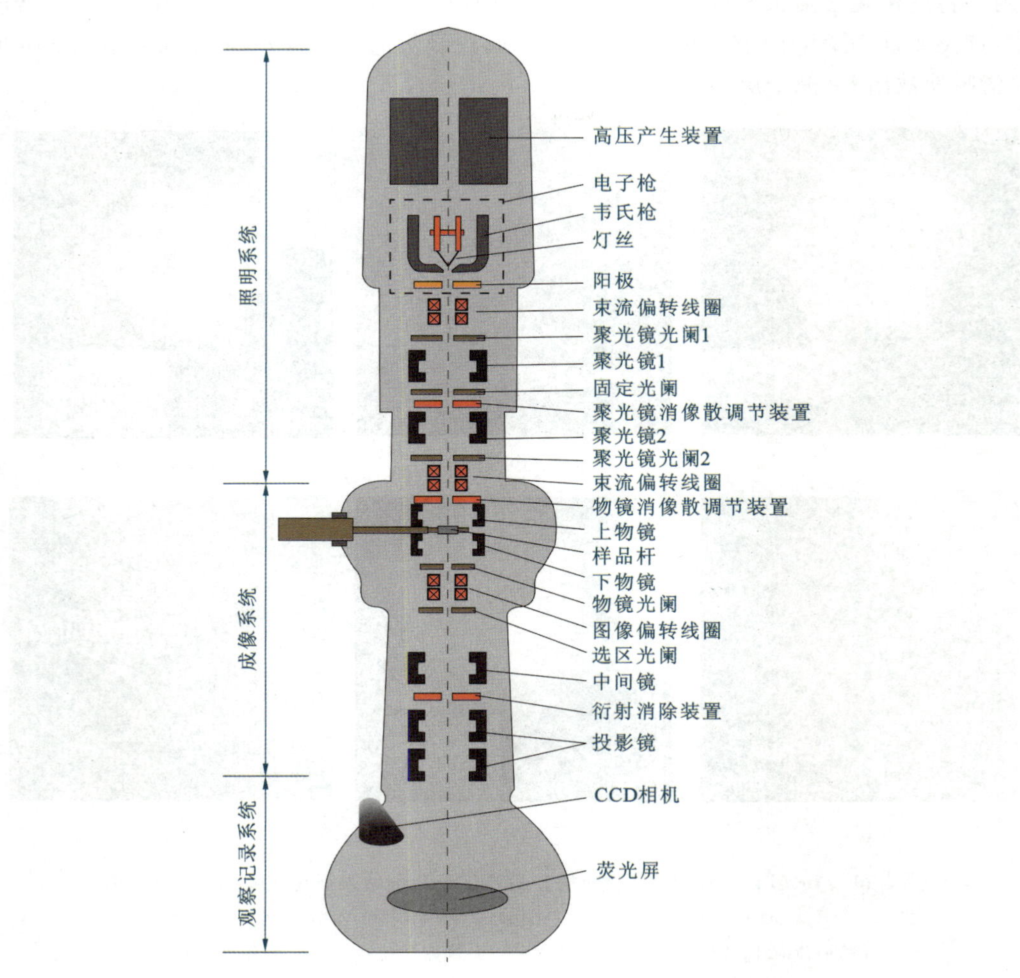

图 4-21 一种典型的透射电镜结构示意图

照明系统所产生的电子束再往下，便进入成像系统，主要由物镜、光阑、消像散调节装置、样品杆、束流偏转线圈等部件构成。束流偏转器用来调节光束在样品上的位置，物镜可以有两个，一个处于样品的上方，称为上物镜，用来产生所需要的电子束，比如可以用该透镜控制样品表面电子束光斑的大小(非平行光时可以通过改变透镜强度改变聚焦程度)；一个处于样品的下方，称为下物镜，用于收集经样品衍射和散射后的电子束。物镜下方一般设有两个光阑：一个是物镜光阑，一个是选区光阑。物镜光阑经常用于辅助成像，比如提高低倍成像对比度；选区光阑主要在电子衍射中用到，对特定的区域进行衍射成像。再往下就是成像系统中的投影部分，由中间镜和投影镜构成，中间镜用于控制成像模式，通过改变中间镜的磁场强度，可以在普通成像模式和衍射成像模式之间进行切换。然后是两个投影镜，用于将所成的像投影到探测器上。

最下面的部分为观察记录系统，包括 CCD 相机和荧光屏等，用于直接观察图像和对图像进行记录、储存等。此外，透射电镜系统还应包括真空系统、电源和控制系统等。

4.3.1 电子枪

电子枪是电镜的最核心部件。根据其产生电子的原理，电子显微镜中所用的电子枪一般可分为三类：热发射式电子枪、场发射式电子枪和肖特基(Schottky)电子枪，其中肖特基电子枪是热发射式电子枪和场发射式电子枪的结合。热发射式电子枪所用阴极材料主要为钨灯丝或六硼化镧(LaB_6)晶体，而场发射式电子枪所用阴极材料一般是一根极细的针状钨丝。两者的电子产生机理不同，其性能也有显著差异。一般而言，场发射式电子枪产生的电子单色性更好、亮度更高，而热发射式电子枪产生的电子单色性较差、亮度较低。从成像的角度来说，场发射式电子枪更有利于获取高分辨率、高清晰度的图像，但场发射式电子枪对整个系统的真空度和稳定性等要求更高，其价格也更昂贵。因此，现在仍然有大量透射电镜继续使用热发射式电子枪。另外，由于场发射式电子枪的精密度更高，为防止电镜操作人员的误操作对其造成损害，场发射式电子枪的功能基本可全部由计算机控制，而热发射式电子枪的一些功能很多时候需要操作人员手工控制。下面从不同电子枪的电子发射原理、基本结构与性能的角度对其进行简要介绍。

4.3.1.1 热发射式电子枪

热发射式电子枪(thermionic electron gun，TEG)的原理是将灯丝加热到一个极高的温度，使电子获得足够的能量以克服表面势垒而从灯丝表面发射出来，这个势垒(或称为溢出功、功函数，用 Φ 表示)的大小约为几个电子伏特。一般可用理查森定律(Richardson law)来表示热发射式电子枪的电子发射机制，如下式所示：

$$J = AT^2 e^{-\frac{\Phi}{kT}}$$

式中 J——灯丝所发射的电流密度，单位为 A/m^2；

A——理查森常数，其数值由灯丝所用的材料决定，单位为 $A/(m^2 \cdot K^2)$；

T——灯丝的工作温度，单位为 K；

k——玻尔兹曼常数，取值为 8.6×10^{-5} eV/K；

Φ——功函数，单位为 eV。

从上式可以知道，为提高灯丝表面所发射的电流密度，只需将灯丝加热到一定温度，当有足够多的电子获得的能量大于功函数而从灯丝表面溢出时，便可形成电子束。这就要求灯丝具有极强的高温稳定性，事实上，大多数的材料在注入数个 eV 的热能时便会融化，极不稳定。因此，选用阴极材料可从以下两个方向着手：要么该材料具有极高的熔点，要么具有极小的功函数。金属钨因具有极高的熔点(3660K)而被广泛采用；近年来越来越多地使用六硼化镧(LaB_6)晶体，主要是因为 LaB_6 具有较小的功函数(差不多是钨丝的一半)，其工作温度可显著降低，同时 LaB_6 的电流密度和亮度也显著高于钨丝。表 4-2 给出了几种常用灯丝的技术参数。

表 4-2　　几种常用灯丝的技术参数

参数	钨	六硼化镧	冷场发射	热场发射(肖特基)
功函数/eV	4.5	2.4	4.5	3.0
理查森常数/[A/(m²·K²)]	6×10^{9}	6×10^{9}	—	—
工作温度/K	2700	1700	300	1700
100kV 时电流密度/(A/m²)	5	100	10^{6}	10^{5}
交叉点尺寸/nm	$>10^{5}$	10^{4}	3	15
100kV 时亮度/[A/(m²·sr)]	10^{10}	5×10^{11}	10^{13}	5×10^{12}
100kV 时能量扩散度/eV	3	1.5	0.3	0.7
电流稳定性/(%/h)	<1	<1	5	<1
真空度要求/Pa	10^{-2}	10^{-4}	10^{-9}	10^{-6}
平均使用寿命/h	150	1000	>50000	>10000

热发射式电子枪的构造示意图如图 4-22 所示，这里的阴极材料为 LaB_6，一般将其绑定在金属(例如铼)丝上，通过电阻加热来发射电子，在阴极与阳极之间施加一定高电压，从阴极发射出的电子经过这个电压的加速后便可获得相应的能量和极高的速度；另外，由阴极处发射的电子束是比较发散的，为了精确控制电子束能够进入显微镜，一般在阴极材料与阳极之间设置一环形金属装置，即韦氏极(Wehnelt)，在韦氏极圆筒上施加偏转电压，使从阴极发射出的电子会聚到韦氏极和阳极之间的一个交叉点上。

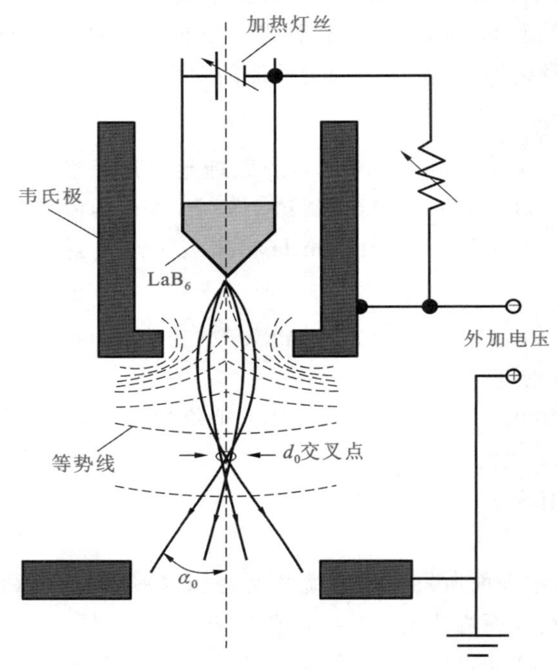

图 4-22　热发射式电子枪结构示意图

热发射式电子枪所发射的电子信号亮度(β)计算公式如下：

$$\beta=\frac{i_e}{\pi\left(\frac{d_0}{2}\right)^2\pi\alpha_0^2}=\frac{4i_e}{(\pi d_0\alpha_0)^2}$$

式中　i_e——阴极发射电流；

d_0——交叉点处的束流直径；

α_0——电子束经过交叉点后的发散半角。

从该公式可以看出，通过增大发射电流，减小交叉点处的束流直径与电子束经过交叉点后的发散角度可以提高电子束流的亮度。其中交叉点处的束流直径和电子束经过交叉点后的发散角度可通过调节韦氏极的偏压来调节。如图 4-23 所示，如果韦氏极偏压过小或未施加偏压，电子束将不会会聚，d_0 较大；如果偏压过大，阴极发射电流会被抑制；只有调节至中等偏压和中等电流时，才能获得最佳的 d_0 值。

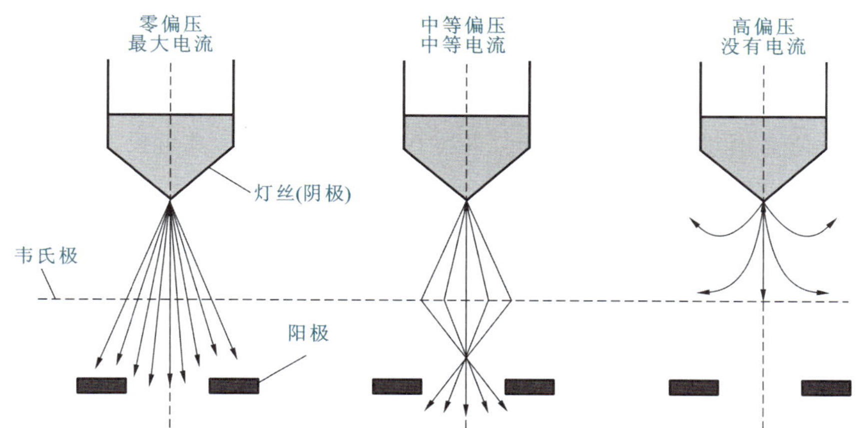

图 4-23 韦氏极偏压与灯丝亮度的对应关系示意图

4.3.1.2 场发射式电子枪

场发射(field emission，FE)是指在阴极材料与阳极之间施加一强电场，在强电场作用下使电子突破表面势垒从阴极表面释放出来，属于冷阴极发射，工作时无须将阴极材料加热。场发射式电子枪(field emission gun，FEG)的基本原理是：在极细的阴极材料表面施加电压(V)时，电场强度(E)与阴极材料的尖端半径(r)反比，即

$$E=\frac{V}{r}$$

因此，当针尖半径足够小时，即将钨丝的针尖半径加工至 100nm，施加 1kV 的工作电压，电场强度为 10^{10} V/m，这就大大降低了电子隧穿钨表面的功函数(Φ)。这么高的电场强度会在针尖上产生相当大的应力，因此要求阴极材料必须足够结实、稳定、不变形。场发射效率也与钨针尖的晶体取向相关，<310>是最好的取向。

场发射式电子枪要比热发射式电子枪更精密，其结构一般如图 4-24 所示，由阴极材料和两级阳极组成。阴极材料一般由针尖极细的钨丝制成，第一阳极的功能是与阴极材料之间施加几个千伏的正电，产生“拔出电压”，使电子从阴极材料表面逸出；第二阳极的功能是以合适的加速电压对逸出电子进行加速，如加速到 100keV 或更高，并产生电场使电子束产生交叉点。同时，也可在第二阳极之后再增加一电磁透镜使电子束的大小和位置更可控。

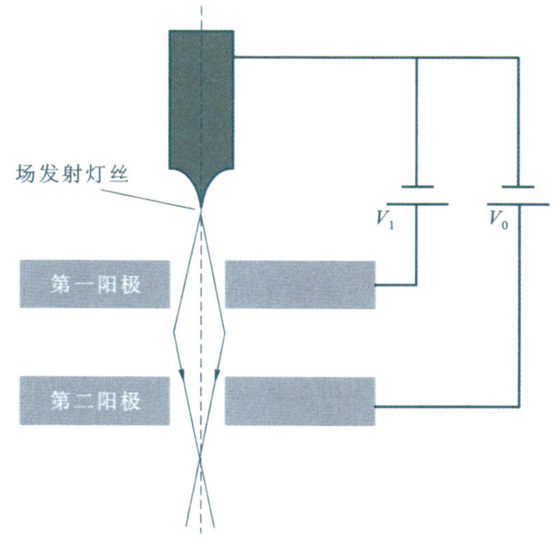

图 4-24 场发射式电子枪结构示意图

场发射要求针尖表面必须干净，即表面不能有任何污染和氧化物存在，因此，一般需要将其置于超高真空条件(<10^{-9} Pa)下。在 10^{-5} Pa 的真空中，不到一分钟内基底上就会形成一个单分子的污染层。而在 10^{-8} Pa 的真空中，要花 7h 才能形成一个单分子层，因此高真空环境对场发射灯丝是极其重要的。在这种高真空条件下，钨丝工作温度可为环境温度，亦称为冷场发射电子枪(cold field emission gun，CFEG)。

然而即使在超高真空条件下，随着时间延长，针尖表面也可能会被污染，发射电流会下降，而要达到同等发射电流必须通过增加拔出电压来补偿。但实际上，冷场发射电镜一般是通过“闪蒸(flashing)”针尖的方法去除表面污染，即通过反转针尖上的电势，“吹掉”表面原子层；或者在极短时间内迅速把针尖加热到约5000K使污染物蒸发。早期，“闪蒸”这个操作需要操作人员每隔一定时间手动操作，现在大多数冷场发射电子显微镜都设置了自动“闪蒸”，即当拔出电压增大到一定值时，仪器就自动进行“闪蒸”。

另外一个解决冷场发射电子枪灯丝表面污染的思路是在真空度较低的环境中对针尖进行辅助加热，加热针尖以保持干净的针尖表面。在钨丝表面用 ZrO_2 处理，可以改善灯丝的发射特性和稳定性，此即肖特基电子枪，由于肖特基场发射灯丝持续被加热，不会形成表面污染层，因此不需要“闪蒸”。肖特基热场发射电子枪(thermal field emission gun，TFEG)是目前最流行的，但由于其工作温度相对冷场发射电子枪较高(1700K左右)，其工作寿命也较有限，一般热场灯丝工作寿命约为两年，其更换费用也较高；而冷场发射电子枪灯丝寿命可达十年，其更换费用也较低。

4.3.2 电磁透镜

透射电镜中的聚光镜、物镜、中间镜等均是电磁透镜。与光波不同，电子波不能通过玻璃透镜会聚成像，但是电子波束在轴对称的非均匀电场和磁场中发生折射，从而可以引起电子束的会聚与发散，达到成像的目的。显微镜中的透镜主要有两个功能：其一是将从物体中一点发出的所有光线在像平面上会聚成一点，其二是将平行光会聚到透镜焦平面上一点。透射电镜中的电磁透镜与光学显微镜中的玻璃透镜在功能上基本一致，但其原理不同。

透射电镜的所有的功能和操作均是通过电磁透镜来控制的。在光学显微镜中，通过上下移动玻璃透镜来控制照明系统的强度和实现图像聚焦的功能。然而由于玻璃透镜的焦距是固定的，因此不得不更换透镜来改变放大倍数，选择强聚焦能力的透镜来实现更高的放大倍数。透射电镜中电磁透镜的位置虽是固定的，但可以通过调节电磁透镜软铁芯上线圈的电流来改变磁场，进而任意改变透镜的焦距、照明强度和放大倍数。电磁透镜的最大局限主要来自不完善的制作工艺，使电磁透镜存在球差和色差，经常需要通过插入限制光阑来选择最靠近光轴的电子，因为它们几乎不受透镜像差的影响。最新的技术已经在很大程度上克服了像差，但是球差校正电镜仍较少而且很贵；大部分电镜仍然要在这些像差的影响下使用。因此，很有必要了解这些像差，它们决定了可以用电镜做什么和不能做什么，在很大程度上直接限制了透射电镜分辨率的进一步提高。

4.3.2.1 电磁透镜的结构

电磁透镜一般由软磁铁和铜线圈两部分构成。由软磁材料做成的圆柱形对称磁芯(例如软铁，“软”是相对磁性而言的，软磁材料既能迅速响应外磁场的变化，又能低损耗地获得高磁感应强度，又容易退磁)被称为“极靴”。有一个穿过它的小孔，称为极靴孔。大多数透镜有上下两个极靴，它们可以是同一块软铁上的部分(图4-25)，也可以是两块独立的软铁。两极靴表面之间的距离称为极靴间隙，极靴孔/极靴间隙比是这种透镜的另一个重要特征，它控制着透镜的聚焦行为。一些极靴被加工成圆锥形，这时锥形角就是透镜性能的一个重要参量。

极靴上环绕着铜线圈，当给线圈通电流时，孔中会产生磁场。沿透镜纵向的磁场虽不均匀，但是是轴对称分布的。电磁透镜中的磁场强度控制电子束的会聚和发散。线圈电阻通电后会发热，因此极靴结构中往往有循环水系统对透镜进行冷却。

透射电镜中的电磁透镜大多为具有较大极靴间隙的弱磁透镜，它们的作用是把光源图像缩小到样品上和把来自样品的像或衍射花样放大并投影到观察屏或者CCD上。

电磁透镜根据其功能和适用范围可分为几种类型。上下极靴分离式物镜，其特点是上下极靴分开，各自带有线圈。这种结构为在极靴间插入样品和物镜光阑提供了空间。其他设备，例如X射线光谱仪，能更方便地贴近样品。同样地，也能更方便、直接地设计具有各种功能的样品台，例如倾斜、旋转、加热、冷却、应变等。基于这种灵活性，TEM中普遍采用分离式极靴。分离式极靴中上极靴和下极靴可以具有不同的作用，最常见的应用是上面的物镜极靴采用强激发类型，这种透镜(非对称)对俄歇电子显微镜(AEM)和扫描透射电子显微镜(STEM)都是理想的选择，因为它既能产生TEM模式需要的大束斑，也能产生AEM与

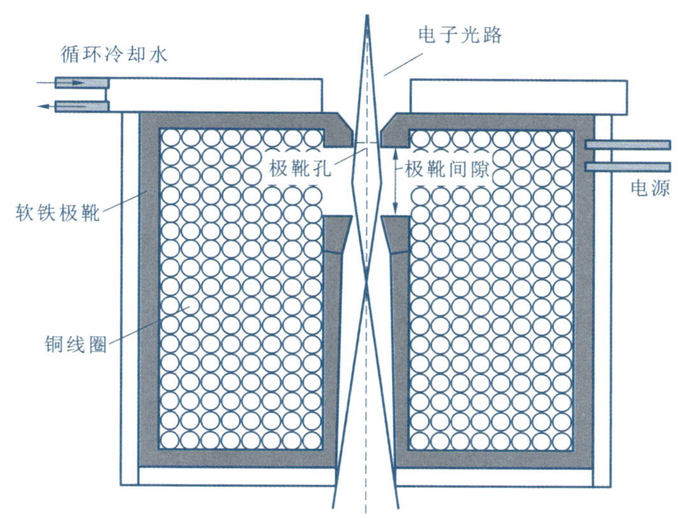

图 4-25 电磁透镜示意图

（软铁极靴位于透镜中部的孔中，并被通过电流来磁化极靴的铜线所包围。在它的截面图中，极靴间的孔和间隙都可以被看见。轴上的磁场最弱，而且离极靴越近，磁场越强，因此电子运动过程中离轴越远，向轴方向的折回越强）

STEM 模式需要的小束斑。

如果主要是实现高分辨率，就需要使用强磁透镜保证物镜具有极短的焦距。传统上可以用浸没式透镜来实现，即将样品插入（浸没）透镜磁场的中心位置，使样品被物镜包围，但其弊端是移动、加热或冷却样品都变得十分困难，同时射线探测器也不可靠近样品，因此对于分析型透射电子显微镜是远远不够的。另外，当透镜的焦距相当短时，样品只能在很小的角度范围内倾斜，所以在高分辨率的 TEM 中，仅能在有限的倾斜范围内成像、衍射。通过透镜设计可以进行改善，例如通气管式透镜就可以克服这种局限性，它的主要原理是用一种带有一个小孔的单极靴透镜来产生强磁场。此外，球差校正器的出现使得在透镜磁场强度较低时也能够获得高分辨率，这显著降低了通过强磁场来实现高分辨率的需求。

因为制造的软铁极靴强度不会超过饱和磁化强度，这限制了透镜的焦距和形成束斑的能力。超导透镜能克服这些局限性，但由于超导体只能产生一个固定场，不能像传统电磁透镜那样变化，所以灵活性不够。也经常会有一些文章描述超导透镜，它体积小，不需要水冷却，而且能冷却样品周围的区域，这样既提高了真空度又有助于减少污染，同时可以保存生物和聚合物样品。这些透镜能产生高强磁场（大于 100T，与现在通常约 2T 的电磁透镜相比），这在获得高能电子精细束斑方面很有前途（如在 AEM 中很有用）。超导透镜磁场极强，以致它们的像差很小，这可用于制造结构非常紧凑的透射电镜。

4.3.2.2 电磁透镜的球差及其校正

无论是光学显微镜还是电子显微镜，其分辨率都难以达到理论最高分辨率。电磁透镜的像差主要由内外两种因素导致，由电磁透镜的几何形状（内因）导致的像差为几何像差，几何像差又包括球差和像散两种；而由电子束波长的稳定性（外因）决定的像差称为色差（光的颜色取决于波长）。像差直接影响电磁透镜的分辨率，是电磁透镜的分辨率达不到理论极限值（波长之半）的根本原因。如常用的日立 1800 型透射电镜，在加速电压为 200kV 时，电子束波长达 0.00251nm，理论极限分辨率应为 0.0012nm 左右，实际上它的点分率仅为 0.45nm，两者相差数百倍。因此，了解像差及其影响因素十分必要。下面简单介绍球差产生的原因及其补救方法。

(1)球差

球差是电磁透镜的近轴区磁场和远轴区磁场对电子束的折射能力不同导致的。由于短线圈的原因，线圈中的磁场分布在近轴区的径向分量小，而在远轴区的径向分量大，因而近轴区磁场对电子束的折射能力（改变电子束运行方向的能力）低于远轴区磁场对电子束的折射能力，这样便在光轴上形成远焦点和近焦点，光轴上的一个物点（如图 4-26 中的 P 点）经过透镜折射后在像平面上所成的像不是一个固定的点，而是一个散漫圆斑，存在一个最小散漫圆斑，将这个散漫圆斑的半径(R_s)折算到物平面上的半径(Δr_s)，即为透镜的理论分辨率：

$$\Delta r_s = \frac{R_s}{M} = \frac{1}{4}C_s\beta^3$$

式中 R_s——物点在像平面上因球差导致的散漫圆斑半径；

M——放大倍数；

C_s——球差系数，其值约等于焦距，最佳值约为 0.3mm；

β——孔径半角。

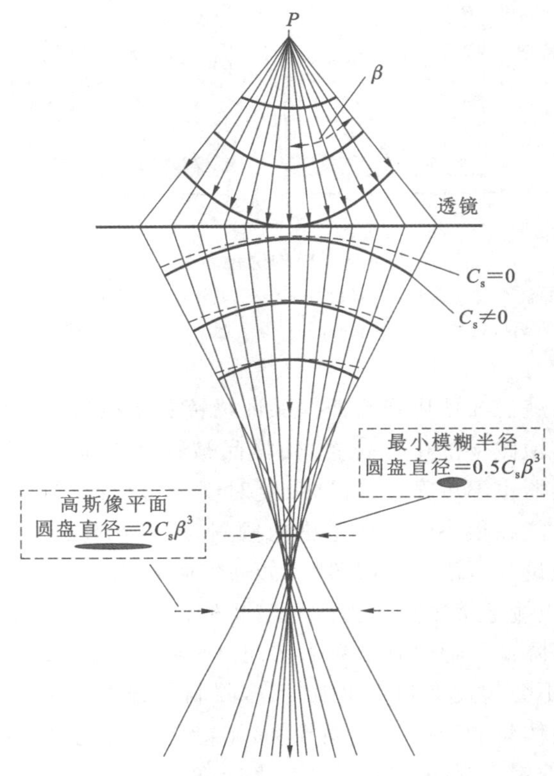

图 4-26 电磁透镜的球差示意图

由该公式可以知道，模糊圆的半径随着球差系数与折射角的增大而增大，亦即图像分辨率随着这两个参数的增加而急剧下降。

除球差外，电子衍射效应也使图像分辨率降低，而衍射由电子束波长和孔径半角共同决定。因为衍射效应的存在，一个理想的物点经过透镜后，在像平面上形成的像称为埃利(Airy)斑，导致成像模糊、分辨率下降。衍射导致的模糊半径(Δr_d)为

$$\Delta r_d = 0.61\frac{\lambda}{\beta}$$

式中 λ——电子束波长；

β——电磁透镜的孔径半角。

因此，由衍射和球差导致的电磁透镜的理论分辨率可表述为

$$\Delta r = \Delta r_d + \Delta r_s = 0.61\frac{\lambda}{\beta} + \frac{1}{4}C_s\beta^3$$

由该式可以知道，球差和衍射导致的散漫圆斑均受到孔径半角的约束，但孔径半角对两者的影响是相反的，球差导致的散漫圆斑半径随孔径半角增大而增大，而衍射导致的散漫圆斑半径随着孔径半角的增大而减小。两者的大致关系如图 4-27 所示。因此，通过增大或减小孔径半角来提高电磁透镜的分辨率时，存在一个最佳孔径半角值，这个最佳孔径半角值为

$$\beta_{best} = 1.25\left(\frac{\lambda}{C_s}\right)^{\frac{1}{4}}$$

相应地，可以求得此时理论上最小分辨率为

$$\Delta r_{min} = 0.49C_s^{\frac{1}{4}}\lambda^{\frac{3}{4}}$$

透射电镜的孔径半角通常是 $10^{-3}\sim10^{-2}$rad，目前最佳的非球差矫正透射电镜分辨率能达到 0.1nm 左右。

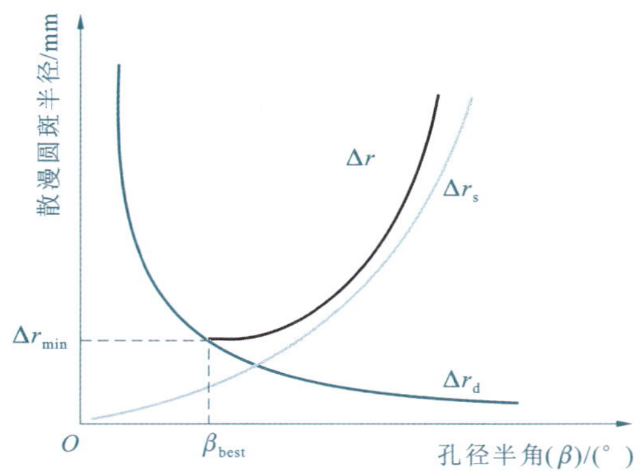

图 4-27 球差和衍射导致的透镜理论分辨率与孔径半角的关系示意图

(2)球差校正

自透射电镜诞生之日起，科学家们一直在寻求减小透镜球差的方法。在光学显微镜镜组中，可通过组合使用凸透镜和凹透镜来弥补由于凸透镜边缘会聚能力强、中心会聚能力弱导致的所有光线无法会聚到一个焦点的不足，然而电磁透镜只有“凸透镜”而没有凹透镜，即只能使电子束会聚而不能使其发散，因此球差成为影响透射电镜分辨率最主要和最难校正的因素。

直到 1992 年，德国的三名科学家 Harald Rose、Knut Urban 以及 Maximilian Haider 使用多极子校正装置来调节和控制电磁透镜的聚焦中心，从而实现了对球差的校正，并第一次获得了亚埃级的分辨率。其原理与光学显微镜中的凹透镜的作用类似，如图 4-28 所示，通过多极子校正装置中多组可调节磁场的磁镜组对电子束的洛伦兹力作用进行逐步调节，近似于光学透镜中的凹透镜对远轴光子的发散作用，而使得远轴电子略发散，进而实现了对球差的抑制和消除，显著提升了透镜的分辨率。

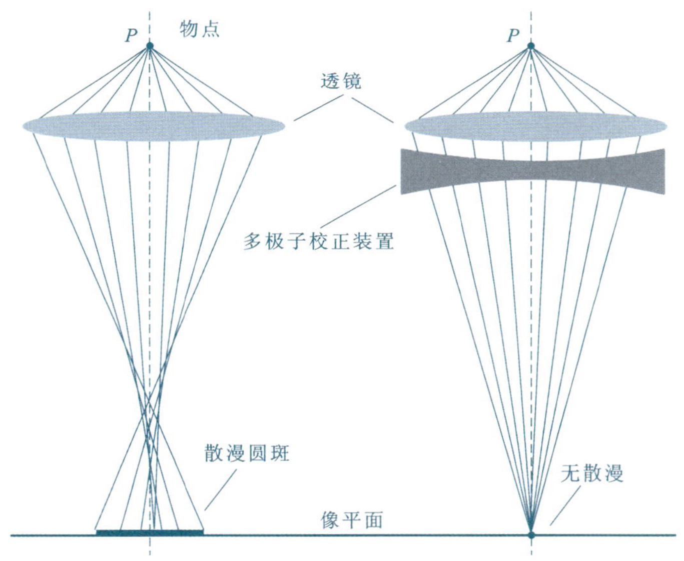

图 4-28 球差校正光路示意图

球差校正一般是通过特殊结构的磁透镜来完成，称为多极子球差校正磁透镜。图 4-29 所示为典型的四极子、六极子与八极子球差校正磁透镜示意图。球差校正装置一般由多个多极子磁透镜相互组合而成。图 4-30 分别为 Haider 及 Krivanek 等人开发的适用于 TEM[图 4-30(a)]与 STEM[图 4-30(b)]的球差校正装置。球差校正装置可显著提升电镜的分辨率，目前，日立发布的 200kV 球差校正透射电镜 HF5000，具有高稳定冷场发射电子枪与自动球差校正器，可实现自动球差校正，HAADF-STEM 分辨率可以达到 0.78 埃，亦即 0.078nm。

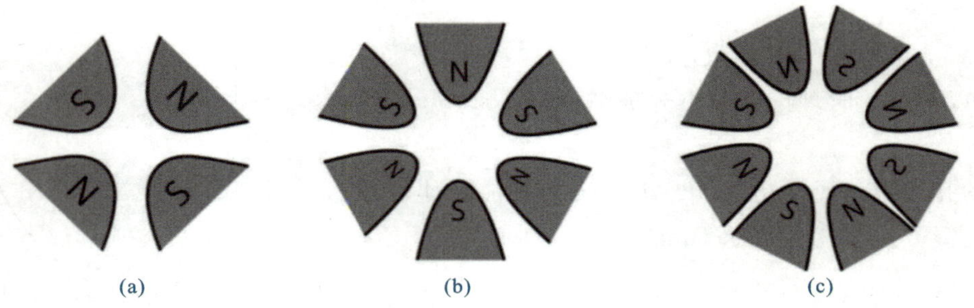

图 4-29　三种多极子球差校正磁透镜示意图

(a)四极子;(b)六极子;(c)八极子

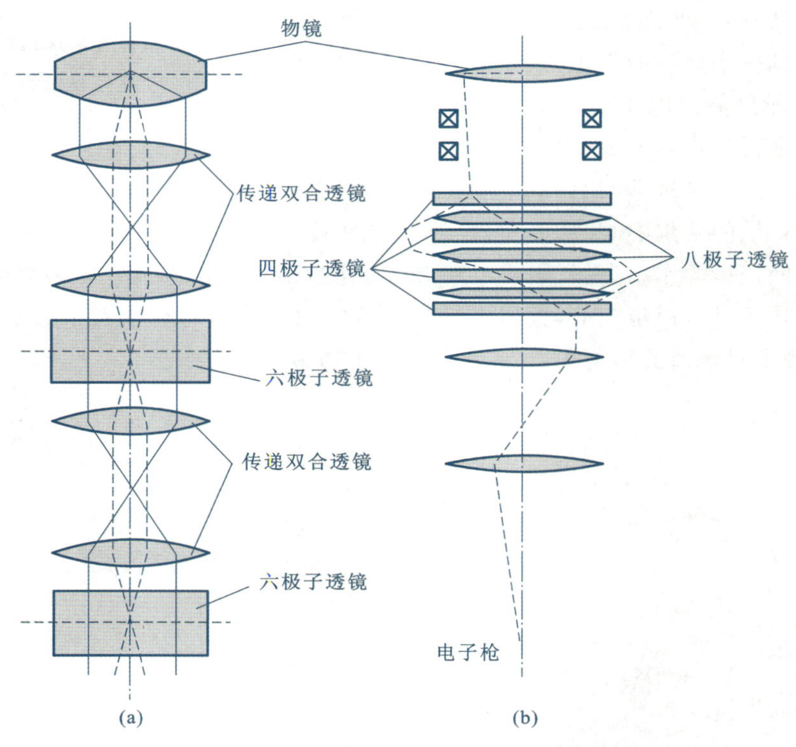

图 4-30　两种球差校正装置示意图

(a)适用于 TEM;(b)适用于 STEM

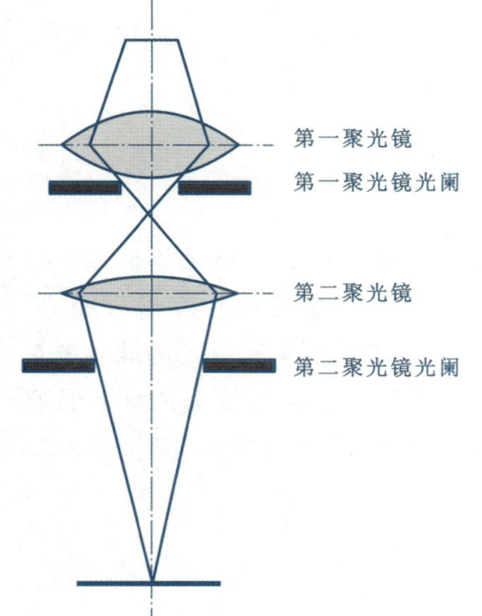

图 4-31　透射电镜双聚光镜系统光路图

4.3.3　聚光镜系统

由电子枪发射出的电子束比较分散,其束斑直径较大。一般由电子枪发射出的电子束在第一交会点的束斑直径为几十微米,这远远不能满足透射电镜的要求。因此,需要利用聚光镜将电子束进行聚焦,以获得一束直径小、亮度高、相干性好的电子束。一般透射电镜均配备双聚光镜加双光阑系统,聚光镜用于将发散的电子束进行聚焦,光阑用于将较发散的电子屏蔽掉。聚光镜光路图如图 4-31 所示。聚光镜均为会聚透镜,上部的第一聚光镜为强磁透镜,会聚能力强、焦距短,能够将电子束缩小至几个微米甚至更细;第二聚光镜为弱磁透镜,会聚能力弱、焦距长。一般第一聚光镜的参数和光阑孔径均保持不变,而将电子束缩小至一固定值,通过调节第二聚光镜的激磁电流和光阑孔径来获得需要的电子束束斑直径、强度等。一般来说,通过两级聚光镜的聚焦,最终可以获得一束束斑直径为几个纳米、几乎平行的、相干性好的电子束。

4.3.4 成像系统

成像系统由物镜、中间镜和投影镜组成。其功能是将来自样品内部的、反映样品内部特征的透射电子进行聚焦、放大成像，并投影到荧光屏上。在成像系统中，物镜的分辨率决定了最终图像的分辨率。因此，物镜一般为强磁透镜，其焦距小、放大倍数高，同时应尽可能地减小球差的影响。物镜的作用在于形成第一幅高分辨图像或衍射花样。物镜光阑位于物镜下方，通过改变物镜光阑孔径大小，可对像差、衬度等进行调节，通过移动光阑，还能在暗场成像和明场成像之间进行切换。

中间镜的作用在于将物镜所形成的像投影到物平面上，形成第二幅图像或衍射花样。投影镜的作用在于将中间镜所成的像进一步放大，并将其投影到荧光屏上，所以投影镜与物镜一样，均为短焦距、强磁透镜。成像系统的光路图如图 4-32 所示。当电子束透过样品后，透射电子经物镜后在物镜像平面上成像，该所成像被称为中间像 1；电子束经过中间镜后，在中间镜像平面上所成的像被称为中间像 2。调节中间镜的激磁电流，使其像平面与物镜像平面重合，此时，可在荧光屏上获得一幅放大的像[图 4-32(a)]。而调节中间镜的激磁电流，使其像平面与物镜背焦面重合，则可在荧光屏上得到一幅电子衍射花样图案[图 4-32(b)]。

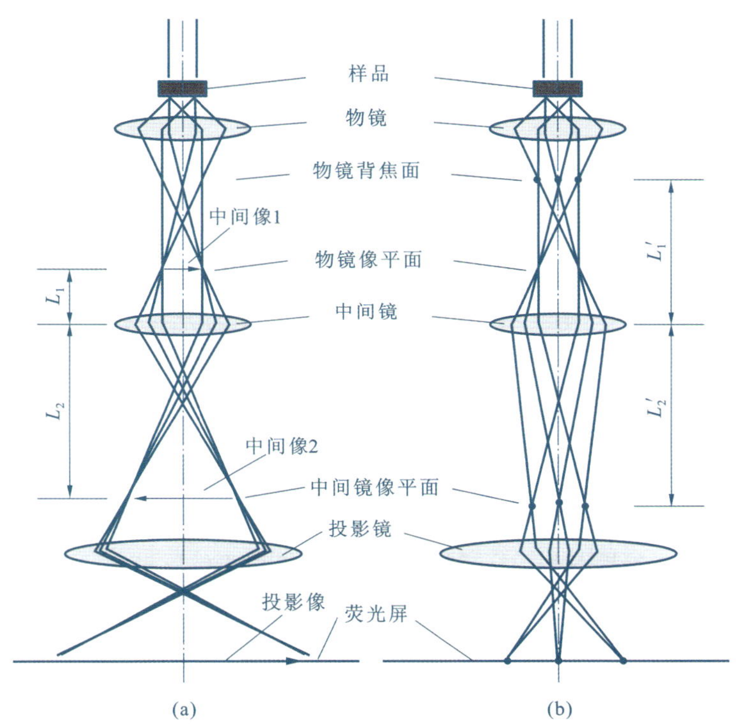

图 4-32 成像系统光路图

(a)透射成像光路图；(b)衍射成像光路图

4.3.5 观察记录系统、真空系统及控制系统

除以上系统之外，透射电镜还应包括观察记录系统，可由 CCD 相机、荧光屏等组成，用于对投影镜聚焦的电子束进行成像以供观察。为了保证透射电镜各部件高效率运行，电子枪、各磁透镜等部件均应一直处在极高的真空条件下，因此，透射电镜还应配备多级真空系统，可由离子泵、分子泵、机械泵等组成。另外，还应有电源控制系统、UPS 应急电源、隔震、电磁场干扰屏蔽系统等。因篇幅关系，本书不再赘述。

4.4 透射电镜样品制备 >>>

4.4.1 透射电镜样品要求

透射电子显微镜是利用透过样品的电子束进行成像,即使在较高的加速电压下,电子束穿透样品的能力仍然较低,因此,需要样品足够薄(使电子能够穿透,对一般透射电子成像需要样品厚度小于 150nm,而对于高分辨透射电子成像甚至需要样品厚度小于 20nm)、具有足够的稳定性(在电子束轰击下不发生分解和破坏、在真空中不挥发)、具有良好的导电性(不发生荷电现象)等,同时不具有磁性。实际上,理想状态的样品很难制成,实际样品总有各类的缺陷,导致透射电镜图像上出现一些伪影。但随着制样技术和制样设备的发展,人们逐渐能够制备缺陷较少的样品。

透射电镜样品的状态主要是粉末与薄膜两种,其制备方法主要有研磨与超声分散、超薄切片、复型、蚀刻、离子减薄、电解双喷等,不同的制备方法适用于不用的样品,有时选择某一制备方法是为了达成相应的目的。

4.4.2 载网与支持膜

(1)载网

一般而言,透射电镜样品可分为两类:一类为自支撑样品,即最终样品为一薄片,薄片的四周较厚,用于支撑样品,中间区域较薄,用于观察;另一类为载网支撑样品,这类样品在实际情况中比较多见,即先通过一定的技术获取薄片或粉末样品,再将样品搭载在载网之上,最后将载网置于透射电镜样品杆上进行观察。载网材料通常是铜,因铜相对比较便宜,也可以是金、镍、铍、铂、碳等。

透射电子显微镜用铜网直径一般为 3mm,上面布有许多微米大小的孔,如图 4-33 所示。铜网最主要的作用是承载样品,并使之在物镜极靴孔内平移、倾斜、旋转、寻找观察区。同时,将铜网牢固夹持在样品座中,与样品座保持好的热、电接触,能够迅速将聚集在样品上的电子或因电子束照射而产生的热导走,以减少因电子照射引起的热或电荷积累而产生样品漂移或损伤,提高成像质量。

某些特殊应用上,也会选择一些特型载网,如光圈载网、狭缝载网、双联载网等。光圈载网、狭缝载网通常用来蘸取连续超薄切片,其网格稀疏,所以对组织、微结构的遮挡较少。但因其网孔较大,有时导致支持

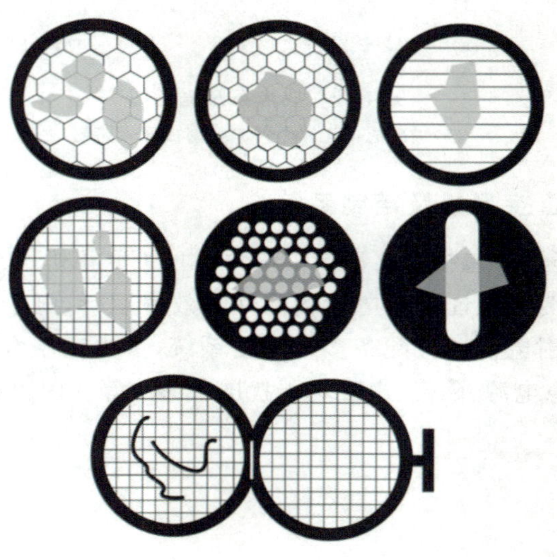

图 4-33 不同网格形状和大小的载网

膜制作成功率不高，通常采用增加支持膜厚度来增加其强度，但过厚的支持膜也会影响图像清晰度。双联载网支持膜可应用于磁性样品或对支持膜附着力差的样品，使用时将样品夹在双联网间，可起到很好的固定作用，也可减少由于样品的不稳定性对电镜造成的污染，如图 4-33 所示。

（2）支持膜

为了确保样品能搭载在载网上，不至于从载网的孔洞处滑落，往往会在载网上涂覆一层有机膜，即支持膜。当样品接触载网支持膜时，会很牢固地吸附在支持膜上，以便在电镜上观察。透射电镜制样常用的支持膜有方华膜、碳支持膜、非碳支持膜等多种类型。

方华膜的化学成分是聚乙烯醇缩甲醛，其强度高、电子透过率好。由于没有任何镀层物质，因此有机膜弹性好，背底影响小，是承载超薄切片的理想材料。但其导电性能不好，在电子束照射下会因高温或电荷积累引起局部受热碳化，产生黑斑，引起样品漂移，甚至使膜破碎。

碳支持膜是在方华膜上再覆盖一层碳，是最常见并被广泛采用的支持膜。碳层具有抗热性和导电性，因而增强了方华膜的牢固性和稳定性，弥补了无碳方华膜的许多缺陷。喷镀的碳颗粒很细，通常小于 1nm，是 200kV 电镜下观察纳米材料的最佳选择。

纯碳支持膜是在载网的反面有一层可移除的方华膜，载网正面覆盖较厚碳层的支持膜。当观察分散于有机溶剂的样品时，溶剂会将载网反面的有机层溶去，只留下纯碳膜和被观察样品。与其他膜相比，碳的密度较高，散射能力较强，机械性能及化学稳定性好，进而可减少样品的热漂移，增强样品稳定性。对于较高温下处理的样品，也有明显的优势。由于它比碳支持膜的碳层厚，背底影响较大，适合观察 10nm 以上的样品。

微栅支持膜是具有微小孔洞的支持膜，是在高倍电镜下观察纳米结构像的最佳选择。由于微栅支持膜采用较特殊的有机材料，所以其牢固性优于方华膜。采用微栅支持膜的主要目的是能够在孔洞处或孔边缘处观察样品。病毒或细菌颗粒一般会附着在微栅孔的边缘，一维纳米材料可搭载在微栅孔两端，因此不受基底物质的干扰，更便于微束分析，获得单颗粒电子衍射像。

多孔碳支持膜是一款适合纳米材料表征的新型支持膜产品。多孔碳支持膜上分布大小不均的微孔（2～15μm）。适用于在低倍电镜下观察样品的形貌像，在高倍电镜下观察微孔上的样品的高分辨像。

此外，还有镀金支持膜、镀锗支持膜、氮化硅支持膜等。

4.4.3 粉末样品制备

对于无机材料来说，粉末也是一种比较常用、易制的样品，相对超薄切片技术，粉末样品的制备更简单、易操作。粉末样品的来源一般有两个，其一是材料本身为粉末状态，如各种超细粉末、纳米颗粒、碳纳米管、聚合物乳液颗粒等；其二是块体材料经破碎、研磨、筛分等处理后得来的，如一定龄期的水泥水化样品。对粉末样品的基本要求与薄膜样品类似，即粉末尺寸要足够小，最好是小于 1μm，同时颗粒不能具有磁性，还要足够稳定，在真空中和电子束轰击下不发生分解等。

由于超细粉末具有极大的比表面积，容易团聚，因此粉末样品制备的关键是如何将超细颗粒分散，并使其均匀分散到支持膜上，颗粒之间能够各自独立而不团聚。其主要方法：首先将粉末分散于适当的介质中（水或无水乙醇等）制成适当浓度的分散液，而后利用磁力搅拌、超声等方式进行分散，为了防团聚，可添加适当的表面活性剂。待分散结束后，将样品转移至铜网上。由于颗粒较细，往往需要在铜网上放置支持膜，可用镊子夹住铜网在溶液中打捞或利用滴管将分散液滴至铜网上的支持膜上。接着对载网及样品进行干燥，干燥后利用真空溅射仪在载网上喷镀一层导电碳膜。最后即可将载网固定于透射电镜样品杆之上进行观察。

也可用树脂包埋粉末样品，而后利用超薄切片技术、离子减薄技术等将其制成薄膜样品进行观察。

4.4.4 超薄切片技术

超薄切片技术是一种利用力学作用获得符合透射电子成像要求的样品制备技术。通常使用超薄切片机完成切片工作，可以对室温下的试样材料进行切片；也可加上冷冻附件，对超低温下的试样材料进行切片。其原理是利用一定的包埋剂对样品进行包埋，再进行一定的修整，得到一个足够小的样品头，而后切割样品头获得薄片。超薄切片技术是透射电镜样品制备方法中最基础的一种，可用于有机高分子材料、无机粉体材料和生物样品的超薄样品制备。一般包括取材、固定、脱水、浸透、包埋、切片及染色等步骤，其中，切片是最为复杂和艰难的步骤。

4.4.4.1 包埋

对于一些小尺寸试样，如纤维、薄片、颗粒和大部分生物组织样品，为了便于夹持，需要在切片前对其进行包埋。包埋材料一般为环氧树脂与固化剂，同时为了使其具有符合要求的硬度和韧性，往往还添加增韧剂和加速剂。

4.4.4.2 包埋块的修整

修整是对包埋有试样的树脂块进行切削、加工，以获得合适形状和大小的待切表面的操作。切削面面积的大小通常根据实验要求而定，厚切片可切成 $5mm^2$ 或更大的面积，而对薄切片则应选择尽可能小的切削面面积。试样与包埋材料的力学性质（如硬度、弹性模量等）通常是不相同的，因此它们有着不同的最佳切削条件，如切削速度、切刀刀刃角度、切削前角和后角等。解决该问题的一个方法是在修整时将包埋材料全部切除，在切削面上仅保留物理性质相对均匀的试样材料。对于粉末材料，试样分散于包埋材料中，可选取试样相对集中的区域修整成切削面。

包埋块的修整可以手工或在切片机中以机械切削的方式完成，对于有经验的工作者推荐手工修整，这样更节省时间。图 4-34 显示了一种圆柱形包埋块的手工修整程序。首先将包埋块固定于专用夹持器或切片机试样夹持器中，使其竖直，含有试样的一端向上。手持锋利的单面刀片，以图中箭头所示的方向依次切割包埋块，最终获得梯形的切削面。非圆柱形的包埋块进行手工修整时也可使用类似的程序。

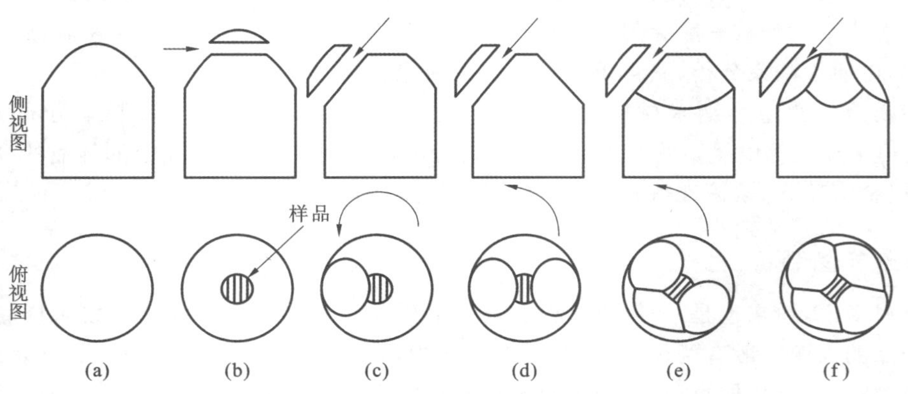

图 4-34 圆柱形包埋块的手工修整示意图

4.4.4.3 切片

包埋块经修整后即可进行切片，切片的原理如图 4-35 所示。工作时，一般采用机械推进式，保持切割刀片固定不动，样品进行上下、左右推进运动。首先将样品往下运动一次，完成一次切割，然后往上运动一次，回到起始位置，接着将样品往前推进一定距离，再往下运动，完成另一次切割。如此往复，直到制得足够数量的薄片。样品的上下、左右推进运动的行程和速率均可由程序控制。

除了试样块的物理性质和刀具的锋利程度外，主要有下列三个参数直接影响切片的质量：切削速度、切削后角和刀具的刀角。不同材料的树脂的物理性质不同，相应的三个切削参数的最佳值也有差异。有经验的操作者能估计出大致合适的值，随后试切，对切削参数作适当调整，获得最佳切削参数值，而后方能切出高质量的切片。对初学者，则需经过一系列的试切，才能找到最佳切削参数。

一般而言，切削速度过快会增大试样的压缩后褶皱，切削速度过慢则可能切不下切片而将槽液拖曳到刀具的背面。一般来说，树脂硬度较高时宜选用小的切削速度（1mm/s 或更小），但对于很硬的试样，如岩石、水泥基材料、动物骨骼等，则要使用大的切削速度（10mm/s 或更大）。若在切削时出现震颤，通常应减小切削角，即需改变刀角或切削后角，或者两者均作改变。一般而言，刀角应尽可能小。

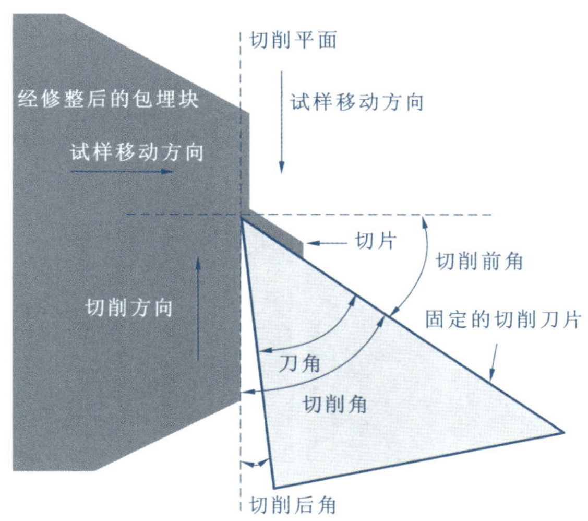

图 4-35 超薄切片示意图

切片厚度依据实验要求而定，对于无特定要求的实验，切片厚度在 60～90nm 范围内是合适的。在高分辨观察时，则要求更薄的切片。能够获得的切片的厚度主要取决于包埋块切削面面积的大小、包埋质量(包埋块的物理性质)和切削刀刃的锋利程度。

切片完成后，将其收集至铜网等微栅之上。

4.4.4.4 切削刀片的选择

超薄切片机常用刀具有两种：玻璃刀和金刚石刀。

玻璃刀宜用浮法生产的优质硬玻璃制作，也可以完全由手工制备，还可使用市售专用制刀机制得。首先应该准备品质优良的玻璃条，再用清水将玻璃条洗净，随后制成方形玻璃块，最后用专门的制刀机将方形玻璃块制成玻璃刀。

金刚石刀十分坚硬，能长时间使用且保持刀刃锋利，一般通过将工业金刚石沿适当的晶面劈开制成。金刚石刀虽然坚硬、锋利，但很脆，很容易由于操作的失误而损坏，主要用于特硬材料或者需要大量切片而又希望避免频繁换刀的场合。有刀刃的金刚石刀的刀角一般在 40°～60°范围内。较小的刀角适用于较软的材料，而大角度的刀刃较为坚固，可用于硬质材料。金刚石刀刃的寿命取决于试样材料的硬度、使用频率和操作熟练程度，可以是几周或是几年。除了试样和清洁木条外，刀刃不应与任何其他物体接触。用钝后金刚石刀通常需要刃磨，刃磨常由刀的制作者完成，除了费用高昂外，所需时间常常是几个月。另外，刃磨通常会导致刀角的增大，以致可能已不再适用于原有试样材料的切片。切片工作完成后，用蒸馏水将刀具和液槽冲洗干净并干燥，如果有污物残留，那么可用丙酮或酒精清洗液槽，切记不能用酸类液体清洗金刚石刀。

综上，玻璃刀较便宜、易得，可随时在实验室制作，通常都在使用前随时制备，且用完可随即丢弃；而金刚石刀由金刚石单晶制成，坚固耐用，可用于特别坚硬材料的切片，如金属、陶瓷或水泥基材料等。但金刚石刀价格昂贵且维护较烦琐，因此一般实验室多使用玻璃刀，而不使用金刚石刀。

超薄切片技术在生物样品制备中的运用尤为广泛。图 4-36 为水稻叶片的 TEM 图像，研究发现，叶肉组织中薄壁细胞的细胞壁结构与维管束组织中的筛管或韧皮部薄壁细胞的细胞壁结构不同，部分维管束细胞的细胞壁有增厚现象。

对于必须包埋的样品，包埋剂的选择对结果也有一定的影响，特别是对于结构疏松样品或生物样品，需要有一定的包埋深度和良好的包埋效果，确保制备过程中减少对样品结构的扰动和损伤。杨慧等利用两种树脂对小鼠腹主动脉血管组织的微观结构进行了包埋，利用离子减薄技术进行减薄后，利用透射电镜观察其结构，结果如图 4-37 所示，发现不同树脂及其混合物对组织的渗透作用不同。因此，在制备不同样品时，应对树脂种类及其配比的适用性进行探索。

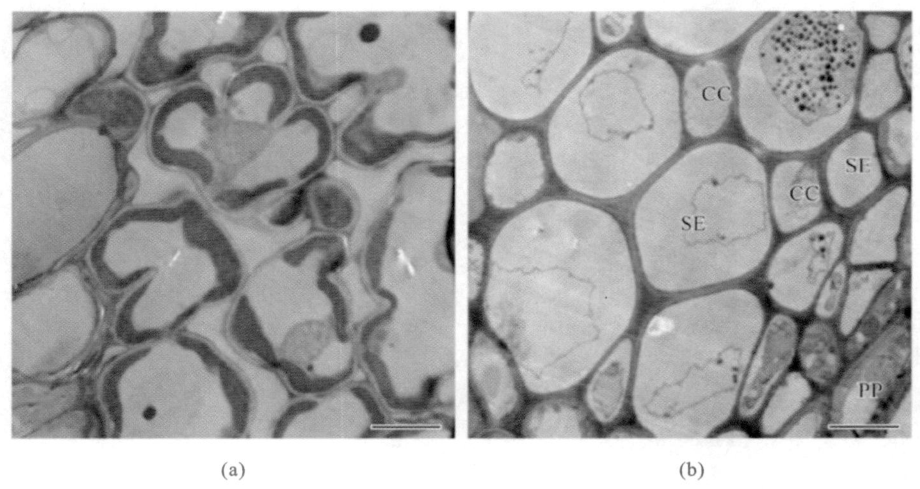

(a) (b)

图 4-36 水稻叶片不同类型细胞的细胞壁(Bar=5μm)

(a)叶肉细胞;(b)维管束细胞,包括筛管(SE)、伴胞(CC)和韧皮部薄壁细胞(PP)

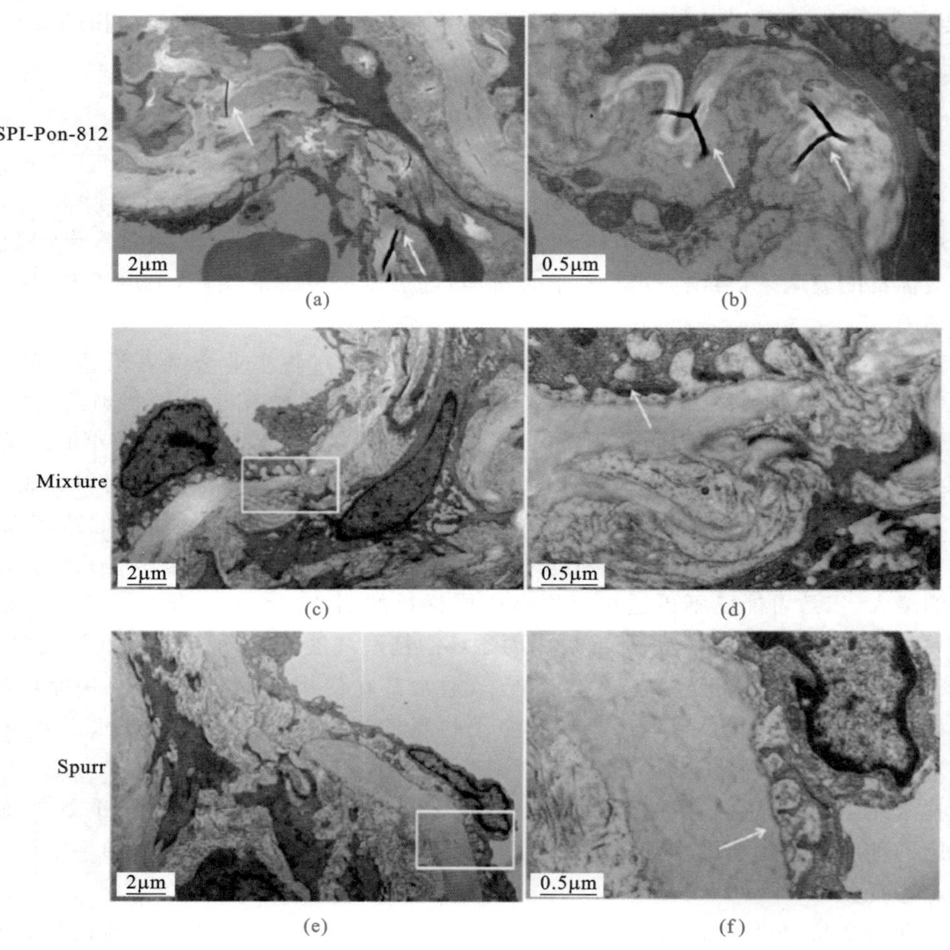

图 4-37 小鼠腹主动脉血管组织超微结构 TEM 图像

(a)、(b)SPI-Pon-812 树脂,(b)图为(a)图局部放大,在内膜下层和内弹性膜层可见由于树脂渗透不均产生的褶皱,如箭头所示;
(c)、(d)SPI-Pon-812 和 Spurr 树脂混合,(d)图为(c)图局部放大,树脂渗透较好,图像反差良好;
(e)、(f):Spurr 树脂,(f)图为(e)图局部放大,树脂浸透均匀,图像反差弱于树脂混合使用组。
(a)、(c)、(e):Bar=2μm;(b)、(d)、(f):Bar=0.5μm

4.4.5 离子减薄技术

离子减薄技术也是一种薄膜样品制备技术，属于物理减薄，其原理是利用高能量的粒子束流或中性原子束轰击样品，使其表面原子不断剥离，达到减薄的目的。其主要用于非金属的块状样品（如水泥混凝土、岩石、陶瓷、矿物等材料的透射电镜样品）制备。氩离子是运用最广的一种离子，一方面是因为氩是惰性的、比较重的原子，另一方面是因为大多数样品不含氩。图4-38所示为一种氩离子减薄仪的原理示意图，氩气进入离子枪，将离子枪中的电压加到6kV产生氩离子，轰击到样品上使其减薄。

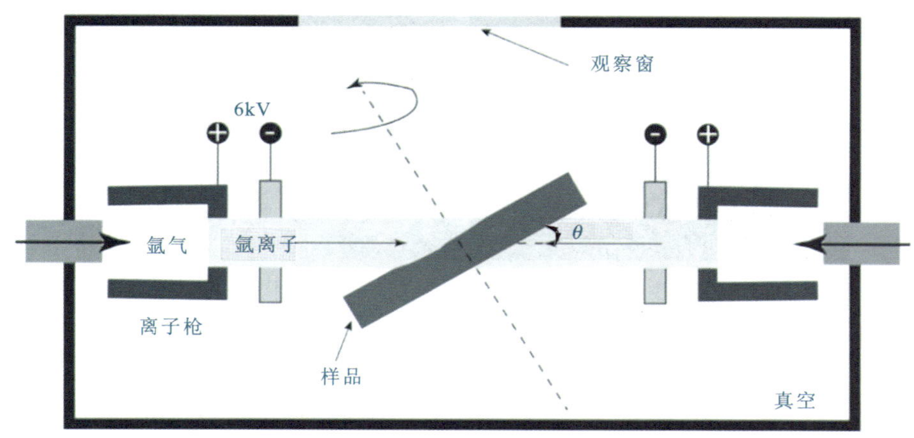

图4-38 氩离子减薄仪的原理示意图

离子减薄过程中电压、入射角、温度、离子的质量和能量、样品的质量密度、原子量、结晶度和晶体结构等参数均对减薄效果产生一定影响，这需要操作者具有一定的经验。

入射角是指入射粒子束流与样品表面的夹角（图4-38）。一般来说，入射角对离子穿透深度与减薄速率的影响如图4-39所示，首先离子穿透深度随着入射角的增大而加大，而减薄速率则是随着入射角的增大先增后减的，减薄速率在入射角约为20°时达到最大，之后减小，这是因为当入射角大于20°以后，离子束主要是穿透样品而不是溅射样品表面，同时高入射角也导致样品不同成分间的选择性减薄。因此，减薄时为了提高效率，入射角可先从20°～30°开始，至样品快穿孔时减小至10°或更小。同时，对有些样品来说，某些离子会导致样品表面化学成分的改变或受到物理性损伤（表面层通常非晶化）。使用比较低的电子束能量、低原子序数（Z）的离子和入射角低于5°均可以降低损伤，但这两种情况下减薄速率都会增加。

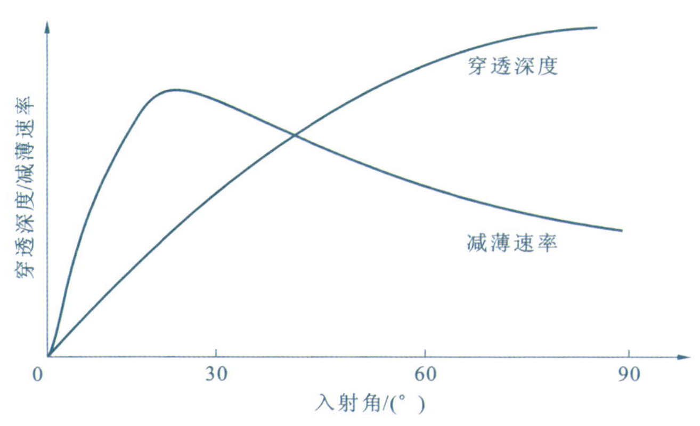

图4-39 离子穿透深度、减薄速率与入射角的变化关系

下面用一个例子简述离子减薄过程。图4-40为马秀梅等人利用离子减薄技术制备的钙钛矿型氧化物功能材料$SrTiO_3$衬底上生长$LaAlO_3$薄膜样品的低倍明场像和HRTEM图像。其样品制备过程如下：①利用金刚石刀切割4片相同大小的矩形样品并用酒精清洗干净；②将其中两矩形片用一种专用胶水对粘在一起，之后，分别在这两矩形片的外侧各粘一矩形片做陪片；③用专用夹具固定并加热至130℃固化；④利用慢速锯将固化后的截面样品切割成厚度约0.5mm的薄片，并用不同标号的砂纸将其研磨至30μm厚度以

下；⑤将薄片样品利用 AB 胶粘于支持环上，并用手术刀片将其修整为直径约 3mm 的圆片；⑥利用离子减薄技术，在减薄过程中通过调节电压、角度和减薄时间等来控制减薄效果。而后利用透射电镜拍摄其低倍明场像[图 4-40(a)]和 HRTEM 像[图 4-40(b)]，通过 HRTEM 像，可以看到 $LaAlO_3$ 薄膜的厚度约为 6nm，可以清晰地观察到薄膜与衬底之间具有清晰、平直的共格晶界，这表明薄膜为外延生长。

图 4-40　离子减薄技术制备的 $SrTiO_3$/$LaAlO_3$ 截面样品的低倍明场像和 HRTEM 像

(a)低倍明场像；(b)HRTEM 像

4.4.6　电解双喷技术

电解双喷技术是一种只能用于金属样品(或导电样品)的制备方法，通过从薄片样品两侧喷射电解液腐蚀样品，使其减薄。与离子减薄技术相比，电解双喷技术耗时短、效率高、成本低，可以形成表面没有机械损伤的薄片，但电解液对金属的腐蚀作用会在一定程度上改变样品表面的化学成分。电解双喷工作示意图如图 4-41 所示，由两个喷射管尖端向样品两侧表面喷射电解液，在喷射管尖端和样品表面施加一定电压，在这个电压下样品阳极溶解产生电流，以达到减薄的目的。通过激光束实时探测样品的透明度，当样品中间区域穿透时触发停止开关，电解液流动应立刻停止以免损坏薄区，也应尽快将样品从电解液中取出并清洗以去掉残余的可能腐蚀样品表面的电解液膜。

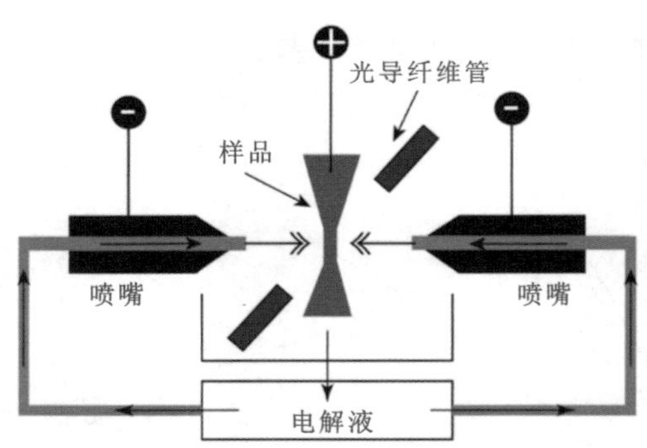

图 4-41　电解双喷工作示意图

在电解双喷过程中，要控制的参数有电压、电流、温度、电解液流速等，对于不同的样品，参数不同，需要制样人员有一定的经验。不同的金属也应配制不同的电解液，表 4-3 给出了几种常用的电解液配方和使用条件。

表 4-3　**几种常用的电解液配方和使用条件**

材料	电解液配方	使用条件[温度(℃)/电压(V)/电流(mA)]
铝及铝合金	30%硝酸+70%甲醇	23～30/10～20/80～100
铜及铜合金	3%～5%高氯酸+酒精	30～40/50～75/20～30
碳钢及低合金钢、不锈钢	5%高氯酸+酒精	20～30/75～100/50～75

电解双喷减薄结束后，应快速取出试样夹并在乙醇或去离子水中进行浸泡以尽快去除其表面的电解液。从取出样品到浸泡的整个过程应尽快完成，如果耽搁太久，电解液会继续腐蚀薄区，导致样品表面生成氧化膜。对于钢的透射样品，可以在去离子水中浸泡，在此期间应竖直地穿插水面几次，利用水的表面张力刮掉试样表面的络化物膜。而后再用乙醇浸泡数次，每次持续 1min 左右。电解双喷技术的减薄效率高，而离子减薄技术可以去除电解双喷减薄后导致的样品表面的络合物，故有时可将电解双喷技术和离子减薄技术相结合使用。图 4-42 为 CoCrNi 合金的 TEM 图像，其中图 4-42(a)为用电解双喷技术减薄后的 HRTEM 像，可以看到合金表面有一层 4～5nm 厚的氧化物，同时合金体内产生大量莫尔条纹，这是电子波在氧化物和样品两种晶体中传播时产生的干涉条纹，莫尔条纹的存在大大降低了 HRTEM 像的分辨率；图 4-42(b)为经倾斜角度为 3.0°的离子减薄清洗后的 HRTEM 像，可以看到莫尔条纹的干扰有所减轻但仍存在；图 4-42(c)为倾斜角度为3.5°的离子减薄清洗后的 HRTEM 像，可以看到此时莫尔条纹的干扰已经很小，说明 3.5°的倾斜角度是更适宜的；图 4-42(d)为 3.5°的离子减薄清洗后的 HAADF 像。

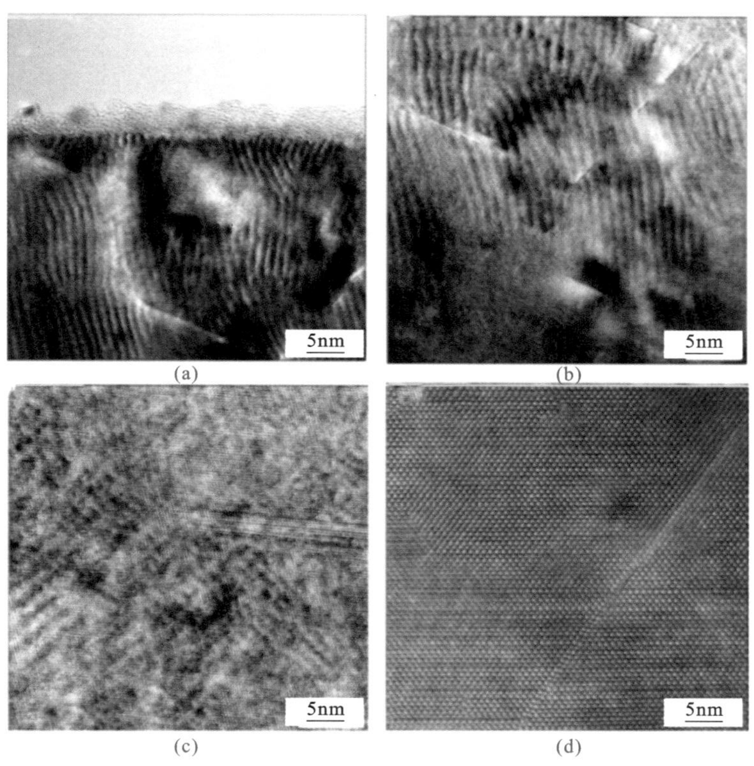

图 4-42 CoCrNi 合金的 TEM 图像

(a)电解双喷技术减薄后的 HRTEM 像；(b)经 3.0°离子减薄清洗后的 HRTEM 像；(c)经 3.5°离子减薄清洗后的 HRTEM 像；(d)经 3.5°离子减薄清洗后的 HAADF 像

4.4.7 聚焦离子束技术

聚焦离子束(focused ion beam，FIB)技术是一种高精度的微纳米加工技术，是利用电磁透镜将离子束聚焦成尺寸非常小的离子束轰击材料表面，实现材料的剥离、沉积、注入、切割和改性。由于离子的质量远远大于电子，因此高速运动的离子束撞击到样品表面时，可以将固体表面的原子溅射，实现对样品的加工。FIB-SEM 是在扫描电镜基础上增加 FIB 镜筒而制成的聚焦离子束与电子束双束系统，配以纳米机械手、气体注入系统等，可同时实现对样品的加工和高分辨成像，非常适宜用于 TEM 超薄样品制备。与前述超薄切片技术和电解双喷技术相比，FIB-SEM 双束系统可用于在大块样品中选取特定位置和特定取向的 TEM 样品制备。

4.4.7.1 离子源

离子源是FIB系统的核心。按照其产生机制，离子源可分为电子轰击型、气体放电型与场致电离型三类。电子轰击型与气体放电型离子源是通过在大范围空间中产生离子，而后通过小孔将离子流引出，其离子流密度较低、离子源面积大，难以聚焦成细束，因此不太适合作为FIB系统的离子源。场致电离型离子源是利用针尖电极附近的强电场使吸附在针尖表面的气体原子电离，主要用于离子束显微镜。用于微纳加工的离子源多为液态金属离子源(liquid metal ion source，LMIS)，其原理为将直径为0.5mm左右的钨丝经过电解腐蚀成尖端直径只有5～10μm的钨针，然后将熔融状态的液态金属黏附在针尖上，外加强电场后，液态金属在电场力作用下形成一个极小的尖端(约5nm，称为泰勒锥)，尖端处电场强度高达10^{10}V/m。在如此高的电场强度下液尖表面的金属离子以场蒸发的形式逸出表面，产生离子束流。而由于LMIS发射面积极小，尽管离子电流只有几微安，产生的电流密度却可达约10^6A/cm^2，亮度约为20μA/sr，是场致电离型离子源的20倍。可以说，LMIS的出现真正使FIB系统得以实现和广泛应用。LMIS基本结构示意图如图4-43所示。

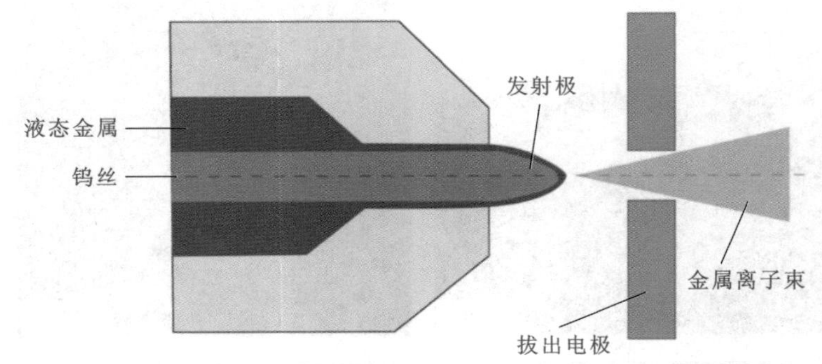

图4-43 液态金属离子源(LMIS)基本结构示意图

目前，应用最广泛的离子源是液态金属镓离子源。一方面是因为镓元素具有低熔点、低蒸汽压以及良好的抗氧化能力。另一方面，相对其他离子源，液态金属镓离子源具有以下特点：发射稳定、使用寿命长，一个离子源激活以后能够稳定工作上千小时；较小的源尺寸，能达到5nm的束斑尺寸；离子源束流范围大，为1pA至几十纳安，可以较好地兼顾加工精度和加工速度。

LMIS的离子发射是一个非常复杂的动态过程，由于LMIS发射表面是金属液体，发射液尖的形状随电场与发射电流的变化而变化，金属液体也必须保证有不间断的补充物质，因此整个发射过程是一个电流体力学与场离子发射的相互依赖与作用的过程。有分析显示，LMIS稳定发射必须满足三个条件：

①发射表面具有一定形状，从而形成一定的表面电场；

②表面电场足以维持一定的发射电流与一定的液态金属流速；

③表面流速足以维持与发射电流相应的物质流量损失，从而保持发射表面具有一定形状。

4.4.7.2 FIB系统

聚焦离子束系统由离子发射源、离子束、工作台、真空与控制系统等结构组成。将离子聚焦成细束的核心部件是离子光学系统。离子光学系统与电子光学系统之间最基本的不同在于，离子具有远小于电子的荷质比，因此磁场不能有效地调控离子束的运动，目前聚焦离子束系统只采用静电透镜和静电偏转器。典型的聚焦离子束系统为两级透镜系统(图4-44)。液态金属离子源产生的离子束，在外加电场的作用下，形成一个极小的尖端，再加上负电场牵引尖端的金属，从而导出离子束。首先，在通过第一级光阑之后，离子束被第一级静电透镜聚焦，初级偏转器用于调整离子束以减小像散。经过一系列的可变化孔径，可灵活改变离子束束斑的大小。其次，次级偏转器使离子束根据被定义的加工图形进行扫描加工，通过消隐偏转器和消隐阻挡膜孔可实现离子束的消隐。最后，通过第二级静电透镜，离子束被聚焦为非常精细的束斑，分辨率可降低至约5nm。被聚焦的离子束轰击在样品表面，产生的二次电子和离子被对应的探测器收集用于成像，同时利用离子对样品表面原子的溅射作用，实现对样品表面的微纳加工。

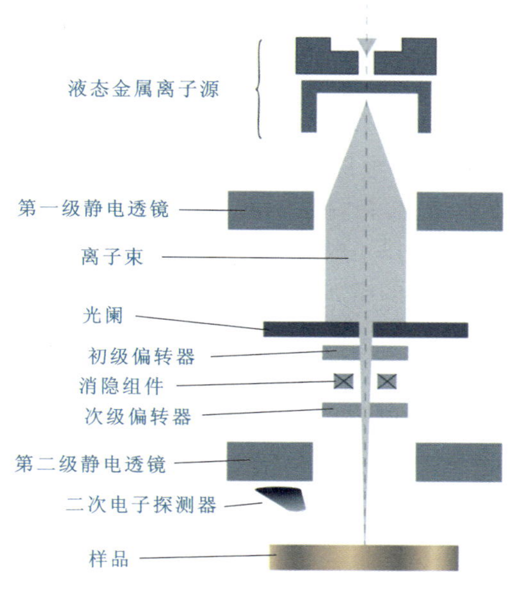

图 4-44　聚焦离子束系统结构示意图

4.4.7.3　FIB 系统的功能及 TEM 薄样品制备

(1)成像

FIB 系统的运用很广,主要功能可归纳为成像、沉积和溅射。由于离子束与样品原子、电子的相互作用过程中,也能够在样品内部激发出二次电子及离子,这些电子或离子被相应的探测器收集后即可对材料表面进行成像,且离子束沿着不同晶向的穿透能力不同,可用于分析多晶材料晶粒取向、晶界分布和晶粒尺寸分布等。离子束成像还具有更真实地反映材料表层详细形貌的优点。当用镓离子轰击样品时,正电荷会优先积聚到绝缘区域或分立的导电区域,抑制二次电子的激发,因此样品上绝缘区域和分立的导电区域会在离子像上呈现出较暗的颜色,而接地导体会亮些,这样就增加了离子成像的衬度。

(2)诱导沉积材料

利用离子束的能量激发化学反应以在样品表面沉积金属或非金属材料,达到诱导沉积的目的。在 FIB 系统中添加气体注入系统,通过加热产生前驱气体通入样品表面,当离子束聚焦在该区域时,离子束的能量诱导前驱气体发生反应产生固体成分保留在样品表面上,其余可挥发的成分被真空系统抽走。沉积过程中离子束仍在不断地轰击材料表面,故离子溅射与分子沉积过程并存并相互竞争,应通过调整离子能量、剂量、通入气体的压力与流量等,保证沉积速率大于溅射速率,从而使沉积薄膜不断增厚。图 4-45 为通过 FIB 系统辅助沉积所生成的点阵与三维结构。

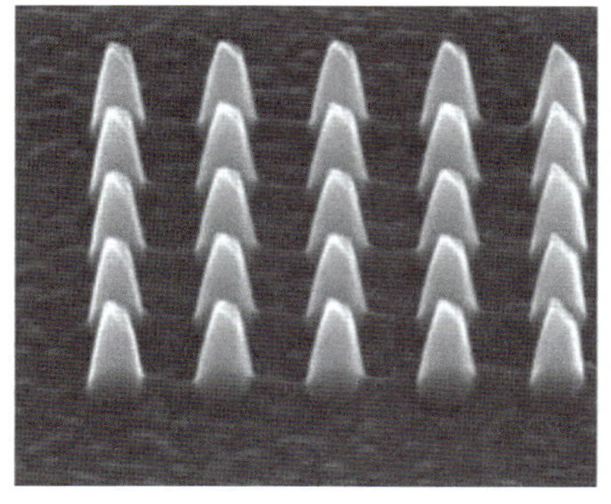

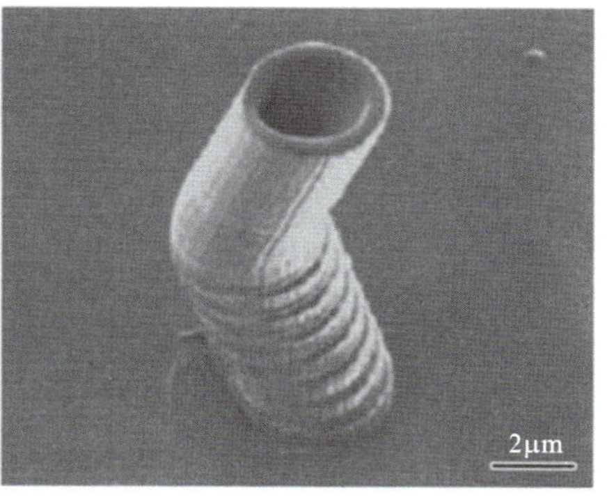

图 4-45　通过 FIB 系统辅助沉积所生成的点阵与三维结构

(3)溅射刻蚀

溅射的原理在于高能入射离子将能量传递给样品原子,使样品表面的原子获得足够的能量而逃逸出固体表面的现象。离子束轰击靶材料会产生大量反弹原子,这些反弹原子会进一步将其能量传递给周围的原子,形成更多反弹原子,其中靠近材料表面的一些反弹原子有可能获得足够动能,从而挣脱表面能的束缚,成为溅射原子。离子溅射的一个最主要的参数是溅射产额,这也决定了 FIB 系统的加工效率。离子溅射产额不仅与入射离子能量有关,还与入射角度、靶材原子密度和质量等有关。实际中对于镓离子束,能量在 30keV 以上的溅射产额不再有明显变化,所以一般的商用聚焦离子束系统一般在 30keV 以内工作。溅射一般还伴随着原子再沉积现象,随着加工深度的增加,被溅射的原子会越来越多地沉积在加工侧壁,通过减少驻留时间可以减少这种现象的发生。

利用离子源的溅射刻蚀原理,可在样品表面微小区域进行定点切割,得到一表面平整样品。基于双束系统制备 TEM 超薄样品的传统方法为 U-cut 方法,其原理如图 4-46 所示,可简述为六个步骤:①沉积铂金(Pt)保护层:即在目标区域利用离子束辅助沉积铂金保护层,目的为保护样品在最后减薄过程中不被离子束损伤[图 4-46(a)];②挖大槽:即在铂金保护层的两侧挖大槽,得到厚度 1～1.5μm 的薄片[图 4-46(b)];③U-cut:即对薄片进行 U 形切,将薄片底部和一端完全切断,而另一端留下一部分[图 4-46(c)];④提取:利用纳米机械手轻轻接触薄片悬空的一端后,沉积铂金将薄片和纳米机械手焊接牢固,然后利用离子束切断薄片另一端,再缓慢升起纳米机械手,取出薄片[图 4-46(d)];⑤放样:移动样品台,将铜网移动到视野中心,再次降下焊有薄片样品的纳米机械手,与铜网上柱子的侧面接触,再次沉积铂金将薄片与铜网上的柱子焊接牢固,将薄片与纳米机械手连接的一端切断,移开纳米机械手,完成薄片的转移[图 4-46(e)];⑥减薄和低电压清洗:先用 30kV 加速电压的离子束将薄片减薄至 150nm 左右,再利用 5kV 加速电压对其清洗减薄至 50nm 左右[图 4-46(f)]。

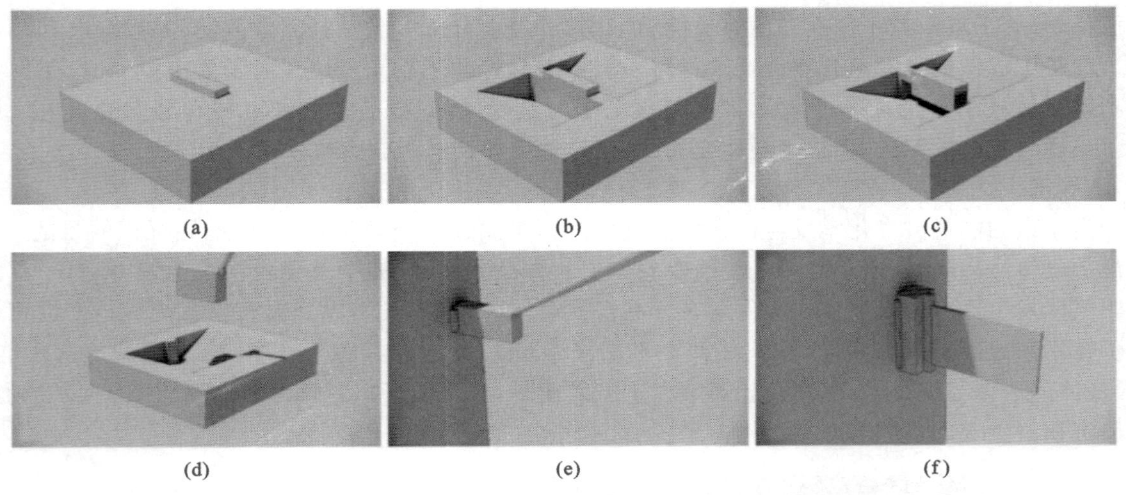

图 4-46 运用系统的 U-cut 方法制备 TEM 薄片示意图

图 4-47 为利用 FIB 系统制备透射电镜超薄样品的实际案例,样品为一种铬铁矿矿物,首先在样品感兴趣区域表面沉积一层 Pt 保护层[见图 4-47(a)中间条纹];而后利用镓离子束在感兴趣区(即 Pt 保护层)两侧以较高的能量溅射刻蚀出两个矩形区域,得到如图 4-47(b)所示的较厚的薄片,此为粗加工;接着降低离子束能量,对前述薄片进行精加工,得到如图 4-47(c)所示的符合透射电镜观测要求的薄片;之后在机械手臂的帮助下将薄片取出并放置于铜网上。可在光学显微镜[图 4-47(d)]下对其负载情况进行观察。图 4-47(e)为光镜下已喷镀碳膜的样品形态。

图 4-48 为图 4-47 所制备的铬铁矿矿物的 HRTEM 像及其物相鉴定过程示意图。首先获取待测物相的高分辨像,如图 4-48(a)所示;而后将高分辨像进行快速傅立叶变换得到衍射图样,如图 4-48(b)所示;接着在衍射图样上测量晶胞参数,包括晶体轴长和夹角,如图 4-48(c)所示;然后将数据与标准数据库中的已知矿物相进行匹配,最终对其进行标定,如图 4-48(d)所示。

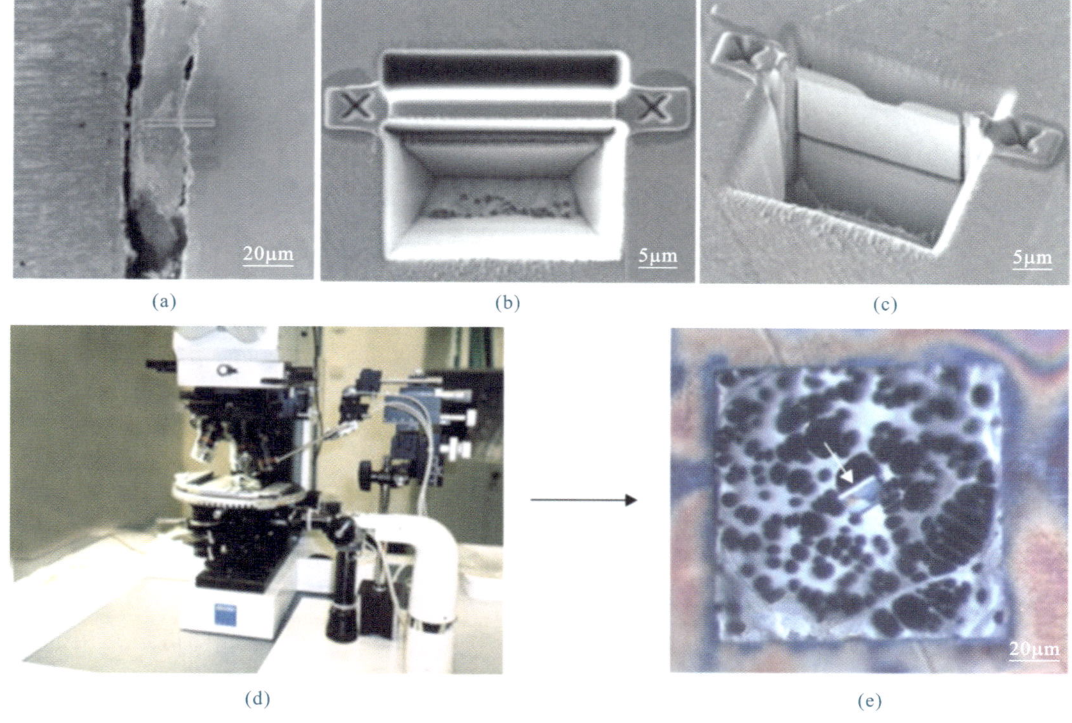

(a) (b) (c)

(d) (e)

图 4-47 FIB 系统制备 TEM 超薄切片过程示意图

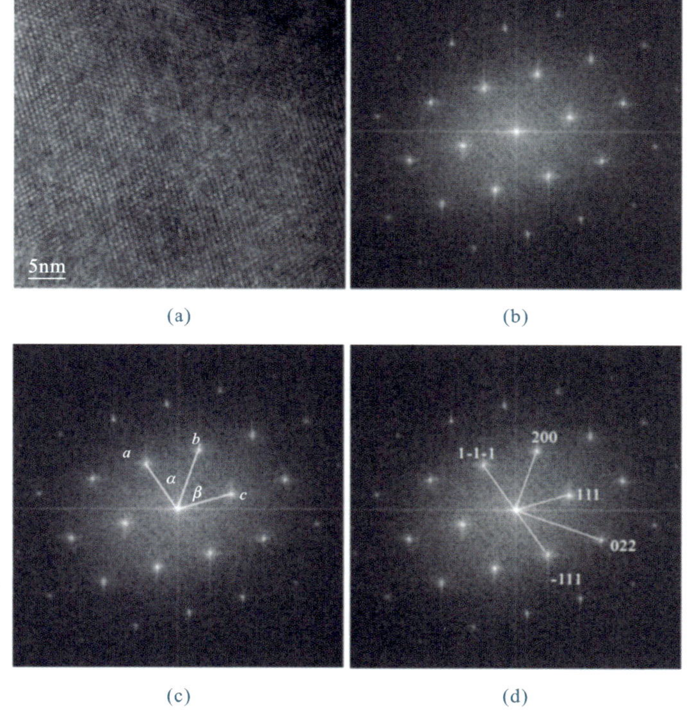

(a) (b)

(c) (d)

图 4-48 铬铁矿矿物 HRTEM 像及其物相鉴定过程示意图

4.4.8 复型

复型是早期透射电镜样品制备技术，主要为研究样品表面形貌或断面形态提供支持，当只关注样品表面微观形貌且又不便于制备薄膜样品时，可利用该方法。复型是一种间接的方法，其原理是在材料表面涂抹一层碳膜或塑料，然后用一定的方法将下面的材料腐蚀，这样碳膜或塑料就会脱落，得到复型样品。复型样品实则是真实样品表面组织形貌结构细节的薄膜复制品。制备的复型样品利用透射电镜的质厚衬度成像，就可以间接地得到材料表面组织形貌。

作为复型样品的材料需满足：①复型材料必须是非晶态材，避免衍射产生的衬度影响复型表面形貌的分析；②复型材料在电子束照射下能保持稳定，不发生分解和破坏；③复型材料的粒子尺寸必须很小，其粒子越小，分辨率就越高。一般常用的复型材料为碳和塑料，碳粒子的直径很小，可达 2nm，而塑料分子的直径比粒子大得多，为 10～20nm。复型方法有一级复型、二级复型与萃取复型三种。

(1)一级复型

一级复型因所用材料不同又可分为塑料一级复型和碳一级复型。其中，塑料一级复型方法如图 4-49(a)所示，在已制备好的金相样品或断面样品上滴几滴浓度为 1% 的火棉胶醋酸戊酯溶液或醋酸纤维素丙酮溶液，再将溶液在样品表面展平，待溶剂蒸发后样品表面即留下一层厚度为 100nm 左右的塑料薄膜。把这层塑料薄膜小心地从样品表面取下，用剪刀剪成对角线小于 3mm 的正方形块，而后将其置于直径为 3mm 的专用铜网上，即完成塑料一级复型制样。

碳一级复型方法如图 4-49(b)所示，直接把表面已清洁干净的金相样品放入真空镀膜装置中，在垂直方向上向样品表面喷镀一层厚度为数十纳米的碳膜。把喷有碳膜的样品切成对角线小于 3mm 的小方块，然后把此方块放入配制好的分离液内进行电解或化学分离。电解分离时，样品通正电做阳极，不锈钢平板做阴极。针对不同材料的样品选用不同的电解液、抛光电压和电流密度。化学分离时，最常用的溶液是氢氟酸双氧水溶液。碳膜剥离并在丙酮或酒精中清洗后便可置于铜网上放入电镜中进行观察。

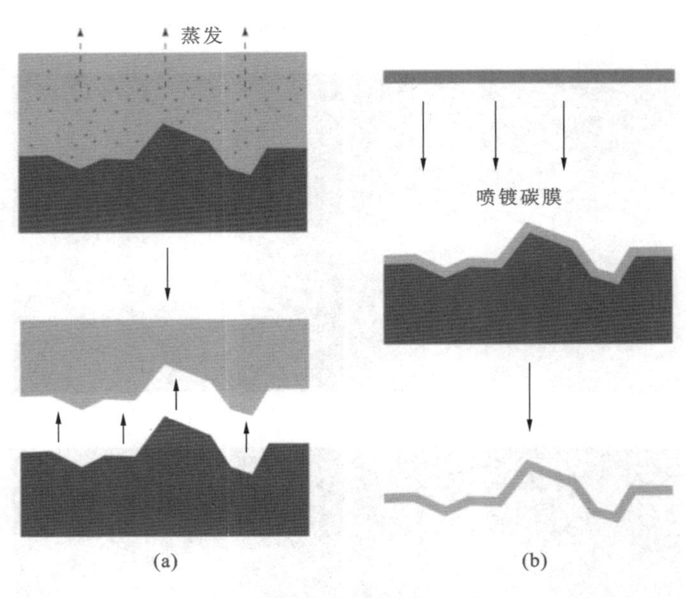

图 4-49　一级复型示意图

(a)塑料一级复型；(b)碳一级复型

(2)二级复型

二级复型是通过一级复型制成中间复型，然后在中间复型上进行第二次碳复型，再把中间复型溶去，最后得到二次复型。在各种复型制备中，塑料-碳二级复型最稳定、应用最广泛，即首先制备塑料一级复型，而后将一级复型放入真空镀膜机内在其表面喷镀一层重金属膜，最后在垂直方向上喷镀一层碳膜，得到醋酸纤维素-碳的复合复型，将复合复型剪成长度小于 3mm 的方块或直径小于 3mm 的圆片后投入丙酮溶液中，待醋酸纤维素溶解后，用铜网将碳膜捞起。将捞起的碳膜连同铜网一起放到滤纸上吸干水分，经干燥后即可放入电镜进行观察。

采用该方法，在制备过程中不损坏试样表面，最终复型是带有重金属投影的碳膜，这种复合膜的稳定性和导电、导热性都很好，因此，在电子束照射下不易发生分解和破裂。虽然最终复型主要是碳膜，但因中间复型是塑料，所以，塑料-碳二级复型的分辨率和塑料一级复型相当。二级复型制样是目前使用最多的一种复型技术。

(3)萃取复型

萃取复型的目的在于如实地复制样品表面的形貌，同时又把细小的第二相颗粒(如金属间化合物、碳化物和非金属夹杂物等)从腐蚀的金属表面萃取出来并嵌在复型中，被萃取出来的细小颗粒的分布与它们原来在样品中的分布完全相同，因而复型材料就提供了一个与基体结构一样的复制品。萃取出来的颗粒具有相当好的衬度，而且可在电镜下对其做电子衍射分析。

其制备程序如图 4-50 所示。首先将试样研磨、抛光，然后选择适当的浸蚀剂进行深腐蚀，这种浸蚀剂既能溶去基体，又不会腐蚀第二相颗粒。再认真清洗试样以除去腐蚀产物，接着将试样放入真空镀膜机中喷碳，喷碳时转动试样以使碳复型致密地包住析出物或夹杂物，一般情况下不投影。选择适当的电解液进行电解脱膜。电解脱膜时电流密度要适当，若电流过大会形成大量气泡使碳膜碎裂，电流过小则长时间脱不掉碳膜，适合的电流密度可通过实验来确定。将脱下的碳膜放入新鲜电解液中停留 10min 左右以溶掉贴在碳膜上的腐蚀产物。

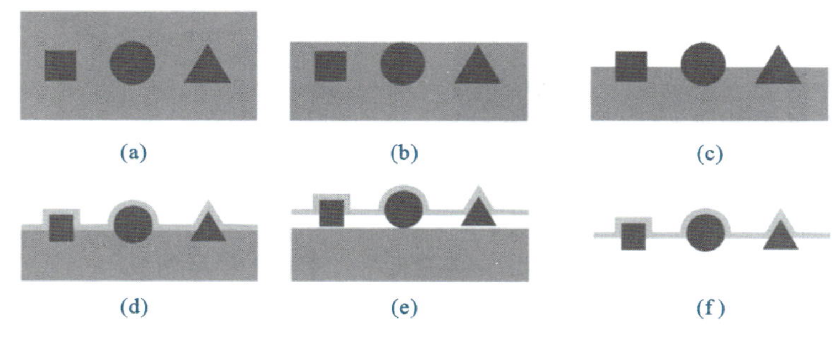

图 4-50　萃取复型示意图

(a)原始样品；(b)研磨、抛光；(c)腐蚀；(d)喷镀碳膜；(e)电解脱模、腐蚀；(f)萃取复型样品

4.5　透射电镜在水泥基材料中的运用　>>>

利用透射电镜的高分辨率可对水泥基材料中各物相的晶体结构与原子组成进行研究，可加深对水泥基材料的认识与理解。凝固后的水泥基材料为固体，强度较高，用于 TEM 研究的样品可为破碎磨细后的粉末或经超薄切片、离子减薄后的薄片样品。

图 4-51 为外部水化产物和内部水化产物的 TEM 图像，结果显示外部水化产物多呈细纤维状、片状、箔状(foil-like)，水化产物晶粒粗大、排列无序、结构较疏松，晶粒间存在较大的凝胶孔[图 4-51(a)]，而内部水化产物则晶粒致密、排列有序，图 4-51(b)显示了内部水化产物与外部水化产物的界面。结果显示，水化产物间的凝胶孔在三维空间上是连通的。

韩松等利用 TEM 研究了早期水泥基材料浆体中不同水化产物，包括氢氧化钙、C—S—H 凝胶、高硫型水化硫铝酸钙(钙矾石，AFt)及单硫型水化硫铝酸钙(AFm)等的微观结构，结果如图 4-52 所示。其中，图 4-52(a)与(b)分别为氢氧化钙的 SEM 图像与 TEM 图像，两者均能清晰地显示氢氧化钙为六方板状结构，其尺寸约为 1μm，基于 TEM 的电子衍射花样[图 4-52(c)]证明所生成的 CH 为单晶体。水化 12h 后的 C—S—H 凝胶多为箔片状，尺寸为 200～500nm[图 4-52(d)]。而图 4-52(e)、(f)为针棒状的 AFt 与 AFm，由于这两种水化产物的形态特征具有一定相似性，因此通过 SEM 不能很好地分辨二者，而 TEM 的分辨率要显著高于 SEM，通过 TEM 的能谱分析清晰地显示出 AFt 与 AFm 中硫元素含量的差异。另外，通过对比 TEM 图像的形态特征，可以清晰地观察到 AFt 为针棒状，边缘清晰、平整，而 AFm 为长条多层结构，边缘粗糙不平。

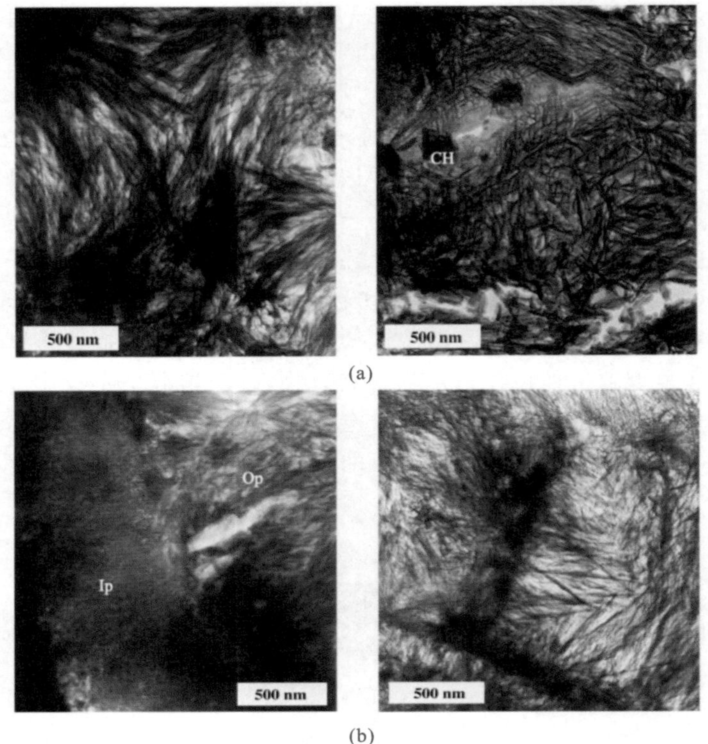

图 4-51 外部水化产物与内部水化产物的 TEM 图像

(a)外部水化产物；(b)内部水化产物

图 4-52 早期水泥浆体中不同水化产物的 TEM 图像和 SEM 图像

(a)SEM 下的氢氧化钙形貌；(b)TEM 下的氢氧化钙形貌；(c)TEM 下的氢氧化钙电子衍射花样；(d)C—S—H 凝胶；(e)AFt；(f)AFm

图 4-53 为 C—S—H 凝胶的高分辨 TEM 像，结果显示 C—S—H 主要为无定形相，而在一些特定区域存在少量的有序的晶体结构，具体可见图 4-53(b)所示的条纹结构。选区电子衍射花样也可证明该区域的晶体特征[图 4-53(a)]。

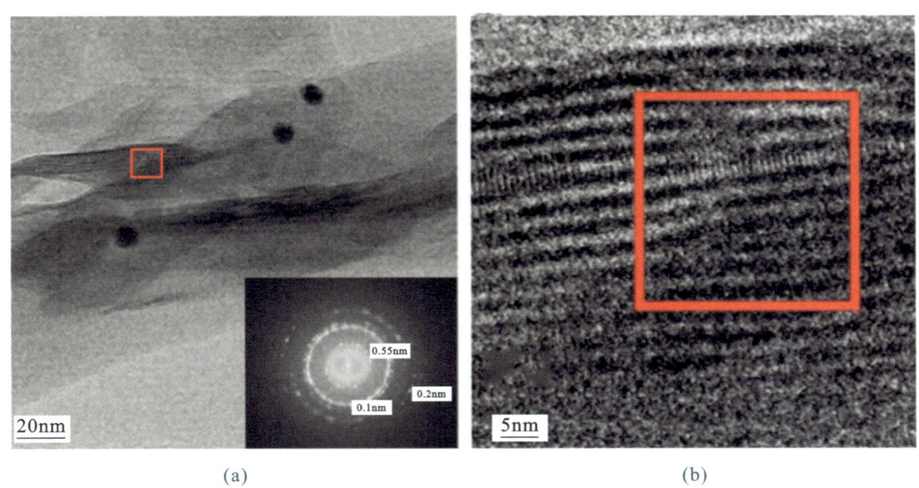

(a)　(b)

图 4-53　C—S—H 凝胶的高分辨 TEM 像

4.6 小　结 >>>

透射电镜是目前在材料科学领域中分辨率最高的微观结构研究技术之一，利用相位衬度、Z 衬度等成像技术可以获得样品原子级别的分辨率，结合一些先进的辅助技术，如原位测试、冷冻送样等，在材料学、生物学等学科中大放异彩，产生了诸多高水平研究成果。目前，透射电镜在水泥基材料微观结构研究中的运用不如扫描电镜等广泛，其原因主要有三：其一，透射电镜的样品制备技术较复杂；其二，多数场合水泥基材料的研究不需要如此高的分辨率；其三，水泥基材料的反应过程十分复杂。但利用透射电镜能够深入观察微观、纳观层次的结构，以解析水泥水化动力学及物相转变机理，这对于水泥基材料研究来说既是机会也是挑战。

参考文献

[1] 王培铭，许乾慰. 材料研究方法[M]. 北京：科学出版社，2005.

[2] 杨玉林，范瑞清，张立珠，等. 材料测试技术与分析方法[M]. 哈尔滨：哈尔滨工业大学出版社，2014.

[3] SCRIVENER K，SNELLINGS R，LOTHENBACH B. 水泥基材料微结构分析方法[M]. 孔祥明，李克非，阎培渝，译. 北京：科学出版社，2021.

[4] EGERTON R F. 电子显微镜中的电子能量损失谱学[M]. 2 版. 段晓峰，高尚鹏，张志华，等译. 北京：高等教育出版社，2011.

[5] 朱和国，尤泽升，刘吉梓，等. 材料科学研究与测试方法[M]. 4 版. 南京：东南大学出版社，2019.

[6] WILLIAMS D B，CARTER C B. 透射电子显微学[M]. 2 版. 李建奇，杨槐馨，田焕芳，译. 北京：高等教育出版社，2019.

[7] 李庚英，曾令波，汪磊，等. 一种改善高掺量碳纳米管/水泥砂浆性能的方法[J]. 功能材料，2014，45(18)：18107-18111.

[8] 樊金杰，郭锦棠，肖明明，等. 核壳型丁苯胶乳的制备及其对油井水泥石性能的影响[J]. 化工进展，

2018,37(12):4845-4852.

[9] 孙小菊.氨基化氧化石墨烯-水泥基复合材料的制备与研究[J].中国测试,2020,46(11):158-162.

[10] 张春丽.C_3S的制备及其水化产物抗碳化腐蚀性能研究[D].济南:济南大学,2016.

[11] RICHARDSON I G . Tobermorite/jennite- and tobermorite/calcium hydroxide-based models for the structure of C—S—H: applicability to hardened pastes of tricalcium silicate, β-dicalcium silicate, Portland cement, and blends of Portland cement with blast-furnace slag, metakaolin, or silicafume[J]. Cement and Concrete Research, 2004, 34(9): 1733-1777.

[12] 梁超伦,江丹,李雪梅,等.陶瓷ZrO_2晶粒的透射电镜研究[J].中山大学学报(自然科学版),2007(S2):219-222.

[13] 文博云,刘红荣,王岩国.透射电镜质厚衬度成像和衍射衬度成像及相互转换的实验技术方法[J].分析仪器,2014(2):81-86.

[14] 相晨生,宋亚会,夏海兵,等.STEM-Z衬度像在Au@Pd核壳结构二元合金纳米催化颗粒显微结构表征中的应用[J].电子显微学报,2020,39(4):357-363.

[15] 邵淑娟,郝立宏.电子显微技术在医学领域的应用[M].沈阳:辽宁科学技术出版社,2014.

[16] 谢礼,李云琴,洪健.胶体金标记法半定量比较植物韧皮部和叶肉组织中细胞壁的纤维素含量[J].电子显微学报,2019,38(2):81-86.

[17] 杨慧,金良韵,姬曼,等.不同树脂对特殊生物样品包埋效果的比较[J].分析仪器,2019(5):46-51.

[18] 马秀梅,尤力平.薄膜材料透射电镜截面样品的简单制备方法[J].电子显微学报,2015,34(4):359-362.

[19] 刘文西,黄孝瑛,陈玉如.材料结构电子显微分析[M].天津:天津大学出版社,1989:106-107.

[20] 白红日,汪浩,梁鎏凝,等.金属透射样品的制备和高分辨表征[J].中南大学学报(自然科学版),2020,51(11):3169-3177.

[21] 王磊,曲迪,姬静远,等.基于FIB-SEM制备尖晶石微米颗粒的球差校正透射电镜样品[J].电子显微学报,2021,40(1):50-54.

[22] 黄阳,邓浩.铬铁矿矿物包裹体的聚焦离子束-透射电镜研究[J].地球科学,2020,45(12):4604-4616.

[23] GROVES G W, LE SUEUR P J, SINCLAIR W. Transmission electron microscopy and microanalytical studies of ion-beam-thinned sections of tricalcium silicate paste[J]. Journal of the American Ceramic Society, 1986, 69(4): 353-358.

[24] RICHARDSON I G. The nature of the hydration products in hardened cement pastes[J]. Cement and Concrete Composites, 2000(22): 97-113.

[25] HAN S, YAN P Y, LIU R G. Study on the hydration product of cement in early age using TEM [J]. Science China Technological Sciences, 2012(55): 2284-2290.

[26] TAYLOR R, SAKDINAWAT A, CHAE S R, et al. Developments in TEM Nano tomography of calcium silicate hydrate[J]. Journal of the American Ceramic Society, 2015, 98(7): 2307-2312.

5　扫描电子显微分析

内容简介

本章介绍了扫描电子显微镜的基本原理与功能、仪器结构、样品要求等，并通过实例图像展示了扫描电子显微镜在水泥基材料中的一些运用场景。

本章导读

5.1　扫描电子显微镜的发展史

扫描电子显微镜(scanning electron microscopy，SEM)是在透射电镜的基础上发展而来的。早在 1935 年，Knoll 在设计透射电镜的同时，为了研究二次电子发射现象，就提出了扫描电镜的工作原理及设计思想，并设计了一台仪器(被认为是第一台扫描电子显微镜)，但扫描电镜作为商品则出现得较晚。其工作原理如图 5-1 所示，Knoll 把一个阴极射线管改装，以便放入样品，并从另一个阴极射线管获得图像(两管用一个扫描发生器同步扫描，用二次电子信号调制另一台显示器)。束斑尺寸为 0.1～1mm，通过二次电子发射效率的变化来产生图像衬度。虽然其装置简单，当时建造的机器也没有实用价值，但其勾画出了扫描电子显微镜的原理性轮廓。时至今日，所有扫描电镜的基本结构均是在此结构基础上衍变、发展而来的。

1938 年，Von Ardenne 通过理论计算和实验对磁透镜系统进行了改进，缩小了电子束斑直径，提高了分辨率。该装置实际上是扫描透射电子显微镜(scanning transmission electron microscope，STEM)，它既允许电子穿透薄样品直接在胶卷上成像，同时也可以收集二次电子与被散射电子信号通过阴极射线管成像。

1940 年，英国剑桥大学首次试制成功扫描电镜，但由于分辨率很差且拍照时间过长，因此没有立即进入实用阶段。

1953 年，英国剑桥大学的麦哲伦等人研制成功第一台实用型扫描电镜，分辨率达到 50nm。

1965 年，英国剑桥科学仪器有限公司研制成功第一台商用扫描电镜 Mark I(图 5-2)，其分辨率为 10nm，从此正式揭开了商品扫描电镜研发、制造和应用的序幕。

1975 年，美国 FEI 公司将微型计算机引入扫描电镜中，并用程序协调控制加速电压、放大倍数和磁透镜焦距的关系，二次电子图像分辨率已达 6nm。

20 世纪 80 年代后，扫描电镜的制造技术发展很快且成像性能大幅度提升，目前高分辨型扫描电镜使用冷场发射电子枪，分辨率可达 0.6nm，放大率达 80 万倍。

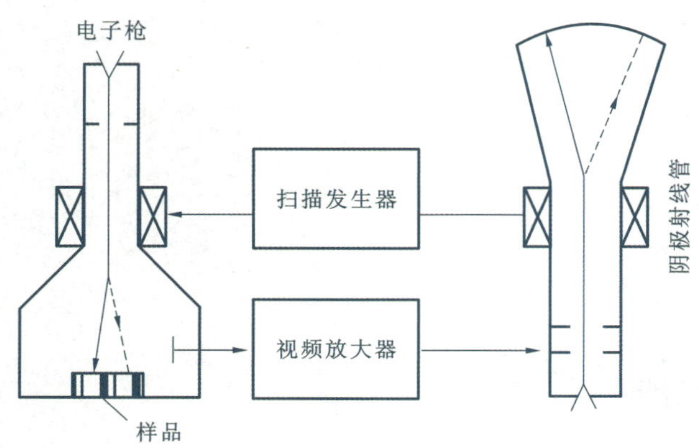

图 5-1 德国科学家 Knoll 于 1935 年设计的扫描电镜工作原理图

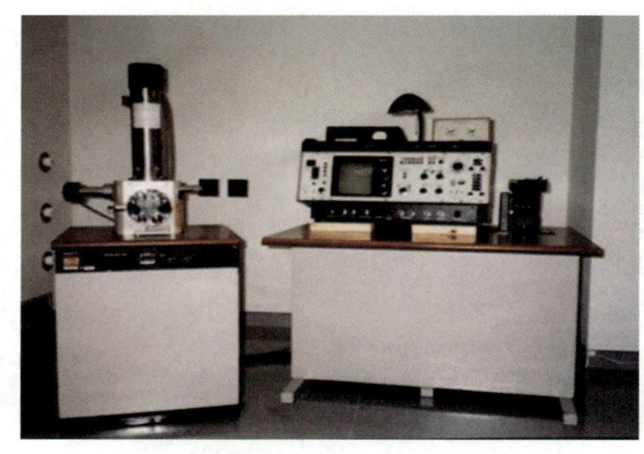

图 5-2 1965 年英国剑桥科学仪器有限公司生产的第一台商用扫描电镜

5.2 扫描电子显微镜的原理及成像模式

与透射电镜等相比，扫描电镜的原理以及仪器结构都相对简单，扫描电镜的成像不需要透镜的参与，直接对从样品中发射出的各种信号进行收集、处理、转换后即可在显示屏上显示成像。其成像依赖于一束聚焦电子束与样品的相互作用，因此我们首先对电子束与样品相互作用后产生的系列信号进行解析。

5.2.1 电子束与样品相互作用

扫描电镜工作时，从电子枪处发射出的一束聚焦的、具有相当能量的电子束轰击样品；入射电子进入样品后，与原子核或核外电子发生相互作用时会在样品内部激发出一系列电子信号，如二次电子、背散射电子、俄歇电子、吸收电子、透射电子、X 射线、阴极发光等，如图 5-3(a)所示。不同的信号携带样品不同方面的信息，通过不同的信号收集器收集信号并对信号进行处理、分析，便可得到样品形貌、成分、结构和元素组成等相关信息。在扫描电镜当中，常用的电子信号有背散射电子、二次电子和特征 X 射线，三种电子信号的产生机理如图 5-4 所示。下面对这三种信号的特征逐一进行简要介绍。

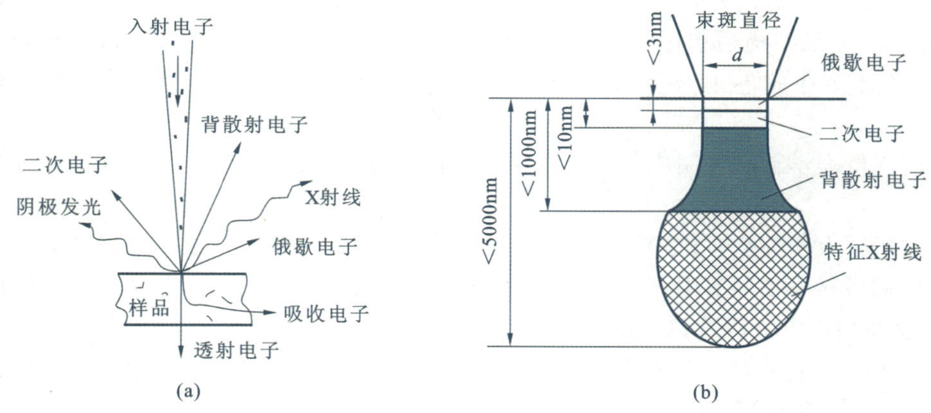

图 5-3 扫描电镜中的各电子信号及其在样品中的作用深度示意图

(a)入射电子束在样品内激发的电子信号；(b)主要电子信号的作用深度和范围

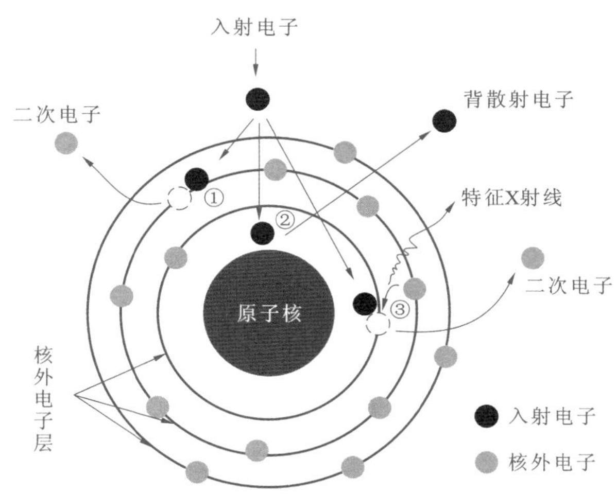

图 5-4 背散射电子、二次电子与特征 X 射线三种电子信号产生示意图

5.2.2 背散射电子及成分像

背散射电子是指被固体样品中原子核反射回来的一部分入射电子(高能入射电子束进入样品后,相当一部分电子在与质量和体积都远大于它的样品原子核“相撞”后被反弹回来,这部分电子被称为背散射电子,见图 5-4),其中包括弹性背散射电子和非弹性背散射电子。弹性背散射电子是指被样品中原子核反弹回来的、散射角大于 90°的那些入射电子,其能量基本上没有变化(能量为数千到数万电子伏特,接近入射电子的能量)。非弹性背散射电子是指入射电子与核外电子撞击后产生非弹性散射,不仅能量发生变化,而且其运动方向也会发生变化。非弹性背散射电子的能量范围很宽,从数十电子伏特到数千电子伏特,如图 5-5 所示。入射电子进入样品后会沿着深度和周围有一定程度的扩散(扩散程度与入射电子能量、样品密度及平均原子序数高低相关),越靠近样品表面,扩散越小,越深入样品内部,扩散越大,因为越进入样品内部,入射电子与样品中原子核和核外电子相撞的概率越大,其入射方向越容易被改变,其扩散范围如“水滴”状,如图 5-3(b)所示。在入射电子全部扩散范围内均产生图 5-3(a)所示的所有电子信号,但因不同类型信号的能量不同,所以其能够从样品中逃逸出来的能力也不同。能量越高的信号,能够从更深、更广的区域逃逸出来并被检测到,如背散射电子和 X 射线;能量较低的信号,只能从表面较浅的区域逃逸出来,如二次电子与俄歇电子,如图 5-3(b)所示。

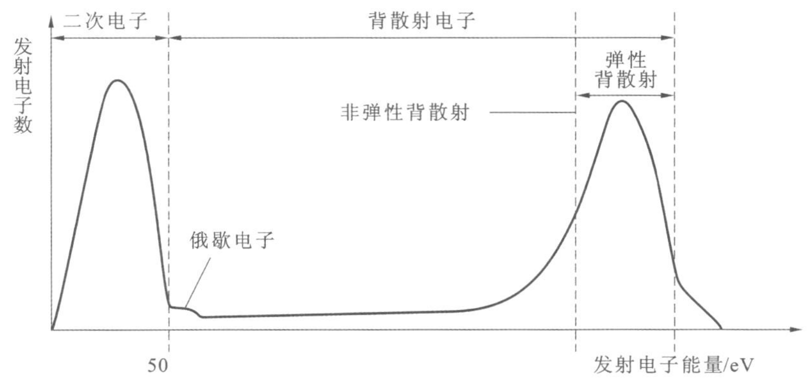

图 5-5 各种电子信号电子能量分布图

从数量上看,弹性背散射电子远比非弹性背散射电子多。背散射电子的产生范围在样品内 100～1000nm 的深度。背散射电子的产额(即发射系数)随样品微区的平均原子序数的升高而增加(图 5-6),即平均原子序数高的区域要比平均原子序数低的区域产生的背散射电子数量多,电子数量越多的区域在扫描图像上就越亮,因此,背散射电子图像上的明暗主要反映的是样品微区平均原子序数的高低。所以利用背散射电子作为成像信号不仅能分析样品形貌特征,也可以用来显示原子序数衬度,对样品成分进行定性与定

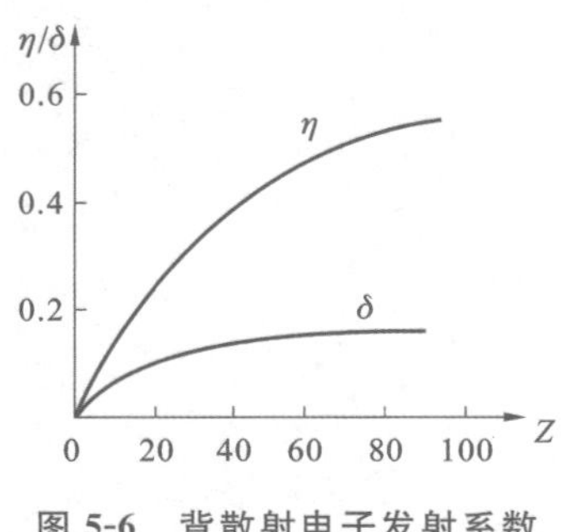

图 5-6　背散射电子发射系数(η)和二次电子发射系数(δ)与样品微区平均原子序数关系

量分析。

在水泥基材料研究领域，背散射电子图像因其显著的优势常被用于物相分析、水化程度分析、界面过渡区分析、孔隙率分析等。不同于二次电子形貌像的定性分析，背散射图像常被用来做定量分析。图 5-7 所示为一个典型的部分水化的水泥颗粒的背散射电子图像，图中心白色区域为水泥颗粒（硅酸三钙颗粒）的未水化部分，白色区域周边灰色区域为水化硅酸钙（C—S—H），基体中散布的亮度介于白色和灰色之间的块状物相为氢氧化钙（CH），黑色区域则为孔隙及裂缝。水泥水化产物的灰度之所以会低于未水化部分，是因为结晶水（由原子序数较低的氢和氧构成）降低了其平均原子序数。而水泥水化是始于水泥颗粒表面的离子溶出和水化产物结晶成核，并慢慢渗入内部，由于离子的溶出与水分的渗入受到水化产物的阻隔，水泥水化速率会随着时间的延长逐渐降低。特别是水化产物厚度较大且水泥混凝土的水灰比较低时，若没有外界持续的水供应，混凝土中较大水泥颗粒的内部甚至在几十年后都不会完全水化。图 5-8 为某 50 年大坝混凝土的背散射电子图像，可以看到其中仍存在没有完全水化的硅酸钙颗粒。

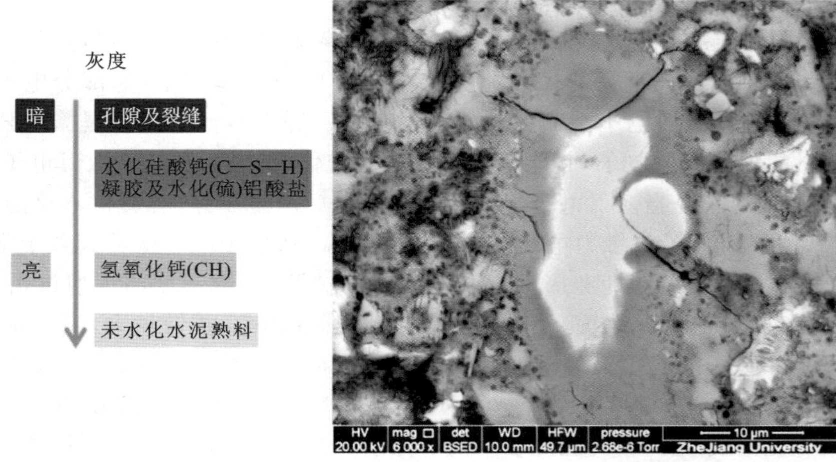

图 5-7　典型的部分水化的水泥颗粒背散射电子图像及其灰度分析

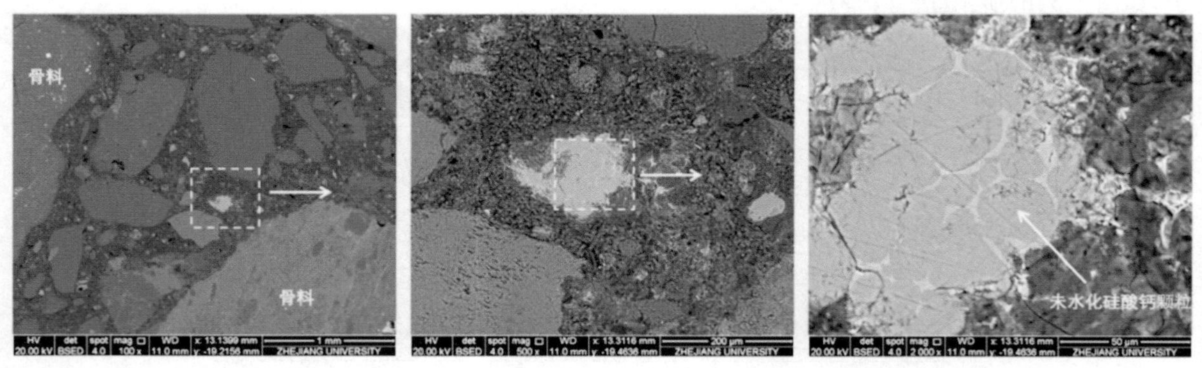

图 5-8　某 50 年大坝混凝土的背散射电子图像

背散射电子图像的灰度差取决于不同物相之间的平均原子序数差，因此背散射电子图像特别适于分析两种材料的界面结构，如水泥混凝土中骨料与水泥基体间的界面过渡区及钢筋混凝土的锈蚀问题。图 5-9 所示为某经过一定时间锈蚀后的钢筋混凝土背散射电子图像，其中灰度由亮到暗的各相依次为钢筋、锈蚀层与混凝土。由于三者之间显著的平均原子序数差异，通过背散射电子图像可轻易地将其分辨，并测量不同部位的锈蚀层厚度，由图 5-9 所示的四张图像可以清晰地看到不同部位锈蚀程度不同，在锈蚀初期，锈蚀产物会沿着裂缝与孔隙向水泥基材料中渗透，由于锈蚀产物的体积膨胀会造成界面处的膨胀应力集中，到一定程度便会导致混凝土开裂，则外界的水以及其他有害介质更容易渗入，会进一步加剧锈蚀和开裂。

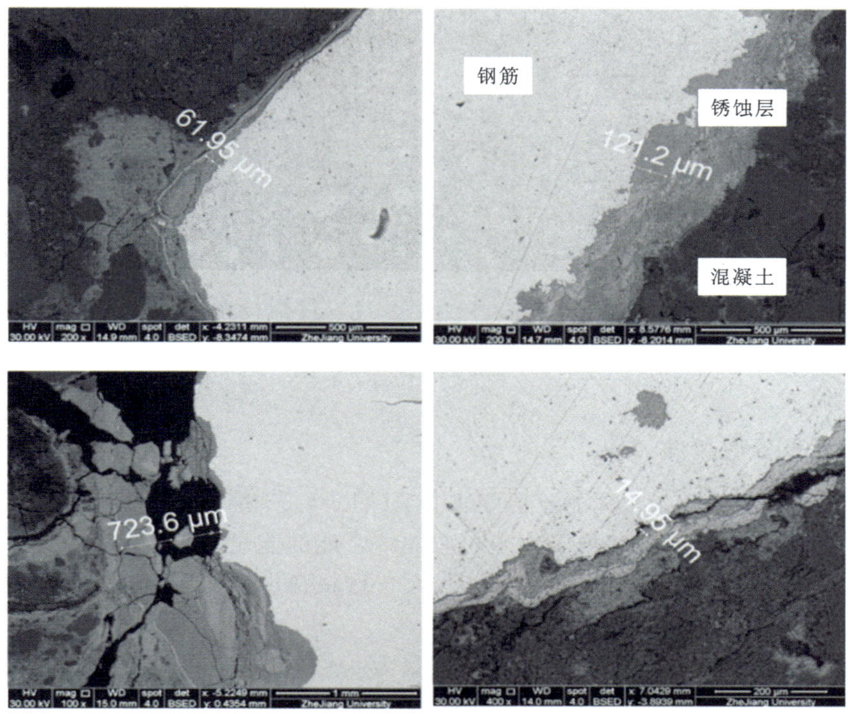

图 5-9 锈蚀后的钢筋混凝土中不同部位的背散射电子图像

除了定性分析，背散射电子图像最大的优势在于定量分析，通过定量统计图像中不同灰度区域所占面积，将其与图像总面积相除，可得到不同物相所占的比例。计算某种物相含量的过程一般如下：首先调节图像的对比度，而后采用一定的滤波函数对图像进行降噪处理（如果样品制备和图像质量都良好，该步骤也可免去），之后便通过灰度选取感兴趣物相并生成二值化图像，最后计算二值化图像中白色区域（或黑色区域）的面积比即可得到该物相的含量。图 5-10(a)与图 5-10(b)分别为一定龄期的水泥净浆的背散射电子图像和未水化水泥颗粒的二值化图像，根据二值化图像可以得到该龄期时未水化水泥颗粒所占比例，并将其与水化开始之前未水化水泥颗粒所占比例进行比较，我们便可以知道在该龄期有多少水泥颗粒发生了水化，得到水泥的水化程度，计算公式如下：

$$V_{(0)\text{cem}} = \frac{1}{1+\rho_{\text{cem}} \times \dfrac{m_{\text{w}}}{m_{\text{c}}}} \times 100\% \tag{5-1}$$

$$\alpha_{(t)\text{cem}} = \left[1 - \frac{V_{(t)\text{cem}}}{V_{(0)\text{cem}}(1-V_{\text{gyp}})}\right] \times 100\% \tag{5-2}$$

式中 $V_{(0)\text{cem}}$——水化开始前未水化水泥颗粒体积分数；

ρ_{cem}——水泥的密度；

$m_{\text{w}}/m_{\text{c}}$——水与水泥比例，即水灰比；

$V_{(t)\text{cem}}$——某龄期时未水化水泥颗粒所占比例；

V_{gyp}——水泥中石膏所占比例，由于石膏在与水接触之后很快便完全参与反应，因此需要在计算水泥水化程度时将其值减去；

$\alpha_{(t)\text{cem}}$——该龄期时水泥的水化程度。

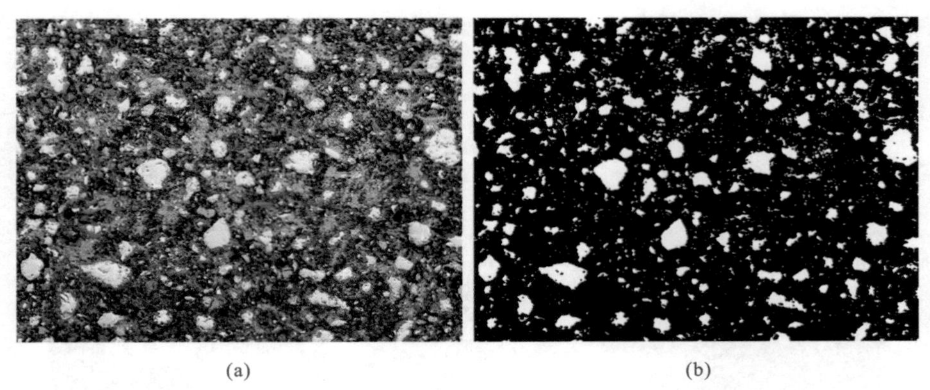
(a) (b)

图 5-10 水泥净浆的背散射电子图像与未水化水泥颗粒的二值化图像
(a)水泥净浆背散射电子图像;(b)未水化水泥颗粒的二值化图像

5.2.3 二次电子及形貌像

二次电子是指被入射电子轰击出来的原子核外电子(图 5-4)。由于原子核和外层价电子间的结合能很小,当原子的核外电子从入射电子处获得了大于相应的结合能的能量后,可脱离原子成为自由电子。如果这种散射发生在比较接近样品表层处,那么那些能量大于材料逸出功的自由电子可从样品表层逸出,变成真空中的自由电子,即二次电子。

二次电子主要来自样品表层 5～10nm 的区域,能量为 0～50eV。它的产额(发射系数)与原子序数的变化关系不大(图 5-6),主要取决于样品的表面形貌特征,它对试样表面形貌变化非常敏感,能有效地显示试样表面的微观形貌。如图 5-11 所示,样品表面有小凸起、小颗粒或尖角处产生的二次电子数量较多,在二次电子图像上这些区域就较亮;而较平整的面或是凹坑和裂缝处产生的二次电子数量较少,在二次电子图像上这些区域就较暗。

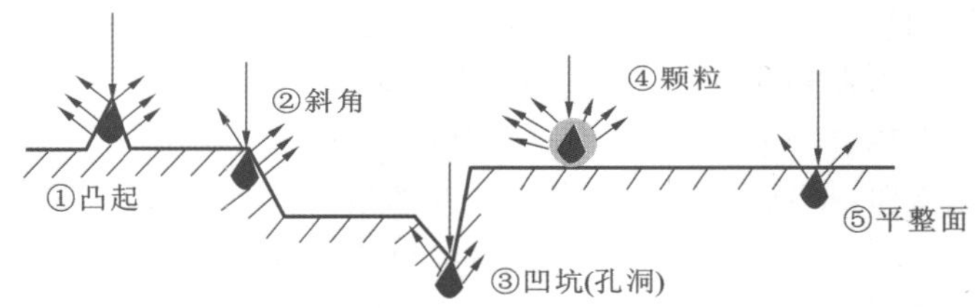

图 5-11 二次电子发射系数与样品表面形貌的关系

由于二次电子的发射系数主要受到样品表面形貌特征的影响,即二次电子图像的衬度差异主要来源于样品表面起伏状况,因此二次电子图像主要用来表征样品表面形貌特征。图 5-12 所示为水泥、粉煤灰原材料及水泥混凝土中粉煤灰的形貌特征,通过二次电子图像我们可以清晰地看到水泥原材料主要是颗粒状,粉煤灰主要为圆球状微珠。

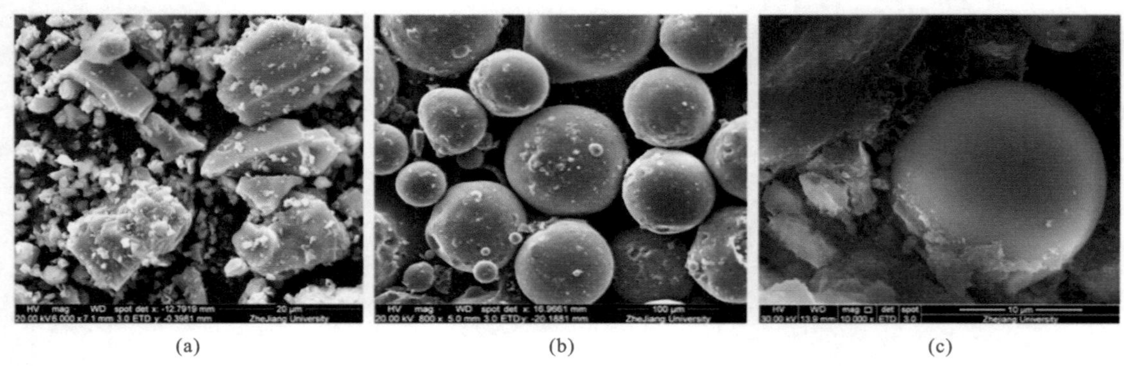
(a) (b) (c)

图 5-12 水泥、粉煤灰原材料及水泥混凝土中粉煤灰的形貌特征
(a)水泥原材料;(b)粉煤灰原材料;(c)水泥混凝土中的粉煤灰

图 5-12(a)所示的水泥颗粒与水接触后，首先颗粒表面的离子如钙离子、硅离子等溶解于水中，并与水中的氢氧根离子、硫酸根离子等结合，在水泥颗粒表面与溶液中可能成核的位置生成氢氧化钙、水化硅酸钙、钙矾石等水化产物，水化产物之间通过物理、化学等作用（主要是化学作用）相互胶结在一起，使水泥逐渐失去塑性并获得强度。图 5-13 所示即为普通硅酸盐水泥体系中的几种主要水化产物形态特征，氢氧化钙主要为片层状、块状和六方板状等，而水化硅酸钙主要为细粒状与絮凝状，钙矾石则主要为针棒状。

图 5-13 常见水泥水化产物的二次电子图像

(a)氢氧化钙；(b)水化硅酸钙与钙矾石；(c)水化铝酸钙；(d)氢氧化钙与钙矾石共生；(e)水化硅酸钙；(f)钙矾石

图 5-14(a)、(b)为碳纳米管改性水泥基材料的二次电子图像，其放大倍数分别为 6 万倍与 15 万倍，通过图像可清晰地观察到碳纳米管对水泥基材料中微裂缝间的桥接作用，碳纳米管因具有极高的比表面积与极优异的力学性能，能够阻止裂缝进一步扩展，近年来在水泥基材料中被广泛运用。但也因为碳纳米管具有极高的表面能和较大的长径比而极易团聚，其在水泥基材料中的分散向来比较困难。聚合物被加入水泥基材料中能够显著增强其抗渗性与柔韧性，通过扫描电镜二次电子图像可观察到聚合物对水泥基材料柔韧性的提升主要是缘于聚合物颗粒对孔隙与裂缝的填充作用，图 5-14(c)、(d)所示即为聚合物膜结构，可见聚合物膜结构包裹在水泥水化产物周围，并填充于微观孔隙与裂缝中。

由于二次电子能量较低，仅能从样品表层极浅的区域逃逸。在这些区域里，入射电子还没有被多次反射，因此产生二次电子的区域与入射电子的照射区域接近，所以二次电子图像的分辨率较高，一般可达到 5～10nm。不做特别说明，扫描电镜的分辨率一般就是指二次电子图像分辨率。

图 5-15 显示的是某铝材的二次电子图像与背散射电子图像对比，可以看到左边的二次电子图像能够很好地表征铝材表面颗粒的形貌、大小和起伏状态，然而却不能通过这张图像将铝材表面吸附的有机物和重金属物质识别出来；在同样的视域里，用背散射成像模式拍摄的图像能够将三者很好地区分开来，因所吸附的重金属物质的原子序数高于铝，而有机物的原子序数低于铝，因此背散射电子图像上的衬度具有显著的差异，重金属物质为图像中间白色颗粒，黑色区域为有机物，而其余灰色区域为铝材基底。因此，通过背散射电子图像能很好地区分样品中成分差异明显的物相，但是它对形貌变化的解析度却弱了许多，对比图 5-15(a)、(b)可以看到，背散射电子图像中颗粒的颗粒感、起伏状态并不如二次电子图像那样明显。

同背散射电子图像相比，二次电子图像的分辨率、清晰度、景深都更高，通过二次电子图像，我们可以对水泥中各水化产物的形貌特征、颗粒大小等特征进行研究分析。扫描电镜在水泥基材料科学中的运用，多数为利用二次电子图像对微观形貌进行的观察和分析。

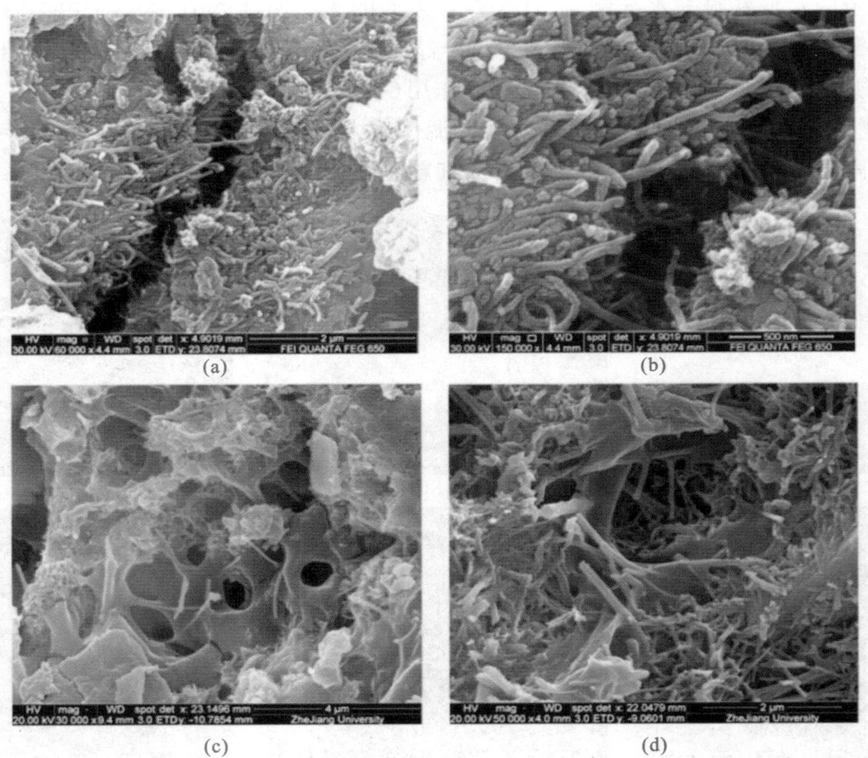

图 5-14 碳纳米管在水泥中桥接作用与聚合物膜结构

(a)、(b)碳纳米管增强水泥;(c)、(d)聚合物改性水泥中的聚合物膜

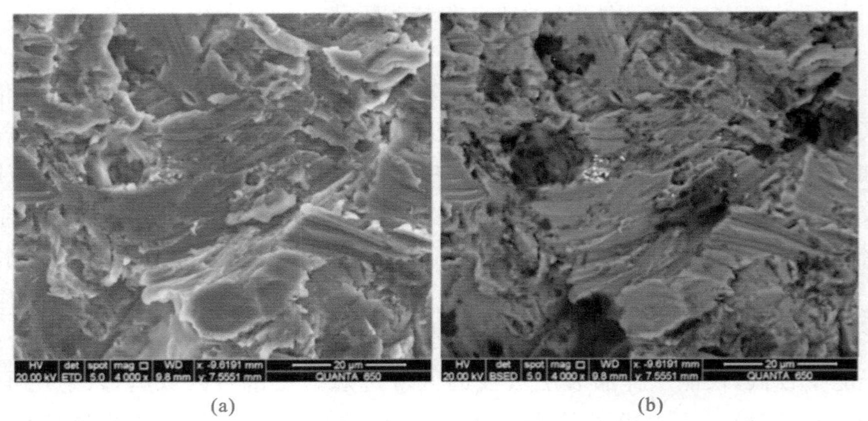

图 5-15 某铝材二次电子图像与背散射电子图像

(a)二次电子图像;(b)背散射电子图像

5.2.4 特征 X 射线及元素分析

特征 X 射线是原子核外的内层电子受到激发以后在能级跃迁过程中直接释放的具有特征能量和波长的一种电磁波辐射(图 5-4)。X 射线一般从样品的 500nm～5μm(根据加速电压、束斑直径以及样品平均原子序数的不同而不同)深度区域内发出,因此其分辨率要比背散射电子更低。样品表面逸出的 X 射线有特征 X 射线与连续 X 射线之分,其中,特征 X 射线的能量与波长仅与样品的元素种类相关,且一一对应,一种特定的元素只能发射出一种或数种具有特征能量与波长的 X 射线。因此,通过 X 射线能量色散谱仪(能谱仪)或波长色散谱仪(波谱仪)对这些特征 X 射线进行收集,并对其能量和波长进行分析,便可以得到与之相对应的化学元素,因此,X 射线能够实现对样品微区的元素分析。如图 5-16 所示,有一张表面锈蚀的钢筋混凝土背散射照片,其中亮度从亮到暗依次是钢筋、锈蚀层、混凝土与骨料,在其中三个点进行能谱元素分析,

可以得到第一点只有铁元素，中间锈蚀层含有铁与氧，而暗区域，含有钙、硅、铝、氧等水泥中的常见元素。

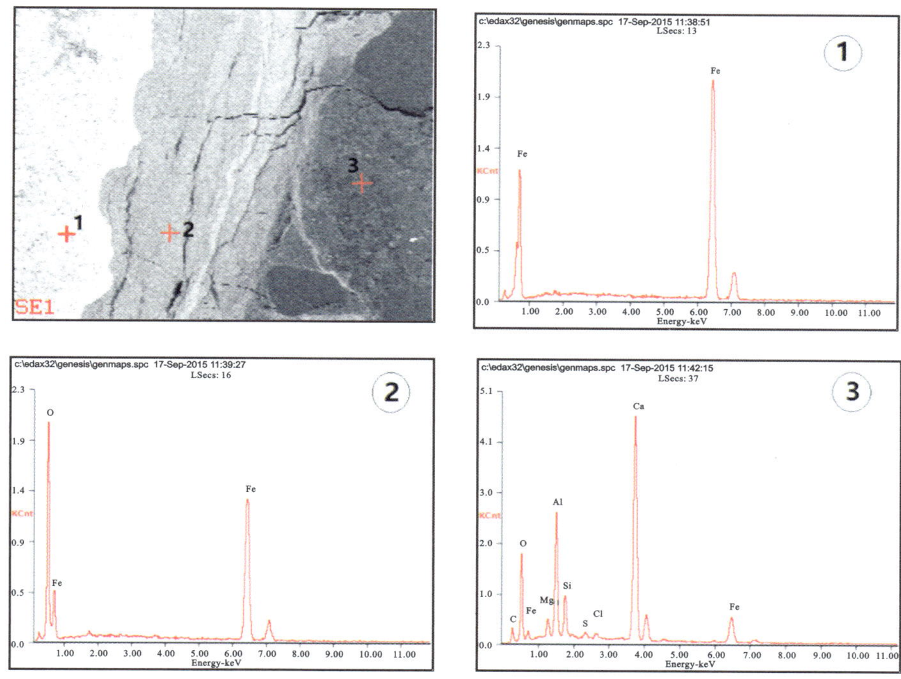

图 5-16　钢筋混凝土锈蚀试样背散射电子图像与表面几个点的能谱谱图

硅酸盐水泥熟料主要由硅酸钙、铝酸钙与铁铝酸四钙等矿物组成，通过将背散射电子图像与能谱元素分析相结合，发现硅酸钙晶体主要有两种存在形式，一种为纯硅酸钙颗粒，能谱显示主要为钙、硅与氧，如图 5-17(a) 所示；另一种是与铁铝酸钙等共生的颗粒，硅酸钙多为球状颗粒，而铁铝酸钙晶体则“镶嵌”在硅酸钙颗粒之间，将其“胶结”在一起，如图 5-17(b)所示。

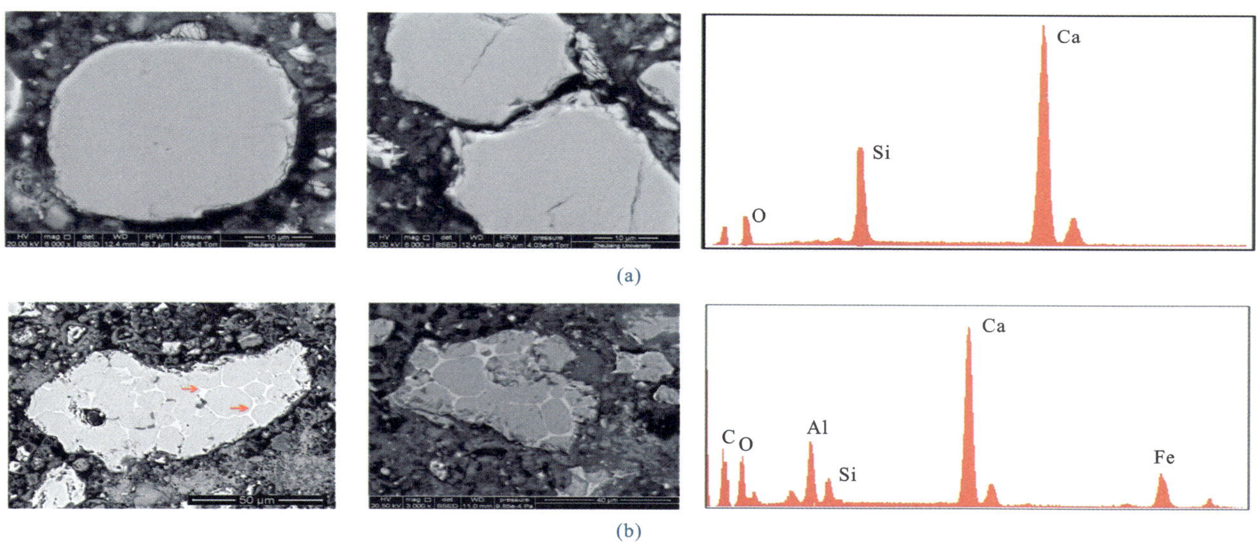

图 5-17　硅酸钙颗粒的背散射电子图像与其能谱

(a)内部均相的硅酸盐颗粒的背散射电子图像及其能谱；(b)与铁铝酸盐相共生的硅酸盐颗粒的背散射电子图像及其能谱

以上三个信号是扫描电子显微镜中运用最为广泛的几个信号，依据扫描电镜的作用和功能不同，每一台扫描电镜均配有以上一个或多个信号探测器。也因为扫描电镜配备了这些信号探测器，扫描电镜不只具有单纯的物相放大功能，还可以实现对材料从微观结构、微区成分、元素组成等各方面的定性和定量分析。其他信号中，俄歇电子是原子内层电子能级跃迁过程中释放出来的能量，其不是以 X 射线的形式释放而是用该能量将核外另一电子击出，脱离原子变为二次电子，这种二次电子叫作俄歇电子。因为每一种原子都有自己特定的壳层能量，所以它们的俄歇电子能量也各有特征值，其能量在 50～1500eV 范围内。俄歇电子是从试样表面极有限的几个原子层中发出的，俄歇电子信号可适用于表层化学成分分析。表 5-1 显示了扫描电子显微镜中几种电子信号的用途和对比。

表 5-1 扫描电子显微镜中几种电子信号及其用途

图像(功能)	信号	探测器	用途
二次电子图像(SE)	二次电子	E-T 探测器、LFD、GSED	表面形貌像
背散射电子图像(BSE)	背散射电子	BSED、YAG	成分像、形貌像
能量色散谱(EDS)	X 射线	能谱仪	元素分析
波长色散谱(WDS)	X 射线	波谱仪	元素分析(精度更高)
背散射电子衍射(EBSD)	背散射电子衍射	Phosphor Screen CCD	晶粒、晶面取向
荧光(CL)	阴极发光	PMT、PBS	半导体及绝缘体缺陷、杂质

5.3 扫描电镜的构造 >>>

一台扫描电子显微镜一般由电子光学系统，扫描系统，信号接收、处理和显示系统，真空系统，电源系统等构成。结构如图 5-18 所示。

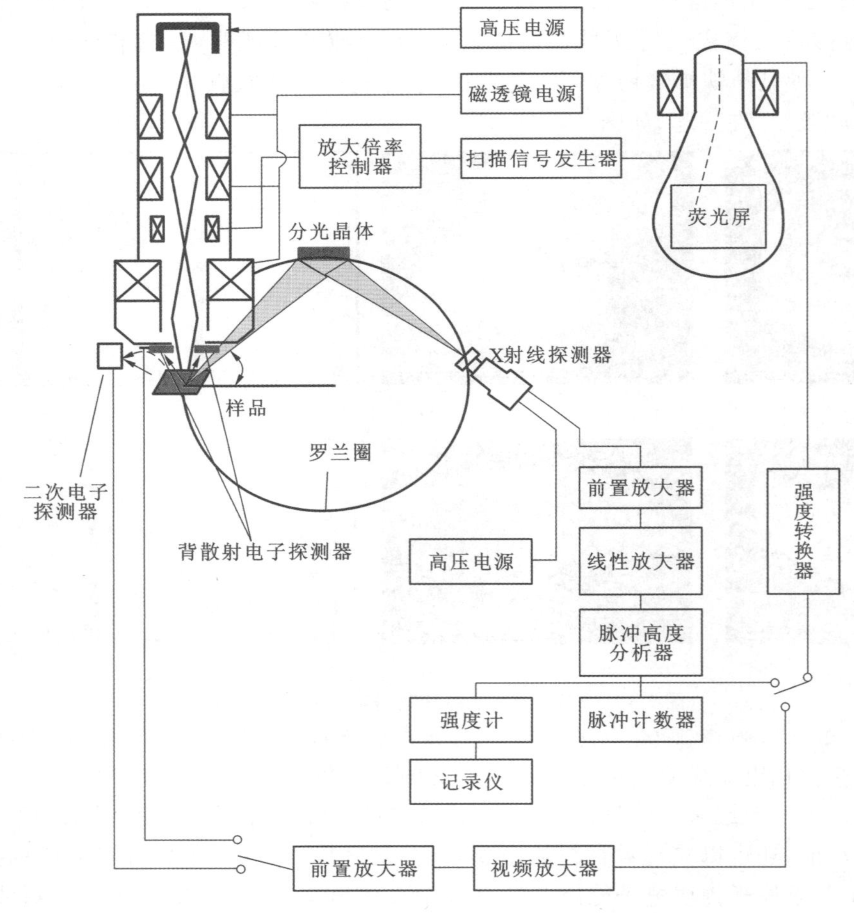

图 5-18 扫描电镜的构造示意图

5.3.1 电子枪

电子光学系统是电镜中的核心部件，一般由电子枪、聚光镜（一般由两级聚光镜组成）、物镜及物镜光阑等组成，其功能是产生一束聚焦的、亮度高的、稳定的电子束流。电子光学系统的核心部件是位于扫描电镜最上部的电子枪，其作用是利用阴极与阳极灯丝间的高压产生高能量的电子束。电子枪应该具有很高的亮度（brightness）与较小的能量散布（energy spread）。目前，常用的电子枪灯丝有三种，即钨（W）灯丝、六硼化镧（LaB_6）灯丝与场发射（field emission）灯丝，其中场发射灯丝又分为热场发射灯丝与冷场发射灯丝两种。不同灯丝之间的差别在于束流直径、束流稳定性、亮度及使用寿命等，当然不同灯丝之间的价格差异巨大。下面对这三种灯丝电子枪进行简要介绍。

（1）钨灯丝电子枪

目前大多数扫描电镜采用热阴极电子枪，也就是钨灯丝电子枪，是将直径为 0.1mm 的钨丝制成 V 形，使用 V 形的尖端作为点发射源，曲率半径大约为 0.1mm（图 5-19）。其优点是灯丝价格较便宜，对真空度要求不高；缺点是钨丝热电子发射效率低，发射源直径较大，即使经过二级或三级聚光镜，在样品表面的电子束斑直径也在 3nm 以上，因此仪器分辨率受到限制。

钨灯丝电子枪属于热致发射电子枪，即以高温热游离（thermionization）方式来发射电子：在灯丝电极加直流电压，使钨丝发热而发射电子，其工作温度常在 2600～2800K 范围内。钨丝有很高的电子发射效率，温度越高，电流密度越大，同时材料的蒸发速度随温度升高而急剧加快，因此钨灯丝的寿命比较短，一般在 50～300h。

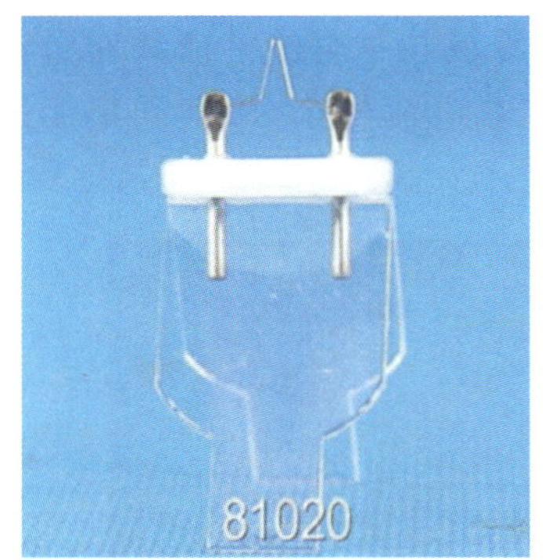

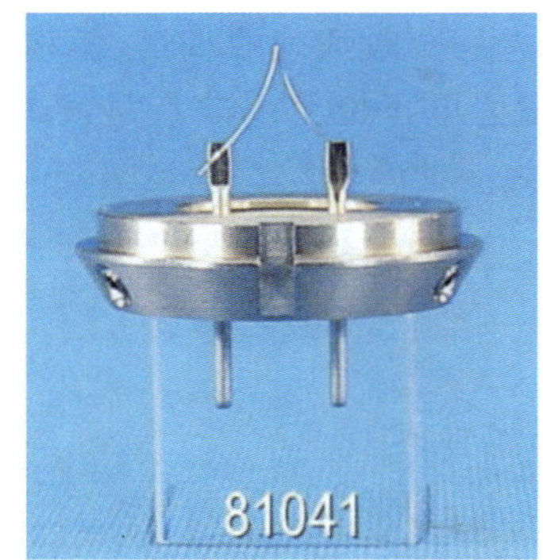

图 5-19 典型钨灯丝结构图（图像来自 Electron Microscopy Sciences 网站）

（2）六硼化镧电子枪

现在较高级的扫描电镜采用六硼化镧（LaB_6）或场发射电子枪，使二次电子像的分辨率能够达到 1nm 或者更高。LaB_6 是一种特殊结构的晶体，具有良好的导电性和较低的电子逸出功等，当工作温度为 1400～1680℃ 时，可以获得 10～100A/cm^2 的直流发射电流，远高于氧化物阴极及钨灯丝阴极；同时还具有很好的热稳定性和化学稳定性，在大气中需要加热到 600℃ 以上才会被氧化；此外，LaB_6 灯丝的耐离子轰击、抗中毒能力强，因此当灯丝不工作时，即使在室温下，它也可反复、多次暴露于大气中，其发射电子能力和使用寿命几乎不受环境的影响。

LaB_6 具有极高的热电子发射效率，在温度为 1500K 时就可达到与钨灯丝相同的束流密度（钨灯丝需要达到 2700K 的温度），而提高温度时其发射效率将进一步提升。在相同的束流密度下，其寿命要远大于钨灯丝。但同时，LaB_6 在正常工作时，腔体内的真空度必须优于 10^{-5} Pa 量级，这就需要在电子枪附近加装一台离子泵，且该离子泵需要长期运转（与场发射电镜相似），因此电镜的造价和维护成本均较钨灯丝电镜高。图 5-20 为一种 LaB_6 阴极示意图。

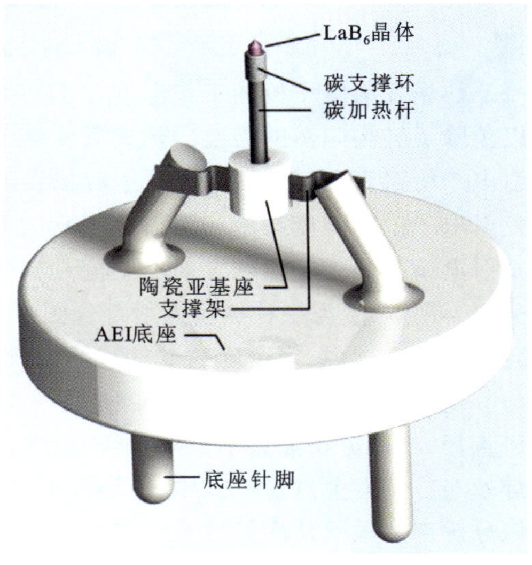

图 5-20 一种六硼化镧灯丝示意图
（图像来自 Electron Microscopy Sciences 网站）

(3)场发射电子枪

场发射电子枪阴极使用直径为 0.1mm 的钨丝，经过腐蚀制成针状的尖阴极，一般曲率半径在 100nm～1μm 范围内(图 5-21、图 5-23)。场发射电子枪工作原理是在尖阴极表面增加强电场，从而降低阴极材料的表面势垒，并且可以使得表面势垒宽度变窄到纳米尺度，从而出现量子隧道效应，在常温甚至在低温下，大量低能电子脱离灯丝针尖，通过“隧道”发射到真空中。由于场发射电子从极尖锐的阴极尖端(图 5-21)发射出来，因此可得到极细而又具有高电流密度的电子束，其亮度可达游离电子枪(即钨灯丝电子枪)的数百倍甚至千倍。

要从极细的钨针尖发射电子，金属表面必须绝对干净，不能有任何外来材料的原子或分子吸附在其表面，即使只有一个外来原子落在表面也会降低电子的场发射电流，所以场发射电子枪必须保持超高真空度来防止钨阴极表面被污染。由于超高真空设备价格极为高昂，因此一般除非需要高分辨率的扫描电镜成像，否则较少采用场发射电子枪。场发射电子枪又可分为冷场发射电子枪与热场发射电子枪。

冷场发射电子枪的工作温度约为 300K，即环境温度，其最大的优点为电子束流直径小、亮度高，因此图像分辨率高。电子束流的能量散布小，故能改善在低电压操作的效果，一般热场发射扫描电镜需至少在 5kV 以上的工作电压时才能具有较好的成像效果，而冷场发射扫描电镜则可降至 500V 或更低。为避免针尖被外来气体吸附，而降低场发射电流、致使发射电流不稳定，冷场发射电子枪需在极高的真空度(10^{-10}Torr)下操作。但即使在如此高的真空度下，仍有少量气体会被吸附在针尖处，因此需要定时短暂地将针尖加热至一个较高的温度(如 2500K)，以去除针尖所吸附的气体原子(此过程被称为“闪蒸”)。这对于冷场发射扫描电镜的管理和操作者来说是一个较烦琐的事情，但现在冷场扫描电镜一般均有自动闪蒸的功能，不需要管理者每天手动操作。冷场发射电子枪另一缺点是发射的总电流较小，用其采集能谱数据时效率较低，不如热场发射电子枪。图 5-21 为一种冷场发射灯丝图。

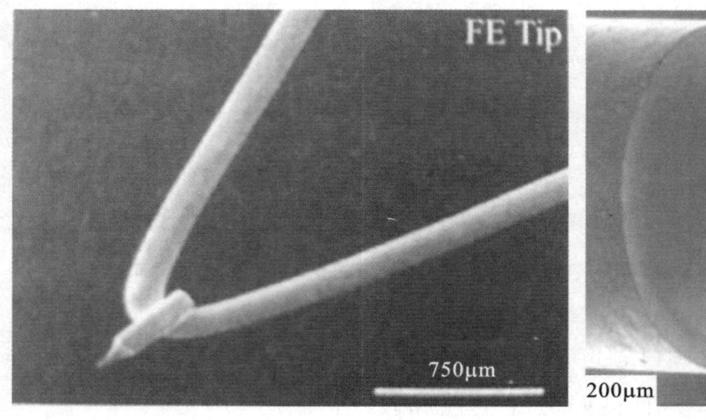

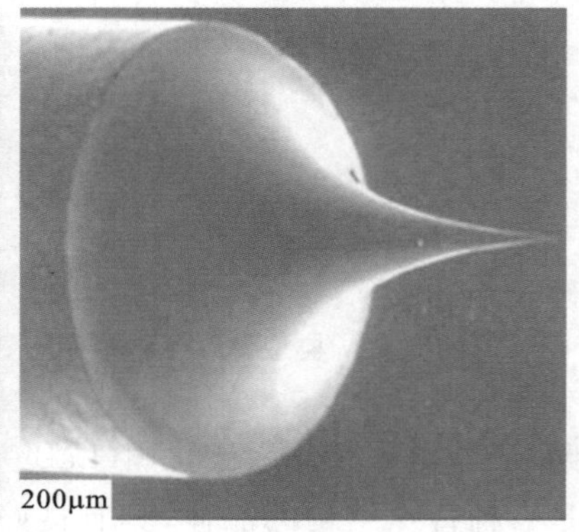

图 5-21 冷场发射灯丝(图像来自 HITACHI 公司)

热场发射电子枪的工作温度在 1800K 左右，在该温度下，可避免大部分气体分子被吸附在针尖表面，所以免除了针尖闪蒸的需要。热式激发电子模式能在较低的真空中维持较佳的发射电流稳定度，因此热场发射电子枪对真空度的要求要低于冷场发射电子枪，一般其真空度保持在 10^{-9}～10^{-7}Torr 范围内即可。热场发射电子枪的亮度与冷场发射电子枪接近，但其电子能量散布较冷场高，因此其图像分辨率一般低于冷场发射电镜。但由于热场发射电子枪具有较高的电子束流，因此其采集能谱数据的效率较高，适于能谱元素分析。图 5-22 为一种热场发射灯丝图。为了保证灯丝洁净，不被污染、氧化，热场发射灯丝出厂前往往被封装在一个容器内，容器内的空气被抽掉，让灯丝在真空状态下储存和运输。

简单来说，四种灯丝的比较如图 5-23 所示，钨灯丝的制造工艺最简单、价格最便宜，但其束流密度小、束斑直径大，即分辨能力不高，不能拍摄高清图片；六硼化镧灯丝比钨灯丝的分辨能力更强，依次是热场发射灯丝与冷场发射灯丝。其中，冷场发射灯丝可实现最小的束斑直径与最大的束流密度，进而实现最高的图像分辨率。虽然从图像效果上来看，应该选择场发射电镜而非钨灯丝电镜，但在具体选择时也需要从实际出发。经过多年的发展和进步，如今高端的钨灯丝电镜也能够有较高的分辨率和得到十分清晰的照片，并且钨灯丝电镜在能谱、波谱元素分析方面具有优势。因此，不同单位在购买电镜时应根据自身需求与条件

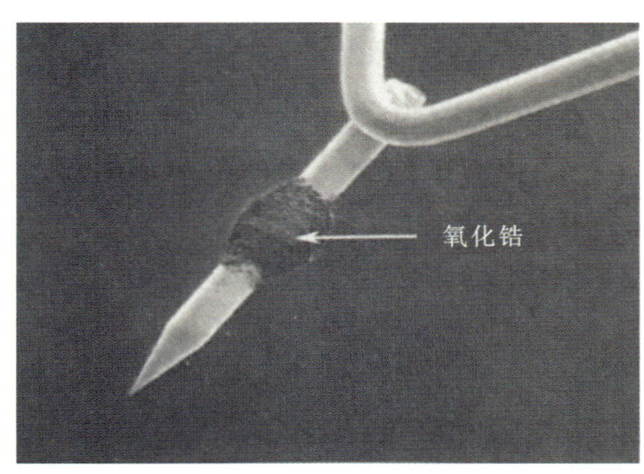

图 5-22 热场发射灯丝及其封装容器(图片来自 FEI 公司)

选择合适的电镜。由于电镜属于精密仪器,对环境的温湿度、清洁度与扫描样品的洁净度均有一定要求,需要在使用过程中特别注意并定时进行保养,才能使电镜长时间保持高性能运行。四种灯丝较详细的参数对比可参考第 4 章的表 4-2。

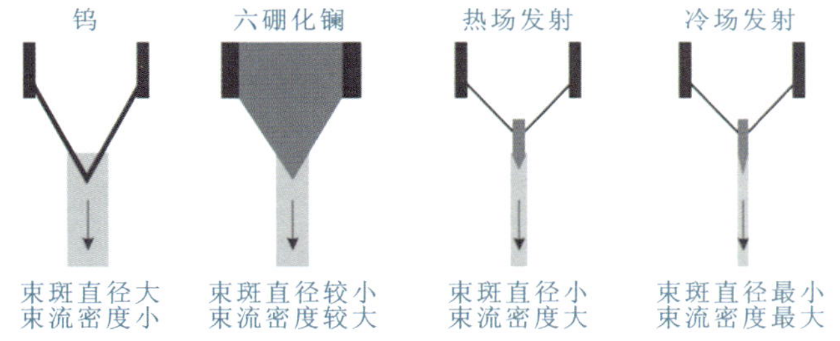

图 5-23 四种灯丝束斑直径与束流密度比较

5.3.2 电磁透镜

电子枪产生的高能电子束比较发散,为使电子束束斑直径减小以增大扫描电镜的分辨率,常在电子枪以下样品舱以上的空间内设置一级或多级电磁透镜。电磁透镜的作用主要就是将电子束的束斑直径逐渐缩小,将原来较发散的电子束斑缩小成一个直径只有几纳米的细小束斑。电场和磁场都可使运动的电子发生偏析,改变其运动轨迹,从而使电子束会聚或发散。用静电场构成的透镜称为静电透镜,用通电线圈产生的磁场构成的透镜称为电磁透镜,目前电镜中用得较多的是电磁透镜。扫描电镜一般有三级聚光镜,前两个透镜是强透镜,用来缩小电子束光斑尺寸;第三个聚光镜是弱透镜,具有较长的焦距,在该透镜下方放置样品可避免磁场对二次电子的运动轨迹造成干扰。钨灯丝和六硼化镧电镜的聚光镜和物镜均为电磁透镜,场发射电镜中的第一聚光镜通常采用静电透镜,第二聚光镜与物镜采用电磁透镜。图 5-24 是扫描电镜中电子光学系统的结构与工作原理示意图。

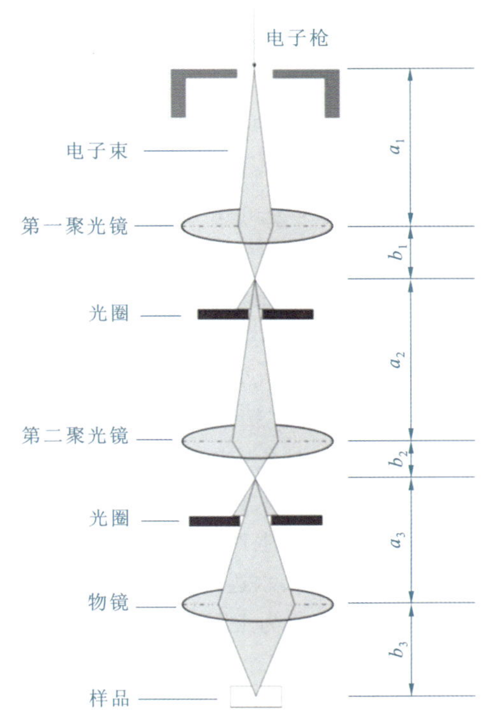

图 5-24 扫描电镜中的电子光学系统

扫描电镜中的电磁透镜均为缩小透镜,经过三级透镜的缩小,可将由电子枪发射出的较发散的电子束(束斑直径为 30～100μm)缩小至几十埃或几纳米。三个透镜的总缩小率可达 1/3000～1/2000。缩小率(s)的具体计算方法如下:

$$s = m_1 m_2 m_3 = \frac{b_1}{a_1} \cdot \frac{b_2}{a_2} \cdot \frac{b_3}{a_3} \tag{5-3}$$

5.3.3 扫描偏转线圈

我们之所以将扫描电镜称为“扫描电镜”，是因为它的成像方式是电子束在样品表面进行逐点、逐行扫描，而后通过数据收集和处理系统，将收集到的电子信号转换为图像。而使电子束能够从左到右、从上至下、逐点逐行进行扫描的，便是本节要介绍的扫描偏转线圈。

扫描偏转线圈是扫描电镜中一个重要部件，在不同机型、不同厂家的扫描电镜中放置的位置也不同，有的将其放置在第二聚光镜与物镜之间，有的将其放置在物镜的中部空间内而使电子束在进入末级透镜的强磁场之前就发生偏转。现在的扫描电镜基本都采用英国麦可马伦（McMullan）提出的双偏转线圈结构，如图 5-25所示。入射电子束进入上偏转线圈 A 时，方向会发生偏转；进入下偏转线圈 B 时，随即发生第二次偏转。电子束在偏转的同时进行逐行扫描，并在下偏转线圈 B 的作用下，在试样表面上扫出一个矩形框，相应地可在显示器上显现出一幅与之相对应的放大图像，如图 5-26 所示。这便是扫描电镜中扫描系统工作的基本原理。

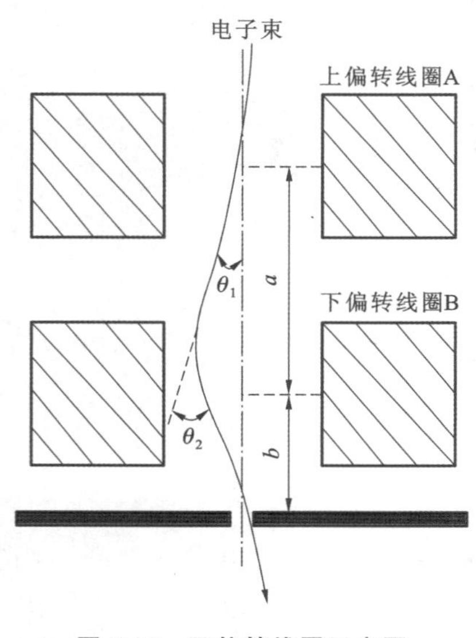

图 5-25　双偏转线圈示意图

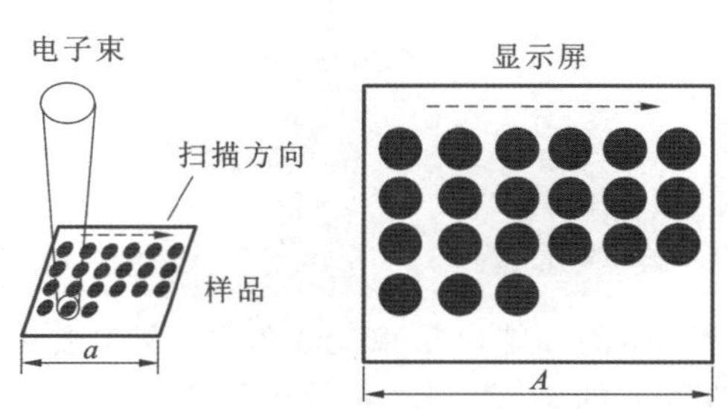

图 5-26　同步扫描、显示示意图

5.3.4 样品舱

样品舱位于物镜的下方，扫描电镜的样品舱容积远大于透射电镜，因此扫描电镜中可容纳更多、尺寸更大的样品，其内径可达几百毫米。一般来讲，扫描电镜的样品舱容积越大，其成本和售价相应越高，原因在于：

①样品舱须用优质的无磁性不锈钢材料铸成，要求内部组织致密，无明显气泡、放气量小、易于清洁。

②样品舱越大，其对铸造工艺、精加工工艺要求更高。

③样品舱越大，样品台的三维运行范围增大，对其移动的精度和稳定性要求更高；随着样品台及其载重的增大，要保证其精度与稳定性也将更难。

④样品舱越大，为了调节内部真空度，与之配套的真空泵系统的排气量与电机的功率需要随之增大。

⑤样品舱越大，其预留接口更多，对样品舱的气密性要求更高，其实现成本也更高。

不同厂家所生产扫描电镜的样品舱形状和大小各异，从其外形来说有类似于圆柱形、半圆柱形、不等边四边形、五边形、六边形等，如图 5-27 所示。同一厂家所生产的不同型号扫描电镜的样品舱外形、大小一般也不同，图 5-28 为 FEI 公司 QUANTA 系列的从低到高三个型号，依次为 QUANTA 250、450 与 FEG650 的外形图，可见三个型号扫描电镜的样品舱外形与大小均不相同。设计不同外形和尺寸的样品舱，要考量设计需求、电镜功能需要、运用领域、精度需求、造价等。

图 5-27 外形各异的扫描电镜样品仓(图像来自 FEI、日立、蔡司等公司)

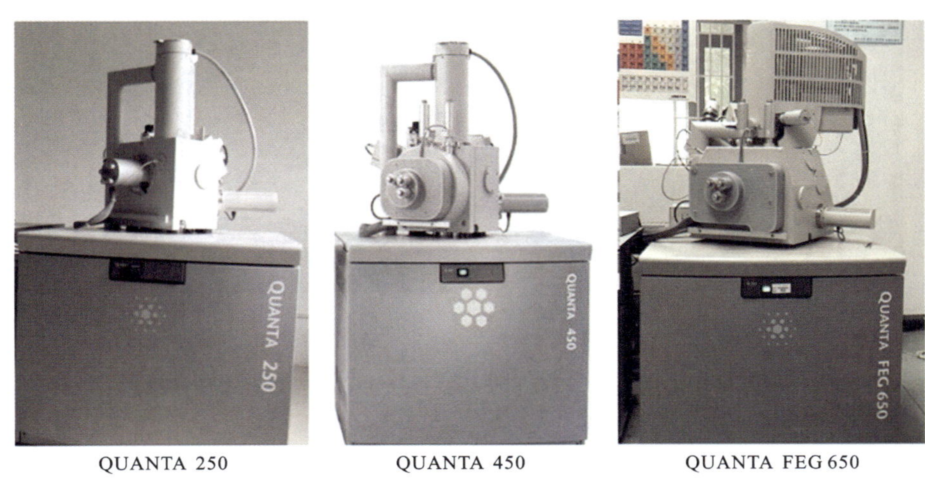

QUANTA 250　　QUANTA 450　　QUANTA FEG 650

图 5-28 FEI 公司 QUANTA 系列 250、450 及 FEG650 扫描电镜外形比较
(250、450 图来自 FEI 公司,FEG650 为本实验室实拍图)

样品舱壁上预设大小、形状不一的许多接口,用于布置不同功能的探测器,样品舱容积越大,可留置的预设接口越多,这样扫描电镜可实现的功能便越多。FEI QUANTA FEG 650 扫描电镜的样品舱外形如图 5-29 所示。该型号电镜的样品台可实现"五轴联动",除了"X 轴、Y 轴、Z 轴"三个方向的运动以外,样品台还可实现旋转和倾斜,五个轴的控制手柄分别布置在样品舱的正面和顶面。样品舱的两侧及后方分别用来安装各种功能的探测器,本机上安装的探测器有背散射电子探测器(样品舱右侧)、温度控制台(样品舱左侧)、二次电子探测器(样品舱左后侧)、能谱仪探测器(样品舱后侧)。另外从样品舱右侧可看到,在背散射电子探头的上方仍有两个预留接口未被占用,即在有需要的情况下可启用这两个接口安装更多的部件以实现更多的功能,如背散射衍射、原位加载等。

样品舱内部的主要部件是样品台,以及各种不同功能探头(图 5-30)。信号的收集效率与相应检测器的安放位置和角度有很大关系,因此样品舱容积越大,越能够实现扫描电镜的多功能和大样品观察。QUANTA 650 型号电镜的样品台可实现 X 轴与 Y 轴方向 150mm、Z 轴方向 65mm 的移动,$-5°$到 $70°$倾斜以及 $360°$范围的连续转动。

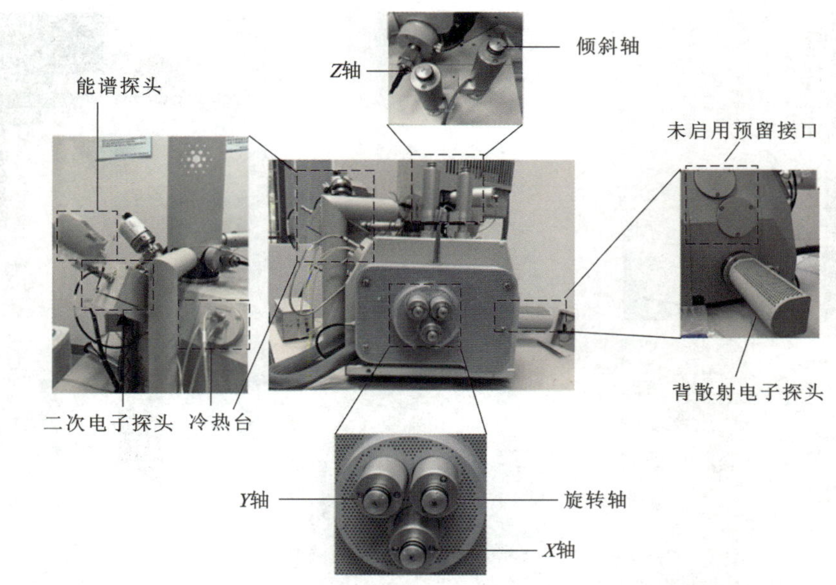

图 5-29 FEI QUANTA FEG 650 环境扫描电子显微镜样品舱外视图

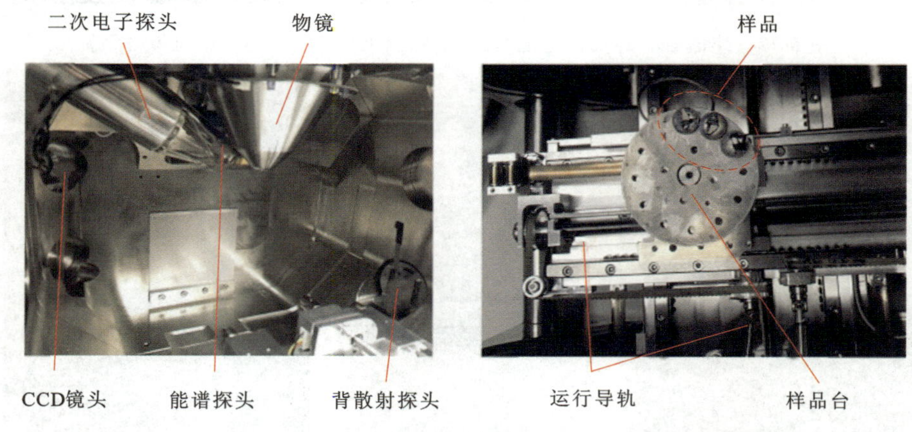

图 5-30 FEI QUANTA FEG 650 环境扫描电子显微镜样品舱内视图

5.3.5 真空系统

扫描电镜中的多个部件都需要在较高真空环境中才能较好地工作，为使电子枪具有较长的寿命、较高的亮度以及产生稳定的电子束流，电子枪在工作与未工作时均需要保持在较高的真空中，而普通的电子探测器也需要在一定的真空环境中才能具有较好的使用效果。因此，每一台扫描电镜均需要配置性能、稳定性优良的真空系统。最普通的钨灯丝电镜至少配备一级真空系统，即钨灯丝、透镜和样品舱均处于一个相连通的空间内，如图 5-31(a)所示。在试验时，将样品放置在样品台，关闭舱门之后，开始抽真空，当达到预定值之后，才能够打开电子枪进行试验。当试验结束时，关闭电子枪，而后放掉真空。一级真空系统的电镜在试验时，每次更换样品均需要开关电子枪，这样电子枪才可频繁地在高真空与环境气压之间转换，很不利于电子枪的保养。

为了保证电子枪有较长的寿命和较好的使用效果，电镜逐渐发展出多级真空系统，如图 5-31(b)所示，即电子枪、透镜和样品舱分别处于不同的真空环境中，各级真空之间由细小的压差光阑连接，阀门在未工作时处于关闭状态，只有在工作时将阀门打开，电子束通过细小的阀门进入样品舱。因在样品舱需要频繁地更换样品，故其内的真空常在高真空与环境气压之间转换，而镜筒与电子枪内一直保持着较高的真空。

场发射扫描电子显微镜的电子枪需要在极高的真空中才能保持较长的寿命、较高的亮度与较稳定的电子束流，电子枪室的真空度在 10^{-8}Pa 量级，透镜中的真空度在 10^{-6}Pa 量级，而样品舱内的真空在一个较大的范围内连续可调，见图 5-31(b)。一些场发射电镜的样品舱内的真空在 10^{-5}～5000Pa 范围内连续可调，

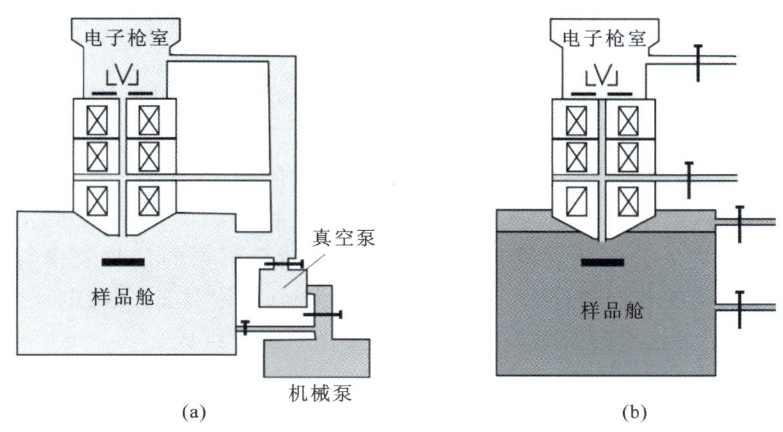

图 5-31 扫描电镜一级真空与多级真空示意图

(a)一级真空;(b)多级真空

可实现高真空、低真空与环境真空三种观察模式,在环境真空与低真空模式下,可实现对未喷镀样品、未完全干燥样品的直接观察。图 5-32 所示为 FEI QUANTA FEG 650 环境扫描电子显微镜的真空系统结构图,其中电子枪所在腔体内的真空由离子泵控制,而聚光镜所在的镜筒和样品舱内真空由分子泵和机械泵联合控制。为使电子枪的性能不受真空度下降和气体等异质分子的污染的影响,离子泵需 24h 连续运转,而机械泵与分子泵则需在更换样品和切换真空度时频繁启停。在高真空模式时,镜筒和样品舱同时由分子泵和机械泵联合控制,即图中 Column 与 Chamber 中的真空度始终保持一致;而在低真空与环境真空模式时,通过不同阀门将 Column 中真空与 Chamber 中真空分开调节,Column 中仍保持较高真空,而 Chamber 中真空可根据样品状态进行调节。

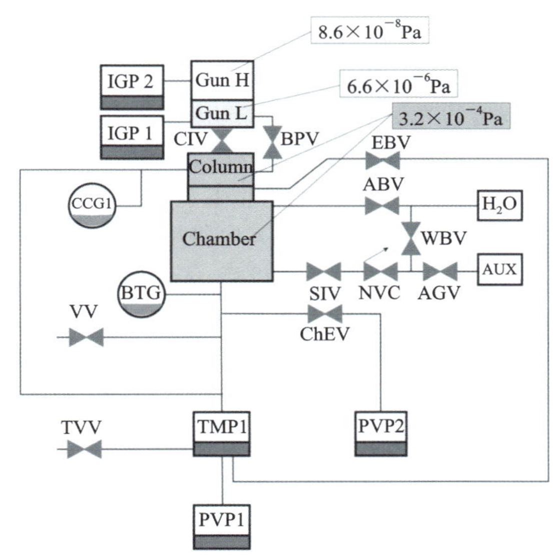

图 5-32 FEI QUANTA FEG 650 环境扫描电子显微镜真空系统

(高真空模式时)

5.3.6 信号接收、处理和显示系统

扫描电镜中还有一个十分重要的组成部分,即信号接收、处理和显示系统。它由各种探测器、信号转换系统、信号放大系统和显示系统组成。各探测器接收的信号均为电子信号,需要经过一定的后台程序处理,最后才能得到样品表面直观的形貌信息、成分信息与元素信息。

不同的信号需要用不同的探测器进行接收,前面章节中介绍过入射电子与样品相互作用后产生的一系列信号中都携带有样品某方面的信息,我们要解析这些信息首先需要有合适的探测器去接收携带这些信息的各种信号，这里简单介绍我们常用的两种探测器：传统 E-T 二次电子探测器与背散射电子探测器。

(1)传统 E-T 二次电子探测器

1956 年，英国史密斯(Smith)首次将光电倍增管(photo multiplier tube，PMT)与传统二次电子探测器(SED)组合起来接收二次电子，形成当今电镜上运用最广泛的二次电子探测器基本结构，即前端为闪烁体，后端接光电倍增管。由于最初该探测器的收集效率较低、图像信噪比(S/N)小，Everhart 和 Thornley 两人对该探测器进行了改进，在入射电子接触闪烁体之前将其加速到约 10keV 的能量，并将闪烁体直接贴到光导管的前端，然后让光信号进入光电倍增管内。这样的组合使探测器的接收效率与图像信噪比均显著提高，经过他们改进后的该类型探测器被称为 Everhart-Thornley (简称 E-T)二次电子探测器。这种探测器几乎已经成了扫描电镜的标配。其结构如图 5-33 所示，主要由三部分组成。

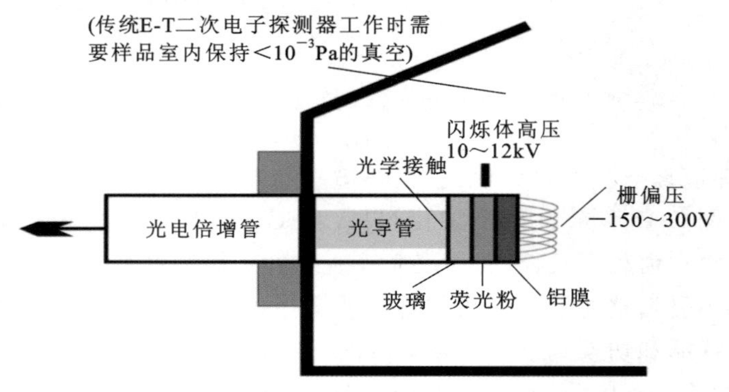

图 5-33　传统 E-T 二次电子探测器结构示意图

①闪烁体：先在一片洁净无气泡的玻璃表面涂覆一层荧光粉($YSi_2O_7:Ce^{3+}$)，而后在荧光粉表面镀一层 70～80nm 厚的铝膜，该层铝膜一方面用作施加 10kV 高压的电极，另一方面可减少入射杂散光的干扰以提高有用信号的接收效率。工作时，二次电子在高压电位的吸引下加速打到荧光粉上使荧光粉发光，即把电信号转换成光信号，再利用光导管将光信号传输到光电倍增管。

②光导管：其作用是将荧光层发出的光信号完整无缺地传输至光电倍增管。

③光电倍增管：光电倍增管是一种可把微弱光信号转换成电信号输出，并能够获得很高电子倍增能力的光电探测器件。1934 年，库别茨基首先提出了光电倍增管的设计雏形；1939 年，兹沃雷金制成了光电倍增管器件，紧接着 1942 年，兹沃雷金等人又首先提出将光电倍增管用于电镜上；直到 1956 年，英国的史密斯首先将光电倍增管与 SED 组合来接收二次电子。自此以后，光电倍增管在为提高扫描电镜信号接收效率、增大信噪比、提高分辨率等方面作出了很大的贡献。光电倍增管的原理如图 5-34 所示，主要部件有三个：光电阴极(K)、光电倍增装置(由数个倍增电极构成，D_1，D_2，D_3，…，D_n)、光电阳极(A)。其原理如下：光电阴极 K 在受光照射后释放出光电子，光电子在电场作用下飞向第一个倍增电极 D_1，引起电子的二次发射，电子数量倍增，这些电子在电场的作用下飞向倍增电极 D_2，再次倍增，激发比之前更多的二次电子，以此规律不断地倍增下去，到达阳极 A 时，总增益可达 10^4～10^7 倍。

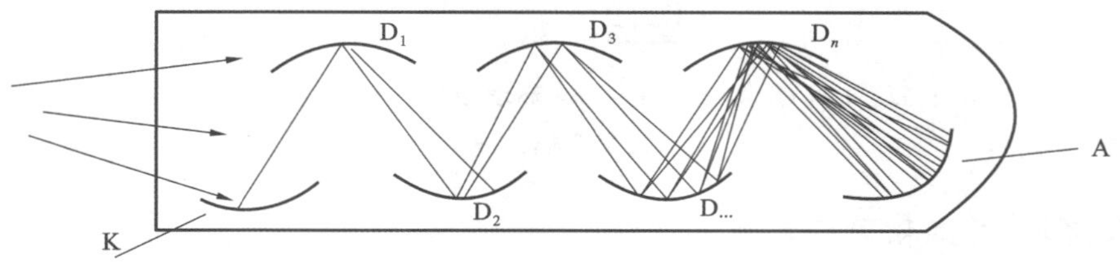

图 5-34　光电倍增管原理示意图

(2)背散射电子探测器

从理论上来讲，背散射电子也可用闪烁体与光电倍增管所组成的 E-T 二次电子探测器来接收。但由于背散射电子与二次电子的能量相差较大，它们在真空中的运行特征、轨迹相异也较大，因此很难用一个探测器很好地兼顾两种信号。二次电子的能量低，其运行轨迹很容易受到周围电场与磁场的影响。如图 5-35 所示，二次电子探测器一般安放在机器侧方，向下有一定的倾斜。为了提高二次电子的收集效率，可在其入口处施加一定的偏压，当偏压为正时，将会有更多的二次电子被接收；当偏压为负时，大量的二次电子将会被排斥掉，而接收到的更多可能为背散射电子，但是用这种方式接收背散射电子的效率太低，由于背散射的能量较高，其运行轨迹为直线，受周围环境（如 250V 偏压）影响较小，因此若通过改变偏压的方式利用 E-T 二次电子探测器来接收背散射电子，则只有往这个方向的极少量的电子被接收。如图 5-35 所示，大部分的背散射电子的出射方向正面向上，因此背散射电子探测器常安放在样品的正上方，其形状如图 5-36 所示，一般由对称布置的两块、四块、六块或八块闪烁体构成，中间有一个小口。

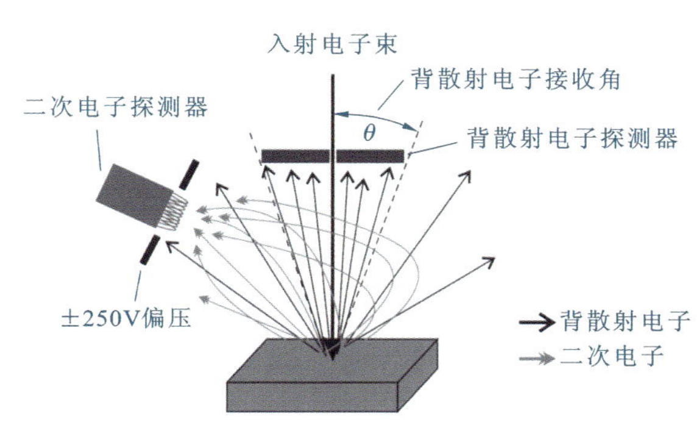

图 5-35 背散射电子与二次电子运行轨迹及其探测器的安放位置和信号收集示意图

图 5-36 一种背散射电子探测器

无论是二次电子探测器还是背散射电子探测器，抑或本书未介绍的其他探测器，其种类均很多样。不同电镜厂家都有自己的专利产品，且相互之间并不兼容，这里只是介绍了其中最基本的概念。读者若对此有兴趣，可通过互联网或查看相关专业书籍了解。

5.4 扫描电镜技术参数 >>>

5.4.1 放大倍数

扫描电镜的放大倍数是指所用显示屏成像区域的边长与电子束在试样表面所扫描区域的实际尺寸之比，亦即图 5-26 中的 A 与 a 的比值，即放大倍数 M：

$$M = \frac{A}{a} \tag{5-4}$$

放大倍数基本取决于显示器偏转线圈电流与电镜扫描线圈的电流之比，实际工作中通常是维持显示器的图像偏转线圈电流不变，而通过调节扫描线圈的电流来改变放大倍数。扫描电镜的放大倍数变化范围很广，一般的扫描电镜放大倍数最大可至十万倍，而场发射扫描电镜的放大倍数最大可至 30 万～50 万倍。扫描电镜的放大倍数通常是连续可调的，即可实现在低放大倍数下迅速地浏览、定位物相，找到感兴趣区域，而后在高放大倍数下进行微区成像和分析。

通常，人们在做扫描电镜试验时，都一味追求高放大倍数，但放大倍数并不是越大越好，而是应该根据需要与有效放大倍数而定。人眼分辨率为 0.2mm，若扫描电镜的分辨率为 5nm，那么有效放大倍数即为 40000 倍（0.2mm/5nm）；若扫描电镜分辨率为 1nm，那么有效分辨率可达 200000 倍。高于扫描电镜最高分辨率计算出来的有效放大倍数的图像并不能增加图像的细节，只是一种虚放，并无太大的实际意义。换句话说，理论上，如果我们需要观察的细节是 5nm，那么只要将照片放大至 40000 倍就已经足够；若需要观察的细节为 50nm，那么只需要放大至 4000 倍便已经足够。盲目追求高放大倍数只会使得到的图片细节更模糊难辨，且过大的放大倍数使得图像所包含的区域更小，更不具代表性。

有效放大倍数的概念使我们对于电镜的放大倍数有了更理性的认识，但实际上我们要分辨某个 5nm 细节时，需要的放大倍数要比有效放大倍数稍大一些，如 60000～80000 倍。目前，很多厂家都声称自己的电镜可达 50 万～80 万倍的放大倍数。

5.4.2 分辨率

分辨率，对于微区成分分析来说，它是指能够分析的最小区域(一般为矩形)；对成像而言，它是指能够分辨两个点之间的最小距离。对于如何界定“能够分辨两个点之间的最小距离”，有一个公认的标准——瑞利准则，如下：

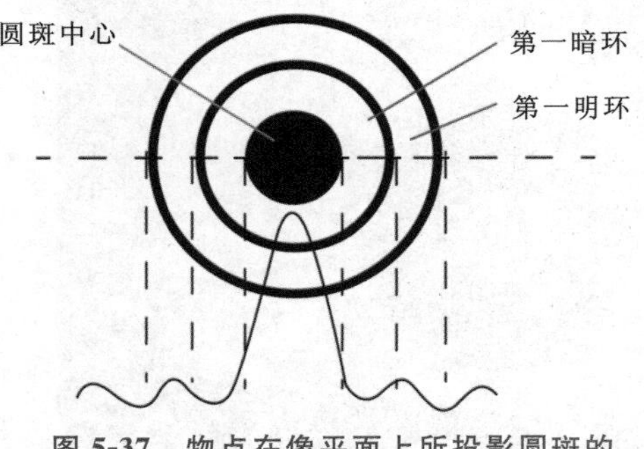

图 5-37 物点在像平面上所投影圆斑的光强度分布及衍射图纹示意图

一个物点发出的光波经过透镜系统后，由于衍射与像差的存在，其在成像平面上的投影像为一个圆斑，而非一个点(类似于往水中投掷一石子后形成的水波)。该圆斑的光强度分布及衍射图纹如图 5-37 所示，圆斑中心是亮度最高的圆点，与其相邻的是第一暗环，随后是第一明环和第二暗环，越往外，其强度越低。两个相邻的物点成像后得到的是两个相邻的圆斑，当这两个圆斑相距较远时，二者衍射图纹相互干扰较弱，两个圆斑之间界限明显、清晰可辨，则我们说这两个物点所成的像是可分辨的，如图 5-38(a)所示。当这两个圆斑相距太近时，衍射图纹相互重叠，如图 5-38(c)所示，则为

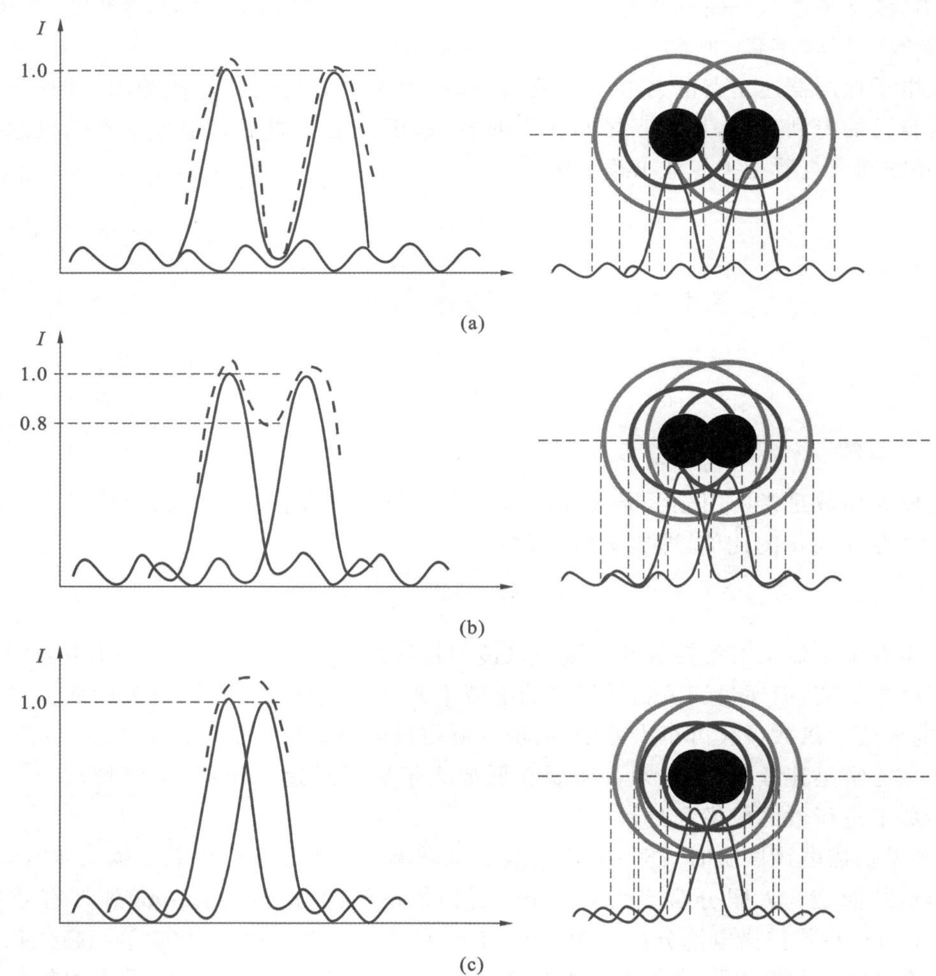

图 5-38 分辨率的瑞利判据示意图

(a)两圆斑可分辨；(b)两圆斑可分辨的极限；(c)两圆斑不可分辨

不可分辨。瑞利判据是指，当一个圆斑的强度中心正好落在相邻圆斑的第一暗区时，仍认为是可分辨的，且被认为是分辨率的极限[图 5-38(b)]，即两个圆斑继续靠近则被认为是不可分辨的[图 5-38(c)]。达到分辨率的极限时，两个圆斑的光强度分布叠加曲线(如图 5-38 中的虚线所示)的中央强度约等于原圆斑光强度中央峰的 80%，与此相对应的两个物点之间的距离则被称为透镜系统的分辨率。

前面介绍过，从电子枪处产生的较发散的电子束经过三级电磁透镜的缩聚后可达直径为数纳米的细微电子束，该电子束的直径便是扫描电镜理论上可达的分辨率极限。不同的电子枪发射模式也决定了可达的最小电子束直径，参见图 5-23 可知，四种灯丝中冷场发射灯丝发射出的电子束直径最小，因而冷场发射扫描电镜更易实现高分辨。经过推算，理论上电子枪可能获得的最小电子束直径 $d_{\min}$ 可用下面的公式来表示(在不考虑各种球差与像差的情况下，分辨率还受到各种像差的影响，后面将会展开介绍)：

$$d_{\min}=\left(\frac{4I_0}{\pi^2 R}\right)^{1/2}\times\frac{1}{\alpha_0} \tag{5-5}$$

式中 I_0——电流；

R——电子枪亮度；

α_0——孔径角。

从上式可以知道，最小电子束直径与电流成正比，与孔径角和电子枪亮度成反比。场发射电子枪的亮度远高于钨灯丝电子枪，因而更易减小电子束直径。

电镜厂家标称自己电镜的分辨率时，说的就是上面的概念，也就是销售工程师在投标书上写的“最高分辨率 1nm”指的是他们可将电子束做到的最小直径，这个最小直径——前面讲过——是该仪器所能达到的理论上的最高分辨率，那么实际工作中我们是否能够得到这么高分辨率(等于束斑直径)的图像呢？实际上，图像的实际分辨率要小于电子束的直径，一方面是由于各种像差与球差的存在，另一方面是由于电子束在试样内部会发生一定的扩散，使得激发范围大于入射电子束的直径。图 5-3(b)给出了各种不同信号的激发范围，常用的三种信号中，特征 X 射线激发范围最大，其次是背散射电子与二次电子，激发范围增大使得分辨率降低。即便是激发范围最小的俄歇电子与二次电子，其也或多或少发生一定程度的扩散而使得激发直径大于入射电子束的束斑直径，因此从理论上来说，扫描电镜的分辨率不可能超过束斑直径的极限。激发范围还与加速电压、束流和样品平均原子序数(或密度)相关。

图 5-39 给出了加速电压、不同平均原子序数(或密度)的样品中激发范围的关系示意图。对于同一个样品，加速电压越大，激发范围越广。在同一个加速电压下，密度越大的样品中电子的激发范围越小；反之密度越小，电子束在其中的扩散范围越大。所以，这里就在加速电压与高分辨率之间产生了一个矛盾，首先需要通过加大加速电压提高电子枪亮度，提高电子枪亮度一方面可减小束斑直径，另一方面可显著提高图像信噪比，这对提高分辨率是有利的；但是加速电压提高以后，电子在样品中的扩散范围便会增大，这又会导致实际分辨率的降低。

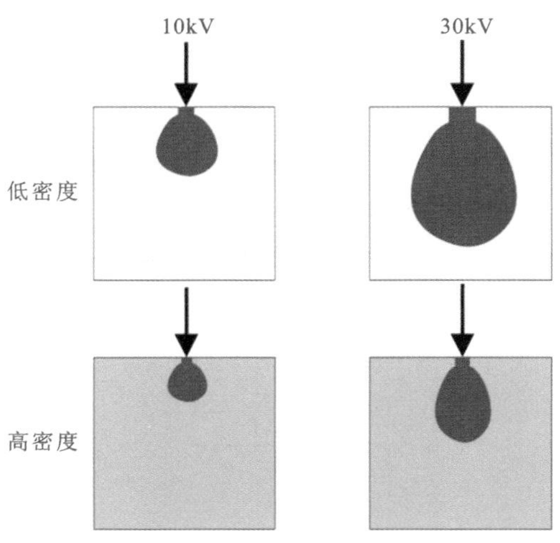

图 5-39 不同加速电压在不同密度材料内的激发范围示意图

所以，从束斑直径的角度来说，要提高图像的分辨率，我们要选择尽可能小的束斑直径。束斑直径小，电子束在样品中的扩散范围相应也小，理论上可以得到更高的分辨率，但束斑直径减小以后，信号的强度又会降低。另外，要减小束斑直径，需要提高电子枪亮度，也就是加大加速电压，加速电压加大以后，电子束的能量提高，其在样品中的扩散范围又将增大。另外，为了提高电子枪亮度需要提高加速电压，但加速电压提高后，高能电子束对样品的破坏也将增强，致使样品表面微小的颗粒或对某些细节的辨识度变差，这也是在试验过程中要密切注意的，时常发生加速电压提高以后样品“粗糙”的表面变得“光滑”的现象。减小束斑直径的另一途径是减小束流，束流减小又会导致信号质量变弱，图像的信噪比降低，信噪比降低以后，图像的清晰度与分辨能力也会变弱。

另外，在同样的拍摄条件下，不同的样品可以得到的最好实际分辨率也是不一样的。因为在密度较低的样品中电子束的扩散范围比在密度较高的样品中大，因此密度低的样品在同样拍摄条件下的分辨率永远不及密度较高的样品。以聚合物改性水泥为例，聚合物的密度要远低于水泥或骨料，且聚合物较易因高能电子束而受到损伤，因此，同样条件下，特别是放大倍数较高时，聚合物颗粒或聚合物薄膜的成像质量要比水泥水化产物差。

综上所述，扫描电镜的极限分辨率是极难达到的，除了以上列举的原因外，分辨率还受到像差、调制信号类型、电镜所处环境中的磁场、机械振动等的影响。所以，在进行试验时，应根据样品条件与需求合理地选择有效分辨率进行成像。

5.4.3 景深

景深是指能够对高低不平样品各部位同时进行聚焦成像的能力范围，也就是焦点附近上下最清晰图像区域的那段距离。扫描电镜的景深示意图如图 5-40 所示。

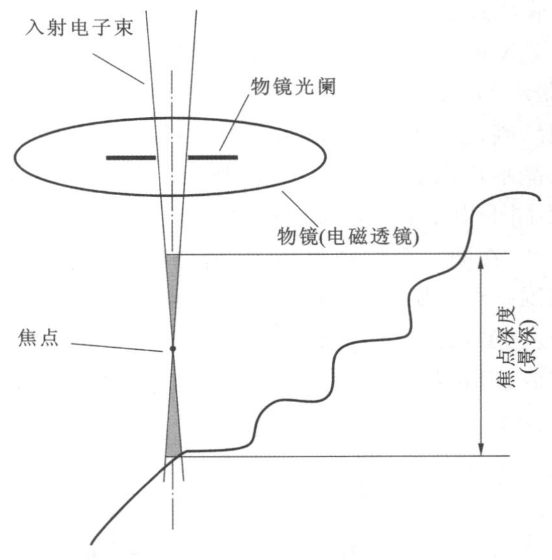

图 5-40 扫描电镜的景深示意图

扫描电镜一大特点是其景深大，远大于光学显微镜与透射电镜，由扫描电镜拍摄出来的图片立体感极强，因此可很好地用来分析断口的微观形貌。图 5-41 为扫描电镜与光学显微镜的图像景深对比，可以看到，同样区域、同样放大倍数下，景深更大的扫描电镜图像立体感更强，细节更清晰可辨。

扫描电镜的景深(L)可用以下计算公式来表示：

$$L=\pm\frac{\frac{r}{M}-d}{2\alpha} \tag{5-6}$$

式中 M——放大倍数；

d——束斑直径；

r——人眼分辨率极限(一般取 0.2mm)；

2α——物镜孔径角。

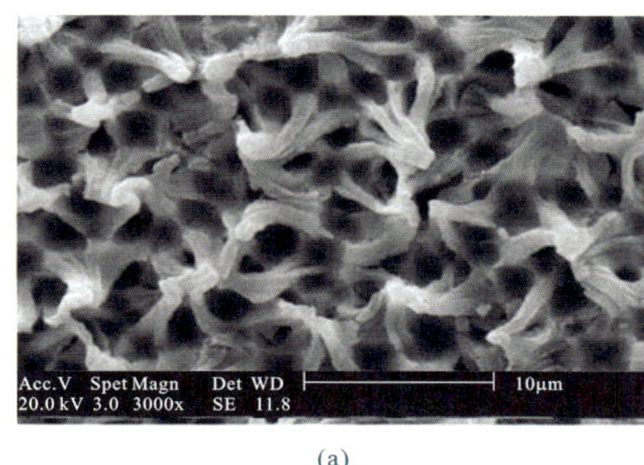

(a)

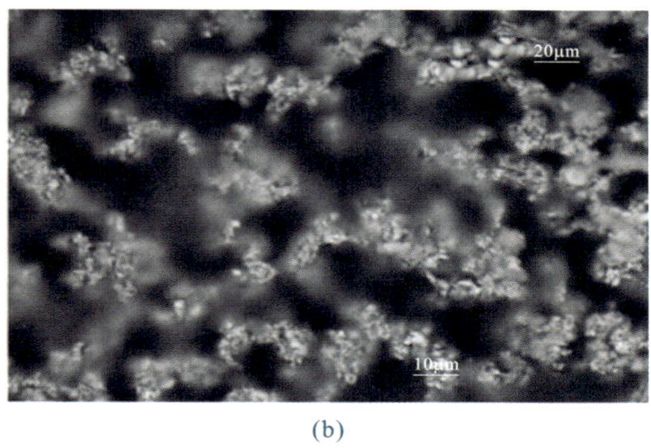

(b)

图 5-41 扫描电镜与光学显微镜图像景深示意图

(a)扫描电镜图像；(b)光学显微镜图像

由式中关系可以知道，景深与放大倍数、孔径角成反比，放大倍数越大、孔径角越大，则景深越小；反之，放大倍数越小、孔径角越小，则景深越大。因此，提高景深的措施有：孔径角不变前提下，减小放大倍数；放大倍数不变前提下，减小孔径角。孔径角的大小取决于物镜光阑的大小与工作距离，三者之间的辩证关系如图 5-42 所示。

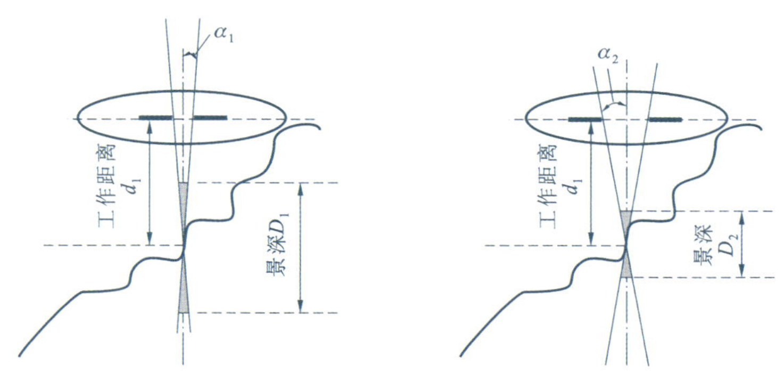

在同样工作距离下，光阑之间距离越小(即孔径角越小)，景深越大

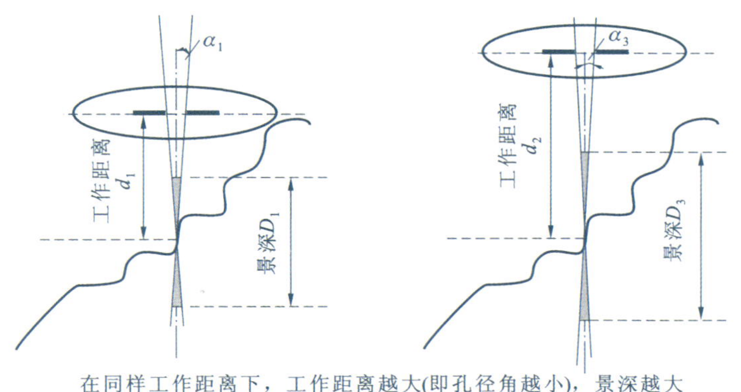

在同样工作距离下，工作距离越大(即孔径角越小)，景深越大

图 5-42 扫描电镜景深与物镜光阑间距、孔径角、工作距离之间的关系示意图

5.4.4 像散

无论是光学显微镜还是电子显微镜，由于透镜的存在(电子显微镜中的电磁透镜与光学显微镜中的玻璃透镜)，都存在一定的像差问题。对扫描电镜成像影响较大的有像散、球差及色差三种，这里仅介绍像散的影响和消除。关于球差，可参阅本书第 4 章内容。

像散(astigmatism)是指一个物点经过透镜散射后，在相应的高斯像平面上显现的是一个模糊椭圆的现

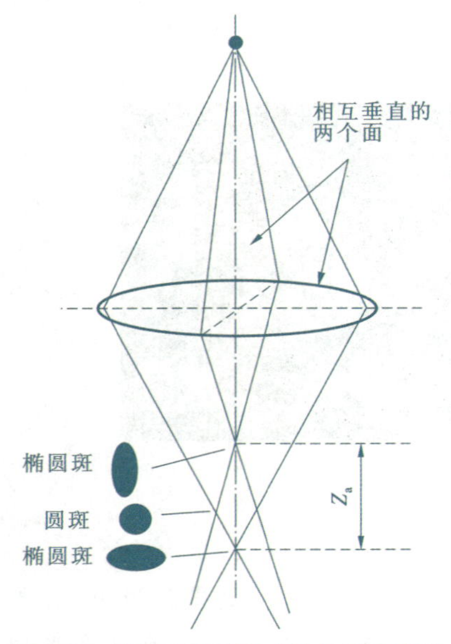

图 5-43 像散存在时形成的光路示意图

象。像散的主要来源是仪器实际使用的电磁透镜与理论设计透镜之间的差距。如透镜材料成分和结构的差异、机械加工上的微弱误差、上下极靴之间不同轴、透镜之间合轴不良、镜筒内部真空度较差及器件表面被污染等都会造成电磁透镜的电磁场分布不对称，而导致透镜在不同方位的聚焦能力不同，进而造成在不同方位上的焦点落在理论设计焦点的前后位置，这种由透镜的非对轴、对称引起的像差称为像散，其光路如图 5-43所示。相互垂直的两个光路的焦点之间有一个距离 Z_a，这个距离越大，说明像散越厉害，两个光路的焦点距离越近，像质量越高。物点的图像仅在约 Z_a 的一半处形成圆斑，而在其他所有位置均形成椭圆斑。

当有较明显像散存在时，物像会被拉长成椭圆状，影响图像的清晰度与分辨率。像散存在时，一般在较低放大倍数时并不明显，而放大倍数到了 3000 倍以上时，则能较明显地观察到。图 5-44 所示为某种合金晶粒，其放大倍数为 60000 倍，当不存在像散时，可以清晰地看到晶粒的层状结构；而当存在像散时，图像则模糊不清。像散的一大特点是存在方向性，如图 5-44(b)、(c)、(d)所示。

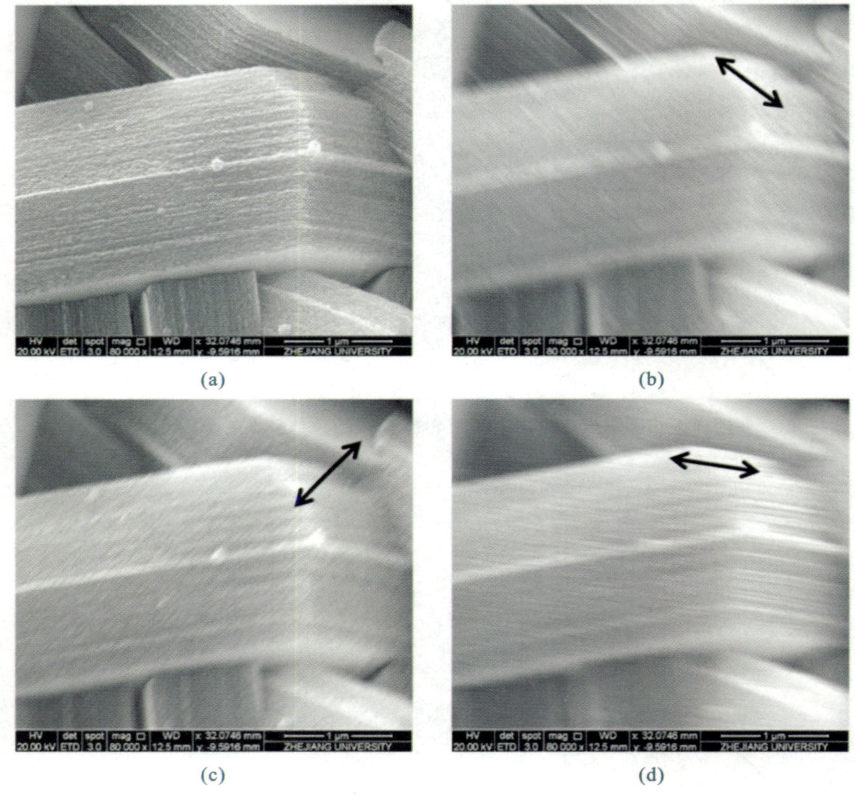

图 5-44 像散存在时使图像沿一定方向产生畸变

(a)无像散；(b)、(c)、(d)存在像散

为了矫正像散带来的图像畸变，现在的电镜上都安装了消像散器，由面对称的电场或者磁场组成，用来矫正电磁透镜中存在的轴非对称导致的像散问题。消像散器最早由美国的希尔于 1947 年采用，为机械式的消像散器，如图 5-45(a)所示，在物镜上方的电子束通道周围安放 8 块可里外往返移动的永磁体，利用永磁体的前后移动产生强度不一的附加磁场，把原来不完全旋转对称的椭圆斑校正成完全旋转对称的圆斑。由于机械式的消像散器操作不便、精度较差，现在已不再使用，取而代之的是结构与其相同的电磁式消像散器，如图 5-45(b)所示。电磁式消像散器并非用移动永磁体的位置来改变磁场的强弱，而是通过改变电磁体的励磁电流来改变磁场的强弱，用于消除或者减小像散。电磁式消像散器操作方便、调节灵活、性能可靠，现

在几乎所有电镜中都在使用电磁式消像散器，它一般安装在第二聚光镜与物镜之间的空间内，也有的直接置于物镜中靠近下极靴的位置。通过消像散器的调整，相互垂直面的运动电子束可聚焦在同一位置，从而在像平面处形成圆斑。

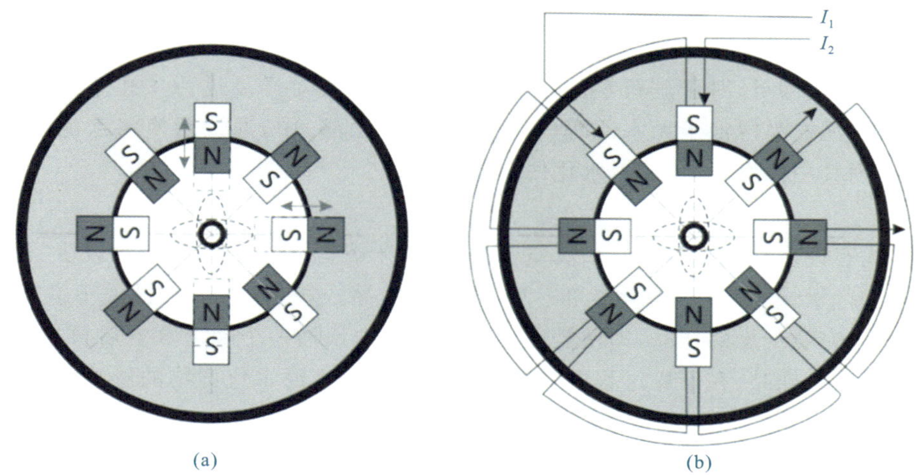

(a) (b)

图 5-45 消像散器结构示意图

(a)永磁式八极子消像散器；(b)电磁式八极子消像散器

5.5 扫描电镜的样品制备 >>>

扫描电镜的样品制备是成像的关键，本章主要讲解无机非金属材料样品的制备方法和注意要点。相对生物样品的自身含水量高、质地柔软、导电性与热稳定性差等特点，无机材料样品的含水量较低、质地僵硬、热稳定性好，因此其制样要简单很多。生物样品制备一般需要经过取材、清洗、固定、脱水、干燥、粘托、镀膜等工艺，无机材料样品制备不需要固定和脱水环节。对于干燥良好的小块状和粉末样品，直接将其粘贴于导电胶上即可完成制样，但由于无机材料不导电且形态各异，有时要根据样品的形态特征和具体需求选择不同的制样方法。

5.5.1 样品要求

从保证仪器良好性能和得到较好结果两方面来说，扫描电镜的样品以及样品制备应当尽可能满足以下7个要求：

①样品要充分、绝对的干燥，不含自由水；

②样品结构要稳定，能够承受一定的真空和电子束的轰击而不发生破坏和分解；

③样品表面要比较平整；

④样品要足够洁净，表面没有碎屑、灰尘和油污；

⑤样品要具有良好的导电性，对于一些不导电的样品，要在表面进行导电层的喷镀，使其具有良好的导电性，越高的放大倍数和分辨率要求样品的导电性越好；

⑥样品要稳定、不松动，否则在较高的放大倍数下，样品易发生漂移，成像不稳，且导电性不好，也会导致图像发生漂移；

⑦样品不能具有磁性。

从以上7个方面的要求可以知道，扫描电镜样品(以混凝土样品为例)制备步骤可分为样品破碎、干燥、砂纸打磨、固定、除尘去屑、喷镀导电膜等步骤。下面对每个步骤需要注意的事项和每个步骤的目的进行简要介绍。

5.5.2 块状无机材料扫描电镜样品制备步骤

(1) 样品破碎

这个步骤主要针对的是固体样品，如混凝土试块、岩石、砖块等，原始试块的尺寸都较大，扫描电镜样品的平面尺寸为 $0.5\sim1\text{cm}^2$，因此需要用一定的工具将试块破碎至较小的块。对于混凝土试块，在进行强度试验后从特征部位取一小块即可；对于进行水化分析的样品，还需要对样品进行中止水化处理。所谓中止水化，是将一定龄期的水泥样品浸泡于无水乙醇（不仅限于无水乙醇）中，通过置换将水泥样品中未参与水化的自由水置换出来，因其中没有了自由水，水化便会停止。

(2) 干燥

样品干燥的方式有许多种，如烘箱干燥、真空干燥、冷冻干燥等。对于一些含水较少、体积不大的样品，也可用红外烘烤等进行干燥，以无自由水为准。越干燥的样品，越能在高真空模式下获得较清晰的照片。笔者在工作中发现，未完全干燥的样品，即便是通过在样品室中预抽一个晚上真空后再进行实验，其效果仍然不佳。对于水泥混凝土样品，在干燥过程中要注意高温对某些水泥水化产物的影响以及避免因干燥引入裂缝等缺陷。

(3) 砂纸打磨

针对一些表面不平整和高差较大的样品，直接用导电胶进行固定，固定效果不佳，因此用砂纸预先对其与观察面相平行的另一面进行打磨，获得一个较平整的面，增加试块与导电胶的接触面积从而显著增加样品的稳定性。

(4) 固定

将样品固定在样品台座上，有固体导电胶固定、液体导电胶固定与机械固定三种方法。

固体导电胶固定是最常用、最方便快捷的一种方法，适用于大部分的固体、粉末样品制备。固体导电胶是一种可导电的双面胶，有碳导电胶、铜导电胶、银导电胶等。首先将导电胶粘于样品台上，然后将样品粘在导电胶上进行有效固定即可。一般扫描电镜实验室采用此方法可满足 80%以上的制样需求；但对于一些不导电样品或疏松样品，用固体导电胶固定的效果有限，对于一些高倍（大于 10 万倍）电镜照片，用液体导电胶进行固定更容易获得较清晰的照片。

液体导电胶固定是指用某些溶剂将一些导电粉末（如碳粉、银粉等）分散制成一定的导电液，其可在室温下凝固，使用时将一定的导电液滴在样品台上，在其凝固之前将样品轻轻压入其中，待其凝固后便可把样品固定，其导电效果要优于固体导电胶，若导电液变黏稠，可用一定的稀释剂进行稀释。液体导电胶固定较适宜颗粒较小、疏松、强度较低的样品。

机械固定是指利用自带一些夹具和螺钉的样品台，固定异型、表面起伏较大的样品，这些样品用导电胶不能很好地进行固定，则先用各种机械固定样品台进行固定，局部再用固体导电胶或液体导电胶进行连接。

(5) 除尘去屑

样品表面有粉尘或化学试剂附着时，可在砂纸打磨之后、固定之前将样品浸泡于无水乙醇中用超声清洗器进行清洗，清洗完毕后须进行一定的干燥，如用红外烘烤灯进行干燥。待样品固定以后，表面一些碎屑需用高压气枪或洗耳球吹去。

操作过程中应尽可能避免手直接触碰样品表面，以免手上的油污和汗渍污染样品，因此制样时要保证双手的洁净或佩戴手套。

(6) 喷镀导电膜

对于不导电样品，要进行导电处理，即在样品表面喷镀一层几纳米厚的导电颗粒，可为金、铂、钨或碳等。不同的样品所需要喷镀材料的种类与厚度均不同，若样品较疏松或表面崎岖不平，则为了保证其导电均匀性，需要较厚的镀层，但是若镀层太厚，也会对微观结构产生一定影响；又如进行背散射或能谱分析时，一般选择镀碳，而需要检测样品中碳元素含量时，则不能镀碳。因此，需要综合考虑各种因素选择合适的镀层材料和厚度，实际操作时，通过调节喷镀电流与时间来控制。

5.5.3 不同形态样品制备流程

(1)固体样品

如果固体样品本身具有导电性,如钢筋断口、钢纤维等,只要其尺寸与质量没有超过样品舱与样品台极限,便可直接将其固定于样品台上进行观察。固体样品的制备比较简便,基本是按照以上给出的步骤进行。对于水泥混凝土和砂浆样品,需要进行水化程度等研究时,还须对样品进行中止水化处理。扫描电镜的固体样品制备要比透射电镜便利许多,但在制样过程中有几点需要注意:

①某些固体样品表面通常会有油污、粉尘等外来污染物或者制样过程中引入的碎屑等污染物。油污在样品舱中的真空环境里容易挥发,粉尘和碎屑也有可能落入样品舱内,对电镜造成污染。因此,对这类样品进行分析之前,需要用物理的(高压气枪或洗耳球吹去)、化学的(家用洗涤剂或者有机溶剂洗涤)方法处理,有条件的可在超声环境下进行清洗。

②有些需要精确测量壁厚或定量分析的样品,或需要进行能谱元素分析的样品,最好经过研磨、抛光等处理。

③对于一些多孔或疏松样品,在研磨之前还需用环氧树脂进行真空镶嵌,待环氧树脂固化后,进入孔隙内部的环氧树脂对结构起支撑作用,避免在制样过程中造成样品破坏。固化后,按照一定的程序进行研磨、抛光、清洗与镀膜后再进行观察。

④对于某些断口样品,如水泥、混凝土、高分子、陶瓷与生物等不导电的非金属固体样品,由于其表面的凹凸起伏比较严重,进行镀膜时,可将样品往不同的方位倾斜摆放,且适当缩短每次喷镀时间而增加喷镀次数,来增强试样表面的导电性,也要避免喷镀过度。

(2) 粉末样品

①导电胶直接涂布试样:先在样品台上粘上一小条导电胶带,然后在粘好的胶带上用牙签、棉签或小样品勺挑取少许粉末样品置于胶带上并把粉末涂布均匀,再把样品台朝下使未与胶带接触的粉末脱落,最后用洗耳球或高压气枪吹掉黏结不牢固的粉末,使导电胶表面形成均匀的单层粉末。

②酒精分散黏附试样:先在样品台上滴一小滴无水乙醇,用牙签或棉签沾上少许粉末置于乙醇中,同时把粉末涂布均匀,待乙醇完全挥发后便可进行喷镀处理。

③超声波分散试样:对于一些容易团聚的粉末,可将少量粉末置于塑料杯中,加入适量的无水乙醇,用超声清洗器超声处理几分钟,而后用滴管取少量悬浮的粉末乙醇溶液滴到样品台上、导电胶或硅片上,待乙醇挥发后便可进行喷镀处理。

5.5.4 背散射抛光样品制备流程

(1)背散射样品一定要研磨抛光吗?

在土木工程材料研究领域,当我们说背散射时,一般指“背散射电子图像”。二次电子图像是用于观察断面形貌,因此制样时要保证不破坏或污染观察面,最好是自然断面,不经任何加工同时避免污染,制样时也要避免手直接与样品表面接触,避免手上的汗渍和油渍污染样品。而背散射电子图像是成分像,如果样品表面粗糙不平、沟壑丛生,那么这些形貌特征也会影响背散射电子的发射,因为背散射电子图像中也存在一定的形貌衬度,这会影响成分衬度的精度,导致误判。特别是在利用背散射电子图像进行定量分析时(我们之所以利用背散射电子图像进行分析,更多的是为了提取样品中的定量信息),我们希望图像上的衬度(或明暗)差别仅仅来源于成分差,而不是形貌差异。因此,需要将样品表面的起伏差异去除,这就需要利用一定的工具将样品表面打磨平整、光滑。背散射“平光”样品一般如图 5-46 所示,是经过环氧树脂镶嵌、砂纸打磨、金刚石悬浮液磨抛等程序后所呈现的样子。整个制样过程费时费力,同时也需要制样者具有一定的经验,否则极容易在制样过程中引入缺陷。

图 5-46 环氧树脂镶嵌背散射抛光样品

那么，利用背散射电子图像进行分析与研究时，必须对样品进行研磨抛光处理吗？这要根据研究的目的确定。背散射电子图像称为成分像，但由于进入样品中电子从样品中逃逸出来时会受到样品形貌特征的影响，且由于背散射电子的能量较高，其运动方向不易改变。因此，当样品表面形貌起伏较大时，即便样品成分是均匀的，从不同方位出射的背散射电子进入背散射电子探测器的概率是不同的，这也会导致不同角度的图像呈现不同的灰度。如图 5-47 所示，由于晶体的形貌特征导致不同角度出射的背散射电子具有一定方向性，因此不同角度的灰度出现差异，这可能在一定程度上导致误判。

图 5-47 某 PbO_x 晶体的二次电子图像与背散射电子图像对比

(a)二次电子图像；(b)背散射电子图像

但有时候我们只需要对样品之中不同物相进行定性分析，特别是通过背散射电子图像识别和鉴定材料中的夹杂物时，无须对样品进行磨抛。图 5-48 所示为一种钛合金金属，其中夹杂氧化铝晶体和金属钨。若想通过扫描电镜检测氧化铝和钨的分布，根据二次电子图像[图 5-48(a)]，我们几乎无法完成这个任务，因为不同物相之间的灰度差仅取决于其形貌特征，而通过背散射电子图像则能轻易地对其中存在的夹杂物进行检测，如图 5-48(b)所示，钛合金基体的颜色为灰色，氧化铝晶体的颜色为黑色，而钨金属颗粒的颜色为白色。

(2)未磨抛、磨抛不良与磨抛良好图像对比

图 5-49 所示是利用背散射电子模式拍摄的水泥基材料扫描电镜图像。图 5-49(a)为未经磨抛时的 BSE 图像，可以看到水泥基体的灰度稍高于骨料，但两者之间没有明显的灰度差异。图 5-49(b)为经过磨抛但磨抛质量不高时的图像，可以看到，不同物相之间差别要比未磨抛时明显，但由于颗粒表面存在较多划痕，因此

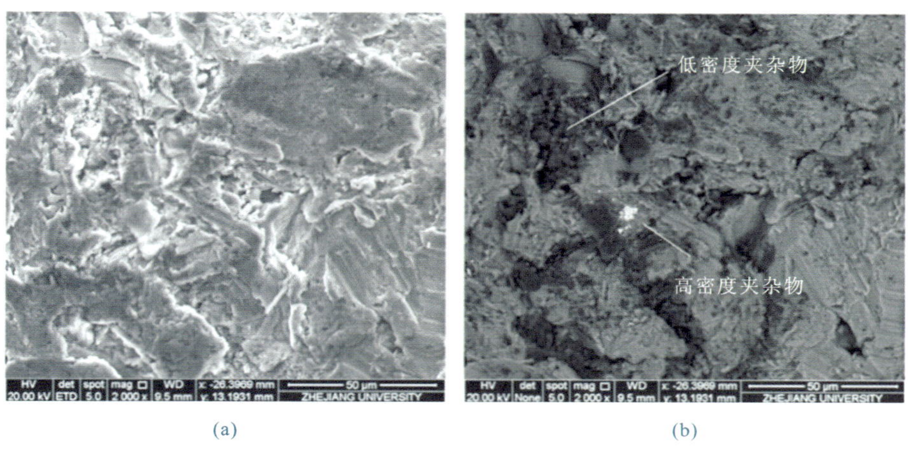

(a) (b)

图 5-48 某钛合金样品的二次电子图像与背散射电子图像对比

(a)二次电子图像；(b)背散射电子图像

有严重的伪影。图 5-49(c)、(d)为磨抛较好时的图像。图 5-49(c)为较低放大倍数图像，主要显示骨料、水泥基体及孔隙之间的区别；图 5-49(d)为高放大倍数图像，主要显示未水化水泥颗粒与水化产物之间的区别。可以看到骨料与水泥基体之间、水泥颗粒的水化部分和未水化部分之间的灰度清晰可辨。因此，从定性角度来说，经过磨抛且磨抛质量良好的样品的背散射电子图像更能够清晰地展示不同物相之间的区别。

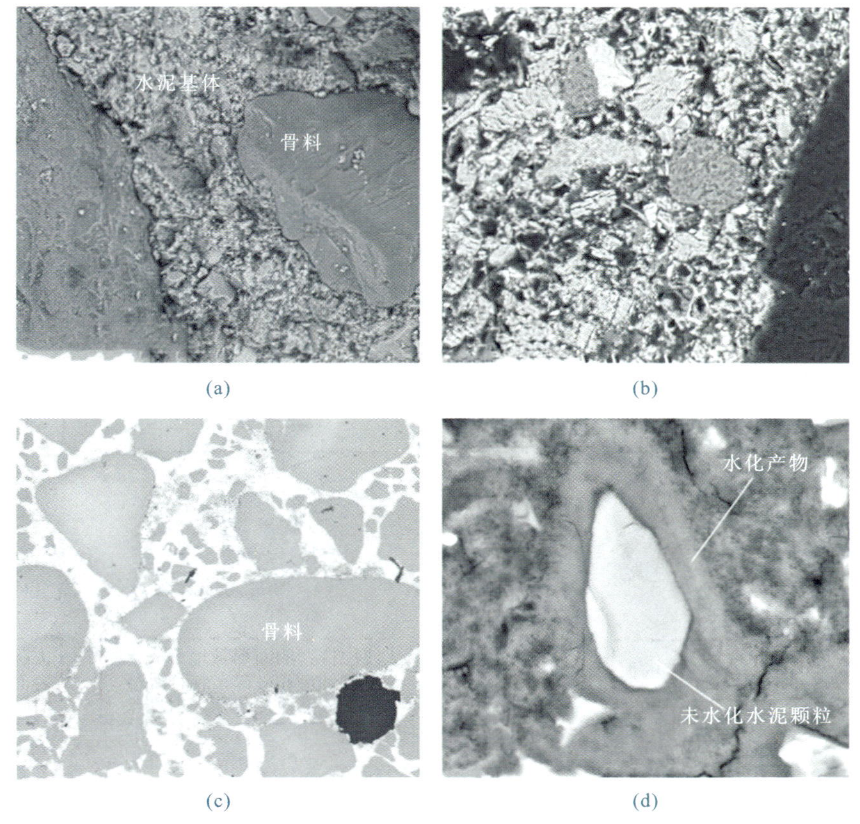

(a) (b) (c) (d)

图 5-49 水泥基材料样品未经磨抛与磨抛后的背散射电子图像对比

(a)未磨抛；(b)磨抛不良；(c)、(d)磨抛较好

为了进一步展示未磨抛与经过磨抛后图像的区别，利用软件获取了图 5-49 四张图像的灰度直方图，如图 5-50 所示，可以看到未经磨抛和磨抛质量不良时样品的灰度直方图上不同物相的灰度峰较难分辨[图 5-50(a)、(b)]，而磨抛质量较好时，可看到灰度直方图有几个清晰可辨的灰度峰，根据不同物相的密度差别，可以从直方图上将不同物相区分开来[图 5-50(c)、(d)]。由于不同物相的灰度峰之间有明显的分界，

因此可以根据灰度直方图定量统计不同物相的含量。因此，当我们需要定量提取材料中不同物相的含量以及分析不同物相形貌特征时，我们需要将样品研磨、抛光，且需制备良好。

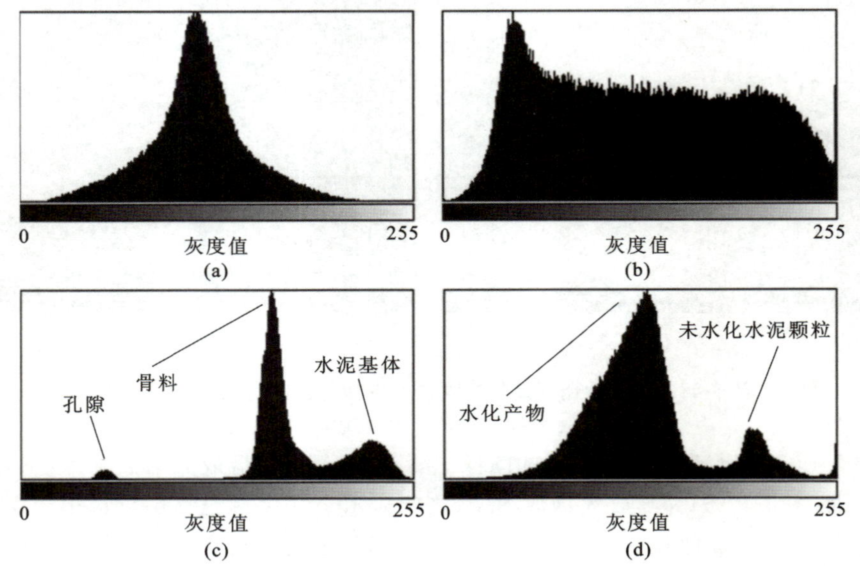

图 5-50　图 5-49 四张图像的灰度直方图

(3)背散射平光样品制备步骤

在水泥基材料科学领域，现在运用较广的背散射平光样品制备步骤如图 5-51 所示，这个方法最初由利用背散射电子图像分析法研究水泥基材料的先驱、瑞士的科学家、瑞士洛桑联邦理工学院教授 Karen Scrivener 使用并推广。经过水泥基材料学教师们多年的实践，这种方法现在已成为主流制备方法。当然，除此之外，现在一些先进的制备方法[如超薄切片法、离子减薄法、FIB(聚焦离子束)等方法]也逐渐被运用，但由于在进行背散射电子图像分析时所需要的截面面积比较大，利用这些新方法制备水泥基材料的背散射样品需要耗费大量时间，成本高昂，是大多数研究单位和研究人员所不能具备的。因此，这种传统的机械切割与砂纸研磨、抛光布抛光相结合的方法仍然占据主流地位。

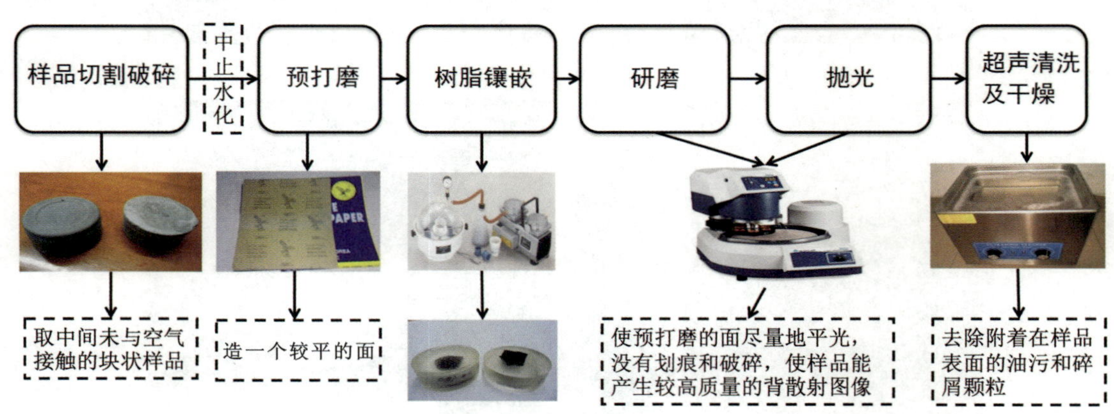

图 5-51　背散射平光样品制备流程

下面对该方法涉及的各个步骤的具体内容和要求进行详细的描述。

①样品切割破碎。

首先，使水泥混凝土块状样品破碎并取样。宏观样品的尺寸都较大，需要通过一定的手段将微观样品从大试件中取出。背散射电子图像分析法常被用于观测水泥水化程度，对于该类样品，在一定龄期将其破碎后还应进行水化中止处理，一般是将水化样品浸泡于无水乙醇或异丙醇等与水互溶且与水泥不发生反应的有机溶液中。通过稀释和置换作用去除样品中可能存在的自由水以阻断水化反应的进行。

②预打磨。

预打磨是指将样品在砂纸上进行手工研磨，使其中至少一个面（最好是你想要观察的面）是平整的。这是较关键的一步。预打磨造出的平面即是观察面，因此要选取一个具有代表性的且平整度较好的平面，否则预打磨的难度较大。对于一些规则的试件，也可以用精密切割机进行切割，切割面即为“预打磨面”。要注意，预打磨过程中尽量不要引入人为缺陷。

③树脂镶嵌。

利用树脂镶嵌（或称为包埋、封装等）样品后再进行研磨、抛光的方法在很多领域广为采用，如透射电镜制备超薄切片样品、金属样品的金相研究等。镶嵌一般有热镶嵌和冷镶嵌两种。热镶嵌是指在一定温度下（一般为 100～200℃）将样品用一种热塑性树脂包埋的技术，适用于在高温下能够保持稳定的样品，如金属等。热镶嵌树脂一般有酚醛树脂、丙烯酸树脂、环氧树脂、蜜胺树脂等热固化树脂。冷镶嵌是指在常温下将样品用树脂包埋的技术，镶嵌材料一般为常温双组分固化树脂，如环氧树脂。树脂镶嵌主要有三个目的：样品固定、样品支撑和标准化形状。

样品固定是指利用树脂将样品的观察面进行固定，使磨抛过程中观察面能够保持相对稳定。

样品支撑是指利用树脂的流动性，将其渗透到材料的孔隙中，对样品起支撑作用，以免磨抛过程中样品破碎。这对于水泥基材料来说尤其重要，因为水泥基材料是一种多孔材料，若在磨抛过程中缺乏支撑，水泥颗粒极容易脱落或破碎，导致观察面产生很多缺陷。因此，我们希望树脂能够尽可能地渗透样品内部，这样在磨抛过程中能够尽可能少地引入缺陷。镶嵌深度越深，可操作、试错的空间越大，但这并不代表制样成功的可能性就一定大。图 5-52 为树脂镶嵌深度与磨抛效果示意图，假设样品表面粗糙不平且布满与外界连通的孔隙和裂缝，当没有树脂支撑或树脂镶嵌深度较浅时，一旦磨抛深度超过树脂镶嵌深度，由于颗粒间存在间隙，磨抛时的摩擦力导致颗粒发生脱落、破碎等，就会导致磨抛面出现大量缺陷。而当树脂镶嵌深度较深时，颗粒因孔隙有树脂的支撑而不发生脱落或破碎。

标准化形状是指将树脂制定成一定形状（一般是圆形），方便磨抛时夹持样品。

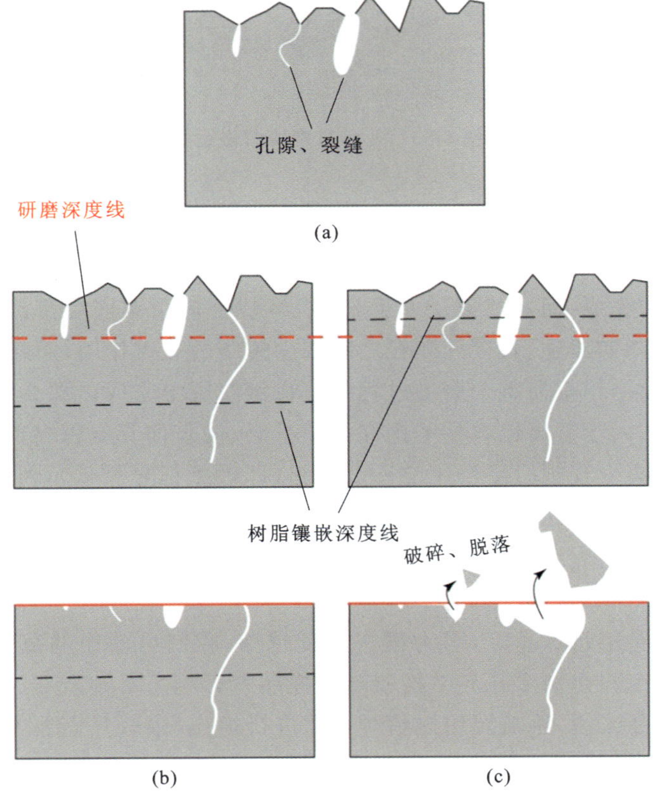

图 5-52　树脂镶嵌深度与磨抛效果示意图

(a)样品；(b)树脂镶嵌深度较深；(c)树脂镶嵌深度较浅

水泥基材料多采用冷镶嵌，因水泥水化产物在高温作用下易发生分解。图 5-53 所示为笔者实验室所用的一种真空冷镶嵌设备，其结构与操作均十分简单，由一个小型真空泵和一个带即插式压力表的真空干燥器组成。干燥器中央有一个环形支架，用于固定盛放树脂的塑料杯，环形支架可旋转以将树脂倒出，干燥器底板可电动旋转。镶嵌方法如下：

a. 首先取出预先中止水化好的块状样品，用砂纸预打磨，露出一个较为平整的面，然后用洗耳球吹去样品表面及孔隙中残留的细渣。

b. 将样品放在模具里，新露出的面朝下；将模具和搅拌好的环氧树脂（加了固化剂）置入真空器中，盖上盖子，插上仪表，开始抽真空。

c. 当真空度达到一定的值（本实验中为 0.1bar）之后，停止抽真空。等待 2min 之后，调节转动条将环氧树脂倒入模具中，以环氧树脂刚好淹没样品为准。

d. 倒入环氧树脂之后，马上关闭真空泵，打开气阀，利用内外气压差将环氧树脂尽可能多、尽可能深地压入样品的孔隙中去。

e. 最后，将模具置于一个平整的桌面上，24h 之后待环氧树脂固化后拆模。将镶嵌好的样品放在干燥箱内，等待磨抛。

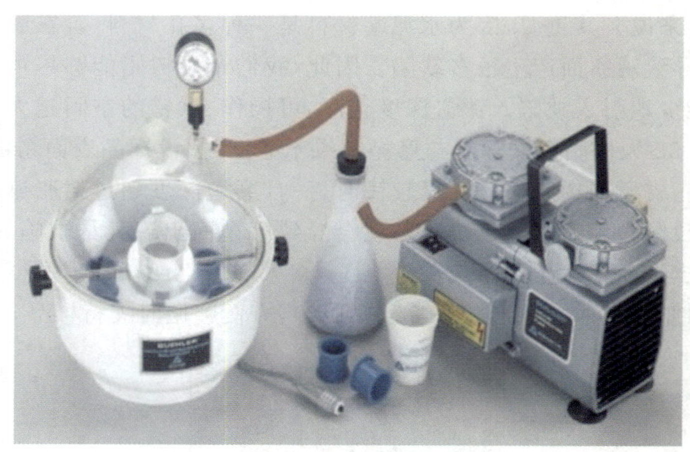

图 5-53 一种真空冷镶嵌设备

④研磨、抛光。

磨抛过程中，要注意的参数有磨抛时间、转盘的速度、压力（指施加在样品表面的力，压力越大，磨抛效率越高）等。要注意这些参数的组合使用，不要“磨过”。前面说过，我们希望树脂镶嵌深度较深，使整个磨抛过程都是在树脂镶嵌层中完成，而一旦表层研磨过多，将整个树脂镶嵌层都磨掉时，称为“磨过”，一旦磨至没有树脂镶嵌的深度层，如前所述，就会使颗粒之间缺少树脂的支撑作用，而容易产生破碎、脱落等缺陷。

因此，研磨必须小心翼翼，尽量使整个磨抛过程都是在镶嵌层中完成。那么对于高度为 1cm 的样品，整个镶嵌层可以有多厚？同济大学王培铭教授等探究了预打磨、浇筑前真空保持时间与浇筑后真空保持时间几个参数对镶嵌深度的影响，发现预打磨所用的砂纸越粗（即砂纸标号越低），树脂镶嵌深度越深；抽至预定真空度后保持 2min 后再进行浇筑可使镶嵌深度达到最佳，保持 2min 以上的等待时间对镶嵌深度无益；而浇筑后应立即将真空放掉，浇筑后继续保持在真空环境中对镶嵌深度反而不利。环氧树脂浇注参数对镶嵌深度的影响如图 5-54 所示。

就镶嵌深度而言，我们希望越深越好，因为镶嵌深度越深，我们可操作的范围就越大，但镶嵌深度并不能保证磨抛质量，且镶嵌深度只是对多孔和结构较疏松样品有影响。对于岩石、金属等物相相对比较单一、硬度较高、孔隙率极低的样品来说，不需要用树脂对孔隙进行填充，镶嵌只需要发挥样品固定和标准化形状的作用即可。

对不同样品，很难有一个统一的磨抛参数。不同样品、不同磨抛机器所要的参数肯定有所区别。水泥混凝土样品的配合比与龄期不同时，所需要的磨抛参数也应有所不同。多相样品中的不同物相的硬度不

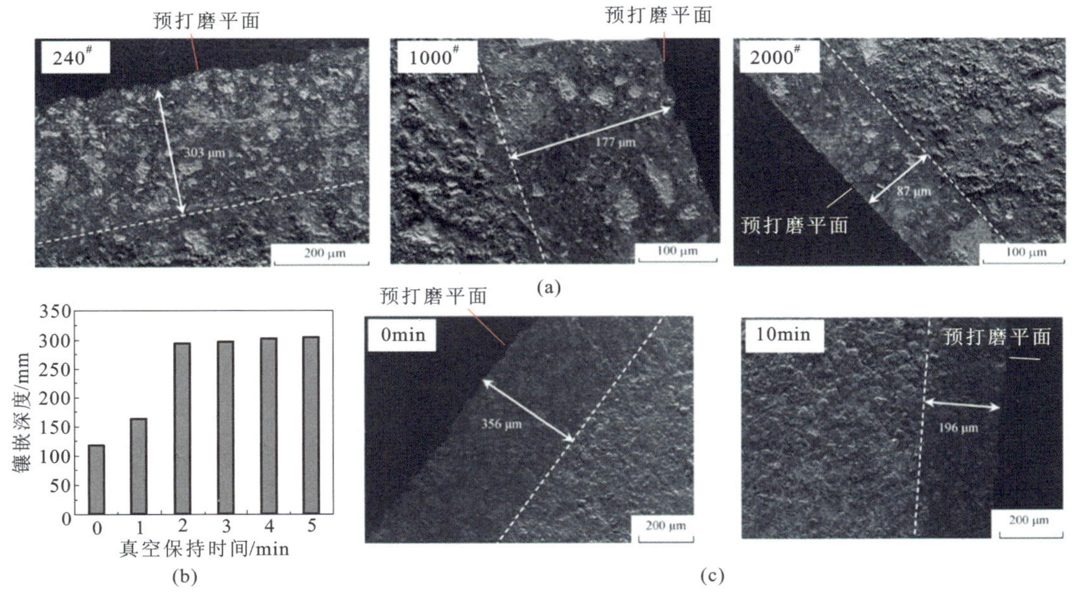

图 5-54 环氧树脂浇注参数对镶嵌深度的影响

(a)不同砂纸标号；(b)浇筑前真空保持时间；(c)浇筑后真空保持时间

同，由于砂纸颗粒对不同硬度的物相的去除能力是不同的，不同物相的去除效率也不同。一般而言，硬度高的物相较难去除，硬度低的物相较易去除。具体磨抛参数中，砂纸颗粒材料、磨抛时间、磨抛压力、磨抛盘转速和转动方向、磨抛润滑液、抛光布的种类（有丝绸、丝绒布、绒毛、帆布、尼龙等）、抛光液粒度等参数都会对结果有不同影响。

磨抛参数的选择需要制样者有一定经验积累，对于全新样品，也需要对合适的参数进行一定探索。

⑤超声清洗及干燥。

研磨、抛光后应对样品进行全面清洗，特别是在研磨过程中用有机溶剂作为润滑和冷却液的情形。较好的方法是将样品浸泡于无水乙醇中超声清洗 30～60s，而后将样品在红外烘烤灯下烘干。如果水泥基材料水化样品制样完成后没有立即进行电镜观察，那么应将样品置于密封袋中保存，为确保样品不与空气和水接触，可用多层密封袋封装并添加干燥剂。

⑥喷镀导电膜。

平光样品干燥后，应在表面喷镀一层导电膜而后进行观测。

5.6 扫描电镜成像影响因素 >>>

5.6.1 样品因素

可以毫不夸张地说，样品制备质量对电镜成像的结果具有决定性的影响，故应根据样品形态和性质的不同而采用相应的制备工艺，以此提高成像质量。前面对样品制备进行了较详细的介绍，这里对制备要求进行一些补充：首先，样品制备就是尽可能让样品满足 5.5.1 节所说的 7 个要求，越满足这几个方面要求的样品，越能得到较好的结果，而离这 7 个要求越远的样品，越难得到清晰的照片。若样品带有一定的磁性，那么磁性不仅改变电子的轨迹而影响二次电子的收集，同时也有可能对物镜造成一些磁化，进而就会对电镜造成一些不可逆的影响，因此，需要样品是无磁性或者经过消磁处理，若规避不了则需在满足分辨率要求的前提下尽可能拉大工作距离。

5.6.2 电镜的因素

电子显微镜的各个部件，包括电子枪、电磁透镜、消像散器、物镜以及真空系统等，都会对电镜的整体成像产生巨大的影响，比如电子枪中，场发射电子枪产生的亮度要比钨灯丝电子枪强很多，因此场发射扫描电镜的照片清晰度要远好于钨灯丝电镜；如果电子枪灯丝不对称或灯丝质量下降，灯丝加热以后就会产生严重偏离，这样电子枪灯丝发射的一次电子几乎全部形成栅流，自给偏压很高，无一次束流打在样品表面，所以也无二次电子激发，讯号接收器就接收不到信号等。但这些均是仪器的固定属性，一般而言，普通的用户并不能对此进行一些改变，下面从操作方面讲一讲一个普通的用户可以通过哪些手段改善照片质量。

5.6.3 加速电压的影响

一般扫描电镜的加速电压在 1～30kV 范围内，其值越大，电子束能量越大，反之越小。加速电压的选用视样品的性质(含导电性) 和所需的放大倍数等来选定。一般来说，当样品导电性好且不易受电子束损伤时可选用高加速电压，这时电子束能量高、信号强，同时能够在样品中穿透较深(尤其是低原子序数的材料)使材料衬度减小、图像分辨率高。但加速电压过高会产生不利因素，电子束对样品的穿透能力增大，在样品中的扩散范围也加大，发射二次电子和背散射电子甚至二次电子也会被散射，过多的散射电子存在信号里会出现叠加的虚影从而降低分辨率。

若加速电压过低，则信号强度较低，不能真实地反映样品表面的形貌；而当加速电压较高时，电子束在样品内部扩散范围较大(也会在一定程度上对样品表面微区的形貌造成一定的损伤)，会使样品表面的细节丢失，整个画面会显得比较光滑；而只有在选择一个合适的加速电压时，才能既满足分辨率的要求，又在一定程度上真实地反映样品表面微区的形貌特征。如图 5-57 所示，左边是加速电压为 3kV 的照片，右边是加速电压为 30kV 的照片，可以看到，当加速电压较低时，样品表面的细节更为丰富，但立体感欠缺，随着加速电压的升高，高压电子束的作用会使样品形貌更加清晰，但会掩盖一些细节信息。

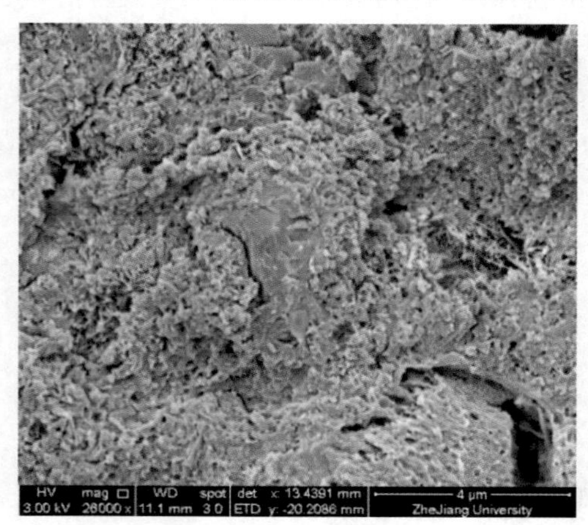

图 5-55 加速电压分别为 3kV、30kV 的 SEM 图像

当样品导电性差，又不便喷碳喷金，还需保存样品原貌时，容易产生充放电效应，样品充电区的微小电位差会造成电子束散开使束斑扩大从而降低分辨率。同时表面负电场对入射电子产生排斥作用，改变电子的入射角，从而使图像不稳定产生移动错位，甚至使表面细节根本无法呈现，加速电压越高则这种现象越严重，此时选用低加速电压以减少充、放电现象，提高图像的分辨率。对于水泥混凝土等无机材料，常用的加速电压为 10～20kV；但要注意，对于一些有机材料和生物材料，当加速电压过高时，高能电子束流会对微区结构造成一定损伤，且损伤会随着加速电压与放大倍数的升高而加剧。图 5-56 所示分别为加速电压为 20kV、10kV 与 5kV 时在 PVA 纤维表面造成的损伤，可见加速电压越高，损伤面积越大，这是因为加速电压较高时电子的能量更高。同时，放大倍数较低时，电子在样品表面作用时间短，其造成损伤相对较弱；而放大倍数较高时，电子在样品表面各点的作用时间相对较长、能量较集中，因而损伤更严重。所以，相同条件下，对电子束稳定的样品能够获得更高的分辨率。

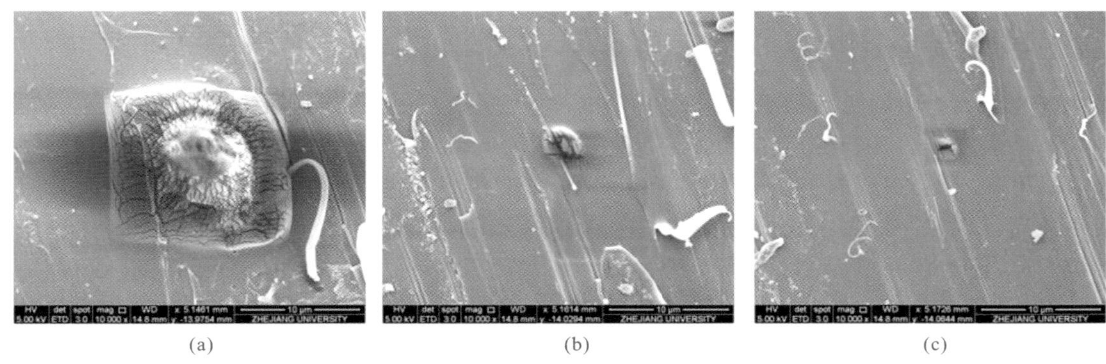

(a) (b) (c)

图 5-56 不同加速电压对 PVA 纤维表面造成的损伤

(a)20kV；(b)10kV；(c)5kV

5.6.4 束斑直径和工作距离

在 SEM 中束斑直径决定图像的分辨率。束斑的直径越小，图像的分辨率越高。一般来讲，束斑直径的大小由电子光学系统来控制，并与末级透镜的质量有关。如果考虑末级透镜所产生的各种相差，则实际照射到试样上的束斑直径 d 为

$$d^2 = d_0^2 + d_s^2 + d_c^2 + d_f^2 \tag{5-7}$$

式中 d_0——高斯斑直径；

d_s——由透镜球差引起的电子探针的散漫圆直径；

d_c——由透镜色差引起的电子探针的散漫圆直径；

d_f——由衍射效应造成的电子探针的散漫圆直径。

在扫描电子显微镜的工作条件下：$d_s \gg (d_c, d_f)$。因此，上式可以近似为

$$d^2 = d_0^2 + d_s^2$$

因为 d_0 与末级透镜的励磁电流有关，而后者又与工作距离有关。工作距离越小，要求末级透镜的励磁电流越大，相应的 d_0 越小。此外，透镜的球差系数也与工作距离有关，工作距离越小，相应的球差也越小。

因此，要获得高分辨率图像需要尽可能减小束斑直径和工作距离。但电流过高、电子束斑缩小过度，也容易在图像中带来噪声。如果样品表面较粗糙且高低不平，为了使表面各处都清晰可辨，也就是需要图像具有较大的景深，则需要增大工作距离。但工作距离过大会导致束斑直径过于扩散，图像的信噪比与分辨率大大降低。当图 5-57 所示的工作距离为 11.0mm 时，图像表面结构清晰可辨，而工作距离为 33.8mm 时则模糊不清。另外，对于表面高差较大或凹凸不平的样品，进行高分辨率图片拍摄时，当工作距离足够小时，要注意避免样品与物镜相撞，特别是将一些厂家和型号的电镜用于背散射探头成像时，要格外注意。

(a) (b)

图 5-57 工作距离为 11.0mm 与 33.8mm 的图像对比(放大倍数为 200000)

(a)工作距离 11.0mm；(b)工作距离 33.8mm

5.6.5 扫描速度和信噪比

扫描速度的选择会影响所拍摄图像的质量。扫描速度是指在每个像素点停留的时间长短，如果扫描的速度太快则信号强度较弱，因此得到的照片信噪比较低，也就是比较模糊。另外，由于无规则信号的噪声干扰会使分辨率下降，延长扫描时间会使噪声相互平均而抵消，因此提高信噪比可以增加画面的清晰程度。但对于某些样品，扫描时间过长，电子束滞留在样品上一点的时间就会延长，若样品的稳定性较差，则电子束会使材料变形，也会在一定程度上降低分辨率甚至出现假象，特别对生物和高分子样品，观察时扫描速度不能太慢。因此，要根据样品选择合适的扫描速度，而不是一味地追求高分辨率。如图 5-58 所示，左边的扫描速度较慢，右边的扫描速度较快，可以看到扫描速度较慢的图像更加清晰。

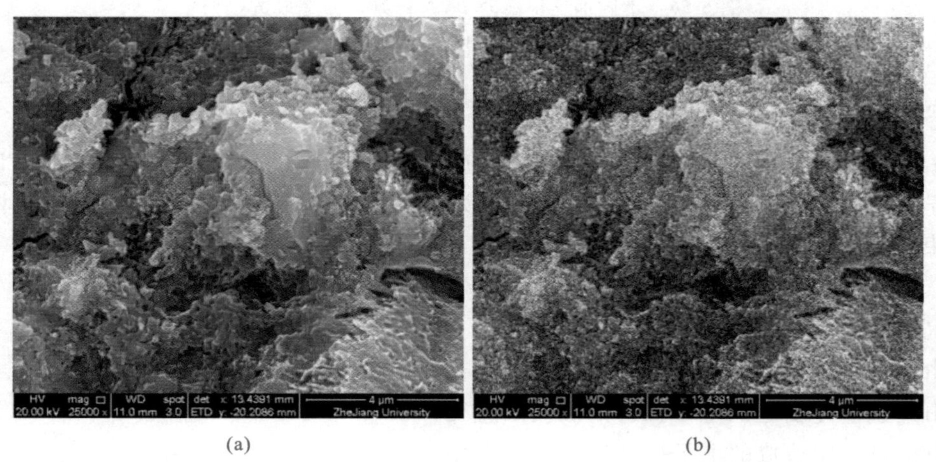

(a) (b)

图 5-58 不同扫描速度下获得的同一区域电镜图

(a)扫描速度较慢；(b)扫描速度较快

5.6.6 其他影响

①反差对比度：图像大的反差会使图像富有立体感，但是过大的反差会损失一些细微结构；图像小的反差会使图像层次丰富和柔和，但是过小的反差也会丧失细节。导电的样品在遇到电子后会产生放电现象，使反差减小，因此要根据不同的样品自动和手动调节反差对比度。

②真空和清洁：真空度不够时会使样品被盖上一层污染物，不能得到高分辨图像，镜筒和物镜光阑被污染，需及时进行清洁处理，否则在图像中会观察到像散，关掉电子束的前后瞬间图像发生位移，严重影响图像质量，也会影响仪器的使用。

③镀金条件的选择：根据不同的样品采取不同的喷镀条件，如通过设置不同喷镀时间、喷镀电流以及溅射高度来控制镀层厚度。一般样品的形貌变化不大的可以采用薄的镀层，形貌变化大的可以采用厚的镀层。

④机械振动：电源稳定度和外界杂散磁场会使图像出现锯齿形畸变边缘，特别是在高倍率时更容易观察到。振动造成在不同时间记录的像元排列位置发生挪动，从而使图像变得模糊或变形，观察高倍率图像时，相应的振动效应对图像质量的影响更为严重。

⑤嘈杂噪声：机械泵工作声音、除湿机工作声音、拍摄高倍率图像时说话的声音以及手机打电话时的信号干扰等均对图像产生一定的影响，致使图像的分辨率降低或产生一些变形。图 5-59 为几种不理想条件下所拍摄的电镜图像。

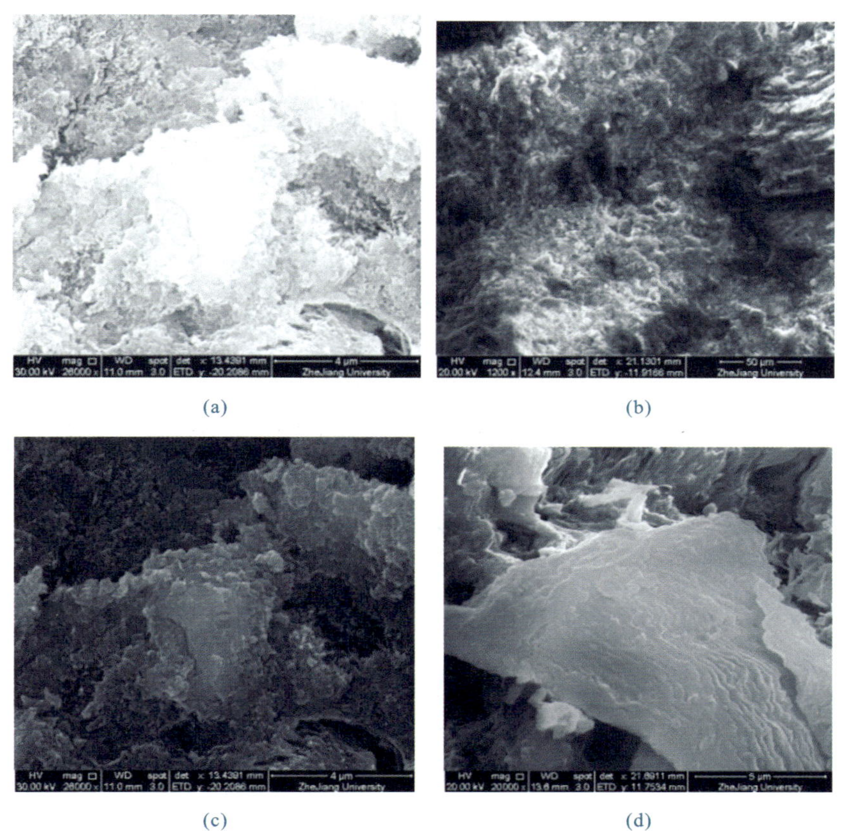

图 5-59 几种不理想条件下的扫描电镜图像示例

(a)对比度过大的照片;(b)导电性不均匀时的照片;(c)对比度较小的照片;(d)图像产生扭曲、畸变

5.7 荷电现象及其防治

荷电现象是扫描电镜拍摄中最常出现的影响图像质量的一种现象,主要是由于样品表面导电性较差。电子束与导电性不良的样品相互作用后,会在样品表面形成堆积大量电子的区域或者缺少电子的空穴,造成样品表面形成局部不稳定的电场,进而导致图像中出现白色或黑色区域、条纹。图 5-60 所示的便是荷电现象导致的图像表面亮度不均问题。由于无机材料样品、混凝土样品、黏土样品等均不导电,且表面起伏较大,很难均匀地在其表面喷镀导电层,该类样品在试验过程中极易出现荷电现象,因此这里特别将荷电现象单独进行介绍。

5.7.1 荷电现象产生的原因

荷电现象又被称为"放电现象",可以用基尔霍夫电流定律来解释:

$$I_b = (\eta + \delta) I_b + I_{SC} + \frac{dQ}{dt} \tag{5-8}$$

即在某一时刻,流向某一点的电流之和等于流出该点的电流之和。

式中 η——背散射电子产额;

δ——二次电子产额;

I_{SC}——样品接地电流;

Q——时间 t 内的放电电荷。

该公式表明，扫描电镜中入射电子的电流应该等于背散射电子电流、二次电子电流、样品接地电流与表面荷电电流四者之和(图 5-61)。

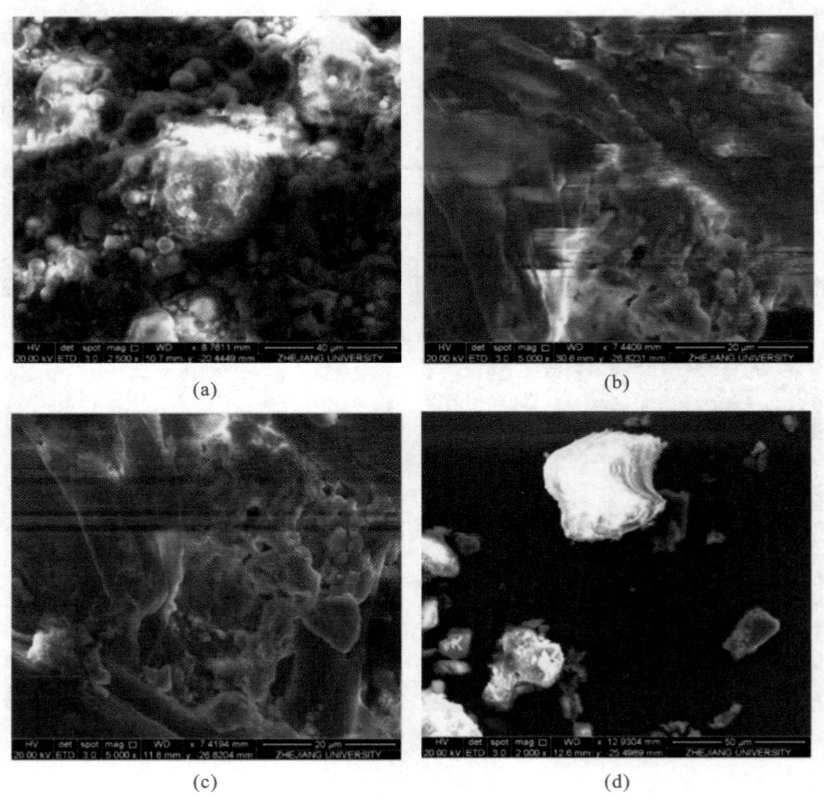

图 5-60 典型的具有荷电现象的二次电子图像

(a)明暗不均；(b)条纹与噪点；(c)黑色条纹；(d)扭曲

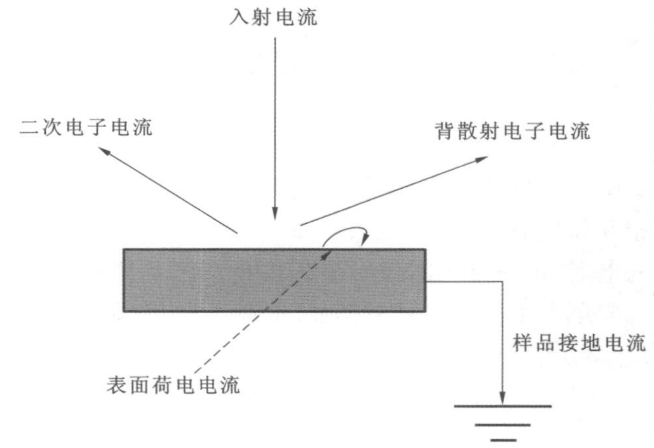

图 5-61 扫描电镜中入射电流、出射电流示意图

对于表面导电性较差的样品，样品表面堆积的电子不能通过接地线及时地导走，亦即接地电流较小或者为零，此时基尔霍夫电流定律可写为

$$I_b = (\eta + \delta) I_b + \frac{dQ}{dt} \tag{5-9}$$

亦即，当样品表面导电性较差时，不能形成接地电流，便不可避免存在表面荷电现象。要消除表面荷电现象(即使$\frac{dQ}{dt}=0$)，只有满足条件 $\eta+\delta=1$ 时才能够完全消除荷电现象。$\eta+\delta=1$ 即入射电子数量等于二次电子与背散射电子数量之和。相关研究表明，二次电子与背散射电子产额之和与加速电压之间的关系如

图 5-62 所示，$(\eta+\delta)$在一定范围内随着加速电压的增大而增大，当增大到一定值(V_1)时，$\eta+\delta=1$。之后随着加速电压升高，$(\eta+\delta)$值继续升高，到极限值后又持续下降。

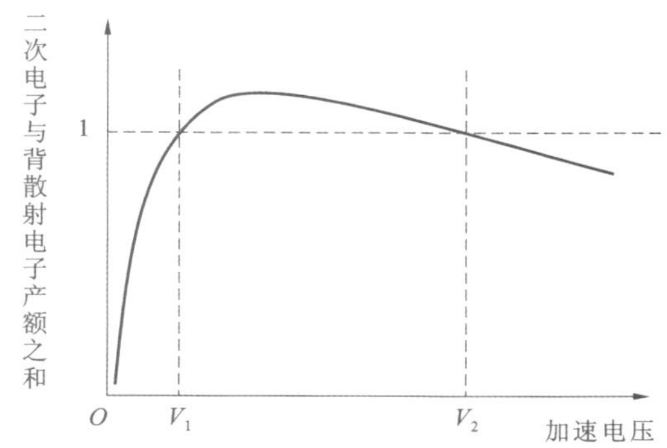

图 5-62 样品中二次电子与背散射电子产额之和与加速电压(电子束能量)关系示意图

由曲线可知，当加速电压为 V_1 与 V_2 时，$\eta+\delta=1$，样品表面电荷平衡，不存在荷电现象；当加速电压小于 V_1 或者大于 V_2 时，二次电子与背散射电子总数小于入射电子数，表面呈负电位，在负电场作用下二次电子获得加速，使得更多的二次电子被探测器检测到，即在这种情况下，二次电子的图像会显得很亮；当加速电压介于 V_1 与 V_2 之间时，二次电子与背散射电子总数多于入射电子数，样品表面存在过多的空穴，在表面形成一个正电场，这个电场使二次电子减速或被吸收回样品表面，使得被探测器检测到的二次电子减少，从而使电镜图像上的局部较暗或发黑。

而表面导电性良好的样品，样品本身是导体或者表面镀了一层连续导电膜，在其表面产生的荷电电荷可通过接地线及时导走，不存在荷电现象，即$\frac{dQ}{dt}=0$。平衡式可写为

$$I_b=(\eta+\delta)I_b+I_{SC} \tag{5-10}$$

即使$(\eta+\delta)$不等于 1，也可通过接地电流的自动平衡来保证公式的成立而不存在荷电现象。而如果样品表面导电性较差，或者导电性分布不均匀，有些地方导电性好，有些地方导电性差，就会导致不同区域存在不同强度正负电场，而使得图像表面明暗分布极度不均匀，不能清晰地进行辨析。

5.7.2 荷电现象的防治

一般来讲，通过表面喷镀导电膜、采用低加速电压、采用低真空模式、采用背散射电子成像模式等可改善荷电现象。

(1)喷镀导电膜

荷电现象的存在，本质是由样品的导电性差或分布不均匀所致，因此提高样品的导电性是减少荷电现象出现的最佳途径。使不导电样品导电的方法是在样品表面喷镀一层厚度均匀的导电颗粒。图 5-63 所示

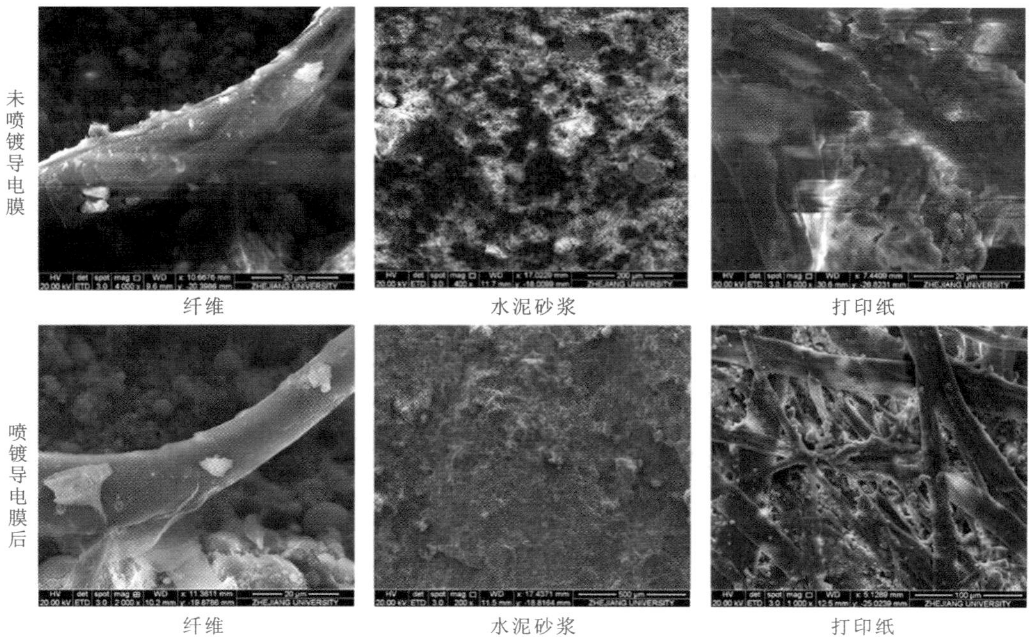

图 5-63 喷镀导电膜前后二次电子图像对比

第一行为未喷镀导电膜时的图像，第二行为喷镀导电膜以后的图像，可以看到未喷镀导电膜纤维、水泥砂浆与打印纸表面均存在较严重的荷电现象，图像质量较差，而喷镀导电膜后荷电现象减轻、图像质量较好。

喷镀导电膜的方式主要有使用真空镀膜仪与离子溅射仪两种，镀膜材料主要有碳、黄金与铂金三种。黄金与铂金靶材一般用高真空离子溅射仪来蒸镀，而碳膜用两种蒸镀方式均可。镀膜仪的真空度越高，形成的导电膜颗粒越细、连续性也越好。

三种靶材中，铂金可产生效果最佳的导电膜，即颗粒较细且均匀，其次为黄金、碳。单从导电效果来看，越厚的导电膜的导电性越好，可导电膜过厚会覆盖掉样品表面细小的起伏，特别是进行高倍数（大于 10 万倍）观察时。当用碳导电膜时，放大倍数在 50000 倍时便可看到明显的颗粒。当碳靶质量较差、镀膜工艺选择不当时，可在样品表面观察到由大小不均匀的颗粒组成的碳膜，颗粒尺寸从 10nm 至 200nm 不等，如图 5-64 所示。图 5-65 是同种材料镀黄金膜时样品表面形貌图，可以看到，黄金颗粒比碳粒细、分布也较均匀。从图 5-64 下半部分可以看到，该种材料的表面原始形貌是较光滑的，可较粗的碳颗粒与黄金颗粒完全覆盖掉了原本光滑的表面形貌，造成涂层表面是纳米涂层的假象。

曾毅等人在改良了喷镀工艺后对比了黄金与铂金的喷镀效果，结果参见图 5-66 与图 5-67。所用材料为代号为 SBA-15 的一种层状介孔材料，放大倍数均为 300000 倍，图 5-66 为未喷镀导电膜图像，可以看到该种介孔材料为层状结构；图 5-67(a)为喷镀铂金导电膜图像，在同样的放大倍数下可以看到介孔材料的层状结构层间距由于被铂金颗粒覆盖而变小、片状结构厚度变厚，但仍可清晰地辨析并测量该层状结构的尺寸；同样的放大倍数下，镀黄金膜的图像[图 5-67(b)]中，由于黄金膜颗粒较粗，该层状结构已经几乎完全被覆盖。

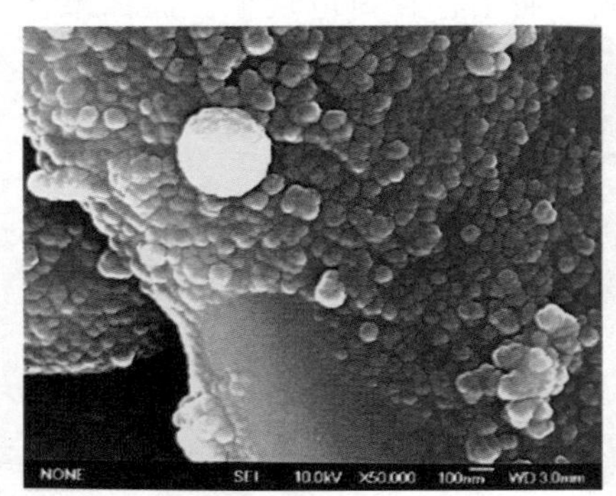

图 5-64 镀碳膜氧化钛涂层表面形貌

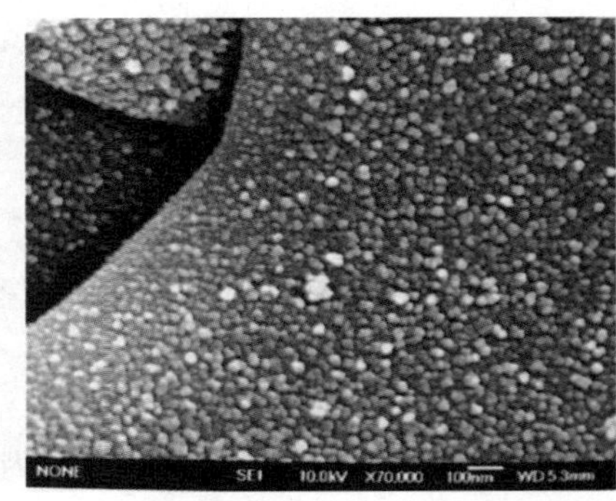

图 5-65 镀黄金膜氧化钛涂层表面形貌

图 5-66 未镀膜的介孔材料 SBA-15 表面形貌

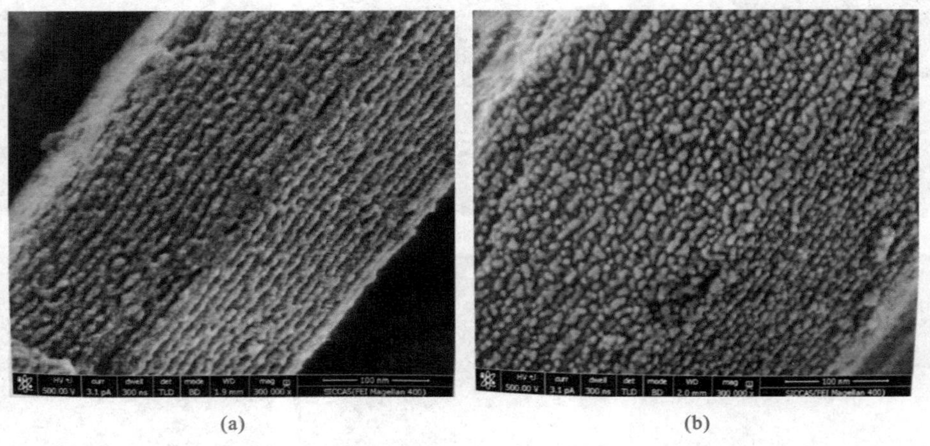

(a) (b)

图 5-67 镀铂金膜与黄金膜的介孔材料 SBA-15 表面形貌

(a)镀铂金膜；(b)镀黄金膜

由以上内容可知，对于不导电材料，为了提高分辨率、减轻荷电现象而喷镀导电膜可显著减轻荷电现象并提高图像质量。但由于喷镀的材料由纳米颗粒构成，若喷镀参数选择不当或喷镀过度，在较高倍数下进行观察时，纳米颗粒构成的膜结构会掩盖掉样品表面的真实形貌。因此，要根据拍摄需求选择合适的喷镀材料、喷镀方式和喷镀参数。

另外，在同样的喷镀条件下，不同形态、尺寸的颗粒的效果也是不同的。图 5-68 展示了直径较大的球形颗粒、异形颗粒与直径较小的球形颗粒等三种情形下的喷镀效果。真空镀膜仪或离子溅射仪的靶材一般放置在仪器的顶端，材料位于其正下方，工作时导电颗粒从上往下运动掉落至材料表面。因此，对于异形颗粒，只有朝上的面被导电颗粒涂覆；对于球形颗粒，只有上半球面被涂覆。如图 5-68 所示，制样时，将颗粒材料常直接粘于固体导电胶之上，固体导电胶粘于样品台上。为了使颗粒较牢固地粘在导电胶上，用一定的外力将其压入固体导电胶内，压入的深度不大于固体导电胶厚度。在这样的前提下，粒径较大（大于或远大于颗粒压入固体导电胶深度）的颗粒表面所镀的导电膜不能与固体导电胶形成有效连接，由于颗粒本身并不导电，因此聚集于颗粒表面的电子并不能及时地通过"导电膜—导电胶—样品台—接地线"这样一个通道给导掉（见图 5-68 中左侧球形颗粒与异形颗粒），对于这些颗粒，仍然会存在十分严重荷电现象，如图 5-69 所示。而粒径较小（小于或远小于颗粒压入固体导电胶深度）的颗粒表面所镀的导电膜能与固体导电胶形成直接的、有效的连接（见图 5-68 右侧所示粒径较小的球形颗粒），对于这些颗粒，则几乎不存在荷电现象。在进行水泥原材料、粉煤灰原材料、粉末样品、黏土颗粒、细骨料等"颗粒"样品的拍摄时，时常出现荷电现象。图 5-69 所示是粉煤灰原材料拍摄过程中常出现的荷电现象导致的图像局部区域过暗或者发亮问题，特别是一些"较大"颗粒的荷电现象更加明显。而在图 5-70 中可见，一些较大颗粒表面有由荷电现象导致的局部过亮和扭曲的现象，而一些较小颗粒则没有荷电现象。究其原因，就是图 5-68 所示的"较大"颗粒表面未能与导电胶形成有效连接。

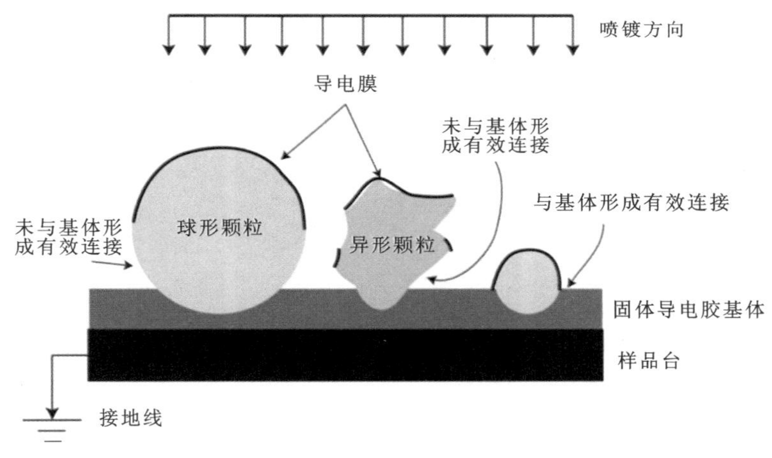

图 5-68 镀膜仪对不同形状、不同尺寸颗粒的镀膜效果对比

为了解决以上问题，可从以下几个方面对喷镀参数进行改良。

①倾斜、旋转样品台：对于较大粒径的球形与异形颗粒，可通过倾斜、旋转样品台从各角度进行多次喷镀，使其产生与固体导电胶基体相接触的有效连接，如图 5-71(a)所示。现在某些较高级的镀膜仪可在喷镀过程中倾斜和旋转样品台，不能倾斜和旋转台子的，可在每次喷镀结束后手动调节样品台倾斜度与角度后再次喷镀，通过多次喷镀使异形颗粒各面均被喷镀。每次喷镀的时间可相对减少，以免造成某些区域的喷镀层过厚。

②涂抹液体导电胶：用牙签、棉棒等工具蘸取少许液体导电胶涂抹于未被喷镀到的部位，将表面的导电膜与基体导电胶相连接，如图 5-71(b)所示。使用液体导电胶可显著减轻荷电现象并提高图像质量，实践表明，对放大倍数大于 100000 倍的图片采用液体导电胶进行辅助，图像清晰度更高。液体导电胶也能在一定程度上增加小样品的稳定性，但液体导电胶的配置需要一定经验，否则很容易造成浪费。

③增加固体导电胶厚度、增加颗粒压入深度：对于某些异形颗粒，倾斜和旋转均不能使其被均匀地喷

图 5-69 粉煤灰原材料拍摄中常出现的荷电现象

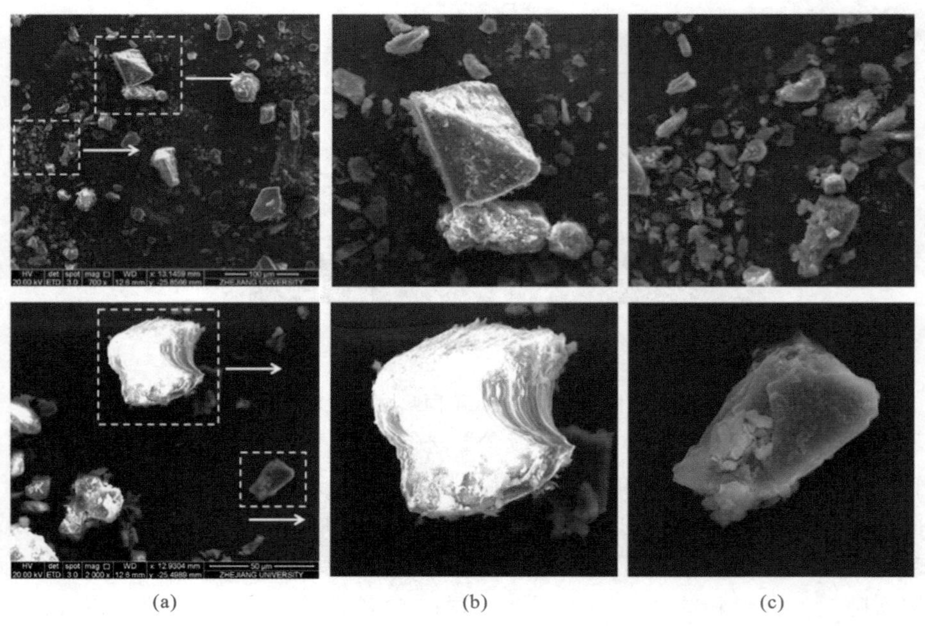

(a) (b) (c)

图 5-70 粉体材料中较大颗粒与较小颗粒对比

(a)颗粒材料二次电子图像;(b)较大颗粒:荷电现象严重;(c)较小颗粒:无荷电现象

镀,也可采用增加固体导电胶厚度,将颗粒用外力尽可能深地压入导电胶基体内,当压入深度等于或大于球形颗粒半径时,再进行喷镀,便可较容易地使导电膜与基体之间产生有效连接,如图 5-71(c)所示。有时候也用液体导电胶替代固体导电胶,将液体导电胶涂抹在样品台上,而后将细颗粒洒在液体导电胶上。但过深的压入也会掩盖掉颗粒的部分真实结构信息。

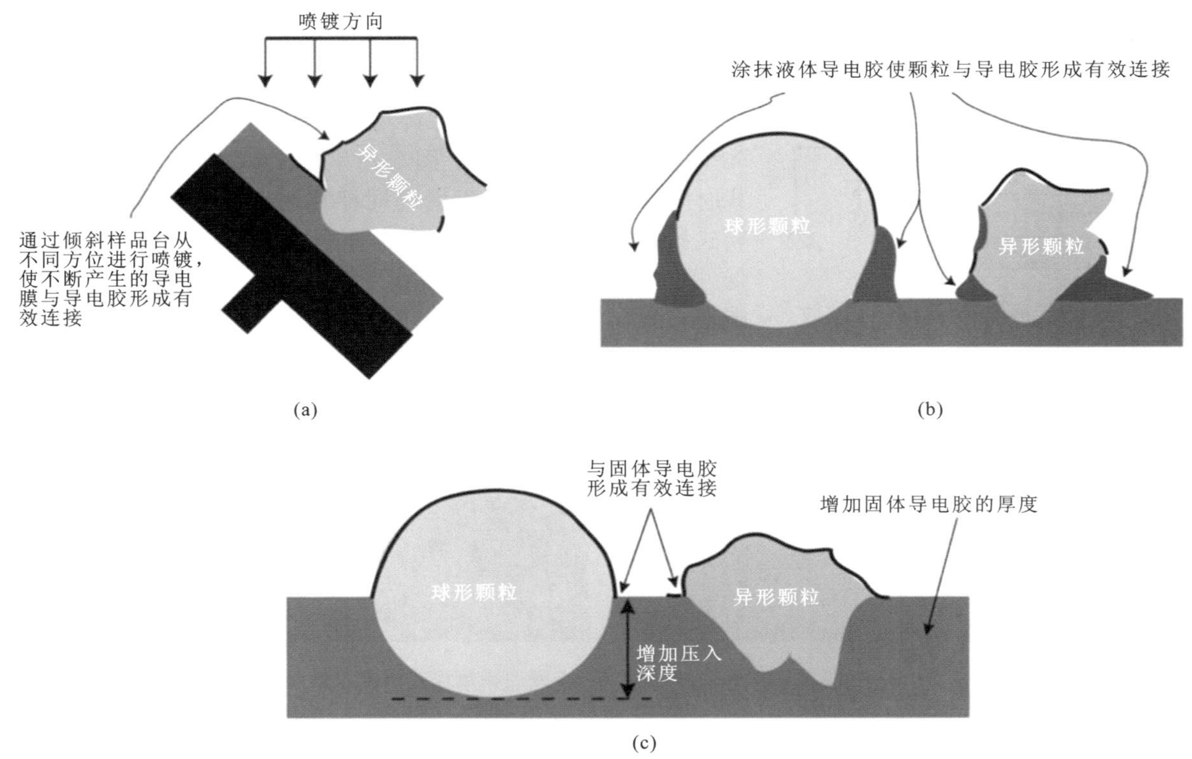

(a) (b) (c)

图 5-71 通过改变喷镀角度、涂抹液体导电胶与增加固体导电胶厚度、增加颗粒压入深度等方式使颗粒表面与导电胶间形成有效连接

(a)改变喷镀角度；(b)涂抹液体导电胶；(c)增加固体导电胶厚度、增加颗粒压入深度

(2)采用低加速电压

荷电现象的本质是样品导电性较差，短时间内在样品表面积聚过多电子无法导掉，一方面需要尽可能地增加样品的导电性，另一方面可通过减少积聚电子数量，即减小加速电压来降低荷电现象发生的概率和降低荷电现象的程度。通过图 5-62 可以知道，要避免荷电现象的发生，应尽可能使加速电压靠近 V_1 或者 V_2，一般来说，观察常见无机材料形貌时，采用 10～20kV 的加速电压，但这个电压远大于 V_2。几种常见材料的 V_2 值可参考表 5-2。

表 5-2 几种常见材料的 V_2 值

材料	树脂	非晶碳	尼龙	聚四氯乙烯	砷化镓	石英	氧化铝
V_2/kV	0.6	0.8	1.2	1.9	2.6	3.0	3.0

由表 5-2 中数据可知，普通材料的 V_2 值常远低于我们一般用来观察的加速电压，因此当样品导电性能较差时，便会产生严重的荷电现象甚至出现样品漂移。试验中，常采用减小加速电压的方式来减小荷电，但对于一台普通的扫描电镜来说，加速电压的减小必然导致信号数量的减少，信号数量减少必然导致信号质量下降、信噪比降低，这会大大降低图像质量。因此，不能一味地为了控制荷电而降低加速电压，需要在二者之间寻找一个平衡。通常，一台普通的电镜，需要得到较好的图像信噪比时的加速电压均大于其 V_2 值，因此改善样品的导电性变得尤为重要，调节加速电压只能在一定程度上改善荷电现象。

前面章节有介绍，减小加速电压，电子在样品内的扩散范围将减小；电子束进入样品内的深度越浅、向周围扩散越小，则图像越能反映其表面形貌特征；反之，加速电压越高，其反映的更多是样品距离表层越深区域的信息而掩盖掉样品某些表面结构信息。为了提高分辨率，必须提高加速电压以缩小束斑直径，而过高的加速电压会造成某些样品的表面微观结构缺失、对某些不稳定的样品造成损害、不导电样品的荷电现象严重等问题。现在一些高性能电镜配有“减速模式”，可以说完美解决了高分辨率与低电压的问题。所谓

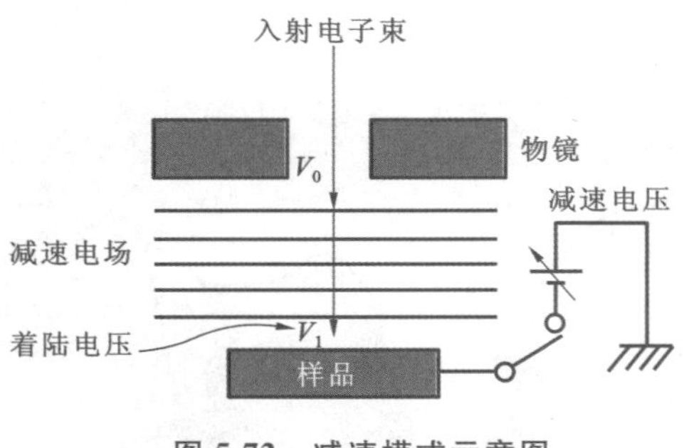

图 5-72 减速模式示意图

减速模式，是指由电子枪处产生的电子束的能量较高（加速电压为 V_0），但该高能电子束通过物镜极靴进入样品舱后被一减速电场减速至较低能量（V_1），使实际到达样品表面的能量较低。如图 5-72 所示，减速模式具有既能保持高分辨率又能保持低电压的优势，近年来运用也越来越广泛。图 5-73 为开启减速模式与未开启减速模式时图像效果对比，可以看到同样控制着陆电压为 500V，用普通模式拍摄时，虽然用低电压完全排除掉了荷电现象，但图像分辨率低，不可清晰地识别颗粒表面的结构；而开启减速模式时，可以清晰地看到颗粒表面的微观结构。

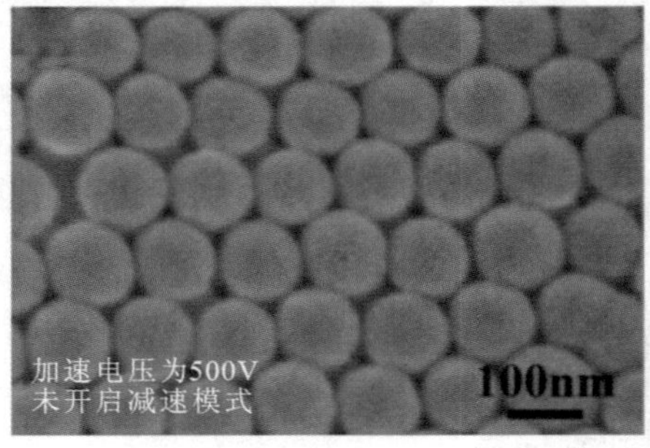

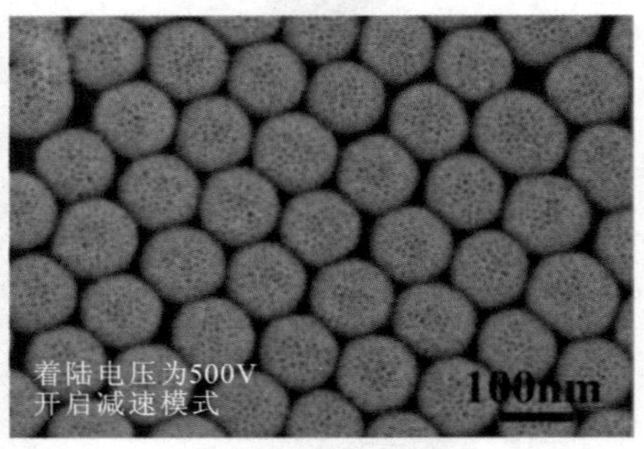

图 5-73 低电压下开启减速模式与未开启减速模式图像效果对比

因此，可以知道，在一定程度上降低加速电压可减轻荷电现象，但需要一些措施来保证图像的分辨率与清晰度。减速模式是比较理想的方法，但并不是所有电镜都能配备减速模式，通过减小加速电压也可在一定范围内改善荷电现象，因为加速电压减小后，单位时间内到达样品表面的电子束流强度降低，故可减小荷电现象带来的影响。图 5-74 分别为加速电压为 20kV、10kV 与 5kV 时，某纤维混凝土断面形貌特征，经过疲劳破坏的试件表面充满碎屑、裂纹和孔洞等，这些缺陷使纤维周边形貌特征复杂、导电性不均匀而发生荷电现象。当加速电压较高时，图像容易出现明暗不均的现象，使得亮部和暗部的细节均被掩盖。而通过降低加速电压，可明显减轻这个现象。

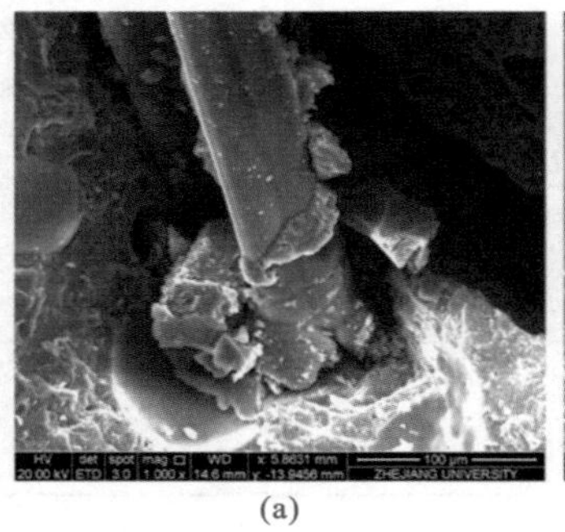

(a)

(b)

(c)

图 5-74 不同加速电压时纤维混凝土表面形貌

(a)20kV；(b)10kV；(c)5kV

(3)采用低真空模式

高真空模式下，当样品不导电或导电性较差时，大量聚集在样品表面的电子不能及时导走而致产生荷电现象。低真空或环境扫描模式则提供了一个解决该问题的思路，低真空或环境扫描模式是利用扫描电镜的多级真空系统，通过各真空阀和压差光阑，控制样品舱和镜筒、灯丝所在腔体中的真空度不同，即灯丝和镜筒中的真空度较高，而样品舱中的真空度可根据样品状况进行调节（一般通过通入某种气体分子或水分子来进行调节）。由于样品舱中存在一定气体分子，电子与其碰撞后会将其电离并产生正离子和负离子，其中正离子在一个附加电场的作用下会下落至样品表面，并与样品表面累积的电子发生中和，从而在一定程度上消除荷电现象。图 5-75 为一种黏土颗粒的高真空与低真空模式二次电子图像对比，可见低真空模式能够在一定程度上减轻由导电性较差引起的荷电现象。但由于电子与气体分子的碰撞，低真空模式下图像的清晰度和分辨率相比高真空模式有所降低。

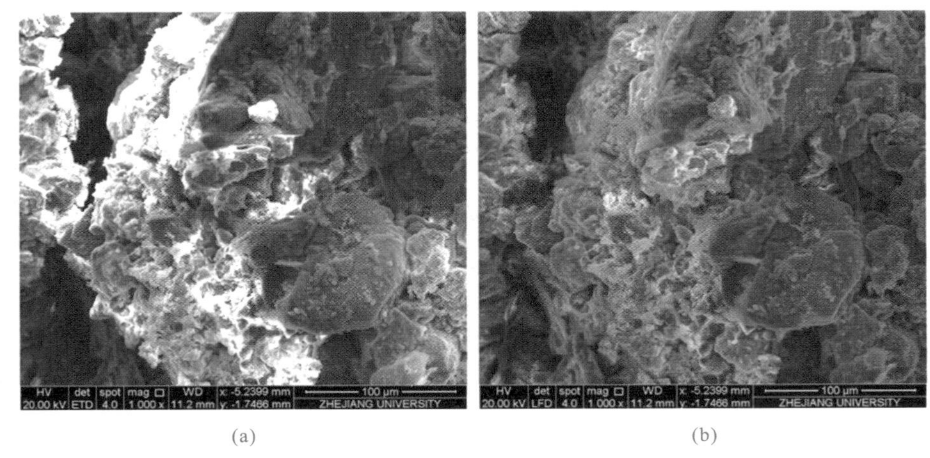

(a) (b)

图 5-75 高真空与低真空模式二次电子图像对比

(a)高真空模式二次电子图像;(b)低真空模式二次电子图像

(4)采用背散射电子图像模式

由于背散射电子的能量远大于二次电子,即使样品表面存在大量电荷聚集,背散射电子的运动受到荷电电场的影响远小于二次电子,因此背散射电子的出射和收集并没有受到很大干扰,故可用背散射电子图像来避免荷电现象。图 5-76 分别为粉煤灰混凝土中粉煤灰与打印纸的二次电子图像与背散射电子图像,可见背散射电子图像完全没有受到荷电现象的影响。

(a) (b)

(c) (d)

图 5-76 未喷镀导电膜样品的二次电子图像与背散射电子图像对比

(a)粉煤灰二次电子图像;(b)粉煤灰背散射电子图像;(c)打印纸二次电子图像;(d)打印纸背散射电子图像

而在一些场合,背散射电子图像不仅能够消除荷电现象的影响,还能显著提高图像的清晰度和分辨能力。图 5-77 所示为表面粗糙不平的纤维与混凝土界面微观结构,由于受荷电现象与尖端放电的影响,纤维与混凝土的界面及其周围的微观结构较模糊不清,而利用背散射电子图像不仅能够消除荷电现象,同时也能够显著提升纤维与混凝土界面的清晰度，纤维表面黏附的水泥颗粒也清晰可辨，在这个运用场景里，背散射电子图像能够比二次电子图像提供更多的信息。

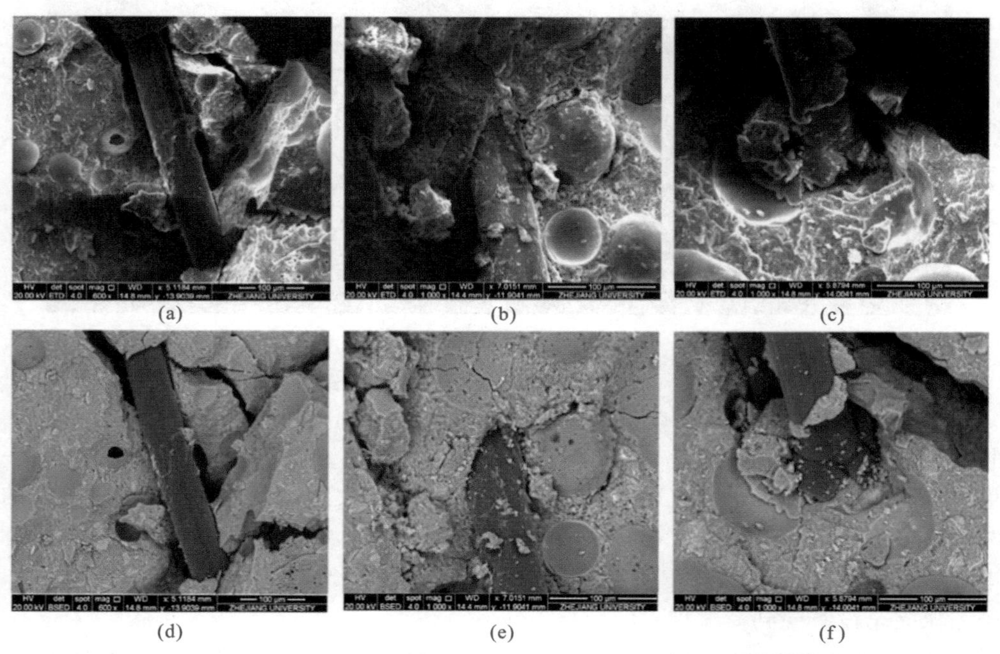

图 5-77 纤维混凝土断面的二次电子图像与背散射电子图像对比

(a)、(b)、(c)二次电子图像；(d)、(e)、(f)背散射电子图像

(5)其他

①采用快速扫描方法。

某些时候，为了提高图像信噪比，需要采用较慢的扫描速度进行成像。若样品导电性较差，存在一定的荷电现象，则随着扫描速度的延长，表面电位的稳定性也越差，相应的荷电现象也越明显。此时，在不改变其他参数条件下，可加速扫描，使电子束在每个点的停留时间变短，短于荷电场的稳定时间，从而可有效地避免由于荷电电位的不稳定导致的图像变形、图像漂移、发白等荷电问题。

②采用高加速电压击穿材料。

当对某些微米颗粒或薄层材料进行观察时，在 10～15kV 条件下观察有明显的荷电现象存在，此时若降低加速电压，信号强度、信噪比将急剧下降导致图像质量下降，且机器并不配备减速模式。若对颗粒表面微观形貌特征并无要求，则也可加大加速电压至 30kV，可发现在这个加速电压下荷电现象完全消失了。原因在于在这个加速电压下，微米颗粒被击穿，电子束击穿样品后与导电胶(或样品台)直接连接，所有电子可以通过这个“通道”与样品台形成接地电流，从而避免荷电现象的发生。但需要注意的是，这种排除荷电现象的方法有两个前提：第一，样品颗粒粒径要足够小(数微米)，否则电子将不能将其击穿；第二，对颗粒的表面微观起伏状况并无要求，因为击穿后的图像颗粒表面的细节尽失，只能得到颗粒轮廓信息。

5.8 扫描电镜在水泥基材料中的应用 >>>

5.8.1 基于 BSE 图像的聚合物改性水泥基材料水化程度研究

基于不同水化产物的背散射电子(BSE)产生系数不同，背散射电子图像可用于研究水泥水化程度。如图 5-7 所示，抛光水泥样品的背散射电子图像中，灰度从低到高依次为孔隙及裂缝、水化产物与未水化水泥熟料。通过将一定龄期浆体中的未水化水泥颗粒的体积与初始阶段未水化水泥颗粒体积相比，便可得到该龄期的水泥水化程度。

聚合物作为一种水泥基材料添加剂，能够显著改善水泥基材料的柔韧性、黏结性、抗渗性等。但聚合物的加入会显著降低水泥的水化程度，基于 BSE 图像，可通过两种方式对聚合物改性水泥基材料的水化特征与水化程度进行定性与定量表征。

首先，可通过对比不同龄期及不同掺量聚合物改性的水泥浆体的 BSE 图像，通过浆体中孔隙率、水化产物特征等对水化特征进行定性判断。图 5-78 与图 5-79 显示了纯水泥浆体与掺 5%水泥质量的 EVA 乳胶粉改性的水泥浆体在不同龄期时的 BSE 图像。可以很明显地看到，随着龄期增长，水泥浆体的孔隙率逐渐降低，浆体中水化产物(C—S—H 与 CH)的含量增加，一些较大颗粒周围的水化层逐渐增厚。

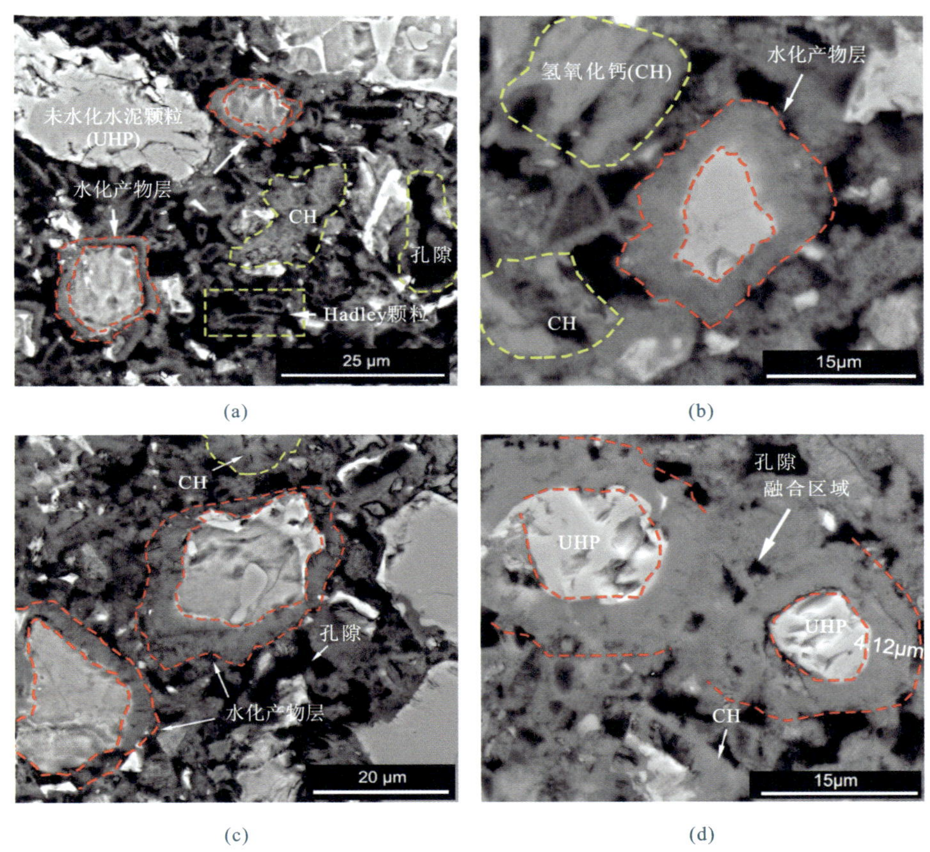

图 5-78 纯水泥浆体在 1d、3d、7d、28d 时的 BSE 图像

(a)1d；(b)3d；(c)7d；(d)28d

其次，参考本章 5.2.2 节所给出的方法，通过物相分割、二值化处理等方式，对浆体中不同物相进行统计，可以得出不同龄期时浆体中未水化水泥颗粒所占浆体的体积比，将其与初始状态进行比较，便可得到不同龄期时水泥浆体的水化程度。图 5-80 即是通过该方法计算的对照水泥(纯水泥)与不同掺量的两种聚合物(EVA 与 SBR)改性水泥浆体的水化程度。可以看到，聚合物的加入显著降低了水泥水化程度。

最后，可以对较大颗粒外的水化层厚度进行测量，也可以对水泥水化程度进行半定量计算。图 5-81 所示为不同龄期各水泥浆体中水泥颗粒外层水化产物厚度值，可以看到水化产物厚度值的变化趋势与图 5-80 所计算的水化程度趋势一致，这也在一定程度上反映水泥水化特征。

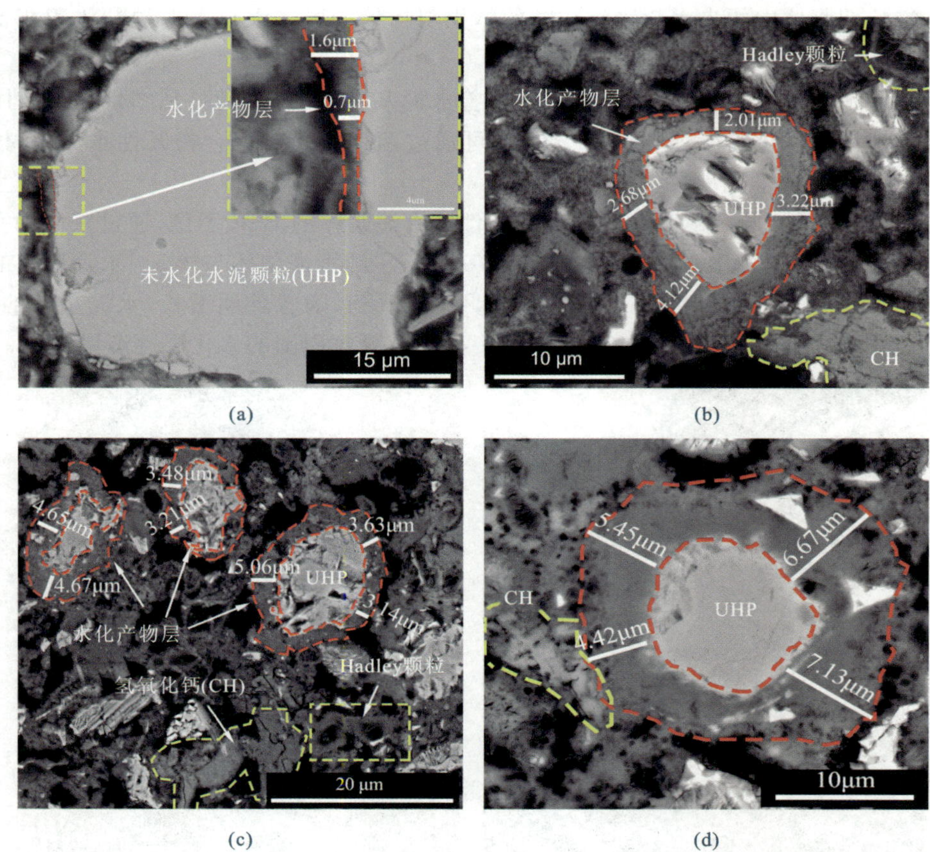

(a) (b)

(c) (d)

图 5-79 掺 5%EVA 乳胶粉的水泥浆体在 1d、3d、7d、28d 时的 BSE 图像

(a)1d;(b)3d;(c)7d;(d)28d

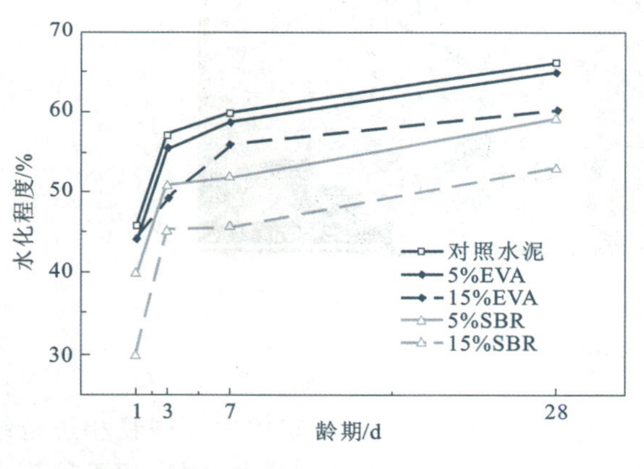

图 5-80 不同龄期的水泥浆体的水化程度

(EVA 与 SBR 为两种胶粉)

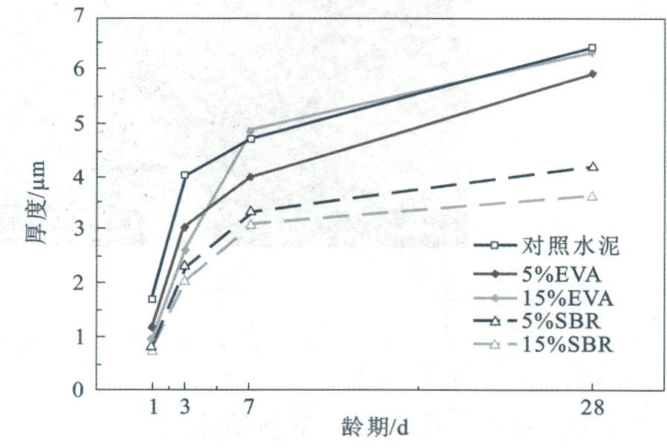

图 5-81 不同龄期的水泥颗粒外层水化产物厚度

5.8.2 基于扫描电镜的水泥基材料微观结构研究

前一小节所举例子是仅利用 BSE 图像对水泥基材料微观结构进行研究,由于 BSE 图像的制样过程比较烦琐,实际中二次电子(SE)图像的运用更加广泛,且往往将能谱分析、背散射电子图像等进行联用。如水泥基材料在早期水化过程中会形成一种"空壳"粒子,称为 Hadley 粒子,这是由于在水化早期阶段,水泥颗粒表面形成的薄层水化产物阻止了外界水分与水泥颗粒内部的接触,进而导致离子的溶出速率减慢,形成图 5-82 所示的 Hadley 粒子,这种形态随着水化的逐步进行会慢慢消失,即"空壳"会被后续生成的水化产物填充。图 5-82 是两张 BSE 图像,事实上 Hadley 博士首次发现这种形态特征正是通过 BSE 图像。

但通过 SE 图像，这种形态也能够在早期浆体中被清晰地观察到，如图 5-83 所示。Hadley 粒子见证了学界对水泥水化机理认识不断加深的过程：1959 年 Taplin 提出“内层水化产物”和“外层水化产物”的概念时，是基于水化反应在未水化颗粒内外两侧同时发生的假设，但当时对内外侧各自的反应机理并不确定。随后 Hadley 针对这一“空壳”结构的相关研究则佐证了“溶解—沉淀”这一水化机理的适用性：熟料颗粒与水接触，水解出钙离子和硅酸根离子，除了在浆体中生成 CH 晶体外，在颗粒周围原本由水占据的空间里形成较多数量的壳状 C—S—H 凝胶，将熟料颗粒包裹，与此同时，熟料颗粒表面也进行着化学反应，形成一定量的核状 C—S—H 凝胶；随着水化反应层由外向内推进，核状 C—S—H 凝胶受空间限制和离子浓度变化的影响，较外层的壳状 C—S—H 凝胶致密，而熟料水解后迁移到溶液中的钙离子和硅酸根离子在浆体中继续生成 CH 和壳状 C—S—H 凝胶，“核-壳”结构中的间隙则越来越小，直至消失。

Hadley 粒子是早期水泥浆体中存在的一种结构，一般只能在早期浆体(7d 以内)中被观察到，因此，如果在浆体中发现了这一结构，可初步断定浆体的龄期较早。但也有例外，在研究聚合物改性水泥基材料时，曾在 28d 龄期浆体中也发现了该结构，这主要是因为聚合物膜结构对水泥水化的延迟作用——聚合物膜结构阻止了外界水分与水泥颗粒的接触，因此使该“空壳”结构一直维持不变。

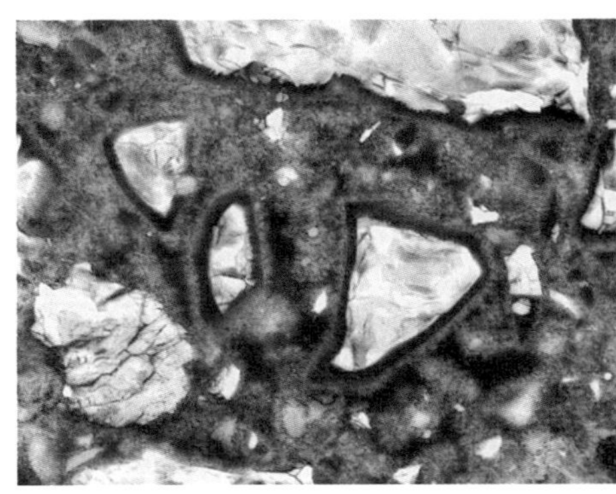
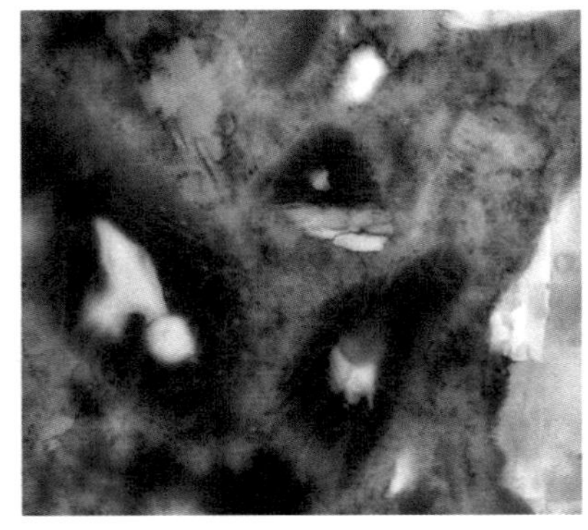

图 5-82 Hadley 粒子形态(BSE 图像)

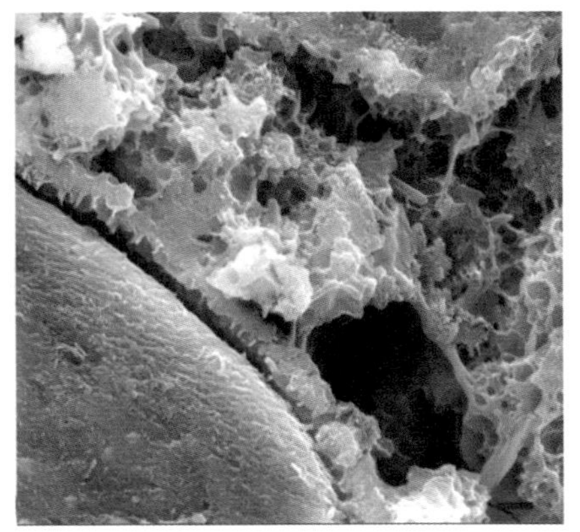

图 5-83 Hadley 粒子形态(SE 图像)

SE 图像可清晰、生动地展示水化产物形态，而水泥水化产物的形态特征受到诸多因素影响，因此不同体系中的水化产物也具有不同的形态特征。图 5-84 所示为纯水泥体系与 EVA 改性水泥体系中的氢氧化钙，在纯水泥浆体中，氢氧化钙多呈层状、块状、条块状等，而在 EVA 乳胶粉改性水泥体系中则多呈六方板状。

在实际研究中，我们常用不同放大倍数的 SE 图像来表征水泥基材料中不同物相、结构的多尺度微观结构特征。在较低的放大倍数下，可以对浆体整体的密实度、缺陷、孔隙率的大小等特征有初步的认识，如图 5-85第一排所示，三种浆体在该尺度下的结构特征相似，但对图像局部进一步放大发现，三种浆体的水化产物特征极为不同。

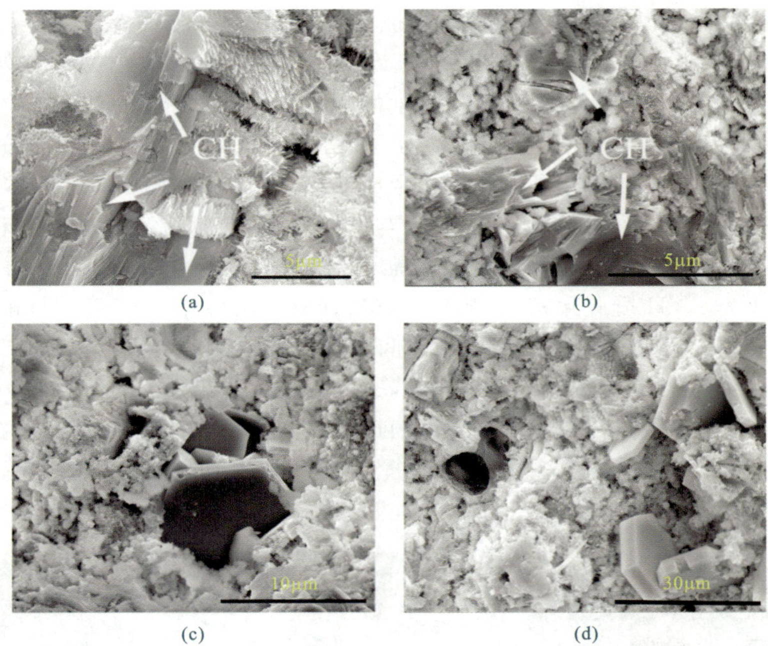

图 5-84 纯水泥浆体与 EVA 乳胶粉改性水泥浆体中氢氧化钙形态特征

(a)、(b)纯水泥浆体中氢氧化钙形态特征;(c)、(d)EVA 乳胶粉改性水泥浆体中氢氧化钙形态特征

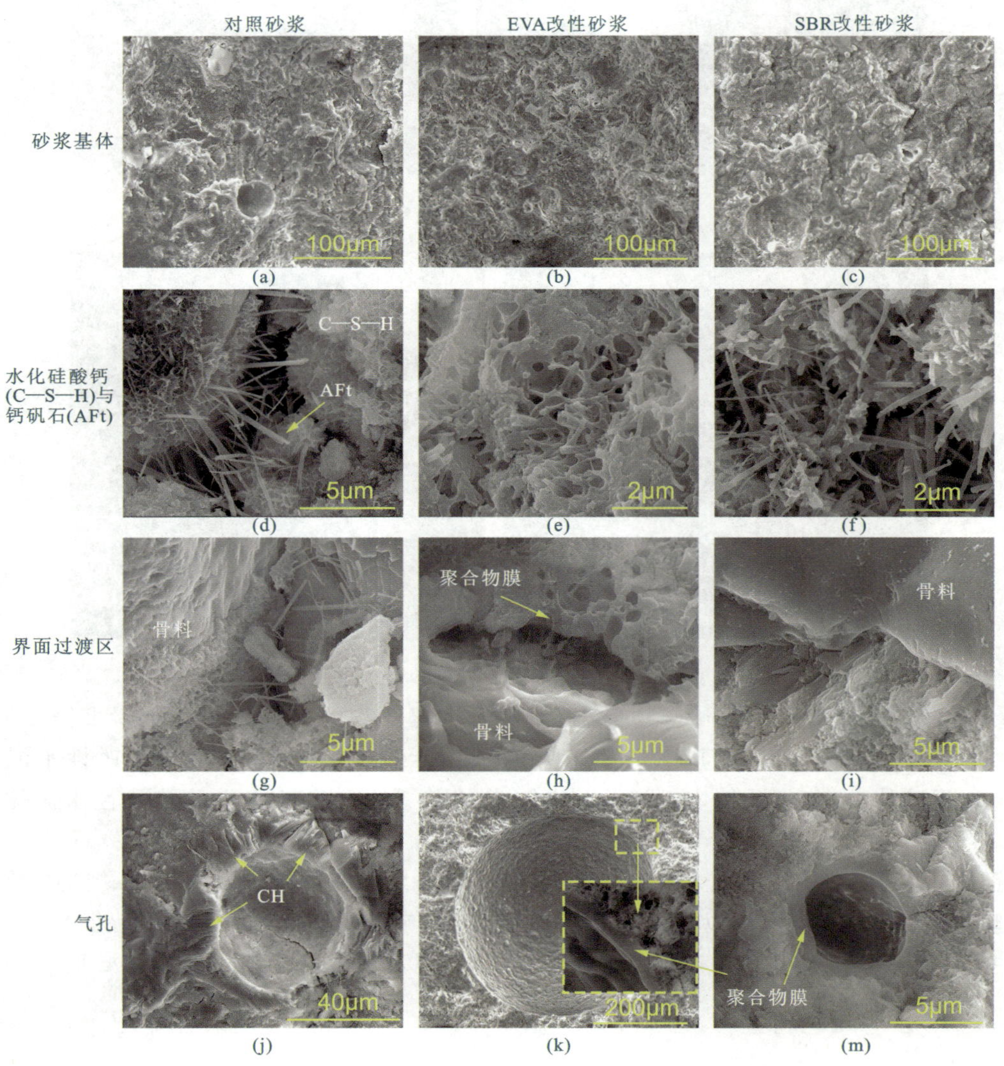

图 5-85 基于 SE 图像的水泥基材料的多尺度微观结构特征

SE 图像常与能谱技术联用，在观察水化产物形态特征的同时，也对其元素组成进行研究。如水泥学家常用水化产物中的 Ca/Si 来描述水泥浆体在不同龄期时的水化特征。笔者也通过对不同体系中水化产物的 Ca/Si 进行分析，获得了聚合物乳胶粉对水泥水化的延缓作用。如图 5-86 所示，结果显示聚合物改性浆体中的水化硅酸钙呈现较高的 Ca/Si，证实了聚合物膜结构阻碍了水泥颗粒中的 Ca^{2+} 的溶出。

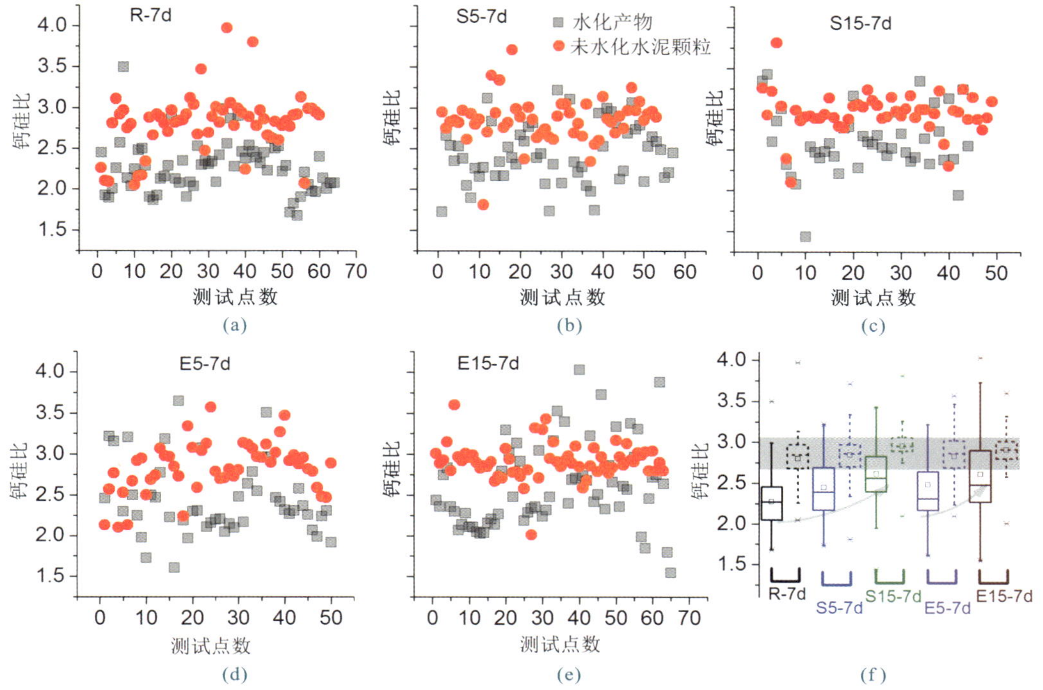

图 5-86 7d 龄期浆体中 C—S—H 的 Ca/Si(R 代表对照水泥，E 为 EVA 胶粉，S 为 SBR 胶粉)

除能谱点扫描以外，线扫描与面扫描在表征水泥基材料微观结构演化过程中的作用更加显著，通过元素线分布与面分布，可以对水泥基材料中的界面过渡区、介质在水泥基材料内部的传输过程、抗渗性、耐久性等问题进行定性与定量研究，如图 5-87 所示。

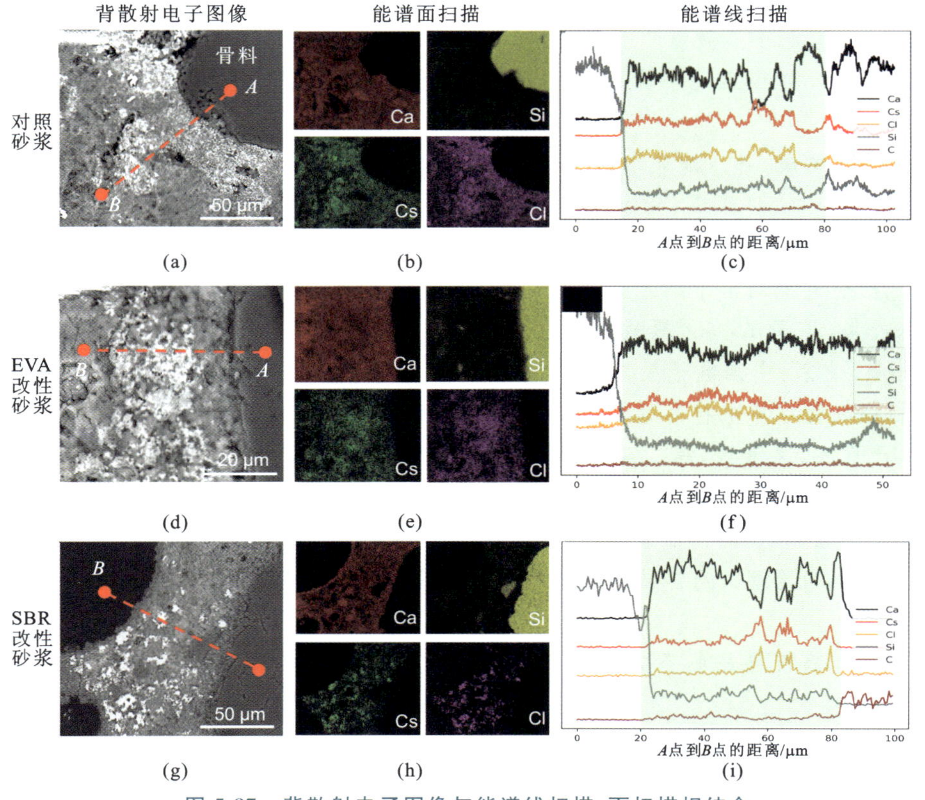

图 5-87 背散射电子图像与能谱线扫描、面扫描相结合

5.9 小　结 >>>

扫描电子显微镜利用聚焦电子束轰击样品后所生成的各种信号进行成像,可对水泥基材料的微观形貌、微区成分与元素组成进行分析与研究。近年来,扫描电子显微镜已成为水泥基材料微观结构研究不可或缺的技术手段之一,特别是利用背散射电子图像分析法(BSE-IA)与能谱分析(EDS)相结合,在水泥水化产物形态、组成、水化程度、孔结构特征、界面过渡区等定性和定量研究中发挥着重要作用。扫描电镜样品制备简单,结果直观易读,是其得以广泛应用的前提,但也需遵循一定的制样原则和流程方能获得较好结果。BSE-IA 所需要的样品制备程序较复杂,制样成功率也不高,但其在水泥基材料微观结构与组成的定量研究中更具优势。

参考文献

[1] 高晶,周围,乔良,等. 一种用于观察纤毛虫表膜下结构的扫描电镜样品制备新方法[J]. 中国细胞生物学学报,2011,33(9):1004-1007.

[2] 杨瑞,张玲娜,范敬伟,等. 昆虫材料扫描电镜样品制备技术[J]. 北京农学院学报,2014,29(4):33-35.

[3] 洪健,何黎平. 寄生蜂触角的扫描电镜样品制备技术[J]. 电子显微学报,2003(6):673-674.

[4] 谢风莲,汤建安,胡汉华. 单用叔丁醇和戊二醛的扫描电镜样品制备技术探讨[J]. 新疆医科大学学报,2009,32(12):1735.

[5] 徐伟,陈寿衍,田言,等. SEM 在矿物学领域中的应用进展[J]. 广州化工,2014,42(23):30-32.

[6] 张梅英. 利用扫描电镜研究土的微结构有关问题[J]. 电子显微镜学报,1984(4):143.

[7] 周福征. SEM 在建筑材料方面的应用技术[C]//中国电子显微镜学会. 第四次全国电子显微学会议论文摘要集. 北京:中国电子显微镜学会,1986:1.

[8] 吴宗道,周福征,蔡可玉. 建筑材料研究中扫描电镜样品的制备[J]. 电子显微学报,1988(4):42-46.

[9] 路菊,王莉,黄文琪,等. 建筑材料的扫描电镜样品制备技术与观察[J]. 电子显微学报,2005,(4):388.

[10] 曹惠. 导电性较差样品扫描电镜优化观测条件[J]. 中国测试,2014,40(3):19-22.

[11] 毛丽莉. 扫描电镜测试中纳米样品制备的研究[J]. 实验科学与技术,2017,15(2):17-19.

[12] 屈平,陈冠华,吴国江,等. 超微粉末的扫描电镜观察法[C]//中国电子显微镜学会. 2006 年全国电子显微学会议论文集. 北京:中国电子显微镜学会,2006:175-176.

[13] 郑东. 扫描电镜非导电样品的等离子溅射镀膜方法[J]. 中国现代教育装备,2007(10):19-20.

[14] 张素新,严春杰,路湘豫,等. 各类非导电地质样品最佳镀膜方法和最佳镀膜厚度的研究[J]. 电子显微学报,1999(4):456-461.

[15] 贾朋涛,张红强,程玉群. 扫描电镜样品制备及地质应用[J]. 中国石油石化,2016(21):13-14.

[16] 路菊,陶忠芬,可金星. 悬浮状物质的样品制备及扫描电镜观察[J]. 第三军医大学学报,2007(4):368-369.

[17] 刘徽平. 三种钨粉样品制备方法对扫描电镜成像的影响[J]. 现代测量与实验室管理,2010,18(1):21-22.

[18] KJELLSEN K O,MONSøY A,ISACHSEN K. Preparation of flat-polished specimens for SEM-

backscattered electron imaging and X-ray microanalysis-importance of epoxy impregnation[J]. Cement and Concrete Research,2003,33(4):611-616.

[19] 王培铭,丰曙霞,刘贤萍. 用于背散射电子图像分析的水泥浆体抛光样品制备[J]. 硅酸盐学报,2013,41(2):211-217.

[20] 王培铭,彭宇,刘贤萍. 聚合物改性水泥水化程度测定方法比较 [J]. 硅酸盐学报,2013,41(8):1116-1123.

[21] 王培铭,许乾慰. 材料研究方法[M]. 北京:科学出版社,2005.

[22] 郭素枝. 扫描电镜技术及其应用[M]. 厦门:厦门大学出版社,2006.

[23] 刘天福. 电镜扫描附件土壤样品制备方法试验[J]. 陕西农业科学,1987(4):38.

[24] 杨序纲. 聚合物电子显微术[M]. 北京:化学工业出版社,2015.

[25] 曾毅. 低电压扫描电镜应用技术研究[M]. 上海:上海科学技术出版社,2015.

[26] 余卫华,陈士华,李江文,等. 辉光放电离子溅射在扫描电镜样品制备中的应用[J]. 冶金分析,2011,31(3):6-10.

[27] 曹惠,林美玉. 制样条件对介孔硅扫描电镜图片的影响[J]. 中国测试,2014,40(6):38-41.

[28] 任小明. 扫描电镜/能谱原理及特殊分析技术[M]. 北京:化学工业出版社,2020.

[29] PENG Y,ZENG Q,XU S L,et al. BSE-IA reveals retardation mechanisms of polymer powders on cement hydration[J]. Journal of the American Ceramic Society, 2020,103(5):3373-3389.

[30] 彭宇,赵国荣,王培铭. 可再分散乳胶粉改性水泥浆体中哈德利颗粒结构的研究[J]. 电子显微学报,2016,35(3):240-245.

[31] 彭宇,赵国荣,王培铭,等. 基于 $Ca(OH)_2$ 形貌的可再分散乳胶粉延迟水泥水化的研究[J]. 电子显微学报,2016,35(6):490-495.

[32] PENG Y,ZHAO G R,QI Y X,et al. In-situ assessment of the water-penetration resistance of polymer modified cement mortars by μ-XCT,SEM and EDS[J]. Cement and Concrete Composites, 2020, 114(11):103821-103838.

6　光谱分析

内容简介

本章导读

本章主要分为概述、四种光谱分析方法的详细介绍及案例分析三部分。首先概述光谱分析方法的产生、发展与特点，然后介绍原子光谱、红外吸收光谱、紫外-可见吸收光谱及拉曼光谱，最后提供改性地聚合物结构基团分析及不同离子掺杂浓度下的紫外-可见吸收光谱分析案例，以供读者参考。

6.1　材料光分析研究基础　>>>

6.1.1　光谱分析方法的产生与发展

电磁波可以和物质发生作用，物质吸收电磁波就可以产生电磁波谱。物质的运动包括宏观运动和微观运动。在微观运动中组成分子的原子之间的键在不断振动，当电磁波的频率等于振动的频率时，分子就可以吸收电磁波，使振动加剧。化学键的振动频率位于红外区，所以这种吸收光谱称为红外吸收光谱。原子由原子核和核外电子组成，核外电子在不断地运动着。当用紫外光照射分子时，电子就会吸收紫外光跃迁到能量更高的轨道上运动，由此产生的电磁波谱电子波谱或称为紫外-可见吸收光谱。下面分别介绍各种光谱分析方法的发展进程。

(1)原子光谱分析

原子光谱分析发展最早的是原子发射光谱分析。在我国最早广泛应用原子发射光谱分析的是地质部门，20 世纪 50 年代初就开始着手筹建光谱实验室和培训分析人员、大力推广应用原子发射光谱分析技术，50 年代中期建立了第一批光谱定量分析方法，50 年代后期研制出具有自动控制功能的粉末撒样专用装置，60 年代末期发展为吹样光谱分析法，“文化大革命”前地质部门已经能用电弧光谱粉末法分析几十种元素。

20 世纪 70 年代，我国开始对 ICP(电感耦合等离子体)光源进行系统的研究和开发。李炳林、黄本立、朱锦芳等较早地进行了 ICP-AES(电感耦合等离子体原子发射光谱)的应用研究。但直至 80 年代，国内对 ICP-AES 的研究仍多限于使用自己组装的仪器，且多为摄谱法。90 年代国内 ICP 分析技术才得到迅速发展。

20 世纪 90 年代，金铁汉等率先采用了微波等离子体炬新型光源，可在常压下以 He、Ar 或 N_2 工作，焰炬的环形结构类似 ICP 焰炬，形成中央通道，在开管谐振腔获得等离子体，并提高了等离子体对样品的承受能力。该光源在输入功率大于 2W 时即能工作，输入功率大于 29W 时工作十分稳定。

20 世纪 60—80 年代，原子吸收光谱分析在我国获得很大的发展，国产商品仪器趋于成熟，在各种领域中的应用达到普及的程度。在原子荧光光谱分析方面，也开发了具有我国特色的光谱仪器，并得到推广和应用。

21世纪初，王海舟等自主开发了单次火花放电光谱高速采集技术和光谱数字解析技术、无预燃连续激发同步扫描定位技术，开创了火花放电发射光谱金属原位分析新方法，首次采用统计解析的方法定量表征金属材料的偏析度、疏松度、夹杂物分布等指标。

进入21世纪以来，我国在各种原子光谱分析方法及仪器的研发与应用[如辉光放电光谱(GDS)、激光诱导击穿光谱(LIBS)、中阶梯光栅棱镜双色散-CTD光谱仪器分析技术及仪器研发和商品化进程]方面得到全面发展。原子吸收光谱仪器以及火花源/电弧直读光谱仪器的制造水平及其商品化程度已达到国际同类型仪器的相同水平，个别类型仪器具有独创性，原子吸收和原子荧光光谱仪器在小型化方面处于全球领先地位。

(2)红外吸收光谱分析

1800年，William Herschel在实验中发现了红外光。1829年，Niepce和Daguerre发明了照相底版，并发现照相底版对红外光敏感。1881年，Abeny和Festing用照相法记录了有机液体吸收1.0～1.2m的红外光谱，从而揭示了原子团和氢键的近红外光谱特性。1905年，Cobeltz发表了128种有机化合物和无机化合物的红外吸收光谱，宣布红外吸收光谱分析法的诞生。1947年，世界上第一台实用的双光束自动记录红外分光光度计在美国投入使用(棱镜作为色散元件)，这可以称为第一代红外分光光度计。20世纪60年代，采用光栅代替棱镜作为色散元件的第二代红外分光光度计投入使用，这提高了仪器的分辨率，扩展了测定的波长范围，且降低了测试时对周围环境的要求，使得红外光谱法的分析对象由单纯的有机化合物扩展到配合物、高分子化合物和无机化合物。现在最为通用的第三代红外分光光度计采用了傅立叶变换技术和计算机应用技术，具有分辨率高、样品需要量少、测定速度快的优势，而且仪器中带有数据库，便于将测试样品的谱图与数据库中谱图进行对比。近年来，由于激光技术的飞速发展，可调激光器作为红外光源代替了色散器，第四代激光红外分光光度计已经研制成功并开始投入使用。

(3)紫外-可见吸收光谱(UV-Vis)分析

紫外-可见吸收光谱分析法是基于在200～800nm光谱区域内测定物质的吸收光谱或在某指定波长处的吸光度值对物质进行定性、定量或结构分析的一种方法，又称为紫外-可见分光光度法或紫外-可见吸光光度法。紫外-可见吸收光谱法的发展经历了漫长的过程，早在1760年朗伯就发现了朗伯定律，1852年比尔又发现了比尔定律，从此朗伯-比尔定律成为紫外-可见吸收光谱定量分析的理论基础。最初的定量方法是利用某些离子和无机试剂形成有色物质，用目视比色法测定这些离子的含量，例如可用硫氰化钾来测定试样中的微量铁，可用奈斯勒试剂测定氨等，目视比色法采用的仪器是比色管，这种方法可看作紫外-可见吸收光谱定量分析法的雏形。1862年，密勒测定了100多种物质的紫外吸收光谱，并指出其紫外吸收光谱和组成物质的分子结构及其基团有关。此后，哈托莱和贝利发现紫外-可见吸收光谱相似的有机物质具有相似的结构，由此基本建立了紫外-可见吸收光谱定性分析的理论基础。

(4)拉曼光谱分析

1928年，印度科学家C. V. Raman发现散射光中除有与入射光频率相同的散射外，还有频率大于或小于入射光频率的散射线的存在，这种散射现象称为拉曼散射(Raman scattering)。拉曼因发现和系统研究这种特殊的散射而获得1930年诺贝尔物理学奖。由于拉曼散射信号的强度约为瑞利散射信号强度的10^{-4}，因此难以被观测。自新型激光光源引入拉曼光谱后，拉曼光谱开始被广泛应用于有机、无机、高分子、生物、环保等各个领域，成为重要的分析工具。近十几年又发展了傅立叶变换激光拉曼光谱仪、微区或显微激光拉曼光谱仪，使激光拉曼散射光谱法在材料结构研究中的作用与日俱增。

6.1.2 光谱分析方法的特点

光谱分析包括红外吸收光谱、激光拉曼光谱、紫外-可见光谱等。红外光谱(infrared spectrum，IR)和拉曼光谱(Raman spectrum)在材料领域的研究中占有十分重要的地位，是研究材料的化学和物理结构及其表征的基本手段。由于红外光谱技术可以为材料的研究提供各种信息，因此其已逐渐扩展到多个学科和领域，应用非常广泛。随着激光技术的发展，激光拉曼光谱仪在材料研究中的应用也日益增多。

原子吸收光谱法是根据基态原子对特征波长光的吸收，测定试样中待测元素含量的分析方法。当光源辐射通过原子蒸气，且辐射频率与原子中的电子由基态跃迁到第一激发态所需要的能量相匹配时，原子选择性地从辐射中吸收能量，即产生原子吸收光谱。基于被测元素的自由基态原子对特征辐射的吸收程度可进行定量分析。根据原子化形式的不同，原子吸收光谱法可分为火焰原子吸收光谱法和非火焰原子吸收光谱法，非火焰原子吸收光谱法目前应用最广泛的有石墨炉原子化法及氢化物发生法。

原子吸收光谱法是一种用于测定微、痕量元素的光谱分析技术，该法具有灵敏度、准确度和稳定性高以及方法简便、分析速度快和重现性良好的特点，可直接测定岩矿、土壤、大气飘尘、水、植物、食品、生物组织等试样中 70 多种微量金属元素，还能间接测定硫、氮、卤素等非金属元素及其化合物，该法已广泛应用于环境保护、化工、生物技术、食品科学、食品质量与安全、地质、国防、卫生检测和农林科学等各部门。

红外光谱为极性基团的鉴定提供最有效的信息，而拉曼光谱对研究物质的骨架特征特别有效。在研究聚合物结构的对称性方面，红外光谱和拉曼光谱两者可以相互补充。一般非对称振动产生强的红外吸收，而对称振动则出现显著的拉曼谱带。红外和拉曼分析法相结合，可以更完整地研究分子的振动和转动能级，从而更可靠地鉴定分子结构。

6.2 原子吸收光谱分析技术 >>>

6.2.1 原子吸收光谱的特点

原子吸收光谱法具有以下优点：

①灵敏度高，检出限低。火焰原子吸收光谱法的检出限可达 10^{-6} g/mL，非火焰原子吸收光谱法的检出限可达 10^{-14}～10^{-10} g/mL。

②准确度高。石墨炉原子吸收法的准确度一般为 3%～5%；火焰原子吸收光谱法的相对误差小于 1%，其准确度已接近经典化学法。

③选择性好。用原子吸收光谱法测定元素含量时，通常共存元素对待测元素干扰较小，若实验条件合适，一般可以在不分离共存元素的情况下直接测定。

④操作简便，分析速度快。在准备工作做好后，一般几分钟即可完成 1 种元素的测定。利用自动原子吸收光谱仪可在 35min 内连续测定 50 个试样中的 6 种元素。

⑤应用广泛。原子吸收光谱法被广泛应用于各领域中，它可以直接测定 70 多种元素，也可以间接测定一些非金属化合物和有机化合物。

原子吸收光谱法的不足之处：由于分析不同元素时必须使用不同元素灯，因此多种元素同时测定尚有困难。对有些元素（如钍、铌、钽等）的灵敏度还比较低。对于复杂样需要进行复杂的化学预处理，否则干扰将比较严重。

6.2.2 原子吸收光谱法的基本理论

(1)原子吸收光谱的产生

当有辐射通过自由原子蒸气，且入射辐射的频率等于原子中的电子由基态跃迁到较高能态（通常是第一激发态）所需要的能量频率时，原子就要从辐射场中吸收能量，产生共振吸收，电子由基态跃迁到激发态，同时伴随着原子吸收光谱的产生。通过测量气态原子对特征波长（或频率）的吸收，便可获得有关组成和含量的信息。原子吸收光谱通常出现在可见光区和紫外区。

原子吸收光谱的波长和频率由产生跃迁的两能级的能量差 ΔE 决定：

$$\Delta E = h\nu = \frac{hc}{\lambda} \tag{6-1}$$

式中　ΔE——两能级的能量差，eV（$1eV=1.602192\times10^{-19}J$）；

λ——波长，nm；

ν——频率，s^{-1}；

c——光速，cm/s；

h——普朗克常数。

原子光谱波长是进行光谱定性分析的依据。在大多数情况下，原子吸收光谱与原子发射光谱的波长是相同的，但由于原子吸收线与原子发射线的谱线轮廓不完全相同，两者的中心波长位置有时并不一致。

在原子吸收光谱中，仅考虑由基态到第一激发态的跃迁，故元素谱线的数目取决于原子能级的数目。由于原子吸收谱线的数目较少，一般不存在谱线重叠干扰。

（2）原子吸收光谱的谱线波长

原子吸收光谱是原子发射光谱的逆过程。基态原子只能吸收频率为 $\nu=(E_2-E_1)/h$ 的光并跃迁到高能态 E_2，因此原子吸收光谱的谱线也取决于元素的原子结构，每一种元素有其特征的吸收光谱线。与共振跃迁相反的过程的谱线称为共振吸收线。原子吸收测量采用的是共振吸收线，即相当于最低激发态和基态间的跃迁谱线。原子吸收线的基本特征常以谱线波长、谱线轮廓及谱线强度来描述。

与发射谱线一样，吸收谱线的波长取决于原子核外价电子产生跃迁的两个能级的能量差。显然，原子的共振吸收线与其共振发射线应具有相同的波长，对大多数元素来说确实是这样的，但某些元素共振吸收线和发射线的轮廓不一样，因而最灵敏发射线的波长不一定就等于最灵敏吸收线的波长。例如，Co 元素最灵敏吸收线的波长是 240.7nm，最灵敏发射线的波长却是 352.7nm。

由于在原子吸收分析中，仅考虑由基态产生的跃迁，理论上共振吸收线的数目 N_{abs} 为

$$N_{abs}=\sqrt{2N_{em}} \tag{6-2}$$

而发射线的数目 N_{em} 为

$$N_{em}=\frac{n(n-1)}{2} \tag{6-3}$$

式中　n——原子的总能级数。

可见，吸收线的数目比发射线的数目少得多。

（3）原子吸收光谱的谱线轮廓

原子吸收光谱线并不是严格几何意义上的线，而是占据着有限的相当窄的频率或波长范围，即有一定的宽度。原子吸收光谱的轮廓以原子吸收谱线的中心波长 λ_0 和半高宽 $\Delta\lambda$（或 $\Delta\nu$）来表征。中心波长由原子能级决定。半高宽是指在中心波长最大吸收系数一半高度位置处吸收光谱线轮廓上两点之间的频率差或波长差。原子吸收光谱的轮廓如图 6-1 所示。半高宽会受到多种因素的影响，下面依次进行介绍。

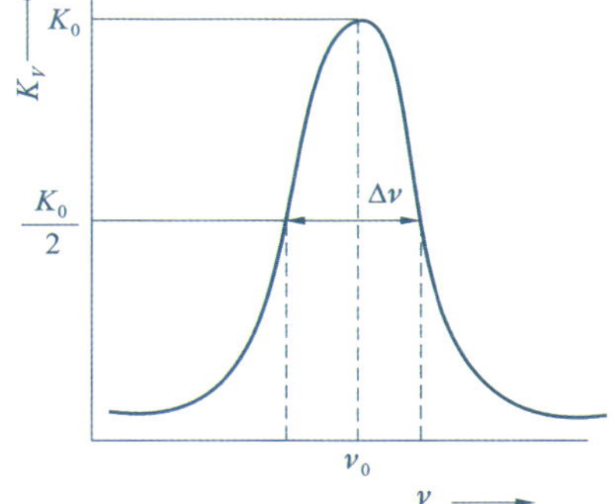

图 6-1　原子吸收光谱的轮廓图

①自然宽度。

由激发态原子的平均寿命所决定的光谱线的宽度称为自然宽度，可将谱线自然宽度记作：

$$\Delta\nu_N=\frac{1}{\Delta\tau} \tag{6-4}$$

式中　$\Delta\nu_N$——自然宽度；

$\Delta\tau$——激发态原子的平均寿命，寿命越短，谱线越宽；

$\Delta\nu_N$ 约为 10^{-14}m 量级，自然宽度是谱线的固有宽度。不同谱线的 $\Delta\nu_N$ 是不同的。

谱线的自然宽度一般约为 10^{-5}nm，比其他因素引起的谱线宽度要小得多，在大多数情况下，谱线的自然宽度可以忽略不计。

②多普勒变宽。

多普勒(Doppler)变宽即热变宽，是由原子相对观测器的杂乱无章的热运动引起的。这种变宽可用下式描述：

$$\frac{\Delta\lambda_D}{\lambda_0}=\frac{\Delta\nu_D}{\nu_0}=7.16\sqrt{\frac{T}{A_r}} \tag{6-5}$$

式中 $\Delta\nu_D$,$\Delta\lambda_D$——谱线多普勒变宽;

λ_0 或 ν_0——谱线的中心波长或频率;

T——热力学温度;

A_r——相对原子质量。

原子吸收线宽度主要由多普勒宽度决定。而多普勒宽度正比于温度的平方根,并受到原子化器内吸收原子随机热运动的影响。在通常的火焰原子化条件下,$\Delta\lambda_D$ 值为 $5\times10^{-5}\sim5\times10^{-4}$ nm 量级,比谱线自然宽度宽大约两个数量级。

③碰撞变宽。

在原子化器中,原子与不同种类的局外粒子(原子、离子、分子等)发生非弹性碰撞,使得原子的运动状态发生改变。碰撞前后辐射能量和相位发生变化,在碰撞的瞬间辐射过程中断,导致激发态原子寿命缩短,引起谱线变宽。分析原子与气体中的局外粒子(原子、离子、分子等)相互碰撞引起的谱线变宽,称为洛伦兹(Lorentz)变宽;分析原子之间相互碰撞引起的变宽,称为霍尔兹马克(Holtzmark)变宽,又称为共振变宽。碰撞变宽的程度随局外气体的压力和性质而改变,故又称为压力变宽。碰撞变宽谱线的线型函数是洛伦兹型函数。碰撞变宽 $\Delta\nu_C$ 与碰撞寿命 τ_c 成反比,由于 τ_c 远小于激发态原子的平均寿命,因此谱线的碰撞变宽 $\Delta\nu_C$ 远大于谱线的自然宽度 $\Delta\nu_N$。

洛伦兹变宽 $\Delta\nu_L$ 可用下式描述:

$$\Delta\nu_L=9740\times10^{15}p\sigma_L^2\sqrt{\frac{2R}{\pi T}\left(\frac{1}{A}+\frac{1}{M_2}\right)} \tag{6-6}$$

式中 p——外部气体压力,mmHg;

σ_L——洛伦兹碰撞有效截面;

A——辐射原子的相对原子质量;

M_2——气体粒子质量;

R——气体常数;

T——热力学温度。

用波长表示为

$$\Delta\lambda_L=9740\times10^{15}p\sigma_L^2\frac{\lambda_D^2}{C}\sqrt{\frac{2R}{\pi T}\left(\frac{1}{A}+\frac{1}{M_2}\right)} \tag{6-7}$$

霍尔兹马克变宽又称共振变宽,它是由辐射原子与同类原子之间发生非弹性碰撞而引起的,其值为

$$\Delta\lambda_R=4.484\lambda_0^3fc \tag{6-8}$$

式中 c——原子浓度;

f——振子强度;

λ_0——辐射原子的中心波长。

由式(6-8)可知 $\Delta\lambda_R$ 与被测元素浓度 c 成正比,与共振吸收线波长的立方成正比。

④场致变宽。

场致变宽包括电场效应引起的斯塔克变宽和磁场效应引起的塞曼变宽。斯塔克变宽是在电场作用下由原子的电子能级产生分裂导致的结果;塞曼变宽是在强磁场中由谱线分裂所引起的变宽,在通常的原子吸收光谱分析条件下可以不予考虑,塞曼扣背景技术正是利用塞曼变宽(谱线分裂)的原理而实现的。在常压和温度为 1000~3000K 条件下,吸收线的轮廓主要受多普勒效应和洛伦兹效应共同控制。谱线的线性函数既不是单一的高斯型,也不是单一的洛伦兹型。多普勒效应主要控制谱线线型的中心部分,洛伦兹效应主要控制谱线线型的两翼。这时谱线线型为综合变宽线型——弗高特(Voigt)线型。

⑤自吸变宽。

光源在某区城发射的光子,在通过温度较低的光路时,被处于基态的同类原子吸收,致使实际观测到的

谱线强度减弱而轮廓增宽，这种现象称为自吸变宽。

光源辐射共振线被光源周围较冷的同种原子所吸收的现象，称为“自吸”。由于在发射线中心波长处具有最大的吸收系数，当一条谱线发生自吸收时，中心波长的谱线强度低于其两翼，称为自反转。在极端的情况下，一条谱线分裂为两条谱线，称为“自蚀”。自吸现象使谱线强度降低，同时导致谱线轮廓变宽。

⑥同位素变宽。

由于同一种元素的多种同位素各自具有一定宽度的谱线，因此观察到的谱线是组合谱线。这种同位素变宽并不小于多普勒及洛伦兹等其他变宽。

(4)原子吸收光谱的谱线强度

原子吸收谱线强度是指单位时间和单位体积基态原子吸收辐射能的总量，其大小取决于单位体积内的基态原子数和单位时间内基态原子的跃迁概率及谱线的频率。在一定条件下，吸收谱线强度与单位体积内基态原子数成正比。

吸收辐射的总能量 I_a 等于单位时间内基态原子吸收的光子数，亦即等于产生受激跃迁的基态原子数 dN_0 乘光子的能量 $h\nu$，可用下式表示：

$$I_a = dN_0 h\nu = B_{0j}\rho_v N_0 h\nu \tag{6-9}$$

式中 B_{0j}——受激吸收系数；

ρ_v——入射辐射密度；

N_0——单位体积内的基态原子数。

原子吸收介质前的入射辐射能量可用下式表示：

$$I_0 = c\rho_v \tag{6-10}$$

式中 c——光速。

原子对入射辐射的吸收率可用下式表示：

$$\frac{I_a}{I_0} = \frac{h\nu}{c}B_{0j}N_0 \tag{6-11}$$

6.2.3 原子吸收光谱试样制备

(1)制样原则

样品制备总的原则：

①尽可能使待测组分不受损失，也不能带入其他组分；

②尽可能地排除测试过程中的干扰；

③尽可能得到最佳浓度，可通过称样量和溶液体积调整被测元素的浓度。

(2)制样方法

①取样。

a. 取样应有代表性。即样品的组成要能代表整个物料。这是因为如果不能代表整个物料的情况，那么这个样品的测试结果就没有意义。

b. 样品需破碎，研磨成粉末，然后烘干除去样品表面的吸附水。

c. 称样量要合适。具体称样量可以根据以往测试经验，估计待测元素在各种不同样品中的含量来决定；也可称取一定量样品进行试测。各种元素都有其标准曲线线性好的部分，配制的溶液浓度在线性好的浓度范围内时，测得的结果较准确。调整样品中的溶液浓度，可通过改变称样量和样品试液的体积来实现。一般来说，吸光度在 0.01～0.7，线性关系会比较好。

②样品预处理。

样品预处理也叫作消解，就是将固态粉末样品用酸转化成液体形态的过程。原子吸收光谱分析通常是溶液进样，被测样品需要事先转化为溶液样品。样品的处理方法和通常的化学分析相同，要求试样分解完全，在分解过程中不能引入污染物和造成待测组分的损失，所用试剂及反应产物对后续测定应无干扰。消解试样最常采用的方法是用酸溶解或碱熔融。

若某些待测物用酸并不能完全转化成液态，可以用辅助加热、高温熔融、高压消解、微波消解等各种手段来处理。待测溶液中不得有胶体和沉淀物，应在进仪器之前将其过滤以免堵塞进样系统。样品制备的成功与否，直接关系到测试的正确与否及其准确性高低。有机试样通常先进行灰化处理，以除去有机物基体。灰化处理主要有干法灰化和湿法消化两种。

a. 干法灰化。干法灰化是先在较高的温度下将样品氧化，再用酸溶解，溶解时务必将残渣溶解完全，最后将溶液转移到容量瓶中定容。对于易挥发的元素（如 Hg、As、Pb、Sb、Se 等），则不能采用干法灰化，因为这些元素在干法灰化过程中损失严重。

b. 湿法消化。湿法消化是将样品用合适的酸升温氧化溶解。最常采用的是盐酸＋硝酸法、硝酸＋高氯酸法或硫酸＋硝酸法等混合酸法。近年来微波消解法获得了广泛的应用，该法是将样品放在聚四氟乙烯高压反应罐中，在专用微波炉中加热消化样品。至于采用何种混合酸消化样品，需要视样品类型来确定。这种方法具有消解快、分析完全、损失少的特点，适合大批量样品的处理，对微量、痕量元素的测定效果好。

③标准样品溶液的配制。

标准样品溶液（即标准溶液）的配制就是用高纯物质的高浓度储备液（通常为 1000μg/mL），配制成测试需要浓度的标准溶液，以备制作校正曲线，然后才能测试待测试样溶液浓度。

a. 标准溶液（储备溶液）必须采用基准物质，通常用各元素合适的盐类来配制标准溶液，标准样品的组成要尽可能接近待测试样的组成。当没有合适的盐类可供使用时，可将相应的高纯金属丝、棒、片直接放入合适的溶剂中，然后稀释成所需浓度范围的标准溶液。不能使用海绵状金属或金属粉末，因为这两种状态的金属易引入污染物或容易氧化，纯度达不到要求。金属在使用前，一定要用酸清洗或打光，以除去表面的污染物和氧化层。

b. 储备溶液、标准溶液必须用超纯水或二次蒸馏水配制。水或酸不纯时，需经煮沸蒸馏提纯。标准系列工作溶液的保存时间一般不要超过一周，浓度很低的标准溶液（$<1\mu g/mL$）使用时间最好不超过 1～2 天，母液保存时间通常为 6 个月到 1 年。

c. 配制好的储备溶液通常置于聚四氟乙烯容器中，以维持必要的酸度，并保存在清洁、低温、阴暗的地方。标准溶液（储备溶液、标准系列工作溶液）要标明溶液名称、介质、浓度、配制日期、有效日期及配制人。所有标准溶液、空白溶液和样品溶液，制备的方法应当一样，并且都要酸化。

④测定条件的选择。

原子吸收分光光度分析中，测定条件选择是否恰当，对测定的灵敏度、准确度和干扰情况等有很大的影响。因此，选择合适的测定条件至关重要。

a. 分析线的选择。

每种元素都有若干条吸收线，通常选择最灵敏线作为分析线，使测定具有较高的灵敏度。对于微量元素的测定，应尽可能选用最灵敏线作为分析线。

在分析较高浓度的试样时，可选用次灵敏线作为分析线，得到适度的吸收值，以改善标准曲线的线性范围，减少试样不必要的稀释操作。

从稳定性方面考虑，由于空气-乙炔火焰在短波区域对光的透过性较差、噪声大，若灵敏线处于短波方向，则可以考虑选择波长较长的次灵敏线。总之，最适宜的分析线，应视具体情况通过试验确定。

b. 光谱通带宽度的选择。

狭缝宽度直接影响光谱通带宽度与检测器接收的能量。原子吸收分光光度法中，由于使用锐线光源，谱线重叠的概率较小，可以使用较宽的狭缝，以增加光强；使用小的增益以降低检测器的噪声，提高信噪比，改善检测器极限。当光源辐射较弱或共振线吸收较弱时，必须用较宽的狭缝。当火焰的背景发射较强，在吸收线附近有干扰谱线与非吸收光存在时，或测定谱线较为复杂的元素（如 Fe、Co、Ni）时，在保证一定强度的情况下，应使用较窄的狭缝。

c. 空心阴极灯工作电流的选择。

空心阴极灯的发射特性取决于工作电流。一般要预热 10～30min 才能达到稳定的输出，且空心阴极灯工作电流的大小及稳定度直接影响测定的灵敏度及精度。电流小时，发射线半峰宽窄，放电不稳定，光谱输出强度小，灵敏度高；电流大时，发射线强度大，发射线变宽，但谱线轮廓变差，导致灵敏度下降。

一般在保证稳定和合适光强的情况下，可选用空心阴极灯最低的工作电流。空心阴极灯一般标有最大工作电流和可使用的电流范围，可通过测定吸收值随灯电流的变化而选定最适宜的工作电流，一般以空心阴极灯上最大灯电流的1/2～2/3为工作电流。

d.原子化条件的选择。

(a)火焰原子化法。

ⓐ火焰的选择。火焰的选择与调节是保证高原子化效率的关键因素之一。火焰的温度是影响原子化效率的基本因素，必须根据试样具体情况合理选择火焰温度。不同的元素可选择不同种类的火焰，选用原则是使待测元素获得最高原子化效率。

常用的火焰有空气-乙炔火焰、氧化亚氮-乙炔火焰、空气-氢气火焰。以空气-乙炔火焰为例，按燃气与助燃气的不同比例，可将火焰分为三类：

中性火焰：燃气/助燃气＝1∶4，这种火焰层次分明、稳定、噪声小、背景低、温度适宜，适于许多元素的测定，经常被使用。

富燃火焰：燃气/助燃气＞1∶3，这种火焰呈黄色，燃烧不完全，温度低、还原性强、背景高、干扰较多，不如中性火焰稳定，但适用于易形成难离解氧化物的元素的测定，如Mo、Cr、稀土元素等。

贫燃火焰：燃气/助燃气＜1∶6，氧化性较强，温度较低，有利于测定易解离、易电离、不易氧化的元素，如Ag、Cu、Ni、Co、Pb、碱金属等。

空气-乙炔火焰是原子吸收光谱分析中最常用的，火焰温度为2300℃，能用于测定30多种元素，但它在短波紫外区有较大的吸收，如用196nm的共振线测Se就不能用该火焰。

氧化亚氮-乙炔火焰，温度高，达3000℃，能用于难原子化元素的测定，使得可测定的元素增加到70多种，对于易生成难熔氧化物的元素测定十分有效。

燃气和助燃气的比例不同，火焰的特点也不同，需要通过实验进一步确定燃气与助燃气流量的合适比例。

ⓑ燃烧器高度的选择。燃烧器的高度也是影响原子化效率的因素。对不同元素，自由原子浓度随火焰高度的分布是不同的，因此在火焰中形成的基态原子的最佳浓度区域高度不同，灵敏度也不同。测定时调节燃烧器的高度，使测量光束从自由原子浓度最大的火焰区通过，可以得到较高的灵敏度。最佳的燃烧器高度应通过试验选择。

(b)石墨原子化法。

ⓐ载气的选择。可使用惰性气体或氮气作为载气，通常使用的是氩气(Ar)，采用氮气作为载气时要考虑高温原子化时产生的干扰。载气流量会影响灵敏度和石墨管的寿命。目前大多采用内外单独供气方式，外部供气是不间断的，流量为1～5L/min；内部气体流量为60～70L/min。在原子化期间，内气流的大小与测定元素有关，可以通过试验确定。

ⓑ冷却水。为使石墨管迅速降至室温，通常使用水温为20℃、流量为1～2L/min的冷却水(可在20～30s内冷却)。水温不宜过低，流量亦不可过大，以免在石墨锥体或石英窗产生冷凝水。

ⓒ原子化温度和时间的选择。主要选择包括干燥、灰化、原子化、净化等阶段的温度和时间。

在原子化过程中，干燥的主要作用是去除溶剂成分的干扰，干燥条件直接影响分析结果的重现性。为了既防止样品飞溅，又能保持较快的蒸干速度，干燥应在稍低于溶剂沸点的温度下进行。一般在105～125℃的条件下进行，干燥时间一般为10～30s，具体时间应通过实验测定。

灰化阶段温度和时间的选择要以尽可能除去试样中基体与其他组分而保证被测元素不损失为前提。尽量提高灰化温度以去掉比待测元素化合物容易挥发的样品基体，减少背景吸收。灰化温度和灰化时间由实验确定。

原子化阶段是要使待测元素尽可能多地被原子化，应选择能使待测元素原子化的最低温度，有利于延长石墨管的寿命。

净化阶段温度应高于原子化温度，以便消除试样的残留物产生的记忆效应，一般在3000℃，采用空烧的方法来清洗石墨管以除去残余的基体和待测元素。为了保护石墨管，空烧时间不能长。

⑤干扰及消除方法。

原子吸收光谱分析较原子发射光谱分析的干扰要少，但仍存在着不容忽视的干扰问题。因此，必须了解产生干扰的可能因素，并设法予以抑制或消除。

按照干扰的性质及产生原因，将原子吸收光谱分析中的干扰分为四种类型：物理干扰、化学干扰、电离干扰和光谱干扰。

a. 物理干扰。

物理干扰是指试样在转移、蒸发过程中，溶剂或溶质的特性（黏度、表面张力、相对密度、温度等）以及雾化气体的压力等的变化，使喷雾效率或待测元素进入火焰的速度发生改变而引起的干扰。这种干扰是非选择性的，对试样中各元素的影响基本上是相似的。其主要发生在试液抽吸过程、雾化过程和蒸发过程中。

消除物理干扰的方法如下：

(a)配制与待测试样具有相似组成的标准溶液，并采用标准加入法。

(b)用适当溶剂稀释溶液，适用于高浓度试液。

(c)调整撞击小球位置以产生更多细雾。

b. 化学干扰。

化学干扰是原子吸收法中经常遇到的干扰。任何阻止和抑制火焰中基态原子形成的干扰，都称为化学干扰。待测原子与共存原子作用生成难挥发的化合物，使待测元素不能从它的化合物中全部解离出来，基态原子数减少，它主要影响待测元素的原子化效率，是原子吸收光谱分析中的主要干扰。化学干扰具有选择性，对试样中各种元素的影响是各不相同的，并随测定条件的变化而变化。

例如测定 Ca、Mg 时，Al、Si、P 会形成铝酸盐、硅酸盐、磷酸盐，使参与吸收的 Ca、Mg 的基态原子数目减少而造成干扰。抑制干扰是消除化学干扰的理想方法。消除方法如下：

(a)使用高温火焰。高温火焰具有更高的能量，会使在低温火焰中稳定的化合物在较高温度下解离，以消除干扰。例如在乙炔-空气火焰中测定 Ca 时，存在 PO_4^{3-} 会有显著干扰，如果采用氧化亚氮-乙炔高温火焰，这种干扰就被消除了。

(b)加入释放剂。当待测元素和干扰元素在火焰中形成稳定的化合物时，加入另一种试剂（释放剂），使之与干扰元素化合，生成更稳定、更难挥发的化合物，从而使待测元素从干扰元素的化合物中释放出来。

例如，测 Ca 时，加入镁和硫酸，可使 Ca 从磷酸盐和铝的化合物中释放出来。

(c)加入保护剂。保护剂大多是配位剂，能使待测元素不与干扰元素化合生成难挥发的化合物。

例如，用 EDTA 防止磷酸对钙的干扰，因为 Ca^{2+} 与 EDTA 配位后，不再参与反应，故更易于原子化。又如用 8-羟基喹啉消除 Al 对 Mg 的干扰，因为 8-羟基喹啉与 Al 形成螯合物，减少了 Al 的干扰。

(d)化学分离法。当用以上方法都不能消除化学干扰时，可采用离子交换、沉淀分离、有机溶剂萃取等方法，将待测元素与干扰元素分离开来，然后测定。其中有机溶剂萃取法应用较多。常用的萃取剂有吡咯烷磺酸铵、甲基异丁基酮、乙酸乙酯、甲基吡咯烷酮等。其中，吡咯烷磺酸铵应用最广，适用的 pH 范围广。

c. 电离干扰。

当火焰温度较高时，基态原子在火焰中电离成离子，使基态原子减少，导致吸光度降低，灵敏度下降、工作斜率偏低。电离干扰主要发生在电离能较低的元素上，如碱金属元素和部分碱土金属元素。

消除方法：(a)适当控制火焰温度；(b)加入大量的更易电离的其他元素，因为易电离元素电离产生的大量电子使待测元素的电离平衡向中性原子方向移动，从而使待测元素的电离受到抑制。

d. 光谱干扰。

光谱干扰是由于分析元素与其他吸收线或辐射不能完全分开而产生的干扰，主要来源于光源和原子化器。

(a)与光源有关的干扰。

ⓐ待测元素的其他共振线干扰。消除方法:减小狭缝宽度来减少干扰线,换分析线。

ⓑ非待测元素的谱线干扰。空心阴极灯材料不纯,杂质较多,发射的非待测元素谱线不能被单色器分开。消除方法:使用纯度较高的单元素灯或更换内充气体(Ne)。

ⓒ灯中气体或阴极上氧化物所产生干扰,这是由灯的制作不良,或长期不用引起的。消除方法:加入吸气剂;使用激活器,将灯反接,用大电流空点,以纯化气体;换灯。

ⓓ光谱线的重叠干扰。原子蒸气中,共存元素的吸收波长与待测元素的发射线波长接近时,产生重叠干扰。消除方法:选择待测元素的其他谱线,或者分离干扰元素。

(b)与原子化器有关的干扰。

ⓐ原子化器内直流发射干扰。这主要是来自火焰本身或原子蒸气中待测元素的发射干扰。消除方法:对光源进行调制,但可能会增加信号噪声,此时可以适当增大灯电流,提高信噪比,也可以对空心阴极灯采用脉冲供电。

ⓑ背景吸收。这是在原子化过程中生成的气态分子、氧化物及盐类分子等或固体微粒对光源辐射的吸收或散射引起的干扰,会使吸光度增加,测定结果偏高。消除方法:用邻近的非吸收线扣除背景,用氘灯校正背景,用自吸收方法校正背景,用塞曼效应校正背景等。

6.2.4 原子吸收光谱的定量分析方法

原子吸收光谱分析法的定量基础是朗伯-比尔定律,即在一定条件下,当被测元素浓度不高、吸收光程固定时,吸光度与被测元素的浓度呈线性关系。即

$$A = Kc \tag{6-12}$$

根据这个关系,原子吸收光谱的定量分析方法仍然是相对分析法,可采用标准曲线法、标准加入法和内标法。

(1)标准曲线法

标准曲线法是通过测量一系列已知浓度标准溶液的吸光度来进行定量分析的方法,它与紫外-可见分光光度法的标准曲线法基本一致。先配制一系列不同浓度的与试样基体组成相近的标准溶液,测量吸光度,绘制吸光度(A)-浓度(c)曲线。同时,在相同条件下,测得试液的吸光度 A_x,然后在曲线上查得 c_x。

分析最佳范围的 $A=0.1\sim0.5$,因为大多数元素在此范围内符合朗伯-比尔定律,浓度范围可根据待测元素的灵敏度来估算。

从理论上说,A-c 曲线应是一条过原点无限长的单调直线。在实际工作中,标准曲线可能发生弯曲,原因如下:

①非吸收光的影响:当共振线与非共振线同时进入检测器时,由于非共振线不遵循朗伯-比尔定律,与光度法中复合光相似,引起 A-c 曲线上部弯曲。

②共振变宽的影响:当待测元素浓度大时,其原子蒸气分压增大,产生共振变宽,使吸收强度下降,A-c 曲线上部弯曲。

③发射线与吸收线的相对宽度的影响:通常当发射线的半宽度与吸收线的半宽度的比值小于1/5时,标准曲线是直线,否则发生弯曲现象。

④电离效应的影响:元素在火焰中容易发生电离,使基态原子数减少。浓度低时,电离度大,吸光度下降;浓度升高,电离度逐渐减小,所以引起标准曲线向浓度轴弯曲。

总的来说,用 A-c 标准曲线法定量分析简便、快速,但影响因素较多,仅适用于组成简单的大批量试样的分析。

(2)标准加入法

在原子吸收光谱分析中,如试样的基体复杂或共存物不明,难以配制成在组成上与试样匹配的标准溶液,不能使用标准曲线法,常用标准加入法来消除基体干扰。标准加入法又称标准增量法或直线外推法,此法的相对误差为3%~5%,适用于成分复杂、数量不多的试样,且不需要分离基体来消除基体干扰。此外,

该方法适用于精度高的分析，也常用来检验分析结果的可靠性。

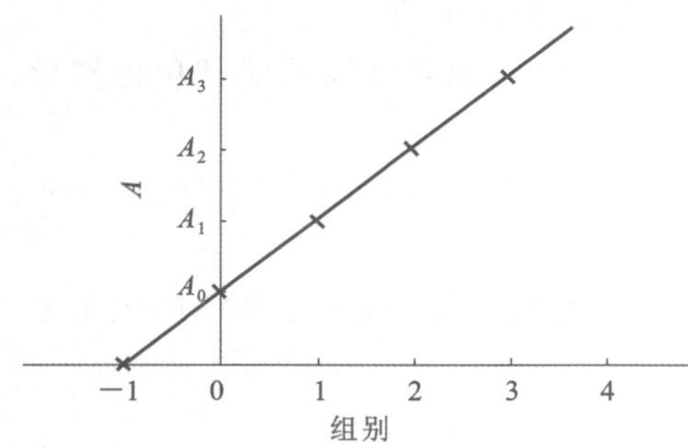

图 6-2 标准加入法原理示意图

标准加入法的基本过程：将不同量的标准溶液加入等体积的试样溶液中，定容至相同体积，然后测定各自的吸光度。将吸光度对加入标准物质的绝对量或加入标准溶液的浓度绘制曲线，将绘制的直线反向延长，与横轴的交点即为试液中的待测元素的绝对量或试液的浓度。

标准加入法具体操作方法：吸取试液四份以上，第一份不加待测元素标准溶液，从第二份开始，依次按比例加入不同量待测组分标准溶液，用溶剂稀释至同一体积，以空白为参比，在相同测量条件下，分别测量各份试液的吸光度，绘出工作曲线，并将它外推至浓度轴，则在浓度轴上的截距，即为未知浓度 c_x，如图 6-2 所示。

使用标准加入法时应注意下面几个问题：

①相应的标准曲线应是一条通过坐标原点的直线，待测组分的浓度应在此线性范围内。

②第二份中加入的标准溶液的浓度与试样的浓度应当接近(可通过试喷样品和标准溶液比较两者的吸光度来判断)，以免曲线的斜率过大或过小，给测定结果引入较大的误差。

③为了保证得到较为准确的外推结果，至少要采用四个点来制作外推曲线。

标准加入法可以消除基体效应带来的影响，并且只能消除基体中的物理干扰及与浓度无关的化学干扰，但不能消除背景干扰。因此，只有在扣除背景之后，才能得到待测元素的真实含量，否则将使测量结果偏高。干扰使样品中原有待测物的分析信号和加入的待测物的分析信号增加或减少相同的恒定的份数。如果干扰物与样品溶液中的待测物反应并使之不能产生分析信号，就不能通过标准加入法得到准确结果。

综上所述，标准加入法在原子吸收光谱分析中是典型的定量分析方法。这种方法常作为消除基体效应的重要手段，因为它不存在因标准与样品基体组成不同而可能带来的干扰。当很难配制与样品液相似的标准液，或样品液基体成分含量很高且变化不定，或样品中含有大量固体物质，对吸收的影响难以保持一致时，采用标准加入法是非常有效的。

(3)内标法

内标法是指将一定量试液中不存在的元素 N 的标准物质加到一定试液中进行测定的方法，所加入的这种标准物质称为内标物质或内标元素。内标法与标准加入法的区别就在于前者所加入的标准物质是试液中不存在的；而后者所加入的标准物质是待测组分的标准溶液，是试液中存在的。

内标法具体操作：在一系列不同浓度的待测元素标准溶液及试液中依次加入相同量的内标元素 N，稀释至同一体积。在同一实验条件下，分别在内标元素及待测元素的共振吸收线处，依次测量每种溶液中待测元素 M 和内标元素 N 的吸光度 A_M 和 A_N，并求出它们的比值 A_M/A_N，再绘制(A_M/A_N)-c_M 的内标工作曲线(图 6-3)。

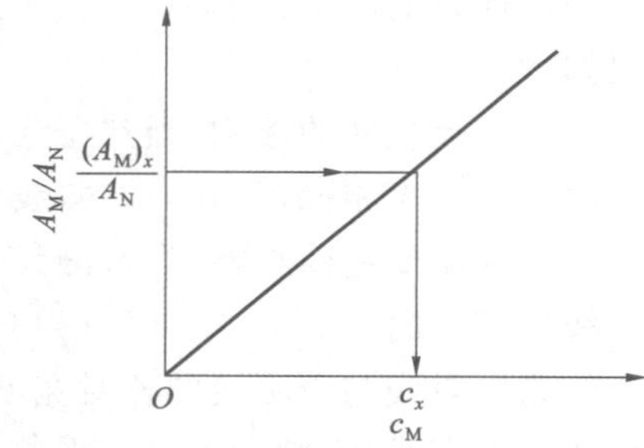

图 6-3 内标工作曲线

由待测试液测出 A_M/A_N 的比值，在内标工作曲线上用内插法查出试液中待测元素的浓度并计算试样中待测元素的含量。

使用内标法时，要注意选择合适的内标元素。该方法要求所选用的内标元素在物理及化学性质方面与待测元素相同或相近；内标元素加入量应接近待测元素的量。在实际工作中往往是通过试验来选择合适的内标元素和内标元素量。

内标法特点如下：

①内标法能消除物理干扰，还能消除实验条件波动引起的误差，从而得到高精度的测量结果。

②内标法仅适用于双道或多道仪器，而不能用在单道仪器上。

③内标元素与待测元素要有相似的物理、化学性质，因此应用受到限制。

6.3 红外吸收光谱分析技术 >>>

6.3.1 红外吸收光谱的特点

红外光谱和拉曼光谱同属于振动光谱，它们是两种互相补充的光谱方法。红外光谱研究分子对不同频率红外光的吸收，典型的频率范围为 $100 \sim 5000 cm^{-1}$，相当于 1.2～60kJ/mol 的能量，这一能量可以使大多数分子的各种振动模式得到激发。

红外光谱可以研究气态、液态和固态的试样。采用气态和液态试样时，要适当选择容器和能透射红外光的材料。一般情况下，红外光频率在 $600cm^{-1}$ 以上要用 NaCl，在 $350cm^{-1}$ 以上用 KBr，在 $180cm^{-1}$ 以上用 CsI，更低频率用高压聚乙烯。采用固态试样时，必须把试样研磨得很细，还要避免光在颗粒表面的反射损失。为此，通常采用两种制样方法：第一种是把试样和 KBr 等混合均匀，在真空下压制成薄片；第二种是用 Nujol 油（一种矿物油）或六氯丁二烯把试样调制成糊剂。这两种制样方法都是为了稀释试样，并使试样和介质有大致相近的折射率。

如果分子中含有重原子，由于其键的振动频率较低，因而所需的能量也较低；同时，晶格振动、锥翻转、受阻旋转和分子扭动等过程涉及的能量也很低，因此需要频率更低的红外光诱发这些过程，也就是远红外光谱。远红外是指频率在 $10 \sim 200cm^{-1}$ 的光波，目前远红外光谱仪更多地采用干涉仪进行。干涉仪的工作原理是一束远红外光经过两组片状光栅的反射后变成存在光程差的两束光，这两束光同时通过试样并产生干涉信号，经计算机进行傅立叶变换后输出为常见形式的光谱图。因此，这类光谱仪常称红外傅立叶变换光谱仪，即常说的 FTIR 光谱仪。远红外光谱测试时需要重新选择窗材料，红外光频率在 $30cm^{-1}$ 以上可采用聚乙烯，更低的频率则需采用金刚石。

6.3.2 红外吸收光谱法原理

(1)产生红外吸收光谱的原因

①分子振动方程式。

分子振动可以看作分子中的原子以平衡点为中心，以很小的振幅作周期性的振动。这种分子振动的模型可以用经典的方法来模拟，见图 6-4。

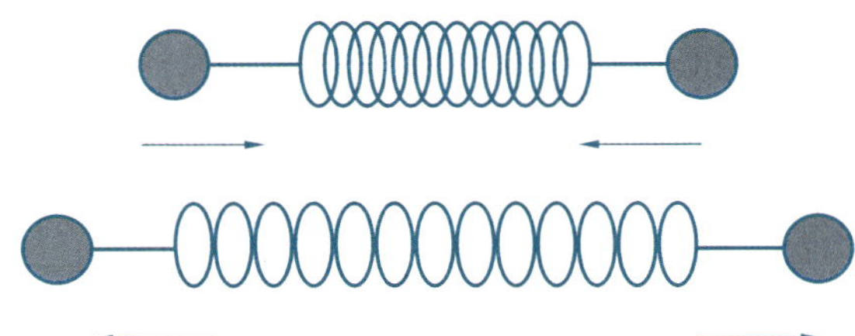

图 6-4 双原子分子振动模型

对双原子分子而言，可以把它看成一个弹簧连接两个小球，m_1 和 m_2 分别代表两个小球的质量，即两个原子的质量，弹簧的长度就是分子化学键的长度。这个体系的振动频率取决于弹簧的强度（即化学键的强度）和小球的质量。其振动是在连接两个小球的键轴方向上发生的。用经典力学的方法可以得到如下计算公式：

$$\nu = \frac{1}{2\pi}\sqrt{\frac{k}{\mu}} \tag{6-13}$$

或

$$\bar{\nu} = \frac{1}{2\pi c}\sqrt{\frac{k}{\mu}} \tag{6-14}$$

可简化为

$$\bar{\nu} = 1304\sqrt{\frac{k}{\mu}} \tag{6-15}$$

式中 ν——频率，Hz；

$\bar{\nu}$——波数，cm^{-1}；

k——化学键的力常数，g/s^2；

c——光速，取 3×10^{10} cm/s；

μ——原子的折合质量，$\mu=\frac{m_1m_2}{m_1+m_2}$。

②分子基本振动数的计算。

双原子分子的振动只发生在连接两个原子的直线上，并且只有一种振动方式，而多原子分子则有多种振动方式。假设分子由 n 个原子组成，每一个原子在空间中都有 3 个自由度，则分子有 $3n$ 个自由度。非线性分子的转动有 3 个自由度，线性分子则只有 2 个转动自由度，因此非线性分子有 $3n-6$ 种基本振动，而线性分子有 $3n-5$ 种基本振动。

以 CO_2 为例，CO_2 为线性分子，其振动自由度$=3\times3-5=4$，即它应有 4 种振动形式，如图 6-5 所示。

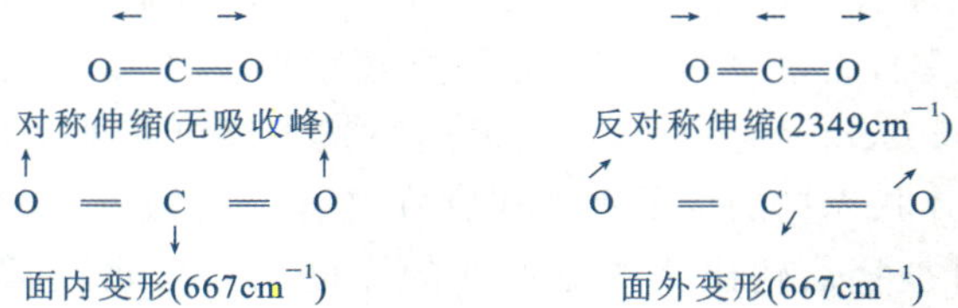

图 6-5 CO_2 分子的 4 种振动形式

但实际上 CO_2 分子的红外吸收光谱中只有 2 个吸收峰，它们分别位于 $2349cm^{-1}$ 和 $667cm^{-1}$ 处。其原因是，在 CO_2 分子的 4 种振动形式中，对称伸缩振动不引起分子偶极矩的变化，因此不产生红外吸收光谱，也就不存在吸收峰。反对称伸缩振动产生偶极矩的变化，在 $2349cm^{-1}$ 处出现吸收峰。而面内变形振动和面外变形振动又因频率完全相同，峰带发生简并，只在 $667cm^{-1}$ 处产生一个吸收峰。故 CO_2 分子虽有 4 种振动形式，但只出现 2 个吸收峰。

总而言之，红外吸收谱带中经常遇到峰数少于分子的振动自由度数目的情况，其原因如下：

a. 某些振动不使分子发生瞬时偶极矩的变化，不引起红外吸收；

b. 有些分子结构对称，某些振动频率相同会发生简并；

c. 有些强而宽的峰常把附近的弱而窄的峰掩盖；

d. 有个别峰落在红外区以外；

e. 有的振动产生的吸收峰太弱而无法测出。

③分子的振动形式。

a. 伸缩振动。

伸缩振动是指原子沿键轴方向伸缩，使键长发生变化而键角不变的振动，用符号 ν 表示，其振动形式可分为两种：一种是对称伸缩振动(ν_s)，振动时各键同时伸长或缩短；另一种是不对称伸缩振动，又称为反对称伸缩振动(ν_{as})，指振动时某些键伸长，某些键则缩短，见图 6-6。

b. 变形振动。

变形振动是指使键角发生周期性变化的振动，又称弯曲振动，可分为面内变形振动、面外变形振动、对称与不对称的变形振动等形式。

(a)面内变形振动(β)。变形振动在由几个原子所构成的平面内进行，称为面内变形振动。面内变形振动可分为两种：一是剪式振动(δ)，在振动过程中键角发生变化，类似于剪刀的开和闭；二是面内摇摆振动

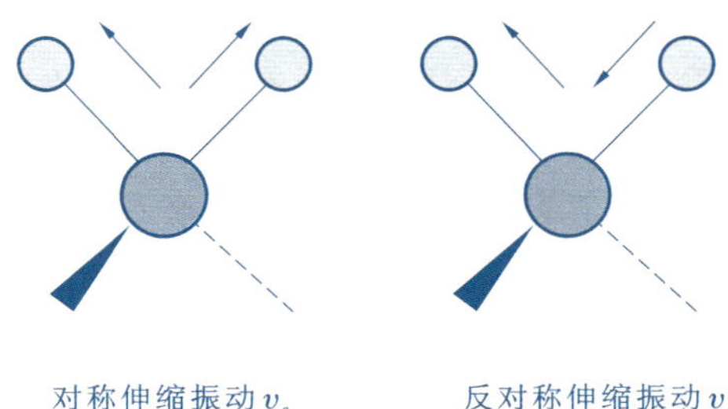

图 6-6 伸缩振动

(ρ),基团作为一个整体,在平面内摇摆。如图 6-7(a)所示。

(b)面外变形振动(γ)。变形振动垂直于由几个原子所组成的平面,在平面外进行,称为面外变形振动。面外变形振动也可以分为两种:一是面外摇摆振动(ω),两个 X 原子同时向面上或面下的振动;二是扭曲振动(τ),一个 X 原子向面上,另一个 X 原子向面下的振动,如图 6-7(b)所示。

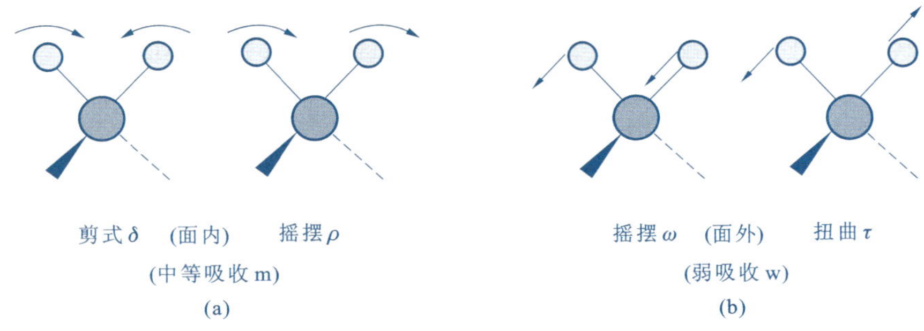

图 6-7 变形振动

(c)对称与不对称的变形振动。AX_3 的基团或分子的变形振动还有对称和不对称之分。对称变形振动(δ_s)中,三个 A—X 键与轴线组成的夹角对称地增大或缩小,形如雨伞的开闭,所以也称为伞式振动;不对称变形振动(δ_{as})中,两个角缩小,一个角增大,或相反。

④产生红外吸收光谱的条件。

并不是所有的振动形式都能产生红外吸收。那么,要产生红外吸收必须具备哪些条件呢?实验证明,红外光照射分子会引起振动能级的跃迁,从而产生红外吸收光谱,其中必须具备以下两个条件:

a. 红外辐射应具有恰好能满足能级跃迁的能量,即物质的分子中,某个基团的振动频率应正好等于该红外光的频率。或者说,当用红外光照射时,如果红外光子的能量正好等于分子振动能级跃迁时所需要的能量,则可以被分子吸收,这就是红外光谱产生的必要条件。

b. 物质分子在振动过程中应有偶极矩的变化,这是产生红外光谱的充分必要条件。在红外光的作用下,只有偶极矩发生变化的振动,即在振动过程中 $\Delta\mu\neq0$ 时,才会产生红外吸收。这样的振动称为红外"活性"振动,其吸收带在红外光谱中可见;而在振动过程中,偶极矩不发生改变的振动称为"非活性"振动,这种振动不吸收红外光,因此就记录不到吸收带,在红外吸收谱图中也就找不到吸收峰。如非极性的同核双原子分子 N_2、O_2、H_2 等,在振动过程中偶极矩并不发生变化,它们的振动不产生红外吸收谱带。有些分子既有红外"活性"振动,又有红外"非活性"振动。

(2)红外吸收光谱相关术语及中红外光区的划分

①红外吸收峰的类型。

a. 基频峰。

分子吸收一定频率的红外光,当振动能级由基态跃迁至第一振动激发态($n=1$)时,所产生的吸收峰称为基频峰。基频峰的强度一般都比较大,因此基频峰是红外吸收光谱上最主要的一类吸收峰。

b. 泛频峰。

在红外吸收光谱上除基频峰外,振动能级由基态($n=0$)跃迁至第二激发态($n=2$)、第三激发态($n=3$)

等时所产生的吸收峰称为倍频峰。由基态跃迁至第二激发态时，所产生的吸收峰称为二倍频峰。由基态跃迁至第三激发态时，所产生的吸收峰称为三倍频峰，以此类推。二倍频峰和三倍频峰等统称倍频峰，二倍频峰可以经常由观测得到，三倍频峰及其以上的倍频峰，因跃迁概率很小，一般能量都很弱，很难观测到。

除倍频峰外，还有合频峰和差频峰。倍频峰、合频峰和差频峰统称泛频峰。合频峰和差频峰多为弱峰，一般在谱图上观察不到。

c. 特征峰。

化学工作者参照光谱数据对比了大量红外谱图后发现，具有相同官能团或化学键的一系列化合物有近似相同的吸收频率，证明官能团或化学键的存在与谱图上吸收峰的出现是对应的。因此，可用一些易辨认的、有代表性的吸收峰来确定官能团的存在。凡是可用于鉴定官能团存在的吸收峰，称为特征吸收峰，简称特征峰。

d. 相关峰。

由于一个官能团有数种振动形式，而每一种具有红外活性的振动一般相应产生一个吸收峰，有时还能观测到泛频峰，因而常常不能只由一个特征峰来确定官能团的存在。例如，分子中如有—$CH=CH_2$ 存在，则在红外光谱图上能明显观测到四个特征峰。这一组峰因为—$CH=CH_2$ 的存在而出现，是相互依存的吸收峰，若想证明化合物中存在该官能团，则在其红外谱图中，这四个吸收峰都应存在，缺一不可。在化合物的红外谱图中由于某个官能团的存在而出现的一组相互依存的特征峰，可互称为相关峰。

用一组相关峰鉴别官能团的存在非常重要，由于有些情况下，有的相关峰会与其他峰重叠或峰太弱，并非所有的相关峰都能被观测到，因此必须找到主要的相关峰才能确认官能团的存在。

②红外吸收光谱的分区。

分子中的各种基团都有其特征红外吸收带，其他部分的影响较小。因此中红外区又划分为特征谱带区（4000～1333cm^{-1}，即 2.5～7.5μm）和指纹区（1333～667cm^{-1}，即 7.5～15μm）。前者吸收峰比较稀疏，容易辨认，主要反映分子中特征基团的振动，便于基团鉴定，有时也称为基团频率区。后者吸收光谱复杂，有C—X（X 为 C、N、O）单键的伸缩振动，还有各种变形振动。由于它们的键强度差别不大，各种变形振动能级差别小，因此该区谱带特别密集，但却能反映分子结构的细微变化。每种化合物在该区的谱带位置、强度及形状都不一样，形同人的指纹，故称"指纹区"，对鉴别有机化合物用处很大。

利用红外吸收光谱鉴定有机化合物结构，必须熟悉重要的红外区域与结构（基团）的关系。通常中红外光区又可分为四个吸收区域或八个吸收段，熟记各区域或各段包含哪些基团的哪些振动，对判断化合物的结构是非常有帮助的。

(3)影响基团频率位移的因素

①外部因素。

试样状态、测定条件的不同及溶剂极性的影响等外部因素都会引起基团频率的位移。一般气态时 $C=O$ 的伸缩振动频率最高，非极性溶剂的稀溶液次之，而液态或固态的振动频率最低。同一种化合物的气态、液态或固态光谱有较大的差异，因此在查阅标准谱图时，要注意试样的状态及制样的方法等。

②内部因素。

a. 电效应。电效应包括诱导效应、共轭效应和偶极场效应，它们都是由化学键的电子分布不均匀而引起的。

(a)诱导效应。由于取代基具有不同的电负性，静电诱导效应会引起分子中电子分布的变化，从而引起键力常数的变化，最终改变了基团的特征频率。一般来说，随着取代基数目的增加或取代基电负性的增大，这种静电的诱导效应也增大，从而导致基团的振动频率向高频移动。

(b)共轭效应。形成多重键的 π 电子在一定程度上可以移动，例如 1,3-丁二烯的四个碳原子都在同一个平面上，四个碳原子共有全部的 π 电子，使中间的单键具有一定的双键性质，而两个双键的性质亦有所削弱，这就是共轭效应。共轭效应使共轭体系中的电子云密度平均化，结果使原来的双键伸长，力常数削弱，所以振动频率降低。

(c)偶极场效应。在分子内的空间里，相互靠近的官能团之间才能产生偶极场效应。

b. 氢键。羰基和羟基之间容易形成氢键，使羰基的频率降低。例如，游离羧酸的 C ═ O 伸缩振动频率出现在 $1760cm^{-1}$左右；而在液态或固态时，此时羧酸形成二聚体形式，因此 C ═ O 伸缩振动频率都在 $1700cm^{-1}$左右，频率降低明显。

c. 振动的耦合。适当结合的两个振动基团，若原来的振动频率很近，它们之间可能会产生相互作用而使谱峰裂分为两个，一个高于正常频率，另一个低于正常频率。这种两个基团的相互作用，称为振动的耦合。

d. 费米共振。当一个振动的倍频与另一个振动的基频接近时，由于发生相互作用而产生很强的吸收峰或发生裂分，这种现象叫作费米共振。

e. 立体障碍。立体障碍会使羰基和双键之间的共轭关系受限，使频率增大。

空间效应的另一种情况是张力效应，张力效应的大小顺序为：四元环＞五元环＞六元环，而随着环张力增加，红外峰向高波数移动。

(4)吸收峰强度的表示方法

分子吸收光谱的吸收峰强度，都可用摩尔吸光系数 ε 表示。一般来说，红外吸收光谱中 ε 值较小，而且同一物质的 ε 值随仪器的不同而变化，因而 ε 值在定性鉴定中用处不大。

红外吸收峰的强度通常用 5 个级别表示，见表 6-1。

表 6-1 红外吸收峰强度的划分

Vs	s	m	w	vw
极强峰	强峰	中强峰	弱峰	极弱峰
ε＞100L/(mol·cm)	ε＝20～100L/(mol·cm)	ε＝10～20L/(mol·cm)	ε＝1～10L/(mol·cm)	ε＜1L/(mol·cm)

6.3.3 红外吸收光谱仪

自 1908 年 Coblentz 设计出氯化钠棱镜的红外光谱仪后，红外光谱仪在 100 多年来得到了飞速的发展，至今已发展了三代。第一代是棱镜色散型红外光谱仪。20 世纪 60 年代以后，分光元件从棱镜逐步发展到红外光栅，出现了第二代光栅型色散式红外光谱仪。70 年代中期，计算机控制的色散型红外光谱仪(computerised dispersive infrared spectroscopy，CDS)问世，使数据处理和操作更为简便。同期，作为第三代的干涉型傅立叶变换红外光谱仪(Fourier transform infrared spectrometer，FTIR 光谱仪)开始投入市场，但因价格昂贵无法与低价的色散型仪器匹敌；随着计算机技术的发展，很多低价高性能产品推出，到 80 年代中期其逐渐取代了色散型红外光谱仪。40 多年来，傅立叶变换红外光谱技术发展迅速，FTIR 光谱仪的更新换代很快，世界上生产 FTIR 光谱仪的公司每 3～5 年就有新型号仪器推出。

(1)红外光谱仪的分类

红外光谱仪可分为色散型和干涉型两大类。

①色散型红外光谱仪。

色散型红外光谱仪(又称色散型红外分光光度计)，按测光方式的不同，可以分为光学零位平衡式与比例记录式两类。

光学零位平衡式的结构如图 6-8 所示。光学零位平衡式仪器是把调制光信号(I_0～I)经检测与放大后，

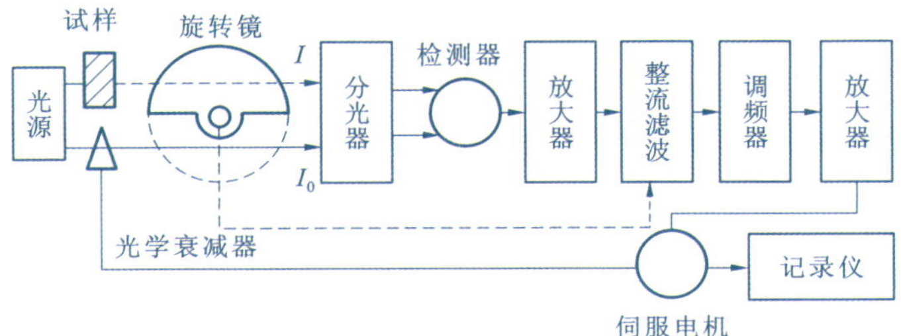

图 6-8 光学零位平衡式

用以驱动参比光路上的光学衰减器，使两束光的能量达到零位平衡，同时记录仪与光学衰减器同步运动以记录样品的透光率。

比例记录式的结构如图 6-9 所示。比例记录式仪器是把调制光信号（$I\to 0\to I_0\to 0$）经检测与放大后分离。通过测量两个电信号的比例而得出样品的透光率。

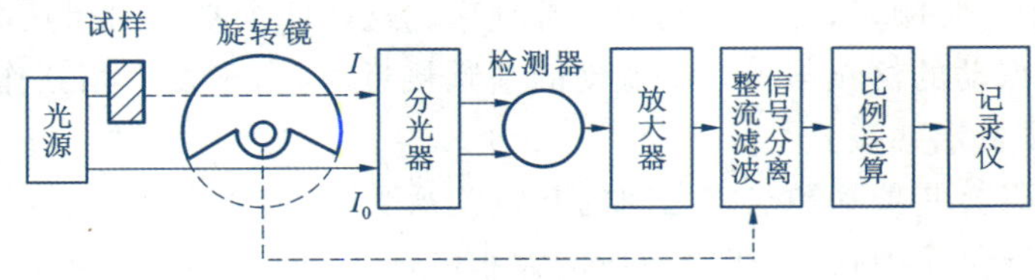

图 6-9 比例记录式

②干涉型红外光谱仪。

干涉型红外光谱仪为傅立叶变换红外光谱仪，它没有单色器和狭缝，主要由迈克尔逊干涉仪和计算机两部分组成。FTIR 仪器的整机工作原理如图 6-10 所示。

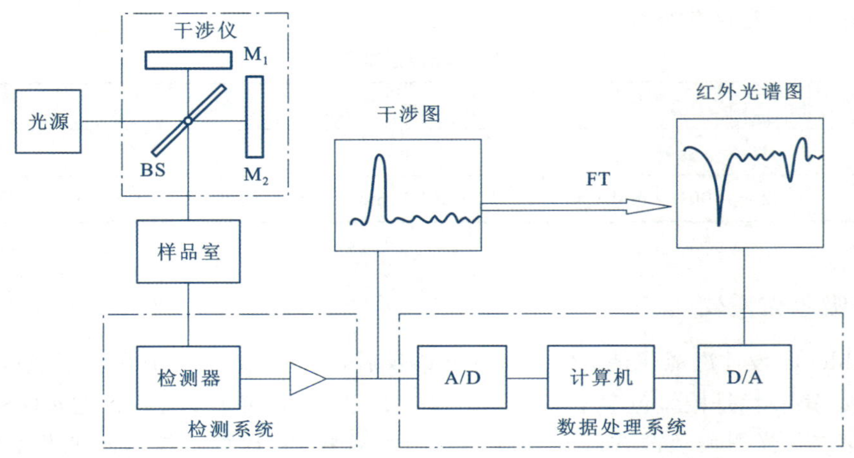

图 6-10 FTIR 仪器的整机工作原理示意图

M_1—定镜；M_2—动镜；BS—分束器；A—放大器；A/D—模数转换器；D/A—数模转换器

由光源发出的红外线经准直为平行光进入干涉仪，经干涉仪调制后得到一束干涉信号，干涉光通过样品，获得含有光谱信息的干涉光，到达检测器。由检测器将干涉光信号变为电信号，并经放大器放大。此处的干涉信号是一时间函数，即由干涉信号绘出的干涉图，其横坐标是动镜移动时间，对于这种包含光谱信息的时域干涉图，人们难以进行光谱解析。因而需通过模数转换器将信号输入计算机，由计算机进行傅立叶变换的快速计算，即获得以波数为横坐标的红外光谱图（频域光谱），并通过数模转换器送入绘图仪绘出光谱图，这就是人们十分熟悉的红外光谱图。

(2)红外光谱仪的基本部件

①光源。

光源是红外光谱仪的关键部件之一，红外辐射能量直接影响检测的灵敏度。理想的红外光源应能够测试整个红外波段，但目前每种光源只能覆盖一定的波段，故要测试整个红外波段至少需要更换三种光源，即中红外、远红外和近红外光源，其中用得最多的是中红外光源。

目前，低档中红外光谱仪光学台中只安装一个光源，即中红外光源；高档傅立叶变换红外光谱仪光学台中通常都安装两个光源，一个是中红外光源，另一个是远红外光源或近红外光源。在双光源系统中，两个光源之间的切换由计算机控制。

②单色器。

色散型红外光谱仪中单色器的作用是将辐射光分散成单色光。单色器通常是指从入射狭缝开始至出射狭缝射出单色光的部分，其结构与紫外-可见分光光度计相同，但采用的棱镜材料不同。色散型红外光谱仪中目前大多采用闪耀光栅，在进行光谱级次分离时可用滤光片或棱镜。滤光片采用截止或通带透射式滤光片。

③干涉仪。

干涉仪是傅立叶变换红外光谱仪光学系统中的核心部分，它决定了光谱仪的最高分辨率及其他性能指标。在傅立叶变换红外光谱仪中，首先是将光源发出的光经干涉仪变成干涉光。干涉仪分多种类型，但其内部的基本组成是相同的，都包含动镜、定镜和分束器三个主要部件。

各类分束器覆盖的波段范围见图 6-11。

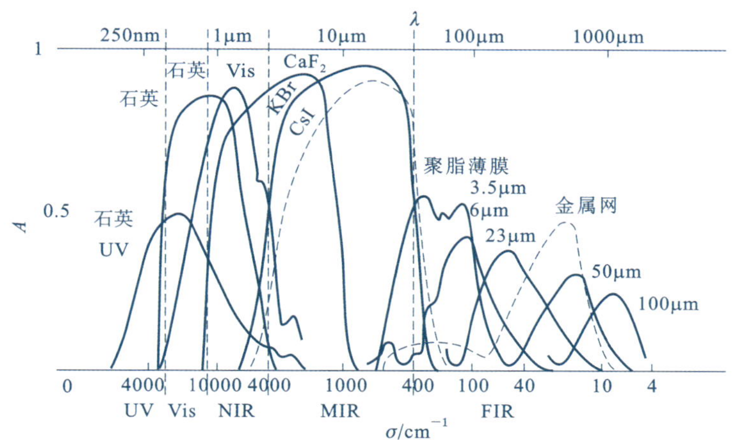

图 6-11 各类分束器覆盖的波段范围

目前，傅立叶变换红外光谱仪使用的干涉仪主要有空气轴承干涉仪，机械轴承干涉仪，双动镜机械转动式干涉议，双角镜耦合、动镜扭摆式干涉仪，角镜型迈克尔逊干涉仪，角镜型楔状分束器干涉仪，悬挂扭摆式干涉仪，皮带移动式干涉仪等。

近几年来，干涉仪在不断地改进与发展，在干涉仪的简化、提高光的利用率、增加光程差、提高分辨率、增强仪器稳定性、测量波段的延长和干涉仪的自动调整、干涉仪的防护、高速扫描和步进扫描技术等方面都有很大的进展。

④检测器。

检测器(又称探测器)的作用是检测红外光通过样品后的能量。对检测器的要求是灵敏度高、噪声低、响应速度快、测量范围宽。色散型红外光谱仪常用的检测器是真空热电偶和高莱池。FTIR 光谱仪常用的检测器有两类，一类是通用型热释电检测器，另一类是 MCT 检测器。

6.3.4 试样的制备

红外光谱分析技术的优点之一是应用范围非常广泛，任何样品，如固体、液体、气体的单一组分的纯净物和多组分的混合物都可以用红外光谱法测定。红外光谱法既可以测定有机物、无机物、聚合物、配合物，也可以测定复合材料、木材、粮食、饰物、土壤、岩石、矿物、包裹体等。对不同的样品需采用不同的红外制样技术；对同一样品也可以采用不同的制样技术，但所得谱图会有差异。因此，要根据测试目的和测试要求，采用合适的制样方法及制样技术，方可获得一张高质量的红外光谱图。

(1)气体样品的制样方法

气态样品通常使用直径 4cm、长 10cm 的玻璃气体吸收池，它的两端配有透红外线的窗片(一般为溴化钾或氯化钠)，为了防止漏气，玻管两端需仔细磨平，并用黏合剂将其与盐窗结合，池体焊有两个带活塞的支管以便充入气样。进样时一般先用真空泵将气体吸收池抽真空，再充注样品。吸收峰的强度可以通过调节吸收池内样品的压力来达到(由与吸收池相连的压力计来指示)。对于强吸收的气体(如四氟化碳)，只要充入 5mmHg(1mmHg＝133.322Pa)或更少的气体即可；对于弱吸收气体(如氯化氢)，则需达 0.5atm(1atm＝101325Pa)或更多；而对大多数气体而言，有 50mmHg 的压力就可得到令人满意的谱图。

当气体样品量较少时，可使用池体截面积不同、带有锥度的小体积气体吸收池；当被测气体组分浓度较低时，可选用长光程气体吸收池（光程规格有10m、20m和50m），也可用GC-FTIR直接进样分析。

在进行气体测定时，需注意以下两点：

①水蒸气在中红外区的吸收峰会干扰样品的测定，因此样品在注入吸收池前必须保证干燥。

②样品测定完毕后，应该用干燥空气彻底冲洗吸收池和连接吸收池入口的管道，有时甚至需要重涂吸收池上的活塞润滑油，以免它们所吸附的样品影响下次测定的结果。

(2)固体样品的制样方法

固体样品可以不同形态存在，如粉末、粒状、块状、薄膜状，硬度小的、硬度大的，脆的、坚韧的等。固体样品的测试方法有常规的透射光谱法、显微红外光谱法、ATR光谱法、漫反射光谱法、光声光谱法、高压红外光谱法等。

本节介绍用于常规透射红外光谱的固体制样方法，即压片法、糊状法和薄膜法。

①压片法。

压片法是一种简便易行、常用的制样方法。该法只需要稀释剂、玛瑙研钵、压片磨具和压片机。稀释剂有溴化钾和氯化钾（两者的操作过程相同），常用的为溴化钾，此处仅介绍溴化钾压片法。

a.研磨。将约1mg固体粉末样品与约150mg溴化钾粉末（溴化钾粉末在使用前应经120℃烘干，置于干燥器中备用）置于玛瑙研钵中，研磨均匀（粒度要小于2.5μm）。

b.压片。压片需要使用压片模具，如图6-12所示。用不锈钢小扁铲将研磨好的样品与溴化钾混合物转移至压片模具中，然后使用压片机给压片模具施加压力。通常，施加8t左右的压力并保持十几秒钟，即可压出透明或半透明的锭片。

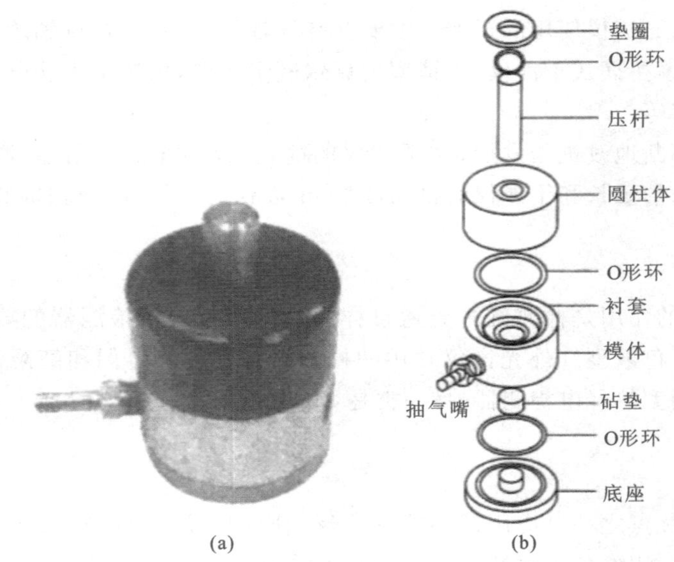

图6-12 常用压片磨具实物图和装配图

(a)实物图；(b)装配图

c.测试。从压片模具中取出锭片后要及时测试，如果不能及时测试，那么应将锭片暂时保存于干燥器中。

②糊状法。

采用卤化物压片，很难除去所测得的红外光谱中位于3400cm^{-1}和1640cm^{-1}附近的水峰，会干扰样品中结晶水、羟基和氨基的测定；采用糊状法制样可以克服这个缺点。糊状法是在玛瑙研钵中将样品与糊剂一起研磨，使样品微粒均匀地分散在糊剂中。最常用的糊剂有石蜡油（液状石蜡）和氟油。用石蜡油或氟油与样品一起研磨的方法又称作石蜡油研磨法或氟油研磨法。

a.石蜡油研磨法。该法制样速度快，不足之处：石蜡油糊剂是饱和直链碳氢化合物，在光谱中会出现碳氢键的特征吸收峰，干扰样品的测定；样品用量比压片法多，至少需要几毫克样品。

制备样品时，将几毫克样品放在玛瑙研钵中，滴加半滴石蜡油研磨。研磨好后，用硬质塑料片将糊状物从玛瑙研钵中刮下，均匀地涂在两片溴化钾晶片之间，然后测其红外光谱。

b. 氟油研磨法。所谓氟油，就是全氟代石蜡油(即石蜡油中的氢原子全部被氟原子取代)，黏度比石蜡油大一些。采用氟油研磨法制备样品得到的光谱没有碳氢吸收峰，但在 1300cm^{-1}以下的光谱区间出现非常强的碳氟吸收峰。因此，采用该法只能得到 1300～4000cm^{-1}区间样品的光谱。

石蜡油研磨法和氟油研磨法可以互补，因为氟油在 1300cm^{-1}以上没有吸收峰，而石蜡油在 1300cm^{-1}以下没有吸收峰(除了在 720cm^{-1}处出现一个弱的吸收峰外)。氟油研磨法的制样方法与石蜡油研磨法相同，此处不再重复。

③薄膜法。

薄膜法主要用于高分子材料的红外光谱测定，分为溶液制膜和热压制膜两种方法。

a. 溶液制膜法。将样品溶解于适当的溶剂中，然后将溶液滴在红外晶片(如溴化钾、氯化钠等)、载玻片或平整的铝箔上，待溶剂完全挥发后即可得到样品的薄膜。最好的溶液制膜法是将溶液滴在溴化钾晶片上，这样制得的薄膜可以被直接测定。

所配制溶液的浓度要适中，如果配制 2%的溶液，滴 1～2 滴溶液来制膜，那么膜的直径在 13mm 左右，膜的厚度为5～10μm，这样制得的膜就适合红外光谱测定。

b. 热压制膜法。可以将较厚的聚合物薄膜热压成更薄的薄膜，也可以从粒状、块状或板材聚合物上取下少许样品热压成薄膜。

热压模具可以购买，也可以自制。购买的薄膜制样器可以将少许聚合物热压成直径为 20mm，厚为 15μm、25μm、50μm、100μm、250μm 和 500μm 的薄膜。图 6-13 为薄膜制样器的热压模具示意图。

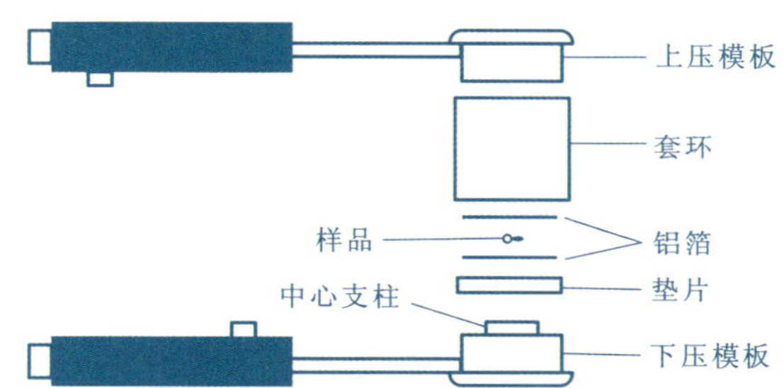

图 6-13　薄膜制样器的热压模具示意图

热压模具采用内加热器，上、下压模板内安装有电加热板。热压模具的温度由温度控制器自动控制，温度可以从室温加热到 300℃。不同的聚合物需设定不同的热压温度。图 6-13 中的套环将上、下两块压模板对齐。铝箔将样品与上、下压模板隔开，热压好的样品薄膜夹在两片铝箔之间，将两片铝箔分开即可取出样品薄膜。热压不同厚度的薄膜需要使用不同的金属垫片。

(3)液体样品的制样方法

液体样品可装在红外液体池里测试，也可用红外显微镜或 ATR 附件测试，本节介绍装在红外液体池里的测试方法。液体样品分为纯有机液体样品和溶液样品，溶液样品又分为有机溶液样品和水溶液样品。

①液池窗片材料。

液池窗片材料分为测试有机液体的窗片材料和测试水溶液的窗片材料。适用于有机液体红外光谱测试的窗片材料是溴化钾、氯化钾和氯化钠，而最常用的是溴化钾和氯化钠。对于水溶液样品红外光谱测试，最常用的窗片材料是氟化钡，其次是氟化钙。

②液池种类。

液体池的种类很多，可以从红外仪器公司购买，也可以自行加工制作。液体池通常分为三类，即可拆式液池、固定厚度液池和可变厚度液池。

a. 可拆式液池。

测定液体样品的红外光谱一般使用可拆式液池。图 6-14 是圆形可拆式液池实物图和装配图。可拆式液池中的两片晶片和晶片之间的整片可以取下来清洗。

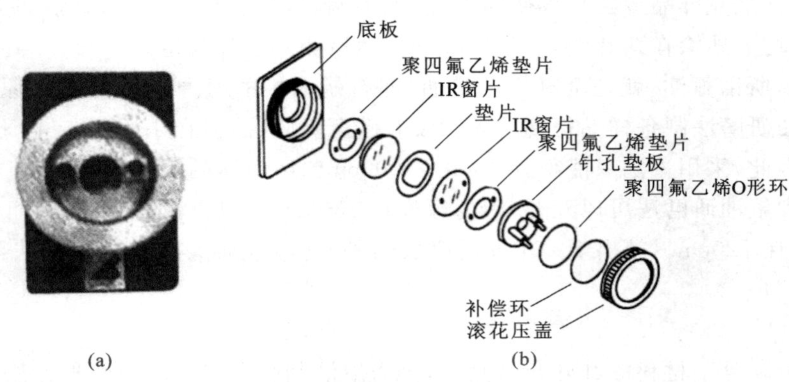

图 6-14 圆形可拆式液池实物图和装配图

(a)实物图;(b)装配图

b. 固定厚度液池。

固定厚度液池是指液池中两块窗片之间的厚度是固定不变的。两块窗片之间夹着中空的垫片,垫片的厚度就是液池的厚度。固定厚度液池一定要有液体的进口和出口,以便注入待测液体和清洗液池。图 6-15 是一种固定厚度液池的分解示意图。

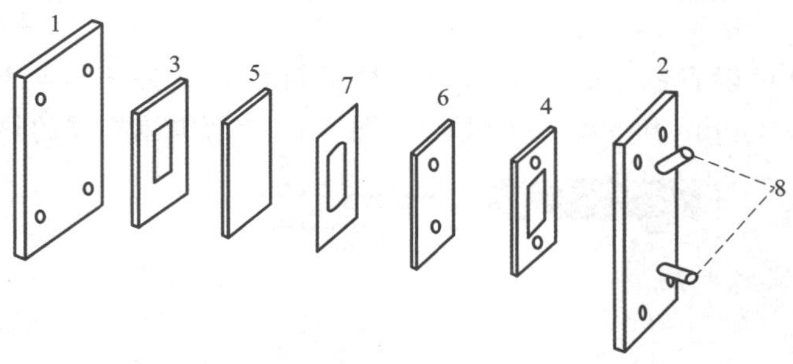

图 6-15 固定厚度液池分解示意图

1—底板;2—面板;3,4—垫片;5—无孔晶片;6—有孔晶片;

7—汞齐化铅垫片;8—样品进、出孔

固定厚度液池的晶片和垫片不能取下来清洗。每测完一个样品,都要将液池彻底清洗干净。通常,只有进行定量分析时才采用固定厚度液池。

c. 可变厚度液池。

可变厚度液池即液池中两块晶片之间液膜的厚度可以改变。可变厚度液池可以通过旋转旋钮,调节液膜的厚度来改变液体红外光谱的吸光度。图 6-16 是可变厚度液池实物图和示意图。可变厚度液池的清洗比固定厚度液池容易,清洗时可将窗片之间的距离调大。

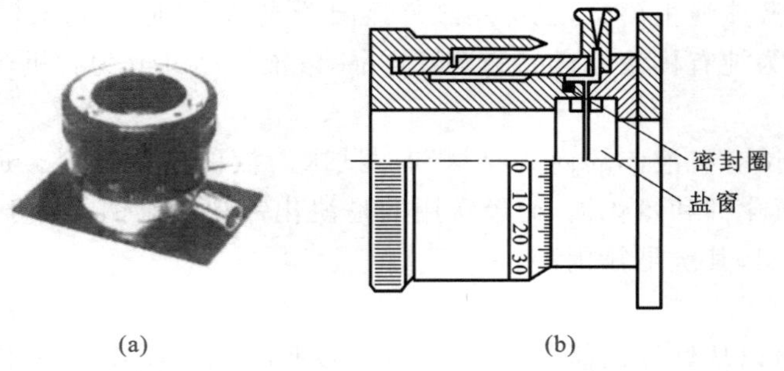

图 6-16 可变厚度液池实物图和示意图

(a)实物图;(b)示意图

(4)有机液体样品的制样方法

对于黏稠状样品,取少量样品置于溴化钾晶片中间,用另一晶片压紧,使样品形成均匀的薄膜即可测试。对于黏度小、流动性好的液体样品，可以用小玻璃棒蘸一点液体置于溴化钾晶片中间，再放上另一块溴化钾晶片，液池架的螺钉不能拧紧。液膜的厚度为 5～10μm 时，测得的光谱吸光度比较合适。对于易挥发的液体样品，在溴化钾晶片上滴一大滴样品，马上盖上另一块晶片，并尽快测试。

(5)水和重水溶液样品的制样方法

测定水溶液样品光谱，窗片材料最好选用氟化钡晶片。水溶液浓度在 1%以上时，可采用液膜法测定水溶液光谱。为了避免水溶液中水的吸收峰对溶质吸收峰产生干扰，可将溶质溶解在重水中，测试重水溶液的光谱。水和重水的红外光谱是互补的，可以根据需要选择水或重水做溶剂。

6.3.5 红外光谱的定性分析方法

红外光谱法分为定性分析方法和定量分析方法。在红外光谱实验室日常分析测试工作中，用得最多的是红外光谱定性分析。红外光谱定性分析之所以得到广泛的应用，是因为采用定性分析方法鉴别物质可靠性强，而且具有分析速度快、样品用量少和不破坏样品等优点。

从样品的红外光谱可以得到样品的分子结构信息，从样品红外光谱中吸收峰的位置和强度可以知道样品分子中可能含有哪些基团和基团数量的多少。除此之外，对于某些分子组成相同，但分子的构型不同(同分异构体)、分子的排列方式不同、晶型不同的物质，其红外光谱不完全相同。由此可见，红外光谱与分子结构的关系犹如人与指纹的关系，是一一对应的。据此，可以利用红外光谱对物质进行定性分析。

(1)已知物的验证

已知物的验证是将待测样品的红外光谱与已知分子结构的纯净物的标准红外光谱进行对比，从而鉴别待测样品是否为已知物。纯净物的标准红外光谱可以在所用的红外仪器上测试，然后将测试所得到的红外光谱数据存储在计算机的硬盘上，或添加到谱库中，需要鉴别时可以对谱库进行检索，或将存储的标准红外光谱调出来进行比较。

在比较两张光谱时，应比较光谱中所有吸收峰的峰位、峰强和峰宽，如果两张光谱比较结果完全一致，即可认为所测样品就是该已知物。如果在所测的光谱中，除了纯净物的吸收峰外，还出现多余的吸收峰，则说明所测样品除了该已知物外，还含有杂质。如果两张光谱差别很大，就说明二者不是同一物质。

生产单位质量控制部门利用红外光谱定性分析技术对已知物进行验证是一项非常重要的工作。为了保证产品质量，除了需要对最终产品进行验证外，还需要对生产所用的原材料和中间品进行验证。高等院校和科研部门在从事科研工作过程中，为判断在加工或化学反应后是否能得到预期的产品，用红外光谱进行验证是一种快速、简便的方法。

进行已知物的验证，需要标准的红外光谱，如果所采用的标准红外光谱是在所用的红外光谱仪上测试得到的，那么进行已知物验证时，测试方法和所用的测试参数应与测试标准红外光谱时所采用的一致，样品用量也应一致。如果所采用的标准红外光谱是从仪器的谱库中检索出来或调出来的，或从标准谱图集或书刊中收集来的，那么这些标准谱图测试所采用的样品制备方法、测试方法和测试参数可能会与已知物验证时所采用的不相同。因此，在进行红外光谱对比时，要格外小心。当样品的用量不同，测试方法不相同时，两张光谱吸收峰的相对强度会有差别；当测试所采用的分辨率不相同时，两张光谱吸收峰的个数会有差别。对于有机物，若分辨率为 $4cm^{-1}$ 和 $8cm^{-1}$，两张光谱吸收峰的个数基本上没有差别；若分辨率为 $16cm^{-1}$，将会存在显著差别。如果固体样品存在多晶异构体，那么在进行已知物验证时，最好采用溶液法测试红外光谱。

(2)样品的比对

在红外光谱定性分析工作中，有时候不需要知道样品的成分，不需要知道样品是纯净物还是混合物，也不需要知道样品中各组分的百分含量，只需要知道待测试的两个样品的成分是否相同。如果待测试的两个样品的红外光谱完全相同，说明这两个样品的成分及其百分含量是相同的。这种红外光谱的定性分析称为样品的比对。

样品比对的一个典型例子是，交通肇事嫌疑车辆油漆和肇事现场遗留油漆红外光谱的比对。汽车油漆的成分非常复杂，不同厂家、不同品牌、不同时期出厂的汽车所喷涂的油漆成分是不相同的，且油漆经风吹、雨淋和日晒后成分还会发生变化。确定汽车的油漆成分及其含量是一项非常困难的工作，而通过交通肇事嫌疑车辆油漆和肇事现场遗留油漆红外光谱的比对，就可以为法庭辩护提供可靠的依据。

(3)谱库检索

对已知物进行验证和对未知物进行剖析时，经常要对所测试的光谱进行谱库检索，以确定所测试样品的组分和各种组分的大致含量。如果所测试的样品是纯组分，谱库中又存在这种纯组分的光谱，那么检索得到的光谱匹配度能达到 90%以上，可以认为其与样品光谱一致。当然不能以匹配度为标准，应将检索得到的光谱与样品光谱进行对比，从而确定样品中是否含有检索出来的成分。有时检索出来的光谱匹配度在 70%以下，但检索结果也能与样品光谱完全一致。

6.3.6 红外光谱的定量分析方法

红外光谱分析测试工作者在日常的分析测试工作中，主要从事定性分析测试工作。虽然利用红外光谱技术对已知组分可以进行定量分析，但是，要求对样品进行定量分析的用户是很少的。企业单位的红外光谱实验室开展定量分析测试工作相对多一些，但大都是对某一种产品进行定量分析。

对单一组分体系，红外光谱的定量分析是很容易的。对两种组分体系进行定量分析相对来说也比较容易。对于多组分体系，进行定量分析就不那么容易了。特别是对于那些化学性质相似、结构相似的同系物，多组分体系的定量分析就更难了。对于多组分体系，尤其是同系物多组分体系的定量分析，现在一般都借助红外多组分定量分析软件进行。红外多组分定量分析软件所用的方法种类很多，如经典最小二乘法、偏最小二乘法、主组分回归法、多组分线性回归法等。各个红外仪器厂商都在不断地发展和更新红外多组分定量分析软件，有通用的多组分定量分析软件，也有专用的多组分定量分析软件。

固体样品和液体样品都可以进行定量分析，但定量分析时需要有参比样品或标准样品。在没有参比样品或标准样品的情况下，只能对混合物中各组分的含量做粗略的估计。多组分定量分析的准确度不高，误差在 5%左右。单一组分定量分析的准确度能达到 1%左右。

进行红外光谱定量分析，应该注意以下几点：

①应该在仪器最稳定的状态下采用相同的参数测试标样和样品的红外光谱，测试时，标样和样品温度保持一致。

②所分析的谱带吸光度值应落在一定的范围内。一般情况下谱带的吸光度值为 0.3～0.8 吸光单位时，就认为谱带的信噪比够高了。如果傅立叶变换红外光谱仪的灵敏度很高，基线能够准确确定，那么吸光度值较低的谱带也能用于定量分析。测试多组分样品时，吸光度值可以超出最佳范围，但吸光度值最好不要超过 1.5。如果待测样品组分浓度很高，但吸收谱带比较弱，那么这种较弱的吸收谱带也可以认为已落在吸光度最佳范围内。

③测试样品的溶液光谱能得到最准确的分析结果。用液体池测试液体光谱时，每次将样品池插入样品架的位置不可能完全相同。最好将样品池固定好，接上管路，样品以流动方式进入样品池。如果不能使用流动样品池，那么每次将样品池插入样品架后，样品池应该很牢固，不允许倾斜和横向移动。采用固定厚度液池测试光谱时，在样品充足的情况下，最好用下一个要测试的样品溶液将已测试的样品溶液从液池中冲洗出来。冲洗液池的样品溶液体积至少为进样口和液池出口之间体积的 5 倍(越大越好，如 20 倍)。

④尽量选择吸光度较大的谱带进行分析。只能对吸光度光谱进行定量分析，不能对透射率光谱进行定量分析。采用峰面积进行定量分析比采用峰高进行定量分析准确度高。

(1)朗伯-比尔定律

红外光谱定量分析的依据是朗伯-比尔(Lambert-Beer)定律。朗伯-比尔定律表述为：当一束光通过样品时，任一波长光的吸收强度(吸光度)与样品中各组分的浓度成正比，与光程长(样品厚度)成正比。对于非吸光性溶剂中单一溶质的红外吸收光谱，在任一波数(ν)处的吸光度为

$$A(\nu) = \lg \frac{1}{T(\nu)} = a(\nu)bc \tag{6-16}$$

此式即为著名的朗伯-比尔定律。

式中 $A(\nu)$，$T(\nu)$——在波数(ν)处的吸光度和透射率，$A(\nu)$是没有单位的；

$a(\nu)$——在波数(ν)处的吸光度系数，是所测样品在单位浓度和单位厚度下，在波数(ν)处的吸光度；

b——光程长(样品厚度)；

c——样品的浓度。

由于红外光谱的吸光度具有加和性，对于 N 个组分的混合样品，在波数(ν)处的总吸光度为

$$A(\nu)=\sum_{i=1}^{N}a_i(\nu)bc_i \tag{6-17}$$

对于液体样品，若式(6-16)中的光程长 b 以 cm 为单位，样品的浓度 c 以 mol/L 为单位，则在波数(ν)处的吸光度系数 $a(\nu)$称为摩尔吸光系数，单位为 L/(cm・mol)。

对于采用卤化物压片法制备的样品，式(6-16)中的 bc 乘积用样品的质量表示。对于纯样品薄膜，如纯有机物液膜、聚合物薄膜等，式(6-16)中的 bc 乘积用液膜或薄膜的厚度表示。

式(6-16)中的吸光度系数 $a(\nu)$在不同波数处的数值是不相同的，也就是说，同一物质在不同波数处的吸光度系数是不相同的。对于红外光谱来说，光谱中不同基团的振动频率的吸光度系数是不相同的。

式(6-16)和式(6-17)表明，朗伯-比尔定律只适用于吸光度光谱。所以，在进行红外光谱的定量分析时，应将透射率光谱转换成吸光度光谱，因为透射率与样品浓度不成正比，但吸光度与样品浓度成正比。

(2)峰高和峰面积的测量

红外光谱的定量分析有两种方法：一种是测量吸收峰的峰高，即测量吸收峰的吸光度，就是根据朗伯-比尔定律进行定量分析；另一种是测量吸收峰的峰面积。采用峰面积进行定量分析往往比采用峰高进行定量分析更加准确。由此可知，在进行红外光谱定量分析时，必须从测定的光谱中找出一个特征吸收峰，通过测量吸收峰的峰高或峰面积进行定量分析。

①峰高的测量方法。

红外光谱吸收峰的形状是多种多样的，有独立存在的、非常对称的吸收峰，峰的两侧与基线基本相切，如图 6-17 中的 A 峰。有些吸收峰靠在一起，互相有部分重叠，但互相干扰不是非常严重，如图 6-17 中的 B 峰。有些吸收峰是由两个或以上的吸收峰重叠在一起，形成肩峰或一个不对称的吸收峰，如图 6-17 中的 C 峰和 D 峰。

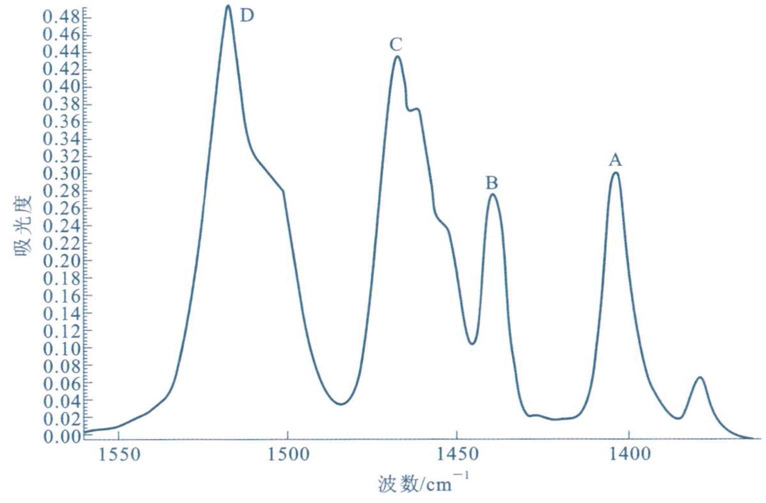

图 6-17 不同形状的红外光谱吸收峰

利用红外光谱进行定量分析时，根据朗伯-比尔定律，需要测量吸收峰的吸光度 A 值。也就是说，需要测量吸收峰的峰高。各个红外仪器公司提供的软件中都包含吸收峰峰高的测量方法。当使用红外软件测量吸收光谱中某个吸收峰的峰高时，计算机通常给出两个峰高值，一个是经过基线校正后的峰高值，另一个是未经基线校正的峰高值。

基线校正所用的基线可以人为确定，可以是吸收峰两侧最低点的切线，如图 6-18 所示；也可以是与吸收

峰一侧最低点相切的水平线，如图 6-19 所示。经基线校正后的峰高值是指，从吸收峰顶端向 x 轴引垂直线，垂线与基线的交点到吸收峰顶端的距离即为吸收峰的峰高。图 6-18 中 B 峰的峰高 ab 为 0.203，图 6-19 中 B 峰的峰高 ab 为 0.254。图 6-18 和图 6-19 测量峰高的方法不同，得到的结果也不相同。图 6-19 测量峰高的方法可能更合理些。在进行红外光谱定量分析时，图 6-18 和图 6-19 的方法都可以采用，但对同一个体系只能采用一种方法。这样得到的结果是具有可比性的。

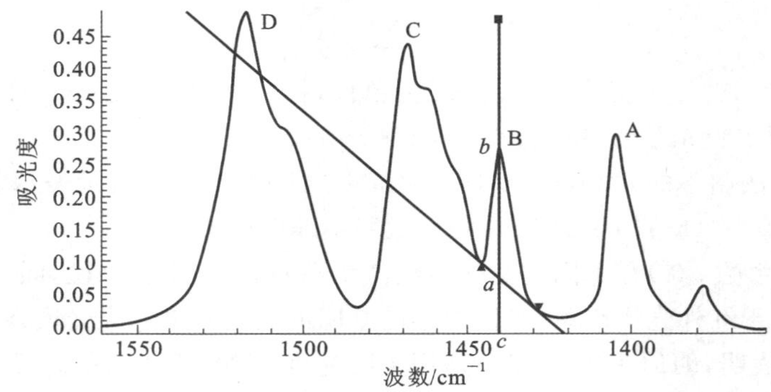

图 6-18 吸收峰峰高的测量方法 1

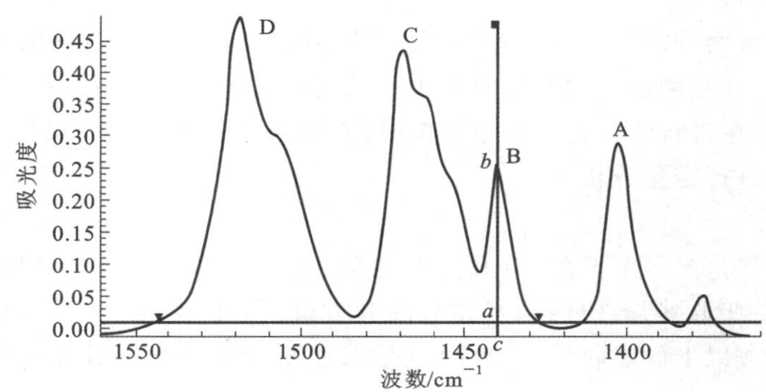

图 6-19 吸收峰峰高的测量方法 2

未经基线校正的峰高值是指从吸收峰的顶端到 x 轴的距离。图 6-18 和图 6-19 中未经基线校正的 B 峰峰高 bc 均为 0.276。显然，应该选经过基线校正后的峰高值作为吸光度 A 的值。

图 6-17 中的 A 峰是独立的吸收峰，测量峰高没有任何悬念，峰顶端的垂线到两个切点连线的距离即为峰高值，如图 6-20 所示。

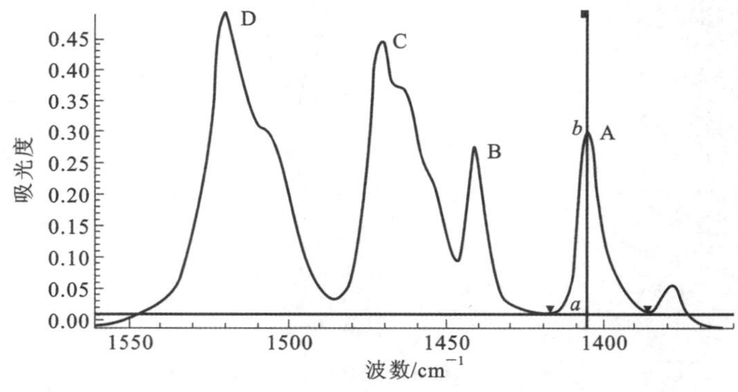

图 6-20 吸收峰峰高的测量方法 3

对于图 6-17 中的 C 和 D 吸收峰，无论基线的位置如何选取，都无法准确测量这两个吸收峰的峰高。遇到这种情况时，只能采用曲线拟合法来确定它们的峰高值。

②峰面积的测量方法。

前面已经讨论过，朗伯-比尔定律中需要测量的是吸收峰的吸光度 A 值，实际上，朗伯-比尔定律也可以演变为测量吸收峰的峰面积。峰面积也与样品的厚度成正比，而且与样品的浓度也成正比，使用吸收峰峰面积进行定量计算会比使用吸收峰峰高更准确些，这是因为红外吸收光谱的峰面积受样品因素和仪器因素的影响比峰高更小些。

吸收峰峰面积是通过对吸收峰进行积分计算得到的，即将吸收峰波数范围内谱带上的数据点平均值乘波数范围。谱带面积基本上不受谱带形状变化的影响，因为谱带面积与样品中基团总数成正比。分别采用 $4cm^{-1}$ 和 $8cm^{-1}$ 分辨率测试同一个样品得到的红外光谱，对于同一个吸收峰，峰高不相同，但峰面积相同。$4cm^{-1}$ 比 $8cm^{-1}$ 分辨率测试得到的峰高高，峰宽窄。谱带形状变化会引起峰高呈现非线性变化。然而，如果谱带形状的变化是由分子间作用力的变化引起的，则谱带面积也可能呈现非线性。

当采用峰面积进行定量分析时，结果的可靠性和准确性取决于基线的选择和谱带范围的选择。谱带两侧的面积对总面积贡献很小，但存在不确定性。原则是，限制谱带两侧的积分界限，界限的宽度不应小于谱带宽度的 20%～30%。

在红外软件中通常都包含吸收峰峰面积的测量方法。当使用红外软件测量吸收光谱中某个吸收峰的峰面积时，计算机通常也给出两个峰面积的值，一个是经过基线校正后的峰面积，另一个是未经基线校正的峰面积。

峰面积的测量必须限定光谱区间，即限定吸收峰所包含的波数范围 $\nu_1 \sim \nu_2$。基线位置的确定与测量峰高时相同。如图 6-21 所示，经过基线校正后的 B 峰面积是指吸收峰光谱曲线和基线所包围的面积，即 abc 所包围的面积，面积为 1.41。图 6-22 所示 B 峰经过基线校正后的峰面积是由 $abcd$ 所包围的面积，面积为 2.13。同样地，图 6-21 和图 6-22 测量峰面积所采用的方法不同，得到的结果也不相同。

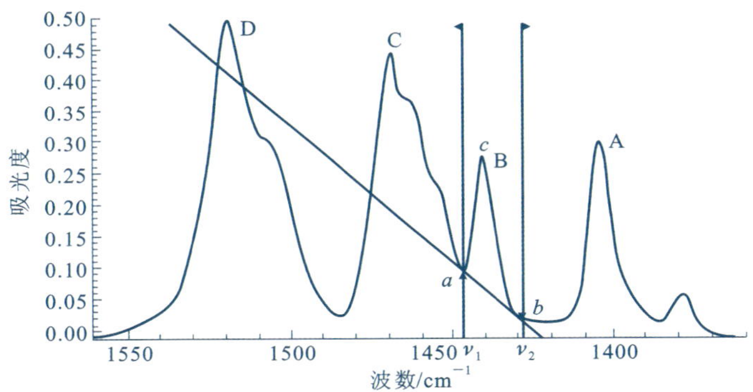

图 6-21 测量峰面积的方法 1

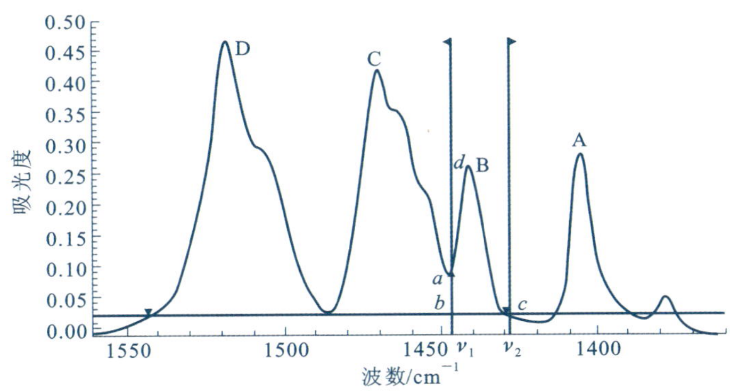

图 6-22 测量峰面积的方法 2

虽然图 6-21 和图 6-22 测量峰面积所采用的方法不同，但未经基线校正的峰面积是相同的，图 6-21 中 $a\nu_1\nu_2bc$ 所包围的面积和图 6-22 中 $a\nu_1\nu_2cd$ 所包围的面积是相同的，都为 2.55。

图 6-23 中吸收峰 A 是一个独立的吸收峰，它的峰面积非常容易测量。A 峰的面积由 abc 所包围的面积确定。

要想准确地测量图 6-17 中重叠峰 C 和 D 中的峰面积，最好采用曲线拟合的方法。

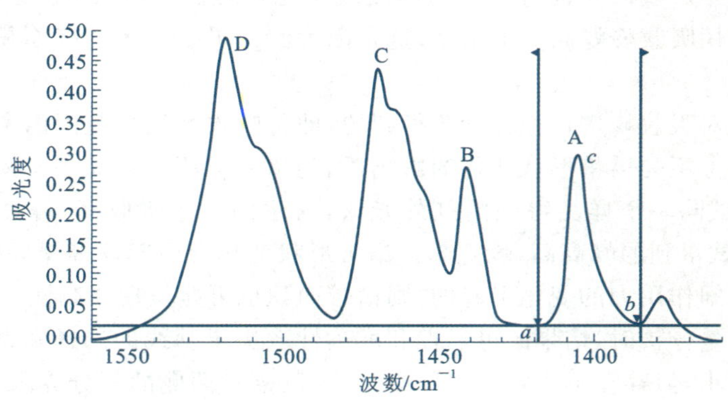

图 6-23 测量峰面积的方法 3

从以上讨论得知，在进行红外光谱定量分析时，无论是采用测量峰高的方法，还是采用测量峰面积的方法，都最好选择一个独立的、对称的吸收峰进行测量。当实在找不到独立的吸收峰，而又必须对重叠的吸收峰进行分析时，对一系列相似的光谱都采用相同的方法进行测量，还是可以得到令人满意的结果。

③用曲线拟合法测量峰高和峰面积。

曲线拟合(curve fitting，或 band fit，或 peak solve)法是将重叠在一起的各个子峰通过计算机拟合，将它们分解为呈洛伦茨(Lorentzian)函数分布或高斯(Gaussian)函数分布的各个子峰。洛伦茨函数分布峰形较宽，而高斯函数分布是一种正态分布，峰形偏于细高。

通过计算机拟合，一般赋予由严重重叠的谱带分解出来的每一个子峰 5 个参数：峰位、峰高、半高宽、峰面积和峰形。所以曲线拟合法是定量测量重叠谱带中各个吸收峰的峰高和峰面积的最好方法。

进行曲线拟合需要有曲线拟合软件，有些红外仪器公司提供的红外软件中已经包含曲线拟合软件，而有些仪器公司在红外软件中并没有提供曲线拟合程序，如果用户需要，还应单独购买。曲线拟合软件也可以请计算机编程人员编写，或向国内有关单位购买。

从图 6-17 光谱中，可以看出，吸收峰 C 至少由三个谱带组成，吸收峰 B 和 C 又有部分重叠。直接测量吸收峰 B 和 C 谱带的峰高或峰面积是不可靠的。为了准确测量 B 和 C 吸收峰的峰高和峰面积，需要对这两个谱带进行曲线拟合。拟合结果如图 6-24 所示。

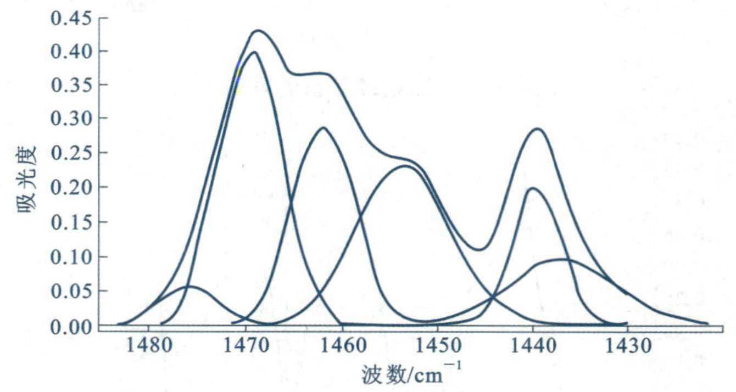

图 6-24 对图 6-17 中吸收峰 B 和 C 进行曲线拟合的结果

曲线拟合光谱数据处理技术广泛应用于蛋白质二级结构的测定。蛋白质的酰胺Ⅰ谱带中包含二级结构的信息。酰胺Ⅰ谱带是一个很宽的吸收峰，它覆盖的光谱区间为 1600～1700cm^{-1}。这个谱带是由几个子峰组成的，每个子峰都代表一种结构，有 α 螺旋、β 折叠、无规卷曲和转角。为了测定蛋白质中这几种结构的含量，需要对酰胺Ⅰ谱带进行曲线拟合。图 6-25 中的曲线 A 是核糖核酸酶 A 在重水中测得的光谱，曲线 B 是减掉重水后的光谱。因为重水在 1600cm^{-1}附近出现的合频峰对酰胺Ⅰ谱带有干扰，因此在进行曲线拟合之前，先要确定酰胺Ⅰ谱带中包含几个子峰，子峰个数需通过导数光谱数据处理技术中的二阶导数光谱来确定。图 6-25 中的曲线 C 是光谱 B 的二阶导数光谱。

从二阶导数光谱可以看出，C 中有 6 个二阶导数为 0 的点，可分别对应酰胺Ⅰ谱带区出现的 6 个极小值。曲线拟合时，将光谱区间向低频延伸到 1550cm^{-1}，一共拟合出 9 个子峰，拟合结果示于图 6-26 中。

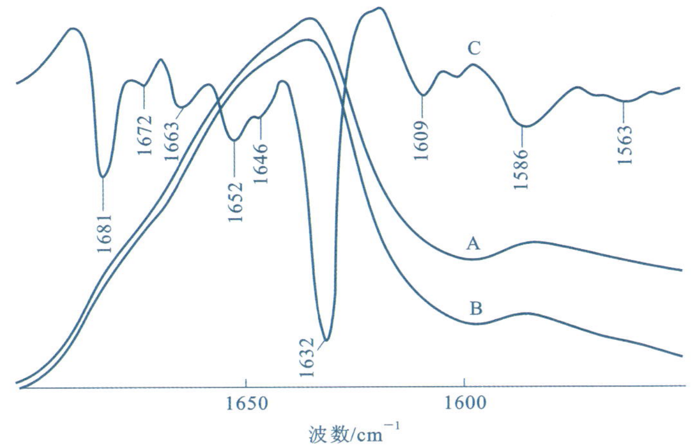

图 6-25 核糖核酸酶 A 在重水中酰胺Ⅰ谱带(A)、减去重水后的差谱(B)和差减光谱的二阶导数光谱(C)

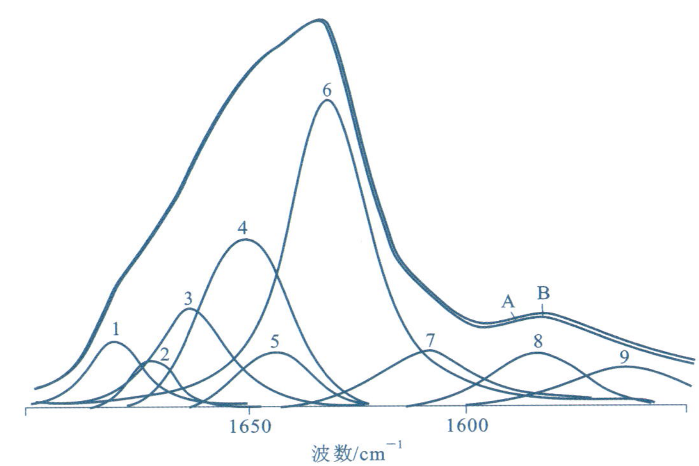

图 6-26 核糖核酸酶 A 酰胺Ⅰ谱带的曲线拟合

A—原光谱；B—各子峰的加和光谱；编号 1～9 的光谱为拟合得到的 9 个子峰的光谱

将前面 6 个子峰的面积之和当成 100，分别计算出这 6 个子峰所占面积的百分数，即可定量计算出各种二级结构的含量(%)。计算结果表明，α 螺旋、β 折叠、无规卷曲和转角的含量分别为 22.7%、47.0%、6.1% 和 24.2%。通过曲线拟合计算出来的各种结构的含量与晶体结构分析结果完全一致，说明采用曲线拟合法对样品进行定量分析是相当准确的。

6.4 紫外-可见吸收光谱分析技术 >>>

6.4.1 紫外-可见吸收光谱概述

紫外-可见吸收光谱属于电子吸收光谱，是由多原子分子的外层电子或价电子的跃迁产生的。通常电子能级间隔为 1～20eV，这一能量恰好落于紫外-可见光区。每一个电子能级之间的跃迁都伴随着分子的振动能级和转动能级的变化，因此，电子跃迁的吸收线就变成了内含有分子振动和转动精细结构的较宽的谱带。这种光谱可用于含有不饱和键的化合物，尤其是含有共轭体系的化合物的分析和研究。虽然紫外-可见吸收光谱基本上只能反映分子中发色团和助色团的特性，而不能反映整体分子的特征，但在化合物结构测定中仍有重要作用。

经典的吸收光谱法对浑浊试样、存在背景吸收和干扰组成的试样的测定会产生较大误差，甚至无法测定。从 20 世纪 50 年代开始，已发展了许多新的分光光度分析方法，首先提出并得到广泛应用的是双波长分光光度法，以后又产生了导数分光光度法、三波长法、正交函数法等。随着计算机的广泛使用，化学计量学在光度分析中的应用研究变得十分活跃，已独自构成了计量学分光光度法这一新的分支学科，为解决复杂体系中各组分测定开辟了新的途径。

显色剂和显色体系的研究始终是紫外-可见吸收光谱法研究的重点，到 20 世纪 50 年代前后显色剂的发展达到一个高峰，但新的显色剂的研究始终没有停止脚步，有机结构理论、有机合成理论和配位化学理论的发展促进了显色剂的研究。目前，新的高灵敏度、高选择性的显色剂不断出现，为许多无机物和有机物的分析提供了更多的选择。

紫外-可见吸收光谱分析技术和其他各种近代仪器分析方法相比是一种较为古老的方法，但至今仍占有重要地位。

6.4.2 紫外-可见分光光度法基本原理

(1)光谱分析法与非光谱分析法

光学分析法是基于电磁辐射(能量)作用于待测物质后，产生的辐射信号或引起信号的变化而建立的分析方法。按照所产生或改变辐射信号的不同，光学分析法可作如下分类：

①光谱分析法。

光谱分析法是一种建立在被测物质对电磁辐射产生吸收、发射、散射三种作用形式，而使电磁辐射的波长和强度发生改变的基础上的光学分析法。光谱分析法测定的是能级跃迁产生的光谱图。

光谱分析法的种类复杂，有多种分类方式。按照作用形式的不同，光谱分析法可以分为吸收光谱法、发射光谱法、散射光谱法；按照与被测物质作用的电磁辐射区域的不同，光谱分析法可分为紫外吸收光谱法、可见吸收光谱法、红外吸收光谱法；按照辐射作用的主体的不同，光谱分析法又可以分为原子光谱法和分子光谱法。通常其分类情况参考图 6-27。

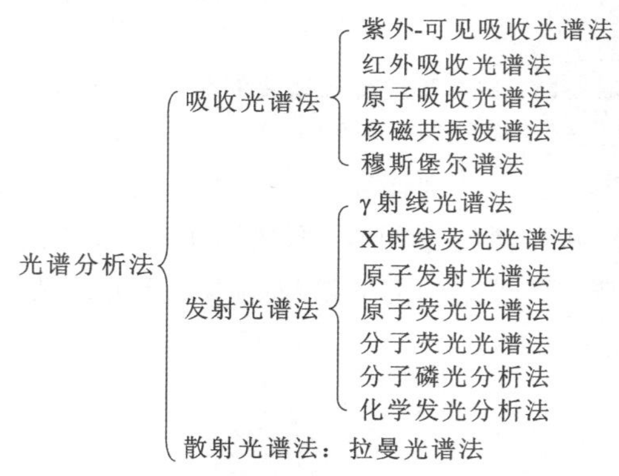

图 6-27 光谱分析法的种类

光谱分析法是现代仪器分析中应用最为广泛的一类分析方法。在组分的定量或定性分析中，有的已成为常规的分析方法。在物质结构分析的“四大谱”(即紫外光谱、红外光谱、核磁共振的“H”谱和“C”谱及质谱)中光谱分析法占三大项，可见光谱分析法是结构分析中不可或缺的分析工具。

②非光谱分析法。

非光谱分析法是一类不以光的波长或强度为分析依据，不涉及能级的跃迁的分析方法。分析时测定电磁辐射作用于被测物质，会引起电磁辐射在方向上或物理性质上的变化，如旋光法、折射法、干涉法、散射浊度法、X 射线衍射法、电子衍射法等。

光谱分析法与非光谱分析法的主要区别在于：光谱分析法是内部能级发生变化，而非光谱分析法的内部能级不发生变化，仅测定电磁辐射性质的改变。

(2)紫外-可见分光光度法的概念及特点

紫外-可见分光光度法是利用物质的分子对紫外可见光区[《中华人民共和国药典(2020 年版)》标明的是 190～800nm]辐射的吸收来进行分析测定的一种仪器分析方法。这种分子吸收光谱是由多原子分子的外层电子或价电子的跃迁产生的，它被广泛运用于无机物和有机物的定性分析和定量分析中。

①分光光度法与吸收光谱法。

在讨论光谱分析法时，经常会出现分光光度法和吸收光谱法两种名称。它们其实是指同一种方法，之所以有不同的名称，主要是因为在应用上的侧重点不同。例如，紫外分光光度法是利用物质对紫外线的吸收程度来测定被测物质(溶液)含量(浓度)的方法，简单来说，就是一种定量的方法；而紫外吸收光谱法是根据物质对紫外线的吸收光谱曲线来对被测物质进行定性及结构分析的方法。两种方法所用的仪器及测定过程完全一样，只是在测定参数上有所不同，测定的目的(应用)也不同。所以，我们可以根据该种方法的名称来判断其主要的测定应用。

②分光光度法的种类。

分光光度法是一种利用物质(溶液)对特定波长的光的吸收程度，来测定被测物质(溶液)含量(浓度)的光学分析法。在方法的发展过程中，先后出现了目视比色法、光电比色法和分光光度法三种方法。

a. 比色法。

大千世界色彩斑斓的花鸟虫鱼会呈现出不同的颜色，有翠绿的柳叶、嫩黄的迎春花、粉红的荷花。当这些物质中的有色成分浓度发生变化时，颜色深浅也随之而变，浓度越高，颜色也就越深。因此，利用被测溶液本身的颜色，或加入试剂后呈现的颜色，用眼睛(或目测比色计)观察、比较溶液颜色深度，或用光电比色计进行测量以确定溶液中被测物质浓度的方法就称为比色法。比色法包括目视比色法和光电比色法。

目视比色法虽然略显粗糙，且无法克服操作者的主观误差，存在准确度不高等一系列缺点，但是具有仪器简单、操作简便的优点，直到今天仍然有其应用价值，尤其是对于限界分析，目视比色法可以快速得出准确分析结果。

与目视比色法相比，光电比色法消除了主观误差，提高了测量准确度，而且可以通过选择滤光片来消除干扰，从而提高了选择性。但光电比色计采用钨灯光源和滤光片，只适用于可见光谱区，且只能得到一定波长范围的复合光，而不是单色光。这一系列局限，使它无论是在测量的准确度、灵敏度还是在应用范围上都不如紫外-可见分光光度计。20 世纪 70 年代后，光电比色法逐渐为分光光度法所代替，已经退出了历史舞台。

b. 分光光度法。

分光光度法是以分光光度计测定有色物质溶液对光的吸收程度来确定被测物质含量(浓度)的方法，包括可见分光光度法(测定波长 400～800nm 光的吸收程度)、紫外分光光度法(测定波长 190～400nm 光的吸收程度)、红外分光光度法(测定波数 400～4000cm^{-1}光的吸收程度)。由于可见分光光度法与紫外分光光度法中被测物质对光的吸收作用原理一致，故经常将其结合在一起进行讲解和操作。红外分光光度法虽然可以用于定量分析，但更多的是用于有机化合物的结构鉴定，因此称为红外吸收光谱法较为准确。紫外-可见分光光度法是在190～800nm 波长范围内测定物质的吸光度，用于鉴别、杂质检查和定量测定的方法。

③紫外-可见分光光度法的特点。

紫外-可见分光光度法测定的灵敏度高，适于微量组分的分析，检测下限一般可以达到 10^{-6}～10^{-5}mol/L，甚至 10^{-7}mol/L。与比色法相比，紫外-可见分光光度法测定更为准确，比色法测定的相对误差一般为 5%～20%，而分光光度法为 2%～5%，甚至仅有 1%～2%。此外，紫外-可见分光光度计结构简单、操作简便、分析速度快，一般完成测定仅需要几分钟。最后，紫外-可见分光光度法可用于大部分无机离子和部分有机物的定性、定量分析，应用广泛。另外，由于物质的紫外吸收光谱曲线特征性不强，因此利用此曲线进行定性分析的效果不理想。

(3)物质的颜色与光的关系

光是一种电磁波,可见光是由不同波长(400～800m)的电磁波按一定比例组成的混合光,通过棱镜可分解成红、橙、黄、绿、青、蓝、紫等各种颜色相连续的可见光谱。当把两种光以适当比例混合可产生白光感觉时,则这两种光的颜色互为互补色。

当白光通过溶液时,如果溶液对各种波长的光都不吸收,溶液就没有颜色。如果溶液吸收了其中一部分波长的光,则溶液就呈现透过溶液后剩余部分光的颜色。例如,我们看到 $KMnO_4$ 溶液在白光下呈紫色,就是因为白光透过溶液时,大部分绿色光被吸收,而紫色光透过溶液。同理,$CuSO_4$ 溶液能吸收黄色光,所以溶液呈蓝色。由此可见,有色溶液的颜色是被吸收光颜色的互补色。吸收越多,则互补色的颜色越深。比较溶液颜色的深度,实质上就是比较溶液对它所吸收光的吸收程度。

(4)物质的吸收光谱曲线

吸收光谱曲线是物质的特征性曲线,它和分子结构有严格的对应关系,故可作为定性分析的依据。以不同波长的单色光作为入射光,测定某一溶液的吸光度,然后以入射光的不同波长为横轴,以各相应的吸光度为纵轴作图,可得到溶液的吸收光谱曲线。不同的物质,分子的结构不同,其吸收光谱曲线也有其特殊形状。图 6-28 所示为不同浓度的高锰酸钾溶液吸收光谱曲线。

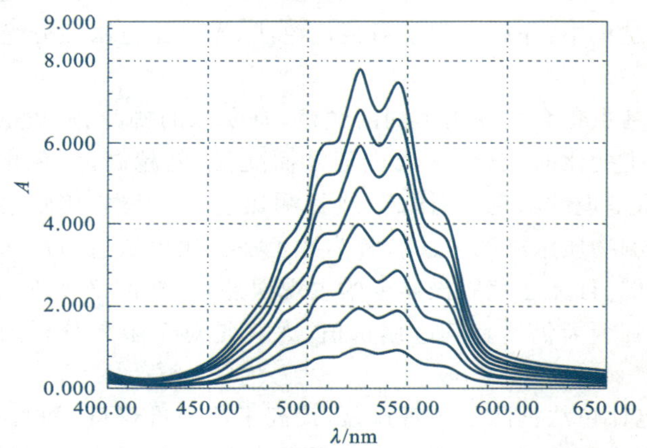

图 6-28 不同浓度的高锰酸钾溶液吸收光谱曲线

(5)朗伯-比尔定律

朗伯-比尔定律是光吸收的基本定律,适用于所有的电磁辐射和所有的吸光物质,包括气体、固体、液体或分子、原子和离子。朗伯-比尔定律是吸光光度法、比色分析法和光电比色法的定量基础。光被吸收的量正比于光程中产生光吸收的分子数目。如果媒质是均匀透明溶液,则对光的吸收量应与溶液内单位长度光路上的吸收分子数目成正比,这又与溶液的浓度 c 成正比,所以吸收率 A 也与浓度 c 成正比。朗伯-比尔定律可以表达为:当一束平行单色光垂直入射通过均匀、透明的吸光物质的稀溶液时,溶液对光的吸收程度与溶液的浓度及液层厚度的乘积成正比,数学表达式为

$$A = Kbc \tag{6-18}$$

式中 A——吸光度(absorbance),表示某一单色光垂直通过均匀溶液时被吸收的程度,吸光度 A 和透光度 T(transmission)被合称为光密度(optical density,OD),可由紫外-可见分光光度计的显示屏直接显示;

K——溶液的吸光系数,仅由媒质分子决定,与溶液浓度 c 无关,其物理意义是单位浓度的 1cm 厚度溶液层在一定波长下的吸光度。

当溶液的浓度以物质的量浓度(mol/L)表示,样品溶液的厚度以厘米(cm)表示时,相应的溶液吸光系数 K 被称为摩尔吸光系数,以 ε 表示,它的单位是L/(mol · cm)。摩尔吸光系数表示物质对某一特定波长光的吸收能力,其数值越大,则该物质对这一波长光的吸收能力越强,分析检测的灵敏度也会越高。因此,分析

检测时应尽量选择摩尔吸光系数大的化合物进行测定。一般认为 $\varepsilon<1\times10^4$ L/(mol・cm)时,检测灵敏度低;当 1×10^4 L/(mol・cm)$<\varepsilon<1\times10^6$ L/(mol・cm)时,检测灵敏度中等;$\varepsilon>1\times10^6$ L/(mol・cm)时,检测灵敏度高。

该定律应用的条件:①入射光必须为平行且垂直照射的单色光;②样品必须为均匀且非散射介质体系;③辐射与物质间的作用仅限于光吸收过程,无荧光和光化学现象产生,吸光质点之间不发生相互作用;④只适用于浓度小于 0.01mol/L 的稀溶液。

6.4.3 紫外-可见分光光度计

自 1945 年美国 Beckman 公司推出世界上第一台成熟的紫外-可见分光光度计商品仪器以后,紫外-可见分光光度计得到飞速发展,但至今仍以色散型仪器为主,以光源、单色器、样品室、检测器、放大和控制系统及显示系统等六个组件按直线排列方式组合的结构基本没变。仪器的发展大体经历了三代:第一代光度计采用真空电子管、模拟读出和棱镜分光进行设计,手工操作;第二代产品普遍采用晶体管分立元件组成电路,随之采用集成电路和插入件功能板、数字读出装置和光栅分光;第三代光度计采用计算机技术,仪器的控制、监测与校正、光谱采集与处理、数据存储与分析等都由计算机完成,紫外-可见分光光度计已成为光、机、电、计算机四位一体的技术密集型的高科技产品。目前,世界上顶级的研究型紫外-可见分光光度计的杂散光已达 8×10^{-7},噪声为±0.0002A,具有优异的光学性能;采用了 InGaAs 固体检测器,大大提高了仪器的灵敏度;多样和灵活的附件及独特的样品室设计进一步拓展了它的应用,提高了分析效率,缩短了分析复杂物质所需时间。在 20 多年间,多通道检测器件(如 CCD、CID、MOS 图像传感器等)的迅速发展、平场凹面全息光栅的诞生、新型色散元件声光可调谐滤光器(acousto-optic tunable filter,AOTF)等固态电调谐器件的出现使色散系统的发展进入小型化和固态化的新阶段,由于采取多通道并行测量的方式,不需要机械扫描,故测量速度大大提高。新一代的紫外-可见分光光度计向着高速、微量、智能化、小型化、低杂散光和低噪声方向发展。

(1)紫外-可见分光光度计分类

紫外-可见分光光度计是度量介质对紫外-可见光区波长的单色光吸收程度的分析仪器,按不同的分类标准可作如下分类。

①按工作波段。

按工作波段的不同,可分为:a. 真空紫外分光光度计(0.1～200nm);b. 可见分光光度计(350～800nm);c. 紫外-可见分光光度计(185～900nm);d. 紫外-可见近红外分光光度计(185～2500nm)。

②按分光元件。

按分光元件的不同,可分为:a. 棱镜型分光光度计;b. 光栅型分光光度计;c. 声光调制滤光紫外-可见光谱仪。光栅型分光光度计又可分为扫描光栅型和固定光栅型两种。

许多高档紫外-可见分光光度计大多由棱镜和光栅两种分光元件联合组成分光系统。来自光源的光,经前置单色器色散后,再进入主单色器分光,其主要特点是可将杂散光降得很低并提高光谱分辨率。而单纯的棱镜型分光光度计已基本不再生产,目前国际上不再按分光元件来分类。

③按仪器结构。

按仪器结构的不同,可分为:a. 单光束紫外-可见分光光度计;b. 准双光束紫外-可见分光光度计;c. 双光束紫外-可见分光光度计;d. 双波长紫外-可见分光光度计。

④按扫描速度。

按扫描速度的不同,有动力学分光光度计。

⑤按是否分光。

按是否分光,可分为:a. 色散型紫外-可见分光光度计;b. 傅立叶变换紫外-可见光谱仪。

(2)紫外-可见分光光度计结构概述

①单光束紫外-可见分光光度计。

单光束紫外-可见分光光度计只有一束单色光、一只吸收池和一只光电转换器,其组成如图 6-29 所示。

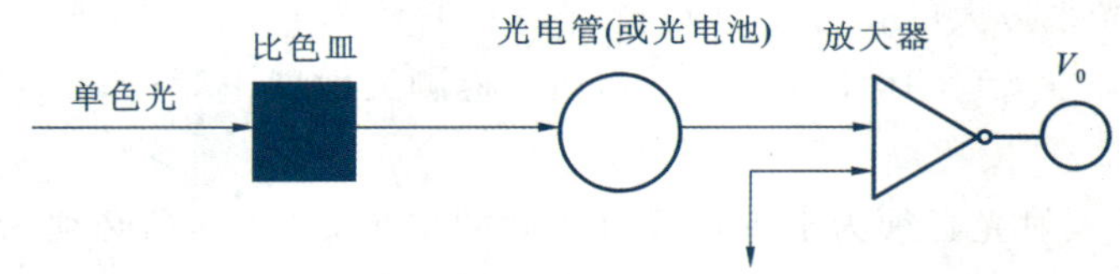

图 6-29 单光束紫外-可见分光光度计组成

我国生产的 75 系列(如 751、752)紫外-可见分光光度计和 72 系列(如 721、722 等)紫外-可见分光光度计都是单光束仪器。这类仪器的特点是结构简单、价格低、操作方便,主要适用于定量分析,但是杂散光、光源波动和电子学噪声都不能被抵消,故光度准确度差。许多单光束仪器与计算机联结,实现了全波段的自动扫描,这类仪器的光路结构不同于通常的单光束仪器,从光源发射的复合光先通过样品吸收池,再由光栅进行色散,色散后单色光为短聚焦,能量较强,直接由光二极管阵列检测器接收。

②准双光束紫外-可见分光光度计。

准双光束紫外-可见分光光度计有两束单色光、一只吸收池、两只光电转换器,其组成如图 6-30 所示。

我国生产的 TU-1800、TU-1800S、TU-1800PC、TU-1800SPC、UV-762、UV-1600 都属准双光束紫外-可见分光光度计。它有两束光,可抵消光源波动和部分电子学噪声,但不能消除杂散光,光度准确度好于单光束仪器。

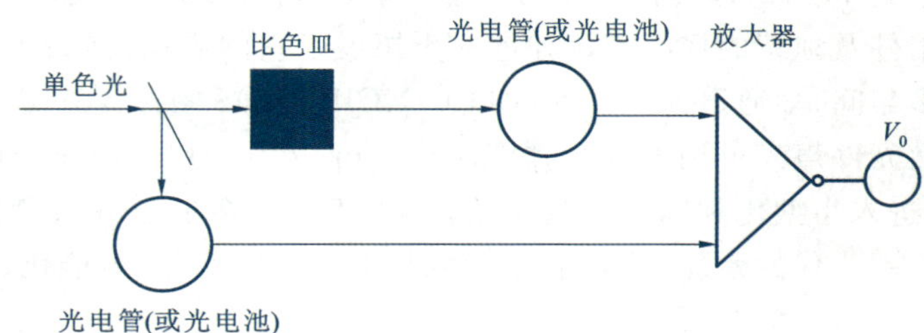

图 6-30 准双光束紫外-可见分光光度计组成

③双光束紫外-可见分光光度计。

双光束紫外-可见分光光度计有两束单色光、两只吸收池,但光电转换器可以是两只的,也可以是一只的,目前国际上双光束紫外-可见分光光度计绝大多数只有一只光电转换器的仪器,其组成如图 6-31 所示。

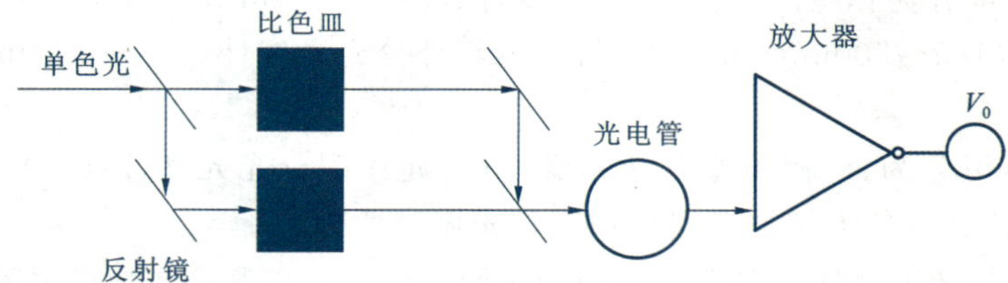

图 6-31 双光束紫外-可见分光光度计组成

单色光分为两束的方法有两种:一种是在单色器和样品室之间配置一个旋转扇形反射镜(切光器),使单色光转变为交替的两束光,分别通过参比池和样品池,然后将两透射光聚焦到同一检测器,由它交替接收两光路的光信号,检测器输出信号的大小取决于两光束强度比;另一种是利用光束分裂器和反射镜来获得两个分离光束,采用前一种分时双光束形式的分光光度计较为普遍。

双光束分光光度计的电子测量系统有两种类型:光学零位平衡式和电学比例记录式。在光学零位平衡式仪器中,来自样品和参比的信号被直接输到伺服马达,当两者信号不等时,伺服马达带动位于参比光路中的光楔,使两者信号达到平衡。在电学比例双光束系统中,切光器置于样品池和参比池之前,将单色光调制成一定频率的断续光后交替通过样品池和参比池,然后在检测器中产生相应的样品信号和参比信号,由解调器将两个信号分开,并测量两信号之比。采用电学比例记录式电子测量系统的双光束分光光度计较为普遍。

美国的 Lambda 900、Cary 6000，日本的 UV-2450、UV-3010 及我国的 TU-1901、TU-1900 等都属这类仪器。由于双光束紫外-可见分光光度计有两束光，光源波动、杂散光、电子学噪声等的影响都能部分抵消，故光度准确性好。双光束的仪器结构较复杂，价格较贵。双光束仪器便于进行自动记录，在短时间内可记录全波段范围内吸收光谱，特别适合进行结构分析。

④双波长紫外-可见分光光度计。

双波长紫外-可见分光光度计有两个单色器，分别产生波长为 λ_1 和 λ_2 的两束单色光，通过切光器交替入射到吸收池，经检测器变成电信号，电信号经电子学系统处理，转化为两束光之间的吸光度差值 ΔA，其结构如图 6-32 所示。

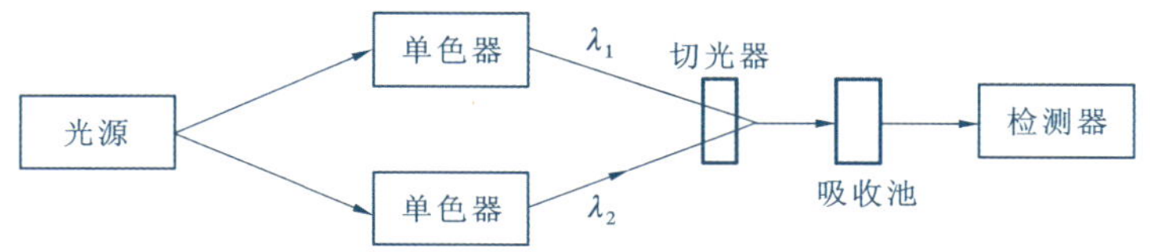

图 6-32 双波长紫外-可见分光光度计

双波长紫外-可见分光光度计主要用于多组分试样的测定。

⑤高速动力学分光光度计。

高速动力学分光光度计是指全谱扫描速度<0.1s，具有时间分辨本领的快速扫描吸收光谱的分光光度计，主要应用于测量快速反应中瞬态反应产物的吸收光谱和吸光度。这类仪器的检测器采用光电二极管阵列(PDA)检测器或电荷耦合器件，其快速扫描装置包括多通道光探测器(MCPD)、高速存储器、数据处理装置和监视示波器等。

这类仪器的光学系统结构原理示意见图 6-33。该光学系统采取多色器位于样品室之后的光路设计方案，由快门控制入射光栅的光通量，为避免光源切换，采用背透氘灯，氘灯后向开有通光小孔，其他光源的光可以通过此小孔。色散器件选用消像差平场全息凹面光栅，检测器采用带石英窗、光谱响应范围为波长 200～1000nm 的增强型电荷耦合元件(charge-coupled device，CCD)。

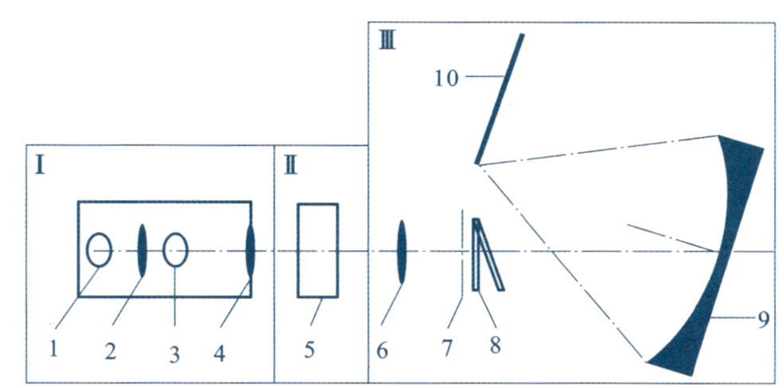

图 6-33 CCD 光谱仪的光学系统

1—卤钨灯；2，4，6—透镜；3—氘灯；5—样品室；7—狭缝；8—快门；9—平场凹面光栅；10—CCD；Ⅰ—灯室；Ⅱ—样品室；Ⅲ—多色器

⑥AOTF 分光光度计。

AOTF 分光光度计是用声光可调谐滤光器(AOTF)做单色器的分光光度计。AOTF 是一种建立在光学各向异性介质的声光衍射原理上的电调谐滤波器，它利用新型的声光功能晶体材料(如 TeO_2、石英)和压电晶体换能器等制成。当输入一定频率的射频信号时，AOTF 会对入射多色光进行衍射，从中选出波长为 λ 的单色光，单色光波长 λ 和射频频率 f 相关，只要通过电信号的调谐就可快速随机改变光的输出波长。AOTF 分光光度计系统结构见图 6-34。

⑦便携式紫外-可见分光光度计。

传统紫外-可见分光光度计一般体积大，只适用于实验室。20 世纪 70 年代后，随着电子技术、固态多通道检测技术、平场凹面全息光栅技术、光纤技术和触摸屏技术的发展，设计便携式紫外-可见分光光度计成为可能。它是由小型化色散系统、小型化集成光纤光源、电池、触摸屏和主电路板组成的。以平场凹面全息光栅和多通道检测器件组成的色散系统的结构如图 6-35 所示。光源采用紫外-可见光纤光源,其内部安装钨灯和氘灯并集成了供电电源,光源出口处安装标准样品池支架,测试样品用样品池或测试探针置于系统外部。

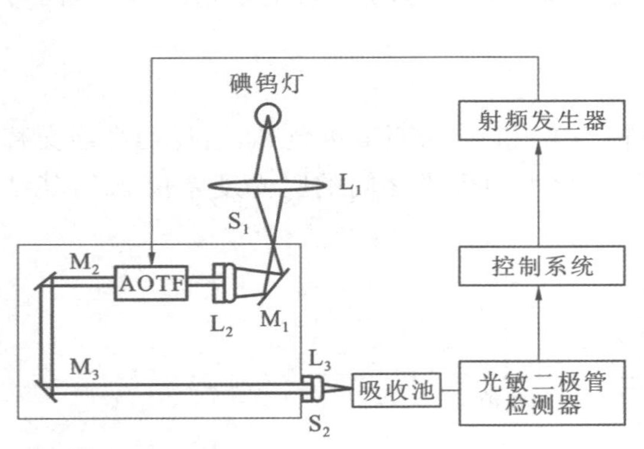

图 6-34　AOTF 分光光度计系统结构示意图

L_1,L_3—聚焦镜;L_2—准直镜;

M_1,M_2,M_3—反射镜;S_1,S_2—入口和出口光阑

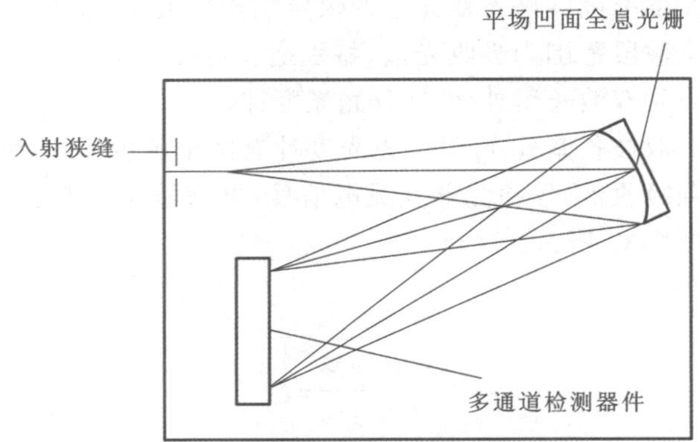

图 6-35　小型化色散系统

6.4.4　试验方法

《中华人民共和国药典(2020 年版)》(四部)通则中指出,紫外-可见分光光度法是在 190～800m 波长范围内测定物质的吸光度,用于鉴别、杂质检查和定量测定的方法。当光穿过被测物质溶液时,物质对光的吸收程度随光的波长不同而变化。因此,通过测定物质在不同波长处的吸光度,并绘制其吸光度与波长的关系图即得被测物质的吸收光谱。从吸收光谱中,可以确定最大吸收波长 λ_{max} 和最小吸收波长 λ_{min}。物质的吸收光谱具有与其结构相关的特征。因此,可以通过特定波长范围内样品的光谱与对照光谱或对照品光谱的比较,或通过确定最大吸收波长,或通过测量两个特定波长处的吸收比值来鉴别物质。用于定量时,在最大吸收波长处测量一定浓度样品溶液的吸光度,并与一定浓度的对照溶液的吸光度进行比较或采用吸收系数法算出样品溶液的浓度。

(1)分析前仪器的校正检定和准备

①波长的校正。

由于环境因素的影响,仪器的波长经常会略有变动,因此除应定期对所用的仪器进行全面校正检定外,还应于测定前校正测定波长。常用汞灯波长为 237.83nm、253.65nm、275.28nm、296.73nm、313.16nm、334.15nm、365.02nm、404.66nm、435.83nm、546.07nm 与 576.96nm 的较强谱线或用仪器中氘灯的波长为 486.02nm 与 656.10nm 谱线进行校正;钬玻璃在波长 279.4nm、287.5nm、333.7nm、360.9nm、418.5nm、460.0nm、484.5nm、536.2nm 与 637.5nm 处有尖锐吸收峰,也可用于波长校正,但因来源不同或随着时间的推移会有微小的变化,使用时应注意。近年来,常使用高氯酸钬溶液校正双光束仪器,以 10%高氯酸溶液为溶剂,配制含氧化钬(Ho_2O_3)4%的溶液,该溶液的吸收峰波长为 241.13nm、278.10nm、287.18nm、333.44nm、345.47nm、361.31nm、416.28nm、451.30nm、485.29nm、536.64nm 和 640.52nm。仪器波长的允许误差为:紫外光区±1nm,500nm 附近±2nm。

②吸光度的准确度检定。

吸光度的准确度可用重铬酸钾的硫酸溶液检定。取在 120℃干燥至恒重的基准重铬酸钾约 60mg,精密称定,用0.005mol/L硫酸溶液溶解并稀释至 1000mL,在规定的波长处测定并计算其吸收系数,并与规定的吸收系数比较,应符合表 6-2 中的规定。

表 6-2　特定波长下吸收系数的规定

波长/nm	235(最小)	257(最大)	313(最小)	350(最大)
吸收系数($E_{1cm}^{1\%}$)的规定值	124.5	144.0	48.6	106.6
吸收系数($E_{1cm}^{1\%}$)的许可范围	123.0～126.0	142.8～146.2	47.0～50.3	105.5～108.5

③杂散光的检测。

可按表 6-3 所列的试剂和浓度，配制成水溶液，置于 1cm 石英吸收池中，在符合表 6-3 规定的波长处测定吸光率。

表 6-3 特定波长下试剂透光率的测定

试剂	浓度/(g/mol)	测定用波长/nm	透光率/%
碘化钠	1.00	220	<0.8
亚硝酸钠	5.00	340	<0.8

④样品溶剂的选择。

含有杂原子的有机溶剂，通常均具有很强的末端吸收。因此，做溶剂使用时，它们的使用范围均不能小于截止使用波长。例如，甲醇、乙醇的截止使用波长为 205nm。另外，当溶剂不纯时，也可能增加干扰吸收。因此，在测定供试品前，应先检查所用的溶剂在供试品所用的波长附近是否符合要求，即将溶剂置于 1cm 石英吸收池中，以空气为空白(即空白光路中不置任何物质)测定其吸光度。溶剂和吸收池的吸光度，在波长 220～240nm 范围内不得超过 0.40，在波长 241～250nm 范围内不得超过 0.20，在波长 251～300nm 范围内不得超过 0.10，在 300nm 以上时不得超过 0.05。

⑤显色反应的选择。

显色反应可以是氧化还原反应，或者是配位反应，或者是上述两种反应皆有。选择显色反应的一般标准如下：

a. 选择性好。一种显色剂最好只与被测组分起显色反应。要使干扰少，或干扰容易消除。

b. 灵敏度高。分光光度法一般用于微量组分的测定，故一般选择生成有色化合物的、吸光度高的显色反应。但灵敏度高的反应选择性不一定好，故应加以全面考虑。对于高含量组分的测定，不一定选用最灵敏的显色反应，应考虑选择性。

c. 有色化合物的组成要恒定。化学性质稳定，对于形成不同配位比的配位反应，必须注意控制试验条件，使生成一定组成的配合物，以免引起误差。

d. 有色化合物与显色剂之间的颜色差别要大。这样显色时的颜色变化鲜明，而且在这种情况下，试剂空白一般较小。一般要求有色化合物的最大吸收波长与显色剂最大吸收波长之差在 60nm 以上。

e. 显色反应的条件要易于控制。如果要求过于严格，显色反应条件难以控制的话，测定结果的再现性就差。

⑥显色条件。

a. 显色剂。

显色剂分为无机显色剂和有机显色剂。其中无机显色剂与金属形成的配合物组成不恒定、不稳定，反应选择性差、灵敏度不高，所以常用有机显色剂。而且有机显色剂种类多，与金属离子形成的配合物稳定，反应灵敏、选择性好，实际应用范围较广。随着科学技术的发展，还将不断出现新的高灵敏度、高选择性的显色剂。具体的显色剂种类、性质和应用，读者可查阅有关的专业手册了解。

通常情况下，加入过量的显色剂，有利于配合物的生成，但显色剂过量也会带来诸如增加试剂空白的吸光度或改变配合物组成等副作用。实际中要根据工作经验加入适量的显色剂，这个量可以通过作吸光度 A 与显色剂浓度 c_R 曲线来确定。试验方法：被测组分浓度和所有其他条件不变的情况下，分别在不同的组次试验中，加入不同浓度的显色剂，分别测量吸光度 A 值，绘制 A-c_R 曲线，会得到如图 6-36 所示的三种曲线。图 6-36(a)、(b)适合在配合物稳定的 $a \sim b$ 或 $a' \sim b'$ 浓度区间选择显色剂的用量。而图 6-36(c)说明吸光度 A 值随着显色剂浓度的不断增大而增大，这时需要严格控制显色剂的用量，或者另外选择合适的稳定显色剂。

b. 显色时间。

由于反应速率不同，完成显色反应的时间也各异，主要从“显色时间”和“稳定时间”两个方面来考虑。有些反应瞬时完成，而且完成后有色配合物能稳定很长时间，例如偶氮胂Ⅲ与稀土元素的显色反应。有些

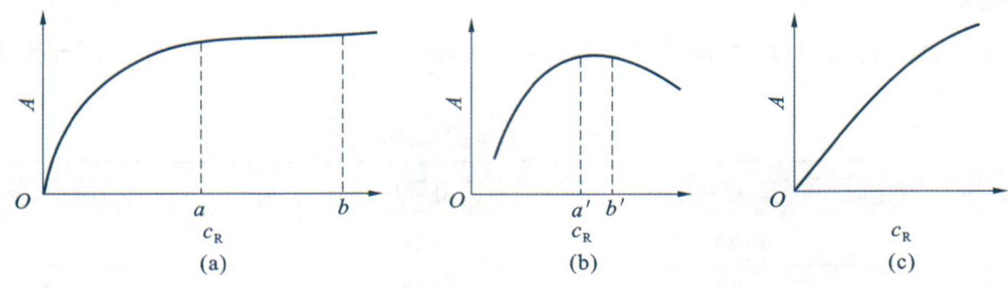

图 6-36 吸光度与显色剂浓度关系曲线

反应进行得较慢，一旦完成，有色配合物稳定时间也较长，例如钛铁试剂与钛的显色反应。有些显色反应虽能迅速完成，但产物会迅速分解，例如丁二酮肟与镍的显色反应。因此，应通过实验确定有色配合物的生成和稳定时间。其方法：配制一份显色剂，从加入显色剂起计算时间，每隔几分钟测量一次吸光度，然后绘制 A-t 曲线，从而确定显色时间及测量吸光度的时刻。

c. 显色 pH 值。

酸度对显色体系的影响主要表现在以下三方面：

(a)对显色剂的影响。许多显色剂都是有机酸或碱，介质酸度的变化将直接影响显色剂的离解程度和显色反应能否进行完全。

(b)对被测金属离子的影响。当介质酸度降低时，许多金属离子会发生水解，形成各种羟基配合物，甚至析出沉淀，使显色反应无法进行。

(c)对有色配合物的影响。对于能形成逐级配合物的显色反应，产物的组成会随介质酸度的改变而不同。

由此可见，介质酸度是影响显色反应的重要因素。显色反应的最佳酸度可通过实验确定。其方法：固定溶液中被测离子和显色剂的浓度，改变溶液的酸度，测量各溶液的吸光度，绘制 A-pH 曲线，从中找出最佳 pH 范围。

d. 显色温度。

显色温度因显色反应的不同而各异，多数显色反应在室温下能迅速进行，但有些反应需适当升高温度。例如，以硅钼蓝法测硅时，生成硅钼黄的反应在室温下需几十分钟才能完成，而在沸水浴中 30s 即可完成。而对于某些显色反应，温度升高会降低有色配合物的稳定性。例如钼的硫氰酸配合物，在 15～20℃时可稳定存在 40h；当温度超过 40℃时，12h 就完全褪色。因此，在标准工作曲线的绘制以及样品测量时应保证溶液温度恒定。

(2)测量条件的选择

光度分析中，为使测得的吸光度有较高的灵敏度和准确度，还必须选择合适的测量条件。

①入射光波长的选择。

一般以 λ_{max} 作为入射光波长。如有干扰，则根据干扰最小而吸光度尽可能大的原则选择入射光波长。

②参比溶液的选择。

参比溶液主要是用来消除由于吸收皿壁及试剂或溶剂等给入射光的反射和吸收带来的误差。应视具体情况，分别选用纯溶剂空白、试剂空白或试液空白做参比溶液。

③吸光度读数范围的选择。

吸光光度分析所用的仪器为分光光度计，测量误差不仅与仪器质量有关，还与被测溶液的吸光度有关。若分光光度计的读数误差为 5%，当透射率 $T=20\%\sim65\%$（或 $A=0.19\sim0.70$）时，测量误差较小。因此，通常应控制溶液吸光度 A 在 0.2～0.7 范围内，此范围是最适读数范围。通过调节溶液的浓度或比色皿的厚度可以将吸光度调节到最适范围内。当 $T=36.8\%$ 或 $A=0.434$ 时，由读数误差引起的浓度测量相对误差最小。

6.4.5 定量分析法

紫外-可见吸收光谱主要用于定量分析，因此，对其定量分析方法的研究一直是人们最关注的课题，建立新的定量分析方法始终贯穿于紫外-可见吸收光谱发展的全过程。例如,以二元显色体系为基础的定量分析方法发展为三元或多元配合物显色体系的多元配合物光度法;建立了将分离和富集技术与光度分析相结合的萃取光度法、固相光度法和浮选光度法等;采用将共存干扰组分不经分离而是通过求导、双波长和三波长测定、选择适当的正交多项式和褶合变换等技术手段加以消除后,建立了对某一组分进行定量分析的导数光度法、双波长和三波长光度法、正交函数法及褶合光谱法等;应用化学计量学的各种计算方法对测定数据进行处理后,同时得出所有共存组分各自含量的计量学分光光度法;利用接近试样浓度(稍低或稍高)的参比溶液将分光光度计的透射比调节为 0 和 100%以进行光度测量的差示分光光度法;以测量反应物浓度和反应速率之间的定量关系为基础的动力学吸光光度法;与流动注射技术相结合的流动注射分光光度法;应用全内反射长毛细管吸收池的分光光度法;基于热透镜效应和光声效应建立和发展起来的热透镜光谱分析法和光声光谱分析法。近几年,纳米材料在光度分析中的应用引起广泛关注,为光度分析提供了新的探针材料,以上的种种方法极大地丰富了紫外-可见吸收光谱用于定量分析方法的内容。

(1)单组分测定的常规法

常规法是定量分析的基本方法,用于单组分测定的常规法有以下几种。

①绝对法。

根据朗伯-比尔定律:

$$c_x = \frac{A}{\varepsilon b} \tag{6-19}$$

或

$$c_x = \frac{A}{ab} \tag{6-20}$$

若吸收池光路长度 b 和待测化合物的吸光系数 a 或摩尔吸光系数 ε 已知,在测定样品溶液的吸光度后,根据朗伯-比尔定律求出样品溶液浓度。待测物质的吸光系数或摩尔吸光系数可从有关手册或文献中查找,但文献数据仅是在某具体测定条件下的比例常数,当样品测量条件和文献测量条件不一致时就会产生误差。因此,一般情况下都不用绝对法,该法只有在无标准样品时才采用。

②标准对照法(直接比较法)。

在同样条件下,分别测定标准溶液(浓度为 c_s)和样品溶液(浓度为 c_x)的吸光度 A_s 和 A_x,由下式求出待测物质的浓度:

$$c_x = \frac{A_x}{A_s} c_s \tag{6-21}$$

用该法时除测量条件要严格保持一致外,标准溶液浓度还要接近被测样品浓度,以避免因吸光度与浓度之间的线性关系发生偏离带来误差。

③比吸收系数法。

比吸收系数 $E_{1\text{cm}}^{1\%}$ 定义为:当浓度为 1%,吸收池光路长度为 1cm 时的吸光度。当标准样品的比吸收系数已知时,通过测定样品的比吸收系数,即可由下式求出样品的质量分数(w):

$$w = \frac{E_{1\text{cm(样)}}^{1\%}}{E_{1\text{cm(标)}}^{1\%}} \times 100\% \tag{6-22}$$

这个方法在药物分析时采用较多,通常在药典中会给出该药物的比吸收系数。在其他物质分析时很少采用。

④标准曲线法。

标准曲线法是最常用的定量方法,先配制一系列浓度不同的标准溶液,在与试样相同的条件下,分别测量其吸光度,以吸光度值为纵坐标,标准溶液对应的浓度值为横坐标,绘制标准曲线(见图 6-37),然后测定样品的吸光度,从标准曲线上查出试样溶液的浓度。

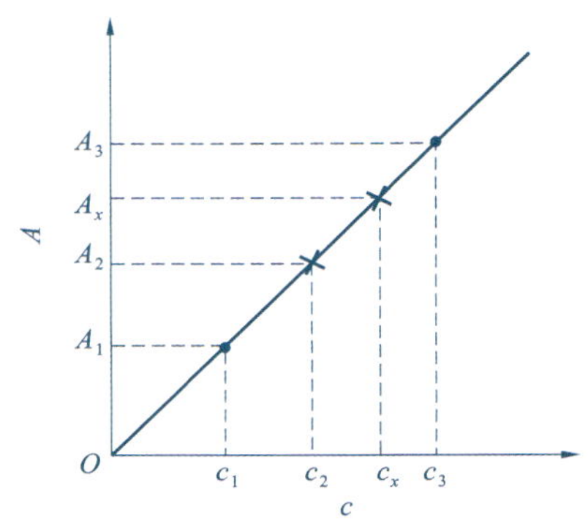

图 6-37 分光光度法的标准曲线

标准曲线通常绘制在坐标纸上,绘制时要注意两个问题:a. 纵坐标和横坐标的取值要准确反映所测吸光度值和标准溶液浓度的有效数字;

b. 由于测定误差，测出的值不可能绝对地分布在过原点的直线上，因此所画直线要使测定的值尽可能均匀地分布在直线的两侧。为避免在绘制标准曲线时人为因素的影响，通常采用最小二乘法拟合反映吸光度与浓度关系的一元线性回归方程：

$$c = aA + b \tag{6-23}$$

式中 a——回归系数；

b——截距。

a、b 分别由以下公式计算：

$$a = \frac{S_{(cA)}}{S_{(AA)}} \tag{6-24}$$

$$b = \overline{c} - a\overline{A} \tag{6-25}$$

式中，$\overline{A} = \frac{1}{n}\sum_{i=1}^{n} A_i$；$\overline{c} = \frac{1}{n}\sum_{i=1}^{n} c_i$；$S_{(AA)} = \sum_{i=1}^{n}(A_i - \overline{A})$。

$$S_{(cA)} = \sum_{i=1}^{n}(A_i - \overline{A})(c_i - \overline{c}) \tag{6-26}$$

c 与 A 之间线性关系的密切程度用相关系数 r 来度量：

$$r = \frac{S_{(cA)}}{\sqrt{S_{(cc)} - S_{(AA)}}} \tag{6-27}$$

式中，$S_{(cc)} = \sum_{i=1}^{n}(c_i - \overline{c})^2$。

在光度法中相关系数 r 要尽可能接近 1，最好能达到 0.999。

⑤标准加入法。

这种方法是先测量样品的吸光度 A_x，此时，

$$A_x = \varepsilon b c_x \tag{6-28}$$

式中 c_x——待测样品的浓度。

然后在待测样品的溶液中加入标准溶液，其浓度为 c_Δ。再测其吸光度 $A_{x+\Delta}$，根据吸光度的加和性，应有

$$A_{x+\Delta} = A_x + A_\Delta = A_x + \varepsilon b c_\Delta$$

故

$$A_{x+\Delta} - A_x = \varepsilon b c_\Delta \tag{6-29}$$

将式(6-28)和式(6-29)两式相除得：

$$\frac{A_x}{A_{x+\Delta} - A_x} = \frac{c_x}{c_\Delta}$$

即

$$c_x = \frac{A_x}{A_{x+\Delta} - A_x} c_\Delta \tag{6-30}$$

由式(6-30)可计算出待测样品的浓度 c_x。

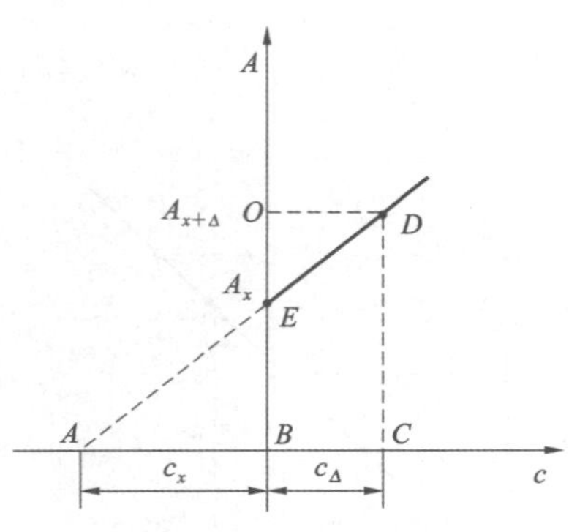

图 6-38 标准加入法的直线外推作图法

标准加入法通常的做法是将已知的不同浓度的几个标准溶液加入几个相同量的待测样品溶液中去，然后分别测定其总的吸光度 $A_{x+\Delta}$，然后以 $A_{x+\Delta}$ 为纵坐标，c_Δ 为横坐标绘制标准曲线，见图 6-38。将绘制的直线延长，与横轴相交，交点至原点所相应的浓度即为待测样品的浓度。在绘制标准曲线时亦需满足上述所说的绘制标准曲线时的两点要求。当遇到干扰不易消除、标准溶液配制麻烦、分析样品数量少时，可以采用标准加入法。

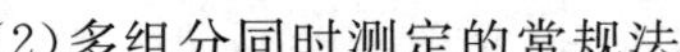

(2)多组分同时测定的常规法

解联立方程法：在同一试样中同时测定两个或两个以上的待测组分，而且它们的吸收光谱在测定波长处有重叠时，可以采用解联立方程法。如果样品中有 n 个组分，其浓度分别为 $c_1, c_2, \cdots, c_n$，选择 n 个波长位置作为

测量波长。根据吸光度加和性得到如下联立方程组：

$$
\begin{aligned}
A_1 &= \varepsilon_{11}c_1 + \varepsilon_{12}c_2 + \cdots + \varepsilon_{1n}c_n \\
A_2 &= \varepsilon_{21}c_1 + \varepsilon_{22}c_2 + \cdots + \varepsilon_{2n}c_n \\
&\vdots \\
A_n &= \varepsilon_{n1}c_1 + \varepsilon_{n2}c_2 + \cdots + \varepsilon_{m}c_n
\end{aligned}
$$

即

$$A_i = \sum_{j=1}^{n} \varepsilon_{ij} c_j \quad (i = 1, 2, \cdots, n) \tag{6-31}$$

式中 A_i——第 i 个波长处 n 个组分的总吸光度；

ε_{ij}——第 j 个组分在第 i 个波长处的摩尔吸光系数；

c_j——第 j 个组分浓度。

可以用克莱姆法则通过行列式运算求解，也可用矩阵法求解。该法一般只适合组分数 $n=2\sim3$，为提高测定的准确度，必须增加测定的点数，即选择的测量波长的数目 m 大于被测组分数 n，此时建立的联立方程组为矛盾方程组，可以用各种化学计量学方法处理，以选择最好的处理方法及获得最好的分析结果。

6.5 拉曼光谱分析技术 >>>

6.5.1 拉曼光谱基本原理

分子光谱方法主要包括红外光谱、拉曼光谱、紫外光谱、荧光光谱等。拉曼光谱和红外光谱都反映了分子振动的信息，但其原理有很大差别：红外光谱是吸收光谱，拉曼光谱是散射光谱。红外光谱的信息是从分子对入射电磁波的吸收得到的，而拉曼光谱的信息是从入射光与散射光频率的差别得到的。

(1)瑞利散射、拉曼散射及拉曼位移

拉曼光谱为散射光谱。当辐射能通过介质，引起介质内带电粒子的受迫振动时，每个振动着的带电粒子向四周辐射形成散射光。如果辐射能的光子与分子内的电子发生弹性碰撞，光子不失去能量，则散射光的频率与入射光的频率相同。当光子与分子内的电子碰撞时，光子有一部分能量传给电子，则散射光的频率不等于入射光的频率。1871 年，瑞利发现，当频率为 ν_0 的光照射到样品时，除被吸收的光之外，大部分光沿入射方向透过样品，还有一部分被散射，散射光与入射光的频率相同，这种散射就被称为瑞利散射。1928 年，拉曼发现，除瑞利散射外，还有一部分散射光的频率和入射光的频率不同，这些散射光对称地分布在瑞利光的两侧，其强度比瑞利光弱得多，这种散射被称为拉曼散射。发生拉曼散射的概率极小，最强的拉曼散射也仅占整个散射光的千分之几。

当一束频率为 ν_0 的入射光通过气体、液体或透明晶体样品后，除了被吸收的光之外，大部分沿入射方向穿过样品或反射，一小部分光则改变方向，发生散射。散射线中有与入射线波长相等的散射光线，也有波长大于或小于入射线的散射光线。一部分散射光的波长与入射光波长相同(散射光的强度与波长的四次方成反比，这是瑞利散射定律，瑞利当时并没有考虑散射光的频率变化，他认为散射光与入射光的频率是相同的)，称为瑞利散射。所以后来把与入射光波长相同的散射称为瑞利散射，而把波长与入射光不同的散射称为拉曼散射(Raman scattering)。

在拉曼散射中，若光子把部分能量给样品分子，得到的散射光能量减少，在垂直方向测量到的散射光中，可以检测到频率为 $\nu_0^{-\Delta E/h}$ 的线，称为斯托克斯(Stokes)线，如图 6-39 所示，如果它是红外活性的，$\Delta E/h$ 的测量值与激发该振动的红外频率一致。相反，若光子从样品分子中获得能量，在大于入射光频率处接收到散射光线，则称为反斯托克斯线。

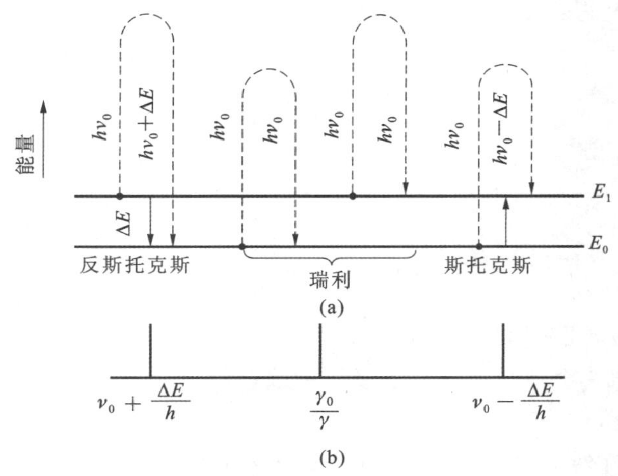

图 6-39 散射效应示意图

(a)瑞利和拉曼散射的能级图;(b)散射谱线

处于基态的分子与光子发生非弹性碰撞,获得能量到激发态可得到斯托克斯线;如果分子处于激发态,与光子发生非弹性碰撞就会释放能量而回到基态,得到反斯托克斯线。

斯托克斯线或反斯托克斯线与入射光频率之差称为拉曼位移或拉曼频移位移。拉曼位移的大小和分子的跃迁能级差一样。因此,对应同一分子能级,斯托克斯线与反斯托克斯线的拉曼位移应该相等,而且跃迁的概率也应相等。但在正常情况下,由于大多数分子处于基态,测量到的斯托克斯线强度比反斯托克斯线强得多,因此一般在拉曼光谱分析中,都采用斯托克斯线研究拉曼位移,即散射光的频率等于入射光的频率减去两振动能级的频率差,用数学式表达即 $\nu_{散}=\nu_0-\nu$。也就是说,拉曼散射光的频率小于瑞利散射的频率($\nu_{散}<\nu_0$),即散射光波长大于瑞利散射的波长($\lambda_{散}>\lambda_0$)。拉曼位移的大小与入射光的频率无关,只与分子的能级结构有关,其范围为 $25\sim4000\text{cm}^{-1}$,因此入射光的能量应大于分子振动跃迁所需能量,小于电子能级跃迁的能量。

(2)拉曼光谱选律和选择定则

拉曼散射光谱也同红外吸收光谱一样,遵守 $\Delta E=h\nu$ 的光谱选律。

红外吸收要服从一定的选择定则,即分子振动时只有伴随分子偶极矩发生变化的振动才能产生红外吸收。同样,在拉曼光谱中,分子振动要产生位移也要服从一定的选择定则,也就是说,只有伴随分子极化度发生变化的分子振动模式才能具有拉曼活性,产生拉曼散射。极化度是指分子改变其电子云分布的难易程度,因此只有分子极化度发生变化的振动才能与入射光的电场 E 相互作用,产生诱导偶极矩:

$$\mu=\alpha_E E \tag{6-32}$$

与红外吸收光谱相似,拉曼散射谱线的强度与诱导偶极矩成正比。

分子的某一振动谱带是在红外光谱中出现还是在拉曼光谱中出现,是由光谱的选择定则所决定的。光谱选择定则的直观的说法是:若在某一简正振动中分子的偶极矩变化不为零,则是红外活性的,反之是红外非活性的;若某一简正振动中分子的感生极化率变化不为零,则是拉曼活性的,反之是拉曼非活性的;如果某一简正振动中分子的偶极矩和感生极化率同时发生变化,则是红外和拉曼活性的,反之是红外和拉曼非活性的。一般说来,对于具有中心对称的分子,红外光谱和拉曼光谱是彼此排斥的,在红外光谱中允许跃迁(红外活性)的,在拉曼光谱中却是被禁阻(拉曼非活性)的;反之,在拉曼光谱中允许跃迁(拉曼活性)的,在红外光谱中却是被禁阻(红外非活性)的。所以,拉曼光谱常作为红外光谱分析的补充技术,俗称"姊妹光谱"。

(3)拉曼退偏振比

在多数的吸收光谱中,只具有两个基本参数(频率和强度),但在激光拉曼光谱中还有一个重要的参数,即退偏振比(也可称为去偏振度)。

由于激光是线偏振光,而大多数的有机分子是各向异性的,在不同方向上的分子被入射光电场极化程度是不同的。在红外中只有单晶和取向的高聚物才能测量出偏振，而在激光拉曼光谱中，完全自由取向的分子所散射的光也可能是偏振的，因此一般在拉曼光谱中用退偏振比（或称去偏振度）ρ 表征分子对称性振动模式的高低。

$$\rho = \frac{I_{\perp}}{I_{\parallel}} \tag{6-33}$$

式中 $I_{\perp}$，$I_{\parallel}$——分别代表与激光电矢量相垂直和相平行的谱线的强度。

$\rho < 3/4$ 的谱带称为偏振谱带，表示分子有较高的对称振动模式；$\rho = 3/4$ 的谱带称为退偏振谱带，表示分子的对称振动模式较低。

（4）拉曼光谱图

汞弧灯激发四氯化碳的拉曼散射光谱图（简写为 Ram）如图 6-40 所示，纵坐标为相对强度，横坐标是波数，它表示的是拉曼位移值（$\Delta\nu$）。拉曼散射光谱图中的拉曼位移是在以入射光频率或瑞利散射光频率为零时的相对频率作量度的，由于位移值相对应的能量变化对应于分子的振动和转动能级的能量差，所以同一振动方式的拉曼位移频率和红外吸收频率相等。因此，无论用多大频率的入射光照射某一样品，记录的拉曼谱带都具有相同的拉曼位移值。

图 6-41 为聚甲基丙烯酸甲酯（PMMA）的红外吸收（a）和拉曼散射（b）光谱。红外吸收光谱纵坐标为透光率，横坐标是波数；拉曼散射光谱纵坐标为相对强度，横坐标也是波数。在 PMMA 拉曼光谱的低频率区，出现了较为丰富的谱带信号，而其 IR 光谱的同一区域中的谱带信息却很弱。此外，与 PET 光谱类似，PMMA红外光谱的 C═O 及 C—O 振动模式有强烈的吸收，而在拉曼光谱中 C—C 振动模式则较为明显。

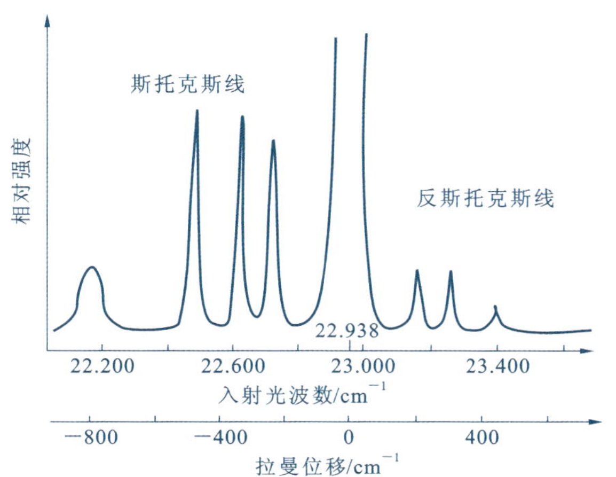

图 6-40 汞弧灯激发的四氯化碳拉曼散射光谱图

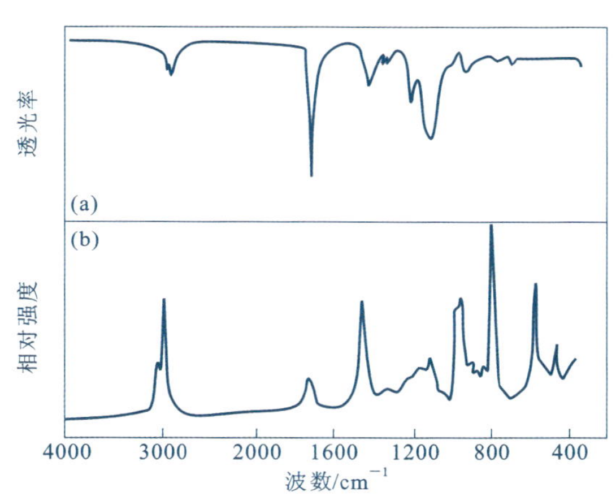

图 6-41 PMMA 的红外吸收和拉曼散射光谱

（a）PMMA 的红外吸收；（b）PMMA 的拉曼散射

6.5.2 仪器组成

激光拉曼光谱仪的基本组成有激光光源、外光路系统和样品池、单色器、检测及记录系统四大部分，具体说明如下。

（1）激光光源

激光是一种光源，它能发射出可见、红外、紫外等波长的光。普通光源是原子或分子自发辐射产生的，而激光光源是原子或分子受激光辐射产生的。与普通光源相比，激光光源有其突出的特点，非常适用于拉曼光谱。激光一出现，很快就代替了早期拉曼光谱使用的汞灯光源，使拉曼谱线变得简单、利于解析，也使摄谱时间大大缩短，常常是几分钟甚至几秒钟即可完成。而且由于激光是偏振光，去偏振度的测量变得较为容易。

拉曼光谱中最常用的激光器有氦氖（He-Ne）激光器，它发出波长为 632.8nm 的激光，另外还有氩离子（Ar^+）激光器，发出波长为 488.0nm、496.5nm 和 514.5nm 的激光。

(2)外光路系统和样品池

外光路系统包括激光器以后，单色器以前的一系列光路，为了分离所需的激光波长，最大限度地吸收拉曼散射光，采用多重反射装置。为了减少光热效应和光化学反应的影响，拉曼光谱仪的样品池多采用旋转式样品池。

(3)单色器

常用的单色器是由两个光栅组成的双联单色器，或由三个光栅组成的三联单色器，其目的是把拉曼散射光分光并减弱杂散光。

(4)检测及记录系统

样品产生的拉曼散射光，经光电倍增管接收后转变成微弱的电信号，再经直流放大器放大后，即可由记录仪记录下清晰的拉曼光谱图。

6.5.3 样品处理方法

拉曼样品制备较红外简单，气体样品可采用多路反射气槽测定。液体样品可装入毛细管中或多重反射槽内测定。单晶、固体粉末可直接装入玻璃管内测试，也可配成溶液。由于水的拉曼光谱较弱、干扰小，因此可配成水溶液进行测试。特别是测定只能在水中溶解的生物活性分子的振动光谱时，拉曼光谱优于红外光谱。面对有些不稳定的、贵重的样品，则可不拆密封，直接用原装瓶测试。

为了提高散射强度，样品的放置方式非常重要。气体的样品可采用内腔方式放置，即把样品放在激光器的共振腔内。液体和固体样品放在激光器的外面，如图 6-42 所示。一般情况下，材料粉末样品既可装在玻璃管内，也可压片测量。

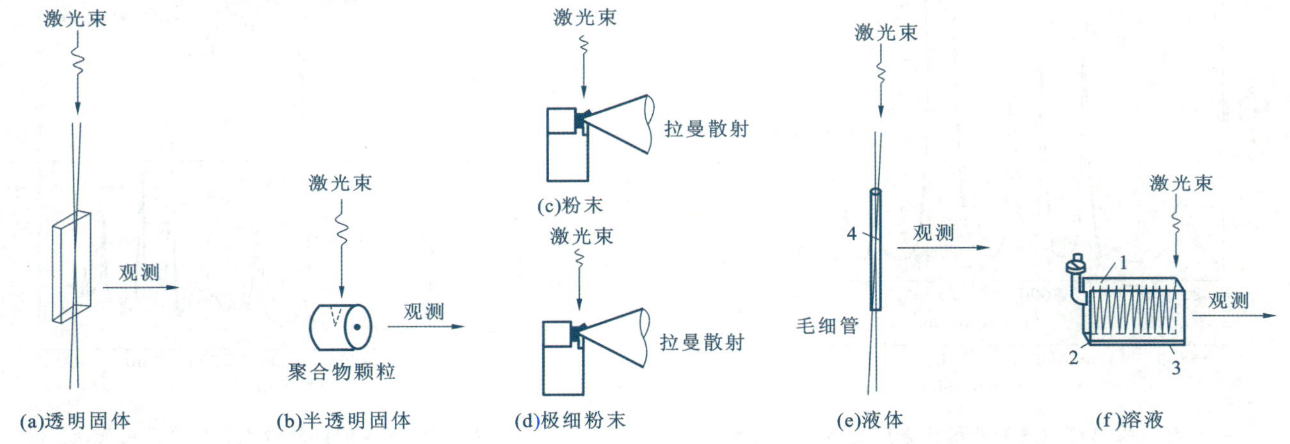

图 6-42 各种形态样品在拉曼光谱仪中的放置方法

1—反射镜；2—多通道池；3—楔形镜；4—液体

6.5.4 化学结构鉴定

拉曼光谱更擅长分子骨架鉴定，如 C ═ C 双键振动的拉曼频移位于 $1600\sim1680\text{cm}^{-1}$，特殊地，乙烯 1620cm^{-1}、氯乙烯 1608cm^{-1}、烯醛 1618cm^{-1}、丙烯 1647cm^{-1} 等。此外，C—C、C≡C、S—S、C—S、C ═ S、S—H、C—N、C ═ N、N ═ N、N—H 等拉曼散射强度高。红外光谱中，由 C≡N、C ═ S、S—H 伸缩振动产生的谱带一般较弱或强度可变，而在拉曼光谱中则是强谱带。

环状化合物的对称呼吸振动常常是最强的拉曼谱带。在拉曼光谱中，X ═ Y ═ Z，如 C ═ N ═ C、O ═ C ═ O—这类键的对称伸缩振动是强谱带，而这类键的反对称伸缩振动是弱谱带。红外光谱与此相反。

拉曼光谱与红外光谱配合使用，可以确认分子几何构型，如顺反异构。

几种碳材料的表征如下：

(1)富勒烯 C60

不同于其他碳材料的是，C60 是一个完美对称的完整分子，没有残基。其拉曼光谱如图 6-43 所示。C60

单晶和粉末样品的拉曼频移会有些差别，实测的粉末样品的拉曼频移：272cm^{-1}、432cm^{-1}、496cm^{-1}、568cm^{-1}、710cm^{-1}、772cm^{-1}、1100cm^{-1}、1249cm^{-1}、1423cm^{-1}、1467 cm^{-1}、1574cm^{-1}。C60 衍生物吸附于固体表面或金属溶胶时，其对称性可能遭到破坏，对称性降低，甚至有些振动带发生分裂。再者，比如 C60 对称性降低，其拉曼光谱要比 C60 复杂得多。

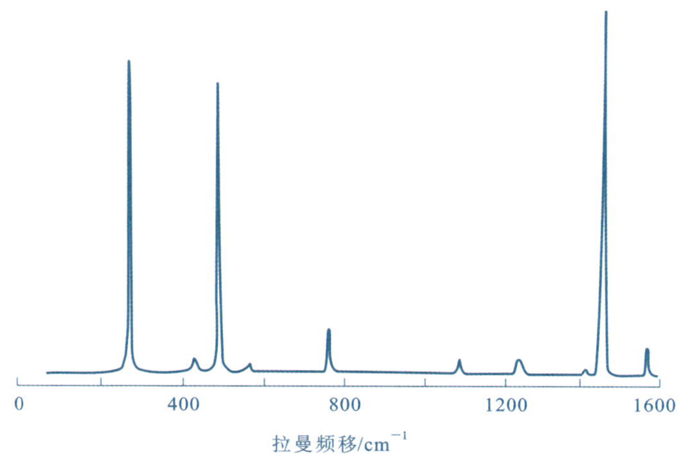

图 6-43 C60 粉末 FT-拉曼光谱

(2)单壁和多壁碳纳米管

图 6-44 展示了单壁碳纳米管典型的拉曼光谱。由于单壁碳纳米管在拉曼频移 200cm^{-1}左右有较强的环呼吸或辐射呼吸振动峰(RBM，每个碳原子都沿着辐射方向振动)，所以拉曼光谱已经成为单壁碳纳米管强力的表征手段。

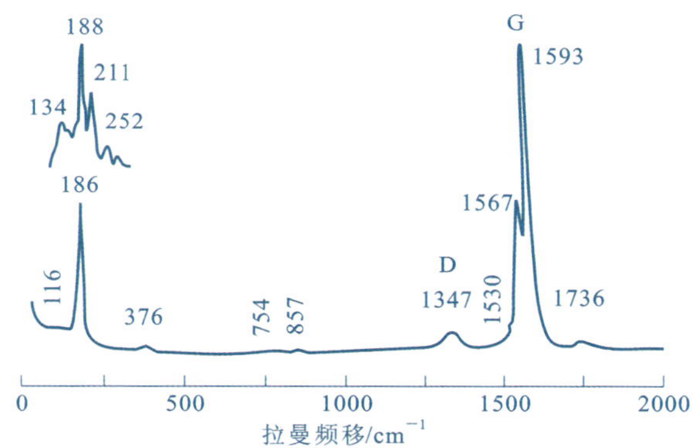

图 6-44 单壁碳纳米管典型的拉曼光谱

但该峰随纳米管的直径、手性、激光频率等因素的变化而变化(激光频率不同而导致拉曼频移的移动叫作色散)。此外，单壁碳纳米管还有两个叫作 D 带与 G 带的特征拉曼峰，它们都是由 sp^2 杂化碳引起的，两处拉曼峰为类石墨碳(如石墨、炭黑、活性炭等)的典型拉曼峰。1320～1360cm^{-1}处的拉曼峰源于晶态石墨碳边缘基团的振动，是无序化峰(无序碳)，称为 D 带，变化范围较宽。在 1589cm^{-1}左右(接近 1600cm^{-1})有一个较强的谱带(G 线)，是体相晶态石墨的典型拉曼峰，是石墨晶体的基本振动模式，称为 G 带，其强度与晶体的尺寸有关。碳纳米管对 D 线只有很小的贡献，而微晶石墨和纳米碳颗粒贡献较大，故 D 线和 G 线的强度比通常被用来估算样品的纯度。另外，met-SWNTS 在 G 带较低波数(1520～1530cm^{-1})处的拉曼峰较强，是标志峰；而 semi-SWNTs 的 G 带较强，在其较低能量(约 1567cm^{-1})处很弱。根据 G 带峰形的这种差别，可以判断单壁碳纳米管属性。

另外，还可能检测到 G 带和 D 带的倍频峰，以及 G′带和 D′带等(见石墨烯)。

单壁碳纳米管可看作由石墨烯沿一定方向卷曲而成的空心圆柱体，根据卷曲方式(手性)的不同，可以形成金属性导体或带隙不同的半导体碳纳米管。而手性结构的可控制性是碳纳米管应用最关键的问题。

同时利用 TEM/SEM 和散射光谱检测技术，可以为检测单根单壁或多壁、半导体性或金属性手性碳纳米管的瑞利或拉曼散射光谱提供导向。例如，根据同时检测技术，通过 197cm^{-1}处环呼吸拉曼带或约 1580cm^{-1}处的 G 带跟踪专一性手性单壁纳米管制备过程。重要的是，散射光谱结果对于研究碳纳米管的电子能态或振动能态以及手性结构特点，或者它们之间的相关性是有益的。

(3)石墨烯或氧化石墨烯

石墨烯具有典型的 D 带和 G 带结构。D 峰(位于约 1350cm^{-1}处)相应于石墨烯的结构缺陷，G 峰(位于约 1582cm^{-1}处)相应于 sp^2 碳原子的面内振动。而 G′峰(位于约 2700cm^{-1}处)反映了碳原子的层间堆垛方式，也被认为应该属于 D 带的泛频(2D)。D′峰位于约 1620cm^{-1}处。同时，通过各种化学或物理方法制备的石墨烯，边界的化学基团的位置和种类、缺陷、掺杂、堆积层数、激光能量以及偏振特性等因素，也会在一定程度上影响石墨烯基频和泛频拉曼频移的位置和形状，其归属有时显得很复杂。

6.5.5 拉曼光谱的定量分析

(1)激光拉曼光谱定量分析原理

由 Placzek 理论可知，当气体样品中含 N 个分子，并以 90°方式收集散射光时，斯托克斯拉曼谱带的强度 I 由下列方程式表示：

$$I = KI_0 N \frac{(\nu_0 - \nu)^4}{\nu(1 - e^{\frac{h\nu}{\kappa T}})} \sum_{ij} \left(\frac{\partial \alpha_{ij}}{\partial Q}\right)^2 \tag{6-34}$$

式中 K——系数，其值仅和方程中其他量所取单位有关；

I_0，ν_0——激发光的强度和频率；

ν——分子的简正振动频率，是 Boltzmann 常数；

T——热力学组度，$\left(\frac{\partial \alpha_{ij}}{\partial Q}\right)^2$ 是对所有的极化率张量的分量对简正坐标 Q 的偏导数的平方求和。

若所有的测量条件包括 I_0、ν_0、T、被照射的体积，检测器和记录仪的灵敏度都保持不变，则对任何谱带，式(6-34)可简写为

$$I_0 = a_0 c \tag{6-35}$$

式中 c——浓度；

a_0——比例系数。

在液相中散射指数 a_1 由下式确定：

$$a_1 = a_0 GFL \tag{6-36}$$

式中 G——光学效应因子，它和液体的折射率 n 有关，$G=1/n^2$；

F——样品中的内部场效应因子，它亦和折射率有关；

L——特殊的分子间相互作用的效应因子，它导致配合物的形成。

实验测量拉曼散射辐射强度 I 可用式(6-37)表示：

$$I = ac \tag{6-37}$$

式中 a——在一定的测量条件和介质下分子指定谱带的特征常数。

应用式(6-37)可计算被测物浓度。但在实验中要得到它们之间的直线关系是比较困难的，因为拉曼谱带的强度还受到仪器和样品的许多因素的影响，包括光源功率的稳定性、单色器的光谱狭缝宽度、样品池的大小、样品的自吸收、由样品浓度不同引起的折射率的变化和溶剂中的背景噪声等。其中有些因素是难以控制的，因此直接比较不同浓度样品间的拉曼谱带强度来进行定量分析是困难的，最有效的方法是利用加入内标的方法。

(2)激光拉曼光谱定量分析的一般步骤

激光拉曼光谱定量分析的一般步骤如下：

①由拉曼光谱鉴定样品的组分。

②选择适当强度的分析谱带，该谱带不与样品的其他谱带重叠。

③选择内标，内标的谱带与分析谱带邻近，但不重叠。

④配制组成近似于样品的一组标准样品，在标准样品和被测样品中加入一定量的内标物。

⑤在相同的实验条件下，测定一组标准样品和被测样品中分析谱带与内标谱带的强度比（通常比较拉曼峰的高度或面积）。

⑥绘制 c_M/c_K-A_M/A_K 工作曲线，c_M 和 c_K 是标准样品中被测组分和内标物的浓度或含量，A_M 和 A_K 是标准样品中分析谱带和内标谱带强度。

⑦测定被测样品的 A_M/A_K，由工作曲线求得被测物的浓度或含量。

在拉曼光谱定量分析中所选择的内标必须满足：a. 化学性质稳定，不与样品中被测成分或其他成分发生化学反应；b. 内标拉曼线和被分析的拉曼线互不干扰；c. 内标应比较纯，不含有被测成分。

对于非水溶液，常用的内标为四氯化碳（$459cm^{-1}$）；而对于水溶液，常用的内标是硝酸根离子（$1050cm^{-1}$）和高氯酸根离子（$930cm^{-1}$）。在某些情况下，还可用溶剂的拉曼线做内标线，对于固体样品，有时可选择样品中某一拉曼线做内标线。

拉曼光谱定量分析可用于水溶液且准确度较高，因为拉曼线的强度（或峰高）直接正比于样品浓度。激光拉曼光谱分析法往往可同时测定多种组分，其缺点是灵敏度较低，一般的检定限在 μg/mL 数量级。为了提高定量分析的灵敏度，解决激光功率波动和溶剂背景强度等限制信噪比提高的问题，可采用激光共振拉曼光谱法和 SERS 光谱法。

6.6 光谱分析技术在建筑材料物相分析中的应用案例分析 >>>

6.6.1 改性地聚合物结构基团分析——FTIR 结果分析

为探究 PVA 纤维与碳纳米管改性地聚合物的改性机理，采用多种微观分析技术手段进行分析，在此基础上提出基于多尺度的双纤维改性作用机理。采用傅立叶变换红外（FTIR）光谱分析方法分析地聚合物中基本结构基团情况和魔角旋转核磁共振（MAS-NMR）光谱分析方法分析地聚合物的无定形体系和体系的结构和动力学特性。本部分主要对傅立叶变换红外光谱进行分析。

本试验采用红外光谱分析的技术手段分析碳纳米管对地聚合物改性，图 6-45 显示了 B0、T4 和 PT5 这三组的红外光谱谱线。由图可知，单掺碳纳米管改性地聚合物和混掺 PVA 纤维和碳纳米改性地聚合物的特征谱带与未改性地聚合物相同，包括：O—H 键伸展振动峰，T—O—Si 键的不对称伸缩振动峰（T＝Si 或 Al），CO_2 的对称伸缩振动峰，Si—O 键的对称伸缩振动峰，Si—O—Al 键的弯曲振动峰和 O—Si—O 键的面内弯曲振动峰。其中，对地聚合物抗压强度有很重要的影响的 T—O—Si 键的不对称伸缩振动峰（T＝Si 或 Al），通常其对应的波数向低频方向移动，意味着更多的四面体铝原子取代了四面体硅原子，使得抗压强度降低，该峰在 B0 组、T4 组和 PT5 组的波数分别为 $1015cm^{-1}$、$1015cm^{-1}$ 和 $1018cm^{-1}$，这就解释了 T4 组 28d 抗压强度与 B0 组相同，PT5 组 28d 的抗压强度则略大于 B0 组。在 900～$1300cm^{-1}$ 波数范围内，T4 组和 PT5 组的振动区域明显窄于 B0 组，这意味着 T4 组和 PT5 组地聚合反应的终产物更为均匀，从而 T4 组和 PT5 组拥有更高的抗折强度；波数为 $1645cm^{-1}$ 和 $3448cm^{-1}$ 的宽带是与地聚合物单元弱结合的 O—H 键和一些存在于地聚合物三维网络状结构空腔中的 H—O—H 基团，T4 组和 PT5 组的这一振动区域要窄于 B0 组同波数处的振动区域，表明在地聚合物结构中存在更多的游离水，使得 T4 组和 PT5 组拥有更高的抗折强度。

通过对 IR 谱线的研究发现，掺入碳纳米管以后，谱线中并没有出现明显的 C—O 键或—COOH 基团的振动峰，没有明显的峰值证明碳纳米管中的活性部分与地聚合物结构结合使碳纳米管成为地聚合物结构的一部分。

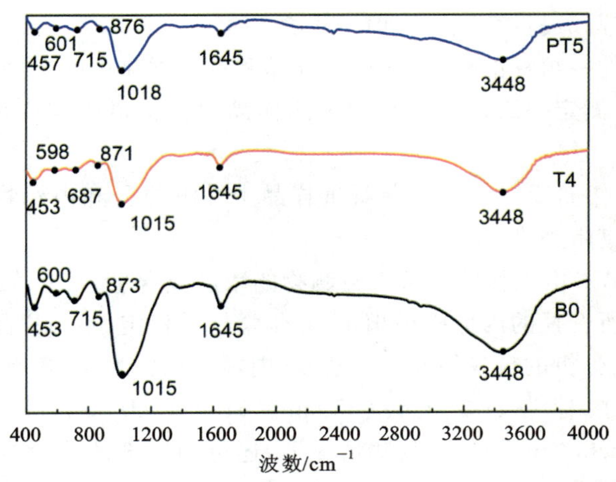

图 6-45 PVA 纤维和碳纳米管改性地聚合物 28d IR 谱图

6.6.2 不同掺杂浓度下的 Fe^{3+}、Fe^{2+}、N^{3+} 和双掺离子的紫外-可见吸收光谱分析举例

从以下紫外-可见漫反射吸收光谱试验结果(图 6-46～图 6-49)可知,Fe^{3+} 和 Fe^{2+} 的最佳掺量分别为1.5%和 2.0%;单掺氮的条件下,其最佳掺入量钛与氮的比值为 10;在双掺的条件下,Fe^{2+} 的掺杂效果好于 Fe^{3+}。

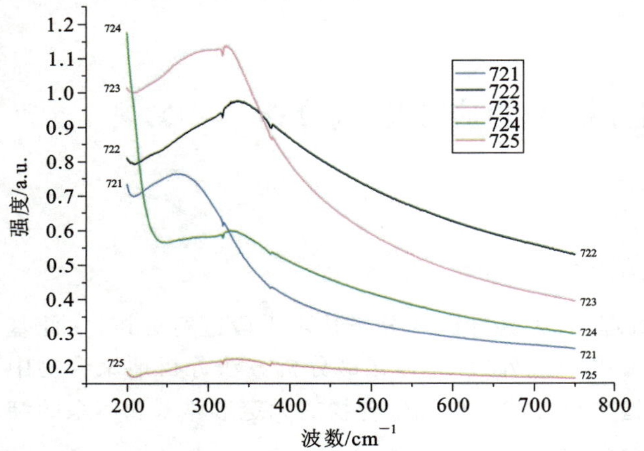

图 6-46 以三氯化铁为铁源所制备样品的紫外吸收光谱结果

721～725 铁掺杂量分别为 0.5%～2.5%,721 铁离子掺量为 1.5%

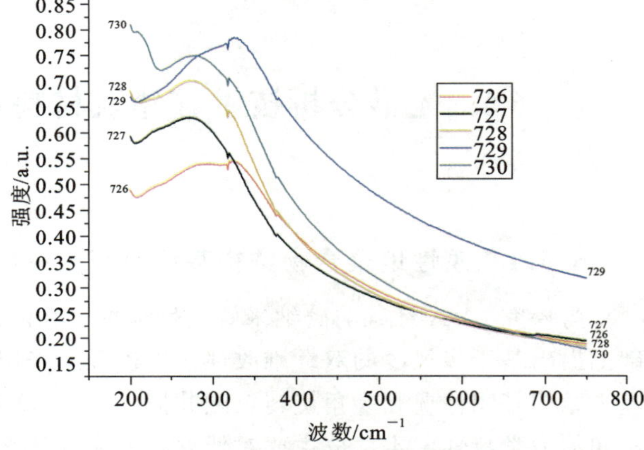

图 6-47 以硫酸亚铁为铁源所制备样品的紫外吸收光谱结果

726～730 铁掺杂量分别为 0.5%～2.5%,729 铁离子掺量为 2.0%

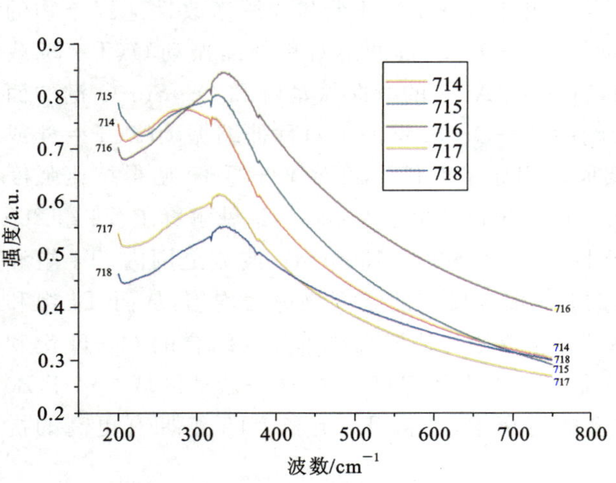

图 6-48 单掺氮样品的紫外吸收光谱

714、715、716、717 和 718 钛与氮的比值分别为 5、8、10、15 和 20

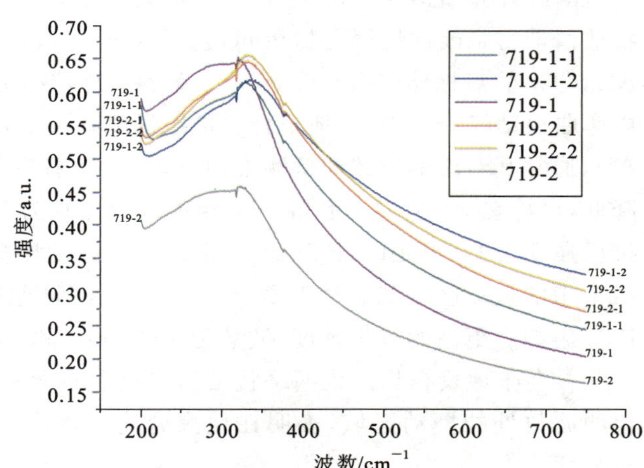

图 6-49 不同价态铁离子的掺杂样品的紫外吸收光谱

719-1 为掺三价铁;719-1-1 为掺铁和掺氮(氯化铵);
719-1-2 为掺铁和掺氮(硫酸铵);719-2 为掺二价铁;
719-2-1 为掺铁和掺氮(氯化铵);719-2-2 为掺铁和掺氮(硫酸铵)

参考文献

[1] 黄惠中.纳米材料分析[M].北京:化学工业出版社,2003.

[2] 李炜,夏婷婷.仪器分析[M].北京:化学工业出版社,2020.

[3] 钟锡华.现代光学基础[M].北京:北京大学出版社,2003.

[4] 张美珍.聚合物研究方法[M].北京:中国轻工业出版社,2006.

[5] 晋卫军.分子发射光谱分析[M].北京:化学工业出版社,2018.

[6] 翁诗甫,徐宜庄.傅里叶变换红外光谱分析[M].3版.北京:化学工业出版社,2016.

[7] 张锐.现代材料分析方法[M].北京:化学工业出版社,2007.

[8] 郑国经.分析化学手册·3A·原子光谱分析[M].3版.北京:化学工业出版社,2016.

[9] 柯以侃,董慧茹.分析化学手册·3B·分子光谱分析[M].3版.北京:化学工业出版社,2016.

[10] MELENDRES C A, NARAYANASAMY A, MARONI V A, et al. Raman spectroscopy of nanophase TiO_2[J]. Mater. Res., 1989, 4(5):1246-1250.

[11] 于悦.PVA纤维和碳纳米管对地聚合物性能的影响与机理分析[D].杭州:浙江大学,2018.

7 孔结构分析

内容简介

本章导读

本章介绍了孔结构和压汞法的基本概念，详细介绍了采用气体吸附法进行比表面积、微孔分布、中孔孔径分布等参数的计算方法。除了压汞法测定孔结构外，本章还提供了其他可供选用的测定方法及两个孔结构分析案例。

7.1 孔结构概述 >>>

7.1.1 孔的分类和特性

混凝土中孔的分布范围很广，孔径可从 10μm 一直小到 0.0005μm。孔隙不仅存在于水泥水化物占有的空间中，还存在于 C—S—H 凝胶粒子的内部。1973 年，吴中伟院士根据孔径大小对混凝土中孔级进行划分，见表 7-1。

表 7-1 混凝土中孔级分类(吴中伟)

孔径/Å	<200	200～1000	1000～2000	>2000
孔级分类	无害孔	少害孔	有害孔	多害孔

布特等人对混凝土的结构也曾做过大量的研究，也按照孔径大小把混凝土中孔分为四级，分别为凝胶孔、过渡孔、毛细孔和大孔，孔径大小见表 7-2。

表 7-2 混凝土中孔级分类(布特等)

孔径/Å	<100	100～1000	1000～10000	>10000
孔级分类	凝胶孔	过渡孔	毛细孔	大孔

Jawed 等对混凝土中孔结构进行研究后，也给出了不同类型的孔尺寸来源、对混凝土性质的主要影响等，见表 7-3。

表 7-3 混凝土中的孔(Jawed 等)

孔分类		孔径/Å	来源	作用
大孔		>50000	气泡,未充分凝结硬化;不正确的养护,水灰比过大	影响结构的强度
毛细孔	大孔	500~50000	水泥浆中水填充的空隙	控制渗透性及耐久性
	间隙孔	26~500	浆体中水填充的空隙,较小的孔与 C—S—H 凝胶有关	干燥时可能产生很大的毛细压力
	微孔	<26	与 C—S—H 凝胶有关	在干燥循环时可能分解

1976 年,日本近藤连一和大门正机在第六届国际水泥化学会上提出将水泥石中的孔分为:

凝胶微晶内孔:孔半径小于 6Å,孔内为层间水,是最小的孔,能级最高。

凝胶微晶间孔:孔半径近似为 6~16Å,为 Powers 的凝胶孔,孔内的水包括结构水、非蒸发水,由于结构不同而有不同的能级。

凝胶粒子间孔(或称过渡孔):孔半径近似为 16~1000Å,为 Powers 所说的毛细孔,影响可逆干缩。

毛细孔(或称大孔):孔半径大于 2000Å。

近藤连一和大门正机的这种分类是综合了 Brunauer、Powers、Dubinin、Mikhail、Feldman 等人和他们自己的观点和试验数据得到的。其中所谓过渡孔 16~2000Å 的范围太大。不同的孔对宏观行为有影响,而且在过渡孔范围内不同孔径影响也不同。目前较常用的分类是将孔分成粗孔和细孔,粗孔有 10μm 以上的大孔(气孔),加气混凝土和泡沫混凝土等多孔材料中以这样的孔为主;毛细孔也属于粗孔,孔径为 5~10μm;细孔分为过渡孔和凝胶孔,前者孔径为 100~1000Å,后者孔径小于 100Å。过渡孔在电子显微镜下可观察到,而凝胶孔则观察不到。

凝胶孔是凝胶的组成部分,其中的凝胶水也是凝胶的组成部分。T. C. Powers 描述凝胶孔平均宽度约 18Å。孔隙率约 28%,与水灰比无关,因此不影响水泥宏观行为。假如硬化水泥浆体没有毛细孔而水泥完全水化,则凝胶孔的孔隙率就是这样的硬化水泥浆体的最小孔隙率。这时的水泥浆体就完全由水泥凝胶所组成。

P. K. Mehta 的试验表明,<1320Å 的孔对混凝土的强度和渗透性没有什么影响。他将孔分为四级:<45Å、45~500Å、500~1000Å、>1000Å。

1000Å 作为毛细孔的下限是适宜的。>1000Å 的孔隙率对混凝土性质有很大的影响。所谓毛细孔,根据 Dubinin 等人的意见,即微孔势能明显大于重力场势能的孔。毛细孔中液面形状由表面张力决定,并由于重力而略弯曲。在正常孔隙率的情况下,毛细孔只通过凝胶孔而相互连接,而当孔隙率较高时,毛细孔成为通过凝胶的连续的、相互连接的网状结构。T. C. Powers 关于毛细孔孔隙率的简便计算公式为

$$p_0 = 1 - \frac{CV_c}{V}\left[1 - m + m(1 + W_n^o/C)\frac{V_g}{V_c}\right] \tag{7-1}$$

$$p_0 = 1 - \frac{m\left\{\left[\left(1 + \frac{W_n^o}{C}\right)\frac{V_g}{V_c}\right] - 1\right\} + 1}{1 + \frac{W_0 C}{V_c}} \tag{7-2}$$

式中 C——水泥在原来状态下的质量,g;

m——成熟度因子,等于水泥已水化的部分;

V_c——水泥比容;

W_n^o——非蒸发水量;

V_g——水泥凝胶比容;

V——试件或一部分水泥浆体的体积;

W_0——新拌水泥浆体的质量,并校正了析水量。

这样测定的水泥浆体孔隙率是总孔隙率,包括开口孔的孔隙率(表观孔隙率)和封闭孔的孔隙率(所谓封闭也是相对的,指的是用现有方法量测不出来的孔)。所测出的孔隙总体积指在 25℃、剩余压力 66.7Pa

的真空中干燥材料的孔隙总体积，可按材料干燥时的表观密度和密度计算。

图 7-1 所示为硬化水泥浆体毛细管孔隙率对强度的影响，图 7-2 所示为骨料中的孔隙率对强度的影响。

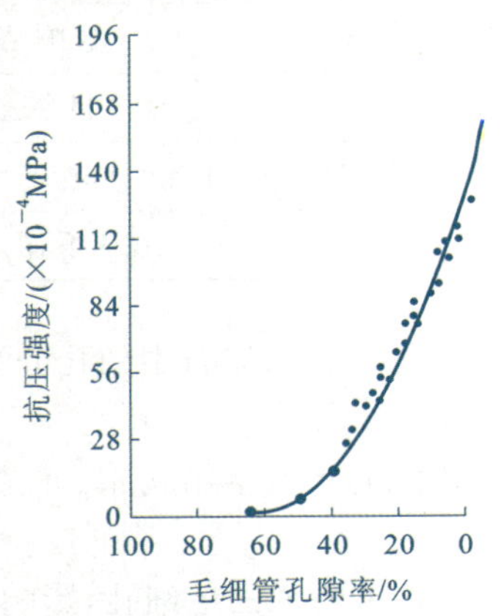

图 7-1 硬化水泥浆体毛细管孔隙率对强度的影响

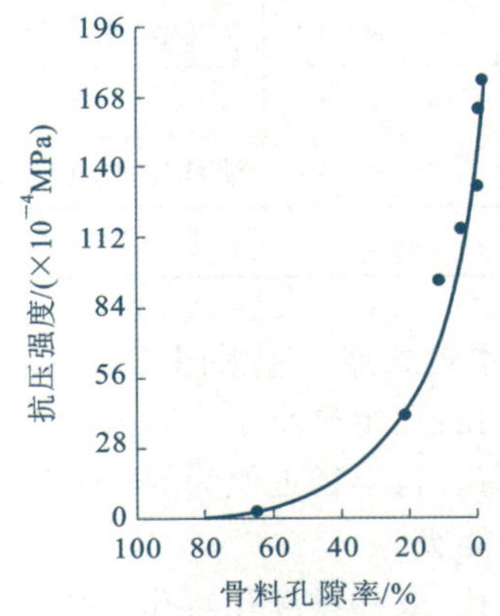

图 7-2 骨料中的孔隙率对强度的影响

由图可见，各种材料毛细孔的强度之间有相似的关系。毛细孔的孔隙率与不同材料平均强度的关系如图 7-3 所示。由以上图可见，当毛细孔的孔隙率低于 40%以后，材料抗压强度随孔隙率的下降而急剧增长。

在图 7-1 中，圆圈点为在给定的水灰比下充分蒸压后的水泥浆体毛细孔孔隙率和抗压强度。这些浆体实际上不含凝胶，其孔隙率-抗压强度关系的点也落在图 7-1 的曲线上。由此证明，可以由毛细孔孔隙率计算强度，即材料不同时这种关系是相似的(图 7-3)。

毛细孔孔隙率对其他性质的影响也类似，如对水泥浆体渗透性的影响(图 7-4)。当孔隙率高于 25%时，约相当于 $W/C=0.53$，渗透系数随孔隙率的增加而急剧增加；而当孔隙率低于 20%时，约相当于 $W/C=0.45$，则可以几乎不透水。当孔隙率在 10%以下时，相当于 $W/C=0.4$，可认为基本上不透水。

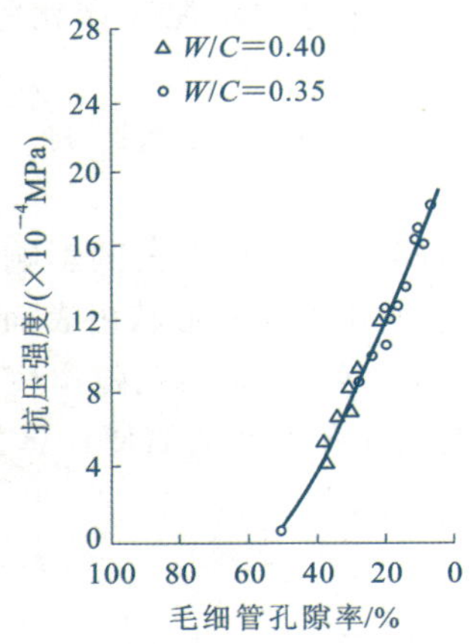

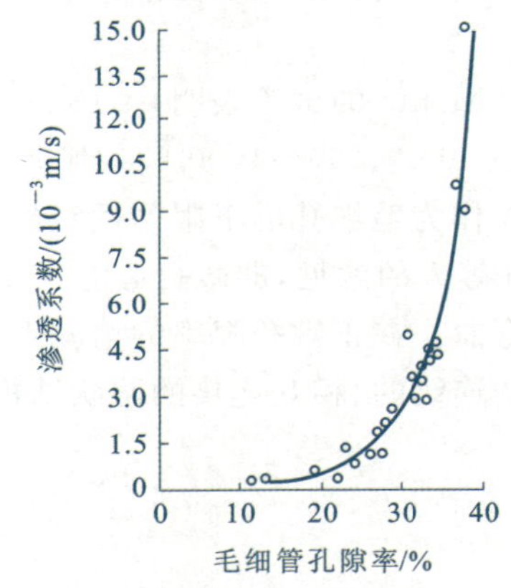

图 7-3 毛细孔孔隙率对各种材料平均强度的影响

图 7-4 毛细孔孔隙率与渗透性的关系

不同孔径的孔中水由于蒸气压不同而有不同的冰点(图 7-5)，这对研究提高混凝土及其他材料的抗冻性有重要的意义。由图 7-5 可见，当孔径小到一定程度后，孔中的水在人类居住的环境中可以不结冰。但可以在混凝土一类材料中增添较大的圆形孔，以吸收毛细孔中水结冰时释放的能量，缓解冰冻的破坏作用。

在对强度要求不高的混凝土中，也可通过增添均匀较大细圆孔以抑制毛细管的毛细作用，来适当提高抗渗性。

所以，孔的作用不只是负的，也有显著的正作用。例如，水泥的水化过程中必须有一定量的毛细孔作为进行水化的供水通道，以保证水化不断进行。如果使用水泥理论需水量(0.227)，则水化不可能继续进行。又如在保证总孔隙率不变的情况下，将大孔改为细孔，则可提高水泥强度和抗渗性，达到轻质高强的目的。只要能保证足够的强度，孔多可使材料自重减轻。因此，孔是建筑材料必然且必需的组分。

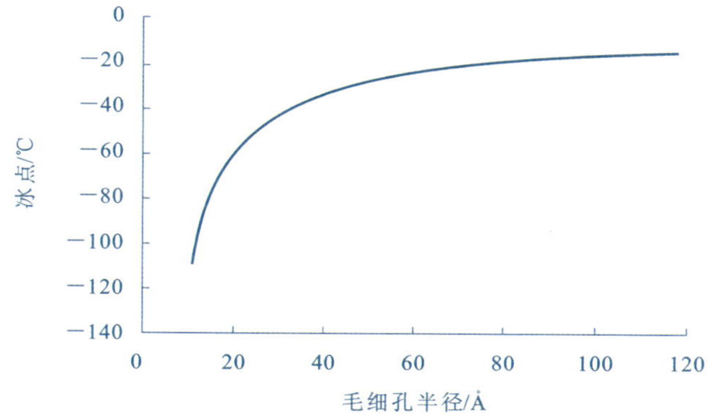

图 7-5 毛细孔孔径与孔中水的冰点的关系

7.1.2 孔结构和材料性质的关系

除金属和绝大多数塑料外，目前所用建筑材料大多含有空隙。材料的孔对材料的许多性质有重要的影响，如强度、变形、质量、导热性、吸水性、渗透性、耐久性等。

人们很早就发现，材料的孔和固相体积的比例对材料的强度等性质有直接的影响。对于任何均质材料，其强度 R 和孔隙率 p_0 有下列关系：

$$R = R_0(1 - p_0)^n \tag{7-3}$$

式中 R_0——孔隙率为 0 时材料的强度；

n——系数。

脆性材料的强度 R 和弹性模量 E 与孔隙率 p 之间有如下关系：

$$X = X_0 e^{-bp} \tag{7-4}$$

式中 X——材料的强度或弹性模量；

X_0——孔隙率为 0 时材料的强度或弹性模量；

b——系数。

孔缝对水泥混凝土的影响早已被人们重视，被认为是影响混凝土宏观行为的重要因素之一。其中最直接、最明显的是对混凝土强度的影响。早在 1896 年，法国科学家就提出以下关系：

$$R = K\left(\frac{c}{c + e + a}\right)^2 \tag{7-5}$$

式中 R——混凝土强度；

c, e, a——水泥、水和空气的绝对体积；

K——常数。

1818 年，美国科学家提出混凝土强度和水灰比的关系：

$$R = \frac{K_1}{K_2^A} \tag{7-6}$$

式中 R——混凝土强度；

K_1, K_2——经验常数；

A——水灰比，$A = W/C$。

20 世纪 60 年代，T. C. Powers 提出胶空比理论，其关系式如下：

$$R = AX^n \tag{7-7}$$

式中 A——凝胶固有强度；

X——胶空比，胶空比$=\dfrac{\text{凝胶体积}}{\text{凝胶体积}+\text{毛细孔体积}}$；

n——常数。

上述各式证明了随着孔隙率的增加，材料强度或弹性模量降低。

随着科研活动的开展，相同组成的材料孔隙率相同时，其性质也会有差异，即材料性质不仅与孔隙率有关，还和孔的形状、大小的级配及在空间的位置分布等有关。这也是材料强度和孔隙率之间呈非线性关系的一个原因。

孔结构的主要内容包括孔隙率、孔径分布和孔几何学，即孔的形貌和不同尺寸的孔在空间的排列。

孔级配不同即各种孔径的孔相互搭配的情况不同。当孔隙率相同时，平均孔径小的材料强度高、渗透性低；不同尺寸孔径的孔对材料强度的影响不同；孔径尺寸差别小，即分布均匀时，强度高。因此，可通过孔级配的改善来改善材料的某些性质。而小于某尺寸的孔则对强度及渗透性无影响。

孔几何学包括孔的形貌和排列。孔的形貌包括孔的形状，如长形、圆形、管形；孔的状态，如是否开放、是否连通；孔的排列，即大小不同的孔在空间位置的排列，是密集的还是稀疏的，是均匀的还是不均匀的，是集中的还是分散的。当孔隙率相同时，有形状规则的、表面光滑的、在空间排列均匀的孔的材料可有较高的强度；封闭、孤立的孔可使材料有较低的渗透性。

当然，材料的宏观行为还和固相组成与结构有关，如固相结晶度、键的种类与性质、颗粒组成与级配等。但是孔的影响程度之大，是人们对其特别关注的原因。

7.1.3 孔级配研究

既然不同孔径的孔对材料有不同的作用，那么就有必要对不同孔径的孔的级配进行研究。吴中伟教授提出高强轻质混凝土的数学模型：

$$\sum e_i X_i = \text{最小} —— \text{强度最高}$$

$$\sum e_i = \text{最大} —— \text{容量最小}$$

式中 e_i——第 i 级孔的孔隙率；

X_i——第 i 级孔的影响系数。

此后，各国学者纷纷研究孔的级配，国内外均有不少文章发表，主要是研究不同尺寸孔的级配对水泥浆体或混凝土宏观行为的影响，以及改善孔级配的途径。

在第七届国际水泥化学会上，美国加州大学伯克利分校教授 P. K. Mehta 发表报告提出，增加 1320Å 以下的孔不会降低混凝土的渗透性。此后有些国家（如加拿大）就将以此为标准来判断混凝土渗透性的方法用于生产。Mehta 又发表文章介绍火山灰材料对改善混凝土孔级配的作用，如图 7-6 所示。

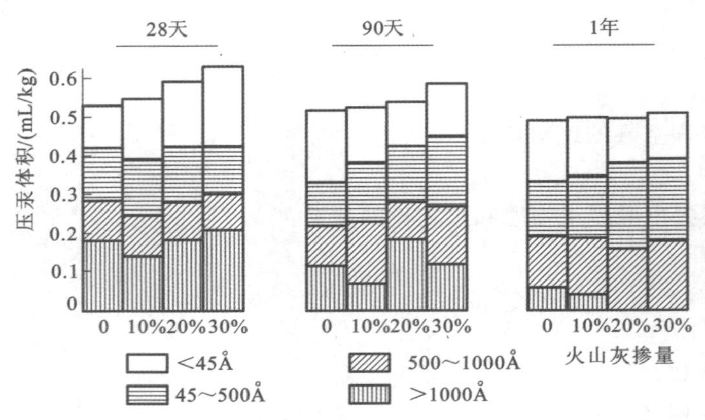

图 7-6 掺不同火山灰的硬化水泥浆体孔级配的变化

图 7-6 中，水泥浆体养护 28 天，以火山灰掺量 10%的强度最高，其大于 1000Å 的孔最少。1 年后，以火山灰掺量 20%的强度最高，此时无大于 1000Å 的孔，而 45～500Å 的孔最多；1 年后，火山灰掺量为 20%和 30%时，都无大于 1000Å 的孔，因此抗渗性最好。该图还说明，随着龄期的增长，大孔减少，小孔增多。而掺入火山灰后，随着龄期的增长，新生水化物填充孔隙，不但使总孔隙率降低，而且大孔也减少。

国内外对孔级配的研究，目前多集中于用孔级配来解释工艺、原材料、组分等对混凝土宏观行为变革的现象，较少研究进一步完善孔级的划分，并且尚无教学模型的建立，尤其是缺少与孔几何学相联系的研究，更缺乏空间网络化的研究。

1977 年，以色列 O. Z. Cebeci 提出区分球形孔和管形孔的级配。他假设混凝土中存在两种孔，即均匀孔径的管形孔和墨水瓶状孔(图 7-7)。采用二次压汞法加以区分时，墨水瓶状孔的壶部即可看成球形孔。

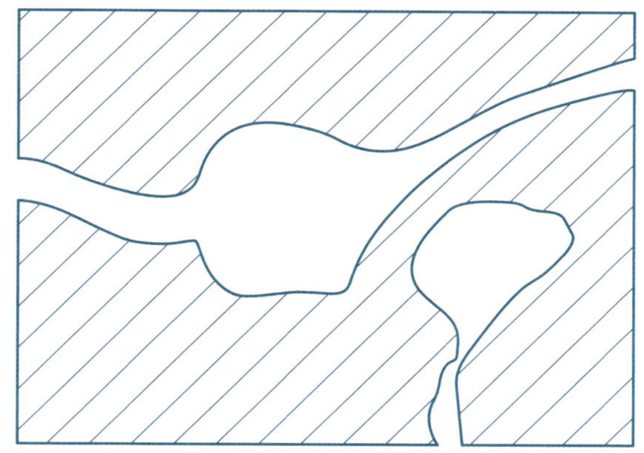

图 7-7 墨水瓶状孔

7.1.4 材料中孔的形成

对于不同用途的材料，孔的影响可以是正的，也可以是负的。虽然为了提高强度、降低吸水性和渗透性，常常要尽量降低材料的孔隙率，但是为了改善材料的热工性能和减轻质量，有时也需要使某些材料形成多孔结构。如上所述，除孔隙率外，孔的结构对材料性质有更深刻的影响。例如，将开放的管状连通孔改造成封闭的球形孔时，就可以在孔隙率不变的情况下降低材料的吸水性和渗透性；在孔隙率一定时，增加小孔和微孔，减少大孔，可提高材料的比强度；等等。因此，了解孔的形成是必要的。

多孔材料中的孔(包括缝)分为原生孔缝与次生孔缝，后者多由前者发展而来。原生孔缝的形成主要源于以下几方面：

(1)微粉末材料的凝聚

如陶瓷、砖瓦、陶粒(人造轻骨料)、人造燃煤脱硫剂、水泥生料球、催化剂等材料的坯体，都是用细粉末(如黏土等)加少量水搅拌压制或成球(造粒)而制成的。如果以细微水滴为中心形成潮湿的凝聚粒子，再继续添加干粉末(如在造粒机或成球盘上)，就形成含多孔结构的大颗粒。陶瓷、砖瓦一类的材料的坯体是加少量水搅拌粉末压制而成，孔隙细小且较少。这种细粉状颗粒材料由于粒子非常细小，具有表面吸附的性质，颗粒和颗粒之间由于水的表面张力而形成凝聚力。凝聚的粒子干燥后，因范德华力开始起作用而逐渐凝固。由于不同材料吸附性质不同，有的材料的凝聚体需用黏结剂如糊精经硬化而得到。越粗的颗粒上述凝聚作用越小。粗颗粒也可通过黏结剂得到凝聚体。例如将石英砂粉末用环氧树脂黏合、将球状铜粉用环氧树脂结合都可代替石膏用作压铸或旋压成型的模型材料，孔隙率 25%～35%，抗压强度 7MPa，耐受温度 80℃，可循环使用 500～1000 次。

(2)引气或发泡

在胶凝材料的料浆中加入表面活性物质经搅拌而产生泡沫；在含有 CaO 成分的料浆中加入能与 CaO 反应而产生气体的金属，如锌、铝；将发泡剂预先制成泡沫，加入料浆中搅拌均匀；将多孔结构的沸石凝灰岩颗粒烘干后在空气中冷却以吸附空气，再加入料浆中搅拌均匀进行水气交换而形成较均匀的气泡；在料浆中加入引气的外加剂；等等。这些都是生产多孔体的方法。料浆可以由具有胶凝性质的材料制成，如水泥、石灰、石膏或粉煤灰、火山灰与石灰、石膏的混合物、树脂；也可以是融液。加气混凝土、泡沫混凝土、泡沫塑料等都是可用于人工发泡的多孔材料。根据日本松下等人的研究，聚合物发泡时气体的压力为

$$P = 4\pi r^2 \gamma \tag{7-8}$$

设 1g 气体从过饱和氨基甲酸乙酯相扩散到气相所需的自由能为 F，则气体生成能为

$$G = \frac{4}{3}\pi r^3 \rho_g F \tag{7-9}$$

式中 ρ_g——气体密度；
r——气孔半径；
γ——气体表面能。

由以上两式可知，半径为 r 的气孔生成条件为

$$\frac{4}{3}\pi r^3\rho_g F > 4\pi r^2\gamma \tag{7-10}$$

则

$$r\rho_g F > 3r \tag{7-11}$$

(3)烧胀或烧结

用含有在高温下能放出气体的材料，经过熔烧，可制成颗粒状或块状制品，如陶粒、泡沫砖等。不同的气体可以产生不同结构的气孔。例如珍珠岩、沸石岩的气孔由其中所含结晶水或沸石水加热气化产生的气体所致，气孔形状为球形。而黏土类原料(如页岩)中所含的氧化铁(Fe_2O_3)在高温的还原气氛下三价铁被还原，释放出 O_2 或 CO、CO_2 等气体：

$$2Fe_2O_3 \longrightarrow 4FeO + O_2\uparrow$$

$$Fe_2O_3 + C \longrightarrow 2FeO + CO\uparrow$$

$$Fe_2O_3 + CO \longrightarrow 2FeO + CO_2\uparrow$$

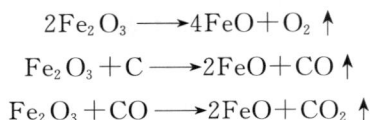

复杂的气体在物料中形成不规则形状的孔。

烧结的过程是孔径变小的过程。Jukasz 研究指出，高岭土在高温下结晶分解而微孔消失，在 1030℃时平均细孔半径最大。温度继续升高，物料再结晶，细孔孔径减小。Staron 研究表明，镁质耐火材料在 1400～1500℃下烧结时孔体积减小但孔径增大，温度再高时大孔减少。

在烧结过程中，孔结构的形成和发展对烧结起很大的作用。用低熔点的熔融金属侵入烧结金属的细孔内，可制成各种复合的合金，或侵入烧结陶瓷细孔中而制成金属-陶瓷的复合材料。

(4)凝胶化

凝胶是胶体粒子以很小的配位数接触而形成的。一般来说，内部的孔主要是微孔。微孔有很大的比表面积。硅胶就是典型的这种多孔体。硅酸聚合物形成 10～1000Å 的球状粒子分散在水中形成溶胶。这些粒子内部是 Si—O 四面体，而其表面与 OH^- 结合。凝胶粒子在电解质作用下可发生凝聚而沉淀，固化后成为干凝胶，内部多孔。粒子表面的硅醇溶解度很大，水和有机物等以 Si—O—H_2O 和 Si—O—R 紧密地结合起来，用酸对醇起作用而酯化，再与多价阳离子结合，形成难溶性物质。

又如用作盐水脱盐或离子筛的离子交换膜，是用二乙烯基苯和聚乙烯共聚生成的凝胶成膜而制作的，其细孔孔径为 30Å，较粗孔孔径为 100Å。

根据 Taylor 最新的观点，硅酸盐水泥水化生成含有各种类型固体组分、水和孔的复杂凝胶。其中的固体组分主要是致密混合的大量的 C—S—H、少量的 AFm 和极少量 Mg、Al 或 Fe 的水镁石型氢氧化物等的层状结构物质，Al^{3+}、Fe^{2+}、SO_4^{2-} 等掺杂离子存在于 AFm 层中，非层状结构的 AFt 相和水石榴石颗粒分布在凝胶中。这样的凝胶有丰富的孔结构，影响着水泥浆体的宏观行为。水化的原始条件(水泥品种、水灰比、掺和料、外加剂和温度、振捣等成型条件)、环境(养护温度、湿度、是否碳化)、龄期都影响凝胶的生成量和孔结构。

硅酸钙质的微孔保温材料、耐火覆盖材料等是将硅质和钙质原料细粉制成料浆后，使其凝胶化，然后将凝胶按所需密度成型，经压蒸水热处理而制成。保温用的制品孔隙率可达 90%，密度可达 200kg/m^3。

(5)其他

如用水蒸气或碳酸气将原料碳部分氧化可制得多孔的活性炭；在玻璃熔融发生分相之后进行酸处理，抽出可溶的成分可制得多孔玻璃；加入可燃组分或挥发性组分，经热处理可制得隔热耐火砖；含碳量较高的材料如高含碳量的粉煤灰和煤矸石混入黏土制成内燃砖；等等。此外，当然还有天然形成的孔，如木材、天然沸石岩等。

7.2 压 汞 法 >>>

7.2.1 压汞法测孔结构的基本理论

水泥基材料的强度和耐久性与其密实程度密切相关。而水泥基材料的密实性不仅与孔隙率有关，孔结构也对其具有重要的影响。在水泥水化过程中，水化产物填充原来由水占据的空间，测定其孔隙率及孔径分布是水泥基材料研究的重要内容。压汞法是目前测试水泥基材料孔结构最常用的方法。

压汞法(mercury intrusion porosimetry，MIP)测孔技术是一种传统的测孔技术，迄今已经有 100 年左右的历史。1921 年，Washburn 首先提出了可以通过把非浸润的液体压入其孔中的方法来分析多孔固体的结构特性的观点。Washburn 假定迫使非浸润的液体进入半径为 R 的孔所需的最小压力 P 由公式 $P=K/R$ 确定。这个简单的概念就成为现代压汞法测孔结构的理论基础。最初发展压汞法是为了解决气体吸附法不能检测到大孔径(如孔径大于 30nm)的问题。后来由于新装置可达到很高的压力，因此其也能测量到吸附法所能检测到的小孔径区间。在多孔材料的孔隙特性测定方面，压汞法的孔径测试范围可达 5 个数量级，其最小限度约为 2nm，最大孔径可测到几百微米，同时也可测量孔比表面积、孔隙率和孔道的形状分布。此外，由于汞不能进入多孔材料的封闭孔(“死孔”)，因此压汞法只能测量连通孔隙和半通孔，即只能测量开口孔隙。它能够测量的孔径范围为 5nm～360μm。利用 MIP 对水泥基材料进行微孔分布测试，常分为低压测孔和高压测孔两种。低压测孔的最低压力为 0.15MPa，可测孔的直径为 5～750μm；高压测孔的最高压力为 300MPa，可测孔的直径为 3nm～11μm。

利用压汞法在给定的外界压力下可将一种非浸润且无反应的液体强制压入多孔材料。根据毛细管现象，若液体对多孔材料不浸润(即浸润角大于 90°)，则表面张力将阻止液体浸入孔隙，但对液体施加一定压力后，外力即可克服这种阻力而驱使液体浸入孔隙中。

由于水泥基复合材料中硬化浆体内部是无规则的、随机的孔，而压汞法假设孔为圆柱形，故测得的孔径为“名义孔径”。虽然不能全面反映真实的孔分布，但对于研究水泥基复合材料中各种因素的影响，相对比较各种因素对孔结构及其分布的影响无疑是可行的。根据 Washburn 方程，外界所施加的压力与毛细孔中液体的表面张力相等时，才能使毛细孔中的液体达到平衡，液体进入孔的压力 p(MPa)为

$$p=-\frac{4\sigma\cos\theta}{d} \tag{7-12}$$

式中 σ——液体的表面张力，对于测试水泥基材料孔结构而言，汞的表面张力值 σ 在 0.473～0.485N/m 范围内；

θ——浸润角，其中汞与水泥基材料不浸润，其浸润角 θ 为 117°～140°。

上述公式表明，使汞浸入孔隙所需压力取决于汞的表面张力、浸润角和孔径。由上式可知，一定的压力值对应一定的孔径值，而相应的汞压入量则相当于该孔径对应的孔体积。所以，在实验中只要测定水泥基材料在各个压力点下的汞压入量，就可求出其孔径分布。

将表面积为 $\mathrm{d}A$ 的非浸润性物体浸入汞中，所做的可逆功 $\mathrm{d}W$ 为

$$\mathrm{d}W=\sigma\cos\theta\cdot\mathrm{d}A \tag{7-13}$$

式中 A——浸入汞的表面积。

$$\mathrm{d}W=p\cdot\mathrm{d}V \tag{7-14}$$

联立式(7-13)和式(7-14)可得

$$A=-\frac{\int p\cdot\mathrm{d}V}{\sigma\cos\theta} \tag{7-15}$$

则可得

$$\Delta A = -\frac{\sum \Delta p V}{\sigma \cos\theta} \tag{7-16}$$

联立式(7-12)和式(7-16)可得到

$$d_{mean} = \frac{4V_{tot}}{A_{tot}} \tag{7-17}$$

式中 d_{mean}——平均孔径,m;

V_{tot}——总的累计进汞体积,m^3;

A_{tot}——总的孔表面积,m^2。

7.2.2 孔结构参数

(1)孔径分布

孔径分布是指材料中存在各级孔径按数量或体积计算的百分数。利用压汞法测试孔径分布的原理按式(7-12),一定的压力值对应一定的孔径值,而相应的汞压入量则相当于该孔径对应的孔体积。这个体积在实际测定中是前后两个相邻的试验压力点所反映的孔径范围内的孔体积。所以,在试验过程中只要测定多孔材料在各个压力点下的汞压入量,即可求出孔径分布。具体来说,设 $V(r)$ 为孔体积分布函数,即孔半径在 r 临近单位间隔(r_i,r_{i-1})内的孔体积,从微分角度看,孔径分布函数就是求此孔体积分布函数 $V(r)$;从积分角度看,求孔径分布就是求半径在(r_i,r_{i-1})内的孔体积,可表达为

$$\Delta V_i = \int_{r_i}^{r_{i-1}} V(r)\mathrm{d}r \tag{7-18}$$

故根据上式,可推导出表征半径为 r 的空隙体积在多孔试样内所有开空隙总体积中所占百分数的孔半径分布函数 $V(r)$:

$$V(r) = \frac{\mathrm{d}V}{V_{TO}\mathrm{d}r} = \frac{p}{rV_{TO}} \times \frac{d(V_{TO} - V)}{\mathrm{d}p} \tag{7-19}$$

或

$$V(r) = -\frac{p^2}{2\sigma\cos\alpha V_{TO}} \times \frac{d(V_{TO} - V)}{\mathrm{d}p} \tag{7-20}$$

式中 $V(r)$——孔径分布函数,它表示半径为 r 的空隙体积占多孔试样中所有开空隙总体积(V_{TO})的百分数,%;

V——半径小于 r 的所有开孔体积,m^3;

p——将汞压入半径为 r 的空隙所需的压强(即给予汞的附加压强),Pa;

σ——汞的表面张力,N/m;

α——汞与材料的浸润角。

(2)孔隙率和表观密度

材料的孔隙率是指材料内部孔隙的体积与材料总体积的比值。就压汞法而言,孔隙率的计算是根据在最大试验压力处进入试样内部汞的总体积(即累计进汞体积)除以试样的总体积。累计进汞体积可以直接从试验结果读取,而试样的总体积需要通过试验过程获得,方法如下:先将膨胀计置于充汞装置中,在真空条件下充汞,充完后称出膨胀计的质量 W_1;然后将充入的汞排出,装入质量为 W 的多孔试样,再放入充汞装置中并在同样的真空条件下充汞,称出带有试样的膨胀计质量 W_2(汞未压入多孔试样孔隙时的状态),之后将膨胀计置于加压系统中将汞压入开口孔隙内,直至试样为汞饱和时为止,算出汞压入的体积 V_P,则可得到多孔试样的表观密度和孔隙率,其有关的量值关系如下:

$$W_1 = W_P + W_3 + W_D \tag{7-21}$$

$$W_2 = W + W_3 + W_D \tag{7-22}$$

由式(7-21)减去式(7-22),得

$$W_P = W + W_1 - W_2 \tag{7-23}$$

故多孔试样的总体积(含空隙)为

$$V_P = \frac{W_P}{\rho_M} = \frac{W + W_1 - W_2}{\rho_M} \tag{7-24}$$

式中 W_P——对应于多孔试样所占体积(含空隙)的汞质量,kg;

W_3——对应于膨胀计中除去多孔试样所占体积(含空隙)的汞质量,kg;

W_D——膨胀计空载时的自身质量,kg;

ρ_M——汞的密度,kg/m^3。

试样的表观密度 ρ_0 是指材料在自然状态下单位体积的质量,可表达为

$$\rho_0 = \frac{W}{V_P} = \frac{W\rho_M}{W + W_1 - W_W} \tag{7-25}$$

(3)比表面积

压汞法也可用来测定多孔体的开孔比表面积。要使汞浸入不浸润的孔隙中,须外力做功以克服过程阻力。视毛细管孔道为圆柱形,用$(p+dp)$的压强使汞充满半径为$(r-dr)\sim r$的毛细管孔隙中,若此时多孔体中的汞体积增量为 dV,则其压力所做的功即为

$$(p + dp)dV = pdV + dpdV \approx pdV \tag{7-26}$$

此功恰为克服由汞的表面张力所产生的阻力所做的功,即

$$pdV = 2\pi\bar{r}\sigma\cos\alpha L \tag{7-27}$$

式中 p——将汞压入半径为 r 的空隙所需要的压强,Pa;

V——半径小于 r 的所有开孔体积,m^3;

$\bar{r}$——$(r-dr)$和 r 的平均值,$d\bar{r}\to r$,m;

σ——汞的表面张力,N/m;

L——对应于空隙半径为$(r-dr)\sim r$的所有孔道总长,m。

由上式中 L 的意义可知,$2\pi\bar{r}L$ 即为对应于区间$(r-dr,r)$的面积分量 dS:

$$dS = 2\pi\bar{r} \tag{7-28}$$

由式(7-26)和式(7-27)得

$$dS\sigma\cos\alpha = pdV \tag{7-29}$$

从而得出

$$dS = \frac{pdV}{\sigma\cos\alpha} \tag{7-30}$$

故总表面积为

$$S = \frac{1}{\sigma\cos\alpha}\int_0^{V_{max}} pdV \tag{7-31}$$

此式即为用压汞法测定 p-V 关系来计算表面积的公式,其中积分值 $\int_0^{V_{max}} pdV$ 直接从试验所得的压强-累计进汞体积曲线求得,即将 p-V 实测曲线对 V 轴积分,见图 7-8。由此得出质量为 m 的试样的质量比表面积为

$$S_m = \frac{1}{\sigma m\cos\alpha}\int_0^{V_{max}} pdV \tag{7-32}$$

(4)最概然孔径

最概然孔径指的是在孔隙网络中数量最多的孔的孔径,也就是在水泥石或固体材料中出现概率最大的孔隙。孔径分布微分曲线能直接反映最概然孔径,即$\frac{dV}{d\log_2 r}\sim\lg(r)$峰值处最大值所对应的孔径(一个孔径分布曲线上可以有多个峰)。

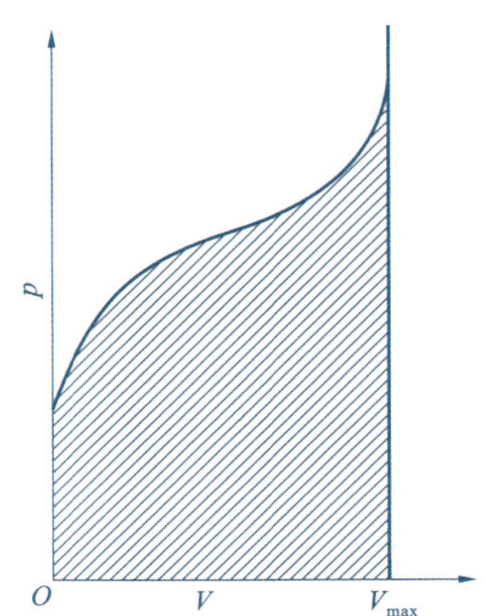

图 7-8 压汞法测定的 p-V 曲线

(5)临界孔径

临界孔径也称为阈值(threshold)孔径或逾渗(percolation)孔径。多孔材料中的孔是相互连通且任意分布形成的一个孔网络,将此孔网络全部连通成一个整体的孔有许多,其中最大的孔半径,称为临界孔径,一般用 r_c 表示。临界孔径对水泥基材料的抗渗性和耐久性有直接影响。凡是孔径大于临界孔径的孔均互不相通,而孔径等于或小于临界孔径的孔则是相通的。所以在水泥基材料的孔网络中,临界孔径越小,抗渗性和耐久性越强。故在压汞测试中,单位压力变化时,进汞量变化率较大时对应的孔半径即为临界孔径;在压力与压入汞体积曲线上,临界孔径对应汞体积屈服的末端点压力,或累积孔体积图上开始大量增加孔体积所对应的孔径(累积进汞量-孔径图)。

(6)孔隙体积密度

孔隙体积密度为某孔径体积所占的比例,峰值对应的最大孔径即临界孔径(开始大量增加孔隙体积时对应的孔径)。通过孔径-孔体积密度分布曲线,可直观、快速地分析材料孔结构的变化或在外载作用下孔结构的演变规律。

(7)平均孔径 $\bar{r}$

平均孔径的计算是基于孔是圆柱形的这一假定,根据总的进汞体积与孔隙总表面积之比获得,可表达为

$$\bar{r} = 2\frac{V_{汞}}{S} \tag{7-33}$$

式中 $V_{汞}$——试样总的进汞体积,m^3;

S——孔隙总的表面积,m^2。

(8)体积密度 ρ_{bulk} 和骨架密度 $\rho_{skeleton}$

水泥浆体的体积密度 ρ_{bulk} 被定义为样品的质量 W_{sample} 与样品的体积 V_{bulk} 之比:

$$\rho_{bulk} = \frac{W_{sample}}{V_{bulk}} \tag{7-34}$$

水泥浆体的骨架密度 $\rho_{skeleton}$ 一般被定义为样品的质量 W_{sample} 与样品骨架(不包括样品孔隙的体积)的体积 $V_{skeleton}$ 之比:

$$\rho_{skeleton} = \frac{W_{sample}}{V_{skeleton}} \tag{7-35}$$

样品骨架的体积 $V_{skeleton}$ 是样品的总体积与在最大压力处进入的最大进汞体积之差。

(9)孔径分布的表示方法

计算出的孔径分布可以采用多种不同的方式来表达,最常见的有:①小于(或大于)孔径的累积孔体积;②孔体积增量与孔径的关系(ΔV-r);③微分孔体积与孔径的关系$\left(\frac{\Delta V}{\Delta r}\text{-}r\right)$;④微分孔体积与孔径对数的关系($\Delta V/\Delta \lg r$-$r$)。

这里③和④本质上都是孔体积或孔半径的平均变化率与孔半径的关系。对于累积分布,在特定的孔径范围内,将大于或小于当前孔径的孔隙总体积对孔径作图或列表。对于增量分布,将计算出的两个连续孔径之间的绝对孔体积,对用于计算当前增量的孔径值的中点作图或列表。对于微分分布,将体积增量除以确定该增量的上、下孔径之差,给出随直径变化的体积变化量,并对确定该增量的孔径值的中点作图或列表。对于对数微分分布,将体积增量除以确定该增量的上、下孔径对数值之差,并对孔径增量的中点作图或列表。这里需要补充的是,孔径可以表示为宽度、直径或半径。

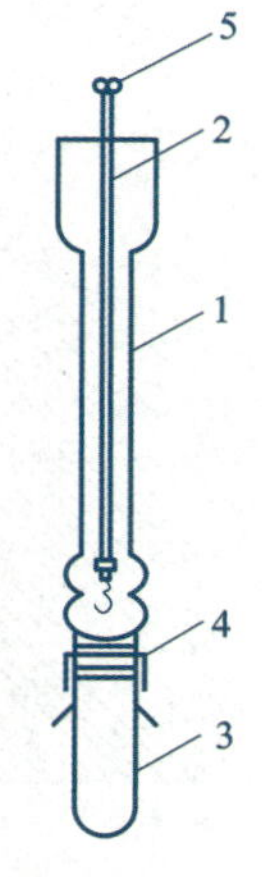

图 7-9 电阻法压汞测孔用膨胀计

1—毛细管;2—铂丝;3—样品室;4—磨口;5—接头

7.2.3 压汞测试方法

压汞法测孔是为了量测在一定压力下进入对应尺寸孔的汞体积 ΔV。目前有三种方法量测汞压入体积:电容法、高度法、电阻法。三种方法都使用结构相似的膨胀计。图 7-9 表示的是电阻法所用膨胀计。它由毛细管和张紧

的铂丝组成。试样放在样品室中。试样是一个玻璃泡，由涂真空脂且密封的磨口与毛细管连接。铂丝的两个接头和电桥相连。

(1)电容法

将毛细管外镀一层金属膜(如钡银)作为一个极，毛细管内的汞作为另一极。随着测孔压力增加，汞被压入孔内，而在毛细管中汞面下降，电容减小。量测这种电容的变化，根据其与压入汞的体积的关系，可计算出在某级孔径范围中孔的体积：$\Delta C_c = K_c \Delta H$。$\Delta H$ 是电容变化值，K_c 是电容变化和汞体积压入值的比值。这种方法的膨胀计不易制作，但不受温度影响。

(2)高度法

用毛细管中汞面下降的高度来反映水银体积的变化，即孔体积的变化：$\Delta V_H = K_H \Delta H$。$\Delta H$ 是汞高度的变化，K_H 为汞高度变化与汞体积变化的比值。这种方法要求毛细管内径尺寸和 ΔH 的量测精度很高。

(3)电阻法

当毛细管中汞体积变化时，铂丝的电阻值也发生变化，则有 $\Delta V_R = K_R \Delta R$。$K_R$ 是单位电阻值变化时汞体积的变化，单位为 mL/Ω。一般来说，毛细管内径尺寸沿高度是变化的，会影响 K_R 值的大小。在毛细管高度 h 处的 K_R 值和 K_r 值的关系为

$$K_R = K_r - K_{(h)} \tag{7-36}$$

式中，$K_R = (V_{\max} - V_{\min})/(R_{\max} - R_{\min})$。根据试验，在某高度 h 处 K_R 和 K_r 值之间的相对误差小于或等于 0.5%，因此可不考虑在毛细管不同高度上 K_R 的差别，只考虑 $\Delta V = K_R \Delta R$。当在一定温度 t_0 下 K_R 的平均值已知时，通过量测膨胀计中铂丝的电阻变化值 ΔR，即可计算出汞体积的变化 $\Delta V = K_{R(t)} \Delta R$。测出 R、t、p，即可得到孔径分布曲线。

①$K_{(t)}$ 值的量测和计算。

在膨胀计中灌入汞，使汞面处于电阻值最小值处，记录电阻值 R_2 和此时的温度 t_0，用注射器将毛细管中的汞抽出，使汞面下降到电阻值为 R_1 处，称取汞的质量为 ΔW，则：

$$K_{(t_0)} = \frac{\Delta W}{\rho(t_0)(R_1 - R_2)} \tag{7-37}$$

式中 ΔW——所抽出汞的质量，g；

$\rho(t_0)$——温度为 t_0 时汞的密度，g/mL。

$R_1 - R_2$——电阻变化值。

以试验测出来的 $K_{(t_0)}$ 为基准，可求出在压汞实验室的温度 t 下的 $K_{(t)}$ 值：

$$K_{(t)} = K_{(t_0)} \frac{1 + \alpha t_0}{1 + \alpha t} \tag{7-38}$$

式中 α——铂丝电阻温度系数，0.00396℃$^{-1}$；

t_0——测 $K_{(t_0)}$ 时的温度，℃；

$K_{(t_0)}$——基准 K 值；

t——试验时的温度。

调节压汞室环境温度并使其温度恒定，或使膨胀计处于恒温下，则 $K_{(t)} = K_{(t_0)}$，之后不必再校正 K 值了。

②空白压汞校正试验。

实际上，用压汞法测孔试验中所求出的汞体积变化，有压入材料孔内的汞，也有汞在高压下被压缩的部分，故计算孔体积时，应扣除汞被压缩的体积。通过空白试验求出汞在不同压力下体积的变化，即用不装任何试样而灌入汞的膨胀计加压力，得出图 7-10 所示的 V_p-p 图。V_p 为单位质量汞在压力 p 下被压缩的体积。因此测孔时压力从 p_1 到 p_2 时实际压入试样孔中的汞体积为

$$\Delta V = \Delta V_1 - \Delta V_p \tag{7-39}$$

式中，ΔV_1 是测孔时压力从 p_1 到 p_2 时汞的体积变化：$\Delta V_1 = K_{(t)} \Delta R_1$；$\Delta V_p$ 可以从 V_p-p 曲线上得到。设空白试验时膨胀计中汞质量为 W_2，则 $\Delta V_p = W_2 (V_{p_1} - V_{p_2})$。设测孔时膨胀计中汞的质量为 W_1，则可得到单

位质量试样中从压力 p_1（孔径为 r_1）到压力 p_2（孔径为 r_2）时，单位质量试样该孔级中孔体积为

$$\Delta V_t = \frac{\Delta V}{W_1} = \frac{1}{W_1}[K_{(t)}\Delta R_1 - W_2(V_{p_1} - V_{p_2})] \tag{7-40}$$

空白校正试验时，由于汞的压缩性很小，需将压力间隔拉大些，如果膨胀计磨口不理想，欲测 $p<2$MPa 以下的孔时，需将低于 2MPa 的压力分得细些，例如分成 0.10、0.60、1.20、2.0。压力超过 10MPa 以后，间隔越拉越大。试验应当重复做一两次。该曲线形状和膨胀计毛细管的细长比有关，当细长比较大时，压力超过一定值后曲线变得较平缓。

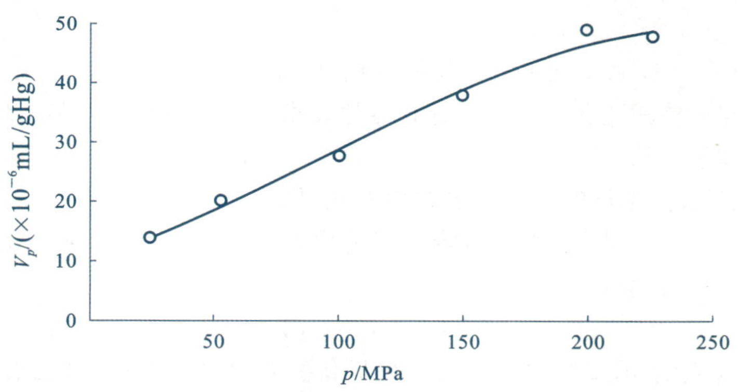

图 7-10 空白压汞试验的 V_p-p 图

7.2.4 样品的制备与处理

(1)样品制备

样品的制备包括取样方法、样品尺寸和样品干燥方法。传统的取样方法包括切割、钻孔取芯和压碎。Kumar 和 Bhattacharjee 等认为压碎和钻芯取样都可以用于研究混凝土孔结构，而钻芯取样更能减小误差。Hearn 和 Hooton 等人研究认为压碎后取样时会导致样品出现二次裂缝。图 7-11 所示为从同一样品中分别进行压碎取样和切割取样得到的 MIP 结果。可以明显看到，压碎样品取样得到的孔结构尤其是大孔的数量增多。这是由于破碎过程导致微裂缝的形成。Hearn 和 Hooton 等人还研究了样品尺寸对 MIP 结果的影响，他们发现减小样品尺寸，汞不能进入的封闭孔的百分数就会减小，得到的结果就更趋于真实值。但如果长度尺寸低于临界样本尺寸，则不会影响 MIP 的结果。图 7-12 表示样品的最小尺寸对 MIP 结果的影响。从图中可以看出样品的最小尺寸减小，大孔的数量增加。在开始 MIP 之前，将样品烘干去除自由水是非常有必要的。这些干燥方法包括烘箱烘干（样品温度通常在 50～105℃）、真空干燥、冷冻干燥、溶剂置换干燥、干冰干燥、除湿干燥等。Galle 等对比研究了将样品烘干、真空干燥、冷冻干燥等对 MIP 结果的影响，经过研究得出了冷冻干燥是研究水泥基材料最好的干燥方法，Korpa 和 Trettin 等亦证实了此结论。

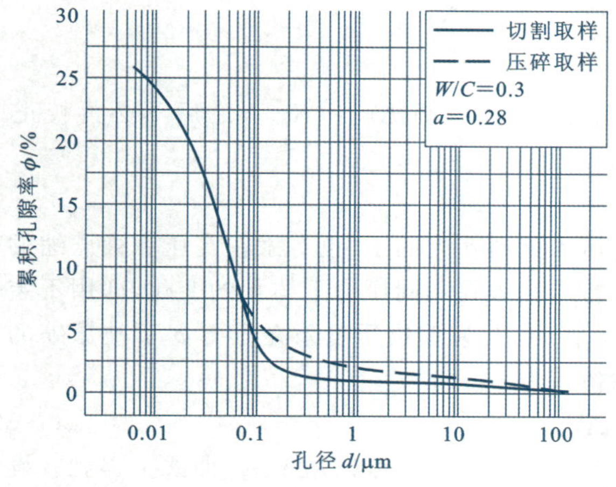

图 7-11 不同取样方法对 MIP 结果的影响

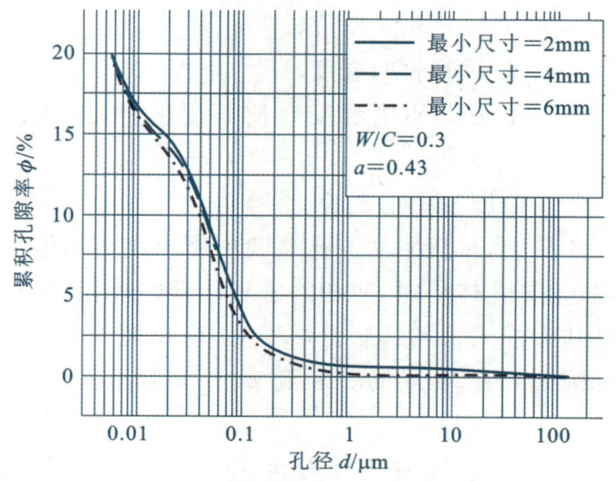

图 7-12 样品的最小尺寸对 MIP 结果的影响

(2)试样的处理

一般采用将样品烘干的方式对样品进行干燥处理。首先取样后立即用乙醇浸泡以使样品停止水化，并脱水。一般应浸泡 24h 以上。取出后在空气中使乙醇充分挥发，然后将这些试样放到 60℃ 真空干燥箱中干燥 48h（干燥箱的温度不能高于 60℃，防止部分水化产物分解），将烘好的试样放到膨胀计玻璃测量管内，之后进行低压试验，在低压试验结束后，把充满汞的玻璃测量管置入高压测量槽内，进行高压试验。利用与压汞仪相连的计算机控制进汞和出汞，并自动记录孔隙率累积曲线和孔径分布微分曲线。

(3)装样

将试样用感量为 0.1g 的天平称量后，装入膨胀计，封合。封合时可用 1# 或 2# 真空脂涂于磨口处。称样和装样时都要注意不用手触摸，以免油污。

(4)汞压力测孔数据处理

汞压力测孔所给出的数据如下：

p_i——测孔所施加压力；

r_i——与 p_i 相对应的孔径；

R_i——加压 p_i 时的电阻值；

R_0——起始电阻；

V_i——根据 R_i-R_0 计算的大于 r_i 的全部孔体积；

V_f——孔级 r_i 到 r_{i+1} 的分空隙体积，即经过求压缩校正后的 ΔV。

上述数据中，用 V 对 $\lg r$ 作图，可得到孔径分布积分曲线，如图 7-13 所示。图 7-13 曲线上斜率突变点的切线和横坐标 $\lg r$ 轴的交点处孔径称为阈值孔径（threshold pore diameter）。

将孔径分布曲线的斜率 $dV/d\lg r$ 对 $\lg r$ 作图，则得到孔径分布微分曲线（图 7-14）。在微分曲线上的峰值所对应的孔径叫作最可几孔径（most probable pore diameter），即出现概率最大的孔径。最可几孔径的大小可反映孔径分布的情况。最可几孔径越大，网值孔径越大，平均孔径也越大（图 7-15）。

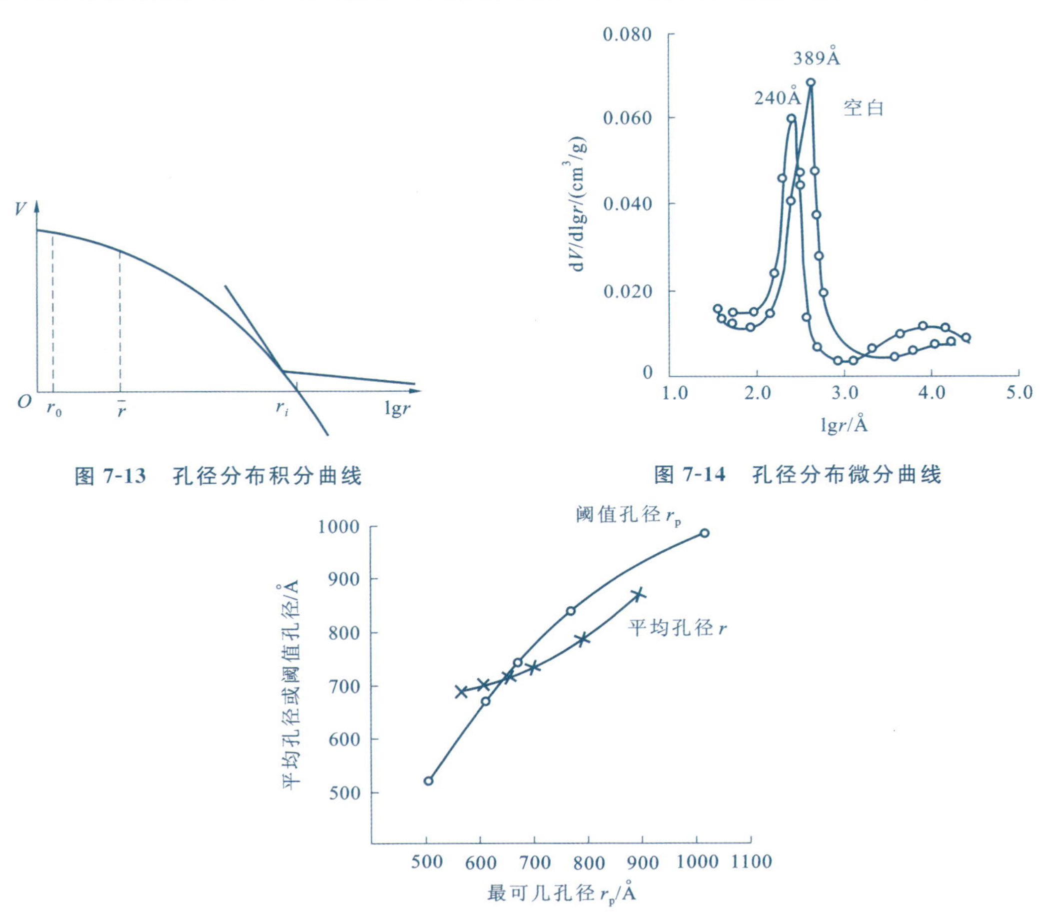

图 7-13 孔径分布积分曲线

图 7-14 孔径分布微分曲线

图 7-15 阈值孔径和平均孔径与最可几孔径的关系

平均孔径 $\bar{r}$ 可用下式计算：

$$\ln r = \frac{\int_{\lg r_0}^{\lg r_e} V \mathrm{d}\lg r}{V_{\max}} + \lg r_0 \tag{7-41}$$

$$\bar{r} = 10 r_0 \frac{\int_{\lg r_0}^{\lg r_e} V \mathrm{d}\lg r}{V_{\max}} \tag{7-42}$$

式中 r_0——所测的最小孔径，与其相应的大于 r_0 的所有孔的体积为 $V_{\max}$；

r_e——孔径为 0 时的最大孔径。

孔径分布微分曲线是最常用的表示孔径分布的曲线。

7.2.5 压汞法测孔的误差问题

众所周知，有很多影响 MIP 测量结果的因素。Washburn 公式的使用条件是：①样品中所有的孔隙都是圆柱形的；②所有的孔隙均能延伸到试样的外表面，从而使样品在测定时和外部的汞相接触。这两种假设往往与实际的样品有较大出入，这就导致了以下几种误差的存在。

(1)孔形的误差

多孔材料中的孔隙结构多种多样，有通口、半通口的，也有闭口的，孔形也有不规则的。压汞法无法检测到闭口孔，所以因闭口孔和非圆柱形孔的存在引起的误差不可避免。汞被压入多孔材料中，当压力还原时，其 p-V 曲线不同于压入时的相应曲线，表明压力还原后孔中残留部分汞，这种现象称为汞滞后。首先，这种汞滞后现象是孔形偏离理想孔模型的结果；其次，滞回线也与多孔材料表面粗糙度或表面不均匀性有关。当固体物质含有大量墨水瓶状孔时，由于该孔的孔腔比孔口宽大得多，因此要待压力升至相应于孔口半径时，汞才能浸入孔内。一旦达到此压力，整个孔将完全被充满，这样就把进入腔体的汞体积误算为颈体的体积；相反，在减压过程中，颈部的汞在较高压力下退出，而腔体内的汞在较低压力下才退出，从而导致孔径分布情况出现误差。然而，墨水瓶状孔的存在对总孔隙并无影响。

(2)浸润角的误差

浸润角 θ 值是基于理想的圆柱孔模型，并假定多孔材料表面各处是均匀的。实际上多孔材料表面是不均匀的，汞和固体表面的真实浸润角 θ 变化范围较大，为 112°～180°不等，且取决于多种因素，主要有：①样品外表面的粗糙度，汞在粗糙多孔表面上的浸润角大于光滑微孔表面上的浸润角；②样品的复杂几何形状；③样品的表面化学性质，如 Al_2O_3 表面的较强极性可能造成孔分布位移；④吸附于多孔材料上的水分，可能增大浸润角；⑤汞的洁净程度也会影响浸润角 θ 的大小。对于实际值为 180°或 112°的浸润角，选用 140°时可能造成实际孔径误差率达 50%或 100%。图 7-16 表示汞与孔表面的浸润角的不同对 MIP 结果的影响。Josef Kaufmann 和 J. Zhang 等人通过进一步的研究得出了水泥和混凝土与汞的浸润角 θ 值一般为 130°。

(3)汞的表面张力

Washburn 方程假定的前提是孔隙为圆柱形，因此其截面的周长与面积之比为 $2/r$，但实际上孔的几何形状很少为圆柱形，它们的等效周长和面积之比都不等于 $2/r$。只有假定样品中的孔为圆柱形孔时，才能认为在其截面圆周上各点的浸润角为一常数。当样品中的孔为非圆柱孔时，就很难用一个平均曲率计算弯液面。所以 Washburn 方程应当包括一个二维压力项。这样就会引起表面张力的下降，也会造成对孔分布结果的影响。影响表面张力的因素，主要服从于浸润角及浸润角的影响因素。另外，汞中的杂质质量、温度和固相吸附水，对表面张力也有一定的影响。汞的表面张力通常取值 480mN/m，其在 473～485mN/m 范围内的变化如图 7-17 所示。由图可知，汞的表面张力对压汞结果的影响基本上可忽略不计。因此，汞的具体表面张力未知时，可取数值 γ=480mN/m。

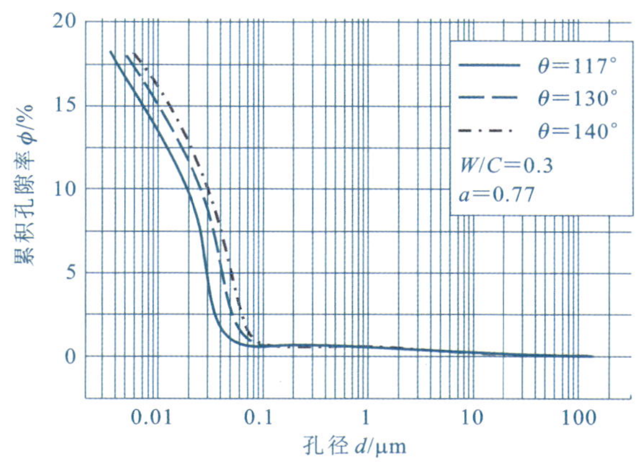

图 7-16 汞与孔表面的浸润角的选择对 MIP 结果的影响

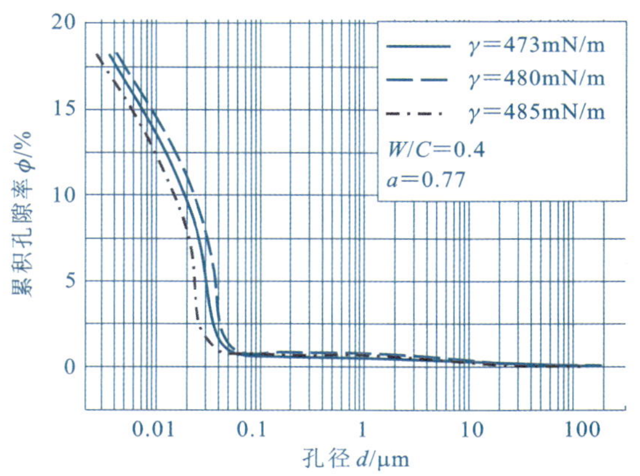

图 7-17 汞的表面张力的选择对 MIP 结果的影响

7.3 气体吸附法 >>>

气体吸附法(BET)是一种测量比表面积的经典方法,一般可分为容量法和重量法。容量法即通过测定已知量的气体在吸附前后的体积差,进而得到气体的吸附量;而重量法是直接测定固体吸附前后的重量差,计算吸附气体的量。两种方法都需要高真空和预先严格脱气处理。脱气可以用惰性气体流动置换或者抽真空同时加热以清除固体表面上原有的吸附物。气体吸附法还可分为静态法和动态法,可测比表面积的范围为 0.001~1000m^2/g。

通常气体吸附法使用的气体是氮气。其原因在于如下几个方面:①很容易得到高纯度的氮气;②液态氮是最合适的冷却剂,也容易得到;③氮气与大多数固体表面的相互作用的强度比较大;④截面面积被广泛接受。

7.3.1 比表面积计算方法

气体吸附法的原理:一切物质都是由微观粒子构成的,气态的原子和分子可以自由地运动,相反,固态时原子由于相邻原子间的静电引力而运动受到抑制,但固体最外层(或表面)的原子比内层原子周围具有更少的相邻原子,为了弥补这种静电引力不平衡,表面原子就会吸附周围空气中的气体分子,整个固体表面吸附周围气体分子的过程称为气体吸附,即任何置于吸附气体环境中的物质,其固态表面在低温下都将发生物理吸附。根据 BET 多层吸附模型,吸附量与气体吸附质分压之间满足如下关系(BET 方程):

$$\frac{p}{V(p_0-p)}=\frac{C-1}{V_mC}\cdot\frac{p}{p_0}+\frac{1}{V_mC} \tag{7-43}$$

式中 p——测定吸附量时的气体吸附质压强,Pa;

p_0——吸附温度下气体吸附质的饱和蒸气压,Pa;

$\frac{p}{p_0}$——相对压强;

V——测定温度下气体吸附质分压为 p 时的吸附量,kg 或 m^3;

V_m——单分子层吸附质的饱和吸附量,kg 或 m^3;

C——与吸附热有关的常数。

$$C=e^{-(Q_1-Q_2)/(RT)} \tag{7-44}$$

式中 Q_1——第一层的吸热量;

Q_2——第二层以上的吸热量;

R——气体常数；

T——绝对温度。

常数 C 值与吸附能量有关，其中 C 值的取值范围如下：

①有机物、高分子与金属等材料，$C=2\sim50$；

②氧化物、氧化硅等材料，$C=50\sim200$；

③活性炭、分子筛等材料，$C\geqslant200$。

设 $X=\frac{p}{p_0}$，则式(7-43)可改为

$$\frac{p}{V(p_0-p)}=\frac{X}{V(1-X)} \tag{7-45}$$

上式又可改写为

$$\frac{X}{V(1-X)}=\frac{C-1}{V_mC}X+\frac{1}{V_mC} \tag{7-46}$$

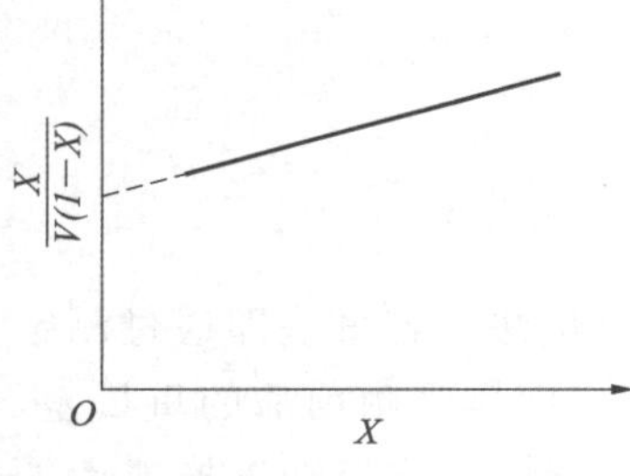

图 7-18 单分子层吸附

如果测得不同的相对蒸气压 $X=\frac{p}{p_0}$ 时的 V 值，则可以以 $\frac{X}{V(1-X)}$ 为纵坐标，以 $X=\frac{p}{p_0}$ 为横坐标，得到一条直线，如图 7-18 所示，这时纵坐标的截距为 $b(b=\frac{1}{c})$，而直线的斜率为 $a=\frac{C-1}{V_mC}$，用这两个数据便可以计算出单分子层的气体吸附量 $V_m=\frac{1}{a+b}$。

通常 C 值足够大，故可将直线的截距取 0。通过饱和单层吸附量就可以计算出测定样品的总表面积为

$$S=\frac{aV_mN}{M} \tag{7-47}$$

式中 N——阿伏伽德罗常数，$N=6.023\times10^{23}/\mathrm{mol}$；

a——被吸附分子的横截面面积，m^2[对于水蒸气 $a=1.14\mathrm{m}^2$(25℃)，对于氮气 $a=1.62\mathrm{m}^2$(−195.8℃)]；

M——吸附质的摩尔分子质量(氮气摩尔分子质量为 28.0134×10^{-3} kg/mol)，kg/mol。

因此，多孔试样的比表面积为

$$S_m=\frac{S}{m_X} \tag{7-48}$$

$$S_V=\frac{S}{V_X} \tag{7-49}$$

式中 S_m——质量比表面积，m^2/kg；

S_V——体积比表面积，m^2/kg；

m_X——试样的质量，kg；

V_X——试样的体积，m^3。

依据 BET 方程建立的表面积计算方法，适合微孔、中孔及纯微孔样品；而 Langmuir 公式适用于多微孔材料比表面积的计算。吸附装置既可采用容量法，也可采用重量法。前者测定的是吸附达到平衡后未被吸附的残留气体的压力和体积，其中又分为保持气体体积一定而测定压力变化的恒容法和保持气体压力一定而测定体积变化的恒压法。BET 法测定吸附量广泛采用 Emmett 吸附仪，还可利用电子吸附天平等自动化仪器以及气相色谱法等测定仪器。

对于 Emmett 吸附仪，测试前将试样在用扩散泵抽空的真空下进行加热以使吸附在试样上的任何气体解吸，脱气后的试样置于包有低温浴的试样室中(通常为盛有液氮的杜瓦瓶中)。在量管中通入吸附的气体(通常为氮气)，同时用压差计测量其压力。然后打开试样和量管间的旋塞阀，达到平衡后记下压差计上的

平衡压力。进入试样室的气体体积与打开旋塞阀前后的压差成比例。吸附的体积等于引入气体体积减去充满试样室和量管连接管中的固定空间所需的气体体积。注意在吸附计算中，还应计入液氮温度下氮的非理想状态修正值。

此外，本法还可衍生出一个等效孔径的计算公式：

$$d=\frac{f\theta}{S_V(1-\theta)} \tag{7-50}$$

式中 f——孔隙形状系数；

θ——多孔体孔隙率，%。

由于 BET 法一般难以测定每克只有十分之几平方米的比表面积，故对比表面积较小的多孔材料大都采用透过法。

$$V_m=\frac{1}{\text{截距}+\text{斜率}}$$

测试水泥在不同蒸气压下的水蒸气吸附量，见表 7-4（V 为每克水泥样品吸附的水蒸气的质量），其单分子层吸附量的计算过程如下。

表 7-4　水泥在不同蒸气压下的水蒸气吸附量

$X=\frac{p}{p_0}$	V	$\frac{X}{1-X}$	$\frac{X}{V(1-X)}$
0.081	0.0189	0.088	4.66
0.161	0.0253	0.192	7.59
0.238	0.0298	0.312	10.48
0.322	0.0362	0.475	13.12
0.362	0.0395	0.567	14.36

以$\frac{X}{V(1-X)}$为纵坐标，X 为横坐标，如图 7-19 所示，可以求出截距为 1.99，斜率为 34.58，则 $V_m=0.0273$。

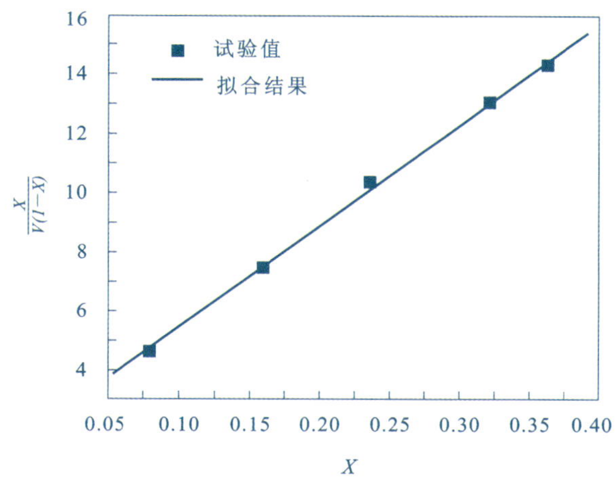

图 7-19　单分子层吸附量的计算

理论和实践表明，当$\frac{p}{p_0}$为 0.050～0.350 时，BET 方程与实际吸附过程吻合，与图形线性相关，因此实际测试过程中选点也在此范围内。由于选取了 3～5 组$\frac{p}{p_0}$进行测定，通常称为多点 BET。当被测样品的吸附能力很强，即 C 值很大时，直线的截距接近 0，可近似认为直线通过原点，此时可只测定一组$\frac{p}{p_0}$数据，与原点相连求出比表面积，称为单点 BET。与多点 BET 相比，单点 BET 结果的误差会大一些。

7.3.2 微孔分布计算

微孔内的物理吸附比在较大孔内或外表面的物理吸附要强，在非常低的相对压力(<0.01)下微孔被依次填充，这样微孔样品的等温线初始段呈陡升状态[图 7-20(a)]。由于孔径变化然后弯曲成平台(微孔孔径接近气体分子直径)，因此一个材料若既含有微孔又含有介孔，则至少须用两种不同的方法从吸附等温线上获得孔径分布图[图 7-20(b)]。

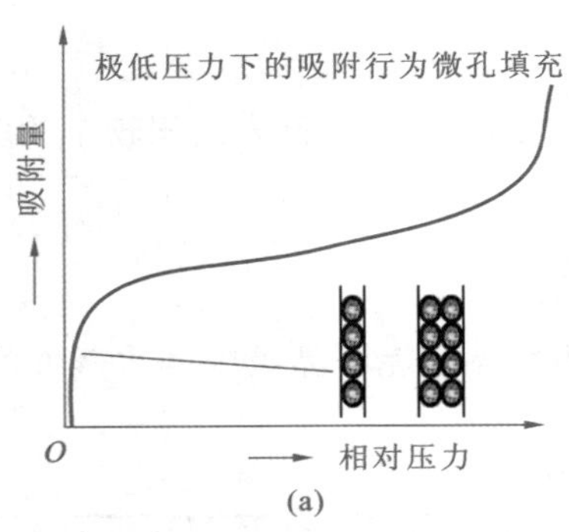

(a)

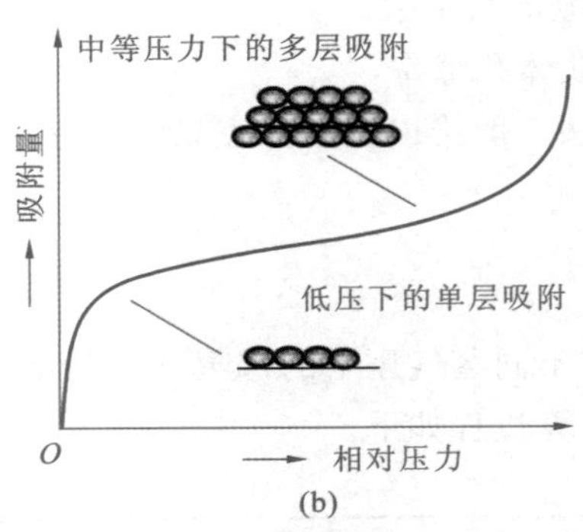

(b)

图 7-20 含有微孔和介孔的吸附等温线各区段物理含义示意图

(a)微孔压力；(b)单层和多层吸附

7.3.3 中孔孔径分布计算

利用氮吸附法测定孔径分布，依据的是体积等效代换的原理，即以孔中充满的液氮量等效为孔的体积。主要是根据毛细凝聚原理即液体在细管中形成凹液面(图 7-21)，凹液面上的蒸气压(p)小于平液面上的饱和蒸气压(p_0)，所以在小于饱和蒸气压时就有可能在凹液面上发生蒸气的凝结，蒸气凝结总是从小孔向大孔，随着气体压力的增加，发生气体凝结的毛细孔越来越大，因此增压时气体先在小孔中凝结，然后才是大孔。由毛细凝聚现象可知，在不同的$\frac{p}{p_0}$上，能够发生毛细凝聚现象的孔径范围是不一样的。对应于一定的$\frac{p}{p_0}$值，存在一个临界孔半径 r_K，半径小于 r_K 的所有孔皆发生毛细凝聚，液氮在其中填充；半径大于 r_K 的孔皆不会发生毛细凝聚，液氮不会在其中填充。临界半径(r_K)可由 Kelvin(开尔文)方程得出：

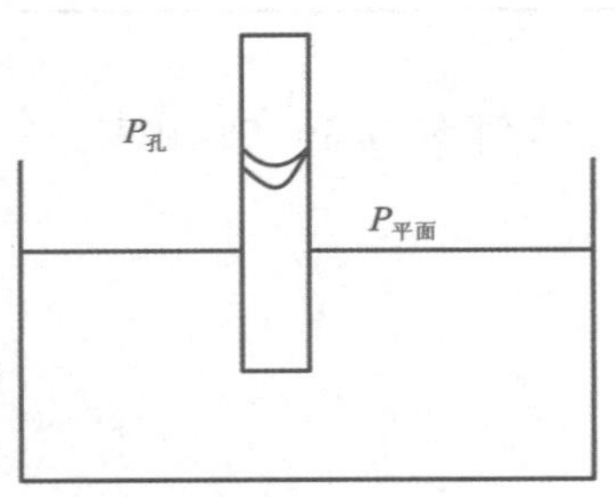

图 7-21 毛细凝聚现象

$$r_K = -\frac{2\sigma V_m}{RT\ln\frac{p}{p_0}} \tag{7-51}$$

式中 σ——吸附质在沸点时的表面张力；

R——气体常数；

V_m——液体吸附质的摩尔体积(对于液氮，$V_m=3.47\times10^{-5}\,\mathrm{m^3/mol}$)；

T——液态吸附质的沸点，$T=77\mathrm{K}$；

p——达到吸附或脱附平衡后的气体压强；

p_0——气体吸附质在沸点时的饱和蒸气压，即液态吸附质的蒸气压强。

液氮温度达到平衡状态温度时，$T=77\mathrm{K}$，$\sigma=8.86\mathrm{dyn/cm}$，将 V_m 和 R 常数代入式(7-51)，Kelvin 半径 r_K 可简化为

$$r_K = -\frac{0.953}{\ln\frac{p}{p_0}} \tag{7-52}$$

由式(7-52)知 r_K 完全取决于相对压力$\frac{p}{p_0}$，即在某$\frac{p}{p_0}$下，开始产生凝聚现象的孔半径为一个确定值，同

时可以理解为当压力低于这一值时，半径大于 r_K 的孔中的凝聚液将气化并脱附出来。这里需要强调的是对于半径小于约 1nm 的孔，不能使用 Kelvin 方程，因为此时相邻孔壁之间的相互作用很强，已不再能够将其内的吸附质看作具有常规热力学性质的液体。

由于 Kelvin 半径没有考虑吸附层厚度变化的影响，在实际过程中，凝聚发生前在孔内表面已吸附一定厚度的氮吸附层，而且随着相对压力逐渐升高，气体在各孔壁的吸附层厚度也在增加，该层厚也随 $\frac{p}{p_0}$ 值的变化而变化，如图 7-22 所示。实际的孔隙半径（r_p）如式（7-53）所示，其表达式为

$$r_p = r_K + t \tag{7-53}$$

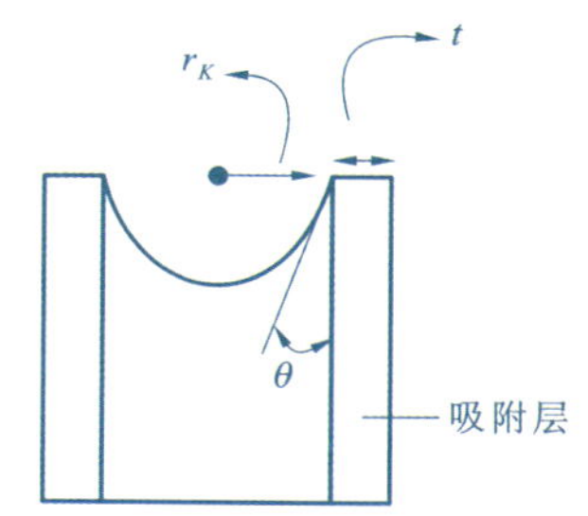

图 7-22 吸附层厚度对孔径的影响

式中 t——吸附层的厚度。

一般按照 Harkins-Jura 公式计算吸附层的平均厚度：

$$t = 0.354\left(\frac{-5}{\ln \frac{p}{p_0}}\right)^{\frac{1}{3}} \tag{7-54}$$

式中 t——圆柱形孔模型的半径，nm。

7.3.4 孔总体积

在氮气吸附法中样品的总孔体积是根据在液氮温度为 77.3K 和 $\frac{p}{p_0} \approx 1$ 时，吸附剂的孔因毛细凝聚作用会被液化的吸附质充满，将此时测量的吸附量由下式换算为液态体积即得到总孔体积。在标准状态下的气态体积 $V_{脱}$ 与液态体积 V_L 之间的换算公式为

$$V_L = \frac{V_{脱}}{22400} \times 28 \times \frac{1}{0.808} = 1.547 \times 10^{-3} \times V_{脱} \tag{7-55}$$

式中 1.547×10^{-3}——标准状态下 1mL 氮气凝聚后的液态氮毫升数。

7.3.5 平均孔径

平均孔径等于对应的孔体积和对应的比表面积相除。公式为：平均孔径 = k × 总孔体积/比表面积。k 和选取的孔的模型有关，如果是圆柱形孔，那么 $k=4$；如果是平面板模型，那么 $k=2$。如假定吸附剂的孔是圆柱形孔，含有大量孔的吸附剂的整个表面可以看成由孔壁组成，则样品的平均孔径计算公式为

$$\overline{D} = \frac{4V_P}{S_{BET}} \tag{7-56}$$

在氮气吸附法的测试报告中还有两个平均孔径：

①BJH 吸附平均孔径：由 BJH 吸附累积总孔体积与 BJH 吸附累积总孔内表面积计算得到的平均孔径，有孔径的上下限。

②BJH 脱附平均孔径：由 BJH 脱附累积总孔体积与 BJH 脱附累积总孔内表面积计算得到的平均孔径，有孔径的上下限。

7.3.6 等温吸附的类型

国际纯粹与应用化学联合会（international union of pure and applied chemistry，IUPAC）将物理吸附等温线分为 6 类，如图 7-23 所示。

I 型等温线的特点是，在低相对压力区域，气体吸附量呈快速增长趋势。这归因于微孔填充。随后的水平或近水平平台表明，微孔已经充满，很少或没有进一步的吸附发生。当达到饱和压力时，可能出现吸附质凝聚。外表面积相对较小的微孔固体（如活性炭、分子筛沸石和某些多孔氧化物）表现出这种等温线。

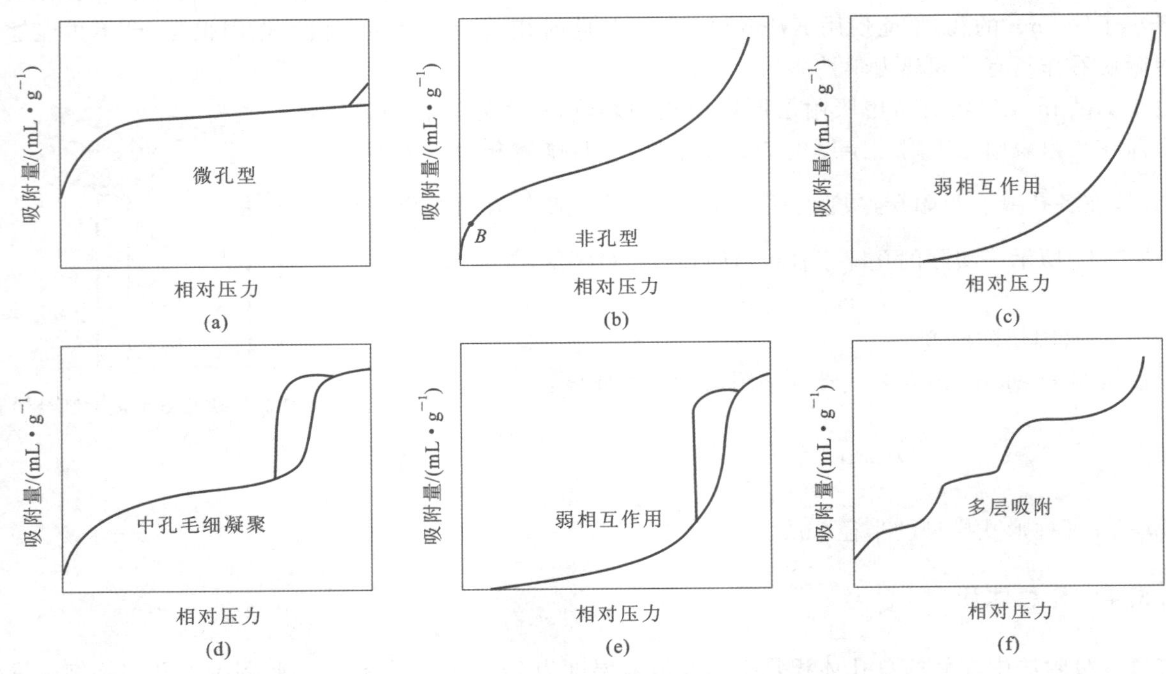

图 7-23 吸附等温线

Ⅱ型等温线(S 型等温线)一般由非孔或大孔固体产生,相对压力较低时,单分子层吸附拐点(B 点)通常被作为单层吸附容量结束的标记,达到饱和蒸气压时,吸附层无限大。

Ⅲ型等温线以相对压力轴凸出为特征。在低压区吸附量少且不出现拐点,表明吸附剂和吸附质之间的作用力相当弱,相对压力越高,吸附量越多,表现出有孔填充。

Ⅳ型等温线由介孔固体产生。一个典型特征是等温线的吸附分支与等温线的脱附分支不一致,可以观察到迟滞回线。在较低的相对压力下,单分子层吸附;在较高的相对压力下,吸附质发生毛细凝聚,所有孔发生凝聚后,吸附只在远小于表面积的外表面上发生,曲线平坦;在相对压力$\frac{p}{p_0}$接近 1 时,在大孔上吸附,曲线上升,可观察到一个平台,有时以等温线最终转而向上结束。

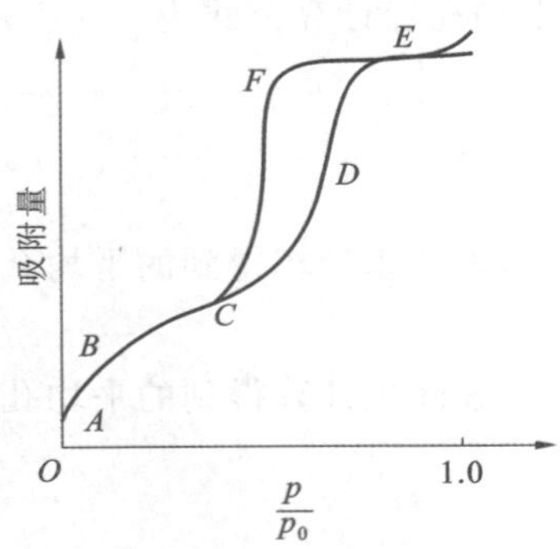

图 7-24 Ⅳ型等温线的滞后现象

ABC—细孔壁上单层吸附;

CDE—脱附支;CDEF—滞后环

Ⅴ型等温线的特征是向相对压力轴凸起。与Ⅲ型等温线不同,其在更高相对压力下存在一个拐点。Ⅴ型等温线来源于微孔和介孔固体上的弱气-固相相互作用,而且相对不常见。

Ⅵ型等温线以其吸附过程的台阶状特性而著称。这些台阶来源于均匀非孔表面的依次多层吸附。这种等温线的完整形式不能由液氮温度下的氮气吸附来获得。

这里需要说明的是,不是所有的实验等温线都可以清楚地划归为上述典型类型之一。在这些等温线类型中,已发现存在多种迟滞回线,即吸附-脱附等温线是不重合的,这一现象称为迟滞效应(图 7-24),即结果与过程有关,多发生在Ⅳ型吸附平衡等温线。虽然不同因素对吸附迟滞的影响尚未被充分理解,但其存在 4 种特征,已由国际纯粹与应用化学联合会给出,这里不再介绍。

7.4 孔结构的其他测定方法 >>>

7.4.1 显微观察法

显微观察法是指根据不同显微镜的分辨率,结合图像分析仪分析不同孔径的孔所占百分比的方法。这种方法的缺点主要是用显微镜时取样的代表性问题。目前由于光学显微镜放大倍数有限,不易辨认微孔,因而此法多用于进行大孔的分析;用扫描电子显微镜观察,因其分辨率较高,结合图像分析,可分析 50nm 以上的孔。图像分析主要根据孔和固相灰度的差别进行辨认,因此当图像中固体部分反差很大时,对孔的分析会有较大误差。

7.4.2 小角 X 射线散射法

小角 X 射线散射法缩写为 SAXS(small-angle X-ray scattering),是一种用于测定纳米尺度范围的固体和流体材料结构的技术。它探测的是长度尺度在典型的 1～100mm 范围内的电子密度的不均匀性,从而给 XRD(广角 X 射线散射,WAXS)数据提供补充的结构信息。根据布拉格方程,X 射线波长、衍射角 θ 和晶体晶面距 d 之间有如下关系:

$$2d\sin\theta = \lambda$$

即

$$2\sin\theta = \lambda/d \tag{7-57}$$

如果 2θ 非常小,令 $2\theta=\varepsilon$,则

$$\sin\theta = \sin\frac{\varepsilon}{2} = \varepsilon/2$$

$$\varepsilon = \lambda/d \tag{7-58}$$

在很小的角度下,波长为 λ 的 X 射线射入直径为 d 的不透明粒子,其关系就是 $\varepsilon=\lambda/d$。式中,d 为试样中所含粒子的大小。由于 X 射线波长在 1Å 的数量级,所测角度为十分之几到几度,则可测粒子大小为20～300Å。对于孔,由于其中电子浓度和固体电子浓度不同,也可产生小角散射,其作用和在空气中分布的大小固体粒子相同,因此所测粒子形状、大小、分布和孔的形状、大小、分布是互补的,此方法可在常温下测定 20～300Å 的细孔孔径分布。

散射 X 射线强度只与粒子或孔的大小有关,而与其内部结构无关。粒子(或孔)越小,散射所出现的角度越大。微粉粒子也可引起散射,但一般其粒径比欲测孔径大,所以在所测定散射角范围内可将其忽略。当这种大粒子是由更细的粒子凝聚而成的二次粒子,且一次粒子和所测孔径大小相等时,就无法区分这种粒子和孔所引起的散射。小角 X 射线散射强度可近似地由下式表示:

$$I = I_0 M_n^2 \exp\frac{-4\pi^2 R^2 \varepsilon^2}{3\lambda^2} \tag{7-59}$$

式中 I_0——1 个电子的散射强度;

M——粒子数目;

n——1 个粒子中所含电子数目;

ε——散射角(弧度);

λ——入射 X 射线波长;

R——惯性半径或回转半径，为从粒子重心到粒子内所有电子距离的均方根。

当粒子为球形时，设粒径为 r，则：

$$R=\sqrt{\frac{\int_0^r r^2\cdot 4\pi r^2\,\mathrm{d}r}{\int_0^r 4\pi r^2\,\mathrm{d}r}}=\sqrt{\frac{3}{5}}r$$

与 MIP 相比，二者所测孔径分布在较大孔处是接近的；而在小孔处，则 SAXS 法所测孔径比 MIP 所测结果大得多。其原因是汞难以进入大量封闭孔和墨水瓶状孔的陷入部分。而 SAXA 法在大孔区域，由于干涉效应和仪器精度有限，会产生较大的误差。所以，SAXA 法适于测 300Å 以下的孔。

用 SAXS 法测定材料比表面积或孔结构，不要求对试样进行去气和干燥处理，因而可测室内任一湿度下试样的孔结构，X 射线能穿透材料而测出封闭孔穴和墨水瓶状孔的陷入部分。

小角散射技术能够在无破坏、无侵入条件下实时、重复表征硬化浆体在纳米级别的结构特征及演化规律，但小角散射技术在水泥水化硬化浆体微结构表征与应用的研究还受到很多因素的影响和制约，存在测试仪器制造成本高、测试价格昂贵和分析测试模型需进一步科学化等突出问题，需要在今后的研究中不断发展和完善。

7.5 案　　例

7.5.1 案例一

表 7-5 所示为地聚合物试验配合比。本试验通过压汞法（MIP）研究地聚合物试块的孔结构特征，分析单掺和混掺 PVA 纤维和碳纳米管对地聚合物孔结构的影响，以期通过孔结构的变化解释地聚合物宏观强度变化规律。

表 7-5 地聚合物试验配合比

组别	SiO_2/Al_2O_3	Na_2O/Al_2O_3	H_2O/Al_2O_3	PVA/(kg/m³)	NCT/‰
B0	4.30	0.95	12.63	0	0
T3	4.30	0.95	12.63	0	1.2
T4	4.30	0.95	12.63	0	1.5
P1	4.30	0.95	12.63	0.9	0
P2	4.30	0.95	12.63	1.2	0
PT5	4.30	0.95	12.63	1.2	1.5

(1)孔结构特征参数

表 7-6 列出了各组 28d 的孔结构特征参数。试验结果表明，掺入碳纳米管有助于改善地聚合物的孔结构，掺入 PVA 纤维可能对地聚合物的孔结构产生不良的影响。相对不掺入碳纳米管的 B0 组，碳纳米管掺量为 1.2‰的 T3 组平均孔径、总孔隙和孔隙率分别下降了 14.2%、1.8%和 0.59%；碳纳米管掺量为 1.5‰的 T4 组，平均孔径、总孔隙和孔隙率相对 B0 组分别下降了 18.9%、5.3%和 3.2%。相对 B0 组，PVA 纤维体积掺量为 0.9kg/m^3 的 P1 组的平均孔径、总孔隙和孔隙率均有所增加，分别增加了 0.9%、2.2%和1.1%；PVA 纤维体积掺量为 1.2kg/m^3 的 P2 组的平均孔径、总孔隙和孔隙率也分别增加了 10.4%、7.5%和 4.1%。混掺入碳纳米管 1.5‰和 PVA 纤维 1.2kg/m^3 的 PT5 组，相对掺入 1.5‰碳纳米管但不掺入 PVA 纤维的 T4 组，可以发现其平均孔径、总孔隙和孔隙率分别增加了 18.6%、6.0%和 3.4%；相对 PVA 纤维体积掺量为 1.2kg/m^3 而不掺入碳纳米管的 P2 组，可以发现其平均孔径、总孔隙和孔隙率分别下降了 12.8%、6.6%和 3.8%。这表明，掺入碳纳米管可以发挥其微填充作用，降低平均孔径、总孔隙和孔隙率，使其形成更为致密的结构；掺入 PVA 纤维则可能由于地聚合物黏度大，在拌和过程中引入气泡且难以振捣出，致使地聚合物的平均孔径、总孔隙和孔隙率增加。

表 7-6 PVA 纤维和碳纳米管改性地聚物 28d 孔结构特征参数

组别	B0	T3	T4	P1	P2	PT5
平均孔径/nm	10.6	9.1	8.6	10.7	11.7	10.2
总孔隙率/(mL/g)	0.227	0.223	0.215	0.232	0.244	0.228
孔隙率/%	31.96	31.77	30.95	32.30	33.28	32.00

(2)孔径分布

为进一步分析 PVA 纤维和碳纳米管对地聚合物孔结构的影响，根据试验数据确定地聚合物的孔径分布情况。表 7-7 显示了 PVA 纤维和碳纳米管改性地聚合物在 28d 标准养护下的孔径分布情况。表 7-8 为孔径分布百分比，可以看出不同孔径大小的孔隙分布情况。根据压汞试验结果绘制孔径-累计进汞量关系图(图 7-25)，孔径对应的进汞增量可以代表该孔径的量，因此可以更加直观地观察出孔径分布情况。

表 7-7 PVA 纤维和碳纳米管改性地聚合物 28d 孔径分布情况

孔径	孔径分布情况/(mL/g)					
	B0	T3	T4	P1	P2	PT5
>200nm	0.012	0.009	0.007	0.012	0.021	0.012
50～200nm	0.004	0.004	0.003	0.005	0.005	0.004
20～50nm	0.010	0.010	0.009	0.014	0.012	0.010
<20nm	0.201	0.200	0.196	0.202	0.205	0.201

表 7-8 PVA 纤维和碳纳米管改性地聚合物 28d 孔径分布百分比

孔径	孔径分布百分比/%					
	B0	T3	T4	P1	P2	PT5
>200nm	5.5	4.0	3.3	5.1	8.5	5.3
50～200nm	1.6	1.8	1.4	2.2	2.2	1.8
20～50nm	4.5	4.5	4.2	6.0	5.0	4.4
<20nm	88.5	89.7	91.2	86.9	84.0	88.5

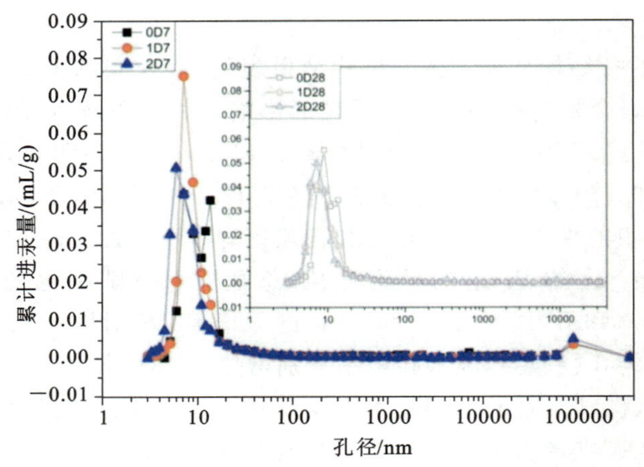

图 7-25 PVA 纤维和碳纳米管改性地聚合物 28d 孔径分布图

由图表结果可以发现，掺入碳纳米管或 PVA 纤维的地聚合物仍以纳米级别的凝胶孔为主，孔径小于 20nm 的无害孔占比超过 80%。B0、T3 和 T4 组横向比较时发现，掺入碳纳米管的地聚合物孔径小于 20nm 的无害孔的数量下降，但无害孔孔径分布占比增加，T3 组和 T4 组中的毛细管孔隙（20nm～1μm）分别为 0.023mL/g和 0.019mL/g，相对 B0 组（0.026mL/g）均有所下降。B0、P1 和 P2 组横向比较时发现，掺入 PVA 纤维提高了地聚合物的无害孔的数量，但是毛细管孔隙的数量也大幅度增加，P1 组和 P2 组的毛细管孔隙分别为 0.031mL/g 和 0.038mL/g，使得无害孔的占比相对 B0 组明显下降。与 T4 组相比，PT5 组的无害孔的数量增加，毛细管孔隙数量从 0.019mL/g 增加到 0.026mL/g，也就使得无害孔占比下降；与 P2 组相比，PT5 组无害孔数量下降，毛细管孔隙数量也从 0.038mL/g 下降到 0.026mL/g，无害孔的占比提高。这表明，碳纳米管可以发挥其尺寸效应，填充地聚合物微结构中的孔隙，细化地聚合物的孔结构，形成更为致密的孔结构，从而改善地聚合物宏观力学性能；掺入 PVA 纤维可能会使得地聚合物在搅拌过程中引入更多的气泡，致使其毛细管孔隙增加，孔结构较不掺入 PVA 纤维的地聚合物更为疏松，因此 PVA 纤维在地聚合物中主要是通过机械联锁的作用改善地聚合物力学性能，而不是通过参与地聚合物反应或者通过改善地聚合物微观结构的方式。

B0、T3 和 T4 组的最可几孔径分别为 11.0nm、8.9nm 和 8.4nm，且 T3 和 T4 组的气孔尺寸分布范围较 B0 组更窄；P1 和 P2 组的最可几孔径分别为 11.5nm 和 12.3nm，气孔尺寸分布范围较 B0 组更宽。PT5 组的气孔尺寸分布范围与 T3、T4 组相似，但最可几孔径略大，为 10.2nm；相较 P1 和 P2 组，PT5 组的气孔尺寸分布范围更窄。这更进一步表明，在地聚合物中掺入碳纳米管可以发挥碳纳米管微填充作用，从而有助于优化地聚合物孔结构，改善地聚合物的宏观力学性能；PVA 纤维对地聚合物的孔结构不能起到很好的改善作用，它对地聚合物宏观力学性能的改善应该是物理作用。

7.5.2 案例二

本试验采用压汞法测试粉煤灰改性砖混再生水泥稳定材料中水泥净浆的微观孔隙结构，对比分析粉煤灰替代率对砖混再生水泥稳定材料的孔隙率、平均孔径、孔径分布等的影响。为对比研究粉煤灰改性砖混再生水泥稳定材料早期和后期的孔结构变化，选取 7d 和 28d 两个龄期进行孔结构测试。

表 7-9 及表 7-10 分别为 7d 龄期及 28d 龄期下粉煤灰改性砖混再生水泥稳定材料的孔结构数据。结果表明，7d 龄期时 CF0、CF1、CF2、CF3、CF4 组的孔隙率分别为 32.42%、31.19%、30.80%、29.81%、30.15%，随着粉煤灰替代率增加，孔隙率逐渐降低，即粉煤灰的掺入可以降低砖混再生水泥稳定材料的孔隙率；CF0、CF1、CF2、CF3、CF4 组的 28d 平均孔径分别为 27.6nm、26.0nm、25.7nm、29.1nm、32.0nm，呈现先降低后增大的趋势，表明粉煤灰替代率较低时，有利于降低砖混再生水泥稳定材料的平均孔径；对比分析不同龄期的孔结构数据，可以看到，随着龄期发展，砖混再生水泥稳定材料的平均孔径明显降低，孔隙率略微降低，例如 CF0 组的孔隙率及平均孔径从 7d 的 32.42%、31.1nm 降低到 28d 的 31.99%、27.6nm，表明随着龄期增加，水泥及粉煤灰不断水化，水化产物逐渐填充水泥稳定材料中的孔隙，从而降低砖混再生水泥稳定材料的孔隙率及平均孔径。

表 7-9　　不同水泥掺量下砖混再生水泥稳定材料的孔结构(7d)

组别	CF0	CF1	CF2	CF3	CF4
平均孔径/nm	31.1	32.1	33.2	29.6	32.1
孔隙率/%	32.42	31.19	30.80	29.81	30.15

表 7-10　　不同水泥掺量下砖混再生水泥稳定材料的孔结构(28d)

组别	CF0	CF1	CF2	CF3	CF4
平均孔径/nm	27.6	26.0	25.7	29.1	32.0
孔隙率/%	31.99	31.14	30.28	29.12	29.74

表 7-11、表 7-12 及图 7-26 为粉煤灰改性砖混再生水泥稳定材料的孔结构分布，从中可以发现，7d 龄期下，CF0、CF1、CF2、CF3、CF4 组中孔径大于 200nm 的多害孔占比分别为 54.32%、46.49%、43.33%、42.82%、47.22%，孔径小于 20nm 的无害孔占比分别为 20.69%、20.72%、23.14%、20.67%、18.38%，多害孔占比随着粉煤灰替代率的增加而逐渐减小，无害孔占比随粉煤灰替代率增加而先增大后减小，表明粉煤灰的掺入能够降低砖混再生水泥稳定材料的大孔占比，优化其孔隙结构分布；对比分析粉煤灰改性砖混再生水泥稳定材料的 7d 孔结构分布图与 28d 孔结构分布图，可以发现，随着龄期增加，粉煤灰改性砖混再生水泥稳定材料孔径大于 200nm 的多害孔占比减小，孔径小于 20nm 的无害孔占比增大，例如 CF1 组孔径大于 200nm 的多害孔占比从 7d 的 46.49%降低到 28d 的 35.20%，孔径小于 20nm 的无害孔占比从 7d 的 20.72%增大到 28d 的 25.14%，这是粉煤灰及水泥不断水化产生的 C—S—H 凝胶逐渐填充砖混再生水泥稳定材料中骨料间孔隙的结果。

水泥稳定材料干燥收缩变形的主要原因是其内部水分的蒸发流失。由于粉煤灰能够降低砖混再生水泥稳定材料的孔隙率、平均孔径，砖混再生水泥稳定材料内部水分不易蒸发，同时，粉煤灰能明显优化其孔结构分布，使水分容易蒸发的有害大孔占比减小，水分蒸发较难的无害小孔占比增大，因此粉煤灰的掺入可以有效改善砖混再生水泥稳定材料的干燥收缩性能。

表 7-11　　粉煤灰改性砖混再生水泥稳定材料的孔结构分布(7d)

组别	孔径分布百分比/%			
	<20nm	20～50nm	50～200nm	>200nm
CF0	20.69	10.19	14.80	54.32
CF1	20.72	13.70	19.09	46.49
CF2	23.14	13.39	20.14	43.33
CF3	20.67	13.59	22.92	42.82
CF4	18.38	12.11	22.29	47.22

表 7-12　　粉煤灰改性砖混再生水泥稳定材料的孔结构分布(28d)

组别	孔径分布百分比/%			
	<20nm	20～50nm	50～200nm	>200nm
CF0	22.89	16.63	24.22	36.26
CF1	25.14	17.68	21.98	35.20
CF2	24.24	16.75	23.86	35.15
CF3	18.13	13.33	22.46	46.08
CF4	19.04	14.72	22.16	44.08

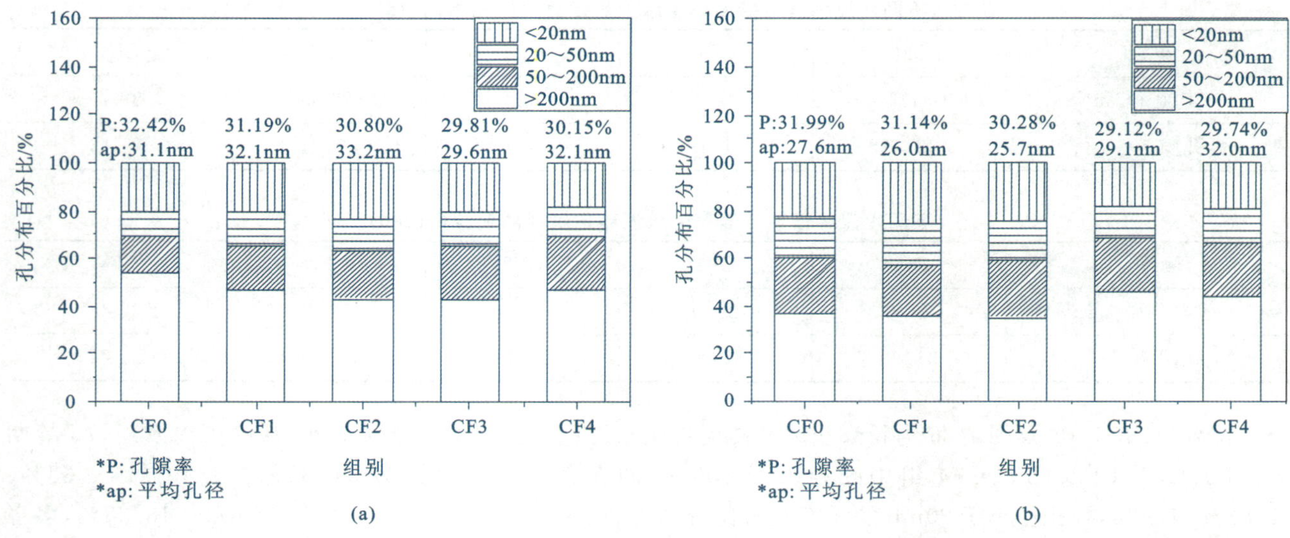

图 7-26 粉煤灰改性砖混再生水泥稳定材料的孔结构分布

(a)7d;(b)28d

参考文献

[1] 廉慧珍,马良,陈恩义. 建筑材料物相研究基础 [M]. 北京:清华大学出版社,1996.

[2] 刘培生,马晓明. 多孔材料检测方法 [M]. 北京:冶金工业出版社,2006.

[3] 史才军,元强. 水泥基材料测试分析方法 [M]. 北京:中国建筑工业出版社,2018.

[4] 金祖权,张萍. 材料科学研究方法 [M]. 哈尔滨:哈尔滨工业大学出版社,2018.

[5] 周继凯,潘杨,陈徐东. 压汞法测定水泥基材料孔结构的研究进展[J]. 材料导报,2013,27(7):72-75.

[6] 陈悦,李东旭.压汞法测定材料孔结构的误差分析[J]. 硅酸盐通报,2006(4):198-201,207.

[7] JOSEF K, ROMAN L, ANDREAS L. Analysis of cement-bonded materials by multi-cycle mercury intrusion and nitrogen sorption [J]. Journal of Colloid and Interface Science, 2009,336(2):730-737.

[8] CHEN X D,WU S X. Influence of water-to-cement ratio and curing period on pore structure of cement mortar [J]. Construction and Building Materials, 2013,38(1):804-812.

[9] ZENG Q,LI K F,FEN-CHONG TEDDY,et al. Pore structure characterization of cement pastes blended with high-volume fly-ash [J]. Cement and Concrete Research, 2012,42(1):194-204.

[10] MOUKWAA M,AÏTCINA P-C. Sample mass and dimension effects on mercury intrusion porosimetry results [J]. Cement and Concrete Research, 1992,22(5):970-980.

[11] KUMARA R,BHATTACHARJEEB B. Study on some factors affecting the results in the use of MIP method in concrete research [J]. Cement and Concrete Research, 2003,33(3):417-424.

[12] MOUKWAA M,AÏTCINA P-C. The effect of drying on cement pastes pore structure as determined by mercury porosimetry [J]. Cement and Concrete Research, 1988,18(5):745-752.

[13] 于悦. PVA 纤维和碳纳米管对地聚合物性能的影响与机理分析 [D]. 杭州:浙江大学,2018.

[14] 余红明. 砖混骨料再生水泥稳定材料的性能研究[D]. 杭州:浙江大学,2020.

8 热 分 析

内容简介

本章介绍了热分析技术的原理、分类和试验方法，详细介绍了热重、差热、差示扫描量热和热机械方法，并通过图例简单介绍了各类热分析技术在建筑材料研究中的应用。

本章导读

8.1 概 述 >>>

8.1.1 热分析简明发展史

1786 年，英国的 Edgwood 在研究陶瓷黏土时首次发现了热失重现象，他发现将陶瓷黏土加热到颜色变成红色时有明显的失重，而在这之前或之后失重都很少。

1887 年，法国的勒・萨特尔(Le Chatelier)把热电偶插入黏土试样中测试了其在升温过程中热性质的变化，拉开了人类利用热分析研究材料热性质的序幕。他用该方法获得了一系列黏土试样的加热和冷却曲线，根据这些曲线鉴定一些矿物试样。此外，为了提高仪器的灵敏度，以便观察黏土在某一特定温度时的吸热或放热，他分别测量了试样与参比样的温度，得到了两者的温度差，获得了差热曲线，这是最早记录的差热分析曲线。因此，人们公认他为差热技术的创始人，但他只是将单根热电偶插入试样或参比样中，并不是同时记录试样和参比样的温度。

1899 年，英国的罗伯特・奥斯汀(Robert Austen)改进了勒・萨特尔的方法，他把试样与参比样放在同一加热炉中同时加热或冷却，将反向串联的一对热电偶分别插入试样和参比样中，测量试样与参比样的温度差，提高了仪器的灵敏度和重复性。这一结构更接近现代差热分析仪。

1905 年，德国的 Tammann 教授首次在学术杂志《应用与无机化学学报》上使用了热分析(thermishe analyse, TA)这一术语来定义这种新的方法。

1915 年，日本的本多光太郎在分析天平的基础上发明了下皿式热天平，他把分析天平的称量装置放置在加热炉中，通过加热称量盘中的试样获得试样在不同温度下的质量变化，这便是最早的热重仪。他用这种仪器测量了 $MnSO_4 \cdot 4H_2O$ 等无机化合物的热分解反应。

由于当时的差热分析仪和热天平是极为粗糙的，重复性差、灵敏度低、分辨力不高，因此热分析技术的发展比较缓慢，直到第二次世界大战结束以后，由于仪器自动化程度不断提高，热分析法才慢慢普及开来。20 世纪 40 年代末，美国公司开始制作商品化电子管式的差热分析仪，商品化的热天平也开始出现。

1953 年，Teitelbaum 发明逸气检测法，可对试样在加热时放出的气体进行检测。

1955 年，荷兰的博尔斯梅(Borsma)发明了热流式差热扫描量热仪(DSC)，他将热电偶的接点埋入具有两个空穴的镍制均温块中，实验时将试样和参比样分别放入两个传热性较好的金属坩埚中，避免了热电偶与试样或试样分解出来的气体接触而引起的污染或老化。目前，所有商品化的差热分析仪器都采用了这种方法。

1959 年，R. E. Grim 发明了逸气分析法，可对试样在加热时放出的气体进行定性和定量分析。

1962 年，GillhaM 发明了扭辫分析法，主要用于测量高分子材料的模量和内耗等参数随温度变化的曲线。

1964 年，美国的瓦特逊(Watson)与奥尼尔(O'Neill)在差热分析法(DTA)的基础上发明了功率补偿式差示扫描量热仪，其优势是使用恒定的电学式校准因子，并且它不随样品性质、样品质量、加热速率或温度的变化而变化。随后，随着计算机技术的日趋成熟，分析仪器的自动化和智能化程度也越来越高。热分析仪器的温度控制与测量技术日益成熟，仪器的功能也越来越多。近 20 年来，仪器在自动记录数据、程序控制温度、信号放大数据、智能化与小型化等方面有很大的提高，仪器的精度、重复性与分辨率等也有显著提升。

1968 年，Zitomer 设计了热天平和飞行时间质谱联用装置，并首次应用于高聚物的热分解研究，开启了热分析联用技术的发展。此后，有一批科学家先后提出了热分析和质谱分析联用的技术设想，并通过实践，用该联用技术测试了各类聚合物、无机物和有机物的热分解、热裂解过程。

20 世纪七八十年代，一些新的分析仪器如热膨胀仪、热机械分析仪、热发声测定仪、热电测定仪、热光测定仪等也相继问世。

中国科学院地质研究所在 1952 年设计制造了一台差热分析仪，并实际应用了该仪器。而我国第一台商品化的热天平于 20 世纪 60 年代初在北京光学仪器厂诞生；1967 年上海天平仪器厂成功研制了国内第一台可自动记录的差热分析仪，1969 年成功研制热重-差热分析仪，之后又研制成功了补偿式差示扫描量热分析仪。随后，国内一些单位也相继研制成功了热机械分析仪、热释电仪、扭辫分析仪、动态黏弹谱仪、微量热仪等热分析仪器。现在我国已能生产多种系列和不同型号的热分析仪，但目前国产仪器与国际先进水平之间还是存在一定差距。一方面，国内厂商缺少足够的技术支持和软硬件研发经验；另一方面，国内高校和科研单位的成果不能及时地转换成新的产品，应用技术开发显著不足。

现在热分析已发展为一种综合性很强的技术，并且在物理、化学、化工、石油、冶金、地质、建材、食品、生物等领域被广泛使用。在土木工程材料领域，热分析也被广泛运用。

8.1.2 热分析的定义

1965 年，刚成立的国际热分析及量热学联合会(international confederation for thermal analysis and calorimetry，ICTAC)将热分析定义为：热分析是测量物质的物理性质参数与温度关系的一类实验技术。1978 年，ICTAC 将定义内容更新为：热分析技术是在程序控制温度和一定气氛下，检测试样的某种物理性质与温度和时间关系的一种实验方法(技术)。我国于 2008 年发行的《热分析术语》(GB/T 6425—2008)将热分析定义为：在程序控制温度和一定气氛下，测量物质的某种物理性质与温度或时间关系的一类技术。从定义内容来看，我国国家标准的定义参考了 ICTAC 的定义。

(1)物理性质

物理性质是指物质的质量、温度(温度差)、能量(热流差或功率差)、尺寸(长度)、力学量、声学量、电学量或磁学量等。一般来讲，一种物理性质对应至少一种热分析技术，现在，一些新型的热分析仪器可以同时测量几种物理性质随着时间和温度的变化。

(2)程序控制温度

程序控制温度是指按照设定的温度扫描程序进行升温或降温，主要包括恒温、线性升/降温＋恒温、非线性升/降温、循环升/降温等。

(3)一定气氛

一定气氛是指使用热分析技术可以研究物质在不同的大气环境(包括氧化性气氛、还原性气氛、惰性气氛、真空或高压气氛等)中的某项物理性质随着温度和时间的连续变化关系。

(4)与温度和时间关系

与温度和时间关系是指热分析实验至少发生从一个特定温度到另外一个特定温度的变化。

8.1.3 热分析的物理化学基础

(1)热力学第一定律

热力学第一定律即能量守恒定律,其本质为能量守恒与转换定律,为自然界基本规律之一,是能量守恒与转换定律在热现象中的应用。其表述为:一个热力学系统的内能增量等于外界向它传递的热量与外界对它所做的功的总和。当体系从状态 A 变化到状态 B 时,体系的内能(U)的变化可由下式表示:

$$\Delta U = U(B) - U(A) = Q + W \tag{8-1}$$

如果除了体积之外没有其他的做功形式,则对体系做的无穷小的功可以表示成下式的形式:

$$\delta W = - p \cdot \mathrm{d}V \tag{8-2}$$

对于恒容过程而言,由等式(8-2)可知,在该过程中体积并没有对体系做功。这意味着体系内能的变化量等于体系热量的变化量,其关系式可表示如下所示:

$$(\Delta U)_V = Q \quad 或 \quad (\mathrm{d}U)_V = Q \tag{8-3}$$

对于许多发生在恒压条件下(如大气压强)的过程来说,可以借助焓的定义,即在恒压过程中,可以将由测量所得到的热量与一个状态函数(即焓)直接相关联。如下式所示:

$$(\Delta H)_p = Q \quad 或 \quad (\mathrm{d}H)_p = Q \tag{8-4}$$

许多研究者用实验方法精确地测定了各种物质在各个温度下的热容值,如果热容已知,就可以通过下式来计算体系在加热(或降温)过程中体系内能的变化或焓变:

$$(\Delta U)_V = U(V, T_2) - U(V, T_1) = \int_{T_1}^{T_2} C_V \mathrm{d}T \tag{8-5}$$

$$(\Delta H)_p = H(p, T_2) - H(p, T_1) = \int_{T_1}^{T_2} C_p \mathrm{d}T \tag{8-6}$$

(2)热力学第二定律

热力学第二定律可表述为:热不可能从低温物体传到高温物体而不产生其他影响(克劳修斯表述),或不可能从单一热源取热使之完全转换为有用的功而不产生其他影响(开尔文表述),或孤立系统的熵永远不会自动减少,熵在可逆过程中不变(熵增加原理)。

热力学第二定律是热力学的基本定律之一,其表明(在自然状态下)热量永远都只能由热处传到冷处。它是在有限空间和时间内,一切和热运动有关的物理、化学过程具有不可逆性的经验总结。

(3)热力学第零定律

热力学第零定律又称热平衡定律,是热力学的四条基本定律之一,是一个关于互相接触物体在热平衡时的描述,为温度提供理论基础。最常用的定律表述为“若两个热力学体系均与第三个体系处于热平衡状态,则这两个体系也必然彼此间处于热平衡状态”。热力学第零定律通常用作体系进行温度测量的基本依据,其重要性在于给出了温度的定义和温度的测量方法。该定律还有以下的一些表述形式:

①可以通过使两个体系相接触,观察这两个体系的性质是否发生变化来判断这两个体系是否已经达到热平衡;

②当外界条件不发生变化时,已经达成热平衡状态的体系,其内部的温度是均匀分布的,并具有确定不变的温度值;

③一切彼此平衡的体系具有相同的温度,因此可以通过另一个与之平衡的体系的温度来表示一个体系的温度,也可以通过第三个体系的温度来表示。

综上所述,可得到以下结论:

①根据热力学第零定律,可以确定温度状态函数;

②根据热力学第一定律,可以确定内能和焓状态函数;

③根据热力学第二定律，可以确定熵状态函数。

8.1.4 热分析方法的分类及其测试物理量

热分析技术主要根据它所测试的物理量的不同进行分类，表 8-1 给出了常见的 9 种热分析技术，其中第九种为热分析联用技术，即同时测量两种或两种以上物理量的技术。由表可知，热分析技术种类繁多，本章仅介绍在建筑材料测试中运用较广的热重、差热、差示扫描量热及热机械分析四种热分析技术。

表 8-1 热分析方法的分类

热分析方法		英文名称	英文缩写	测量的物理量
热重法		thermogravimetry	TG	质量
差热分析法		differential thermal analysis	DTA	温度差
差示扫描量热法		differential scanning calorimetry	DSC	热流或功率差
热机械分析法	静态法	static thermomechanical analysis	TMA	位移
	动态法	dynamic thermomechanical analysis	DMA	储能模量、损耗模量、损耗因子等
	热膨胀法	thermodilatometry	DIL	位移
热声法	热发声法[a]	thermosonimetry	TS	音频
	热传声法[b]	thermoacoustimetry	TA	音频
热电学法[c]		thermoelectrometry	TE	电阻、电导、电容或损耗因子
热磁学法[d]		thermomagnetometry	TM	磁化率
热光学法[e]		thermophotometry	TP	透光率、吸光值等光学参数
热分析联用法	热重-差热分析（同时联用技术[f]）		TG-DTA	两种或多种
	热重-差示扫描量热法（同时联用技术）		TG-DSC	
	热重/质谱分析（串接联用技术[g]）		TG/MS	
	热重法、傅立叶变换红外光谱法（串接联用技术）		TG/FTIR	
	热重/气相色谱/质谱分析（间歇联用技术[h]）		TG/GC/MS	

注：a. 热发声法是在程序控制温度条件下测量物质所发出的声音与温度关系的一种技术；b. 热传声法是在程序控制温度下，测量试样的声波特性与温度关系的一种技术；c. 热电学法俗称热电分析，是在程序控制温度下测量材料的电学特性（如电阻、电导、电容或损耗因数等）与温度或时间关系的一种技术；d. 热磁学法俗称热磁分析，是测量并研究物质的磁学特性与温度关系的热分析技术；e. 热光学法又名热光度法、热光法，是在程序控制温度条件下测量物质的光学性质与温度关系的一种技术；f. 在程序控制温度下，对一个试样同时采用两种或多种分析技术，如 TG-DTA，可同时得到物质在质量与温度两方面的变化情况；g. 在程序控制温度下，对一个试样同时采用两种或多种分析技术，第二种分析仪器通过接口与第一种分析仪器相串联；h. 在程序控制温度下，对一个试样采用两种或多种分析技术，仪器的连接形式与串联联用相同，但第二种分析技术是不连续地从第一种分析技术中取样，如热分析与气相色谱联用。

8.1.5 热分析仪器的基本结构

不同种类热分析仪器的结构不尽相同，但一般均由加热炉、样品装载及支撑系统、气氛控制系统、温度控制系统、物理测量单元和信号及数据处理系统等部分构成，如图 8-1 所示。其中加热炉能够在温度控制系统的控制下按照一定程序加热或冷却；而气氛控制系统用于向样品室内通入一定成分的气体，包括在一定条件下施加一定压力；物理测量单元是用于测量实验过程中试样或参比样的某一物理量（温度、质量、体积、变形等）变化或样品室内某物理量变化的设备，是一台热分析仪器的核心部件，它的性能和指标直接决定热分析仪的质量，不同物理测量单元便对应着不同的热分析仪器；而信号及数据处理系统用于对物理测量单元所检测到的物理性能的变化进行分析与处理。因不同热分析仪器的物理测量单元不同，其仪器结构也略有不同，这将在介绍相应仪器时分别进行介绍。

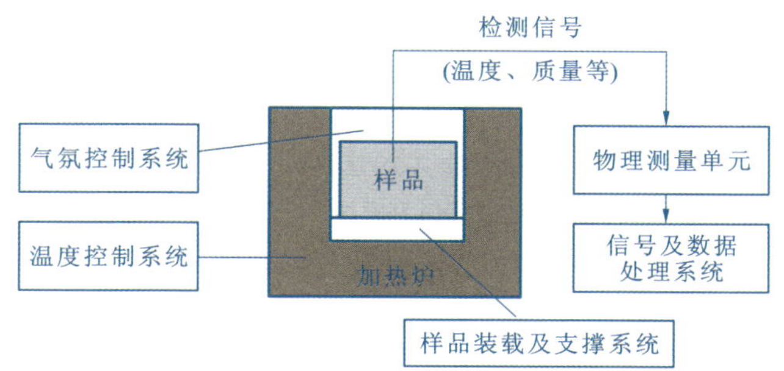

图 8-1 热分析仪器的基本结构示意图

8.2 热重分析 >>>

8.2.1 热重分析的定义与基本原理

热重分析是在程序控制温度和一定气氛下，测试试样的质量与温度或时间的关系的技术。热重法的使用基于物质在加热或冷却过程中，除产生热效应外，往往还发生质量变化，变化的大小及出现的温度与物质的化学组成及结构密切相关，如物质分解、升华、氧化、还原、吸附、蒸发等。水泥基材料在加热时首先会失去自由水，而后随着温度升高，氢氧化钙、水化硅酸钙等水化产物的化学结合水会丢失，碳酸钙会在高温下分解释放 CO_2 等，从而使其质量减少；而大多数金属在加热时氧化，其质量会增加。热重法是热分析方法中运用范围最广的一种技术。热重法可精确测量物质质量的变化，是一种定量分析方法。

基于热重法可研究的内容有对物质的成分分析，在不同气氛下物质的热性质，物质的热分解过程和热解机理，对水分和挥发物的分析，升华和蒸发速率，氧化还原反应，高聚物的热氧化降解，石油、煤炭和木材的热裂解等。

热重法的数学表达式为：

$$M = f(T) \text{ 或 } f(t) \tag{8-7}$$

式中 M——任意时间或温度下的质量，一般用与初始质量的百分比表示；

T——温度，单位为℃，当用作动力学分析时用绝对温度(K)；

t——时间，单位为 s、min 或 h。

8.2.2 热重分析仪的基本结构

热重分析仪(简称热重仪)主要由仪器主机(主要包括程序温度控制系统、加热炉、支持器组件、气氛控制系统、样品温度测量系统、质量测量系统等)、仪器辅助设备(主要包括进样器、压力控制装置、光照装置、冷却装置等)、仪器控制和数据采集及处理系统等部分组成。其中，质量测量系统是热重仪的物理测量系统，其测量的物理量为样品质量。依据其测重方式的不同，可分为热天平式热重仪与弹簧式热重仪两种。

(1)热天平式热重仪

目前的热重分析仪多采用热天平式，其结构如图 8-2 所示。热天平与常规分析天平在称量功能上有着明显差别。热天平在加热过程中试样无质量变化时保持初始平衡状态，质量变化时则失去平衡，此时传感器能够立即检测并输出这个失衡信号。信号经放大后自动改变平衡复位器中的电流，使天平重又回到初始平衡状态。因为通过平衡复位器中的线圈电流与试样质量变化成正比，所以记录电流的变化即能得到加热过程中试样质量连续变化的信息。同时，试样温度由测温热电偶测定并记录，于是得到试样质量与温度（或时间）关系的曲线。

热天平是热重仪的核心部件，其功能为实时记录试样的质量变化。与普通分析天平相比，热天平具有极高的分辨率，依据其灵敏度可分为半微量天平（精度 10μg）、微量天平（精度 1μg）和超微量天平（精度 0.1μg）。热天平的灵敏度越高，其量程便越小。热天平可以在一定的气氛下工作，应尽可能减少气流浮力、热辐射加热时电流产生的磁场作用、气体腐蚀等对其的影响。对于高灵敏度的热天平而言，气流的波动对其正常工作有很大的影响。热天平在结构设计上可以减少气流波动的影响和由于温度变化引起的浮力、对流等作用的影响。为了减少温度变化对质量检测造成的漂移，热天平往往配备温度补偿器。

目前热天平的种类很多，根据试样器皿在天平中所处位置不同又可分为上皿式热天平、下皿式热天平及水平式热天平三种。

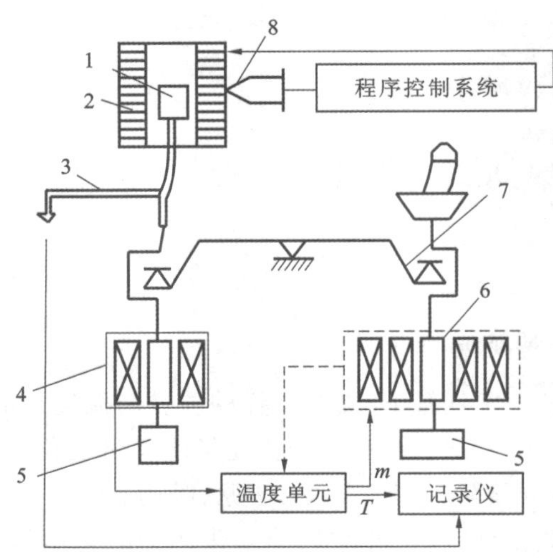

图 8-2 热天平式热重仪结构示意图

1—试样支持器；2—加热炉；3—测温热电偶；4—传感器（差动变压器）；5—平衡器；6—阻尼及天平复位器；7—热天平；8—阻尼信号

(2)弹簧式热重仪

弹簧式热重仪的结构示意图如图 8-3 所示，其原理基于胡克定律，即弹簧在弹性限度内其应力与应变呈线性关系。一般的弹簧材料因其弹性模量随温度变化容易产生误差，所以弹簧式热重仪所用的是用石英玻璃或退火钨丝制作的弹簧。利用弹簧的伸长量与重量成正比的关系，采用测高仪读数或者用差动变压器自动将弹簧的伸长量转换成电信号进行记录。目前，采用弹簧式热天平的热重仪不多，大部分的热重仪均为热天平式。

8.2.3 热重分析的基本测试方法

热重分析一般有两种测量模式，即等温质量变化测量模式和动态质量变化测量模式。其中，等温质量变化测量模式(isothermal mass-change determination)简称等温模式(isothermal mode)，亦可称为静态模式，是在某一恒定的温度和气氛下，测量试样的质量随时间(t)变化的技术。一般来说，可通过加热使试样处于高于室温的某一个恒定温度，也可以通过降温使试样处于低于室温的某一个恒定温度。达到恒定温度的时间应尽可能短，并避免出现“过冲”现象，即升温时短时间内温度显著高于恒定温度[图 8-4(a)]或降温时短时间内温度显著低于恒定温度[图 8-4(b)]。

静态模式的优点是精度高，能够记录微小的质量变化，恒温时间足够长，可使样品内部反应更充分；缺点是测试时间长，操作烦琐，效率低。

动态质量变化测量模式(dynamic mass-change determination)，简称动态模式，是在程序控制升温或降温和一定气氛下，测量试样质量随时间、温度变化的技术。这种模式是热重实验中最常用的模式，与等温模

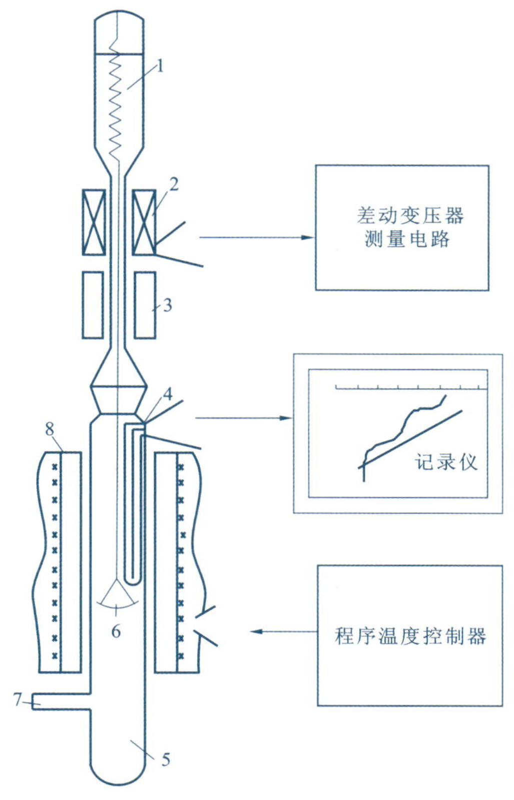

图 8-3 弹簧式热重仪结构示意图

1—石英弹簧;2—差动变压器;3—磁阻尼器;4—测温热电偶;
5—套管;6—样品皿;7—通气口;8—加热炉

式相比,这种模式更加方便快捷,一次实验可以获得较宽温度范围的物质的质量变化结果,但其结果受加热速率的影响很大,精度较低,不能完全记录微小的质量变化。有时为了研究之便,也常将动态模式与静态模式结合起来,即在程序控制升温过程中,在某个特定温度下恒温一段时间之后再继续升温,如图 8-5 所示。

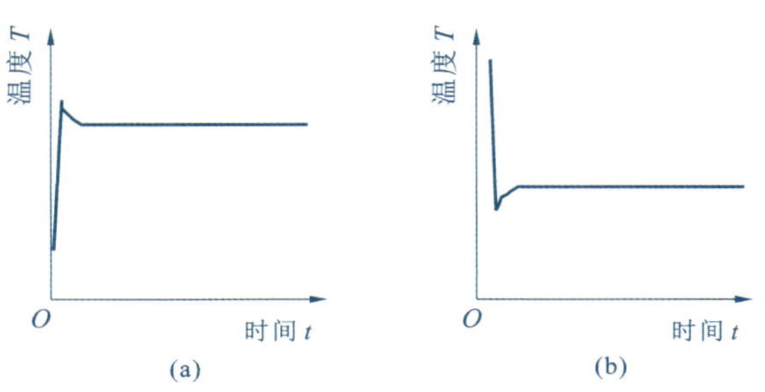

图 8-4 恒温实验过程中的温度"过冲"现象

(a)加热至某一恒定温度时;(b)降温至某一恒定温度时

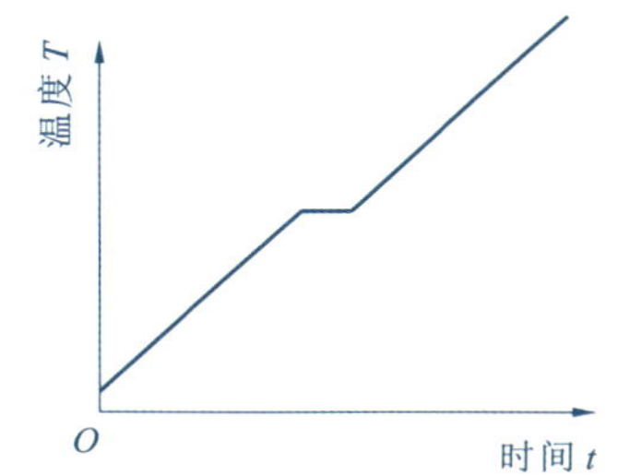

图 8-5 "非等温—等温—非等温"的温度控制程序示意图

8.2.4 热重实验过程

(1)样品制备

①固体样品。

粉末状样品:如果颗粒比较均匀则可以直接进行实验。如果试样之间的粒径差别较大,则最好经过研磨或筛分处理。另外,如果试样易吸湿或者含有较多的水分或溶剂,则应在实验前进行干燥处理。

薄膜样品:在实验时可以将其切割成比坩埚内径略小的圆片,将其均匀平铺到坩埚底部,以使重心在坩埚中间。不要在坩埚内任意堆积试样,这样会导致试样在分解过程中由于重心发生变化而带来表观的质量变化。

大块样品：实验时可根据需要决定块状样的粉碎程度。由于试样的粒径对其分解过程有影响，因此，如果需要考察块状样品的热稳定性，则应将样品加工成较薄的碎片后将其铺在坩埚底部即可开始实验。如果要了解试样在粉末状态下的分解行为，则可以使用相应的粉碎技术将试样进行粉碎处理。粉碎后应进行筛分处理，使用尺寸相近的试样进行实验，这样得到的实验数据的重现性较好。

纤维状样品：应使用相应的切割工具将纤维分成小于坩埚内径的小段，实验时将小段试样平铺在坩埚底部即可。切勿将纤维试样直接成团加入坩埚中，这样得到的实验曲线极易受到由于在加热过程中重心变化而带来的表观质量变化的影响，从而影响实验数据的分析。

②液体样品。

液体样品一般包括液态物质和溶液两种状态，由于大部分液体状态的物质具有较强的挥发性，因此在将试样加入坩埚后应尽快开始实验。对于单一组分的化合物而言，试样的挥发对 TG 曲线的总体形状影响不大。对于多组分的化合物而言，较长时间的挥发会影响试样的组成。

浓度较低的溶液试样不宜直接进行热重实验，尤其是浓度在 3%以下的溶液。由于溶剂的挥发是一个十分缓慢的过程，并且这个过程会影响溶质的热分解过程，因此，对于浓度较低的溶液而言，应在实验开始前对溶液进行浓缩或干燥处理。黏稠状试样或凝胶试样可以直接进行实验，试样中如含有较多的溶剂，则应尽可能地把溶剂去除。这类试样在取样时应先混匀，从中间部位选取试样进行分析。另外，对于含有悬浮物的液体，在取样前应摇匀。

(2)确定实验条件

①选择实验气氛气体。

热重实验开始前，应选择合适的气氛气体。一般从以下三个角度来选择：

a. 当试样挥发和升华时，其不会与气氛气体发生反应，气氛的作用单纯是及时将汽化产物带走，以利于反应的进一步进行；

b. 对于试样的分解过程而言，如果仅通过热重实验来考察试样在不同温度下的热分解过程或热稳定性，则一般选用不与试样发生反应的气氛(即惰性气氛)作为实验气氛；

c. 有时候需要考察试样与环境气氛气体发生反应的情况，则根据不同需求选择不同的气氛气体，如氧化性气体、还原性气体等。

热重实验气氛通常可分为以下几类：

a. 惰性气氛：如 He、N_2、Ar 等；

b. 氧化性气氛：常用的是空气、强氧化性气体，如 O_2；

c. 还原性气氛：如 H_2、CO 等；

d. 腐蚀性气氛：如 Cl_2、F_2 等；

e. 由试样在发生汽化或分解时产生的气体在试样周围形成的静态气氛；

f. 真空或控制压力。

需要指出，以上所指的氧化性、还原性以及腐蚀性气氛都是相对的。

②选择合适的坩埚。

实验过程中试样一般会随着温度升高而发生熔融、汽化、分解等强烈反应，这些过程中的产物会与仪器的支架或吊篮发生反应而损坏仪器。为了使仪器尽可能地少受这些干扰，一般每次实验前都要将试样放置在坩埚中。

坩埚在实验中只是起到实验容器的作用，在实验过程中坩埚不能与试样或分解产物发生任何反应，常用坩埚材料主要有铝、氧化铝、石英、不锈钢、铜、镍、铂、金等，因此，应根据试样和分解产物的信息来选择合适的坩埚材料和样式，不同坩埚材料的特性如表 8-2 所示。坩埚的形状多种多样，合理选择实验坩埚对得到真实的分解过程曲线十分关键。在试样量、试样颗粒度、填装松密度等实验条件都相同的情况下，坩埚形状不同也会对 TG 曲线造成影响。坩埚的形状、深度等不同，会影响气体的逸出过程，如图 8-6 所示。

表 8-2 不同材料坩埚的使用温度和主要特点

坩埚材料	最高使用温度/℃	特点
铝	640	可测温度低，但铝热传导性能好，测试时的同步 DSC 信号好，信号时间常数较小，适用于薄膜或者粉末状样品
氧化铝	1600	非常适合热重测试，清洗后可重复使用
蓝宝石坩埚	1600	主要成分是三氧化二铝，具有非常强的稳定性和阻隔性，适合测试高温下容易分解和穿透普通氧化铝坩埚的高熔点金属。熔点超过 1700℃，适合金属比热容测试
铜	750	测定氧化起始时间，用于催化，建议用于测定油、食物与聚合物的 OIT
铂金	1600	可重复使用，具有很好的导热性能，适宜在同步热分析仪中使用；但是需要注意的是铂有可能成为某些样品的催化剂，所以使用前要仔细分析。进行高温测试时，铂金可能与某些金属及化合物具有共熔点，熔点降低，导致坩埚粘在传感器上
黄金	750	具有耐化学性，不会与样品发生任何反应，但要注意进行高温测试时，黄金可能与某些金属及化合物形成共熔合金
玻璃坩埚	500	建议将这类坩埚用于反应性化学品
不锈钢中高压坩埚	750	使用气压可达 22MPa，使用温度一般不超过 750℃，当使用镀金不锈钢时，使用温度不超过 400℃

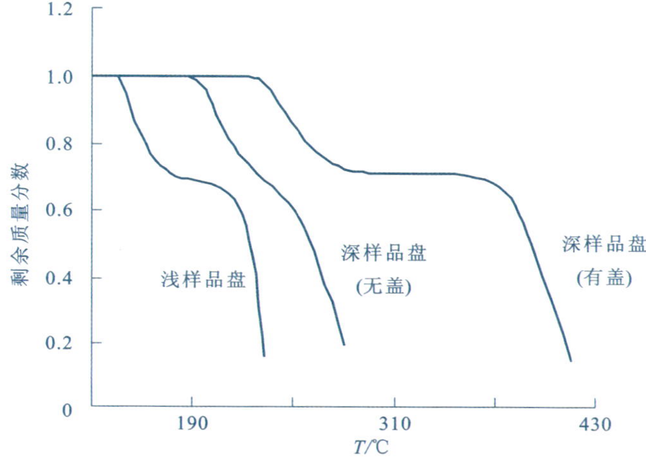

图 8-6 坩埚形状对水合草酸钴热重分解的影响曲线

③选择合适的温度控制程序。

实验时，根据实验需求设置合适的温度随时间变化的程序，不同温度控制程序得到的热重曲线有很大差异。常用的温度控制程序主要采用线性加热、线性降温、恒温以及三种模式的结合，即在实验时按照一定的加热和降温速率进行加热或降温，有时还会在加热或降温过程中选择一个等温段。对于大多数热重实验，常用的加热速率为 10℃/min。在进行动力学分析时，一般要进行 4～5 个不同的温度扫描速率下的热重实验，选择加热/降温速率时应注意加热/降温扫描速率的改变不能引起热重实验曲线形状的变化，因为热重曲线形状的改变，往往会伴随着反应机理的改变，在此基础上得到的动力学分析结果往往是错误的。

(3)实验测量

在制备好样品和确定实验条件后，就可以进行实验测量了。在得到实验数据之前，我们需要进行仪器准备、样品制备、设定实验条件，然后进行测量。

仪器准备：如果仪器关闭后首次使用，那么在仪器开启后至少保证 30min 的预热平衡时间。如果仪器在使用过程中，因实验需要对气氛气体做调制，那么也应使仪器在通气氛气体条件下，平衡至少 30min，以使炉内气体的浓度保持一致。在仪器达到平衡稳定时，还应对实验过程中使用的坩埚进行质量扣除操作。

样品制备：一般情况下，每次加入坩埚中的试样质量不应超过坩埚体积的 1/3～1/2，但每次热重实验时所使用的实验量应视具体试样而定。对于高温下依然易融易爆的样品应尽可能地减少用量，也可以通过使用更大尺寸的坩埚或加入稀释剂的方法来保证实验安全无损地正常进行。当需要研究一些性质已知的试样在不同温度下的微小质量变化时，通常通过加大试样量来提高实验的灵敏度。

设定实验条件：首先要确定温度变化的范围及速率。温度程序信息主要包括实验时的升温/降温速率、不同温度下的等温时间以及实验开始温度、最高温度等。对于温度调制热重实验，还应输入温度调制的振幅和调制周期。对于速率调制热重实验，除输入实验温度范围和线性温度变化速率外，还应输入有质量变化时的最小速率，以便仪器在大于此速率时自动调整加热/降温速率。此外，在控制软件中应及时记录实验时使用的气氛的种类和流速。

以上准备工作做完后，便可进行实验测量。由于热重仪天平的灵敏度非常高，在实验过程中实验室内仪器工作台旁尤其不可以出现较大的振动，加热炉出口附近也不能有较大的气流波动。例如，由于实验室内空调口和电风扇会引起气流波动，因此它们应与加热炉出口保持足够的距离。

8.2.5 热重曲线影响因素

(1)仪器的影响

①浮力。

室温下每毫升空气质量为1.18mg，1000℃时每毫升空气质量只有0.28mg。热天平在热区中，其部件在升温过程中排开空气的质量在不断减小，即浮力在减小。也就是说试样质量没有变化的情况，只是由于升温，试样却在增重，这种增重称为表观增重。表观增重值可由下式计算：

$$W = Vd(1 - 273/T) \tag{8-8}$$

式中 W——表观增重；

V——热区中的试样、支持器和支撑杆的体积；

d——试样周围气体在273K时的密度；

T——热区的绝对温度。

由此式推算，在300℃时浮力是室温时的1/2，900℃时降为室温时的1/4，式中最难测定的是体积V，其次炉内气体温度并不都一样，所以很难准确计算表观增重值。表8-3给出了不同气体在25℃、500℃和1000℃时的密度。

表8-3 **101.3kPa标准压力下几种气体在25℃、500℃和1000℃时的密度** (单位：mg/mL)

气体	25℃	500℃	1000℃
干燥空气	1.184	0.457	0.269
氮气	1.146	0.441	0.268
氧气	1.308	0.504	0.306
氩气	1.634	0.630	0.383
氦气	0.164	0.063	0.038
二氧化碳	1.811	0.698	0.424

②对流。

对流主要是当热天平加热时，随着炉温的升高，炉内试样周围的气体各点处受热的温度不均，从而导致较重气体向下移动，其形成的气流冲击试样支持器组件，产生表观增重现象；较轻气体向上移动，其形成的气流把试样支持器向上托，产生表观失重现象。升温速率、炉膛的尺寸和坩埚在炉中的位置都会影响炉内气体的对流和湍流。同时，当炉内有流动气体时，还会出现附加的表观增重。这种表观增重的大小与该流动气体的分子量大小也有关。

③挥发物的冷凝。

热重分析法所用试样在受热分解或升华时，逸出的挥发物通常在热分析仪的低温区冷凝，这不仅污染仪器，还会使试验结果产生偏差。当继续升温时，这些冷凝物可能会再次挥发，产生假失重，以致TG曲线混乱，使测定结果失去意义。要减少冷凝影响，一方面可在热重分析仪的试样盘周围安装一个耐热的屏蔽套管，或者采用水平式的热天平；另一方面，要尽量减少试样用量，选择合适的净化气体流量。同时在热分析时，对试样的热分解或升华等情况应有个初步估计，以免造成仪器的污染。

④测量温度误差。

在热重分析仪中，由于试样不与热电偶直接接触，试样的真实温度与测量温度之间存在一定差别；再者，升温和反应时所产生的热效应常使试样周围的温度分布不均，因而引起较大的温度测量误差。为了消除或减小由此而引起的误差，需定期对热重分析仪进行温度校正。

(2)实验条件的影响

①升温速率。

首先，过快的升温速率会对热重曲线产生不利影响，例如升温速率快往往不利于试件在加热过程中中间产物的检出，表现在热重曲线上的拐点不明显。对于多阶段反应，慢速升温有利于阶段反应的相互分离。因此，在热重分析中，选择合适的升温速率至关重要，虽然升温速率的大小不会影响失重，但是升温速率越大，所产生的热滞后现象越严重，往往导致 TG 曲线上的起始、终止温度偏高且反应区间变宽，但失重百分比一般不会改变。相关文献建议升温速率以 10℃/min 为宜，对于无机非金属材料可取 10～20℃/min。

②气氛流量。

热重法通常可在静态或动态气氛下进行。在静态气氛下，虽然随着温度的升高，反应速度加快，但由于试样周围的气体浓度增大，将阻止反应继续进行，反而使反应速度减慢。为了获得重复性较好的试验结果，多数情况下都是做动态气氛下的热分析，它可以将反应生成的气体及时带走，有利于反应的顺利进行。表 8-4 是同一试样在相同气氛不同流量时的一些特征数值。从表中可以看出，虽然其他条件都相同，但所用气氛流量不同时所得 TG 数值均不相同。

表 8-4　相同气氛不同流量的比较

序列号	试样质量/mg	升温速率/(℃·min^{-1})	升温范围/℃	空气流量/(mL·min^{-1})	最大失重速率/(%·min^{-1})	最大失重点/℃	最大放热点/℃	最大失热量/(mW·mg^{-1})
1	5.0	15	室温～1200	50	3.28	741.7	890.6	29.9
2	5.0	15	室温～1200	100	3.08	921.7	978.6	27.84
3	5.0	15	室温～1200	150	2.65	841.5	1064.9	31.96

③记录仪纸速。

在热重法中，无论快或慢的热分解反应，记录仪的记录速度对热分解曲线的形状都有着显著影响。往往是走纸速度快的比走纸速度慢的梯度大、分辨率也高，但不宜太快，否则会使失重速率的差别减小。操作时可根据具体要求及实践经验来确定记录仪纸速。

④热天平灵敏度。

热天平灵敏度是影响 TG 曲线的关键性因素。灵敏度越高，试验时使用的试样质量就可以越小，热分解产生的中间化合物的质量平台就越清晰，分辨率也就越高。热天平本身的灵敏度已由生产厂家标定好，使用者只要根据试样测定的具体要求，定期对其灵敏度进行校正，即可减少其对 TG 曲线的影响。

(3)试样的影响

①试样用量。

升温速率相同时，试样用量越多，升温过程中试样内部的温度差就越大。当发生分解反应时，若有吸热或放热现象，试样量越多，在反应过程中试样的温度偏差就越严重，从而引起的 TG 曲线畸变程度也越大；且试样量太多，试样内部分解产生的气体产物难以逸出，会阻碍反应的顺畅进行。因此，为了减小影响，试样用量应在热分析仪灵敏度范围内尽量少，这样可以得到准确度、分辨率、重复性均较好的 TG 曲线。

②试样粒度。

试样粒度不同，对气体产物扩散的影响也不同，从而导致反应速度和 TG 曲线形状的改变。粒度大，往往得不到较好的 TG 曲线;粒度越小,反应速度越快。同时粒度越小不仅使热分解温度偏低,也可使分解反应进行得越完全。为了得到较好的试验结果,要求试样粒度尽可能均匀。

③其他。

除用量和粒度外,试样的装填方式对 TG 曲线也有影响。通常试样装填越密,其接触越好,越有利于热传导,越利于反应的进行;装填时应铺成均匀的薄层。另外,试样的制备条件、干燥和保存条件,分解气氛对坩埚的反冲力,分解气氛的密度,试样的反应热、热导性、比热容等都对 TG 曲线有影响,但这些影响与其他影响因素相比较小,在试验操作中可根据经验加以判断,并采取有效措施以消除或减小可能产生的误差。

综上所述,影响热重实验条件的因素很多,除了本节提到的,在上一节的整个实验准备和测量过程中,很多因素都会影响最终的实验结果。所以对于不同的试样,在进行热重试验的每一步时,我们都应灵活选择合适的条件以得到合理的实验结果。

8.2.6 热重曲线分析

热重法记录的热重曲线一般是以温度 T 或者时间 t 为横坐标,以质量 W 或余重(失重)百分数等其他形式为纵坐标。

热重曲线中质量的变化反映了试样随着温度逐渐上升(或下降)的过程中性质的变化,对于这个变化过程,一般用温度和质量同时描述。由于试样质量变化的实际过程不是在某一温度下同时发生并瞬时完成的,因此热重曲线并不是呈直角台阶状,而是带有过渡和倾斜区段的连续曲线,如图 8-7 中的曲线 1。曲线的水平部分称为平台,表示试样质量没有发生变化,两平台之间的部分称为台阶,表示质量的变化。

热重曲线(TG 曲线)中质量对时间进行一次微商,就可得到微商热重曲线(DTG 曲线),如图 8-7 中的曲线 2。目前新型的热重分析仪附带有质量微商单元,可直接记录、显示热重和微商热重曲线。DTG 曲线的横坐标和 TG 曲线一样,纵坐标为质量随温度或时间的变化率 dW/dT 或 dW/dt。DTG 曲线表示不同温度下试样质量的变化速率,可用于确定分解的开始温度和最大分解速率时的温度。

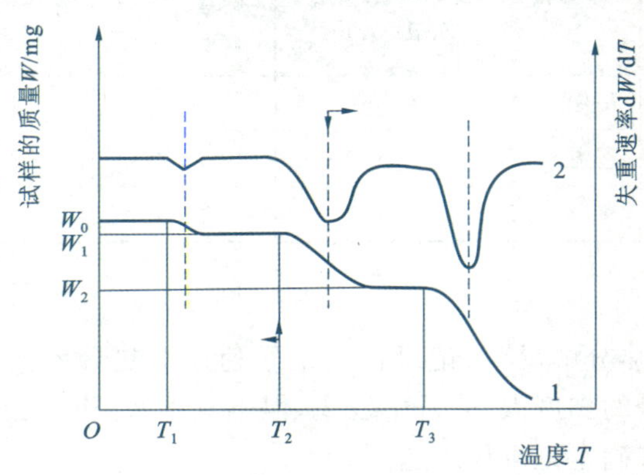

图 8-7 典型的 TG 曲线和 DTG 曲线

1—TG 曲线;2—DTG 曲线

下面以 $CuSO_4 \cdot 5H_2O$ 脱去结晶水的过程为例,说明由该材料的失重曲线可以得到的信息。

图 8-8 中的曲线 AB 段没有发生质量下降,说明此阶段试样还是稳定存在的。B 点之后曲线开始下降,试样开始脱水失重,直到 C 点。这一步脱水过程的化学变化为:

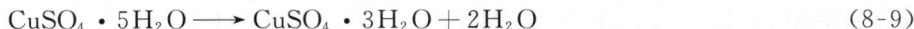

$$CuSO_4 \cdot 5H_2O \longrightarrow CuSO_4 \cdot 3H_2O + 2H_2O \tag{8-9}$$

在该过程中,$CuSO_4 \cdot 5H_2O$ 失去两个水分子。C 点之后出现稳定台阶,试样再一次处于稳定状态。随后从 D 点进一步脱水,在 DE 曲线下降段过程中又脱掉两个水分子。EF 的平台段较长,说明此时生成了较为稳定的化合物。F 点之后曲线迎来最后的下降段,试样失去最后一个水分子。G 点之后的平台表示形成了更加稳定的无水化合物。这些过程的化学变化为:

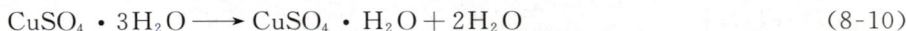

$$CuSO_4 \cdot 3H_2O \longrightarrow CuSO_4 \cdot H_2O + 2H_2O \tag{8-10}$$

$$CuSO_4 \cdot H_2O \longrightarrow CuSO_4 + H_2O \tag{8-11}$$

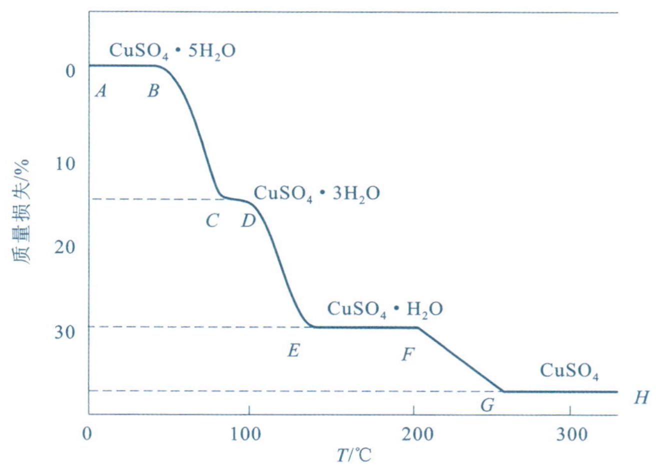

图 8-8 $CuSO_4 \cdot 5H_2O$ 的失重曲线

根据 TG 曲线上各平台之间的质量变化，可计算出在各个过程中试样的失重量。图 8-8 中的纵坐标就表示为质量损失百分率。

值得注意的是，往往由于试样中存在一些吸附水或溶剂，曲线开始阶段会有一个很小的质量变化，当温度逐渐升高到 T_1 时，样品才产生第一步失重，第一步失重量表示为 W_0-W_1，则其失重量 ΔW 为

$$\Delta W=\frac{W_0-W_1}{W_0}\times 100\% \tag{8-12}$$

式中 W_0——试样的初始质量；

W_1——第一次失重后试样的质量。

从上述 $CuSO_4 \cdot 5H_2O$ 的热重曲线可知，TG 曲线中，曲线水平部分表示试样质量恒定不变，曲线斜率发生变化的部分表示试样质量发生了变化。根据热重曲线上各阶段的失重量可以很简便地计算出各步的失重量，从而判断试样的热分解机理和各步的分解产物。热重曲线可以表示热稳定性温度区、反应区、反应产生的中间体和最终产物。

例如，通过 $CaC_2O_4 \cdot H_2O$ 的热重曲线可以确定其热分解过程的机理。图 8-9 所示为含有一个结晶水的草酸钙的热重曲线和微商热重曲线。

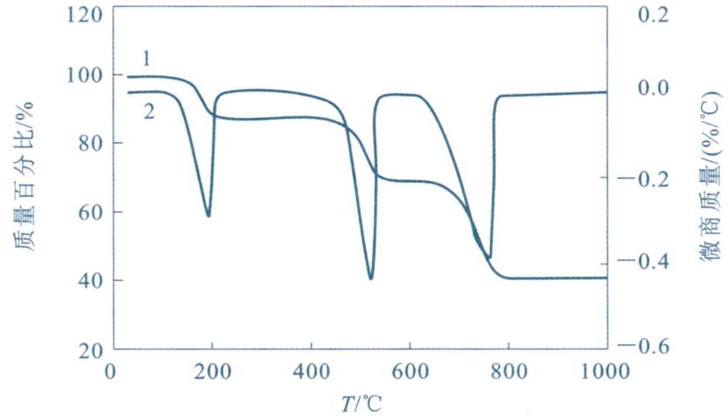

图 8-9 $CaC_2O_4 \cdot H_2O$ 的 TG 曲线和 DTG 曲线

1—TG 曲线；2—DTG 曲线

$CaC_2O_4 \cdot H_2O$ 的热分解过程一般分下列几步进行：

$$CaC_2O_4 \cdot H_2O \longrightarrow CaC_2O_4 + H_2O \tag{8-13}$$

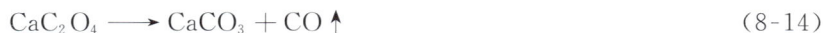

$$CaC_2O_4 \longrightarrow CaCO_3 + CO\uparrow \tag{8-14}$$

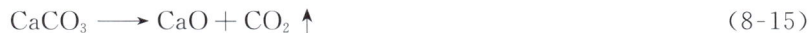

$$CaCO_3 \longrightarrow CaO + CO_2\uparrow \tag{8-15}$$

从曲线 1 中可以看出，100℃之前，$CaC_2O_4 \cdot H_2O$ 没有发生失重现象，曲线始终呈水平状态。第一次失重温度为 100～200℃，随后出现第二个平台，这一步的失重量占试样总质量的 12.5%，相当于每摩尔

$CaC_2O_4 \cdot H_2O$ 失去 1mol H_2O。在 400～500℃试样第二次失重，其失重量占试样总质量的 18.5%，相当于每摩尔 $CaC_2O_4 \cdot H_2O$ 分解出 1mol CO。最后在 600～800℃第三次失重并随后出现第四个平台，此时为 $CaCO_3$ 分解出 CO_2，并生成最终产物 CaO 的过程。图中 DTG 曲线所记录的三个峰是与 $CaC_2O_4 \cdot H_2O$ 热分解的三个过程相对应的，且根据这三个峰面积，同样可算出 $CaC_2O_4 \cdot H_2O$ 各个热分解过程的失重量。

由上述曲线分析可知，根据 TG 曲线可求算出 DTG 曲线，两曲线之间存在着对应关系：DTG 曲线上峰的起止点对应 TG 曲线台阶的起止点；DTG 曲线上失重速率最大的温度，即相应峰顶温度（$d^2W/dt^2=0$）与 TG 曲线的拐点相对应；DTG 曲线上的峰数与 TG 曲线中的台阶数相等；DTG 曲线峰面积与失重量成正比，可更精确地进行定量分析，而 TG 曲线表达失重过程更加形象、直观。

虽然 DTG 曲线与 TG 曲线所能提供的信息是相同的，但是与 TG 曲线相比，DTG 曲线能更加清楚地反映起始反应温度、达到最大反应速率的温度和反应终止温度，而且提高了分辨两个或多个相继发生的质量变化过程的能力。由于在某一温度下 DTG 曲线的峰高直接等于该温度下的反应速率，因此，这些值可方便地用于化学反应动力学的计算。

8.2.7 典型建筑材料热重曲线

热重分析在无机材料领域有着广泛的应用，它可用于物质成分分析、相图测定、水分与挥发物分析等多方面的研究工作。在建筑材料研究方面，热重分析可用于水泥煅烧前原料分析、测定水化程度及水化产物、模拟煅烧条件，探讨主要熟料矿物的生成机理，研究外加剂对水泥硬化的影响等。下面以建筑工程中常用材料的热重曲线为例进行分析。

(1)纯水泥热重曲线

图 8-10 为纯水泥的 TG 曲线和 DTG 曲线。TG 曲线从上到下有三个失重台阶，对应 DTG 曲线的三个峰值。第一个峰值位置出现在 100℃左右，是水化硅酸钙凝聚失水所致，反应式为：

$$CaSiO_3 \cdot nH_2O \xrightarrow{-nH_2O} CaSiO_3 \tag{8-16}$$

第二个峰值位置在 400～480℃，质量损失可以归因于 $Ca(OH)_2$ 的分解，反应式为：

$$Ca(OH)_2 \longrightarrow CaO + H_2O \tag{8-17}$$

第三个峰值位置在 600～700℃，由游离 $CaCO_3$ 分解所致，反应式为：

$$CaCO_3 \longrightarrow CaO + CO_2 \uparrow \tag{8-18}$$

根据热重曲线上各平台之间的质量变化，还可计算出各个步骤中水泥的失重量。图 8-10 中左纵坐标表示的就是失重百分数。

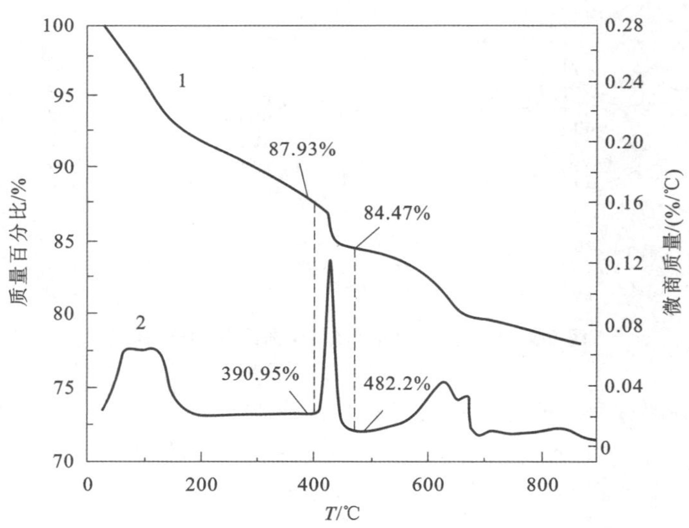

图 8-10 纯水泥的 TG 曲线和 DTG 曲线

1—TG 曲线；2—DTG 曲线

(2)白云石热重曲线

白云石的 TG 曲线和 DTG 曲线如图 8-11 所示。白云石第一阶段开始分解的温度在 470℃左右,大致在 570℃时达到第一阶段最大分解速率,失重率比纯 $MgCO_3$ 热分解的理论值小很多。这是因为在白云石中,$MgCO_3$ 和 $CaCO_3$ 独特的结合方式降低了 $MgCO_3$ 的活度。从热分解开始到热分解结束一直都有失重,说明 $MgCO_3$ 一直在分解,当温度升高到一定值时,真正意义上的第二阶段才开始,开始分解的温度在 650℃左右,最大分解速率大概在 800℃时达到,在 830℃样品的失重率和吸收的热量基本保持不变,说明分解反应基本完成且没有晶格转变在消耗能量,此时达到最大失重率。第二阶段,白云石中 $CaCO_3$ 的分解温度要低于纯 $CaCO_3$,原因可能是白云石矿的纯度低于纯 $CaCO_3$。

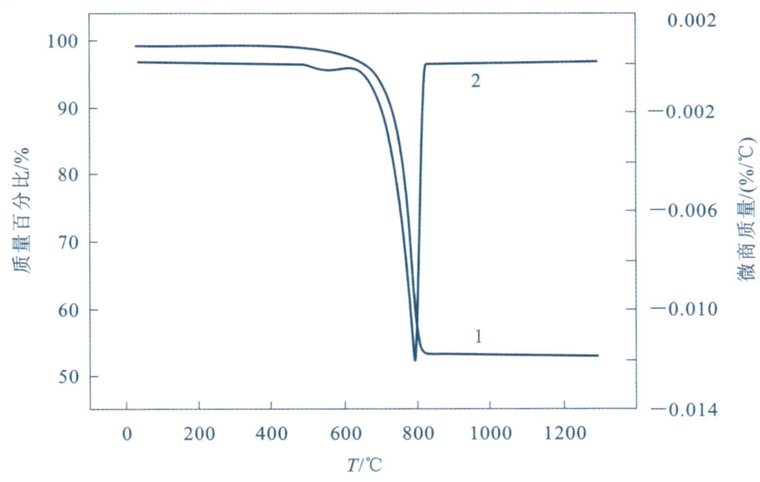

图 8-11 白云石的 TG 曲线和 DTG 曲线

1—TG 曲线;2—DTG 曲线

热重分析的应用非常广泛,凡是在加热、冷却过程中有质量变化的材料都可用此方法进行分析,配合差热分析法,能对这些材料进行精确的鉴定。

8.3 差热分析 >>>

8.3.1 差热分析的定义与基本原理

差热分析(DTA)是运用最广泛的一种热分析技术,它的定义为:在程序控制温度和一定氛围条件下,测量物质与参比物的温度差与温度或时间关系的一种热分析方法。这里的参比物,是一种热中性体,在测量温度范围内不发生任何热效应的物质,常用的有 α-Al_2O_3(俗称刚玉)。

差热分析的基本原理:物质在加热或冷却过程中会发生物理化学变化,与此同时,往往伴随吸热或放热现象。伴随热效应的变化,会发生晶型转变、升华、熔融等物理变化,以及氧化、还原、分解等化学变化。另有一些物理变化如玻璃化转变,虽无热效应发生,但比热容等某些物理性质也会发生改变。物质发生焓变时质量不一定改变,但温度必定变化。

物质在加热或冷却过程中产生的热变化导致试样和参比物间产生温度差,这个温度差由置于两者中的热电偶反映。示差电偶的闭合回路中便有温差电动势产生,其大小取决于试样本身热特性,与温度差成正比。通过信号放大系统和记录仪得到 $\Delta T \sim T$ 或 $\Delta T \sim t$ 曲线,反映出试样本身的特性。

如果将两种金属 A 和 B 的端点焊接在一起,组成一个闭合回路(图 8-12),两个焊点的温度分别为 T_1 和 T_2,且 $T_1 \neq T_2$,则闭合回路中就有电流产生,这就是温差电流。产生温差电流的电动势叫作温差电动势。根据上述原理制成示差电偶,将其分别插入盛有试样和参比物的容器,放置于电炉中恒温,热电偶的两端与信号放大系统和记录仪相连接。随着温度升高，被测试样无热效应时，示差电偶两焊点温度相等，不产生温差电动势，记录仪上只呈现平行于横坐标的直线，即差热曲线的基线。

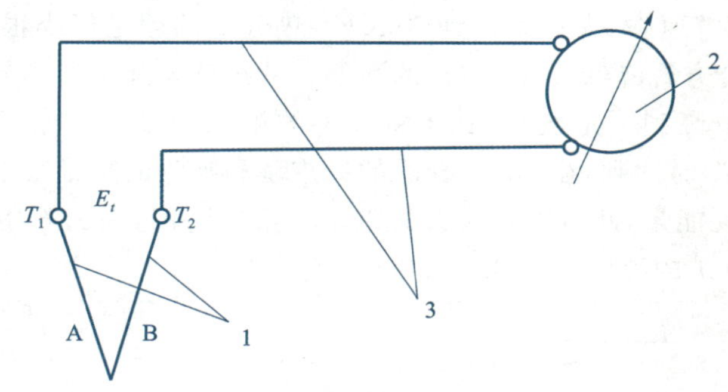

图 8-12 热电偶测温系统

1—热电偶；2—测量仪表；3—连接导线

如果试样在加热过程中发生熔化、分解、吸附水与结晶水的排除或晶格破坏等，试样将吸收热量，这时试样的温度 T_1 将低于参比物的温度 T_2，闭合回路中便有温差电动势产生，此时的记录就偏离基线而绘出曲线，随着试样反应的结束，T_1 与 T_2 又趋于相等，曲线回到基线，形成一个吸热峰，过程中吸收的热量越多，吸热峰的面积越大。如果试样在加热过程中发生氧化、晶格重建及形成新物，那么一般为放热反应，试样温度升高，$T_1>T_2$，闭合回路中同样有温差电动势产生，记录就偏离基线而绘出相应的放热峰，如图 8-13 所示。

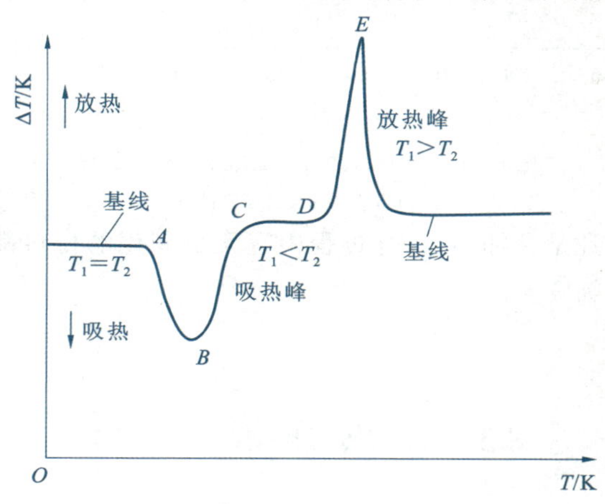

图 8-13 典型差热曲线

差热分析对加热或冷却过程中物质的失水、分解、相变、氧化、还原、升华、熔融、晶格破坏及重建等物理化学现象都能精确地测定，所以被广泛地应用于材料、地质、冶金、石油、化工等领域的科研及生产中。

8.3.2 差热分析的仪器构成

差热分析装置称为差热分析仪，目前的差热分析仪通常配备计算机及相应的软件，可进行自动控制、实时数据显示、曲线校正、优化及程序化计算和储存等，大大提高了分析的精度和效率。差热分析仪主要由加热炉、温度控制系统、气氛控制系统、差热系统、信号检测及处理系统、记录系统组成。图 8-14 所示为差热分析仪基本结构示意图。

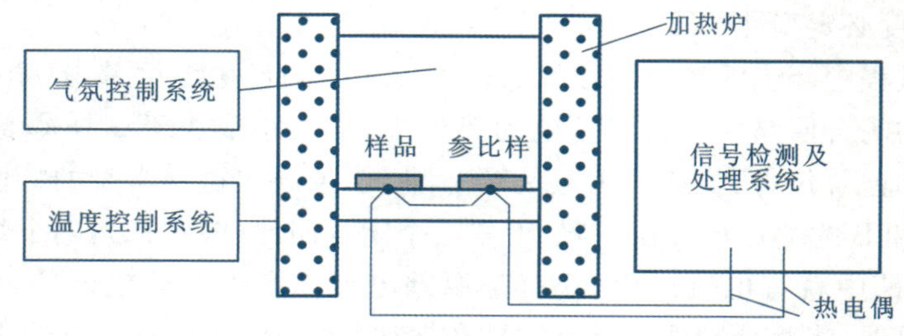

图 8-14 差热分析仪基本结构示意图

(1)加热炉

加热炉的作用是加热试样，其依据炉温不同可分为低温加热炉(150～250℃)、普通加热炉及超高温加热炉(1800℃以上)三种，按照结构又可分为立式和卧式两种。当使用温度、气氛需求不同时，可用不同材质作为电炉的炉芯管及发热体材料，常用的发热体及炉芯管材料见表 8-5。当用于恒温测量时，也可采用红外线加热，即直接通过反射镜使红外线聚焦到样品支撑器上，可在极短时间内使炉温升到 1500℃。

表 8-5 加热炉常用的发热体及炉芯管材料

发热体材料	常用温度范围/℃	最高使用温度/℃	炉芯管材料
镍铬丝	900～1000	1100	耐火黏土管材
康铜丝	1200	1300	耐火黏土管材
铂丝	1350～1400	1500	刚玉质材料
铂铑丝	1400～1500	1600	刚玉质材料
硅碳棒	1300	1400	硅碳棒管材兼作发热体
钨丝	<2000	2800	钨管兼作发热体

(2)温度控制系统

温度控制系统是以一定的程序来调节温度，保证加热炉按给定的速率均匀、稳定地升温或降温的装置。常用的温度升降速率为 1～20℃/min。

(3)差热系统

差热系统是差热分析仪的核心部件，主要由均热板(或块)、坩埚、热电偶等部件组成。

考虑热传导性和耐高温性能，当使用温度不同时，均热板的制成材料也不同。当使用温度小于 1300℃时，常用金属镍；而超过 1300℃时，常用刚玉瓷或氧化铍瓷。

坩埚根据使用温度和热传导性选择，通常使用石英、镍、铂、钨等制成，且根据实验要求的不同，坩埚的形状也有多种。

热电偶兼具测温及传输温差电动势的功能，是差热分析的关键部件，其测量精确度直接影响差热分析的结果，故要求热电偶能产生较高的温差电动势并与温度呈线性关系；测温范围广且高温下不易被氧化及腐蚀；比电阻小、导热系数大、电阻温度系数和热容系数小；物理稳定性好，能长期使用；机械强度高；价格便宜。

热电偶材料有铜-康铜(使用温度小于 400℃)、镍铬-镍铝、铂-铂铑、铱-铱铑(最高使用温度 2200℃)。

(4)信号检测及处理系统

通过直流放大器将温差热电偶产生的微弱温差电动势放大、增幅后输送到记录系统。

(5)记录系统

记录系统的作用是把信号检测及处理系统所检测到的物理参数对温度作图，目前通常用计算机软件对信息进行记录。

8.3.3 差热分析实验准备

(1)样品制备

对于不同状态的试样而言，都需要进行相应的处理才可以应用于差热分析。

结晶固体样品：为了防止结晶固体样品被过度研磨而破坏其结晶度或使某些反应发生，对于结晶固体样品，可将样品放在较低的温度下轻轻研磨或者通过样品挥发等方式浓缩溶液，使样品沉积在盘中，然后彻底去除溶剂即可得。

粉末状固体样品：对于许多样品例如无机非金属材料等，应在尽可能避免污染的情况下仔细将样品研磨成较细的粉末，可以通过使用一系列的分样筛来分离不同尺寸的颗粒。

低密度的固体样品：对于一些低密度的粉末、絮状物和纤维，由于它们难以在密封前保留在样品盘内，通常可以准备一个与坩埚材质相同的金属薄片(例如铝或铂),将试样放置于金属薄片的中心位置,然后将它们折成小块使样品保存在较小的空间中,接着放入样品盘中并在密封之前将其压实。或者在加盖密封前使用垫片或者内盖来加载样品。

薄膜固体样品:聚合物、复合材料或天然产物薄膜的样品可以制备成半径略小于样品盘的圆片,如果得到的圆片不平整,那么最好使用合适的工具使样品和样品盘之间保持最佳的接触形式。

液体样品:可以用标有刻度的注射器、微量进样器或滴管将少量的非挥发性液体移到准备好的样品盘中。对于易挥发的样品应在密封样品盘或密封玻璃毛细管中进行,而且为了达到良好的接触效果,应在周围的空间中填充导热材料。另外,一些具有较低表面张力的流体将会过度地铺展,对于这些样品,可以使用高边缘的坩埚。

对实验中使用的空样品盘应称重,准备好的样品和坩埚也应一同称重。可使用差减法称取适量样品置于试样坩埚内(精确到0.01mg),且试样应与坩埚紧密接触。打开炉体,将试样坩埚和参比坩埚分别置于试样支持器和参比物支持器上,关闭炉体。参比物的称重和装载过程同试样。

(2)参比物的选择

参比物不仅不能与样品之间发生任何形式的反应,而且也不能与坩埚或者热电偶发生任何形式的反应,并且应优先考虑使用与样品的热特性相似的物质作为参比物。在 DTA 实验中最常用的参比物是 α-Al_2O_3(在使用之前必须加热到1500℃以上以去除吸附水)、SiO_2 或者 SiC。为了使参比物和样品的热性质更加相似,可以考虑用参比物稀释样品,但这样做会降低试样的信号。

对于热导率相对较低的有机物和聚合物样品,可使用热导率介于0.1$W \cdot m^{-1} \cdot K^{-1}$和0.2$W \cdot m^{-1} \cdot K^{-1}$的硅油和邻苯二甲酸二辛酯作为参比物。有时在溶液中,可以使用对于样品来说的纯溶剂作为参比物。

(3)仪器准备

对于差热分析而言,其基本要求是尽可能精确地控制温度。对于等温实验而言,其要求可以十分方便地调节设定的温度,同时应有一个广泛的、可控制性好的加热速率范围。

与热重实验相同,样品周围的气氛会影响所得到的样品的热分析曲线,大多数 DTA 仪器都有一个可以用于在传感器组件周围营造出所选用的气体的气氛的部件。在实验中所使用气体的热导率会影响传感器的响应。大部分 DTA 仪器都可以使用如氮气、氩气或氦气等惰性气体以及反应性气体,特别是空气和氧气。实验时,所用的气氛气体的流速一般为10～100$cm^3 \cdot min^{-1}$。有些仪器系统允许气体在压力为负值的情况下运行,或者允许特定气体进行混合;在实验中,可以实现快速地从惰性气氛切换到氧化性气氛(反之亦然)。

8.3.4 差热分析曲线影响因素

研究表明,差热分析的影响因素很多,这是由于差热分析是一种动态技术,并不容易获得精确的结果。由差热分析曲线测定的主要物理量有热效应发生和结束的温度、峰值温度、曲线的峰面积以及通过定量计算测定转变(或反应)物质的量或相应的转变热。这些结果都会受到试样、实验条件、仪器等的影响。

(1)试样的影响

在实验时,要求试样的粒度一般在100～300目的范围内,试样的体积不宜过大,除非是易分解产生气体的样品或研究由不同粒径组成的块状材料样品。粒度过大时,试样受热不均,峰值温度偏高,反应温度范围大;粒度过小时,容易出现峰遗失的情况。

试样的用量对热分析曲线的峰形也有着显著影响,一般用量最多至毫克级。试样用量越多,内部传热所需时间越长,形成的温度梯度越大,峰形就会变宽,易使相邻两峰重叠,分辨率下降。如果试样过少,则可能会使小峰消失,还会使实验结果缺乏代表性,特别是当试样的均匀性较差时。

另外,试样装填的均匀性和紧密程度也会对曲线产生比较显著的影响。装填的紧密程度会影响气体的扩散速度和试样内部的导热。装填疏松时,反应速度减慢,使邻近峰合并;装填过于密实时,试样处于缺氧状态,曲线会出现吸热峰,如图8-15所示。

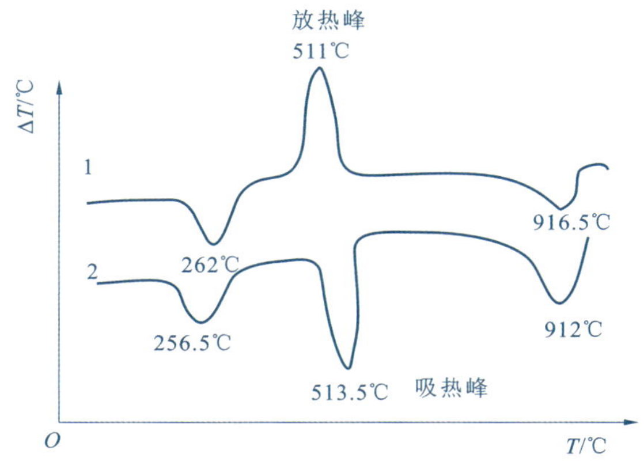

图 8-15 不同装填试样草酸钙的 DTA 曲线

1—装样较疏松；2—装样较密实

(2)实验条件的影响

与热重实验相似，实验中所使用的气氛发挥着重要的作用，尤其是当样品在反应过程中有气体逸出时更是如此。为了得到高质量的数据，在所有的实验中都应始终保持气体流过体系，无论反应中是否有气体逸出。实验时还应确保气氛的条件尽可能一致。对于易氧化的试样，分析时可通入氮气或氦气等惰性气体，虽然惰性气氛不参与反应，但它的压力对试样的反应机理也会产生影响。

图 8-16 为气氛对 $SrCO_3$ 热分解温度的影响，在 CO_2 气氛中 $SrCO_3$ 在 927℃时的晶型转变(有立方晶型转变为六方晶型)温度基本不变，但热分解峰上升。

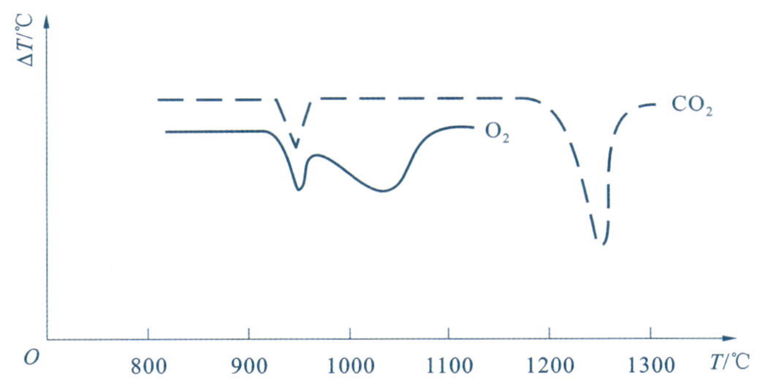

图 8-16 不同气氛下碳酸锶的热分解 DTA 曲线

压力对于不涉及气相物理变化(如晶型转变、熔融、结晶等)的差热实验影响很小，对于反应过程中要放出气体或者消耗气体(如热分解、升华、脱水、氧化等)的差热实验，压力对平衡温度有明显的影响，曲线峰值变化较大。

温度变化速率也会影响曲线峰形状、位置和相邻峰的分辨率。升温越快，在单位时间内产生的热效应变化越大，产生的温差自然也越大，峰就越尖锐。图 8-17 所示为高岭土在不同升温速率下的差热曲线，可以看出升温速率越大，峰越尖锐；升温速率很小时，峰形变圆变低甚至显示不出来。但过快的升温速率会使两相邻峰完全重叠，如图 8-18 所示。

参比物是在热分析过程中起着与被测试样相比较作用的标准物质。参比物选择的基本条件是在所使用的温度范围内是热惰性的，且其比热及热传导率要与试样相同或相近，这样才可保证 DTA 曲线基线能够重复。

(3)仪器因素的影响

一般对实验人员来说，仪器通常是固定的，只能在某些方面(如坩埚等)作有限的选择。坩埚的形状和材质对曲线都会产生不同程度的影响。在实验时对所选择的坩埚的基本要求为：对试样、产物、气氛都是惰性的，并且不起催化作用。在 DTA 实验中所采用的坩埚材料通常有铝、α-Al_2O_3、石英和铂等。

综上所述，差热曲线的影响因素是多方面且复杂的，因此在进行差热试验分析时，为了得到更准确的结果，要严格控制各因素。如果只进行定性分析，那么可主要关注升温速率和试样用量两个因素。

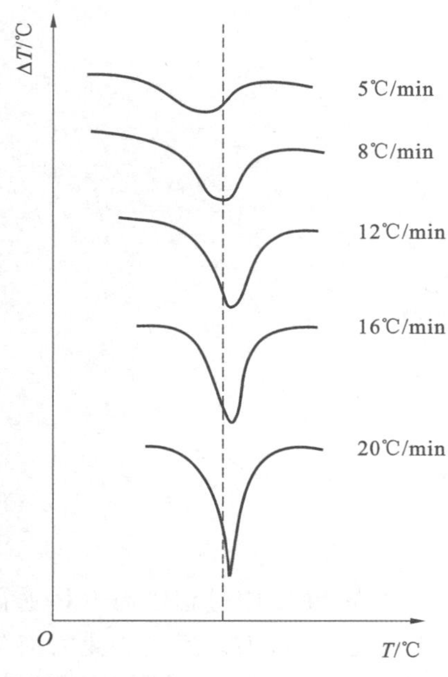

图 8-17 高岭土的 DTG 曲线

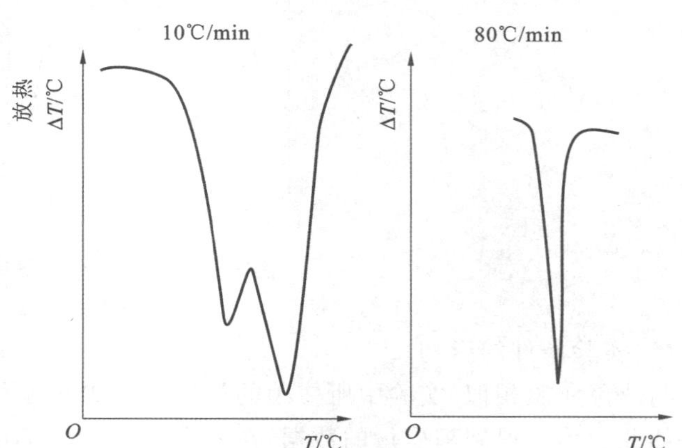

图 8-18 不同升温速率对于聚合物的 DTG 曲线的影响

8.3.5 差热曲线分析

差热分析得到的 DTA 曲线是以温度 T 或时间 t 为横坐标，试样与参比物的温度差 ΔT 为纵坐标。典型的差热曲线如图 8-19 所示。若试样温度为 T_1，参比物温度为 T_2，则温度差 $\Delta T= T_1-T_2$。图中 $\Delta T=0$ 的线就是曲线基线，表示试样无热效应发生；$\Delta T>0$ 的峰曲线或者 $\Delta T<0$ 的谷曲线反映了试样的放热或吸热过程，称为放热峰或者吸热峰，表示试样有热效应产生，热效应的大小可用峰面积表示，且 DTA 曲线中峰的数目、位置、宽度、高度、对称性都可作为物质鉴定的依据。

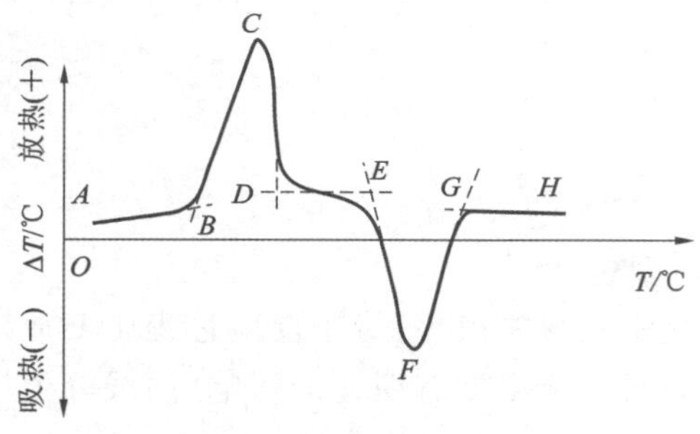

图 8-19 外推法确定差热曲线上的转变点

(1)曲线参数的确定

差热曲线上反应温度的起始点或转变点(曲线离开基线的位置)对曲线参数的确定十分重要。目前根据国际热分析协会(ICTA)对大量试样测试的结果，认为曲线开始偏离基线那点切线与曲线最大斜率切线的交点最接近热力学的平衡温度，因此用外推法确定此点为起始点或转变点(图 8-19 中 B、E 点)。反应终止点(图 8-19 中 D、G 点)同理。但由于实际差热曲线会随着实验条件的变化而变得复杂，峰值和峰位亦产生相应的变化，因此要正确解释差热曲线必须与其他方法相配合。

差热曲线中峰的数目表示物质发生物理、化学变化的次数；峰的位置表示物质发生变化的转化温度；峰的方向表示发生热效应的正负性；峰的面积表示热效应的大小，相同条件下，峰面积大的热效应也大。另外，峰的宽度是指曲线中该峰起始点与终止点之间的距离或温度间距；峰高表示试样与参比物之间的最大温差，指峰顶到内插基线间的垂直距离。

同一试件，在给定的升温速率下，峰形可表征其热反应速度的变化。峰形陡表示热反应速度快，峰形平缓表示热反应速度慢。如图 8-20 所示，由热反应的起始点 T_a、终止点 T_b、峰值温度 T_p 构成的峰形，可用线段 M 与 N 的比值表示其斜率变化：

$$\frac{\tan\alpha}{\tan\beta}=\frac{M}{N} \tag{8-19}$$

上式不仅反映出试样热反应的变化，还具有定性意义。例如黏土矿物的热差分析中，$M/N=0.78\sim2.39$ 时，属于高岭土；$M/N=2.5\sim3.8$，则是多水高岭土。

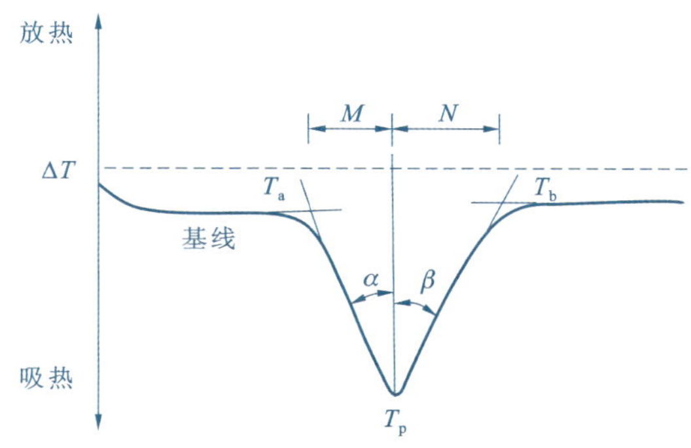

图 8-20 差热曲线形态与反应速率的关系

(2)曲线的定性、定量分析

①定性分析。

在相同的测试条件下，许多物质的差热曲线具有特征性，即一定的物质就有一定的差热峰的数目、位置、方向、峰值等，可通过已知谱图的比较来鉴别样品的种类、相变温度、热效应等物理化学性质。

表 8-6 列出了差热分析中物质吸热和放热的原因，可供分析时参考。

表 8-6 差热分析中产生吸热峰与放热峰的原因

现象		吸热	放热	现象		吸热	放热
物理原因	结晶转变	√	√	化学原因	化学吸附		√
	熔融	√			析出	√	
	气化	√			脱水	√	
	升华	√			分解	√	√
	吸附		√		氧化(气体中)		√
	脱附	√			还原(气体中)	√	
	吸收	√			氧化还原反应	√	√

②定量分析。

定量分析大多是精确测定物质的热反应产生的峰面积，再以各种方式确定物质在混合物中的含量。

反应热与曲线上峰面积 A(扣除背底)之间的关系可由斯伯勒公式表示：

$$\Delta H = K\int_0^{\infty}(\Delta T - \Delta T_a)\mathrm{d}t = KA \tag{8-20}$$

上式表明，反应热与峰面积成正比，仪器常数 K 值越小，对于相同的反应热效应来讲，峰面积 A 越大，灵敏度越高。另外，热效应与质量成正比，即：

$$\Delta H = Mq \tag{8-21}$$

式中 q——单位质量物质的热效应。

因此，测出仪器常数 K 和峰面积 A 代入式(8-20)即可求出反应热 ΔH，如果已知单位质量物质的热效应，代入式(8-21)就可确定反应物质的含量。

通常采用以下几种方法来测定混合物中某物质的含量：

a. 定标曲线法。配制一系列已知含量的标准对照样品，在同一条件下作出差热曲线并求出每个样品的反应峰面积，制作定标曲线(横坐标为混合物中待测物质的百分含量 m，纵坐标为反应峰面积 ΔA)，在完全相同的实验条件下，测定待测样品的 DTA 曲线并求出反应峰面积，对照定标曲线图，从而确定混合物中该物质的含量。

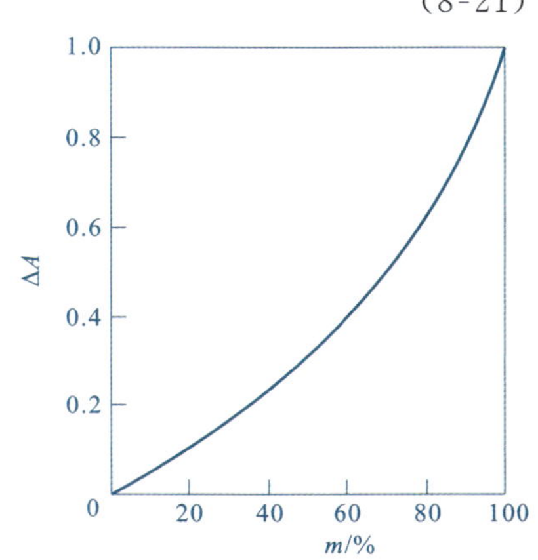

图 8-21 矿物含量定量测定曲线

b. 单物质标准法。与定标曲线法类似，但单物质标准法只需要测定单一纯净物质的差热曲线，求出反应峰面积 A_a（无纯物质时可借助化学分析方法间接求得）；在相同条件下测定待测混合试件的 DTA 曲线，求出反应峰面积 A_i，若 M_a 为纯物质的质量，那么混合物中被测物质的质量 M_i 为：

$$M_i = M_a \cdot \frac{A_i}{A_a} \tag{8-22}$$

此种方法的优点在于简单、迅速。缺点就是在一般情况下难以做到实验条件完全统一，定标曲线法也是如此。

c. 面积比法。根据式(8-20)可对两种或三种物质的混合物进行定量分析。

假定 A、B 两种物质组成混合物，加热过程中每种物质的反应热分别为 ΔH_A、ΔH_B。设 A 的质量分数为 x，B 的质量分数为 $(1-x)$，q_A、q_B 是 A、B 物质单位质量的转变热，则有：

$$\Delta H_A = xq_A, \quad \Delta H_B = (1-x)q_B \tag{8-23}$$

令 $q_A/q_B = K$，则：

$$\frac{\Delta H_A}{\Delta H_B} = \frac{xq_A}{(1-x)q_B} = K\frac{x}{1-x} \tag{8-24}$$

因为物质在加热或冷却过程中吸收或放出的热量与其差热曲线上形成的反应峰面积成正比，于是：

$$\frac{\Delta H_A}{\Delta H_B} = \frac{A_A}{A_B} = K\frac{x}{1-x} \tag{8-25}$$

分别测量差热曲线上两种物质相应的反应峰面积，利用上式对两种物质的混合物进行定量计算。

8.3.6 典型建筑材料差热曲线

(1)硅酸盐水泥差热分析

建筑材料中常用硅酸盐水泥作为原料，差热分析在硅酸盐水泥化学中的应用主要有四个方面：

①焙烧前的原料分析；

②研究精细研磨后的原料加热到 1500℃形成水泥熟料的物理化学过程；

③研究水泥凝固后不同时间内水合产物的组成及生产率；

④研究促凝剂和缓凝剂对水泥凝固特性的影响。

图 8-22 是典型的普通硅酸盐水泥的 DTA 曲线，图中的 A 曲线是硅酸盐水泥原料，即石灰石和黏土混合物的 DTA 曲线，其中 100～150℃的吸热峰为黏土原料吸附水的释放，550～750℃的吸热峰为黏土结构水的释放，900～1000℃的大吸热峰为碳酸钙的分解，1200～1400℃的放热峰和吸热峰是原料物质反应的放热峰和硅酸二钙($2CaO \cdot SiO_2$)、硅酸三钙($3CaO \cdot SiO_2$)等产物的吸热峰。

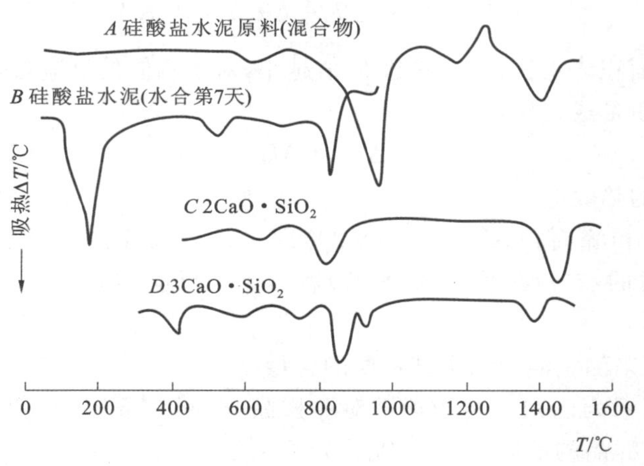

图 8-22 普通硅酸盐水泥的 DTA 曲线

图 8-22 中的 B 曲线是硅酸盐水泥水合第 7 天的 DTA 曲线，在 100～200℃时存在水合硅酸钙凝聚物的脱水吸热峰，500℃附近的吸热峰为游离氢氧化钙分解，800～900℃出现碳酸钙分解的吸热峰(也可能与固-固相转变有关)。

图 8-22 中的 C 曲线是水泥的重要成分硅酸二钙($2CaO \cdot SiO_2$)的 DTA 曲线，在 780～830℃及 1447℃的吸热峰分别是 γ 型→α'_L 型和 α'_H 型→α 型转变形成的。

图 8-22 中的 D 曲线是水泥的主要组分硅酸三钙($3CaO \cdot SiO_2$)的 DTA 曲线，464℃的吸热峰是氢氧化钙分解产生的，622℃和 755℃的吸热峰是硅酸二钙的晶型转变($\alpha'_H \rightarrow \beta_L$ 和 $\gamma \rightarrow \alpha'_L$)，923℃和 980℃的两个吸热峰是硅酸三钙发生转变产生的($T_{II} \rightarrow T_{III}$)和($T_{III} \rightarrow M_I$)。它是由 CaO 和 SiO_2 的固相反应生成的，水泥的主要成分可以分解成游离 CaO 和 $2CaO \cdot SiO_2$。

(2)石英相变的分析

石英在加热过程中具有晶型转变(相变)，从其相变规律来看，可分为两种类型：一类是不可逆的，即α-石英→α-鳞石英→α-方石英；一类是可逆的，即 $\alpha \rightleftharpoons \beta \rightleftharpoons \gamma$。前一类由于转变速度十分缓慢，用差热分析的方法看不到转变现象；后一类反应速度较快，在 DTA 曲线上可清晰地看到转变的现象。图 8-23 为石英及鳞石英的 DTA 曲线，由曲线可知相变的温度变化。

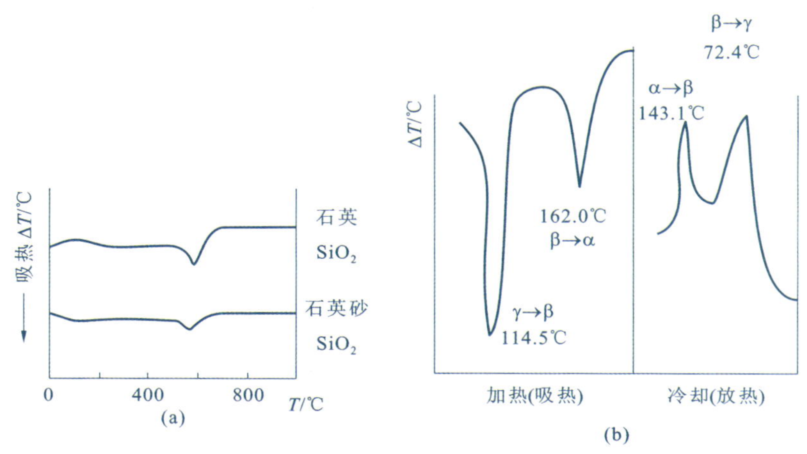

图 8-23 石英及鳞石英的 DTA 曲线

(a)石英；(b)鳞石英

除了上述列举的材料，凡是在加热过程中，因物理化学变化而产生热效应的物质，均可利用差热分析进行研究。每一种物质都有自己特定的 DTA 曲线，曲线上的每个峰值产生的原因可能是：含水矿物脱水、矿物分解放出气体、物质发生氧化反应、晶型转变等等。因此，在进行分析时必须结合试样的来源，考虑曲线的因素，合理解释。

8.4 差示扫描量热分析 >>>

8.4.1 差示扫描量热分析的定义

差示扫描量热分析是指在程序控制温度和一定氛围下，测量流入流出试样和参比物之间的热流或输送给试样和参比物的加热功率与温度或时间关系的一种热分析技术。进行这种测量的仪器称为差示扫描量热仪(differential scanning calorimeter，DSC)，测得的曲线称为差示扫描量热曲线(DSC 曲线)。

差示扫描量热分析是在差热分析的基础上发展而成的，其主要特点是分辨能力强和灵敏度高，使用温度范围较宽(－175～725℃)。差示扫描量热分析不仅包含差热分析的一般功能，还可定量地测定这种热力学、动力学参数(如热焓、熵、比热容等),广泛应用于材料应用科学和理论研究中。

差示扫描中差示的含义是:以一个在测量温度或时间范围内无任何热效应的惰性物质为参比物,将试样的热流与参比物进行比较而测定其热行为。测量试样与参比物的热流(或功率)差变化,比只测定试样的绝对热流变化要精确得多。

8.4.2 基本原理和差示扫描量热仪

根据差示扫描量热的定义可知,差示扫描量热仪可分为两种基本类型:功率补偿型和热流型。

(1)功率补偿型差示扫描量热法

功率补偿型差示扫描量热法采用零点平衡原理。图 8-24 所示为功率补偿型差示扫描量热仪示意图,与差热分析比较,差示扫描量热仪多了一个功率补偿放大器,且试样容器(坩埚)下与参比物容器(坩埚)下增加了各自独立的热敏元件和补偿加热器(丝)。整个仪器由两个控制系统进行监控,一个控制温度,使试样和参比物在预定速率下升温或降温;另一个用于补偿试样和参比物之间产生的温差,即当试样由于热反应而出现温差时,通过补偿控制系统使流入补偿加热丝的电流发生变化。例如,热分析过程中,当试样发生吸热时,补偿系统流入试样一侧加热丝的电流增大;而试样放热时,补偿系统流入参比物一侧加热丝的电流增大。直至试样和参比物二者热量平衡,保持温度相等,$\Delta T=0$,这就是零点平衡原理。补偿的能量就是试样吸收或放出的能量。

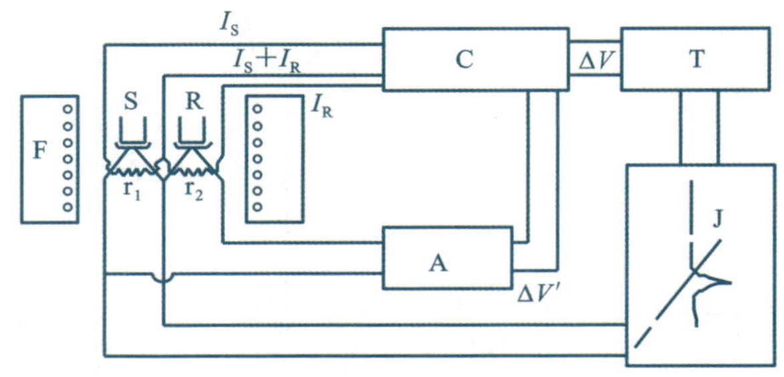

图 8-24 功率补偿型差示扫描量热仪示意图

S—试样;R—参比物;C—差动热量补偿器;A—微伏放大器;T—量程转换器;J—记录仪;F—电炉;r_1,r_2—补偿加热丝

(2)热流型差示扫描量热法

热流型差示扫描量热法主要通过测量加热过程中试样吸收或放出热量的流量来达到分析的目的。

热流型差示扫描量热仪的示意图如图 8-25 所示,其构造与差热分析仪相近。它利用康铜电热片作为试样和参比物支架底盘并兼作测温热电偶,该电热片与试样和参比物底盘下的镍铬-镍铝热电偶检测差示热流。当加热器在程序控制下加热时,热量通过加热块对试样和参比物均匀加热。由于高温时试样和周围环境的温差较大,热量损失较大,故在等速升温的同时,仪器自动改变差热放大器的放大倍数,以补偿因温度变化对试样热效应测量的影响。因此,该仪器可以定量地测定热效应。

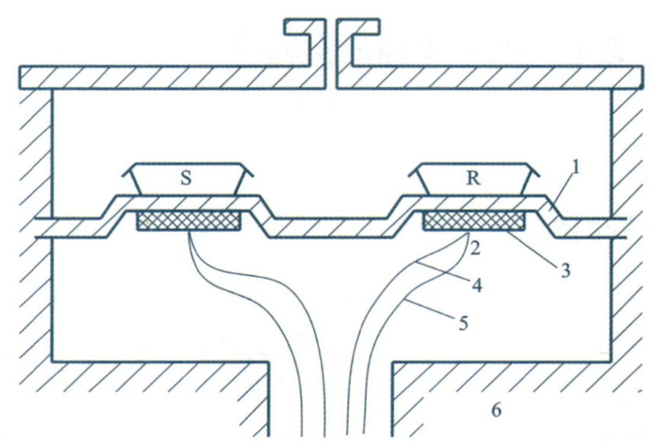

图 8-25 热流型差示扫描量热仪示意图

1—康铜盘;2—热电偶热点;3—镍铬板;4—镍铝丝;5—镍铬丝;6—加热块

无论是哪一种差示扫描量热法，随着试样温度的升高，试样与周围环境温度偏差变大，且温度过高时，热辐射就高于热传导，造成量热损失，都会使测量精度下降，因而差示扫描量热法的测量温度范围通常低于700℃，工作温度明显低于差热分析法。

从试样产生热效应所释放的热量向周围散失的情况来看，功率补偿型差示扫描量热仪的热量损失要多于热流型，热流型差示扫描量热仪的热量损失一般在10%左右。目前，差示扫描量热法由于其精度高成为最广泛的热分析技术之一。其中，功率补偿型差示扫描量热仪比热流型差示扫描量热仪的应用更广泛。

8.4.3 差示扫描量热曲线

在样品制备和实验操作方面，可以参照上节中差热分析的实验准备部分。影响差示扫描量热曲线的因素和差热分析基本类似，但由于DSC实验主要用于定量测定，因此，实验测定的样品用量、粒度、几何形状和纯度以及实验过程中的升温速率、气体性质和参比物的性质这些实验因素的影响尤为重要。通过正确的制样操作、合适的样品池以及制样条件，可以获得在特定实验条件下的最佳结果。对于差示扫描量热实验而言，所得的结果应该是对温度、焓和热容的精确的、可重复的测量，且可以重现样品反应的动力学行为和相互作用。

图8-26为典型的DSC曲线示意图，横坐标可用温度 T 或时间 t 来表示，纵坐标表示试样吸热或放热的速率，即热流率 $\mathrm{d}H/\mathrm{d}t$，单位为mJ/s。测试开始时曲线上的变化(曲线1)是由于初始的“启动偏移”，在启动的瞬变时段内，状态突然从恒温模式变为线性升温模式。启动偏移后以程序设定的速率升温，偏移量取决于样品的热容和升温速率。随后试样的热容增加，可观察到一个吸热台阶(曲线2)，曲线离开基线的位移代表试样吸热或放热的速率，冷结晶过程曲线3表示放热峰，峰的面积表示热量的变化，即结晶焓。微晶的熔融产生吸热峰4，如果试样中存在挥发性物质(如溶剂)，则可观察到由于蒸发产生的吸热峰5，最后在较高的温度开始分解(曲线6)。

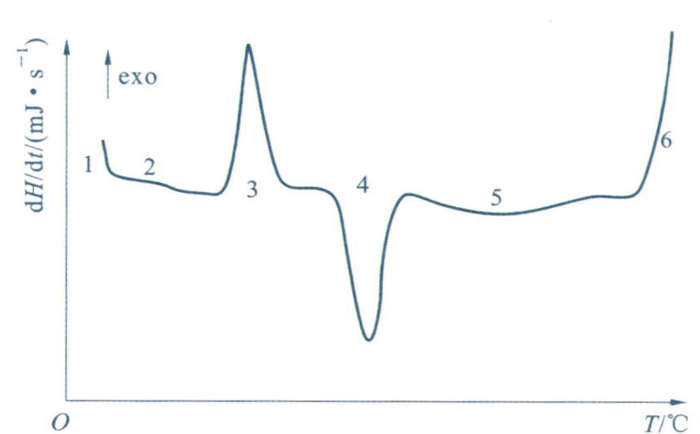

图8-26 典型的DSC曲线示意图

1—初始启动偏移；2—玻璃化转变；3—冷结晶；4—熔融；5—汽化；6—分解

注：标exo说明吸热朝下、放热朝上

差示扫描量热法通常用于定量计算，因为差示扫描量热法可以直接测量试样在发生物理化学变化时的热效应。可以根据补偿的功率直接计算热流率：

$$\Delta P = \frac{\mathrm{d}Q_{\mathrm{S}}}{\mathrm{d}t} - \frac{\mathrm{d}Q_{\mathrm{R}}}{\mathrm{d}t} = \frac{\mathrm{d}\Delta H}{\mathrm{d}t} \tag{8-26}$$

式中 ΔP——补偿的功率；

$\frac{\mathrm{d}Q_{\mathrm{S}}}{\mathrm{d}t}$，$\frac{\mathrm{d}Q_{\mathrm{R}}}{\mathrm{d}t}$——单位时间给试样和参比物的热量；

$\frac{\mathrm{d}\Delta H}{\mathrm{d}t}$——单位时间试样的热焓变化(热流率)，也就是曲线的纵坐标。

所以，差示扫描量热法就是通过测量试样与参比物的功率差，用它来表示试样的热焓变化。试样吸收或放出的热量 ΔH 为：

$$\Delta H = \int_{t_1}^{t_2} \Delta P \mathrm{d}t \tag{8-27}$$

式(8-27)的积分结果就是吸热或放热峰的面积，峰的面积就是热量的直接度量。考虑试样和参比物与补偿加热丝之间存在热阻，导致补偿热量存在损耗，因此，试样热效应真实的热量与曲线峰面积的关系为：

$$\Delta H = m \cdot \Delta H_m = K \cdot A \tag{8-28}$$

式中 m——试样质量；

ΔH_m——单位质量试样的焓变；

K——修正系数，称仪器常数；

A——峰面积。

仪器常数 K 可由标准物质试验确定，对于已知 ΔH 的试样，测量出相应的峰面积 A，按照式(8-28)即可求得 K。这里的 K 不随温度、操作条件而变化，因此 DSC 比 DTA 定量性能好。同时，试样和参比物与热电偶之间的热阻可做得尽可能小，使得 DSC 对热效应的响应更快、灵敏度及峰的分辨率更高。

8.4.4 差示扫描量热法的应用

差示扫描量热法与差热分析法的应用功能有许多相同之处，但 DSC 克服了 DTA 以温度间接表达物质热效应的缺陷，具有分辨率高、灵敏度高等优点，可定量测定多种热力学和动力学参数，且可进行晶体细微结构分析等工作，以下是几个应用的例子。

(1)焓变的测定

由上节内容可知，若已知仪器常数 K，按测定 K 时相同的实验条件测定试样差示扫描量热曲线上的峰面积，即可计算焓变 ΔH(或单位质量焓变 ΔH_m)。

(2)比热容的测定

单位质量的某种物质升高或下降单位温度所吸收或放出的热量，称为比热容。比热容越大，物体的吸热或散热能力越强。差示扫描量热分析中升温速率为定值，而试样的热流率是连续测定的，所测定的热流率与试样瞬时比热容成正比：

$$\frac{dH}{dt} = m \cdot c_p \frac{dT}{dt} \tag{8-29}$$

式中 m——试件质量；

c_p——恒压比热容；

$\frac{dT}{dt}$——实验中升温或降温速率。

试样比热容的测定通常以蓝宝石作为标准物，其数据已精确测定，可从相关手册查到不同温度下的比热容值。首先要测定空白基线，即无试样时的 DSC 曲线；然后在相同条件下测得蓝宝石与试样的 DSC 曲线，结果如图 8-27 所示。

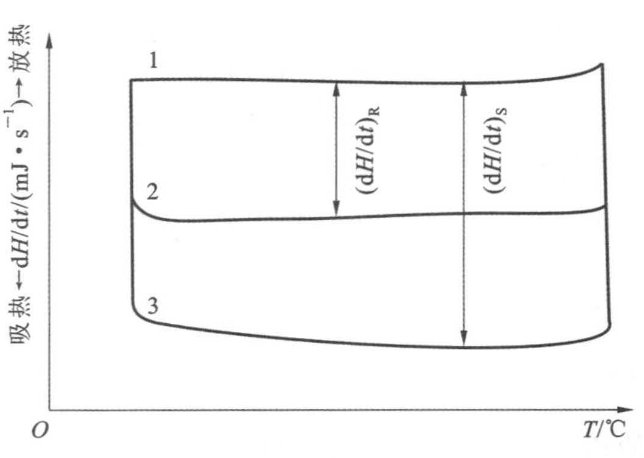

图 8-27 测定比热容的 DSC 曲线示意图

1—空白；2—蓝宝石；3—试样

由于试样升温速率$\frac{dT}{dt}$相同，由式(8-29)可知在任一温度时，有：

$$\left(\frac{\mathrm{d}H}{\mathrm{d}t}\right)_{\mathrm{S}} \Big/ \left(\frac{\mathrm{d}H}{\mathrm{d}t}\right)_{\mathrm{R}} = \frac{m_{\mathrm{S}} \cdot (c_p)_{\mathrm{S}}}{m_{\mathrm{R}} \cdot (c_p)_{\mathrm{R}}} \tag{8-30}$$

式中，下标 S、R 分别代表试样与蓝宝石，根据 DSC 曲线中测得的试样与蓝宝石的$\frac{\mathrm{d}H}{\mathrm{d}t}$值，可通过式(8-30)求出试样在任一温度下的比热容。

(3)其他应用

此外，差示扫描量热法也被应用在研究液晶上，随着温度升高，具有液晶性质的物质会从固态起经历一系列的相态而转化为各向同性的液态。高精密度的差示扫描量热法，可以测量出其中每个相变的相变焓，结合相态的观察可以研究这一系列的相变。差示扫描量热法可以用于测试样品的氧化稳定性，一般先将样品放入气密性较好的样品腔中，通入惰性气体比如氮气，然后加热到需要测量氧化稳定性的温度，在保持温度不变的状况下，通入氧气。样品的氧化会产生峰，可以通过改变通入氧气的多少来模拟不同的气体环境。在药物分析上，可以用差示扫描量热法来判断药物的加工条件，比如若药物要求在无定形形态下加工，就需要先作 DSC 曲线，确定结晶温度，然后在结晶温度以下加工；而且 DSC 是区分共聚物和共混物的重要工具，对于两种不能相容的聚合物，可以通过机械力形成共混物，一般具有两个玻璃化转变温度。

与保持样品和参比物温度一致测量热流的差示扫描量热法不同，差热分析是保持热流速率一致，测量样品和参比物的温度差。两者相比，差示扫描量热法的优点是可以得到较好的定量数据，缺点是温度较高时基线会变坏，无法继续测量。现今大多数差热分析的生产厂家已经不再生产单独的 DSC 或 DTA 设备，而是生产包括热重分析、差示扫描量热法和差热分析的集成仪器，这些集成仪器可以同时给出待测样品的质量、样品与参比物间热流速率、样品与参比物间温差与温度或时间的关系曲线，十分方便快捷。

8.5 热机械分析 >>>

8.5.1 热机械分析的定义与基本原理

广义上的热机械分析(thermomechanical analysis，TMA)是在程序控制温度和一定的荷载下(形变模式有压缩、针入、拉伸或弯曲等不同形式)，测量试样的形变与温度或时间关系的技术。热机械分析主要用于考察具有合适形状的样品在受到与实际使用环境接近的应力作用下的行为。

在实际应用中，TMA 通常是指静态热机械分析，即其对应于程序控制温度和一定的非振荡荷载下(形变模式有压缩、针入、拉伸或弯曲等形式)，测量试样的形变与温度或时间关系的技术。热机械分析还包括动态热机械分析(dynamic thermomechanical analysis，DMA)和热膨胀法(thermodilatometry 或 dilatometry，简称 DIL)等。DMA 是一种在程序控制温度和一定的振荡荷载下测量试样的形变与温度或时间关系的技术。DIL 是在程序控制温度和一定气氛下，测量试样的尺寸(长度)或体积的变化与温度或时间关系的一种热分析技术。热膨胀法可以看作静态热机械分析的一种特例(静态力很小并且在实验过程中保持不变)。如果施加荷载阻碍固体的膨胀，就可以观察到膨胀效应和模量变化的综合效应，通过测量得到的 TMA 曲线主要可以得到试样的模量变化信息。本节主要介绍静态热机械分析方法。

8.5.2 热机械分析仪的测量模式和工作原理

由于通常所指的热机械分析仪为静态热机械分析仪，因此静态热机械分析仪通常简称为 TMA 仪。

(1)测量模式

TMA 测试探头一般有膨胀或压缩探头、针入探头、弯曲探头(一般是三点弯曲探头)和拉伸探头(包括薄膜拉伸探头和纤维拉伸探头)等类型。不同的探头类型对应着不同的测量模式。

图 8-28 为 TMA 各种测量模式的示意图。

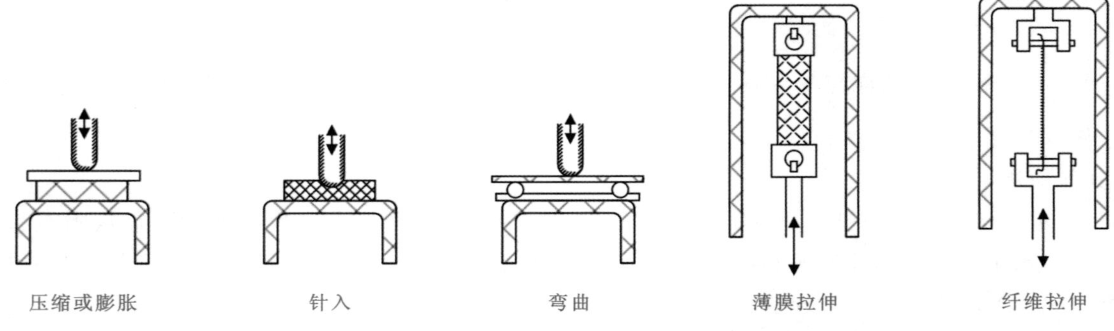

图 8-28 常用 TMA 测量模式示意图(箭头表示探头作用力向)

①压缩或膨胀模式。

在两面平行的试样上覆盖一片石英玻璃圆片,以使压缩应力均匀分布。膨胀测试时,作用在圆柱体试样上的力仅产生很小的压缩应力。

②针入模式。

这种模式通常用来测定试样在负载下软化或形变开始的温度。针入测试通常用球点探头,实验开始时这种探头仅与试样上很小面积接触,加热时如果试样软化,则探头逐渐深入试样,接触面积增大,形成球形凹痕,在此测试过程中压缩应力会下降。

TMA 测试模式是膨胀还是针入取决于所施加的力和样品的刚度。例如,对于石英晶体,即使施加 1N 的力,测得的也是无形变的膨胀曲线。而对于巧克力,即使施加 0.01N 的力,仅在熔融前的固态即可观察到膨胀。

对于熔融测试,可将试样夹在两片石英圆片中。试样熔融时,发生形变。金属一般需要施加较大的力(如 0.5N)才能将熔体挤出,因为必须使表面氧化层发生形变。

③三点弯曲模式。

对于在压缩模式中不会呈现可测量形变的硬材料如纤维增加塑料或金属,适合使用三点弯曲模式测量。

④拉伸模式。

此种模式适合薄膜或纤维。

(2)工作原理

按测试原理的不同,TMA 仪分为浮筒式和天平式两种,而天平式根据试样与天平刀线的相对位置又分为下皿式、上皿式两种。TMA 仪在实验中可以通过荷载控制系统来改变荷载的各种变化形式,如荷载的连续加载、部分或全部撤销等。通过不同的夹具形式,可以实现压缩、针入、弯曲、拉伸等形式的实验。

实验时将试样置于 TMA 仪的样品平台上,在预先设定的程序控制温度和一定的荷载与气氛下,对试样进行测试,通过位移传感器实时测量探头移动的位置随温度或时间的变化情况。在 TMA 仪中,用于连续记录探头位置的位移传感器有数字编码器、差动的或指针式的位移传感器,通常使用线性差动变压器(LVDT)作为位移传感器。LVDT 的电磁线性马达可消除运动部件的重力,使施加在探头上的力直接作用于试样上,线圈内的电磁芯与测量探头连接,产生与位移成正比的电信号,通过测量并记录电信号的变化,即可得到试样尺寸(长度或体积,或其变化率)等形变随温度或时间变化的 TMA 曲线。

通常通过一个已知膨胀系数的固体样品(即标准物质)对仪器进行校准,这是由于仪器的支撑组件的膨胀程度通常与样品相当,或略大于样品,通过 ΔL(测量)获得 ΔL(校正)的准确数值。在使用标准物质进行校准的过程中,其加热速率必须与样品实验中相同。同时,也应优先采用与实验样品厚度范围相当的标准物质,常用于校准的标准物质是通过加工制成的石英或氧化铝的棒状样品。根据式(8-31)进行简单的线性内插值处理通常可以给出与样品具有相同初始厚度的标准物质的表观膨胀系数:

$$\alpha_{理论} - \alpha_{校正} = \alpha_{测量} \tag{8-31}$$

可以将由标准物质实验获得的仪器校正值应用到所需的样品数据中,对测得的热膨胀系数进行校正。

探头类型的选择决定了被测量的实际模量/膨胀性能。根据前述不同测量模式中使用的探头,其模量 E

可分别由下式计算得到(针入探头的模量根据经验公式来进行估算)：

平头探头压缩模式和拉伸模式：

$$E = \frac{F/A}{\Delta L/H} \tag{8-32}$$

半球形探头压缩模式：

$$E = \frac{3(1-v^2)F}{4R^{1/2}\Delta L^{3/2}} \tag{8-33}$$

三点弯曲模式：

$$E = \frac{FL^3}{2\Delta LCH^3} \tag{8-34}$$

式中 ΔL——探头的垂直位移；

F——施加在横截面上的力；

A——力作用的横截面积；

H——试样的高度；

L——试样的长度(弯曲梁)；

C——试样的宽度；

v——泊松比；

R——半球半径。

式(8-34)适用于恒温下的荷载条件。在进行温度扫描时，如果需要它的模量值，就必须校正样品和仪器的膨胀量 ΔL，除非使用具有半球形尖端的探头。任何一种具有比样品更小面积的探头都会给出经验性的结果。当 $H \gg \Delta L$ 时，可以使用 Hertzian 近似，其他情况则采用 Finkin 近似。

在 TMA 实验中，ΔL 的测量通常可以达到 0.01μm 以下的精度，最近发展起来的调谐激光技术能够将其降低到纳米级。光学式仪器的反射端面导致其应用温度限制在约 700℃ 以下，而采用电学式工作原理的高温 TMA 仪器则可以达到 2000℃ 以上。

8.5.3 热机械分析实验准备

(1)样品制备

用于 TMA 实验的固体样品，在制备时有以下几点要求：

对于块状样品，试样的形状和大小要能适应 TMA 仪的测试要求，对样品进行切割等加工时，不能使试样产生热或者在试样制样前进行一定的稳定化处理，且试样不应有裂纹。受力的两表面需平行而光滑，从而避免由于测试过程中的机械运动而带来的测量误差。

对于纤维和薄膜状样品，在制样时应防止出现气泡、断裂。薄膜状的试样要有一定的厚度，然后制备成尺寸相同的平行试样。

粉末状样品应使用成型器具使试样成型后进行测定。

(2)仪器校准

按照检定规程或校准规范使用标准物质对仪器的探头、力、位移(长度和膨胀系数)和温度进行校正，校准结果应符合仪器所要求的技术指标。应根据试样变化产生的温度范围选择相应的标准物质来进行温度、位移和力的校正。若测试温度范围较宽，应使用一种以上的标准物质进行校正。由于校正会受到试样状态、升温速率、试样支架、测试探头、气氛气体的种类和流量等因素的影响，所以校正时的实验条件应与测试条件保持一致。

(3)实验测量

在测量之前，需进行空白实验。在与试样测试条件相同的情况下进行空白实验，记录 TMA 曲线。利用空白实验测得的数据校准试样测得的数据。

然后进行测量，具体步骤如下：

a. 将样品装入样品支架并进行固定，放置温度传感器使其尽量接近试样；

b. 利用游标卡尺(误差不大于±0.01mm)、测厚计或其他器具来测量试样在室温下的尺寸 L_0;

c. 选择温度范围、升降温度和所施荷载(按 ISO 11359—2 或 ISO 11359—3 或其他相关材料标准的要求);

d. 记录与温度或时间的关系,测得 TMA 曲线;

e. 比较空白实验曲线与试样测得的曲线,并做所需的校准。

8.5.4 热机械分析曲线影响因素

与前几种热分析类似,升温速率是热机械分析实验中比较重要的因素,选择合适的升温速率才能得到理想的实验结果:对于 TMA 测试,通常的升温速率为 2~10K/min,因为升温速率较大会使样品出现较大的温度梯度;对于 DMA 测试,通常的升温速率为 1~3K/min。

对于 TMA 测试,样品的尺寸和形状应该根据希望得到的信息进行处理。例如,测定膨胀系数的时候需要厚的样品,尤其是当膨胀系数小于 $10\times10^{-6}K^{-1}$ 时,矿物、玻璃、陶瓷等就是这种情况。厚度为 4~6mm,宽度为 2~3mm 的试样是比较理想的,理想状态下样品应为圆柱形。如果试样不平,测试时样品就可能会滑动,从而产生台阶状的突变,如图 8-29 所示。所以测试样品的表面应该是平的,以使测试并不是仅在几个凸起上进行。

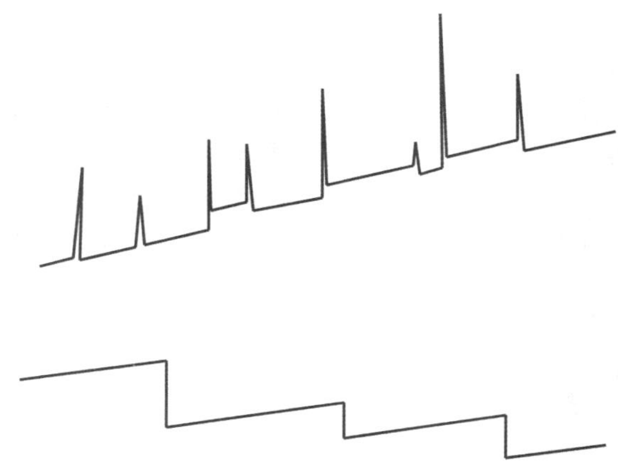

图 8-29 测试过程中的异常情况

由于试样测试时的样品质量与实验结果无关,故通常不会测定样品质量,但是为了方便比较,最好使用相同形状和质量的样品。因为,实验时在试样内部不可避免地会出现温度梯度,越大的样品表现得越明显,同时样品的传热性不好以及升温速率较大都会导致较大的温度梯度,从而导致热效应变宽或延迟。因此,实验时对于温度梯度较大的样品,可以采用降低升温速率的方法来减小样品的温度梯度。

为了避免试样装样的影响,TMA 实验的装样要求如下:①试样与支架和探头接触的两个面要尽量平行且光滑;②每次测试前,注意样品支架与探头要保持干净且干燥,没有样品残留;③测膨胀系数要求样品比较厚,因为样品的绝对膨胀量比较小,比较厚的样品检测会更准确一些;④可以使用 TMA 的穿透模式来测试软化温度,这种模式可以测试非常薄的涂层,甚至是几微米厚的薄膜;⑤对于粉末状样品,可以将样品压成小片进行测试,或者是将粉末状样品放在两片石英片的中间,然后将探头压在石英片上进行测试。石英玻璃片可使探头上施加的力均匀分布在样品上,还可防止样品熔融或分解而粘在样品支架上。

8.5.5 热机械分析曲线解析

由热机械分析曲线所获得的特征变化主要是由热或力引起的形变或模量等信息,对于所得到的曲线而言,可确定变化过程的特征温度和由形变反映出试样的尺寸或力学性能变化等信息。

TMA 曲线横坐标为温度或时间,纵坐标为样品的实际长度或高度,单位常用 mm 表示,或用归一化后的长度或高度热变化率的百分数表示。对于线性升温、降温的测试,横坐标用温度表示;对于恒温型的测试,横坐标为时间;对于由应变扫描或应力扫描测试模式得到的静态 TMA 曲线,横坐标用应变表示。

(1)膨胀系数测量曲线

对于静态 TMA 曲线和热膨胀曲线而言，由下至上长度(高度)的增加表示样品膨胀，由上至下长度(高度)的降低表示样品压缩(图 8-30、图 8-31)。特征温度或时间的确定方法可参考差热曲线分析方法。由热膨胀曲线可以得到线性热膨胀率($\Delta L/L_0$)、线膨胀系数(coefficient of thermal expansion，CTE)(也简称膨胀系数)、瞬间线膨胀系数、平均线膨胀系数等相关信息。图 8-30 以膨胀探头测试的非等温 TMA 曲线为例，给出了曲线的表示方法。

大多数材料在加热时膨胀。线膨胀系数 α 定义如下：

$$\alpha = \frac{\mathrm{d}L}{\mathrm{d}T}\frac{1}{L_0} \tag{8-35}$$

式中 $\mathrm{d}L$——由温度 $\mathrm{d}T$ 引起的长度变化；

L_0——温度 T_0(通常为室温 25℃)时的原始长度；

α——单位为 $10^{-6}\mathrm{K}^{-1}$。

平均热膨胀系数 $\bar{\alpha}$ 是 $T_1 \sim T_2$ 温度范围样品膨胀的量度：

$$\overline{\alpha_{T_1T_2}} = \frac{L_2 - L_1}{T_2 - T_1}\frac{1}{L_0} = \frac{\Delta L}{\Delta T}\frac{1}{L_0} \tag{8-36}$$

式中 L_0——温度 T_0(通常为室温 25℃)时的样品长度(参比长度)；

L_1——较低温度 T_1 时的样品长度；

L_2——较高温度 T_2 时的样品长度。

由热机械分析曲线可以确定试样在测试过程中某温度段变化的起始温度、外推起点温度、终止温度和试样在某温度段的长度变化(或热膨胀率，或膨胀系数)等信息(图 8-30、图 8-31)。

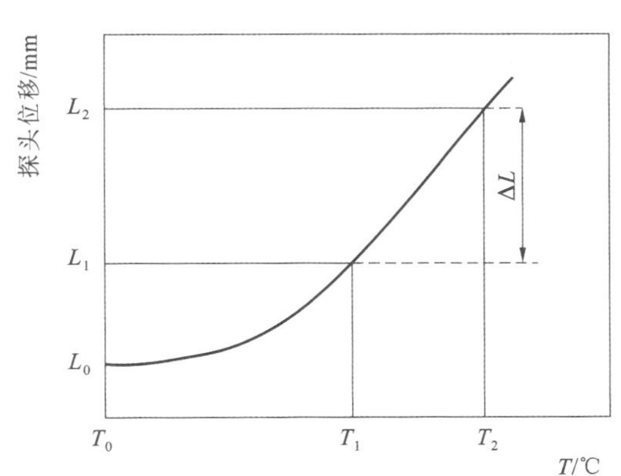

图 8-30 TMA 曲线特征物理量(膨胀位移)的表示方法

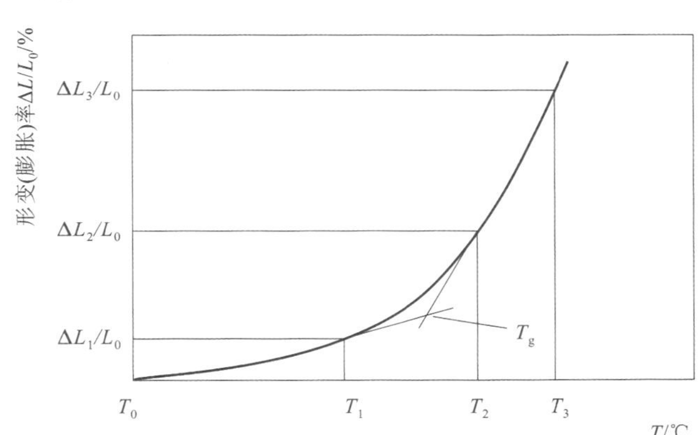

图 8-31 TMA 曲线特征物理量(形变率)的表示方法

(2)玻璃化转变的 TMA 测量曲线

玻璃化转变温度是控制材料质量的重要参数。玻璃化转变通常伴随热膨胀系数变大，因此可以通过测定热膨胀系数的变化来确定玻璃化转变温度。

测定玻璃化转变温度是 TMA 最常进行的测试之一。在玻璃化转变处，由于热膨胀系数增大，膨胀测量曲线斜率明显增大。图 8-32 为一种复合材料(玻璃纤维增强环氧树脂印制线路板)的 TMA 膨胀曲线。Z 表示垂直于玻璃纤维方向，X 和 Y 表示与纤维同一平面。施加的力为 0.02N，升温速率为 5K/min，试样原始长度为 4mm。在玻璃化转变时，树脂基体在 Z 方向的膨胀系数从 125℃左右起变化显著。因此，可将该曲线用于玻璃化转变温度的计算(前后基线切线的交点)。X 和 Y 方向在玻璃化转变时膨胀系数的变化不是很明显(50℃时玻璃纤维增强的印制线路板在 Z 方向的膨胀比 X 和 Y 方向约大 3 倍)。

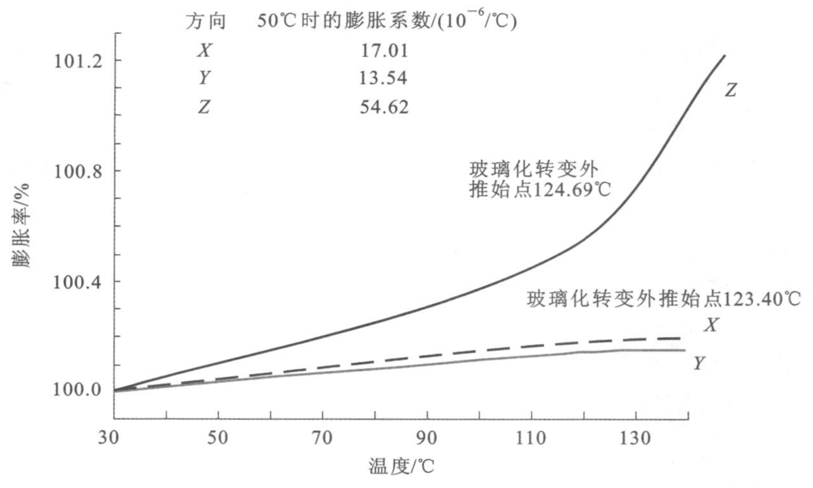

图 8-32 复合材料的 TMA 膨胀曲线(玻璃化转变温度)

8.5.6 热机械分析应用(典型建筑材料的热机械分析曲线)

热机械分析方法主要通过样品在荷载作用下产生形变,再通过形变信息可以得到材料在发生转变过程中体积和力学性质的变化信息。对于静态 TMA 曲线和热膨胀曲线而言,通过曲线在不同的温度和时间下的转折可以研究材料在不同阶段的结构变化。

石英、长石、高岭石是陶瓷材料的主要原料,图 8-33 为这三种矿物的热膨胀曲线,由图可知,在 723K 时,高岭石大约收缩 0.3%,石英和长石分别膨胀约 0.7%和 3.5%。

图 8-34 所示为三种硬质黏土的热膨胀曲线,图中 a 是以水铝石为主并含微量高岭石的黏土试样的热膨胀曲线,在 1000℃以前收缩很小,仅为 1%,1000℃以后才开始形成剧烈的收缩;b 为含高岭石和水铝石的黏土试样的热膨胀曲线,在 1000℃时总收缩为 2%;c 为以高岭石为主体的黏土试样的热膨胀曲线,自 600℃开始出现较大的收缩,1000℃时收缩达 4.7%,至 1400℃时收缩达 7.7%。上述现象意味着试样 a 的烧结温度最高(即在相同温度下收缩最小),试样 c 的烧结温度最低。由此可见,试样烧结温度与耐火性较高的水铝石有关。

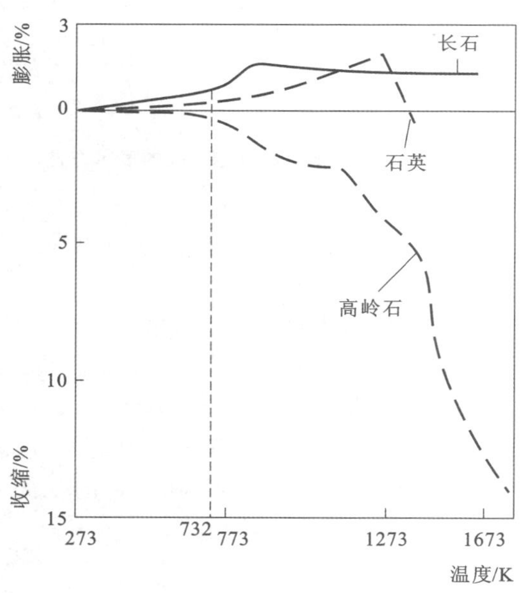

图 8-33 石英、长石、高岭石的热膨胀曲线

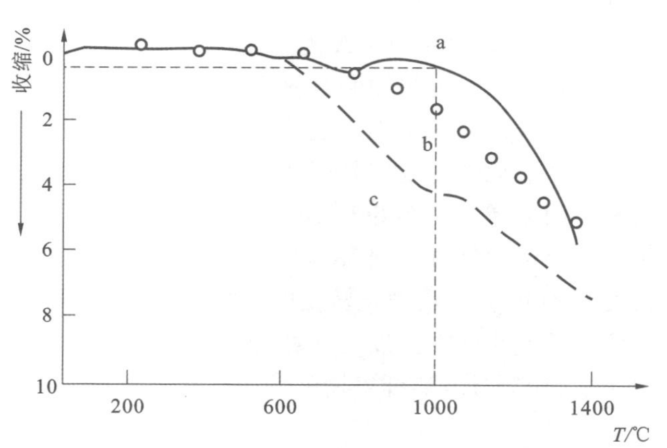

图 8-34 三种硬质黏土的热膨胀曲线

a—水铝石+微量高岭石;b—高岭石+水铝石;c—以高岭石为主

前述 8.3.6 节利用差热分析法进行了石英相变的分析，还可结合其热膨胀曲线，综合分析石英在晶型转变过程中，伴随着热效应的产生，其显著的体积变化。石英及其变体的热膨胀曲线如图 8-35 所示。

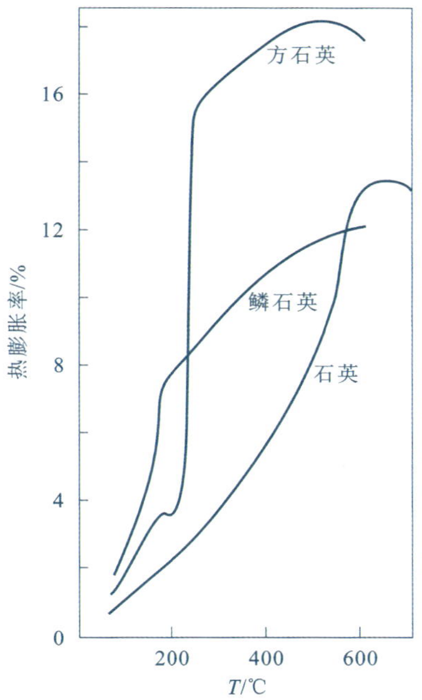

图 8-35 石英及其变体的热膨胀曲线

参考文献

[1] 中华人民共和国国家质量监督检验检疫总局，中国国家标准化管理委员会. 热分析术语：GB/T 6425—2008[S]. 北京：中国标准出版社，2008.

[2] 刘振海，陆立明，唐远旺. 热分析简明教程[M]. 北京：科学出版社，2012.

[3] 廉慧珍. 建筑材料物相研究基础[M]. 北京：清华大学出版社，1996.

[4] 朱和国，杜宇雷，赵军. 材料现代分析技术[M]. 北京：国防工业出版社，2012.

[5] 丁延伟. 热分析基础[M]. 合肥：中国科学技术大学出版社，2020.

[6] 陈厚. 高分子材料分析测试与研究方法[M]. 北京：化学工业出版社，2011.

[7] 谢英，侯文萍，王向东. 差热分析在水泥水化研究中的应用[J]. 水泥，1997(5)：44-47.

[8] 何小芳，张亚爽，李小庆，等. 水泥水化产物的热分析研究进展[J]. 硅酸盐通报，2012，31(5)：1170-1174.

[9] 金宝. 高温后混凝土材料的冲击力学性能试验研究[D]. 长沙：湖南大学，2015.

[10] 王敏. 高性能水泥基材料的性能及机理研究[D]. 西安：西北工业大学，2018.

[11] 李蓓. 基于水泥水化的水泥基材料热-湿-碳化耦合模型研究[D]. 杭州：浙江大学，2016.

9 X射线计算断层扫描技术

本章导读

内容简介

本章介绍了X射线计算断层扫描技术(XCT)的定义、发展历史、基本原理、仪器构成和试验方法,并通过案例介绍了XCT在建筑材料微观结构研究中的运用。

9.1 XCT的定义和历史

9.1.1 XCT的定义

CT是computed tomography(计算层析技术)的简写,一般翻译为计算断层扫描,是一种利用X射线、γ射线、超声波等准直的射线束对物体从各个角度进行透射,利用不同密度(或平均原子序数)的物质对射线的衰减程度不同,在探测器上形成各个角度的、灰度不一的透射投影图,而后通过一定的算法获取样品内部各物相结构的断层图片的技术。CT的核心为利用投影数据重建图像的理论,其实质是根据投影数据利用反投影算法求出成像平面上每个点对射线的衰减系数值。而X射线计算断层扫描技术(X-ray computed tomography,XCT)是利用X光作为射线束对物体进行透射投影并依据其投影进行三维重构的技术,是CT技术中运用最广的技术。tomography(层析成像)一词是希腊语tomos(意思是"切片"或"节")和graphien(意思是"写作")的组合,现一般指断层扫描。在断层扫描过程中,利用X射线穿透物体来获取各个角度的大量的射线投影图(projections),然后利用数学算法对投影数据进行重建,得到被扫描物体的断层图像。

严格来说,CT成像有发射成像模式与透射成像模式两种。所谓发射成像模式,是通过采集目标物所反射的某种成像介质来获取图像的成像模式,如单光子发射计算断层扫描(single-photon emission computed tomography,SPECT)和正电子发射断层扫描(positron emission tomography,PET)是通过检测病人体内发射的γ射线进行成像的技术。而透射成像模式是利用介质穿过物体,获取物体对成像介质吸收、衰减后的投影,而后根据计算出的衰减程度来反映物体内部结构差异。本章只讨论透射成像模式,且只讨论透射介质为X射线的情况。

9.1.2 XCT的历史

(1)X射线的发现

X射线最初由德国物理学家伦琴(Wilhelm Röntgen)发现。1895年,伦琴在研究阴极射线时为了防止紫外线和可见光线的影响,以及防止放电管内的可见光漏出,用黑色硬纸板将放电管密封。实验时他却意外发现一米开外的一块涂有氰化铂酸钡的荧光屏上有荧光发出,然而之前的所有实验已证明阴极射线只能在空气中传播几厘米,不可能到达1m之外。于是伦琴把荧光屏进一步移远并重复实验,发现直到2m以外仍可见到屏上有荧光。经过反复实验,伦琴确信这是一种尚未被人所知的新射线,由于缺少对它的认识,伦琴便将它命名为X射线。通过进一步实验,他发现X射线可穿透书本、几厘米厚的木板、硬橡皮以及15mm厚的铝板等,但不能穿透1.5mm厚的铅板。一次,他偶然发现X射线可以穿透肌肉照出手指骨的轮廓,于是他将他夫人的手放在用黑纸包严的照相底片上,然后用X射线对准照射,显影后底片上清晰地显示出他夫人的手骨像,手指上结婚戒指的位置和轮廓也很清楚,如图9-1所示。这是一张具有历史意义的照片,它表明了人类可借助X射线,隔着皮肉去透视骨骼,随后X射线很快被用到了医学上,开启了一个全新的时代。1896年1月23日,伦琴在德国物理学会上宣布X射线的发现并展示了这张照片。伦琴也因为发现了X射线而获得了1901年首届诺贝尔物理学奖。

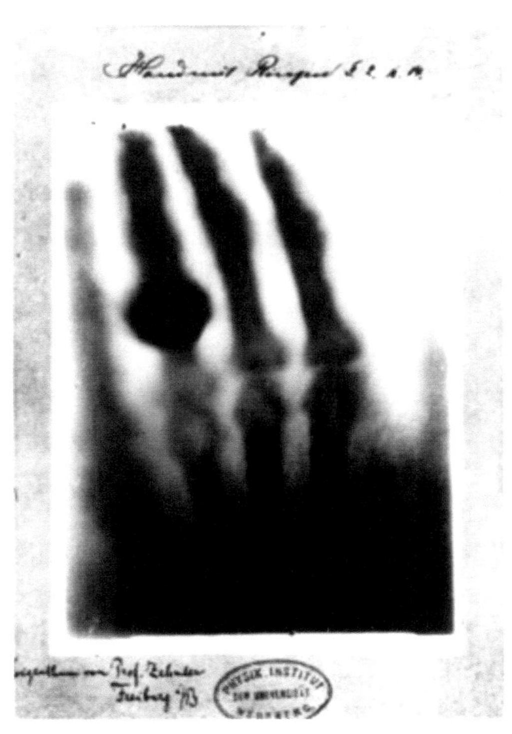

图9-1 伦琴夫人的手骨X射线图像

(2)X射线的特点

经过科学家多年对X射线的持续研究,到今天人们已经认识到X射线在本质上与我们日常所接触的微波、可见光等一样,是一种电磁波,只是X射线的波长更短、能量更大,如图9-2所示的电磁波谱图。X射线的光子能量是可见光的光子能量的几万甚至几十万倍,因此,它除了具有可见光的一般性质外,还具有自身独特的性质。

首先,X射线具有所有电磁波的共同特性,即波动性和粒子性。波动性表现在X射线有衍射、偏振、反射、折射等性质,并以一定的波长和频率在空中传播。X射线是一种横波,在真空中的传播速度与可见光相同,在均匀各向同性的介质中沿直线传播。粒子性表现在X射线与物质作用时具有光电效应、荧光作用、电离作用等。

其次,X射线具有很强的穿透性。X射线对物体的极强的穿透作用源于其短波长、高频率与高能量。X射线照射物体时仅一部分被物质吸收,大部分经由原子间隙而透过。X射线穿透物质的能力与X射线光子的能量有关,波长越短、光子的能量越大,其穿透性越强(极高能量的X射线又被称为硬X射线,一些硬X射线的波长比原子间隙还小,因此能够从原子间隙穿过)。同时也与物质密度相关,利用不同密度的物质对X射线的差别吸收这种性质可以把密度不同的物质区分开来,这是X射线得以在医学、无损探伤、行李检查、

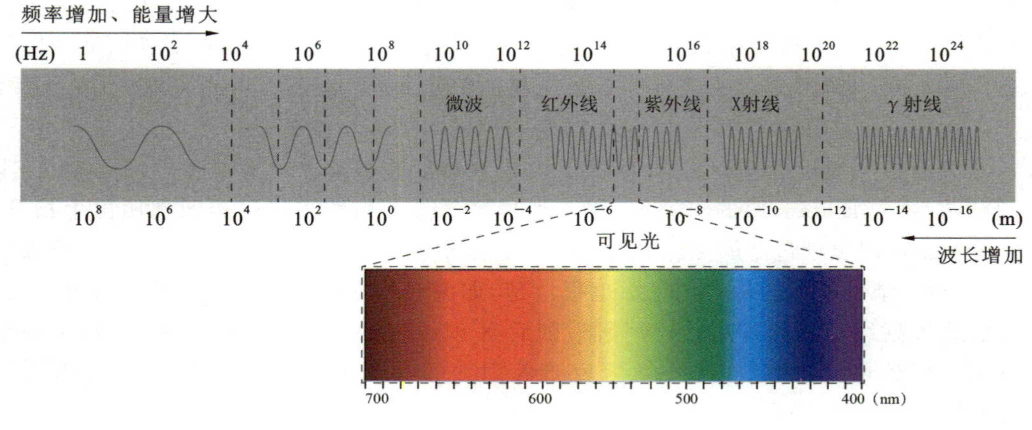

图 9-2 电磁波谱

安检等各行业中广泛运用的前提。

再者,X 射线可使物质发生电离作用。物质受 X 射线照射时,物质的核外电子脱离原子轨道产生电离。在电离作用下,气体能够导电;某些物质可以发生化学反应,如使胶片感光,使某些物质如氰化钡、铅玻璃、水晶等的结晶体脱水而改变颜色等。利用电离电荷的多少可测定 X 射线的照射量,X 射线测量仪器就是根据这个原理制成的。

最后,X 射线具有荧光作用。X 射线虽不被人眼所见,但它照射到某些化合物(如磷、铂氰化钡、硫化锌镉、钨酸钙等)时,可使物质发出荧光(可见光或紫外线)。这种作用也是 X 射线应用于透视的基础,利用这种荧光作用可制成荧光屏,用于透视时观察射线通过人体组织的影像;也可制成增感屏,用于摄影时增加胶片的感光量;XCT 机中所用的 X 射线探测也是基于荧光作用,通过荧光作用将 X 射线转换成光信号,再利用光电转换和增强设备将其进行放大。

特别要强调的是,X 射线的电离作用对人体具有一定的伤害性。当 X 射线照射到生物机体时,与机体细胞、组织、体液等物质相互作用,引起物质中的原子或分子电离,破坏机体内某些大分子结构,如使蛋白分子链断裂、核糖核酸或脱氧核糖核酸断裂,甚至可直接损伤细胞结构,使生物细胞受到抑制、破坏甚至坏死,致使机体发生不同程度的生理、病理和生化等方面的改变。因此,在应用 X 射线的同时,应特别注意采取防护措施。X 射线照射属于外照射,当不得不接触 X 射线时,应注意以下三个原则:①减少照射时间;②增大与 X 射线源的距离,辐射强度与距离的平方成反比;③利用物理屏蔽,重金属和高密度物质能够有效地减弱、屏蔽 X 射线。目前,医用 CT、加速器 CT 等主要利用厚混凝土墙来屏蔽 X 射线,而显微 CT、工业 CT 等微米、亚微米级别的 XCT 机主要通过一定厚度的铅壳来屏蔽 X 射线。

(3)XCT 技术的简要发展与原型机的出现

X 射线出现以后,很快就被运用到了医学领域。但常规 X 射线摄影是人体三维结构与组织的二维重叠显示,会造成人体内部组织影像互相重叠,不易分辨出想要观察部位的确切位置和细节。此外,常规 X 射线摄影对于吸收系数很接近的组织如肝脏、胰腺中的病变难以区分,这些部位在临床上被视为常规 X 射线诊断的盲区。

1914 年,俄国学者 K. Maenep 依照运动产生模糊的理论,首先提出层析摄影的理论,即用一种特殊装置,使想观察的人体某层组织影像较清楚地显示出来,而该层组织以外的则模糊不清,以获取较大的空间分辨力。

1917 年,奥地利数学家雷登(J. Radon)首先提出了图像重建的理论方法。他指出对二维或三维的物体可先从各个不同的方向上投影,称为 Radon 变换;然后用数学方法计算出一张重建的图像,称为 Radon 逆变换。当时这种方法应用在无线电、天文学的图像重建中。Radon 变换是 XCT 图像重构的基础。

1930 年,意大利的 Vallebona 开始将体层摄影的有关理论和它的使用方法应用于临床并取得了很好的临床效果。1947 年,Vallebona 率先获取了以人体为模型的横面影像,这种技术后来又发展成回转人体横断面体层技术。

1955 年,天文学家 Bracewell 利用电波望远镜描绘太阳黑子地图。他首先根据取自很狭窄的细条上的数据重建太阳影像，然后利用这一系列的一维空间的细条重建二维空间的地图。1956 年，Bracewell 第一次运用傅立叶变换重建的方法，由一系列从不同方向测得的太阳微波发射数据，绘制了太阳微波发射图像。由于接收天线只能聚焦并接收某一极薄的窄条上发射的微波，故一次所测量得到的是从太阳表面某一窄条发射出的总发射量，然后根据这一系列的投影值来绘制一个局部活动的图像。这就给了人们一个启示：从人体某段的射线投影可得到该人体段的断层图像。

1961 年，天文学家 W. H. Oledendorf 设计了一个“旋转-平移”试验装置，并最早实现了图像重建。他的装置如图 9-3 所示。利用碘-131 射线源发射出一束经准直校正的 γ 射线束作为透射光源，在另一侧用碘化钠晶体光电倍增管检测器检测透过的射线。将一个中间插有铁钉和铝钉的塑料块作为测试样品，塑料块可沿轨道以一定的速度左右移动，同时所有部件均安装在一个留声机转盘上，能够以一定的速度旋转。经过约一个小时时间完成数据采集，而后利用数学方法重建了一根单线，通过该线的波动状态得出了铁钉和铝钉的线性位置图。此设备第一次实现了医学上建立断层图像的设想，涵盖了断层扫描仪的基础概念。此后，Oledendorf 把 γ 射线换成 X 射线，并于 1963 年申请了相关专利。

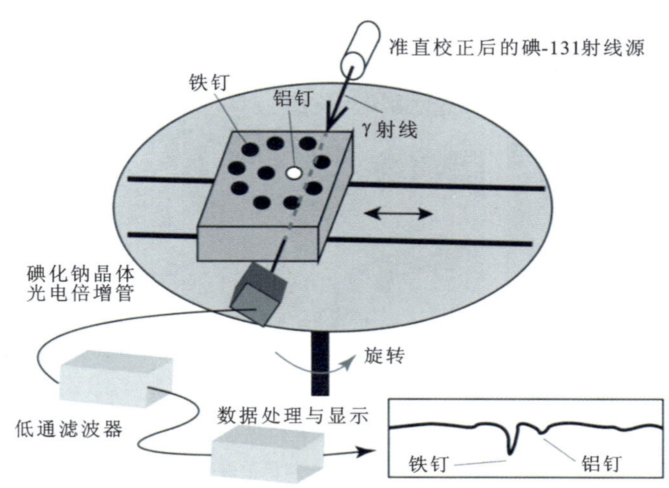

图 9-3 Oledendorf 设计的“旋转-平移”试验装置

1963 年，美国物理学家科马克(Cormack)进一步发展了从 X 射线投影重建图像的准确数学方法。他意识到要利用 X 射线进行断层扫描分析，首先需掌握 X 射线在物体内的吸收系数，因此他设计了一种装置对其进行测试。他的实验装置如图 9-4 所示：采用 Co-60 作为射线源，并用一个盖革计数管作为探测器。样品是一个铝质圆筒，周围用环状木材包裹。然后利用装置对样品进行扫描而得剖面图像，扫描后采用傅立叶变换法获得铝和木材的实际吸收系数。科马克是正确应用图像重建数学方法获得物质吸收系数的第一个研究者，其研究为 CT 技术的研究和发展奠定了理论基础。

1967—1970 年，在 EMI 实验中心工作的豪斯菲尔德(Housfield)博士也提出了一种获取断层图像的方法，这种方法仅需从单一平面获取透射的投影(由后节所述的第一代 CT 机获取)，将每个光束的通路都看成联立方程的许多方程之一。通过解这组联立方程便能获得该平面的图像。基于此原理，他设计了一个实验装置，如图 9-5 所示，利用同位素作为射线源。该装置的采集效率不高，差不多用了 9 天时间采集数据，用2.5个小时重建一幅图像。实验结果最终能够区分相差 4%的衰减系数，而不是理论上的区分相差 0.5%的衰减系数。

随后豪斯菲尔德对原型机进行不断改进，并在 1971 年制造了一台用于扫描人脑的 CT 扫描仪，为了避免商业机密被泄露，豪斯菲尔德特意选在伦敦郊区的一家医院安装了其第一台原型设备(EMI Mark I，图 9-6)，并于 1971 年 10 月 1 日检查了第一个疑似脑瘤患者，扫描后获得的 CT 图像如图 9-6(c)所示，虽然分辨率不高，但根据不同位置的灰度差异，这幅图像的确把怀疑有脑瘤部分显示了出来。当时扫描一层图像需要 3～5min，重建图像需要 5min，图像层厚为 13mm，图像显示矩阵为 80×80。

由于发明了 CT 扫描仪及对 CT 技术发展的卓越贡献，豪斯菲尔德和科马克共同获得了 1979 年度的诺贝尔生理学或医学奖。

图 9-4 科马克制造的用于测试射线在物体内部吸收系数的实验装置

图 9-5 豪斯菲尔德制造的 CT 原型机

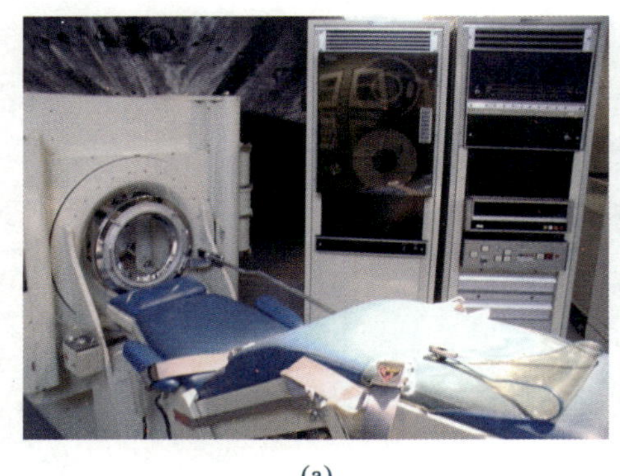

(a)

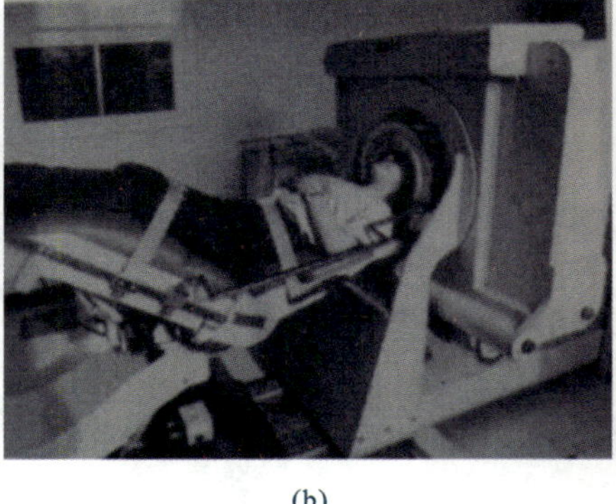

(b)

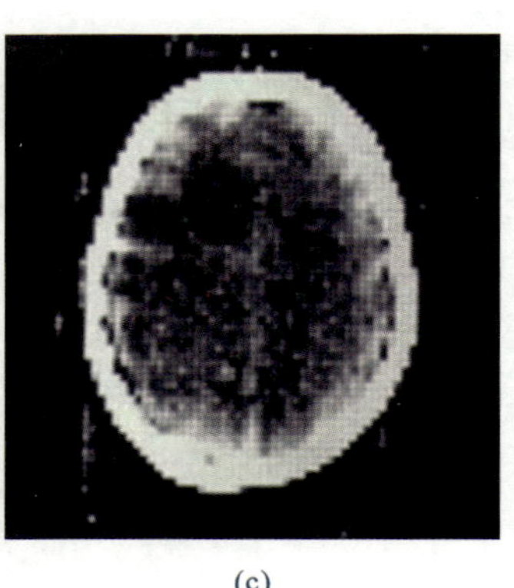

(c)

图 9-6 豪斯菲尔德于 1971 年研制的第一台头部 CT 扫描仪及用其拍摄的第一例患者的头部图像

(a)、(b)头部 CT 扫描仪;(c)用头部 CT 扫描仪拍摄的第一例患者的头部图像

9.2 XCT 的基本原理 >>>

9.2.1 X 射线与物质的相互作用

XCT 成像的基础在于 X 射线穿透物质时,物质对 X 射线的衰减,归纳起来衰减的形式主要包括光电效应、康普顿效应、电子对效应与相干散射四种。

(1) 光电效应

入射 X 射线光子在物质中传播时,与物质原子的内层轨道电子相互作用。如果入射光子能量大于轨道电子与原子核的结合能,则入射光子将自身能量全部传递给轨道电子,使之脱离原子核的束缚成为自由电子,入射光子消失,这一过程被称为光电效应(photoelectric effect)。产生的自由电子称为光电子,其原理如图 9-7(a)所示。光电效应首先由德国物理学家海因里希·赫兹于 1887 年发现,菲利普·莱纳德用实验发现了光电效应的重要规律,艾尔伯特·爱因斯坦则提出了正确的理论机制,解释了这一效应。

光电效应发生后,在原来轨道电子的位置将出现电子空穴,使原子处于不稳定的激发态。此时,外层电子可能跃迁至该空穴位置,同时产生特征 X 射线,这是光电效应的重要特征。此外,高能级的外层电子跃迁产生的辐射能量,可能激发外层电子脱离轨道,成为自由电子。这种现象称为俄歇效应,产生的自由电子也称为俄歇电子,多发生于轻元素。

光电效应的发生概率与射线能量和物质原子序数有关，它随着光子能量的增大而减小，随着原子序数的增大而增大。

(2)康普顿效应

当入射X射线光子与受原子核束缚作用较小的外层轨道电子发生作用，入射光子损失部分能量，改变入射方向，同时电子获得能量后从原始轨道飞出，这种现象称为康普顿效应(Compton effect)，如图9-7(b)所示。康普顿效应由美国物理学家康普顿发现，他也因此获得1927年诺贝尔物理学奖。损失能量后的X射线光子被称为散射光子，获得能量的电子成为自由电子。由于外层轨道电子与原子核的结合能较小，康普顿效应可以被近似地视为运动光子与自由电子的弹性碰撞。

康普顿效应发生后，散射光子保留大部分能量，只有小部分光子能量被吸收。无论是散射光子还是反冲电子，都将偏离入射X射线光子的运动方向。二者的偏转角度均与入射X射线光子的能量相关，随着入射光子能量增大，反冲电子和散射光子的偏角都会减小。实验和理论都证明，康普顿效应的发生概率与原子序数无关，仅与作用物质的电子密度有关。由于大部分物质的电子密度相差不大(氢除外)，因此同一X射线穿越不同物质时，由康普顿效应引起的衰减系数也相似。

(3)电子对效应

能量高于1.02MeV的X射线光子穿越物质时，如果经过原子核附近，则将与该区域电场发生相互作用，入射光子释放全部能量，并转化为一对正、负电子，这就是电子对效应(electric pair effect)，如图9-7(c)所示。

电子对效应产生的正、负电子以一定的角度飞出，其偏转角度与入射光子能量有关。可以近似认为，X射线的光子能量一部分转化为正、负电子的静止能量($2m_ec^2$)，另一部分转化为正、负电子的动能E_+和E_-，即：

$$h\nu = 2m_ec^2 + E_+ + E_- \tag{9-1}$$

由该式可知，只有当入射光子能量大于1.02MeV时，才有可能发生电子对效应。对于一定能量的入射X射线光子，经过电子对效应产生的电子对动能之和为常数，但正、负两个电子的动能不一定相等。获得动能的正、负电子对将以电力或者辐射的方式损失能量。正电子停止时，会与一个自由电子结合而转化为两个光子，这种现象称为电子对湮灭。根据能量守恒和动量守恒，该过程产生的两个光子能量均为0.51MeV，飞行方向相反。

(4)相干散射

当入射X光子与物质中的某些电子(例如内层电子)发生碰撞时，由于这些电子受到原子的强力束缚，光子的能量不足以使电子脱离所在能级的情况下，此种碰撞可以近似地看成刚体间的弹性碰撞，其结果是仅使光子的前进方向发生改变，即发生了散射，但光子的能量并未损耗，即散射线的波长等于入射线的波长。此时各散射线将相互发生干涉，故称为相干散射，如图9-7(d)所示。相干散射是引起晶体产生衍射线的根源。相干散射发生的概率大约与物质原子序数的二次方成正比，并随着入射光子能量的增大而迅速减小。因此，当入射光子能量较低时，应注意相干散射的影响。

上述四种X射线与物质的相互作用中，光电效应、康普顿效应和电子对效应占主要地位，相干散射的影响则相对较小。单个X射线光子与物质的一次相互作用中，只涉及一种作用过程。但实际中X射线光子与物质会发生多次相互作用，因此其衰减量要综合考虑上述几种相互作用过程。其中，相干散射仅在低能射线和高原子序数的情况下产生较大影响，并且该过程不发生能量转移。光电吸收、康普顿效应、电子对效应这三种主要效应发生的概率与物质原子序数(Z)及入射X射线光子能量有关。对于不同的物质和不同能量的X射线，这三种效应的贡献不同。图9-8显示了这三种效应与入射光子能量和物质原子序数的关系。可以看出，当入射X射线光子能量较低时，除原子序数较低的物质外，所有物质都以光电效应为主；对能量为0.8～4MeV的光子，无论原子序数为多少，康普顿效应都占主导地位；而当X射线光子能量较高时，对于原子序数较高的物质，电子对效应占优势。

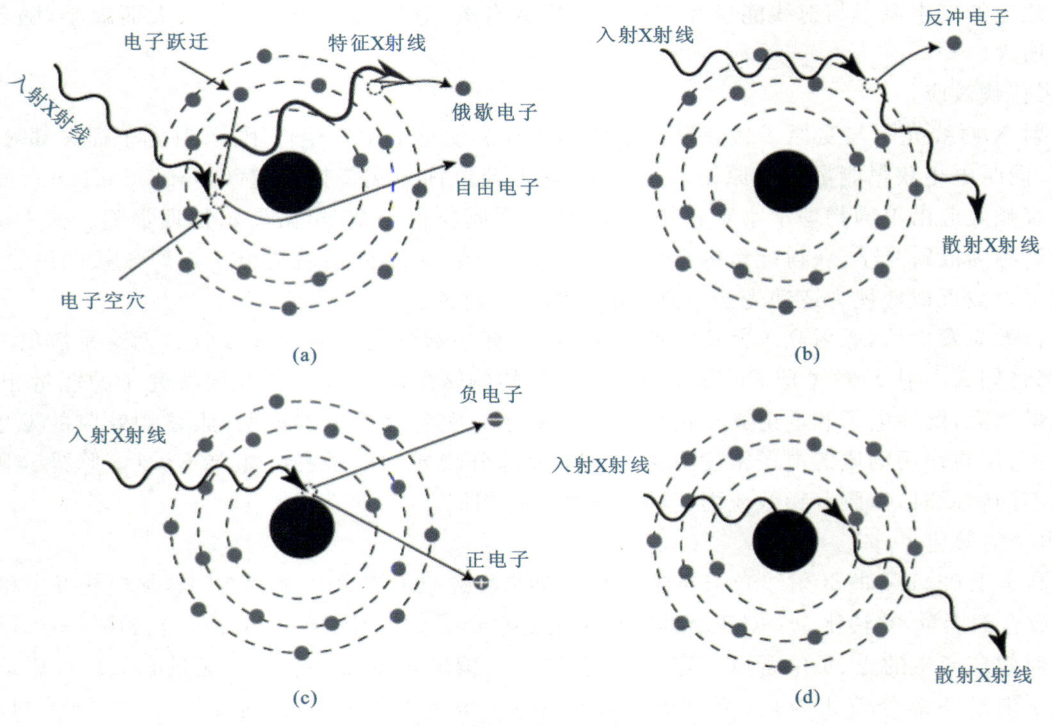

图 9-7 X 射线与物质的四种相互作用示意图

(a)光电效应;(b)康普顿效应;(c)电子对效应;(d)相干散射

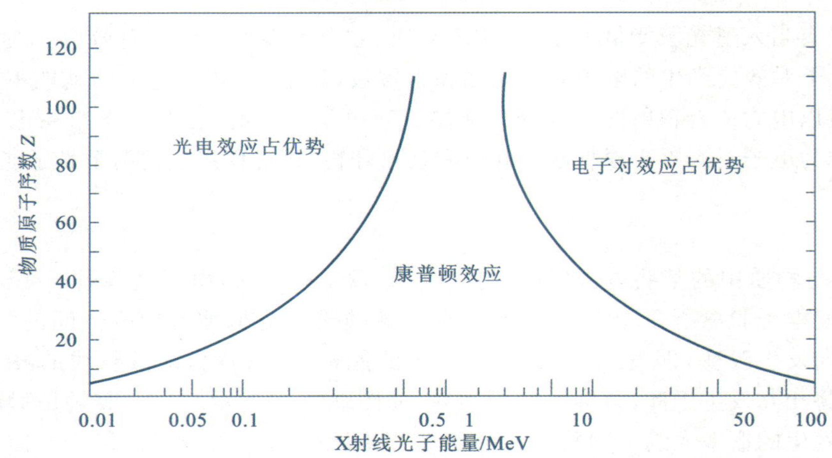

图 9-8 光电效应、康普顿效应与电子对效应与光子能量和物质原子序数的关系

9.2.2 X 射线的衰减规律

(1)扩散衰减

X 射线在物质中传播时,其强度会发生扩散衰减和吸收衰减。扩散衰减是由传播距离引起的,而吸收衰减则是穿越某种物质时发生的。扩散衰减是指仅由于传播距离不同引起的衰减,其衰减规律符合二次方反比定律:

$$N = k\frac{N_0}{r^2} \tag{9-2}$$

式中 N_0——X 射线在点源位置单位面积内的光子数;

N——该射线距离射线源 r 处的球面上单位面积内的光子数;

k——比例系数。

由于空气对 X 射线的衰减作用很小,可以忽略不计,因此可以通过调节 X 射线源到接收端的距离来控制射线强度。射线穿越某种物质时，会与物质原子发生各种相互作用，这个过程中会发生散射和吸收，造成入射方向上射线强度的吸收衰减。在讨论 XCT 中 X 射线的衰减时，我们主要是指吸收衰减。

(2)吸收衰减

由于存在前述的光电效应、康普顿效应、电子对效应与相干散射等，X 射线在穿过物质后其强度会发生衰减。用线性衰减系数(linear attenuation coefficient，LAC)来表征 X 射线在物质中穿越单位距离时强度发生衰减的程度。物质的线性衰减系数越大，X 射线在该物质中的穿透能力越弱，即该物质对 X 射线的屏蔽能力越强。线性衰减系数受到 X 射线能量、物质材料的原子序数以及物质的密度等的影响，与入射光子的数量无关，亦即主要受到加速电压的影响，而与电流大小无关。

根据各种不同的相互作用对 X 射线衰减的影响，线性衰减系数(用 μ 表示)可以按下式分解：

$$\mu = \mu_L + \mu_C + \mu_P + \mu_S \tag{9-3}$$

式中　$\mu_L, \mu_C, \mu_P, \mu_S$——光电效应、康普顿效应、电子对效应和相干散射的线性衰减系数。

由于线性衰减系数与射线穿越物质的密度成正比，而不同物质的密度会随着温度和气压变化，因此在实际运用中，使用较多的是质量衰减系数(mass attenuation coefficient，MAC)的概念。

$$\mu_m = \frac{\mu}{\rho} \tag{9-4}$$

式中　ρ——物质的密度。

物质的 X 射线质量衰减系数主要受到入射光子的能量和物质原子序数的调控，一般来说，随着物质原子序数和光子能量的增大，质量衰减系数相应减小。图 9-9 与图 9-10 给出了建筑材料中常见的元素和几种化合物的质量衰减系数与 X 射线光子能量的关系，由图可知，所有元素与化合物的质量衰减系数均随着 X 射线光子能量的升高而降低。元素的原子序数或化合物的平均原子序数越高，其衰减系数越高。但 X 射线光子能量不同时，在某些特定区间，低原子序数的元素的质量衰减系数反而大于高原子序数的元素，这主要是由不同元素在 X 射线光子能量不同时的四个效应所起的主要作用和所占比例不同所致。

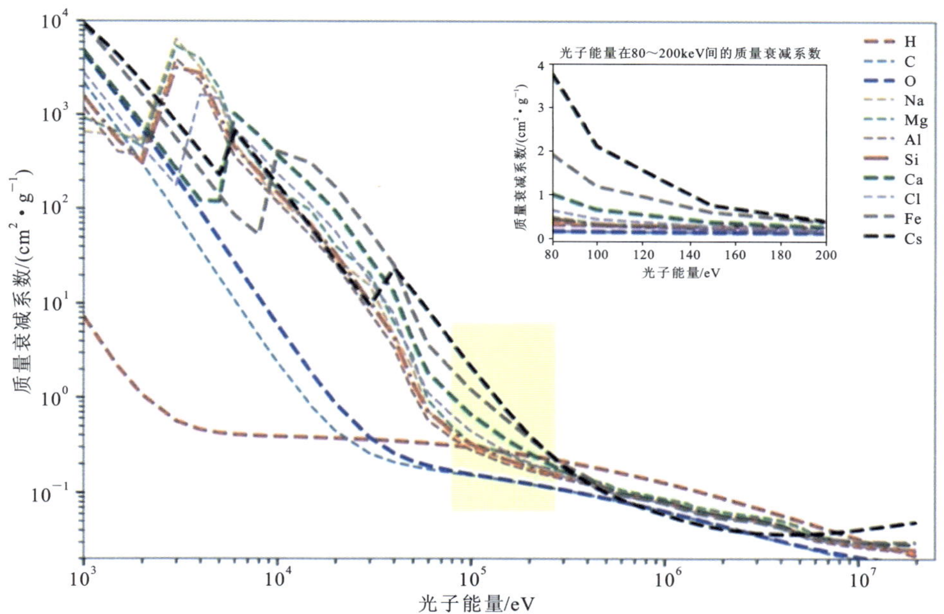

图 9-9　建筑材料中常见元素的质量衰减系数与 X 射线光子能量的关系

另外，为便于理解物质对 X 射线的衰减，我们引入 X 射线强度的定义。X 射线强度(I)是指在 X 射线入射方向上，单位时间经过单位面积的 X 射线光子的总能量，对于单能 X 射线：

$$I = Nh\nu \tag{9-5}$$

大多数 X 射线管产生的 X 射线属于具有连续光谱的多能 X 射线，其 X 射线强度为：

$$I = h\sum_{k} N_k \nu_k \tag{9-6}$$

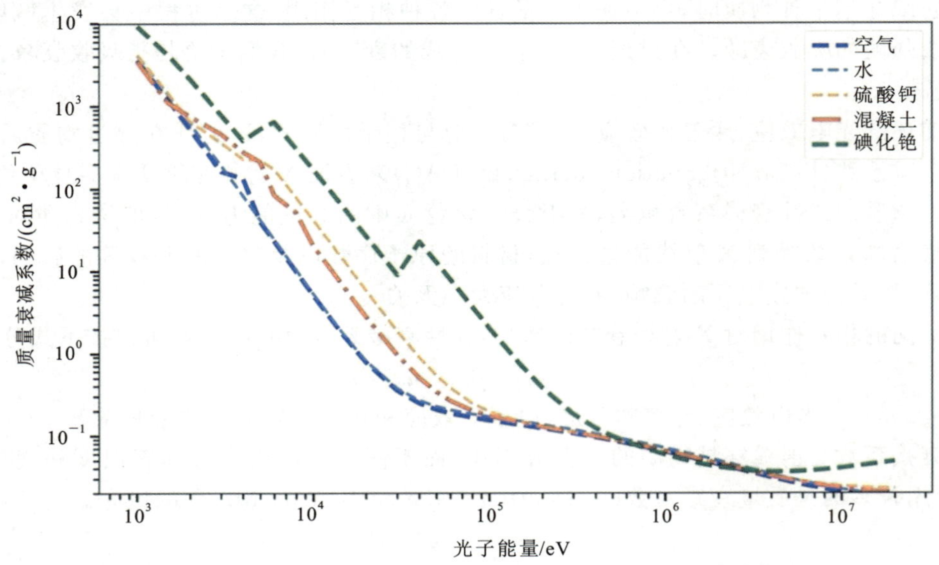

图 9-10 建筑材料中常见的几种化合物质量衰减系数与 X 射线光子能量的关系

式中 N_k——单位时间经过单位面积的频率为 ν_k 的 X 射线光子数。

(3)X 射线在物质中的衰减规律

对于窄束单能 X 射线，先假设入射 X 射线是横断面足够小的单能光子束。在均匀材料处选取薄层 $\mathrm{d}L$，若入射 X 射线强度为 $I(L)$，出射的 X 射线强度为 $I+\mathrm{d}I$(图 9-11)，当 $\mathrm{d}L$ 层极薄时，一般有如下关系：

$$\mathrm{d}I=-\mu I(L)\mathrm{d}L \tag{9-7}$$

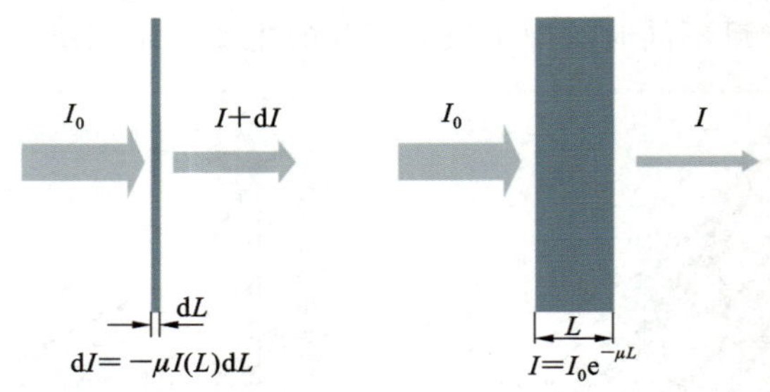

图 9-11 窄束单能 X 射线在均匀物质中的衰减示意图

将上式进行简单的定积分运算，可得到入射和出射的 X 射线强度的关系：

$$I=I_0\mathrm{e}^{-\mu L} \tag{9-8}$$

式中 I_0——入射 X 射线强度；

I——出射 X 射线强度；

L——透过物质的厚度；

μ——材料的线性衰减系数。

该式说明在均匀材料中窄束单能 X 射线光子是按照简单的指数规律衰减。该公式也被称为朗伯-比尔定律。由该式可知，X 射线强度的衰减与所穿越物质的厚度和线性衰减系数成正比，也与 X 射线的能量以及物质的种类相关。

因此，若假设沿着 X 射线传播方向上有 n 个厚度为 L 的小块，不同小块的密度不同，但在 L 厚度内该物质是均匀的，同时也假定每段内的衰减系数是均匀的，为 $\mu_1,\mu_2,\cdots,\mu_n$，如图 9-12 所示，那么强度为 I_0 的 X 射线穿透厚度为 L、衰减系数为 μ_1 的第一段小块后，X 射线强度为 I_1，则有

$$I_1=I_0\mathrm{e}^{-\mu_1 L} \tag{9-9}$$

强度为 I_1 的 X 射线穿透厚度为 L、衰减系数为 μ_2 的第二段小块后，X 射线强度为 I_2，则有

$$I_2=I_1\mathrm{e}^{-\mu_2 L} \tag{9-10}$$

以此类推，对于第 n 段有

$$I_n = I_0 e^{-L(\mu_1+\mu_2+\cdots+\mu_n)} \tag{9-11}$$

改写上式为：

$$\mu_1 + \mu_2 + \cdots + \mu_n = \frac{1}{d}\ln\frac{I_0}{I_n} = C \tag{9-12}$$

因此，如果已知 d、I_0、I_n，则可计算出沿着该方向上每个小块单元的衰减系数总和。然而，一个方程式不能解出 n 个未知数，因此必须做多方向投影建立多个方程式，才能算出所有的 μ 值，这便是利用 XCT 进行断层扫描分析的基本原理。

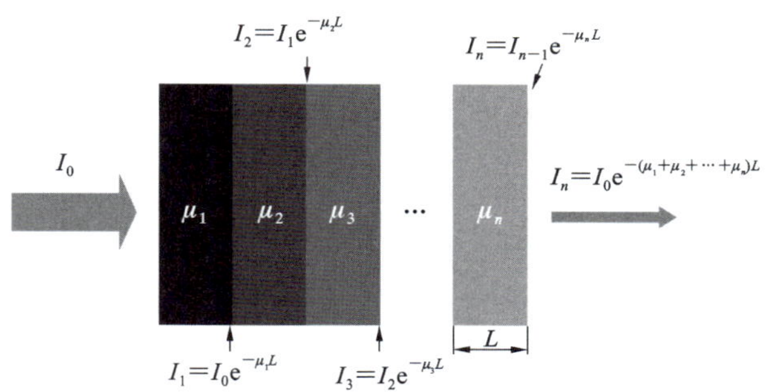

图 9-12　窄束单能 X 射线在非均匀物质中的衰减示意图

要知道，以上公式是基于单能 X 射线束（即所有的光子的能量均相同）在物质中的衰减规律得出的，由于实际 X 射线管产生的 X 射线一般为连续 X 射线（即光子的能量有高有低），而连续 X 射线穿越某一厚度的物质时，其射线束内不同能量的光子的衰减情况不同。如果只关注其中某一能量的光子，其衰减规律则符合单能 X 射线的衰减规律。因此，连续 X 射线的衰减也可描述为：

$$I = I_1 + I_2 + \cdots + I_n = I_{01} e^{-\mu_1 L} + I_{02} e^{-\mu_2 L} + \cdots + I_{0n} e^{-\mu_n L} \tag{9-13}$$

式中　$I_1, I_2, \cdots, I_n$——各种能量的 X 射线衰减后的强度；

$I_{01}, I_{02}, \cdots, I_{0n}$——各种能量 X 射线的入射强度；

$\mu_1, \mu_2, \cdots, \mu_n$——各种能量 X 射线的线性衰减系数。

在实际连续光谱的 X 射线中，对其各种能量的 X 射线分别进行计算很困难，因此通常采用连续射线的等效波长的线性衰减系数来计算衰减后的射线强度。同时，由于低能 X 射线光子更容易被吸收，因此连续光谱的 X 射线穿越某种物质后，射线中高能光子的比例将增大，这被称为射束硬化。实际 XCT 成像时，射束硬化会导致均质样品边缘与中间的灰度存在差别，导致图像存在伪影，需要在 X 射线源处加装滤片以过滤掉部分低能 X 射线或采用一定的修正函数减小射束硬化的影响。

9.2.3　投影与正弦图

由于 CT 重建基于投影图，投影是重建的基础数据，因此稍微介绍一下投影的概念。图 9-13 所示为某

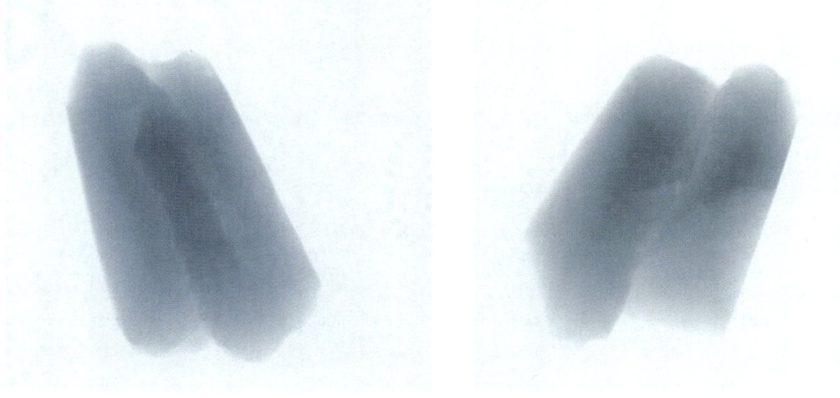

图 9-13　某水泥砂浆的投影图

3D 打印水泥砂浆的试件从不同角度所获取的两张投影图片。一张投影图上的每一个点的灰度是基于 X 射线在该方向上经过的所有点的对 X 射线衰减的程度，因此由于不同方向上 X 射线所穿透的样品厚度与密度不同，其在投影图上的灰度值也不同。

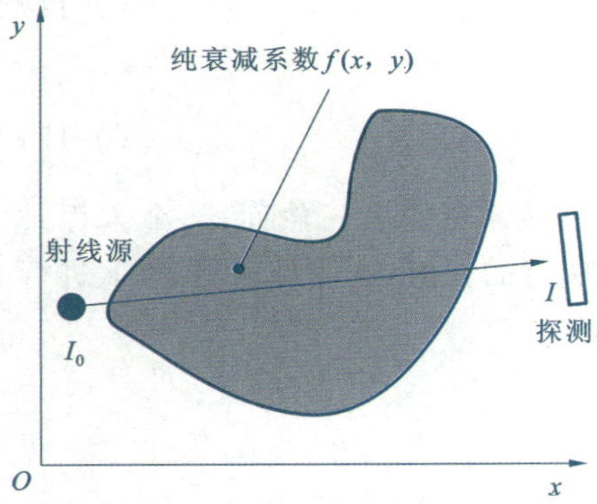

我们仍以二维平面为例进行说明。如图 9-14 所示，若假设在一平面坐标系内，某物质内任意一点的 X 线性衰减系数均不同，为 $f(x,y)$，那么当一束 X 射线从某条直线对其进行照射时，X 射线强度由 I_0 降为 I，由前面知识我们知道 X 射线强度变化为：

$$I = I_0 \mathrm{e}^{-\int_0^L f(x,y)\mathrm{d}l} \tag{9-14}$$

对公式进行变换，并令：

$$p = \int_0^L f(x,y)\mathrm{d}l = \ln \frac{I_0}{I} \tag{9-15}$$

图 9-14 X 射线束穿过某二维平面示意图

这里，p 称为 X 射线穿透物体后的投影，它的物理意义是沿该方向上物质 X 射线衰减系数的线积分。

XCT 图像衬度的本质是样品中不同物相对 X 射线衰减系数的差异，图像重建是根据不同方向产生的投影(p)，通过一定的数学算法计算出平面内各点的 $f(x,y)$值，因此必须首先了解投影的规律，并用数学公式表示其规律。为解释之便，我们假设平面上有三个大小、密度不同的圆，且假定样品平面上仅有这三处对 X 射线产生衰减，其余部分对 X 射线透明(即 X 射线照射时不发生衰减)，如图 9-15 所示。当用一束平行 X 射线束透射该平面时，图像上的 A、B、C 点在探测器平面上形成投影。模拟 XCT 拍摄，我们以 A 点为圆心旋转样品，随着旋转三个点在探测器平面上投影的位置发生变化，以 A 点为中心左右移动。当样品旋转 360°时，投影在以探测器位置为 x 轴、旋转角度为 y 轴的直角坐标系上的运行轨迹正好为一条正弦曲线，振幅为该点至旋转中心的直线距离，如图 9-15 所示。A 点属于最特殊的一种情况。

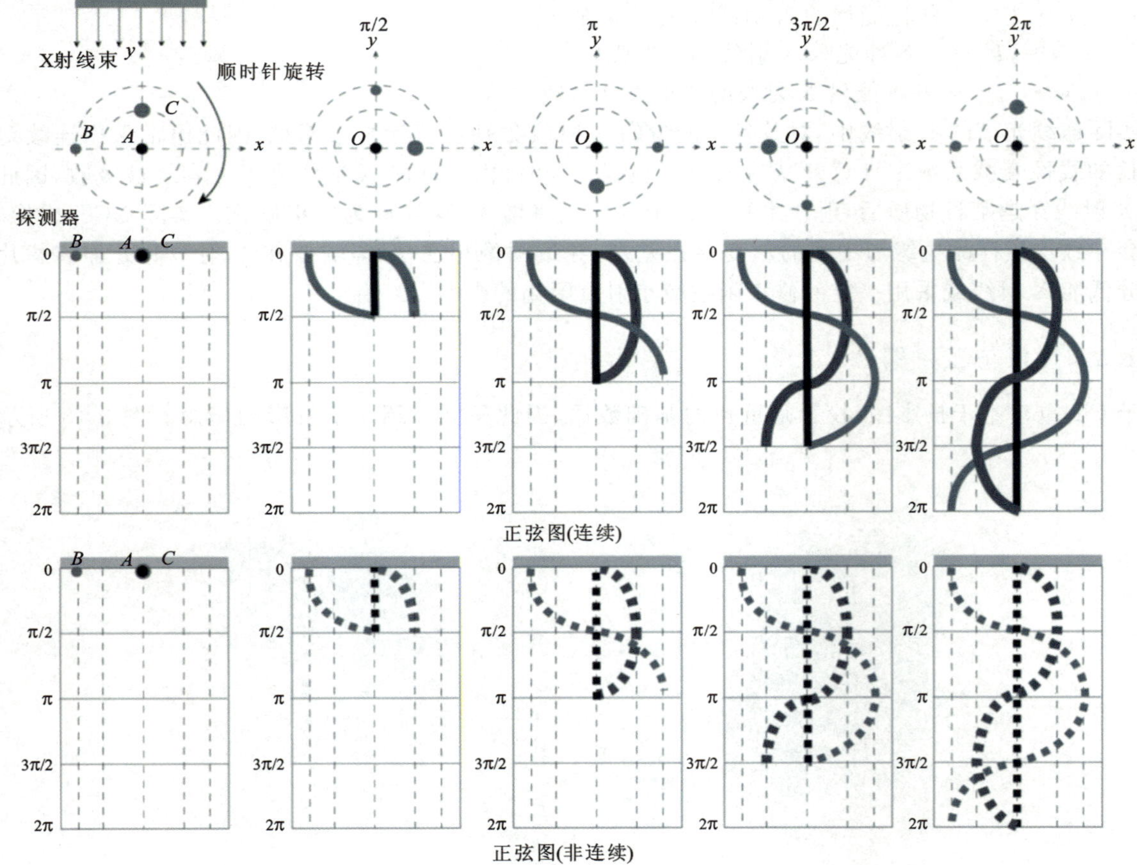

图 9-15 投影分布规律(正弦图)

因此，从不同角度对样品进行投影后，数据重构所要做的工作便是根据这若干条正弦曲线反演出各点在平面上的位置(x,y)和其衰减系数$[f(x,y)]$。图 9-15 是假设的一种理想情况，如果样品中只存在 3 个点，那么对其进行重建是不难的。但实际样品中远不止三个点，当我们将实际样品也假设为由若干离散的点组成时，则样品平面上所有的点对应着一幅由若干条相互重叠、幅度不同、相位不同的正弦曲线组成的正弦图，如图 9-16 所示。而重建是基于投影数据与正弦图，得出衰减系数的平面和空间分布。

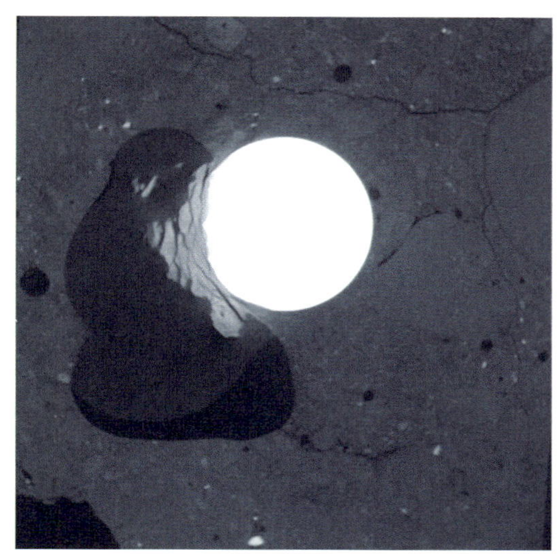

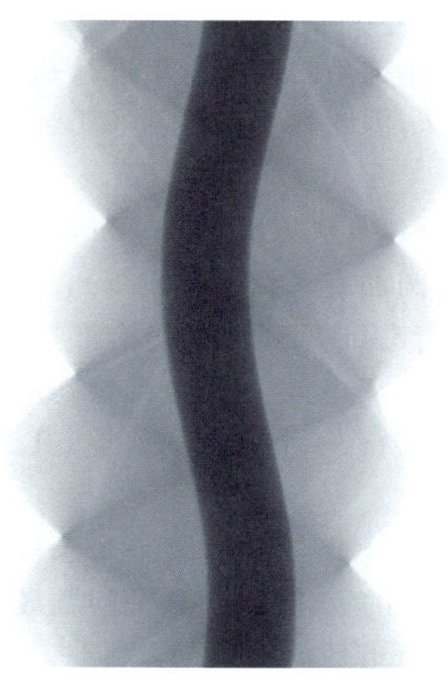

图 9-16 钢筋混凝土 XCT 断层图像与正弦图

9.2.4 XCT 图像重建方法

图像重建或图像重构(image reconstruction)是根据 XCT 扫描所获得的二维投影数据，经过数字计算与处理，获得物体物相、内部结构的断层或三维结构信息的技术，是 XCT 技术中十分关键的一步。XCT 技术的发展除了 X 射线源、探测器等硬件的发展之外，图像重建方法也至关重要。图像重建算法主要可归为两类：一类是以 Radon 变换为理论基础的解析重建算法，另一类是以解方程为主要思想的迭代重建算法。

Radon 变换是 CT 重建技术得以发展的基础，奥地利数学家 Radon 分别于 1917 年和 1919 年提出了 Radon 变换和 Radon 逆变换。Radon 变换是将图像从图像空间转到其他空间，在 CT 技术中，也就是通过透射产生投影的过程；而 Radon 逆变换是将图像从其他空间转换到图像空间的过程，在 CT 技术中就是 CT 图像重建。当然，Radon 变换与 Radon 逆变换的运用场景远不止 CT 图像重建。如图 9-17 所示，假设平面内有一直线 L，原点到其垂线的长度为 s，垂线与 x 轴的夹角为 φ，因此，对于直线上的任意一点 $P(x,y)$，可以用极坐标(r,θ)来进行表示，即 $f(x,y)=\hat{f}(r,\theta)$。

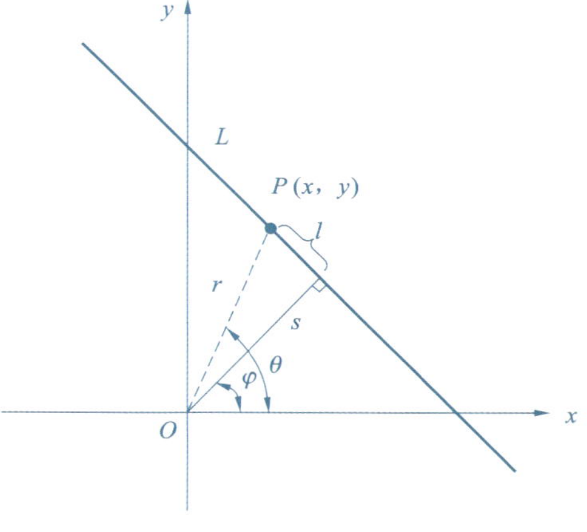

图 9-17 直线坐标与极坐标示意图

Radon 做了以下证明，若已知 $f(x,y)=\hat{f}(r,\theta)$沿直线 L 的线积分如下：

$$p=\int_L f(x,y)\mathrm{d}l=\int_L \hat{f}(r,\theta)\mathrm{d}l=\int_{-\infty}^{+\infty}\hat{f}\left[\sqrt{(s^2+l^2)},\varphi+\arctan\frac{l}{r}\right]\mathrm{d}l \tag{9-16}$$

这便是 Radon 变换，亦即射线实际的投影(p)。可以根据投影得出：

$$\hat{f}(r,\theta)=\frac{1}{2\pi}\int_0^{\pi}\int_{-\infty}^{+\infty}\frac{1}{r\cos(\theta-\varphi)-l}\frac{\partial p}{\partial l}\mathrm{d}l\mathrm{d}\varphi \tag{9-17}$$

这便是 Radon 逆变换，也就是根据投影值重建出图像。

解析重建算法从 Radon 变换开始，经过几十年的发展，已形成一套严密和完整的理论体系。根据扫描重建形式的不同，又可以分为二维图像重建和三维图像重建。二维图像重建算法的理论基础是傅立叶中心切片定理。基于该定理进行不同的数学变换，可以得到平行投影下的两种图像重建方法：直接傅立叶重建算法（或称为直接反投影算法）和滤波反投影算法。滤波反投影算法是目前最受学术界推崇且在业界广泛应用的图像重建算法，从本质上说它是 Radon 逆变换公式在图像重建中的具体应用。扇形束投影重建算法是在平行束投影的基础上，经过适当加权修正或采用数据重排的方式，进行滤波反投影重建。

三维图像重建算法可分为近似图像重建算法和精确图像重建算法。近似图像重建算法中以 FDK 算法为代表，该算法对小锥角的锥束投影进行适当的近似和修正，采用二维扇束方法进行处理，计算形式简单，便于硬件并行加速，因此在目前锥束 CT 系统中得到广泛应用，但是对于大锥角情况，该算法的近似误差较大。

在精确图像重建算法方面，Tuy，Smith，Grangeat 等人在 20 世纪 80 年代分别提出了三种锥束精确重建算法（垂直双圆或圆加直线扫描模式等），其中 Grangeat 的方法是将锥束投影数据转换为三维 Radon 数据，重排数据之后进行三维 Radon 逆变换得到精确重建结果，该方法因在数学上比较简单，易于利用计算机实现而成为研究热点。Tuy 给出了三维精确重建的充要条件，即 Tuy 条件：每个与重建物体相交的平面都和射线源扫描轨迹至少有一个交点。这是 CT 发展史上的一个重要成果，它给人们寻找精确扫描方式提供了重要的先验条件。

上述精确图像重建算法隐含着一个条件，即锥束必须覆盖整个物体。该算法不能解决投影截断（如长物体螺旋锥束扫描）的重建问题，这一问题最终由 Katsevich 提出的螺旋锥束精确重建算法及其广义算法所解决。基于 Katsevich 的研究成果，人们提出了一系列基于标准螺旋锥束扫描和非标准螺旋锥束扫描的算法，如螺旋 BPF（反投影滤波）重建算法，该算法成功解决了由沿探测器方向截断投影进行 CT 精确重建的问题。随后该方法也被成功应用到扇形束和平行束的情况中，也可用于局部 CT 重建，即当样品较大时，锥束不能完全包含样品，此时可以利用偏置扫描的方式获取投影，只要保证样品任何区域半圆周（180°）在锥束范围内即可进行重建。

以上解析重建算法的优点是重建速度快，缺点是抗噪声性能较差，对数据的完备性要求较高。迭代重建算法由美国物理学家科马克首先提出，其基本思想是由测量的投影数据建立一组未知向量的代数方程式，通过方程组求解未知图像向量。迭代重建算法分为代数迭代重建算法和统计迭代重建算法两大类。代数迭代重建算法中典型的有代数重建算法（algebraic reconstruction technique，ART）、联合代数重建算法（simultaneous algebraic reconstruction technique，SART）等。统计迭代重建算法以优化理论为基础，从投影测量过程的随机性观点出发，把图像重建看成一个参数估计问题，通过设计合理的目标函数寻求使目标函数达到最优值的参数向量。典型的算法有期望最大法、最小范数法、最大后验概率算法等。迭代重建算法的优点是抗噪声性能强，可加入先验知识，对数据的完备性要求不高，但缺点是计算量大、重建速度慢，因而在实际中反而较少使用。因篇幅所限，本书简要介绍直接反投影算法、滤波反投影算法与代数重建算法。

（1）直接反投影算法

迄今为止，直接反投影算法仍然在重建算法中占据绝对位置。直接反投影算法基于如下假设：一点的投影值等于该平面上所有经过该点的全部射线投影之和，因此该方法也称为累加法。累加的过程称为反投影。一点的投影值之和可以表示为：

$$P_\theta(s)=\int_{-\infty}^{+\infty} f(s\cos\theta-t,s\sin\theta+t\cos\theta)\,\mathrm{d}t \tag{9-18}$$

我们假设平面上只有一个理想的点目标，坐标为(x_0,y_0)的点的衰减系数非零，因此该点目标的投影为：

$$P_\theta(s)=\begin{cases}1, & s=x_0\cos\theta+y_0\sin\theta\\ 0, & s\neq x_0\cos\theta+y_0\sin\theta\end{cases} \tag{9-19}$$

反投影要解决的问题是将一组从不同角度获得的投影数据 $P_\theta(s)$转换成 $f(x,y)$在平面上的分布，其一是确定位置，其二是确定数值。在每个角度，投影数据都有一个值，这个值是 X 射线在该方向上经过的所有点的数值的总和。图像重建就是将这个数值重新分布到原来的投影路径上。反投影的基本思想是把该点的投影值 $P_\theta(s)$在角度 θ 上平均分配到 X 射线经过的各点上：

$$b(x,y)=\int_0^{\pi} P_{\theta}(s)\mid_{s=x\cos\theta+y\sin\theta}\mathrm{d}\theta \tag{9-20}$$

其离散化的重建形式为：

$$x(i,j)=\frac{1}{n_p}\sum_{k=1}^{n_p} p(i,j),k \tag{9-21}$$

式中　$x(i,j)$——像素(i,j)的值；

n_p——射线的数目；

$p(i,j),k$——经过像素(i,j)的第 k 条射线的投影，若射线未经过该像素，则其值为 0。

我们以一个简单的例子对直接反投影算法进行说明，如图 9-18 所示，假设四个矩形块的数值分别为 2、3、4 与 5。从左、上、左上、右上四个角度对其进行四次投影[图 9-18(a)、(b)、(c)、(d)]，而后先预设四个矩形块的数值为 0，再分别将各个方向所得的投影值平均后加和至各个块[图 9-18(e)、(f)、(g)、(h)]，经四次“反投影”后将所得数值除以 4(反投影次数)，得到最终结果如图 9-18(i)所示，分别为 2.75、3.25、3.75 与 4.25，可见与真实值相比，四个数值均出现一定的偏差。

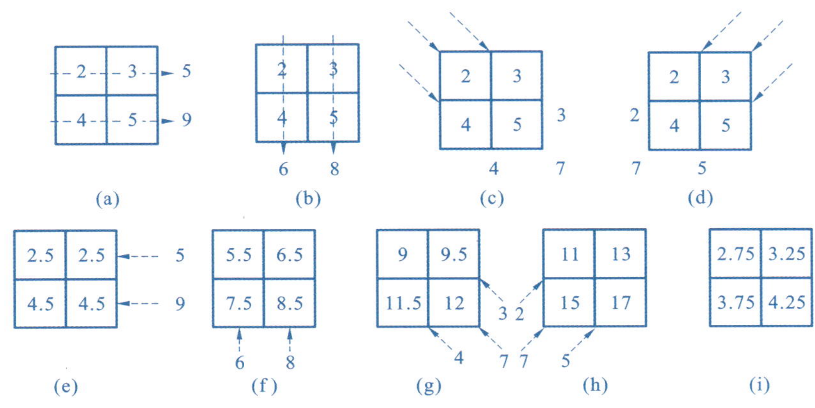

图 9-18　直接反投影示意图

(a)第一次投影；(b)第二次投影；(c)第三次投影；(d)第四次投影；
(e)第一次反投影；(f)第二次反投影；(g)第三次反投影；(h)第四次反投影；(i)最终结果

从原理上讲，反投影并不是投影的逆运算，因此直接反投影会导致模糊的出现。为了更好地说明该问题，我们用图 9-19 进行演示，假设有一个 5×5 的矩阵，我们假设该矩阵中只有中心的五个块有数值 5，其余块均为 0，对其进行成像，如图 9-19(a)下所示，中间五个像素为白，其余像素为黑。而进行简单反投影后的

0	0	0	0	0
0	0	5	0	0
0	5	5	5	0
0	0	5	0	0
0	0	0	0	0

0.25	0.88	0.75	0.88	0.25
0.88	0.75	2.25	0.75	0.88
0.75	2.25	2	2.25	0.75
0.88	0.75	2.25	0.75	0.88
0.25	0.88	0.75	0.88	0.25

(a)　(b)

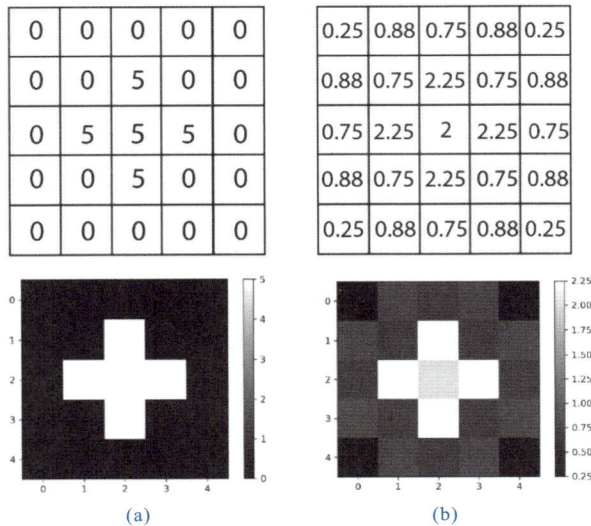

图 9-19　直接反投影导致图像产生伪影，边界模糊

(a)原始数据与图像；(b)简单反投影后数据与图像

数值如图 9-19(b)上所示，可见原来为 0 的各个点均不为 0，而中心 5 个数值均小于其真实值，而其图形如图 9-19(b)下所示，与真实图像相比，中间五个像素的灰度降低，而周围像素由黑变为灰，使该图像四周变得模糊。这是因为反投影计算过程中将投影值平均分布于各点，一方面使得应该为 0 的位置变成非 0，另一方面使得数值大的位置变小，这就是投影后产生伪影或模糊的原因。

(2)滤波反投影算法

直接反投影算法是利用穿过某些像素的所有射线的投影值反过来估算该像素的吸收系数值，把一个方向上得到的投影数值平均分配给该方向上的所有像素点，即看成这个方向上所有像素对其具有同等贡献，因此会导致图 9-19 所示的模糊问题。而根据更加严格的数学证明，投影数据经过滤波之后再进行反投影累加，可以显著改善重建图像，更接近真实的物体。滤波反投影算法是指利用卷积的方法，先对反投影函数进行修正，再用反投影的方法重建图像。也就是说，在反投影相加之前先用两个校正函数进行滤波，以修正图像，所以滤波反投影法也称为卷积反投影法。滤波反投影算法与直接反投影算法十分相似，其区别在于：直接反投影算法是按照 X 射线投影的大小作正比例的投影；滤波反投影算法则是使用一种专用的过滤函数把所得的投影进行修正后再作反投影，可滤除简单反投影法所产生的伪影。

①滤波反投影算法的数学推导。

滤波反投影算法是通过参数变换和重新确定积分限来实现的，图像函数 $f(x,y)$ 可以通过它的傅立叶变换 $F(u,v)$ 作逆变换得到：

$$f(x,y)=\int_{-\infty}^{+\infty}\int_{-\infty}^{+\infty}F(u,v)\mathrm{e}^{j2\pi(ux+vy)}\mathrm{d}u\mathrm{d}v \tag{9-22}$$

将笛卡儿坐标系 (u,v) 转换到极坐标系 (ω,θ)：

$$\begin{aligned}u&=\omega\cos\theta\\ v&=\omega\sin\theta\end{aligned} \tag{9-23}$$

则：

$$\mathrm{d}u\mathrm{d}v=\begin{vmatrix}\partial u/\partial\omega & \partial u/\partial\theta\\ \partial v/\partial\omega & \partial v/\partial\theta\end{vmatrix}\mathrm{d}\omega\mathrm{d}\theta=\omega\mathrm{d}\omega\mathrm{d}\theta \tag{9-24}$$

因此，把傅立叶切片定理的结果：

$$F(\omega\cos\theta,\omega\sin\theta)=P(\omega,\theta) \tag{9-25}$$

代入，则：

$$\begin{aligned}f(x,y)&=\int_0^{2\pi}\mathrm{d}\theta\int_{-\infty}^{+\infty}F(\omega\cos\theta,\omega\sin\theta)\mathrm{e}^{j2\pi\omega(x\cos\theta+y\sin\theta)}\omega\mathrm{d}\omega\\ &=\int_0^{2\pi}\mathrm{d}\theta\int_{-\infty}^{+\infty}P(\omega,\theta)\mathrm{e}^{j2\pi\omega(x\cos\theta+y\sin\theta)}\omega\mathrm{d}\omega\\ &=\int_0^{\pi}\mathrm{d}\theta\int_{-\infty}^{+\infty}P(\omega,\theta)\mathrm{e}^{j2\pi\omega(x\cos\theta+y\sin\theta)}\omega\mathrm{d}\omega+\int_0^{\pi}\mathrm{d}\theta\int_{-\infty}^{+\infty}P(\omega,\theta+\pi)\mathrm{e}^{-j2\pi\omega(x\cos\theta+y\sin\theta)}\omega\mathrm{d}\omega\end{aligned} \tag{9-26}$$

由于平行投影样本呈中心对称，因此：

$$p(t,\theta+\pi)=p(-t,\theta) \tag{9-27}$$

根据傅立叶变换特性，单位投影的傅立叶变换也是中心对称的：

$$P(\omega,\theta+\pi)=P(-\omega,\theta) \tag{9-28}$$

所以：

$$f(x,y)=\int_0^{\pi}\mathrm{d}\theta\int_{-\infty}^{+\infty}P(\omega,\theta)\mid\omega\mid\mathrm{e}^{j2\pi\omega(x\cos\theta+y\sin\theta)}\mathrm{d}\omega \tag{9-29}$$

借助旋转坐标系 (s,t)，则：

$$f(x,y)=\int_0^{\pi}\mathrm{d}\theta\int_{-\infty}^{+\infty}P(\omega,\theta)\mid\omega\mid\mathrm{e}^{j2\pi\omega t}\mathrm{d}\omega \tag{9-30}$$

这里，$P(\omega,\theta)$ 表示对应于角度 θ 的单位投影的傅立叶变换，里层的积分则为 $P(\omega,\theta)|\omega|$ 的傅立叶逆变换，将其记为 $g(t,\theta)$，则：

$$g(t,\theta)=g(x\cos\theta+y\sin\theta)=\int_{-\infty}^{+\infty}P(\omega,\theta)\mid\omega\mid \mathrm{e}^{j2\pi\omega(x\cos\theta+y\sin\theta)}\mathrm{d}\omega \tag{9-31}$$

在空间域，$g(t,\theta)$表示单位投影被一频域响应为$|\omega|$的函数做滤波运算，我们称其为滤波反投影。因此：

$$f(x,y)=\int_{0}^{\pi}g(x\cos\theta+y\sin\theta)\mathrm{d}\theta \tag{9-32}$$

这里，$(x\cos\theta+y\sin\theta)$是点$(x,y)$沿$\theta$角度（即$t$方向）到坐标原点的距离，因重建图像中某个像素的值等于所有经过该位置的滤波反投影的总和。也就是说，我们可以分别研究每一滤波反投影对于重建图像的贡献。$(x\cos\theta+y\sin\theta)$表示投影样本所在 X 射线的路径，$g(x\cos\theta+y\sin\theta)$的强度沿该路径均匀地加到重建图像中。这样，滤波反投影样本的值被加到整个直线路径上，此即滤波反投影过程。

②滤波反投影算法图解示意。

利用图 9-20 所示的图解法对两种重建方法进行简要对比。假设有一个孤立的高密度体位于扫描区域中心，当射线不通过该物体时，探测器所接收到的信号不发生衰减，即衰减信号只存在于某个时间间隔内，这样的信号称为“脉冲”。因此，在 X 射线通过的整个观测方位上，将测到的脉冲信号反投影到矩阵中，就得到第一次反投影。对扫描区域进行旋转，将所有反投影图进行叠加，就会得到一个中心区密度最大、向外扩散的圆形区域，这就是用直接反投影法建立的中间高密度区域图像。

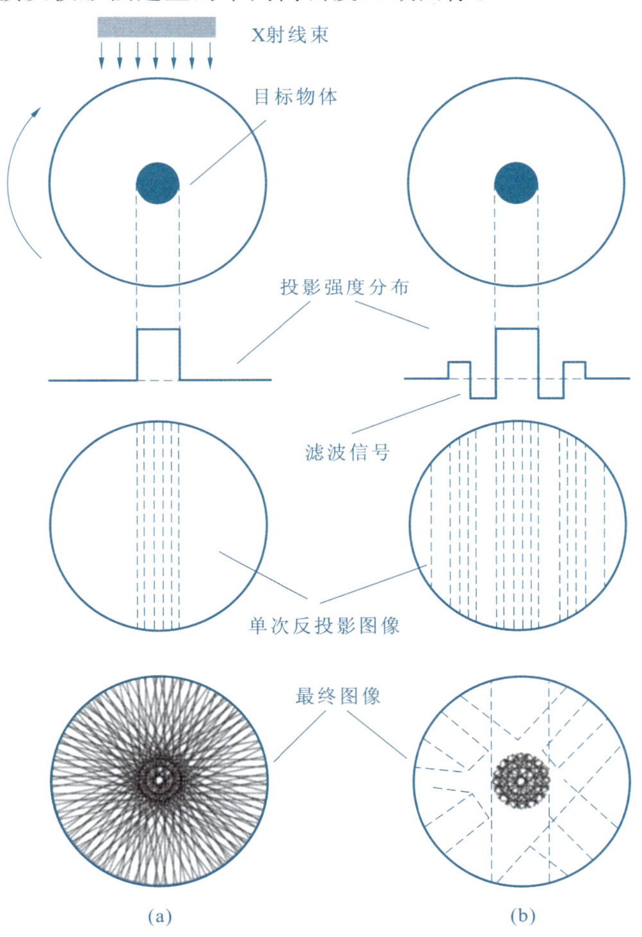

图 9-20　直接反投影与滤波反投影重建图像图解示意图

(a)直接反投影；(b)滤波反投影

而滤波反投影，就是将每个投影信号在反投影之前先进行滤波。滤波的功能是消除边缘模糊干扰，滤波后在脉冲的两侧出现了负的和正的脉冲突起，这种分布在主信号脉冲两侧的正负交替脉冲在与其他滤波反投影信号叠加时，具有正、负抵消的作用，从而使图像更加接近实际的目标。高密度区域对应的脉冲信号具有较宽的频谱成分，因滤波作用使其中的高频成分有不同程度的丧失，这就是滤波后的信号出现正负交替脉冲的原因。因此，如果滤波器设计得恰当，当这些滤波反投影信号叠加时，“辐射”状的正值与负值正好互相抵消，因而获得边缘清晰的图像，能够十分精确地反映原来的目标。反之，如果滤波器设计欠佳，不仅干扰信号得不到恰当消除，还有可能改变主信号脉冲的形状。所以，选择适当的滤波函数十分重要。

滤波反投影算法的实现主要涉及两个步骤：第一步为内层积分，即对某角度 θ 下的投影数据 $p(t,\theta)$ 作一维傅立叶变换得到 $P(\omega,\theta)$，再将其与滤波器 $|\omega|$ 相乘，最后作傅立叶逆变换。内层积分可用于表示投影数据和滤波器在时域的卷积，或称为滤波。第二步为外层积分，即将第一步所得数据进行反投影，并得到最终图像。由于该算法先对投影数据进行滤波，再将其投影到图像空间，所以被称为滤波反投影算法。

滤波反投影算法在实施过程中需要谨慎地选择滤波函数，不适宜的参数往往会导致重建图像中出现伪影，且由于投影数据是离散的，处理不当也会导致数据产生很大误差。因此，滤波器的设计是复杂的且需要经过大量的试验验证。前一节所推导公式中的 $|\omega|$ 即最基础的滤波器，称为斜坡滤波器或 Ramp 滤波器。

(3)代数重建算法

代数重建算法(或称为 ART)最初由 Kaczmarz 于 1937 年提出，属于级数展开法，是一个迭代的过程，通常包括以下四个步骤：①给重建图像一个初始假设值，这个值可以根据某一方向所有投影值的平均值或任意值确定；②通过对比假设值与真实值之间的误差计算出校正值；③使用校正值从不同方向进行投影并继续和真实值进行比较；④直到校正值与真实值之间的误差为零或满足一定的收敛规则时结束迭代。迭代法在收敛到期望结果之前需要重复多次迭代，计算强度极高。

我们也从一个简化的 2×2 矩阵开始，假设四个矩形块的数值分别为 2、3、4 与 5，假设值以及其真实投影数值如图 9-21 所示，若根据真实投影利用前述的直接投影方法，所得结果如图 9-21(b)所示。代数迭代方法步骤如下：首先要对四个矩形块衰减分布赋以初始值，在没有先验知识的情况下，可以先假设它是均匀的，我们这里取 3。然后沿着原始投影测量的路径根据假设值进行投影。例如，沿着水平方向计算投影采样，得到计算投影值为 6(3+3)和 6(3+3)，如图 9-21(c)所示。将它们与测量值 5 和 9 进行比较，我们观察到顶行被高估了 1(6−5)，而底行被低估了 3(6−9)。我们再沿着每条射线路径，将测量和计算投影间的差值均匀分给所有像素点，也就是顶行中每个方块数值减少 0.5，底行中每个方块数值增加 1.5，得到结果如图 9-21(e)所示。再在垂直方向上对矩阵进行投影并计算与真实值误差，得到左边列每个单元须减 0.5，右边列每个单元须增加 0.5，得到结果如图 9-21(g)所示。可喜的是，我们经过两次迭代就使结果与真实值完全一样，这在实际运用中是不常见的。当体系比较复杂时，往往需要经过许多次迭代才会使结果收敛至一个可接受的范围之内，所以其计算强度极高。

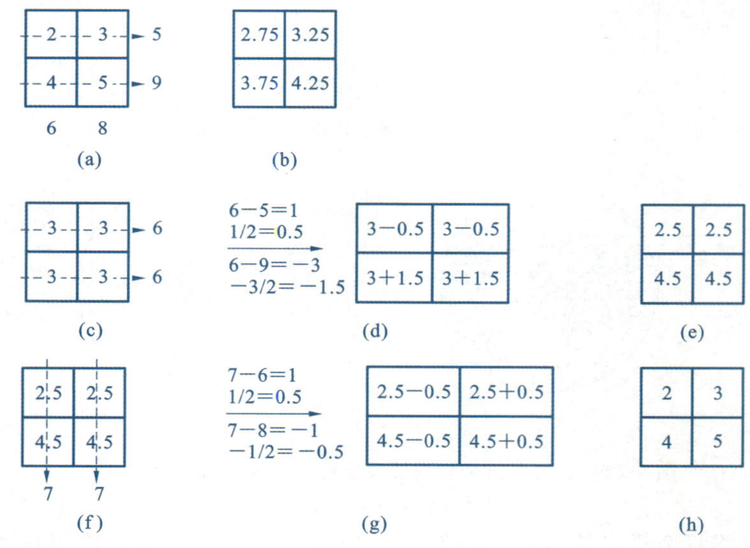

图 9-21 迭代法重建示意图

(a)原始数据及投影；(b)简单反投影结果；(c)迭代法：假设数据并依据假设数据作第一次水平投影；
(d)迭代法：假设数据投影与实际投影值比较并作第一次迭代运算；
(e)迭代法：第一次迭代后数据；(f)迭代法：依据第一次迭代后数作竖向投影；
(g)迭代法：竖向投影后与实际投影值比较并作第二次迭代运算；(h)迭代法：第二次迭代后结果

9.3 XCT 系统的组成 >>>

9.3.1 XCT 机的发展及其类型

自豪斯菲尔德的第一台 CT 扫描仪出现后，CT 技术发展迅猛。CT 机器的发展经历了五“代”，主要是通过改变扫描方式、提高数据收集效率、改进数学重构方法等对其进行改善，螺旋 CT 机出现以后，不再以“代”来反映设备的先进性，主要以数据采集的模式进行命名。下面对不同类型的 CT 机扫描方式进行简要介绍。

(1) 第一代(平移＋旋转扫描)

本章第一节所述第一台头部 CT 扫描仪即第一代 CT 扫描仪，一般由一个 X 射线管和两个或三个晶体探测器组成，射线管与探测器连成一体，并环绕样品(主要是人体)的中心同步作平移扫描运动，由射线管发出的 X 射线穿过人体后被另一端固定的探测器接收。首先 X 射线管和探测器沿某方向作同步平行移动，然后旋转 1°作第二次平行移动，直到在 180°范围内完成全部数据采集，如图 9-22(a)所示。扫描一个层面需要 4～5min。

(2) 第二代(平移＋旋转扫描)

第一代 CT 扫描仪采集时间长、效率低，特别是将人作为检测对象时，长时间测试容易带来运动伪影，对机械的稳定性和精度都要求很高，同时会使被测试者过多地暴露在辐射环境中。第二代 CT 机将 X 射线束改为扇形线束，探测器数目也增加到 3～30 个，如图 9-22(b)所示。每次扫描后的旋转角由 1°提高到 3°～30°。这样旋转 180°时，扫描时间大大缩短。扇形线束可以照射到更大的体积范围，但同时也产生了更多的散射线。此外，每个探测器的性能和灵敏度必须一致。由于第二代 CT 机的 X 射线源和探测器之间的每束 X 射线没有分别被准直，结果使投向病人的部分射线照射在探测器的间隔中而没有得到有效的利用。扫描一个层面需要 20～120s。

(3) 第三代(旋转＋旋转扫描)

前两代 CT 机都是采用平移＋旋转扫描的方式，这种运动方式限制了扫描速度的进一步提高。1975 年，美国 GE 公司首先推出了第三代 CT 机，其原理如图 9-22(c)所示，机器显著增加了探测器的数量，并将其布置成弧形，使从 X 射线管发射出的扇形 X 射线束(扇形角为 30°～45°)可以覆盖整个被扫描体的截面，因此只要将 X 射线管和探测器作为整体围绕病人作旋转运动即可实现扫描。因取消了平移运动而显著提高了效率，单层扫描时间可缩短至 0.5s。第三代 CT 机对技术性的要求较高，但在成本和图像质量方面具有较大的优势。目前运用最广的螺旋 CT 机就是在第三代 CT 机基础上发展而来的。

(4) 第四代(旋转＋静止扫描)

第三代 CT 机推出一年之后，美国科学工程(AS&E)公司推出了第四代 CT 机，将 600 个探测器排成圆周，扫描时探测器固定不动，而只有 X 射线管旋转，扇形线束角度也较大，单幅的数据获取时间缩短。第四代 CT 机的缺点是对散射线极其敏感，因此须在每只探测器旁加一小块翼片做准直器，但这浪费了空间，增加了病人所受的辐射剂量，如图 9-22(d)所示。第四代 CT 机探测器数量最多可达 72000 个，这就增加了设备的成本，并且这么多的探测器在扫描过程中并没有被充分利用，因此第四代 CT 机与第三代 CT 机相比已没有明显的优势，所以只有极少数厂家生产第四代 CT 机。

(5) 第五代(静止＋静止扫描)

第五代 CT 机又称为电子束 CT(electron beam CT，EBCT 或 EBT)机或超高速 CT(ultra-fast CT，UF-CT)机，主要用于像心脏这类动态器官的高分辨率成像，因为它的扫描时间仅为非螺旋 CT 机的十分之一，扫描单个层面一般只需 50ms，所以可消除人体器官的运动所造成的动态伪影。第五代电子束 CT 机的结构

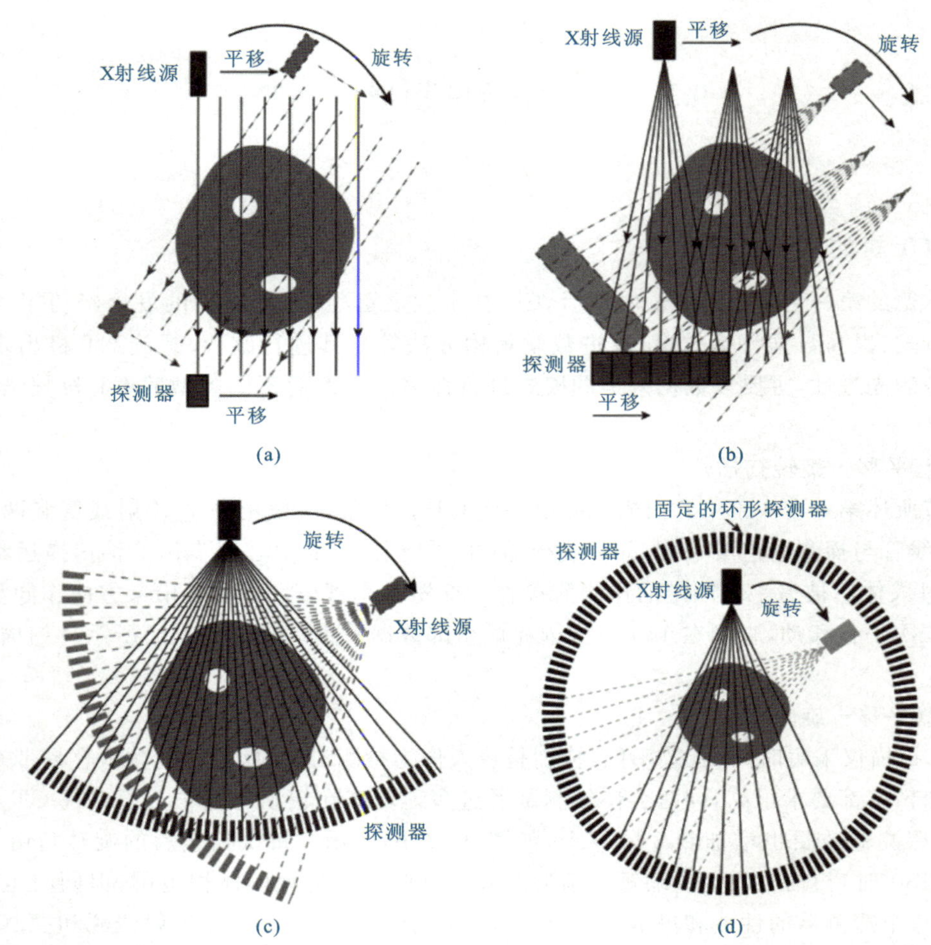

图 9-22 第一代至第四代 CT 扫描仪的原理示意图

(a)第一代:平移+旋转;(b)第二代:平移+旋转;(c)第三代:旋转+旋转;(d)第四代:旋转+静止

剖面示意图如图 9-23 所示,其由电子枪、加速器、扫描线圈、固定的环形靶、环形探测器等部件构成。扫描时,电子枪、探测器、靶材和检测对象都保持静止。其扫描原理如图 9-24 所示,首先通过电磁线圈对电子束聚焦,而后利用变化的偏转线圈改变聚焦电子束的方向,使其从环形靶的一端向另一端扫描,产生的 X 射线束经准直器准直后照射到人体后被探测器接收,随着电子束扫描方向的改变,X 射线束也从一端向另一端移动,以实现不同角度的投影数据采集。

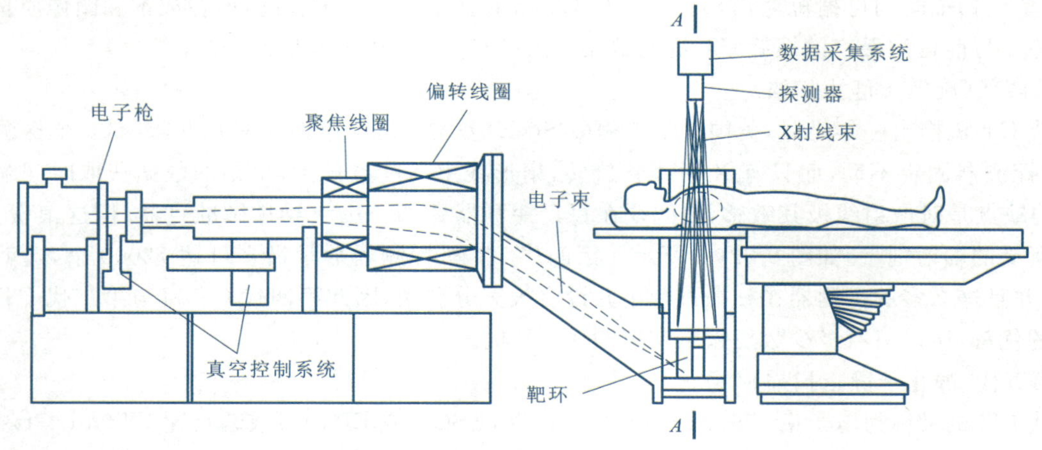

图 9-23 第五代电子束 CT 机结构示意图

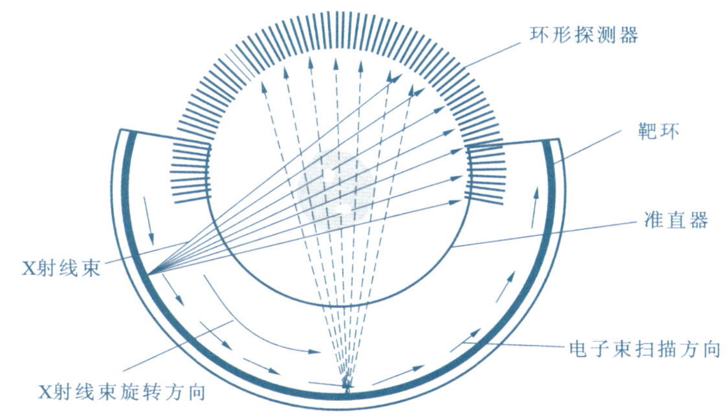

图 9-24　第五代电子束 CT 扫描原理示意图(图 9-23 中的 A—A 截面)

(6) 螺旋 CT

与前几代 CT 机不同,螺旋 CT 机在扫描过程中,除 X 射线源与探测器围绕样品(人体)作圆周运动外,人体在扫描床的带动下沿水平方向匀速运动,所以扫描线在人体表面螺旋式前进,故称其为螺旋 CT。根据探测器的不同,螺旋 CT 分为单层螺旋 CT、双层螺旋 CT、多层螺旋 CT,多用于医学方面。图 9-25 所示为典型的螺旋 CT 设备。

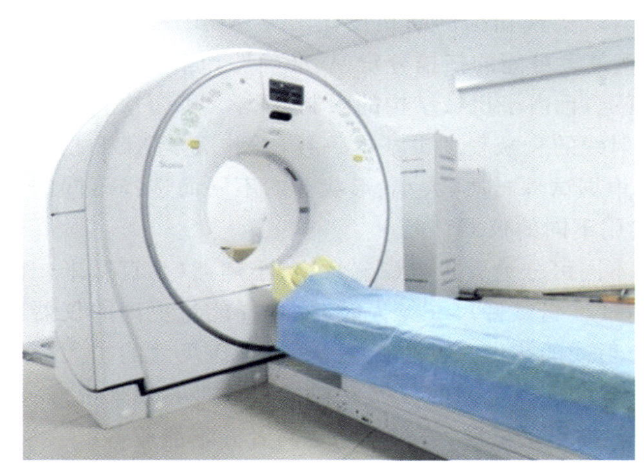

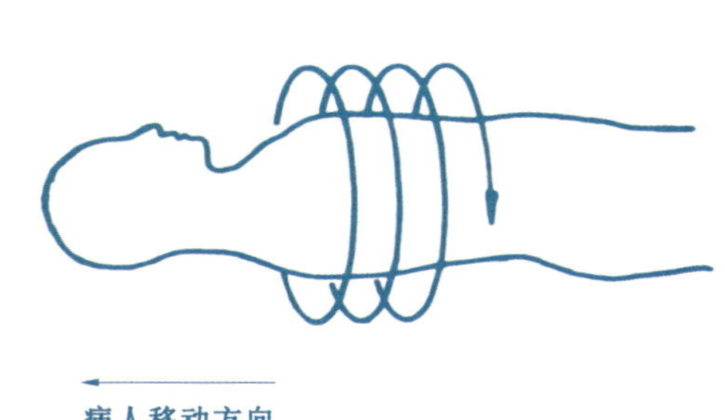

图 9-25　医用螺旋 CT

螺旋 CT 主要的技术革新是利用了滑环技术,使探测器可以连续旋转。传统的非螺旋 CT 扫描包含两个周期:数据采集周期和非数据采集周期。在数据采集周期,病人不动(扫描床位置不动),X 线球管和探测器以一定速度绕病人旋转一周,采集数据;当一层数据采集完成以后,进入非数据采集周期,将扫描床移动到下一个扫描位置,等待新的数据采集周期。这种逐层扫描进床的模式,扫描速度慢,且容易产生伪影,不方便扫描一些受呼吸运动影响大的部位。

最早的螺旋 CT 为单层螺旋 CT,即在 z 轴方向上只有一排探测器。多层螺旋 CT 是在 z 轴方向上增加了探测器的排列数目,这样可以使 X 线球管旋转一周,就完成多个层面(断面)的数据采集。图 9-26 所示为单排与四排螺旋 CT 示意图。相比单层 CT,多层螺旋 CT 的主要优势在于扫描速度的大幅度提高。另外,由于 z 轴(即层面方向)的探测器数目增加,CT 扫描的层厚得以更小,可以提高 z 轴方向的空间分辨率或者层间分辨率。

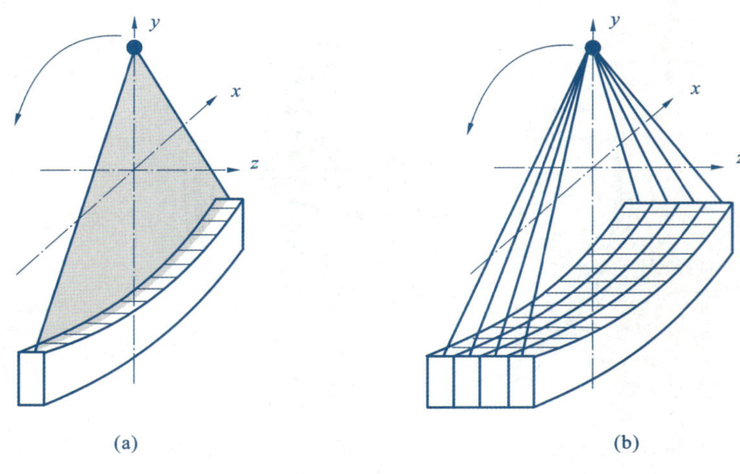

图 9-26 单排与四排螺旋 CT 示意图
(a)单排;(b)四排

9.3.2 工业 XCT 的基本结构

与在医学领域的应用不同,在工业或科研领域,XCT 扫描不用担心 X 射线剂量的影响。因此,往往能够使用强度更高的 X 射线源,并且可以将扫描时间延长,以实现扫描的高精度。工业 XCT 主要用于材料表征、无损检测和计量,因此,通常将重点更多地放在实现最大可能的扫描分辨率、准确性和精度上。

医学 XCT 的扫描对象,即人体的尺寸基本维持恒定,且由于机械结构的限制,医学 CT 每次扫描的放大倍数都不变,又由于不同人的组织、骨骼、血液等对 X 射线的衰减程度也基本一致,因此医学 XCT 扫描的参数往往也不需要改动。而工业或科研用 XCT,往往要根据试件材质、大小、形状等的不同而选择不同的扫描参数,包括不同的加速电压、电流、曝光时间等,甚至选用不同的仪器。

工业 XCT 根据其所采用的 X 射线源的焦斑尺寸不同可分为大焦点(毫米级)、小焦点(几百微米)、微焦点(几微米到几十微米)和纳焦点(几十到几百纳米)XCT。当试件尺寸较大时,要选择能量更高的仪器以保证 X 射线具有足够的能量穿透样品,而能量提升后,X 射线的焦斑尺寸也随之增大,焦斑尺寸的扩大会导致分辨率的降低。因此,在工业或科研领域,往往要根据需求选择合适的仪器和扫描参数。一般来说,高能量 XCT 用于扫描大件样品,分辨率低;低能量 XCT 用于扫描小型试件,分辨率高。两者并不能兼备。

工业 XCT 与医学 XCT 的扫描旋转方式也不同,在医学应用中,X 射线源和探测器以高速度围绕患者旋转,患者保持不动;而在大多数工业 XCT 系统中,X 射线源和探测器固定不动,而样品旋转。这种模式是为了使得 XCT 具有高精度和更好的稳定性,因为探测器和 X 射线源之间精确且稳定的几何位置是数据重构的基础。

大多数传统的工业 XCT 系统采用锥形束扫描方式,主要由四个系统组成:①用于生成 X 射线束的 X 射线管;②X 射线探测器,用于测量 X 射线信号已被工件衰减的程度;③运动控制装置,用于将物体定位在 X 射线源和探测器之间并提供 XCT 所需的旋转;④数据采集和处理系统。本质上,前三个组件的特性和性能直接影响所获取数据的质量。测量体积受探测器尺寸和机柜尺寸的限制。典型的平板探测器的特征是 1000×1000 或 2000×2000 像素,最大覆盖面积为 400mm×400mm。大多数工业 XCT 系统都使用 360°扫描,每次扫描最多可以获得 3600 张图像。旋转速度取决于曝光时间和旋转台的机械稳定性。

其余配件和结构如电源系统、真空系统、冷却系统等也是工业 XCT 为保证上述四个组件正常工作所必需的,且需要有相当的稳定性以保证仪器长时间稳定运转和获取高精度的数据。同时 XCT 机还需配备可靠的 X 射线屏蔽系统。一些开放式的 XCT 如医用 XCT 或极高能量的 XCT,需要利用房间的墙壁来对 X 射线进行屏蔽,一般用具有足够厚度的混凝土,并在其中掺加对 X 射线具有较强吸收系数的骨料,如硫酸钡砂等;或者是直接在房间墙壁中铺设铅皮等;当必须设窗户时,窗玻璃必须采用符合要求的含铅玻璃。而大多数“自屏蔽”式工业 XCT 则在制造时就将 X 射线源、样品台与探测器三大成像组件用含有足够厚度铅皮的金属外壳“包住”,仅通过特殊设置的孔道与外界进行电路、油路连通,另外机器前端也设有可开启的电动门以供人员进出和切换样品。门板也由铅制成,为方便观察样品,门板上也常设有观察窗,由多层铅玻璃制成,如图 9-27与图 9-28 所示为工业 XCT 外部与内部结构。

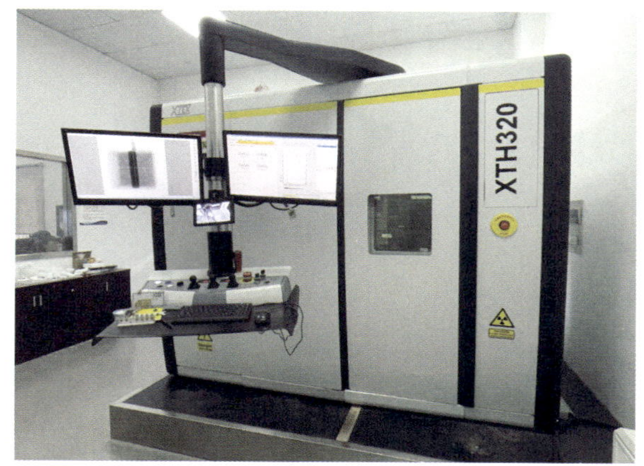

图 9-27 工业 XCT 外部结构

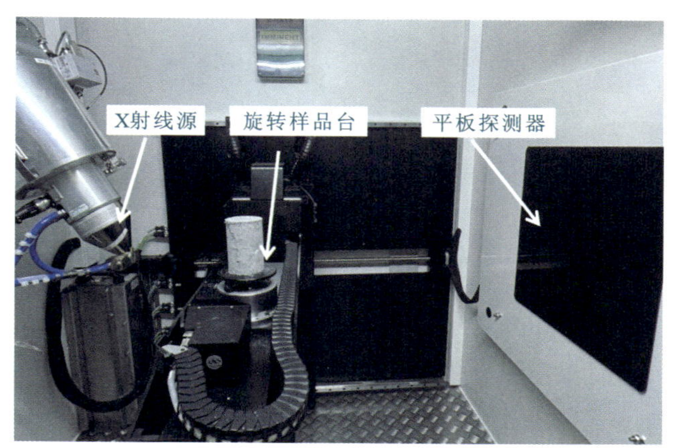

图 9-28 某工业 XCT 内部 X 射线源、旋转样品台、平板探测器等结构

(1)扇形束 XCT 与锥形束 XCT

工业 XCT 根据扫描方式的不同,可分为扇形束 XCT 扫描和锥形束 XCT 扫描两种。图 9-29(a)显示了扇形束 XCT 扫描示意图,从 X 射线源输出的 X 射线经过准直器准直后形成 2D 平面扇形 X 射线束,该 X 射线束穿过样品后到达直线型检测器。工业 XCT 中使用的检测器通常使用带有现代电荷耦合器件(CCD)的闪烁器,在构造上可以是弯曲的或笔直的、直线型的或平板型的。扇形光束系统可以以螺旋或步进方式获取切片数据,因此,其获取投影数据的速度比锥形束 XCT 要慢得多。但是,扇形束 XCT 扫描不会受到类似锥形束 XCT 中的某些成像伪影的影响,因此能够产生比锥形束 XCT 更高精度的扫描数据,尤其是在高能量源的情况下。因为当使用窄束扇形 X 光束时,探测器一般为直线型,散射束和衍射束一般不会到达探测器上,因而不会对成像造成干扰。因此,当需要更高的 X 射线能量和高精度成像时,或者只需要获取其中一个或少量几个截面的信息时,利用扇形束 XCT 是个较好的选择,但需要获取更多截面进行三维重构时则要忍受其较长的采样时间。

与上述扇形束 XCT 系统不同,锥形束 XCT 所用的 X 光为一锥形束,如图 9-29(b)所示。锥形 X 光束能够在单次扫描中获得整个样品的投影,在一次旋转中即可获得样品三维体积数据,而前述扇形 X 光束在一次旋转中只能获得样品单层数据。因此,与扇形束系统相比,锥形束 XCT 有着快速扫描的特点。但与扇形束相比,锥形束 XCT 容易受到许多其他成像伪影的影响,锥形束的成像质量一般劣于扇形束。由于锥形束 XCT 所用探测器一般为平板探测器,其面积较大,一些衍射和散射 X 光束也能到达探测器并被检测,因此造成一些伪影。因此,当用 XCT 扫描大型、复杂零件或难以穿透的材料时,高密度材料和复杂结构等导致的衍射和散射 X 光束将大大影响图像的分辨率,致使一些结构或物相的细节被掩盖,导致误判。图 9-30 所示为某相机镜头,其镜片为玻璃,外框为塑料,而固定镜片的一些机械结构为金属材质,因为重金属材质对 X 射线的衰减系数比较大,所以沿着 X 照射方向容易产生散射束伪影,这一方面降低了图像整体清晰度和分辨率;另一方面,也会掩盖一些细节。这种样品采用扇形束 XCT 或采用更高能量的 XCT 是较好的选择。但对于相对较小的零件且易于穿透的材料而言,X 射线在透过样品时无明显的散射和衍射,采用锥形束 XCT 扫描一般也能获得较好效果,见图 9-31。

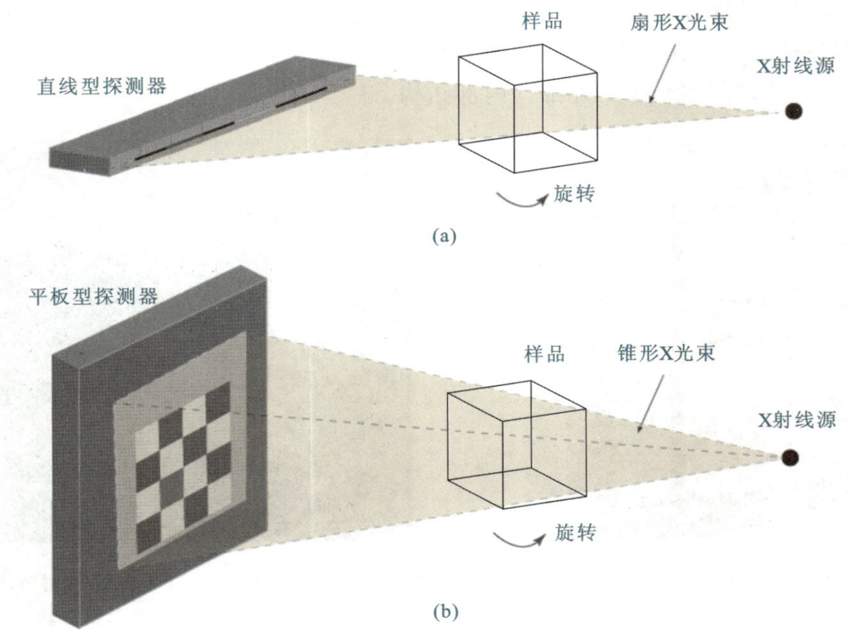

图 9-29 扇形束 XCT 与锥形束 XCT 装置示意图

(a)扇形束 XCT;(b)锥形束 XCT

图 9-30 锥形束 XCT 扫描结构复杂、高密度物质所产生的射束状伪影

(样品为某品牌相机的镜头)

一些较高配置的工业 XCT 机常同时配备扇形束和锥形束两种扫描方式,可在扇形束扫描方式与锥形束扫描方式之间切换。但考虑扫描速率、效率和成本等问题,当今的大多数 XCT 均采用锥形束 X 光扫描方式。当然,在利用锥形束 XCT 扫描较大样品、高密度或结构复杂样品时,必须通过提高 X 射线强度、增加 X 光滤片的厚度等措施对伪影的影响进行一些抑制,本章第四节将对该问题进行专门阐述。

(2)X 射线源

X 射线源是工业 XCT 的核心部件,用于产生 X 光束,有 X 射线管和直线电子加速器两种,一般能量较低时用 X 射线管,能量较高时用直线电子加速器。典型的用于 XCT 的 X 射线管的结构如图 9-32 所示,由阴极、阳极、电磁透镜、靶材等组件构成,其中阴极用于发射电子束,电磁透镜用于将发散的电子束进行聚焦。靶材一般由高密度、高熔点、耐电子轰击的材料制成,如铜、银、钼、钨等,靶材在受到高能电子束轰击时便产生 X 射线。另外由于不同材料所产生的特征 X 射线不同,因此有时对不同样品进行测试时,也需要利用不同的靶材。图 9-33 所示为一种 X 射线管和多样品靶材,可旋转调节的圆柱形靶材由四种材质的金属构成,使用时通过旋转靶材就可以在不同材质靶材之间进行切换。同时所有组件均封闭在真空室中,以防止电极起弧和被氧化。

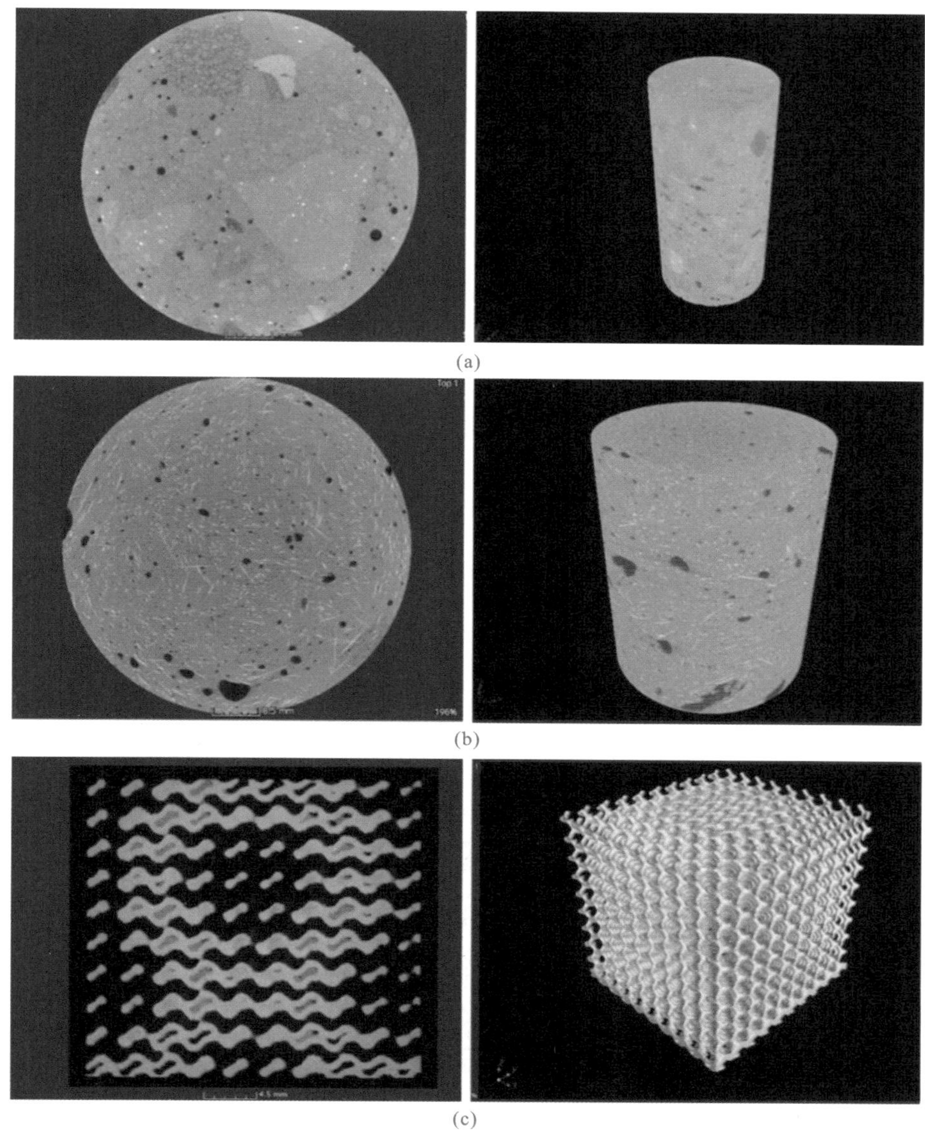

图 9-31 锥形束 XCT 扫描较低密度样品或尺寸较小高密度样品时无明显射束状伪影

(a)普通混凝土;(b)钢纤维混凝土;(c)钛合金 3D 打印器件

X 射线管的阴极,或称为灯丝,通常用钨丝或六硼化镧等制成。其工作原理是利用电流和相关的焦耳效应将灯丝加热到一定温度,使灯丝表面电子克服金属表面的结合能而逸出,其原理与扫描电镜或透射电镜中的灯丝产生电子束流一样。这些逸出电子在电场作用下向阳极(靶材)运动,当高能电子与阳极靶材相撞时,入射电子受到靶材原子核与核外电子的相互作用而发生运动状态和能量的改变,在这些过程中释放出 X 射线。其结构与 X 射线衍射仪上的 X 射线管类似。但一些更高能量的 XCT 需要用直线电子加速器作为电子加速器件,通过高频电磁场作用使电子的运行速度进一步提高,与靶材作用时,能够释放出能量、剂量率更高的 X 光。医学上,电子加速器常用于肿瘤等的放射治疗、医疗器械辐照消毒;农学上,高能直线电子加速器也被用于种质资源诱变育种、食品辐照灭菌与保鲜、进口果蔬检验检疫等方面。

(3)探测器

①探测器基本原理。

探测器也是 CT 的核心部件,甚至在一定程度上制约或推动着 CT 技术的发展,同时技术的发展也对探测器提出更高的要求。探测器是一种可将 X 射线剂量转换为可供记录的电信号的装置,通过测量它接收到的 X 射线剂量,然后产生与 X 射线剂量成正比的电信号。CT 中常用的探测器有两种:一种为气体探测器,其原理是 X 射线使惰性气体电离,产生电子和离子,它收集并记录由电子和离子的电荷所产生的电压信号;

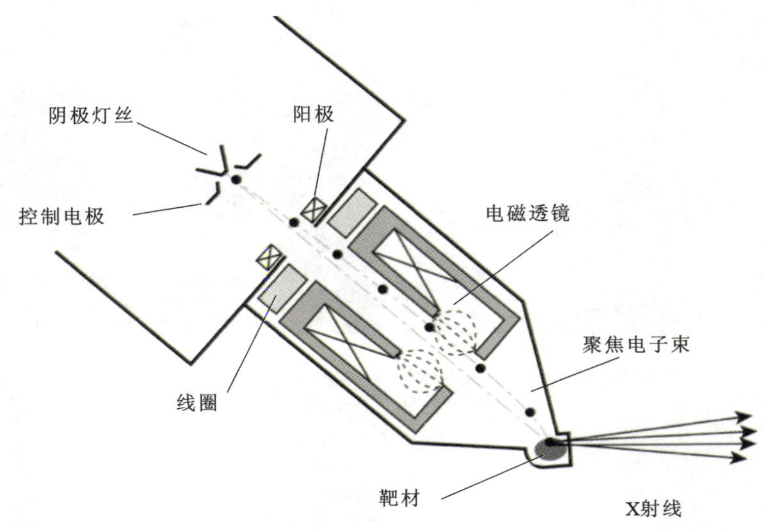

图 9-32 X 射线管结构示意图

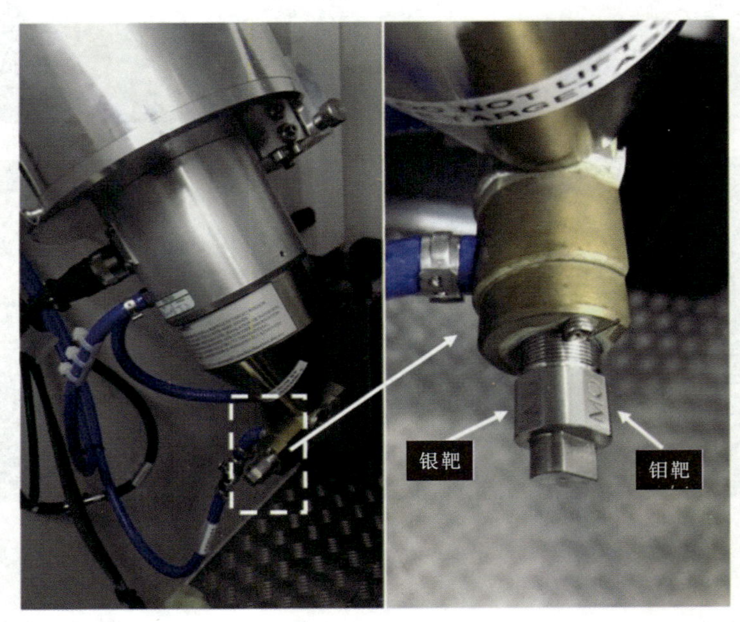

图 9-33 X 射线管和多样品靶材

另一种为固体探测器，其原理是基于 X 射线照射某些物质时，这些物质能瞬间发光（或称为闪烁），这种物质被称为闪烁体。而后利用光电倍增管将这种闪烁转换为电信号，再用电子线路和器件将它放大并存储下来。将闪烁体和光电倍增管组合起来，就构成闪烁计数探测装置。闪烁体探测器的探测效率高、分辨时间短，既能同时探测带电粒子和中性粒子，又能同时探测粒子的强度和能量。所以目前大多数 XCT 均采用闪烁体探测器。

闪烁体探测器结构如图 9-34 所示，主要包括闪烁体、光电倍增管、前置放大器等组件。闪烁体是将 X 射线光子能量转换成光能的一种器件。闪烁体中一般还加有少量的激活剂，它们在晶体中形成正空穴，当晶体受 X 射线照射时，其中的原子和分子被激发，被束缚的电子跃迁为自由电子，但这些自由电子很容易被激活剂形成的正空穴所捕获。当受激原子和分子被激退时，这些电子重新回到原来状态而反射出光子。常用的闪烁体材料有铊激活碘化钠晶体、铊激活碘化铯晶体、钨酸镉晶体等。

在闪烁体前端与侧面加有反射层，可使闪烁体产生的大部分荧光光子能反射到光电倍增管内的光电阴极上。在闪烁体与光电倍增管间放置用有机玻璃制成的光导纤维，并涂上硅油，以保证良好的光耦合。光电倍增管是一种光电转换器件，它可把光子转换成电子，并把弱的光子信号按比例转换为较大的电信号。

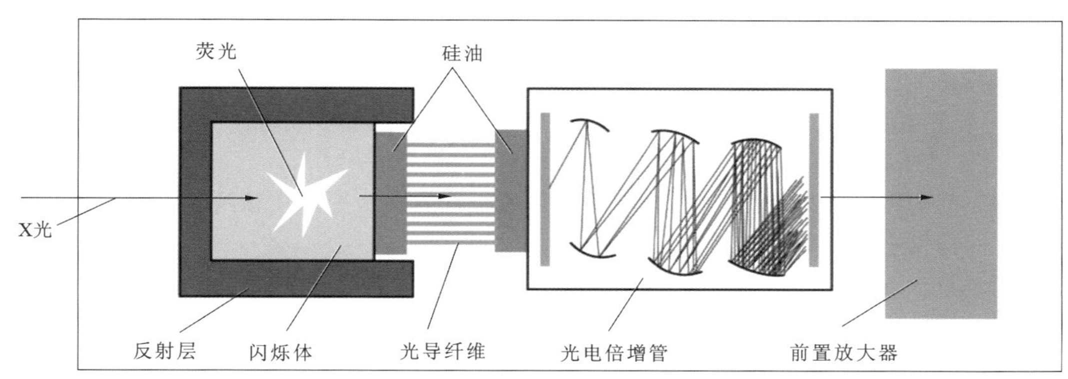

图 9-34 闪烁体探测器结构示意图

②平板探测器。

目前,大多数工业或显微 XCT 中主要使用平板探测器。按照成像原理,平板探测器可以分为直接转换型和间接转换型两种。直接转换型平板探测器通过一层无定形硒直接把 X 射线信号变为电信号。间接转换型平板探测器则先通过闪烁体把射线转换为可见光,再由光电二极管产生电信号。

直接转换型平板探测器将无定形硒产生的电荷直接由薄膜晶体管(thin film transistor,TFT)阵列读出,不受散射的影响,其图像的综合质量相对较高。但是,无定形硒在 X 射线照射下产生的电荷需要用很强的外加电场使之移动到平板探测器表面,这使得平板探测器阵列存在被高电压损坏的危险。高压电场的反复作用,使平板探测器平面射线稳定性变差,量子吸收效率降低,像元寿命缩短。直接转换型平板探测器的另一个缺点是成像速度慢,因为每完成一幅图像的采集,需要经过 1s 左右的高压触发才能进行下一幅图像的采集,不利于图像的快速采集。间接转换型平板探测器正是为了解决上述问题而设计的。目前,成熟的平板探测器产品大部分为间接转换型。后文所述内容均为间接转换型平板探测器,其具有有效检测区域大、空间分辨率高、动态范围大以及没有几何畸变等优点,而且其厚度较小,具有更广泛的适用场合。

平板探测器的工作原理如图 9-35 所示。由 X 射线源发出的锥形 X 光束穿透样品后到达闪烁体,闪烁体将 X 射线转换为波长约为 550nm 的可见光,正好对应光电二极管的量子效率峰值,光电二极管再将可见光转换为电信号。行驱动芯片控制的 TFT 阵列逐行读取电信号并输出到积分放大器,经 A/D 转换器转换后经数据采集卡得到投影图,并将其储存到计算机。由于闪烁体的射线转换效率一定,读取时间越长,累积的电信号强度就越大。因此,从射线转换为电信号实际上是一个积分过程,可以通过积分时间来控制输出信号的强度。

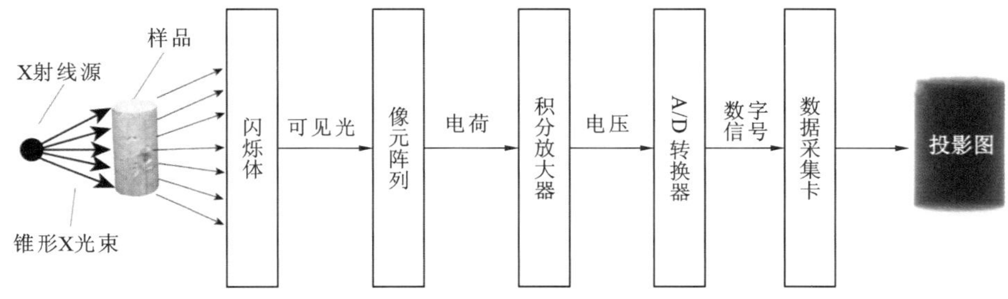

图 9-35 平板探测器的工作原理示意图

(4)机械运动系统

通常,工业 XCT 应配备至少可以在三个方向平行移动和轴向转动的系统。其中,放大轴(Z 轴)是沿着从 X 射线源到探测器的直线定义的。Y 轴平行于旋转轴。X 轴与 Y 轴和 Z 轴正交。X 射线束的横向张开角称为扇形角,而纵向张开角称为锥角(图 9-36)。由于对工业 XCT 系统的测量性能有很高的要求,因此运动系统的几何对准和稳定性对于整个系统的性能至关重要。需严格满足以下条件:

①放大轴与探测器的交点和探测器的中心重合;

②放大轴垂直于检测器；

③放大轴与旋转轴相交成 90°角；

④旋转轴的投影平行于检测器列。

XCT 扫描对机械系统的稳定性要求极高，运动过程中结构未对准会导致图像伪影的形成。扫描期间 XCT 组件的相对运动还必须满足以下要求：

①所有组件之间的相对距离是恒定的，并且旋转轴的位置固定。X 射线源到探测器距离(SDD)及旋转轴距离(SRD)均保持恒定且精确；

②旋转平面垂直于旋转轴；

③扫描过程中样品不发生移动和变形；

④扫描过程中不发生振动。

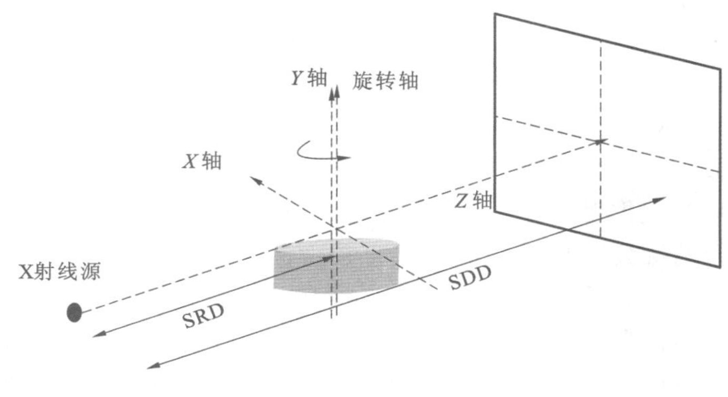

图 9-36 XCT 扫描机械系统

9.4 XCT 系统的性能和图像质量 >>>

一般来讲，评价 XCT 系统好坏的主要性能参数包括可测试试件范围(包括直径、高度、质量、等效钢厚等)、测试时间(包括数据采集与重建时间等)和图像质量(包括空间分辨率、密度分辨率、伪影等)，其中图像质量为 XCT 系统的核心指标。

9.4.1 空间分辨率与密度分辨率

空间分辨率或分辨能力是指鉴别和区分微小缺陷能力的量度，定量地表示为能够分辨的两个细节的最小间距。CT 的空间分辨率受到射线源焦点尺寸、放大倍数、探测器尺寸、图像信噪比等诸多参数的综合影响。

空间分辨率的单位是单位长度上的线对数(lp/mm)，常用线对卡或丝状、孔状测试卡进行测定，而后用肉眼看能够识别的线对数目，如能够识别的线对数目为 10 对，则分辨率为 0.05mm。但是用肉眼观测测试卡测定的方法往往受到测试者的主观影响，比较客观的测定方法是调制传递函数(MTF)的方法。其测试过程如下：首先通过圆盘标准试件的 CT 扫描图像得到圆盘边缘 CT 数据轮廓变化，据此获得边缘相应函数(ERF)，对 ERF 求导得到点扩展函数(PSF)，再通过对 PSF 进行傅立叶变换计算导出调制传递函数，最后由调制传递函数获得系统的空间分辨率。

由于空间分辨率与检测对象中图像细节的对比度有关，当对比度减小到一定程度时，空间分辨率也迅速下降，因此 CT 的空间分辨率实际上是在有足够高对比度时测定的。医学界根据检测特点，规定高对比度分辨力是物体与匀质环境的射线线衰减系数的相对值大于 10%时，CT 图像具有的分辨该物体的能力。

密度分辨率又称对比度分辨率或灰度分辨率，是分辨给定面积映射到 CT 图像上射线衰减系数差别的能力，定量地表示为给定面积上能够分辨的细节(给定面积)与基体材料之间的最小对比度，工业 CT 所用密度分辨率和医学上的低对比度分辨力的概念非常接近，均取决于 CT 图像噪声水平。

密度分辨率的测定也可以用模卡进行测定，即统计标准模体的 CT 图像上给定尺寸方块 CT 值，求出标准偏差，采用三倍标准偏差为密度分辨率，这表示有 95%以上的可信度。还有一些传统的测定方法，如利用部分体积效应形成不同平均密度的方法，或制备不同密度的液体试件或固体试件的测试方法。但是液体试件多用盐水制备，密度值往往与工业 CT 检测对象相差甚远，使实际的代表意义受到一定影响；固体试件又往往因为成分不同，辐射密度与材料密度有时并没有简单对应关系；同种材料(如石墨)本身各部分密度又未必均匀，都容易引起误差，因此标准试样的制作是一个相当复杂而精细的工作。

需要强调的是，空间分辨率指的是分辨相互紧密靠近物体的能力；密度分辨率反映了 CT 图像上能检测到的最小细节，与给定面积大小有关。一般来说，可以被识别的最小缺陷尺寸要大于空间分辨率的数值。

9.4.2 伪影

伪影是指成像过程中引入的不属于样品本身应有的部分，常表现为出现一些异常亮或异常暗的区域，理论上可视为 CT 图像中的数值与物体真实衰减系数之间的差异。由于成像原理、机械以及硬件等因素影响，伪影很多时候是难以避免的。

伪影产生的机制很多，因此实际上难以制定比较严格的标准来描述伪影的水平或在不同设备上进行比较。实际上伪影也可视为一种"噪声"，但与狭义的噪声不同，伪影往往具有一定规律，不同原因造成的伪影很容易被识别并归类。如果能够将伪影造成的影响降低到密度分辨率要求的水平以下，则伪影不会对图像的分析造成很大影响。但是在相当多的情况下，伪影水平要高得多且难以被简单消除，在进行定性分析的时候，人们可能根据伪影的形貌和出现位置等性质来识别它们和真实细节特征之间的差异。但在科学研究中，需要利用 CT 图像进行定量统计或分析时，伪影往往会带来巨大的干扰。

引起伪影的原因大体分为两类：一类与 CT 技术本身的原理有关，如部分体积效应引起的伪影(常为条状)、X 射线散射线引起的伪影(常为射线状)等；另一类与 CT 设备的硬件、软件及扫描工艺技术有关，如射束硬化引起的伪影(常为杯状)、采样不足造成的伪影(辐射状)、探测器出现坏像素引起的伪影(常为环形)及扫描工艺不合适等引起的伪影等。伪影的类型和严重程度是区分同种规格的 CT 系统的两个因素。检测人员应当掌握伪影之间的区别以及它们对测量变量的影响，例如，杯状伪影会严重影响绝对密度的测量，但不影响径向裂纹的检测。

(1)部分体积效应导致的伪影

当一个体素内包含多种结构特征时，所对应的图像像素值是此体素内各种结构特征线衰减系数的平均值，由于射线强度按指数规律衰减，当射线束同时穿过线衰减系数不同的两种材料时(如在切片厚度内，一部分射线穿过一种材料，另一部分射线穿过另一种材料)，实际的衰减方程应是每种材料线衰减系数指数项的和而不是线衰减系数和的指数项。对像素值进行平均处理会造成投影数据的非线性或不一致，从而引起图像上的条状伪影。减小部分体积效应伪影的办法是尽可能减小切片厚度，并对图像进行光滑滤波处理。另外，试件周围填充液体或线衰减系数相近的材料，减小边界对比度也有利于改善这类伪影。

(2)射束硬化伪影

XCT 的 X 射线属于连续谱，由前述基本原理可知，由于物质对不同能量的 X 射线的线衰减系数不同，任何区域的线衰减系数等于所有能量光子的衰减系数平均值。当连续 X 射线穿过试件时，低能量光子更易被材料吸收，因物质对 X 射线的衰减随其能量升高而降低，所以样品内部区域所测得的"衰减系数值"要小于外部区域。因此，连续 X 射线穿过厚试件的有效能量要高于薄试件，同一试件的较厚部位和较薄部位的 X 光有效能量也不同，这种现象称为射束硬化。射束硬化会引起测量数据不一致，扫描圆柱形均匀样品时呈现出 CT 值随半径减小而减小，使图像边缘区域较亮而中间区域偏暗，产生类似"杯子"形状的伪影。

射束硬化现象可以通过预先滤波法、数据软件校正法及双能量法进行校正。图 9-37 所示为圆柱形水泥净浆样品的 CT 图像。图 9-37(a)为未经射束硬化修正的图像，可见其边缘灰度要明显高于中间区域，当从样品一侧绘制一条过圆心的直线时，沿这条直线绘制各点的灰度分布是一条 U 形曲线，中间低两边高。射束硬化校正是通过一定的算法使图像边缘灰度变暗、中间区域灰度变亮，从而使得中间区域与边缘区域的灰度趋于一致或接近，图 9-37(b)所示为经过软件校正后的图像，可见图像经过校正后边缘的灰度与中间区域已趋于一致。由于射束硬化修正基于一定的算法，因此修正时必须注意参数(或称权重因子)的选择，当修正参数选择不当时，如图 9-37(c)所示，反而使图像中间区域的灰度偏高，边缘区域的灰度偏低。因此，射束硬化修正时，特别要注意参数的选择，可通过从样品一侧到另一侧的灰度分布来判断修正参数的选择是否得当。

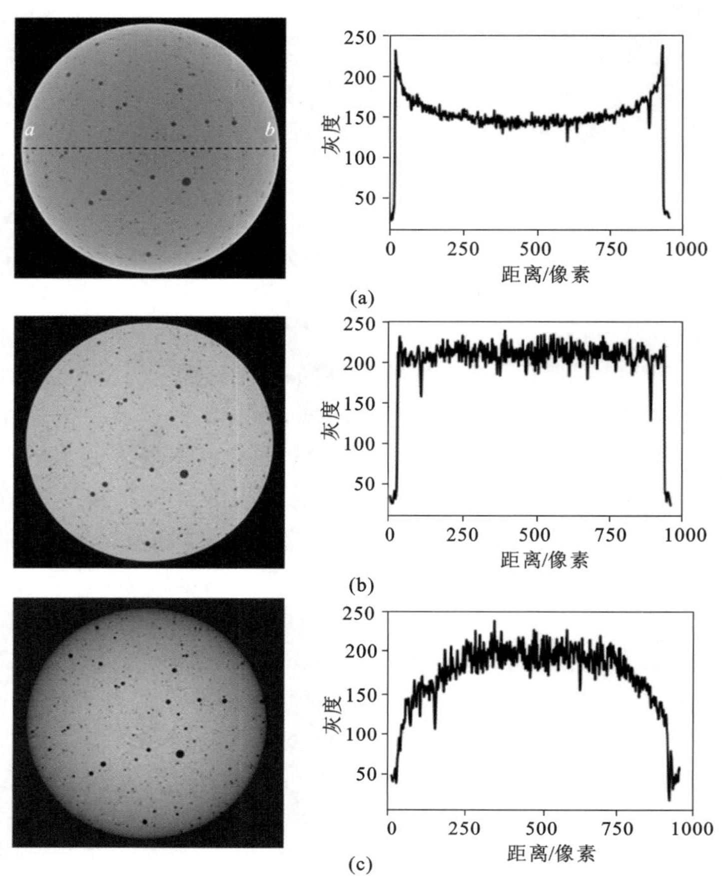

图 9-37 均质圆柱形水泥试件的 CT 图像(右侧为图像上 a 点至 b 点间的灰度分布曲线)

(a)未经射束硬化修正;(b)修正参数得当;(c)修正参数不当

(3)散射线引起的伪影

虽然散射线产生的信号与一次信号相比很弱，但由于工业 CT 探测器灵敏度高，其同样能带来不利的影响，特别是当样品中含有密度较高的物相时，在高密度物相周围将出现大量的散射或衍射束，因此探测器将测到多余的错误信号，相当于降低了试件的线衰减系数，引起与射束硬化现象类似的伪影。散射线导致的伪影可参见图 9-30。散射线伪影可以采用准直器严格控制射线束宽度，或利用前后准直器进一步屏蔽散射线信号来进行抑制。有时增加物体至探测器距离也有利于减少散射线，但这样会降低空间分辨率。

(4)噪声

数字图像在获取、储存和处理过程中不可避免地存在一些噪声，XCT 图像中噪声可能来自量子噪声、电气噪声和重建算法引起的噪声。噪声在一定程度上也算伪影。图像去噪包含两方面内容：噪声去除和图像增强。噪声去除的算法在于去除图像中的高频部分，由于图像边界也是图像高频部分，因此去除噪声也将导致图像边界变得模糊，故图像处理过程中需处理好这一对矛盾。

①去噪声算法概述。

人们根据实际图像的特点、噪声的统计特征和频谱分布的规律，发展了各式各样的去噪声方法。经典去噪声方法可分为空间域滤波、频域滤波、小波域滤波等。空间域类方法是以对图像的像素直接处理为基础，而频域和小波域处理技术是以对图像的傅立叶变换和小波变换进行处理为基础。

空间域滤波方法又分为线性平滑空间滤波器和非线性统计排序空间滤波器。两者都是基于邻域的操作。首先选用一定尺寸的模板，要处理的像素点位于模板的中心，随着模板的移动，完成对所有像素的滤波。线性平滑空间滤波器包括均值滤波器和加权均值滤波器，其缺点是容易造成图像边缘模糊。最常用的非线性统计排序空间滤波器是中值滤波器，它处理椒盐噪声非常有效，但缺点是对所有像素点采用一致的处理方式，在滤除噪声的同时有可能改变真正像素点的值，进而引入误差，损坏图像的边缘和细节。

频域滤波方法是通过傅立叶变换把图像由空间域变换到频域，由频率分量和图像空间特征的对应关系知道，低频对应图像强度的慢变分量，高频对应图像中强度变化越来越快的灰度级，如物体的边缘和噪声。因此，可以通过低通滤波器来抑制或滤除高频成分，从而滤除噪声。常用的低通滤波器有巴特沃斯低通滤波器和高斯低通滤波器。当图像信号与噪声的频带相互分离时，频域滤波方法比较有效，但当图像与噪声的频带相互重叠（比如混有白噪声）时，这种方法的效果较差，而且低通滤波器在抑制噪声的同时，也将信号的边缘部分变得模糊，因此存在着去噪和保持图像边缘之间的矛盾。

小波域滤波方法是将空间域上的图像变换到小波域上，以获得多层次的小波系数，根据小波基的特征，分析噪声和图像的小波系数特点，对小波系数进行处理，估计真实的小波系数，最后进行反变换得到所需的去噪图像。基于小波变换的图像去噪算法主要可以分为三大类：阈值去噪算法、基于奇异点检测的去噪算法和贝叶斯去噪算法。从信号学的角度看，小波去噪是一个信号滤波的问题，虽然在很大程度上小波去噪可以看成低通滤波，但是由于其在去噪后，还能成功地保留图像特征，所以在这一点上又优于传统的低通滤波。

此外，按照滤波器处理范围的不同还可将这些技术划分为两类：一类是全局平滑，全局平滑技术的目标是减少（附加）噪声以及输入数据的其他不规则性。全局平滑技术通常基于具有恒定滤波器内核的卷积图像，这些滤波器根据目标平滑技术预先设置。为了计算过滤器输出，实际上将过滤器内核在输入数据上逐个体素移动。对于内核的每个位置，输出数据值将按过滤器内核体素中给出的权重的加权总和乘过滤器内核体素当前覆盖的输入数据体素值来计算。全局平滑技术的潜在关键缺陷是，它们趋于使边缘模糊并最终生成不清晰的图像。另一类为局部平滑，是对含噪图像使用局部算子，当对某像素进行平滑处理时，仅对它的局部邻域内的一些像素加以运算，优点是计算效率较高，可以实现实时或准实时处理。

常见的噪声去除模型有高斯滤波、各向异性扩散方程模型、双边滤波、全变分模型、小波变换滤波、非局部平局滤波等。

②多幅投影图像取均值去噪。

由于噪声的产生是完全随机的，因此实际中，可采用对多幅投影图像取平均值的方法来达到降噪的目的，亦即在同一个角度获取 N 幅投影图像，假设 $f_1,f_2,\cdots,f_n$ 为 N 张投影图的灰度值，对其作平均运算：

$$\overline{f}=\frac{\sum_{0}^{N}f_i}{N} \tag{9-33}$$

用 $\overline{f}$ 作为该角度投影的代表值。理论上，这样可使噪声减小到原噪声水平的 $1/N$，信噪比提高 N 倍。但 N 取值大，采集数据的时间亦会成倍增加。

9.5 XCT在建筑材料微观结构研究中的综合应用案例 >>>

9.5.1 钢纤维混凝土

混凝土是典型的脆性材料，其柔韧性与延展性较差，因此混凝土结构在失效之前往往没有明显的变形和征兆，添加各种纤维可显著提升混凝土的韧性，大大提高混凝土和结构的变形能力。钢纤维混凝土是一种超高性能混凝土，除了赋予混凝土较好的抗拉强度与韧性外，其往往还具有高强度与高耐久性，因钢纤维混凝土的水灰比较低，同时利用细石灰石作为骨料（一般不含有粗骨料），为了提高流动性，往往添加减水剂等外加剂。然而即便如此，钢纤维混凝土在成型过程中仍不可避免出现一些缺陷，如存在大量气孔、钢纤维的分布和排布不理想等。而作为一种超高性能混凝土，内部孔隙和缺陷、纤维分布等情况对其性能影响显著。因此，一方面需要通过不断改进配合比、优化成型等方法减少钢纤维混凝土内部的缺陷、优化钢纤维的排布等；另一方面也需要用一种合适的方法对钢纤维混凝土内部的结构进行表征，进而指导设计实践。XCT 是用来表征钢纤维混凝土内部缺陷与钢纤维分布的绝佳方法，因钢纤维混凝土中存在的三相（钢纤维、水泥与孔隙）之间的密度差异较大，其 X 射线衰减系数的显著差异使得其物相分割容易且精准。

如图 9-38 所示，钢纤维混凝土试件为直径为 100mm 的圆柱，测试所用加速电压为 200kV，电流为 200μA，曝光时间为 354ms，X 射线源距样品中心距离为 306mm，X 射线源与探测器的距离为 1018mm，拍摄时，样品随着样品台旋转 360°，从各个角度共采集投影 2000 张。所得数据重构后利用 VGStudio MAX 3.1 软件进行分析。

图 9-39 为钢纤维混凝土的 XCT 俯视、正视、侧视图切片与 3D 图像，基于 XCT 的原理可以知道图中白色较亮区域为钢纤维，黑色区域为孔隙，其余灰色区域为水泥基体。

图 9-38 钢纤维混凝土试件

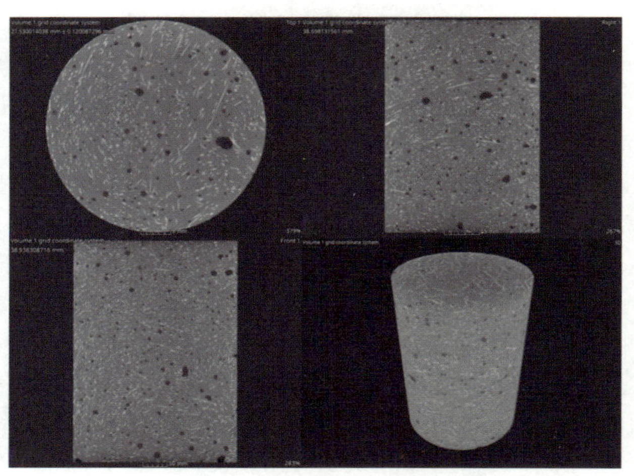

图 9-39 钢纤维混凝土 XCT 图像

基于三者之间明显的灰度差别，我们可以通过灰度分割的方式将三者分开并分别显示，如图 9-40 所示，可轻松看到钢纤维和孔隙的三维空间分布情形。同时，利用相关模块可对钢纤维和孔隙进行进一步分析，首先可得到孔隙的体积（粒径）分布，图 9-41(a)为计算后渲染的孔隙体积，不同颜色代表不同的体积区间，图 9-41(b)为孔隙体积分布，可见其中大部分的孔是体积小于 0.1mm^3 的微孔，同时还可得到孔隙的形态特

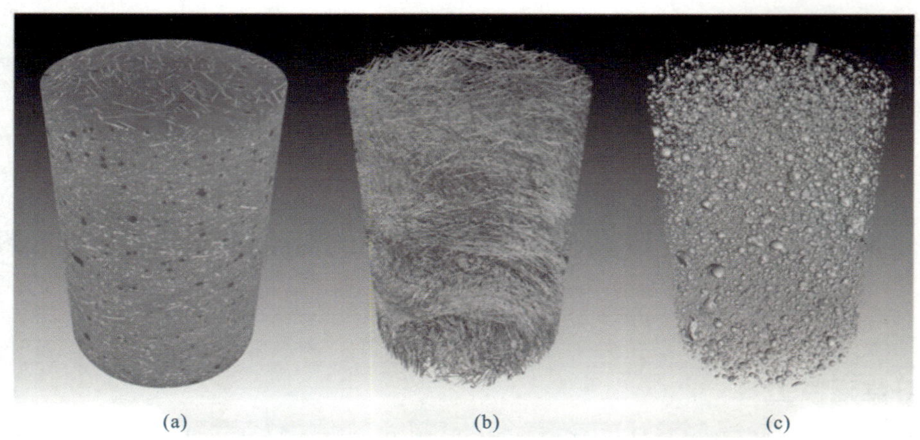

(a) (b) (c)

图 9-40 根据灰度差异提取的钢纤维和孔隙分布

(a)整体；(b)钢纤维；(c)孔隙

征，如球度[图 9-41(c)]、最大直径等参数。对于钢纤维，可根据钢纤维形态特征分析每一根钢纤维的空间朝向，图 9-41(d)所显示的是钢纤维与 Z 轴方向的夹角，其中红色代表与 Z 轴垂直(即水平朝向)，蓝色代表与 Z 轴平行(即竖直朝向)，可见多数钢纤维与 Z 轴的夹角在 70°～90°，说明大部分钢纤维在成型过程中倾向于水平排布，同时还能得到钢纤维从上至下在不同截面内的体积分布，如图 9-41(e)所示。这些信息对我们认识钢纤维混凝土的性能大有助益。

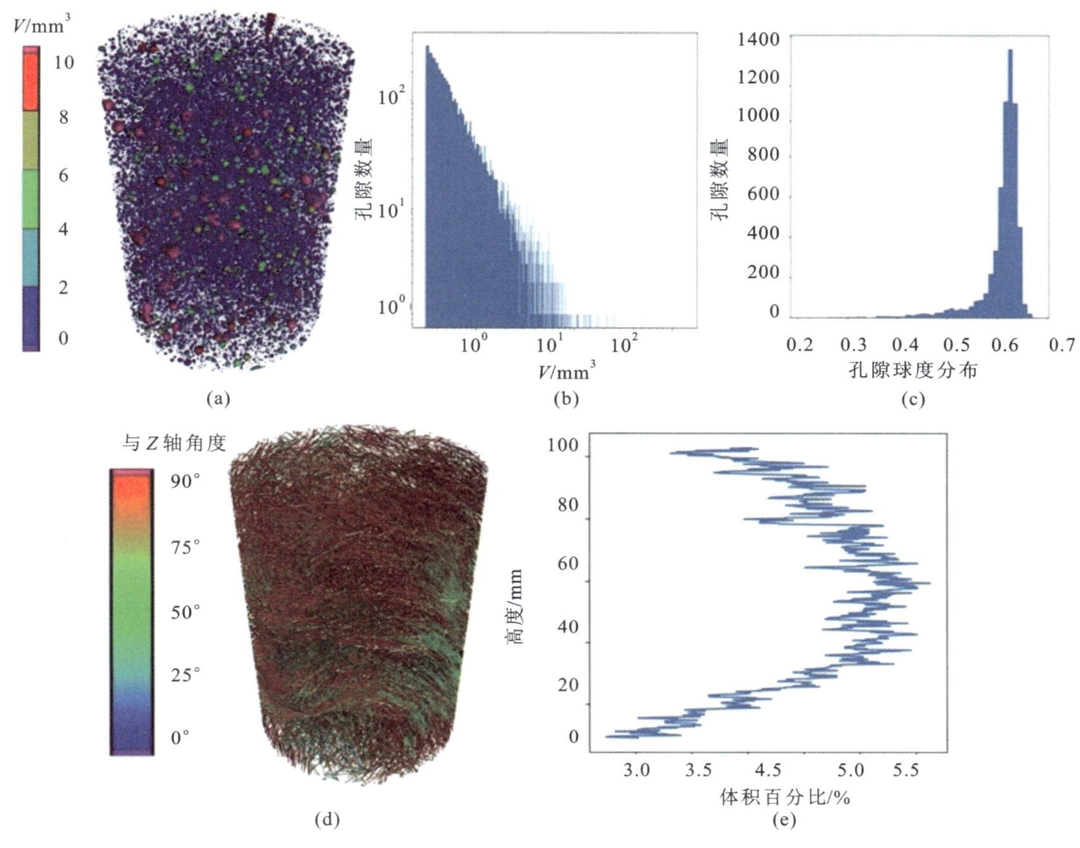

图 9-41　孔结构特征参数和纤维空间分布

(a)孔隙及其体积；(b)孔隙体积分布；(c)孔隙球度分布；(d)钢纤维及其方位；(e)钢纤维在不同截面内的体积分布

9.5.2　透水混凝土孔结构

透水混凝土是一种由单粒径粗骨料(不含细骨料)、水泥和水配制而成的多孔混凝土，其空隙率较大且空隙之间相互连通，故而具有透气、透水和轻质的特点。它可将表面的水通过自身和基层原地渗透或就近渗透至土壤中，从而维持局部地区的地下水位、净化水质、减小城市排水系统的排水负荷和减少低洼地区的雨水聚集。一方面，再生骨料透水混凝土的抗压强度能够满足道路使用要求，对城市生态环境起到一定调节作用；另一方面，采用再生骨料透水混凝土可促进建筑垃圾的资源化利用，减小环境压力。因此，再生骨料透水混凝土的研究也来越受到大家的关注。而透水混凝土的孔结构是影响其强度与透水性的最重要因素。利用 XCT 我们可以得到混凝土内部孔结构的尺寸、孔隙率、孔的连通性与三维分布及孔结构与其他相如骨料等的三维空间关系。

测试并对比了 6 组利用再生骨料制备的透水混凝土的孔结构特征，试验所用水泥为 52.5 普通硅酸盐水泥。再生骨料为杭州亚运村所在区域拆迁产生的建筑垃圾经破碎后所得，经测试再生骨料表观密度为 $2420kg/m^3$，含水率为 14%。所用原生骨料表观密度为 $2680kg/m^3$，含水率为 0.3%。原生骨料的替代率从 0 到 20%、40%、60%、80%和 100%，分别用代号 R0、R20、R40、R60、R80 和 R100 表示。试验所用水灰比(水与水泥质量比)为 0.5，水泥与骨料质量比为 0.2。图 9-42 为测试试件，试件从硬化后的透水混凝土板中钻芯取得，直径为 70mm。

(a) (b) (c) (d) (e) (f)

图 9-42 用于 XCT 试验的再生骨料透水砖样品

图 9-43 为各样品的 CT 切片图，右下角为相应的 3D 图像，图像中黑色区域为孔隙。直观可见，样品截面上的孔隙率均较高；灰度较孔隙高一些的区域为红砖、再生骨料等，较亮区域为原生骨料，最亮的一些点为夹杂的少量铁钉、钢丝等。从图中也可以看出随着原生骨料增多，图像中较亮颗粒的含量逐渐增多：R100 样品中因不含有原生骨料，其整体较暗[图 9-43(a)]，而随着原生骨料含量递增，较亮颗粒的含量也增多，图像整体变亮[图 9-43(b)～(f)]。

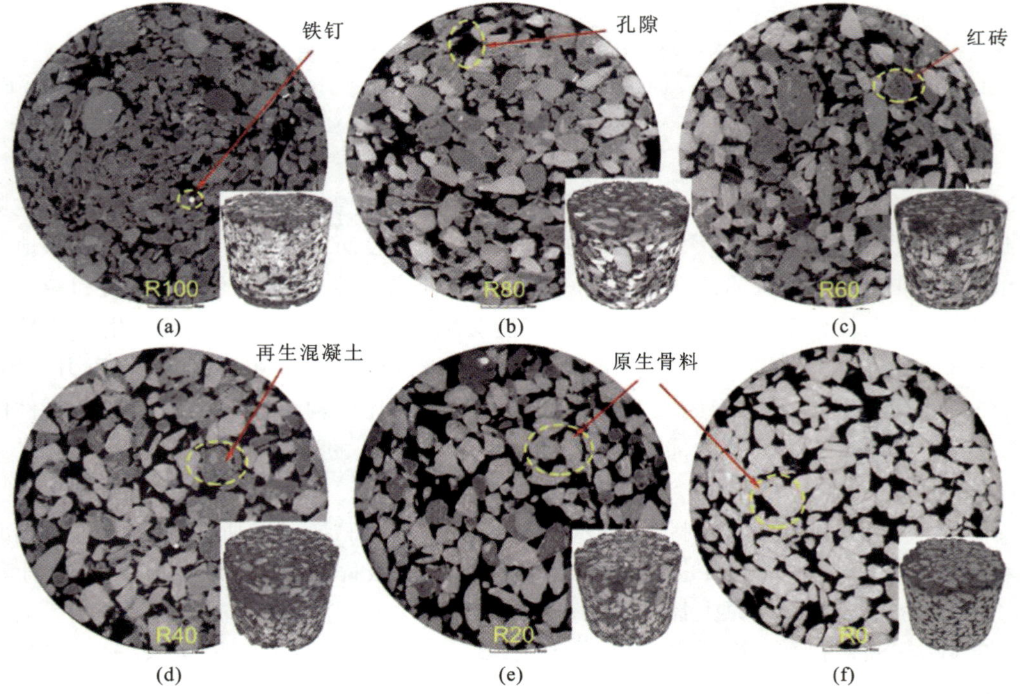

(a) (b) (c) (d) (e) (f)

图 9-43 再生骨料透水混凝土 CT 切片图像(右下角为相应 3D 图)

图 9-44 为各样品的孔隙率，随着原生骨料含量的增多，孔隙率呈现先减后增的趋势。R100 样品的孔隙率为 27.9%，R80 比 R100 稍小，为 27.8%，R60 样品的孔隙率降至最低，为 25.6%，而后随着原生骨料的增多，孔隙率呈直线上升趋势，R40 为 28.2%，R20 为 29.6%，R0 为 31.4%。

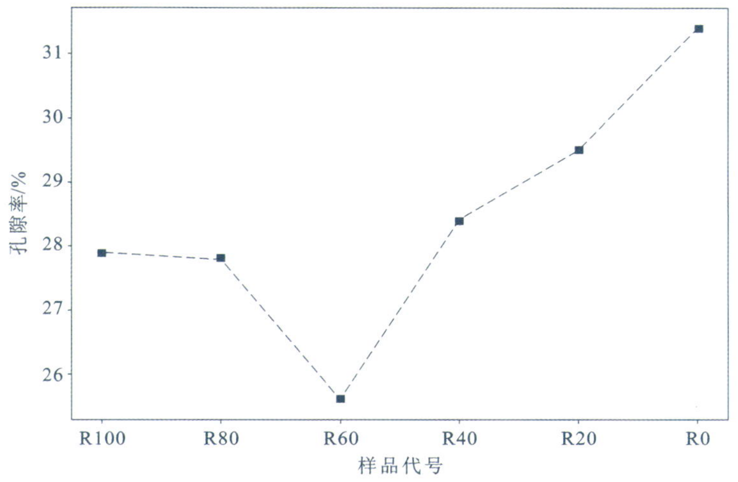

图 9-44 再生骨料透水混凝土的孔隙率

统计了 6 个透水砖样品的孔隙体积分布，并分析了其连通孔与非连通孔的比例，通过图 9-45 所示的 R20 样品的孔隙三维结构[图 9-45(b)]可以知道，透水混凝土砖内的孔结构在三维空间上是完全相互连接起来的。图 9-45(c)为样品中的非连通孔，可以见到，非连通孔的数量众多但总体积很小。从透水混凝土中孔结构的形成来分析，连通孔其实是存在于粗骨料间的空隙，在传统连续级配混凝土中，该空隙会被细骨料及水泥浆填充，而导致孔隙粒径减小并相互隔开。而在透水混凝土内，由于缺少细骨料，且水泥的用量相对较小，粗骨料间的空隙不能被完全填充而互相连接。透水混凝土中存在的非连通孔虽然数量众多但总体积很小，如图 9-46 所示，在 R100 样品中，连通孔的体积占了总孔体积的 99.1%。而随着再生骨料的比例减小，连通孔所占比例逐渐升高至 99.9%(R0 样品)。究其原因，在于其中存在的大量的非连通孔的来源主要有水泥浆、再生骨料中的再生混凝土和砂浆、红砖。随着再生骨料含量的减小，这些非连通孔的来源减少，因而造成非连通孔的比例降低。即使在 R100 样品中，非连通孔所占比例也只有 0.9%，甚至可以忽略不计，因而透水混凝土具有良好的透水性。

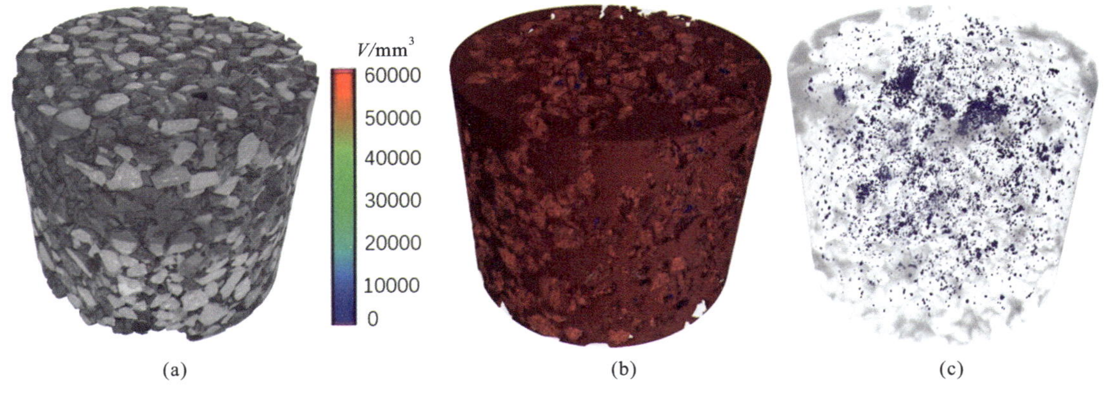

图 9-45 R20 样品的骨料、连通孔及非连通孔三维结构

(a)3D 图像；(b)连通孔；(c)非连通孔

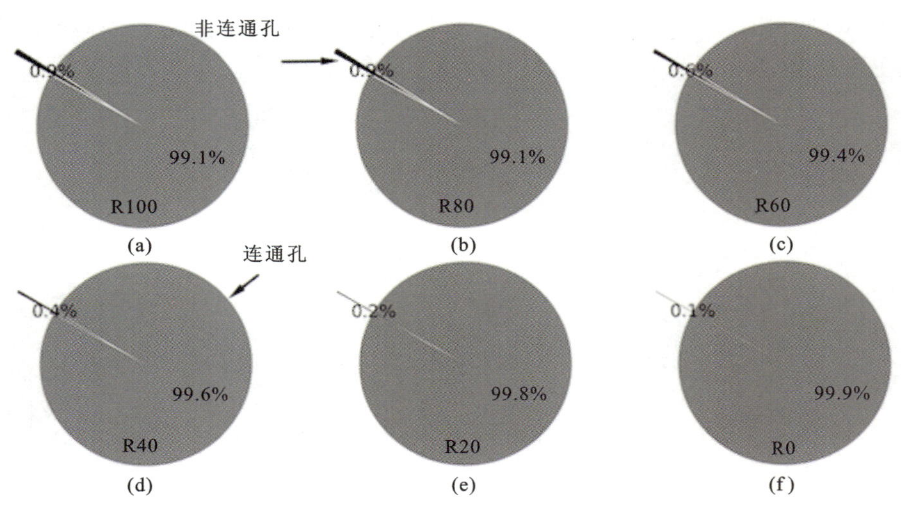

图 9-46　再生骨料透水混凝土中连通孔与非连通孔体积比

9.5.3　聚合物改性水泥的渗透性研究

抗渗性是混凝土耐久性的重要内容，抗渗性较差的混凝土容易受到水及各种有害介质的侵入，进而加速其破坏。往混凝土内添加聚合物可在一定程度上改善混凝土的抗渗性，为了研究聚合物改性水泥基材料的抗渗性，用 XCT 原位测试了水在试样中的传输过程，为了能够追踪到水溶液在砂浆中的传输深度，特向水溶液中添加了 CsCl 盐以提高水溶液的 X 射线衰减系数。所配制的 CsCl 水溶液浓度为 30%。

将砂浆试件养护 28d 以后切割成边长 20mm 的立方体小块，干燥后将其五个面用环氧树脂进行封闭处理，而后将试件浸没于 CsCl 溶液中，使 CsCl 溶液从试件的上表面(未涂抹环氧树脂的面)渗透进入试件内部，分别在 10min、20min、40min、70min、190min 及 310min 时利用 XCT 测试 CsCl 在试件中的渗透深度，其结果如图 9-47 所示，其中上部分较亮区域为 CsCl 溶液渗透到的区域，灰色区域为未渗透区域，黑色圆点为试件中的孔隙。从不同时间同一方位的 XCT 切片图可以看到，随着时间延长对照组砂浆(空白砂浆，未添加聚合物)中白色区域越来越大，说明渗透深度随着时间延长而加深，而聚合物改性砂浆中白色区域的扩展要缓慢很多，说明聚合物的加入阻止了 CsCl 溶液的渗透。

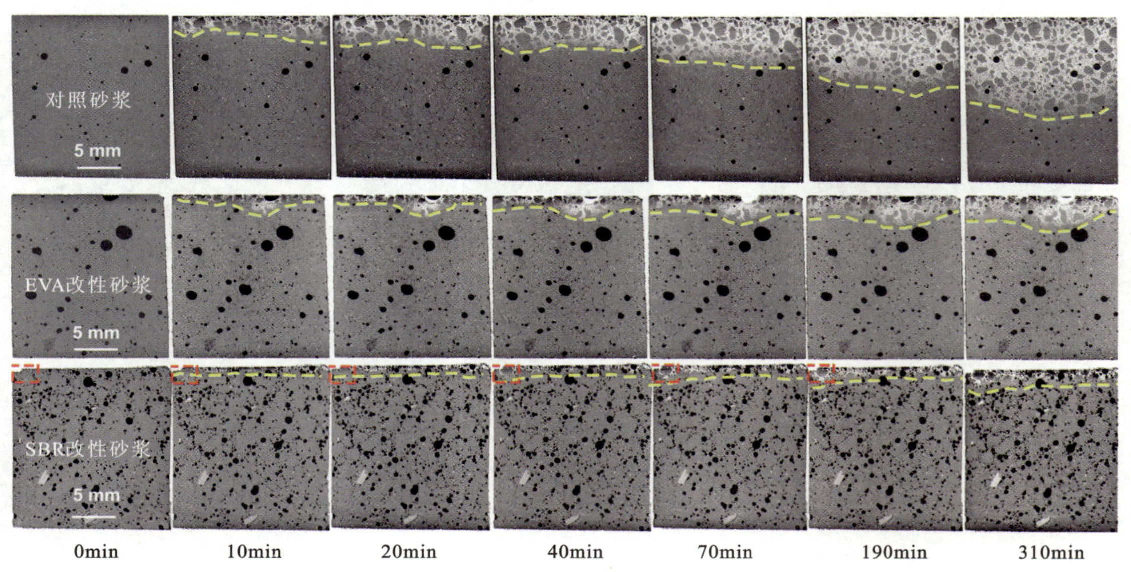

图 9-47　不同时间 CsCl 水溶液在三种试件中的渗透深度

为了能够定量地表征 CsCl 溶液渗透区域与未渗透区域的差别，特统计了试件从上往下不同切片的平均灰度值，如图 9-48 所示，完全被 CsCl 溶液渗透区域的灰度直方图明显右移，且其平均灰度远大于未被 CsCl 渗透到的区域。

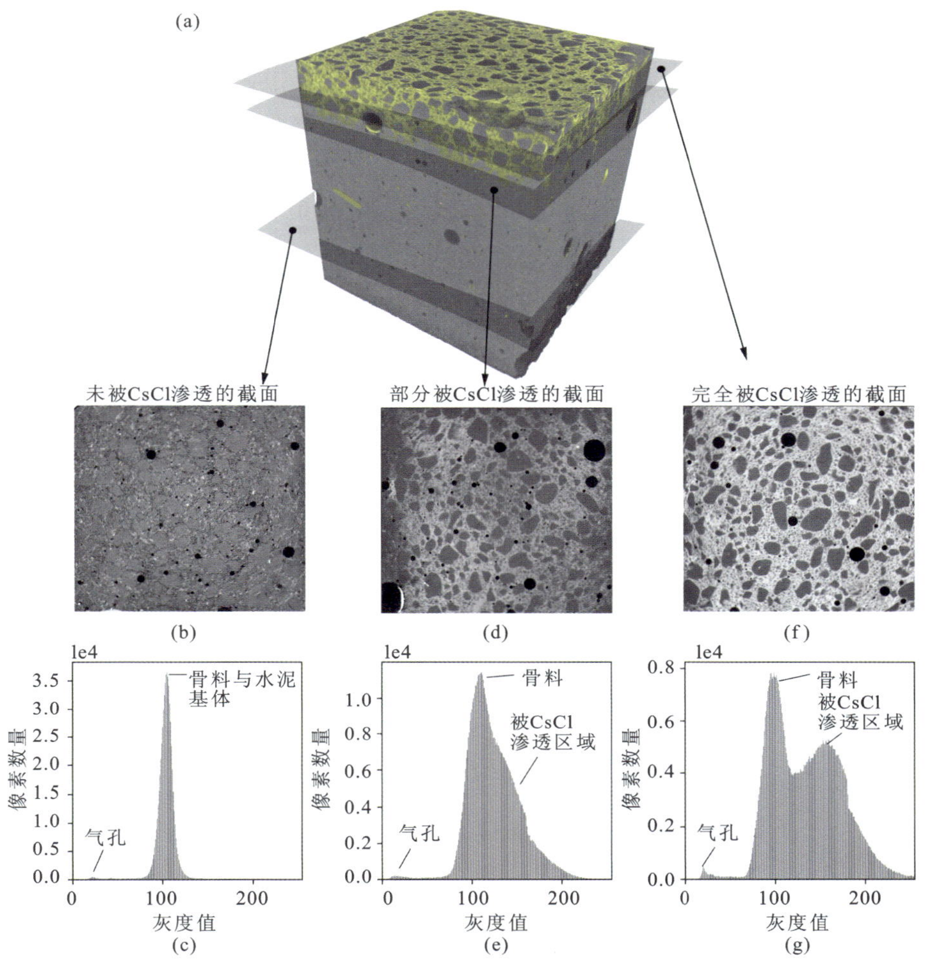

图 9-48　被 CsCl 溶液渗透的截面与未渗透截面的图像及其灰度直方图

为了进一步定量统计 CsCl 溶液在聚合物水泥砂浆内部的传输过程，特统计了不同时间不同样品从上表面至下表面不同切片的平均灰度值，其结果如图 9-49 所示，可见随着渗透时间延长对照组砂浆平均灰度显著提升，而聚合物改性砂浆则不明显。将样品不同渗透时间的平均灰度值与渗透之前的值（即渗透时间为 0 的样品）相减，得到灰度变化值，并将这个变化值与渗透之前的值相除，得到平均灰度变化值。定义当平均灰度变化值大于 2%时的截面为 CsCl 溶液渗透到的截面，也即渗透前锋线（或渗透前锋面），通过这种方法可以获得 CsCl 溶液不同时间的渗透深度，结果表明聚合物的加入显著提升了砂浆的抗渗性，阻碍了 CsCl 溶液的渗透。

为了进一步探究聚合物对砂浆抗渗性的影响机理，结合扫描电镜研究了对照砂浆与聚合物改性砂浆的微观结构，结果如图 5-85 所示，对比基体、水化硅酸钙、钙矾石、界面过渡区与孔隙等的微观结构，发现聚合物所形成的膜结构能够包裹在水化产物表面、填充于水化产物间的凝胶孔隙与界面过渡区等处。基于以上研究，描绘了聚合物增强抗渗性的模型，如图 9-50 所示，在对照砂浆体系中，由于水化产物间存在大量凝胶孔隙、界面过渡区处存在较大孔隙等，为水溶液的传输提供了通道，因此其抗渗性较差；而在聚合物改性水泥基体系中，聚合物颗粒及所形成的膜结构能够对体系中存在的孔隙和凝胶孔等进行填充，大大减少了水溶液的传输通道，因而显著提升了抗渗性。

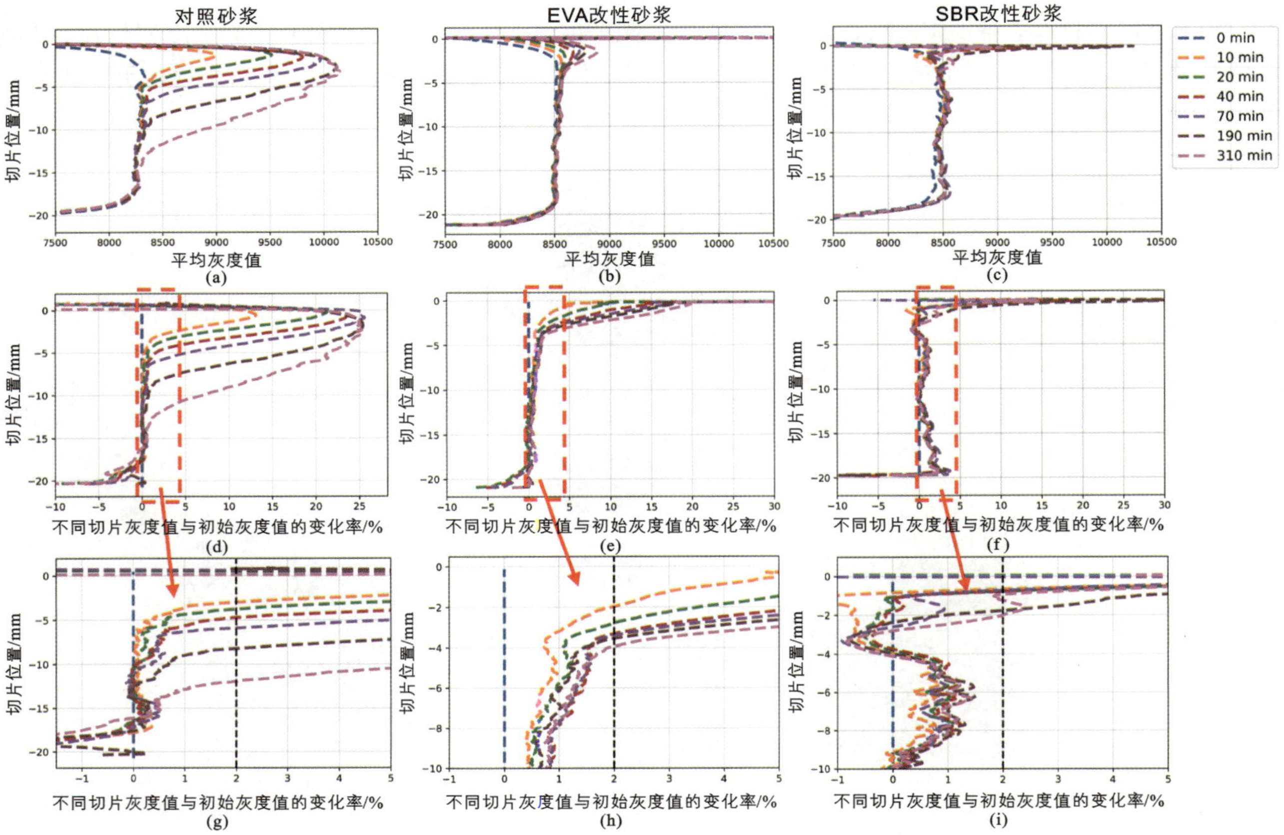

图 9-49 试件从上至下不同截面的平均灰度变化

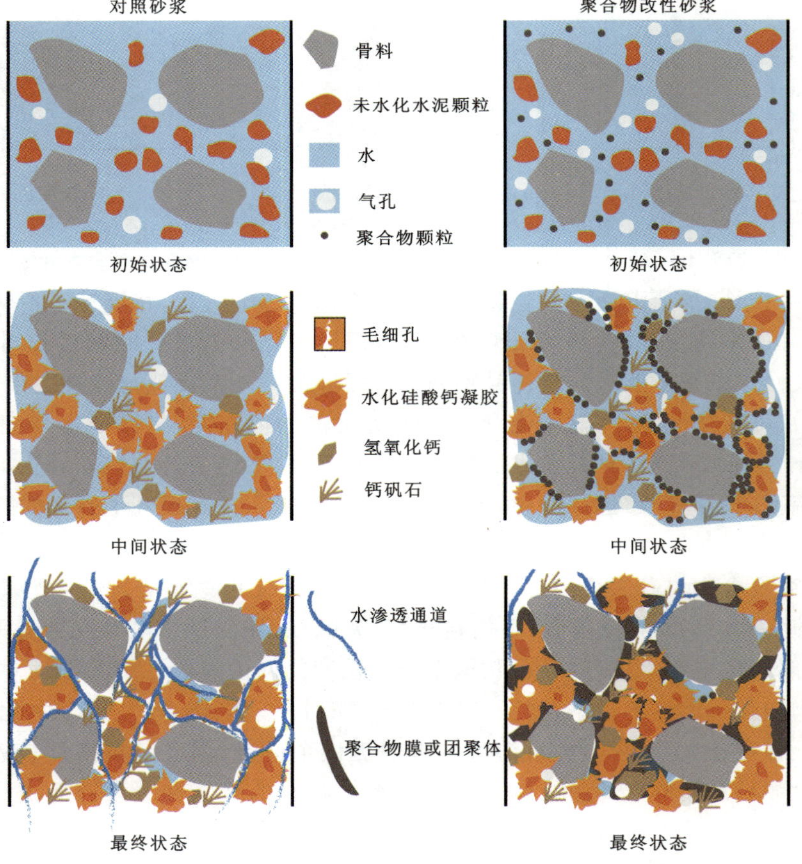

图 9-50 对照砂浆与聚合物改性砂浆的微观结构形成示意图

9.6 小　　结 >>>

作为一种原位、无损测试技术，近年来 XCT 在水泥基材料微观结构研究领域中发挥着越来越重要的作用。基于水泥基材料内部各物相、结构或缺陷、夹杂物等对 X 射线的衰减程度不同，可以利用 XCT 对水泥基材料的水化过程、孔结构、水分传输等问题进行研究。由于 XCT 测试对样品无损，可连续监测水泥基材料内部微观结构随着时间的变化，因此特别适宜对耐久性等问题进行追踪研究，借助原位加载装置，还能在一定范围内对水泥基材料的动态破坏过程进行追踪研究。但由于 X 射线在穿透厚样品和高密度物质时会受到强烈的散射与衍射等作用，这些样品的 XCT 图像上会呈现多种伪影，这需要从硬件、重构算法、图像处理等多方面进行研究才能去除。另外，作为拓展，将 XCT 数据与数值模拟、DVC 等技术相结合，能够为水泥基材料研究者提供更多的研究思路。

参考文献

[1] 张朝宗，郭志平，张朋，等. 工业 CT 技术和原理[M]. 北京：科学出版社，2009.

[2] Jiang Hsieh. 计算机断层成像技术：原理、设计、伪像和进展[M]. 北京：科学出版社，2006.

[3] CARMIGNATO，DEWULF W，LEACH R. Industrial X-ray computed tomography[M]. New York：Springer，2017.

[4] 余晓锷，龚剑. CT 原理与技术[M]. 北京：科学出版社，2014

[5] 闫镔，李磊. CT 图像重建算法[M]. 北京：科学出版社，2014.

[6] 张定华，黄魁东，程云勇. 锥束 CT 技术及其应用[M]. 西安：西北工业大学出版社，2010.

[7] SAMEI E，PELC N J. Computed tomography：approaches，applications，and operations[M]. New York：Springer，2020.

[8] 张顺利. 工业 CT 图像的代数重建方法研究及应用[D]. 西安：西北工业大学，2004.

[9] 张顺利，张定华，赵歆波，等. 工业 CT 图像重建的 ART 算法研究[J]. 无损检测，2007，29(8)：453-456.

[10] 曾凯，陈志强. 三维锥形束 CT 解析重建算法发展综述[J]. 中国体视学与图像分析，2003，8(2)：124-128.

[11] 惠苗. 锥形束三维 XCT 重建算法研究[D]. 太原：中北大学，2007.

[12] 渠刚荣. 基于 Radon 变换的图像重建相关算法研究[D]. 北京：北京交通大学，2007.

[13] 梁剑平. 基于 FDK 的锥束 CT 重建算法及优化[D]. 广州：华南理工大学，2014.

[14] 岳伟. 基于三维锥束 TCT 的统计重建算法研究[D]. 南京：东南大学，2011.

[15] 彭宇. 微焦点 X 射线断层扫描技术表征再生骨料透水混凝土的孔结构特征[J]. 理化检验-化学分册，2019，55(增刊)：86-92.

[16] PENG Y，ZHAO G R，QI Y X，et al. In-situ assessment of the water-penetration resistance of polymer modified cement mortars by μ-XCT，SEM and EDS[J]. Cement and Concrete Composites，2020，114(11)：103821-103838.

10 核磁共振波谱法

本章导读

内容简介

本章介绍了核磁共振波谱法的基本原理、仪器结构和实验方法，并简要介绍了核磁共振波谱法在水泥基材料研究中的应用。

10.1 核磁共振技术简史

核磁共振(nuclear magnetic resonance，NMR)是指磁矩不为零的原子核，在外磁场的作用下自旋能级发生塞曼(Zeeman)分裂，共振吸收某一定频率的射频辐射的物理过程。1924 年，泡利(Pauli)为了解释光谱线的超精细结构，第一次提出某些原子核具有自旋角动量和自旋磁矩的概念，并推算出核磁矩在外磁场中的塞曼能级间距落在射频范围内，在适当的射频磁场作用下可以出现共振吸收现象。20 世纪 30 年代，物理学家 Rabi 发现在磁场中的原子核会沿磁场方向呈正向或反向有序平行排列，而施加无线电波之后原子核的自旋方向发生翻转，从而创造了分子束核磁共振法。这是人类关于原子核与磁场以及外加射频场相互作用的最早认识，为此 Rabi 荣获 1944 年诺贝尔物理学奖。

1946 年，以美国斯坦福大学的物理学家布洛赫(F. Bloch)和哈佛大学的珀塞尔(E. M. Purcell)为首的两个小组几乎在同一时间分别用不同的样品(水和石蜡)、以不同的方法(双线圈、感应法和单线圈、吸收法)独立完成了块状样品核磁共振实验。随后，布洛赫提出了 NMR 经典理论，珀塞尔提出了 NMR 的量子理论，为此他们共享了 1952 年的诺贝尔物理学奖。核磁共振被发现后的最初几年，其主要被用于精确测定各种原子核的磁矩。如 1949—1950 年，中国学者虞福春博士在斯坦福大学布洛赫研究组工作时用 NMR 方法精确测定了 20 多种原子的磁矩，并与布洛赫一起发现了“化学位移”现象，于是 NMR 开始为化学家所重视，并很快发展成为研究物质分子化学结构的有力手段。也是自 20 世纪 50 年代起，商业化的核磁共振波谱仪开始出现，为了提高核磁共振谱的分辨率，磁场强度逐年提高，并发展出了^{1}H-NMR、^{19}F-NMR 与^{31}P-NMR 等技术。

借助傅立叶变换算法、计算机的发展和超导磁体的采用，1966 年 Ernst 发展了脉冲傅立叶变换 NMR 测谱方法，这一革命性的飞跃显著提高了 NMR 波谱仪的分辨能力，使得利用 NMR 对天然丰度极为稀少的^{13}C、^{29}Si、^{15}N、^{17}O 等原子核的观察成为现实，同时使固体 NMR 技术发展起来，出现了双共振技术等。

1973 年，纽约州立大学石溪分校的 Lauterbur 受到 CT 技术的启发，发明用线性梯度磁场进行空间编码，首次从实验中得到核磁共振图像，标志着核磁共振成像(nuclear magnetic resonance imaging，NMRI)学科正式诞生，并与 CT 一样很快成为医学成像和诊断的有力工具。20 世纪 70 年代后期开始，核磁共振技术朝着更高灵敏度与分辨率、更高磁场等方向发展，到 1983 年已经有可进行全身人体扫描的核磁共振成像商品机器出现了。

核磁共振技术的应用主要在两方面：一是利用核磁共振成像，主要用于医学诊断；二是利用核磁共振谱解析物质的结构。本章主要介绍核磁共振波谱技术在材料科学中的运用。核磁共振波谱法可用来获取样品中分子结构、化学键、热力学参数和反应动力学机理方面的信息，可用于定性和定量研究，现已成为物理、化学、生物、医学、地质学、材料学等学科中必不可少的先进分析方法。

10.2 基本原理 >>>

10.2.1 原子核的自旋与磁性质

原子是由原子核和绕核运动的电子构成，而原子核由质子和中子构成。质子和中子统称为核子，质子带正电，中子不带电，因此原子核带正电，其电荷数（Z）等于质子数量（也即其原子序数）。原子核的质量数（A）等于质子数加中子数，因此我们可以把原子核记作 $^{A}X_{Z}$ 的形式，如 $^{2}H_{1}$、$^{13}C_{6}$、$^{17}O_{8}$ 等。

核子拥有自旋属性，所以对于质子和中子而言，它们都有自旋角动量。同理，原子核也拥有自旋角动量和磁矩，原子核的自旋角动量为组成核子自旋角动量的矢量和。对于原子核而言，自旋角动量是量子化的。核自旋角动量（J）为：

$$J = \hbar\sqrt{I(I+1)} = \frac{h}{2\pi}\sqrt{I(I+1)} \tag{10-1}$$

式中 I——原子核自旋量子数，只取整数和半整数；

h——普朗克常数；

$\hbar$——约化普朗克常数，为角动量的单位。

在原子核中，若核子成对存在，其自旋角动量在矢量叠加的过程中往往会被抵消掉，所以不是所有的原子核都拥有自旋角动量，只有存在不成对的核子时，原子核才能整体拥有自旋角动量。原子核自旋量子数（I）的取值有以下三种情况：

①当原子核质量数为奇数时，I 取半整数；

②当原子核质量数为偶数且原子序数为奇数时，I 取整数；

③当原子核质量数和原子序数均为偶数时，I 为零，亦即，当原子核的质量数和原子序数至少有一个为奇数时，原子核便拥有自旋角动量。

原子核中的质子带正电，中子不带电。根据电磁理论，带电的核子在运动过程中相当于形成了电流，电流周围会产生磁场，质子在自旋的过程中相当于形成一个电流环，由此产生了磁场，所以质子有自旋磁矩。而中子不带电，但人们在实际测量中检测到中子的自旋磁矩也非零，为负值，因此我们可将中子视为由带正电的“质子”和质子外包裹的“电子云”组成，“质子”和“电子云”在自旋过程中产生的“电流环”的面积不相等，因此这两个磁矩不能相互抵消，而使中子表现出一个负磁矩。因此，虽然中子和质子的磁矩符号相反，但其绝对值并不相等，不能相互抵消，而使得原子核也拥有磁矩，称为核磁矩（μ）。核磁矩是一个矢量，具有方向性，见图 10-1。

核磁矩也是量子化的，其与自旋角动量之间的关系为：

$$\mu = \gamma J = \gamma\hbar\sqrt{I(I+1)} = \frac{\gamma h}{2\pi}\sqrt{I(I+1)} \tag{10-2}$$

$$\gamma = \frac{\mu}{J}$$

式中 μ——核磁矩；

γ——磁旋比。

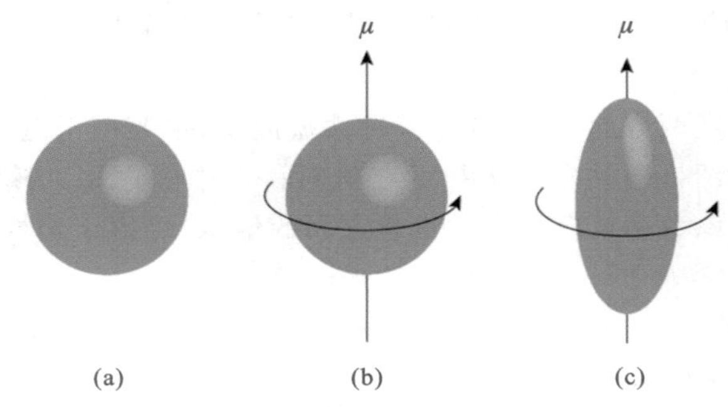

图 10-1　原子核自旋与自旋量子数示意图

(a)无自旋($I=0$);(b)自旋的球形原子核($I=1/2$);(c)自旋的椭球形原子核($I=1,3/2,2,\cdots$)

磁旋比在核磁共振实验中非常重要,对于指定的原子核种类,它是一个常数,其大小通过实验测量获得。磁旋比可以是正值,也可以是负值,主要取决于自旋核子的磁矩是否与自旋角动量的方向相同(夹角小于 90°)。对于中子而言,其自旋角动量与磁矩的方向相反(共线),所以磁旋比为负;对于质子而言,其自旋角动量与磁矩的方向相同,磁旋比为正。

从磁矩的定义可见,磁矩与自旋角动量相同,原子核的磁矩也是核子的磁矩的矢量和,若是核子成对存在,也会使得整体磁矩为零,所以并不是所有的原子核都能拥有磁矩,唯有存在不成对的核子才能使得原子核整体拥有自旋磁矩。拥有自旋磁矩的原子核称为磁性核,反之无自旋磁矩的原子核称为非磁性核。核磁共振的基本要求便是原子核必须具有自旋磁矩,自旋角动量为零的原子核不受磁场影响,也就不能产生核磁共振。

为了更好地衡量核磁矩的大小,我们定义核磁子(μ_N)为:

$$\mu_N = \frac{e\hbar}{2m_p} = 5.05 \times 10^{-27}\,\mathrm{J/T} \tag{10-3}$$

式中　e——电子电荷;

m_p——质子质量。

表 10-1 给出了几种典型原子核的磁性质。

表 10-1　几种典型原子核的磁性质

原子核	自旋量子数 I	磁矩	磁旋比/(10^7 rad·T^{-1}·s^{-1})	天然丰度/%	在 1T 磁场中的共振频率/MHz	相对灵敏度(在相同磁场中)
n	1/2	−1.91315	−18.326	—	29.167	0.353
$^{1}H_{1}$	1/2	+2.79255	26.7519	99.985	42.576	1.00
$^{2}H_{1}$	1	−0.857387	4.10648	0.00156	6.53566	0.0154
$^{3}He_{2}$	1/2	−2.1274	−20.378	1.3×10^{-4}	32.433	0.473
$^{6}Li_{3}$	1	+0.82189	3.9366	7.42	6.2653	0.0137
$^{7}Li_{3}$	3/2	+3.25586	10.396	92.58	16.546	0.372
$^{9}Be_{4}$	3/2	−1.1774	−3.7595	100	5.9834	0.0272
$^{13}C_{6}$	1/2	0.702199	6.7283	1.108	10.7054	0.0224
$^{14}N_{7}$	1	+0.40365	1.9325	99.635	0.0756	0.00194
$^{15}N_{7}$	1/2	−0.28299	−2.712	0.365	4.3142	0.00184
$^{17}O_{8}$	5/2	−1.8930	−3.6267	0.037	5.772	0.0479
$^{19}F_{9}$	1/2	2.62727	25.181	100	40.0541	0.845
$^{23}Na_{11}$	3/2	+2.21711	7.70761	100	11.262	0.129
$^{27}Al_{13}$	5/2	3.6385	6.9706	100	11.094	0.287

续表

原子核	自旋量子数 I	磁矩	磁旋比/(10^7 rad · T^{-1} · s^{-1})	天然丰度/%	在 1T 磁场中的共振频率/MHz	相对灵敏度（在相同磁场中）
$^{31}P_{15}$	1/2	1.1305	10.841	100	17.235	0.0832
$^{29}Si_{14}$	1/2	−0.55477	−5.3142	4.70	8.4578	0.0117
$^{39}K_{19}$	3/2	0.391	1.2483	93.10	1.9868	0.00109
$^{40}K_{19}$	4	−1.291	−1.552	0.0118	2.470	0.00964
$^{41}K_{19}$	3/2	0.215	0.68518	6.88	1.0905	0.00021
$^{51}V_{23}$	7/2	5.139	7.0328	99.76	11.193	0.533
$^{129}Xe_{54}$	1/2	−0.77247	−7.3997	26.44	11.777	0.0292

表中 $I=1/2$ 的原子核为球对称，对 NMR 特别重要，容易得到高分辨 NMR 谱和高质量的 NMR 图像；而 $I>1/2$ 的原子核为椭球形，对 NMR 的干扰较大，使得其信号分辨率较低。因此，在实际运用中，$^{1}H_{1}$ 核的运用最广，在水泥基材料研究中，$^{29}Si_{14}$ 与 $^{27}Al_{13}$ 谱的运用也日渐广泛。

10.2.2 原子核的磁化

磁性核拥有自旋核磁矩，那么当把磁性核置于外部磁场（B_0）时，便会产生磁力矩，而磁性核便会在磁力矩的作用下偏转。其中，磁力矩与核磁矩的关系为：

$$L = \mu B_0 \tag{10-4}$$

式中 L——磁力矩；

B_0——外部磁场强度。

根据经典电磁理论，磁力矩会迫使核自旋磁矩转向与 B_0 平行的方向，从而使得势能最小：

$$E = \mu B_0 \tag{10-5}$$

但对于微观粒子而言，其运动是需要遵守量子力学规律的，磁力矩并没有使核自旋磁矩与外部磁场平行，而是维持一定的夹角，以角速度 ω_0 绕 B_0“进动”，最后会形成一个动平衡，如图 10-2 所示。进动角频率与磁场强度成正比，磁场强度增大时，进动角频率也随之增大。但对于一种特定的原子核，两者的比例是一个常数，称为磁旋比（γ）。

$$\gamma = \frac{\omega_0}{B_0} \tag{10-6}$$

而当存在外部干扰时，这个动平衡便会被打破，这便是核磁共振的核心。

定义 J_z 为原子核角动量在 z 轴的投影：

$$J_z = \hbar I_z = \hbar m \tag{10-7}$$

式中 m——磁量子数，共有 $(2I+1)$ 个取值。

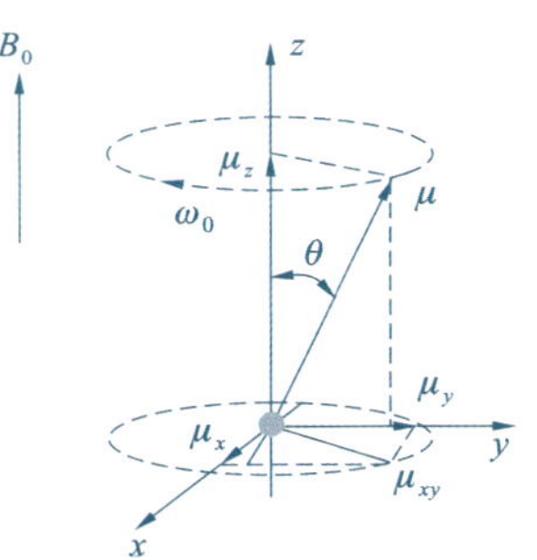

图 10-2 原子核在磁场中的运动示意图

从 J_z 的公式可以看出，角动量也是量子化的，也有 $(2I+1)$ 个取值。不同的 J_z 对应不同的 μ_z，也代表着不同的磁能级 E_m。当不存在外部磁场时，这些基态能级是简并的，即同一种原子核的磁能量相同，能级隐藏；而当有外部磁场时，简并状态被解除，不同的核自旋磁矩在磁场的引导下拥有不同的能级。这种能级分裂现象被称为塞曼分裂，这种磁能级即塞曼能级。每个不同的磁能级 E_m 对应着一个塞曼能级，因此塞曼能级的数目随着磁量子数的取值范围而变化，而原子核所处的塞曼能级并不是固定不变的，会在各种相互作用的影响下跃迁到其他的塞曼能级，而这个跃迁过程也是核磁共振得以实现的核心。往往通过施加射频（RF）磁场促使其发生跃迁，从而实现核磁共振。各塞曼能级的能量为：

$$E_m = -\mu_z B_0 = -\gamma \hbar m B_0 \tag{10-8}$$

m 的最大值等于 I，对于 $I=1/2$ 的原子核来说，其 m 只有 2 个取值，也就是说 $I=1/2$ 的原子核只有 2 个塞曼能级，见图 10-3(a)；对于 $I=3/2$ 的原子核，m 有 4 个取值，亦即存在 4 个塞曼能级，见图 10-3(b)。以此类推，自旋量子数越高的原子核拥有的塞曼能级越高。

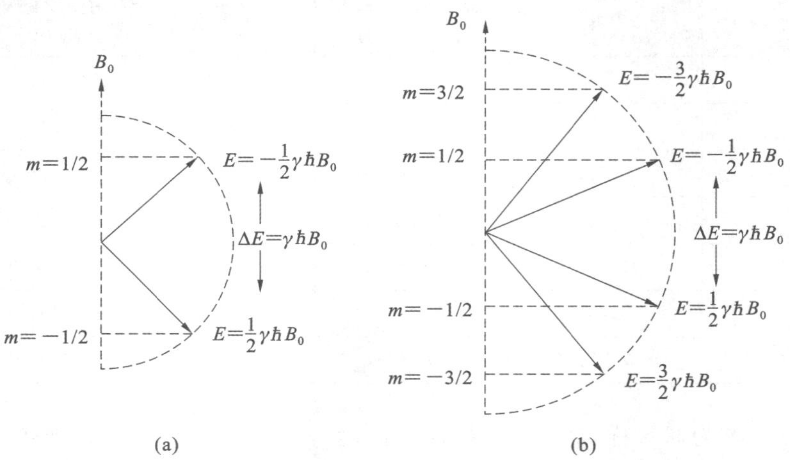

图 10-3　自旋量子数为 1/2 与 3/2 的核在磁场中的塞曼能级示意图

(a) $I=1/2$；(b) $I=3/2$

对于塞曼能级，需要特别说明：

①塞曼能级的分裂是正负对称的，且能级的间距相等，为：

$$\Delta E = \gamma B_0 \hbar \tag{10-9}$$

即相邻能级间跃迁时需要（释放）的能量相同；塞曼能级与原子核激发态的概念不同，原子核激发态是核外电子的变化，而塞曼能级是原子核磁矩在外部均布磁场影响下的能级分布。前者是 γ 射线范围，后者是射频范围，两者不同。

②塞曼跃迁只能在相邻能级之间发生。

③无射频场时，塞曼能级之间也存在自发跃迁，能级间存在动平衡的关系（热平衡状态），在这个热平衡状态下的原子核分布服从玻尔兹曼分布（以 $I=1/2$ 的核为例说明）：

$$\frac{n\left(+\frac{1}{2}\right)}{n\left(-\frac{1}{2}\right)} = \exp\left(\frac{\Delta E}{kT}\right) \tag{10-10}$$

式中　n——自旋态的布居数；

k——玻尔兹曼常数；

T——热力学温度，K；

ΔE——两种自旋态之间的能量差。

④唯有塞曼能级之间自旋数不同时，加射频磁场才可能发生核磁共振，所以核磁共振一般需要样品达到热平衡状态后才会对其施加射频磁场触发核磁共振。

当把样品置于外部磁场中时，各个原子核自旋磁矩都会在磁场的作用下分布于各个塞曼能级，总体分布服从玻尔兹曼统计规律。各个原子核自旋磁矩均绕着 z 轴在旋转，所以样品在 z 轴方向将形成一个整体的磁化强度，为各个原子核磁化强度之和（矢量和）。那么，包含 N 个核自旋的单位体积样品的净磁化强度 M_0 可推导为：

$$M_0 = \frac{N\gamma^2\hbar^2 I(I+1)}{3kT} \tag{10-11}$$

净磁化强度在核磁共振实验中也是一个重要的指标，样品在 z 轴方向的磁化强度会因为样品受到外部干扰而变化，当撤掉干扰后在原有外部磁场的作用下会向着净磁化强度恢复，这个过程也被称为自旋-晶格弛豫。

由净磁化强度进而推导出静态磁化率为：

$$X_0 = \frac{\mu_0 M_0}{B_0} = \frac{\mu_0 N\gamma^2\hbar^2 I(I+1)}{3kTB_0} \tag{10-12}$$

可知，静态磁化率与 T 成反比，服从典型的居里定律，而正比于基本核磁矩的平方，所以静态磁化率为电子顺磁磁化率的 $1/10^8 \sim 1/10^6$，因此，用传统的静磁方法基本无法观察到核磁性。

在静磁场 B_0 中，与 B_0 同方向的核自旋略多于反方向的核自旋，于是出现了宏观磁化强度 M_0。以 $I=1/2$ 的质子为例，有两个磁能级，与 B_0 反方向是高能级，与 B_0 同方向是低能级。在 1.5T 磁场中，常温下，与外磁场 B_0 同方向的核自旋的数量比反方向的核自旋数约多 1×10^{-5} 个。通常也用两个进动圆锥作形象描述，如图 10-4 所示。

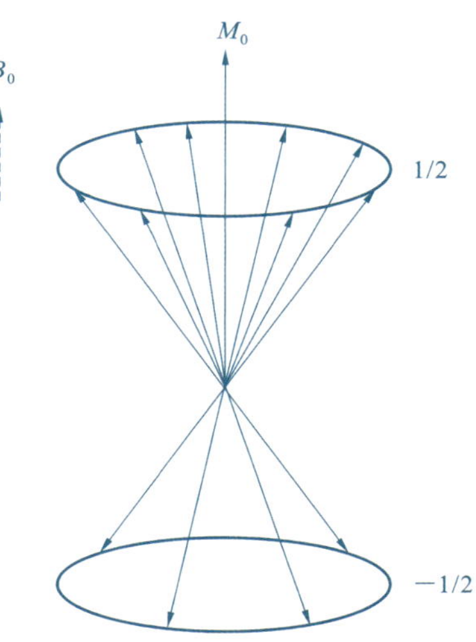

图 10-4　进动圆锥示意图

总之，在静磁场中，原子核被磁化，产生宏观磁化强度 M_0，同时原子也被磁化。铁磁材料不必说，而对于顺磁和抗磁材料，至少出现顺磁或抗磁磁化，这些磁性都比核的磁性强得多。于是核磁性被掩盖，用一般电磁方法无法观察到，只能用 NMR 技术进行观察和测量。所以在 NMR 实验时，线圈骨架、样品容器等都要尽量用抗磁性材料（如铜、玻璃等）或用极弱顺磁材料（如铝）制成。

10.2.3 核磁共振条件

前面说到，核磁共振就是处于塞曼能级上原子核受到射频磁场后向其他能级跃迁的过程。当原子核置于外部磁场 B_0 中受磁力矩作用，在塞曼能级上服从玻尔兹曼分布后，为了使原子核发生跃迁，对其施加一个射频（RF）磁场，该磁场量子与塞曼能级间距相同，即：

$$\Delta E = \gamma B_0 \hbar = \hbar\omega_0 = h\nu \tag{10-13}$$

吸收磁场量子的原子核便会向能量更高的塞曼能级上跃迁，从而改变原子核自旋磁矩原有的绕外部磁场 B_0 旋转的状态，所以核磁共振的条件为施加一个射频磁场，该磁场符合：

$$\omega_0 = \gamma B_0 \tag{10-14}$$

$$f_0 = \frac{\gamma}{2\pi} B_0 = \Gamma B_0 \tag{10-15}$$

式中　Γ——约化磁旋比。

为了进一步解释共振条件，根据经典理论，原子核自旋磁矩在外部磁场 B_0 中的运动方程可描述为：

$$\frac{\mathrm{d}J}{\mathrm{d}t} = \mu B_0 \tag{10-16}$$

两边同乘 γ，得：

$$\frac{\mathrm{d}\mu}{\mathrm{d}t} = \gamma\mu B_0 \tag{10-17}$$

根据外部磁场 B_0 沿着 z 轴方向，解得：

$$\begin{cases} \mu_x = \mu_\perp \cos(\omega_0 t + \varphi) \\ \mu_y = -\mu_\perp \sin(\omega_0 t + \varphi) \\ \mu_z = \mathrm{const} \end{cases} \tag{10-18}$$

$$\mu_\perp = \sqrt{\mu_x^2 + \mu_y^2} = \mathrm{const} \tag{10-19}$$

式中，$\omega_0 = \gamma B_0$，即 μ 在外部磁场 B_0 中作回旋运动，这就是著名的拉莫尔进动（Larmor precession），其频率 ω_0 也被称为拉莫尔频率。

根据上述拉莫尔进动的核自旋磁矩分量可以看出，进动轨迹为一个圆锥。磁旋比与拉莫尔频率有关，那么对着 z 轴看，$\gamma>0$ 的核，μ 作顺时针进动；$\gamma<0$ 的核，μ 作逆时针进动。为了打破热平衡，我们需要施加一个新的磁场使得原子核自旋磁矩绕新磁场方向进动，那么这个新磁场必须相对拉莫尔进动是静止的，所以我们垂直于 B_0 方向施加一个与 μ 同方向旋转的射频磁场 B_1，且该射频磁场的频率 $\omega=\omega_0$，此时原子核自旋磁矩就会受到与射频磁场 B_1 的磁力矩作用（交换能量），使其发生进动，从而跃迁到更高能量的圆锥轨迹

上。于是我们得到核磁共振发生的条件为：

$$\omega = \omega_0 = -\gamma B_0 \tag{10-20}$$

式中：ω_0 和 B_0 均为矢量。拉莫尔进动频率 ω_0 与外部磁场 B_0 的方向可能相同，也可能相反，取决于 γ 的符号。而射频磁场的旋转方向应与 μ 的相同才能观测到核磁共振，这点需要注意。

在实际操作中，并不会直接施加旋转磁场，而是施加一个角频率为 ω 的线偏振磁场，该磁场可以分解为两个顺、逆时针的圆偏振磁场。这个线偏振磁场的角频率 ω 代表着两个圆偏振磁场绕 z 轴的旋转角速度，所以唯有当角频率 $\omega=\omega_0$ 时才能引发核磁共振现象。不同旋转方向的圆偏振磁场对核自旋磁矩并无太大影响。所以，实际的核磁共振实验是先将样品置于均布主磁场 B_0 中进行磁化，然后通过添加射频磁场 B_1（连续或脉冲）使其发生核磁共振，从而实现原子核自旋磁矩的跃迁。

10.2.4 化学位移

(1)屏蔽常数

由于实际原子核所处的“环境”中包含核外电子及其他原子，因此，其发生核磁共振的性质也会受到这些因素的影响。假设一个孤立原子，其核外电子云呈球形分布，当将其置于外磁场(B_0)中时，电子云被极化，核外电子在磁场方向上绕核运动，相当于一个环形电流，该电子环流将产生一个与外磁场方向相反的感性磁场。所以，原子核实际感受到的磁场作用比外磁场弱。假设实际感受到的磁场为：

$$B = (1-\sigma)B_0 \tag{10-21}$$

将这里的 σ 定义为原子核的屏蔽常数。该屏蔽常数由核外电子云的密度所决定，与原子核所处的化学环境密切相关。

根据原子所处化学环境不同，其所受的屏蔽又可分为原子屏蔽、分子内屏蔽和分子间屏蔽。

①原子屏蔽，指孤立原子的屏蔽，也可指分子中原子的电子壳层的局部屏蔽，称为近程屏蔽效应。根据其作用不同，分子中原子屏蔽分为两项，即抗磁项和顺磁项。抗磁项起增强屏蔽作用，主要由 s 轨道电子贡献。这是由于 s 轨道电子云大体呈球形对称分布，其感应磁场总是与外磁场方向相反，因此表现出抗磁性；顺磁项起弱屏蔽作用，主要由 p 轨道电子贡献，因为 p 轨道电子具有方向性，在外磁场作用下电子只能绕其对称轴旋转，因而使其自身有了磁矩面而产生进动，经一定时间后磁矩与外磁场的取向趋于一致，因此表现出顺磁性。

②分子内屏蔽，指分子中其他原子或原子团对所要研究的原子核的磁屏蔽作用。当原子核附近有吸电子基团时，核外电子云密度降低，屏蔽效应减弱；相反，当原子核附近有给电子基团时，核外电子云密度增加，屏蔽效应增强。影响分子内屏蔽的主要因素有诱导效应、共瓶效应和磁各向异性效应。

③分子间屏蔽，指样品中其他分子对所有研究的分子中核的屏蔽作用。影响分子间屏蔽的主要因素有溶剂效应、介质磁化率效应、氢键效应等。

(2)化学位移的定义

由于原子核所受到磁屏蔽效应不同，其共振频率会发生变化。根据核磁共振发生的条件 $\nu=\frac{\gamma|B_0|}{2\pi}$，在相同外磁场中，核的共振频率只取决于核的磁旋比。虽然同种核的磁旋比相同，但当两个相同的原子核所处的化学环境不同时，虽然外磁场的磁场强度相同，但由于磁屏蔽效应的存在，这两个核感受到的实际磁场是不相同的，因此其共振频率也不同。当屏蔽常数为 σ 的原子核处于外磁场 B_0 中时，其共振频率为 $\nu=\frac{\gamma|B_0|(1-\sigma)}{2\pi}$。不同原子核的屏蔽效应不同时，共振频率也会不同，这样其谱线在谱图的位置便会不同。这种由于屏蔽效应不同导致的相同原子核在核磁共振谱图中出现不同位置吸收谱线的现象称为化学位移(δ)。

化学位移有两种方法来表示，第一种为共振频率差：

$$\Delta\nu = \nu_s - \nu_r = \frac{\gamma|B_0|}{2\pi}(\sigma_s - \sigma_r) \tag{10-22}$$

式中　ν_s，ν_r——待测试样(s)与标准样(参考样，r)的共振频率；

σ_s，σ_r——屏蔽常数；

$\Delta\nu$——频率差，单位为 Hz。

用共振频率差表示化学位移在使用中有一个不便，即其与仪器的磁场强度（B_0）相关，使用时应注明外磁场强度。为避免这一不便，实际中常采用第二种方法，即选取某标准物质为基准，以其谱峰位置作为坐标原点，不同环境的原子核的谱峰位置相对原点的距离就反映了它们所处的化学环境的不同。

对于扫频法，外磁场是固定的，试样（s）与标准物质（r）共振频率分别为：

$$\nu_s = \frac{\gamma \mid B_0 \mid}{2\pi}(1-\sigma_s)\times 10^6 \tag{10-23}$$

$$\nu_r = \frac{\gamma \mid B_0 \mid}{2\pi}(1-\sigma_r)\times 10^6 \tag{10-24}$$

化学位移定义为：

$$\delta = \frac{\nu_s - \nu_r}{\nu_r}\times 10^6 = \frac{\sigma_r - \sigma_s}{1-\sigma_r}\times 10^6 \tag{10-25}$$

对于扫场法，发射频率（ν_0）是固定的，则试样（B_s）与标准物质（B_r）发生核磁共振时的场强不同，但亦满足：

$$\nu_0 = \frac{\gamma \mid B_s \mid}{2\pi}(1-\sigma_s)\times 10^6 \tag{10-26}$$

$$\nu_0 = \frac{\gamma \mid B_r \mid}{2\pi}(1-\sigma_r)\times 10^6 \tag{10-27}$$

此时化学位移定义如下：

$$\delta = \frac{B_r - B_s}{B_r}\times 10^6 = \frac{\sigma_r - \sigma_s}{1-\sigma_s}\times 10^6 \tag{10-28}$$

国际上，化学位移通用单位为 ppm，$1\text{ppm}=1\times 10^{-6}$。由于屏蔽常数的数值十分小，因此，上式可简写为：

$$\delta \approx (\sigma_r - \sigma_s)\times 10^6 \tag{10-29}$$

此时，化学位移只与样品自身的结构因素有关。由公式可知，当标准物质的屏蔽常数小于试样时，化学位移可以为负值。但实际实验中，为使化学位移为正值，应尽量选择屏蔽常数大于试样的物质作为标准物质。目前，对^{1}H 和^{13}C 进行核磁共振实验时，常用四甲基硅烷（TMS）作为标准物质，并且令 TMS 的化学位移为 0。之所以选用四甲基硅烷，有以下三个原因：①从其分子式结构来看[图 10-5(a)]，四甲基硅烷中的 12 个氢核所处的化学环境完全相同，它们的共振条件完全一致，因此 H 原子在 NMR 谱图上只会出现一个尖峰，见图 10-5(b)；②四甲基硅烷中质子的屏蔽常数要比大多数其他化合物中质子的屏蔽常数大，只在远离待研究峰的高场（低频）区有个尖峰，一般情况下不会与样品中的质子峰发生重叠，见图 10-5(b)；③四甲基硅烷是化学惰性的，易溶于大多数有机溶剂，且其沸点低，容易从样品中分离出来，易回收。

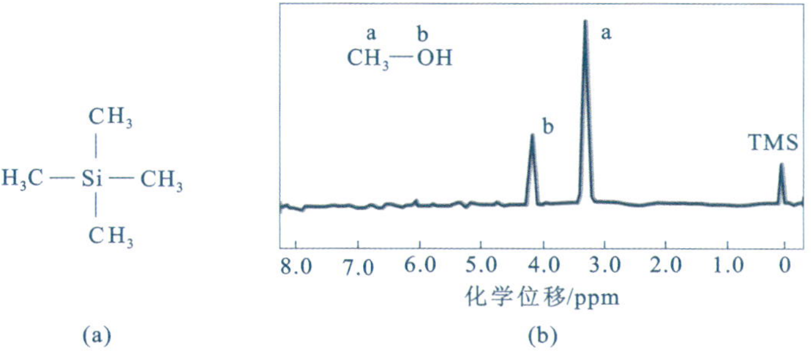

图 10-5 四甲基硅烷及甲醇的^{1}H 核磁共振谱示意图

(a)四甲基硅烷；(b)甲醇的^{1}H 核磁共振谱图

(3)化学位移的影响因素

如前所述，化学位移是原子核的固有属性，主要受核外电子云密度的调控，对化学位移影响最大的因素为电负性效应和磁各向异性效应。

电负性效应通常被称为极性或诱导效应，表现为以下形式：当质子与电负性强的基团（如—OH 或—CN 等）相连时，这些基团的吸电子作用较强，则原子核的电子密度下降，从而降低抗磁屏蔽，造成相连质子的共振向低场方向移动（到更高频率）。相反，与给电子的原子或基团相连，则增加质子的抗磁屏蔽，将共振向高场方向移动（到更低频率）。

磁各向异性效应是指具有多重键或共轭多重键分子，在外磁场作用下，π 电子会沿分子某一方向流动，进而产生感应磁场的现象。此感应磁场在环内与外加磁场方向相反，即具有抗磁效应；在环外与外磁场方向相同，具有增磁效应。烯烃双键碳上的 H 质子位于 π 键环流电子产生的感应磁场与外加磁场方向一致的区域，具有去屏蔽的效果，致使烯烃双键碳上的 H 质子的共振信号移向频率稍低的磁场区，其化学位移增大，见图 10-6(a)。羰基碳上的质子与烯烃双键碳上的质子相似，也处于去屏蔽区，其化学位移增大。苯环上的 6 个 π 电子也能产生与外磁场方向一致的较强的诱导磁场，具有去屏蔽效果，致使化学位移增大，见图 10-6(b)；而碳碳三键是直线构型，其 π 电子云围绕碳碳 σ 键呈筒形分布，形成环电流，它所产生的感应磁场与外加磁场方向相反，故三键上的质子处于屏蔽区，屏蔽效应较强，使其质子的共振信号移向频率较高的磁场区，其化学位移减小，见图 10-6(c)。

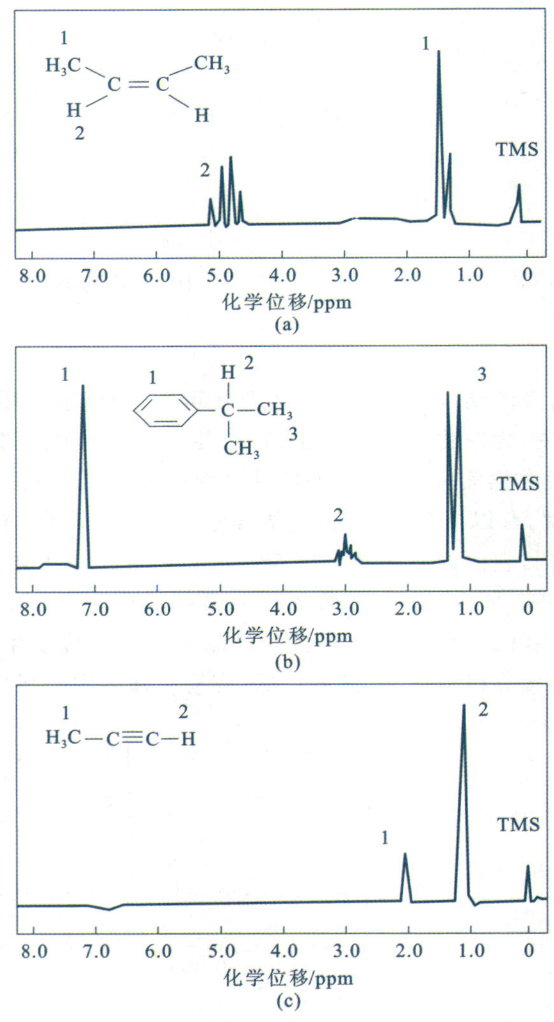

图 10-6 磁各向异性效应导致的化学位移

此外，还有氢键效应，当形成氢键后，质子的屏蔽作用减小，具有去屏蔽效应。分子内的氢键的化学位移变化与溶液浓度无关，只取决于分子结构本身。但高温导致—OH、—NH、—SH 等的氢键强度降低，核磁共振的位置向高场移动。

10.2.5 自旋耦合与自旋裂分

由图 10-6 可见，同一类型的质子的峰有时候不总是单峰，而是分裂成多重峰，这是由于相邻氢核的自旋-自旋耦合造成的。在一个分子中，不仅核外的电子云会对原子核的共振吸收产生影响，邻近原子核也会因互相之间的作用影响对方的核磁共振吸收，引起共振谱线增多。这种相邻原子核之间的相互作用称为自旋耦合，因自旋耦合而引起的谱线增多现象称为自旋裂分，多重峰之间的间距称为耦合常数(J)，单位为 Hz。

自旋裂分具有以下几个规则：对于自旋量子数为 1/2 的磁性核来说，峰分裂的数目符合 $n+1$ 规律，这里的 n 为相邻基团上的氢原子数目，如图 10-7 所示，甲基上有三个质子，因此其导致次甲基上质子分裂成四个峰；相反，次甲基上存在三个质子，导致甲基上质子分裂为四个峰。所分裂各峰的强度符合帕斯卡三角关系，亦即与二元一次方程的二项式展开式的系数一致。表 10-2 列出了几种常见的一级自旋体系裂分情况。

耦合常数的大小也只取决于分子结构和原子本身的特性，与外部因素如磁场强度等无关，因此耦合常数 J 值也是用来推导分子结构的一个重要参数。

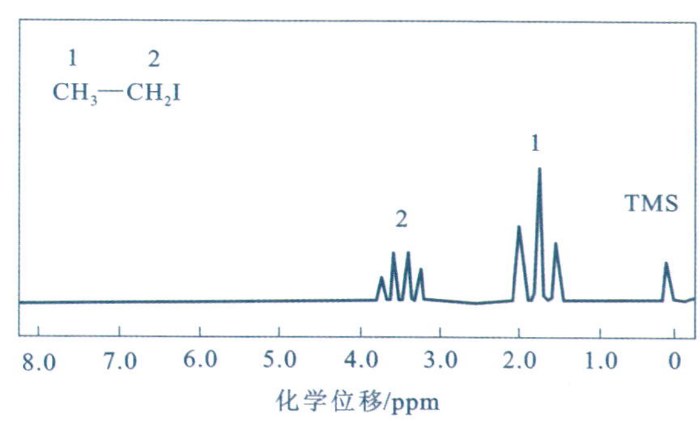

图 10-7 甲基和亚甲基质子自旋裂分示意图

表 10-2 常见的自旋-自旋耦合的裂分模式

自旋体系	分子亚结构单元	A 核多重峰	X 核多重峰
AX	$—CH^A—CH^X—$	双重峰(1∶1)	双重峰(1∶1)
AX_2	$—CH^A—CH_2{}^X—$	三重峰(1∶2∶1)	双重峰(1∶1)
AX_3	$—CH^A—CH_3{}^X$	四重峰(1∶3∶3∶1)	双重峰(1∶1)
AX_4	$—CH_2{}^X—CH^A—CH_2{}^X—$	五重峰(1∶4∶6∶4∶1)	双重峰(1∶1)
AX_6	$CH_3{}^X—CH^A—CH_3{}^X$	七重峰(1∶6∶15∶20∶15∶6∶1)	双重峰(1∶1)
A_2X_2	$—CH_2{}^A—CH_2{}^X—$	三重峰(1∶2∶1)	三重峰(1∶2∶1)
A_2X_3	$—CH_2{}^A—CH_3{}^X$	四重峰(1∶3∶3∶1)	三重峰(1∶2∶1)
A_2X_4	$—CH_2{}^X—CH_2{}^A—CH_2{}^X—$	五重峰(1∶4∶6∶4∶1)	三重峰(1∶2∶1)

^1H 和 ^{13}C 之间也会发生耦合。做核磁碳谱分析时，碳原子与相邻质子发生耦合，导致其谱裂分，最大的耦合常数出现在与质子直接相连的碳原子上，因此甲基(CH_3)碳被裂分为四重峰，亚甲基(CH_2)碳被裂分为三重峰，次甲基(CH)碳被裂分为双峰，而季碳因缺乏与其直接键合的质子即没有耦合而表现为单峰。图 10-8(a)所示为 3-羟基丁酸[$CH_3CH(OH)CH_2CO_2H$]的碳谱，从右至左，依次是四重峰(CH_3)、三重峰(CH_2)、双峰(CH)和单峰(CO_2H)，根据碳谱上的耦合裂分模式可以识别这些基团的种类。

当然，现在也可以利用去耦技术消除自旋-自旋耦合裂分。其原理是，利用第二个射频场(B_2)照射一种原子核，同时在 B_1 磁场中观测另外一种共振原子核的信号，这种实验被称为双共振实验。图 10-8(b)即为双共振技术采集的 3-羟基丁酸的核磁共振碳谱，可以看到自旋-自旋耦合裂分已经被完全消除。耦合裂分在一定程度上可以用来精确确定基团种类和化合物的结构，但有时候裂分过多导致谱线的复杂程度加剧，双共振技术可以选择性地消除某些核之间的耦合，将确定的一些谱线隐藏，达到简化谱图、提高灵敏度、确定化学位移等目的。

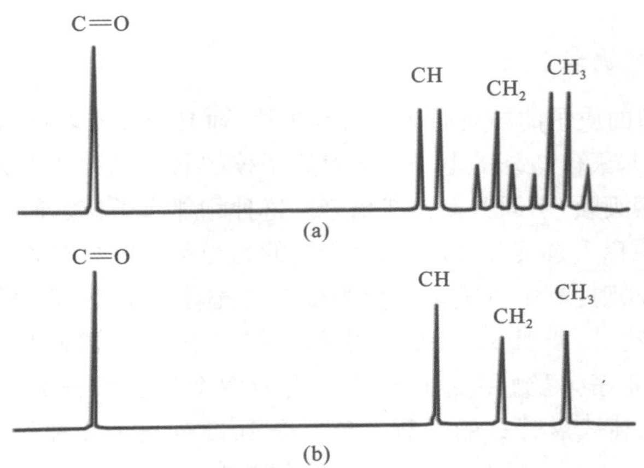

图 10-8 3-羟基丁酸的核磁共振碳谱(22.6MHz)

(a)存在耦合裂分;(b)利用双共振技术消除耦合裂分

10.2.6 饱和和弛豫过程

如前所述,发生核磁共振的必要条件是射频磁场的频率等于拉莫尔进动频率,即其能量之差刚好等于两个能级之差。此时,低能级的原子核吸收能量跃迁到高能级,发生核磁共振。这种在射频能量的激发下原子核从低能级跃迁到高能级的状态相当于一个从动态平衡态到非平衡态的过程,这种状态可称为激励状态。当以共振频率施加射频磁场 B_1 时,能量可通过磁场和原子核之间的吸收和发射进行传递,+1/2 原子核变成−1/2 核时表现为能量吸收,而−1/2 原子核变成+1/2 核时表现为能量发射。根据玻尔兹曼分布定律,在静磁场 B_0 中,低能级的原子核(+1/2)的数目比高能级原子核(−1/2)要多,所以实验开始时表现为能量净吸收,即为发生核磁共振。但由于+1/2 核的数量只稍多一点,随着 B_1 磁场的持续施加,高能级原子核与低能级原子核的数目将趋于相等,此时能量吸收和发射的速率相等,共振信号将消失,这就是样品饱和现象。

如果样品一直处于饱和状态,则将不会有共振信号产生,但这种平衡由于弛豫的存在而被打破。弛豫就是原子核自发从高能级态回到低能级态的过程,是由原子核之间的局部相互作用波动所引起的。根据弛豫发生机制的不同,可将其分为自旋-晶格弛豫和自旋-自旋弛豫。

自旋-晶格弛豫是指处于高能级的核将其能量转移给周围环境(晶格或溶剂)中的其他核,从而使其返回到低能级态的现象。自旋-晶格弛豫反映的是体系与环境的能量交换,表示核自旋体系沿静磁场方向(纵向)建立磁化强度的过程,所以又被称为纵向弛豫,其时间常数为 T_1。原子核通过自旋弛豫回到初始状态,继续吸收能量,进而增加共振信号强度。

自旋-自旋弛豫是指当两个相邻的核处于不同能级,但进动频率相同时,高能级核与低能级核通过自旋状态的交换而实现能量转移所发生的弛豫现象。这种弛豫不改变高低能级上核的数目,但会改变任一选定核在高能级上的停留时间(寿命)。因为它表示受激发的磁化强度在垂直于静磁场的方向(横向)上消失的过程,所以又被称为横向弛豫,其时间常数为 T_2。两种弛豫的示意图如图 10-9 所示。

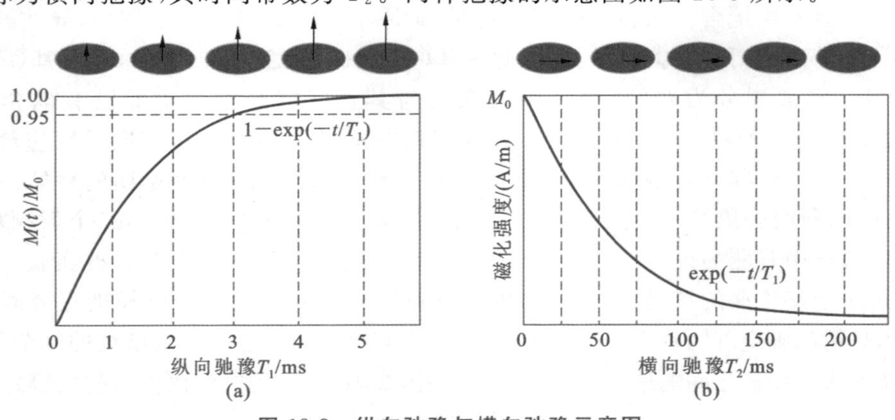

图 10-9 纵向弛豫与横向弛豫示意图

(a)纵向弛豫;(b)横向弛豫

弛豫时间是核磁共振的重要参数，所反映的弛豫过程实质上是一种能量的传递过程，即自旋核系统与环境或体系内部的相互作用。这也意味着即便是相同的原子核，如果其所处的化学和物理环境不同，其弛豫时间也会不同。例如，同样是水分子，在不同物理、化学环境中的弛豫时间是不同的，因此利用弛豫的差异可以区分不同状态的水分子。这是利用^{1}H 核磁进行孔结构等研究的物理基础。

10.3　仪器设备和实验方法　>>>

10.3.1　核磁共振波谱仪

核磁共振波谱仪一般由永磁体、探头、射频发生器、射频接收器、扫描发生器、信号放大及记录系统等部分构成，如图 10-10 所示。核磁共振波谱仪的核心在于引发核磁共振以及核磁共振信号的检测。引发核磁共振的方法有扫频和扫场两种。

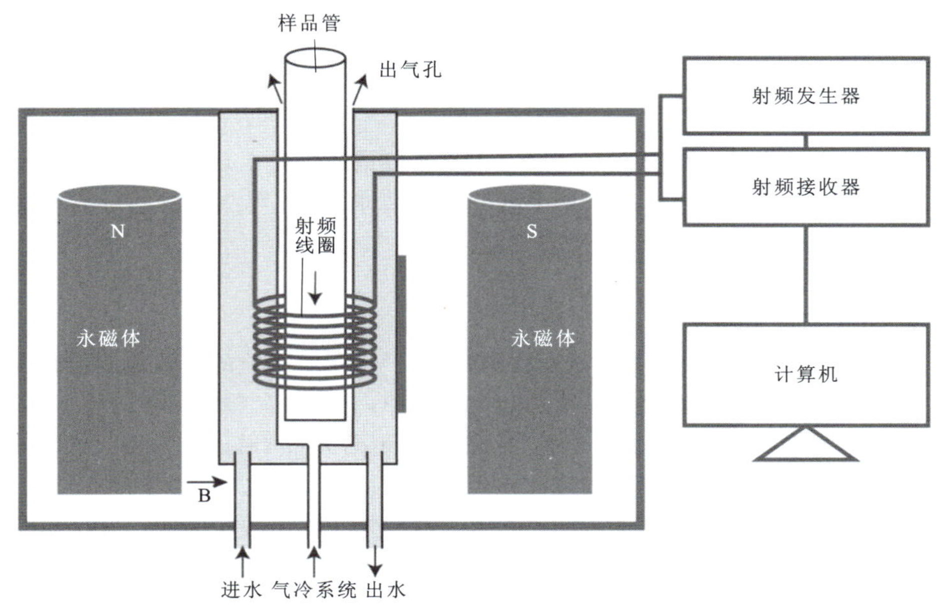

图 10-10　核磁共振波谱仪结构示意图

(1)磁体

磁体的功能在于提供均匀的静磁场，产生静磁场的方法主要有三种：第一种为使用永久磁化、场强固定的铁磁材料(如钕-铁-硼合金)产生静磁场。此类磁体的磁性一直存在、不会消失。研究多孔介质中水的台式波谱仪所使用的磁体基本都属于这种类型，但其提供的磁场相对较弱。第二种为使用电阻电磁体产生静磁场。该种电磁体由一圈通电导线(通常由铜或铝制成)组成。因为其质量、材料成本和运行情况(能耗、运行温度和磁场稳定性等)无法与现代永磁材料相比，其应用越来越少。第三种为使用超导磁体产生电磁场。超导磁体的线圈一般由合金(如铌-钛或铌-锡)制成。因超导磁体需要在极低温度下工作，因此使用时应先将其浸泡于液氦中，而后利用一个真空保护套将其保护起来，外层再加装一个装有液氮的容器进行保护，以降低其蒸发损耗。而后对其通电，便能形成电磁场。这种方法产生的磁场相对而言最稳定、强度最高，但也是最昂贵的。现今一般高分辨率核磁共振波谱仪均配备超导磁体，主要用于基础物理、分子化学、生物化学等研究领域。

为了进行高分辨率 NMR 实验，我们希望磁场要尽可能均匀。但实际上，“完美”的磁场条件永远无法实现。即使是高强超导磁体，由于磁体尺寸有限，同时存在外界磁场的干扰，产生的磁场仍然不是均匀的。一些仪器通过安装匀场线圈来解决这个问题。匀场线圈安装在探头的两侧，工作时通过产生适当的磁场梯度以补偿检测区内磁场的不均匀性，纠正磁场不均匀性的过程被称为“匀场”。匀场线圈的补偿效果显著，但由于必须将其与高稳定性电源配套，因此使用成本较高。大多数台式仪器都配备基本的匀场线圈以消除磁场的严重不均匀性。

(2)探头

探头位于静磁场的中央，是核磁共振波谱仪的心脏。探头含有用于产生射频脉冲的线圈。该线圈通常由铜材料制成，并安装在尽可能靠近样品的位置。在大多数普通波谱仪中，发射、接收射频信号的功能由同一线圈承担。这使得在仪器使用过程中，存在无信号时间段(停滞时间)，这段时间内射频电子设备从一种模式切换到另一种模式，仪器无法检测到任何信号。然而，停滞时间内出现的信号对于快速弛豫质子的研究十分重要。虽然仪器厂商尽可能缩短停滞时间，但其长度仍在微秒量级。停滞时间的长度与 Larmor 频率、探头尺寸、调射频电路设计和前置放大器恢复时间有关。对于大体积磁体中使用的线圈，或者在低射频率下工作的波谱仪，其停滞时间经常长达数百微秒。

探头的中央为样品室，样品室大部分是圆柱形的，恰好能容纳一个装有样品的玻璃样品管。很多波谱仪在探头样品室内配备温控系统，通过液体(水)或气体(高纯度气体如氮气等)循环系统来控制样品室内样品的温度。

(3)射频发生与接收器

射频发生器的作用是产生射频脉冲并将其发送到线圈中，由脉冲编程器、合成器、滤波器、放大器等组件组成。

射频接收器由高容量、低噪声放大器构成。它首先将接收信号提升至足够的强度。接着将连续信号转换成可存储在计算机中的数字数据。然后依据采样频率的要求，通过数字滤波器对数字数据进行缩小采样。经过采样，连续波变为离散点。

10.3.2 试验方法与信号检测

核磁共振实验主要是通过引发核磁共振从而检测吸收信号，所以实验的前提是能保证发生核磁共振的射频磁场的频率 $\omega=\omega_0=-\gamma B_0$。引发核磁共振的方式有两种：一为固定射频磁场的频率不变，通过改变磁化磁场 B_0 使其满足共振条件，称为扫场法；二为固定磁化磁场 B_0 不变，通过改变射频磁场频率使其满足共振条件，称为扫频法。而检测核磁共振信号的方法主要有三种：感应法、电桥法和自差法。

感应法也称交线圈法或布洛赫法，如图 10-11 所示。这种方法使用两个线圈，一个是发射线圈，用来将射频施加到样品上；另一个是接收线圈，用来接收核磁共振信号。一般是把发射线圈加于 x 轴上，把接收线圈加到 y 轴上，静磁场 B_0 是沿着 z 轴加上去的。这样可使三者相互垂直，三者之间不会相互影响，从而在共振时可在 y 轴方向接收吸收信号。

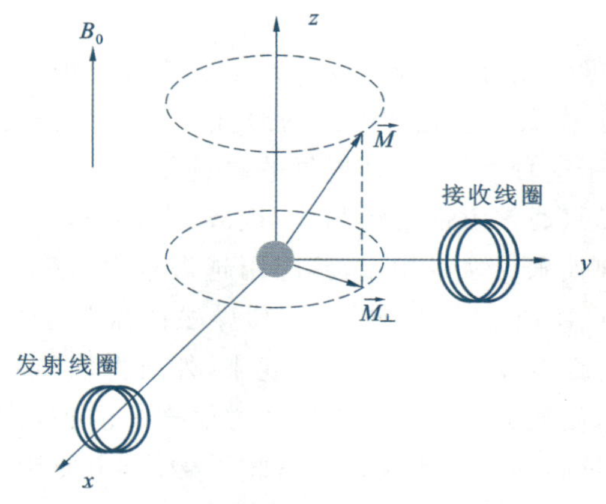

图 10-11 感应法检测核磁共振信号示意图

如果在 z 轴上加一个静磁场 B_0，在平衡状态时，核磁矩都围绕 z 轴进动，进动频率为 $\omega_0=2\pi\nu_0=2\gamma B_0$，由于各个核磁矩的进动，相位是平均分布的，因此合成的磁化强度 M 是沿着 z 轴方向的，而 M 的垂直分量为零，$M_{\perp}=0$。这时在接收线圈中观测不到什么信号。

当所加的射频场强度满足共振频率，即 $\omega=\omega_0$ 时，那么低能级上的原子核就要吸收射频场能量而跃迁到高能级上去，也就是从上面的进动圆锥跃迁到下面的进动圆锥上去，从而破坏了原子核自旋体系的平衡分布。从宏观上来看，这时核磁化强度 M 在旋转磁场 B_1 的作用下发生进动，从而离开了平衡位置。此时就产生了 M 的横向分量，即 $M_{\perp}\neq 0$。当 $M_{\perp}$ 旋转时在接收线圈中就会感应出一个交变电流并产生电动势，把它进行放大和检波，就获得了我们所要观察的 NMR 信号。

电桥法是将高频电桥的输入端接到射频振荡器上，而输出端接到接收机上，当发生核磁共振时，吸收信号体现在线圈的品质因数上，色散信号体现在回路固有频率上，通过记录由色散信号和吸收信号引起的输出端电压变化，从而获得核磁共振波谱。

自差法是将被测样品放入射频振荡器本身的调谐回路的线圈中，再把线圈与样品放入磁场中，通过记录核磁共振引发振荡器输出电平的变化获取吸收信号，记录振荡器的频率变化，获取色散信号。

10.3.3 固体核磁共振

在常规液体核磁共振中，由于液体分子可以快速、自由地运动，可以平均掉化学位移各向异性、偶极-偶极相互作用而减小谱图的展宽，从而获得高分辨 NMR 谱图。在固体样品中，由于固体分子相对比较固定，不能自由移动，因此存在各种各向异性相互作用，使得固体 NMR 谱图的线宽较大，分辨率低。这些相互作用有偶极相互作用、化学位移相互作用、四极相互作用等，此外固体原子自旋-自旋耦合作用、过短的自旋-自旋弛豫时间等也显著影响着固体 NMR 的分辨率。这是限制固体核磁共振（solid-state NMR）发展的主要瓶颈，而魔角旋转、大功率去偶、多脉冲去偶、双旋转和动态角旋转等方法的出现，正是为了消除这些影响，而使得高分辨固体 NMR 成为现实。

（1）魔角旋转

魔角旋转（magic angle spinning，MAS）使样品绕核外磁场成 54.736°以 3000～20000r/min 的速度旋转，以消除或削弱固体中各种相互作用，如图 10-12 所示。当两个核之间的矢量与静态磁场方向成 54.736°（被称为魔角）时，异核偶极耦合方程 Hamiltonian 方程中 P_2 因子（$3\cos^2\theta-1$）等于零。

由于化学位移各向异性的非均匀增宽，需要魔角转速 ω_R 满足慢旋转条件，即满足 $\Delta<\omega_R<|H_{cs}|$（其中，$|H_{cs}|$ 为化学位移各向异性导致的增宽，Δ 为残余增宽，即残存的均匀增宽）时，才可获得高分辨率。

而偶极-偶极相互作用增宽是均匀增宽，需要魔角转速 ω_R 满足快旋转条件，即 $\omega_R\gg|H_D|_{\max}$ 时，才能获得高分辨率。由于魔角不能使二阶四极频移中的 P_4 因子 $\left[\frac{1}{8}(35\cos^4\theta-3\cos^2\theta+3)\right]$ 也为零，因此魔角旋转不能完全消除二阶四极相互作用下各向异性导致的增宽。

双旋转（double-orientation rotation，DOR）是基于单个魔角不能使 P_2 与 P_4 因子同为零，而提出的内外双转子分别绕不同的旋转轴旋转的方法，选择 $\beta_1=54.7°$ 和 $\beta_2=30.56°$（或 70.15°）而同时使两个因子为零，称为双旋转方法，如图 10-13 所示。理论上，双旋转方法可以完全消除二阶四极相互作用，但在机械上实现稳定而高速的双转子系统比较难，导致其在实际中使用得也不多。

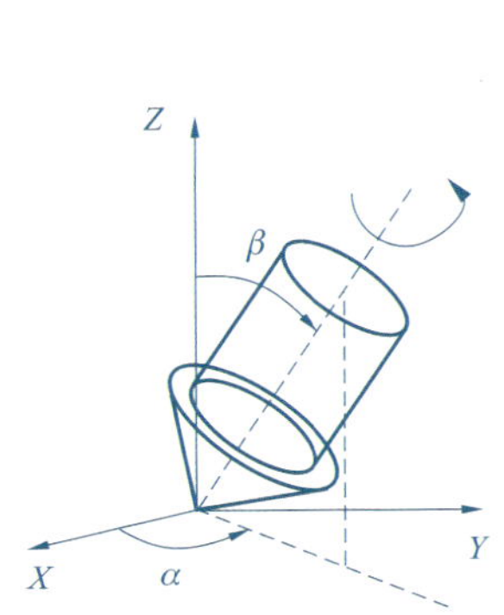

图 10-12 魔角旋转示意图

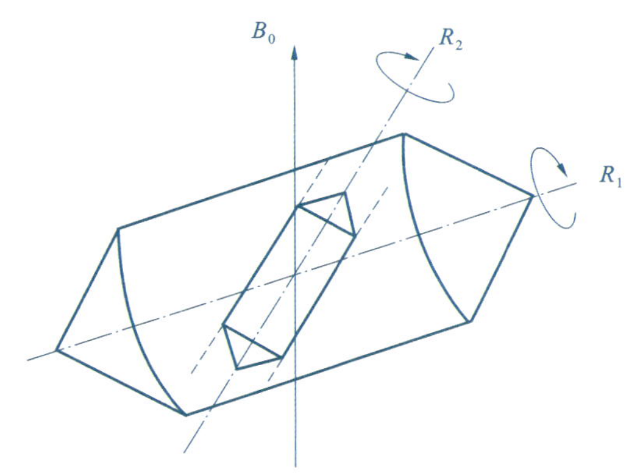

图 10-13 双旋转方法示意图

(2)多量子魔角旋转

1995 年,Frydman 等人提出了多量子魔角旋转(multiple-quantum MAS,MQMAS)方法,利用多量子相干巧妙地实现了四极展宽的重聚,从而得到了半整数四极矩核的各向同性高分辨谱。不同于 DOR 对谱仪和探头的特殊要求,MQMAS 只需要使用常规的 MAS 探头,这一特点极大地拓展了该方法的应用范围,并使该方法迅速发展。MQMAS 可用于自旋量子数大于 1/2 的四极矩核的 NMR 波谱分析。

多量子魔角旋转的基本思路是,一方面在 MAS 条件下部分平均掉二阶四极作用,另一方面用脉冲激发半整数四极矩核的多量子相干,通过相位循环选择所需,经过 T_1 时间的演化后再施加脉冲转化为可观察的单量子相干信号,然后在 T_2 期间采样。对自由感应衰减(free induction decay,FID)信号进行两次傅立叶变换得到二维谱图,完全消除了二阶四极线型。

MQMAS 方法为方便地获得半整数四极矩核的高分辨谱开辟了一片新的领域,是固体核磁共振领域近年来最重要的成就之一。在二脉冲多量子的基础上又发展了多种多量子方法,如 z-filter MQMAS 和 RIACT MQMAS 等。前者采用了对称的相干转移路径,改善了谱图线型;后者使用自旋锁定照射取代硬脉冲,获得了更加均匀的激发效果,有利于定量研究。目前,z-filter MQMAS 是最常用的多量子方法。

10.3.4 核磁共振实验方法

(1)样品制备

低场核磁对样品制备没有特殊要求,只要尺寸能够小于样品管的直径即可,对于水泥样品可以在加水搅拌后立即装入样品管内进行测试,也可以在任意龄期进行测试。表征一定龄期水泥基材料的孔结构时,需要样品处于饱水状态,即尽可能使样品中所有孔均充满水,可将一定龄期样品先抽真空一段时间(如 6h)而后再加压饱水一段时间(如 6h)来完成制样。

利用固体核磁共振仪做固体测试时,要求样品呈粉末状,需要借助一定的磨样设备(如球磨机或玛瑙研钵等)将样品磨至一定细度,并过筛(如 75μm)后方可使用;同时样品要干燥、不吸潮、不导电、不含铁磁性物质,颗粒均匀,最好不含顺磁性杂质。借助装样器将粉末样品装入样品管中即可。

(2)样品室的尺寸选择

大部分波谱仪的样品室孔径为 10~25mm,主要受技术因素和经济因素限制,因为小体积均匀磁场所需磁体更易构建且成本更低。对于给定质量的磁性材料,磁场强度随着与磁极距离的减小而成比例增加,所以小体积更易实现高强度磁场。小孔径的另一个优点是可激发的自旋原子核数量少,实验所需脉冲长度更短。

从材料角度出发,波谱仪管径大小决定了测试结果对所研究材料的代表性程度。对于水泥净浆、砂浆和混凝土而言,由于骨料的影响,需要用不同样品管进行试验。对于水泥净浆样品,5~15mm 直径的样品管即可满足测试要求;对于砂浆样品,波谱仪的样品直径可选 15~25mm;而对于混凝土样品,波谱仪管径要根据骨料的粒径灵活选取。由于对水泥基材料的研究更多的是专注于水泥浆体的微观结构变化,因此我们极少直接对混凝土样品进行观察,大多数情况下我们都是观察净浆或砂浆样品。

波谱仪管径的选择主要取决于波谱仪的应用和所研究材料的类型,对 T_2 较短的原子核,需要利用短脉冲来研究,则应优先选择小管径。采用开放式和单边式磁体配置方式能够在一定程度上突破波谱仪管径的尺寸限制,但这些方式也会导致磁场的均匀性降低。

(3)磁场强度的选择

核磁共振波谱仪可选用的磁场强度可从地球磁场强度(40μT)到约 24T(或更高)。基于应用需求,台式永磁体的磁场强度通常在 50mT~1.5T 的范围内。在使用水泥弛豫法的研究中,所使用的磁场强度通常为 0.5T。磁场强度的变化会影响两个量子能级的高低以及自旋方向与外磁场方向一致的原子核的比例。处于上、下自旋状态的原子核之间的能量差 ΔE 与外磁场强度相关,外磁场强度越高,量子能级间的差异越大,共振频率越高。如图 10-14 所示,当磁场强度为 0.47T 时,对应 ^{1}H 原子核共振频率为 20MHz;当磁场强度为2.35T时,对应 ^{1}H 原子核共振频率为 100MHz;当磁场强度为 11.75T 时,其共振频率为 500MHz。

随着磁场强度的增加,自旋方向与磁场方向相同的原子核数量增加,其发出的信号增强。实验固有信噪比(SNR)也增强,所以在某些领域,要求 NMR 仪器提供更高的磁场强度以获得更高的信噪比,磁矩较小或丰度较低的一些磁性核也需要较高的磁场强度。另外,波谱仪使用的磁场强度越高,仪器停滞时间越短,仪器在脉冲衰减前获得的信号越多,对于实验测量越有利。

但使用高强度磁场有时也存在缺陷。多孔材料中固体和液体之间的磁化率差异使恒定磁场 B_0 在孔隙尺度上发生扭曲。这些孔隙尺度上的磁场不均匀性(也称为内部梯度)随着磁场强度的增大而增大,影响 T_2 和自扩散系数的精确测量。^{1}H 原子磁旋比高,且天然丰度接近 100%,使用在室温下工作的低强度磁场对其进行测量足以获得强度令人满意的信号。对水泥样品的表征,使用频率低于 60MHz 的中低强度磁场较为合适。

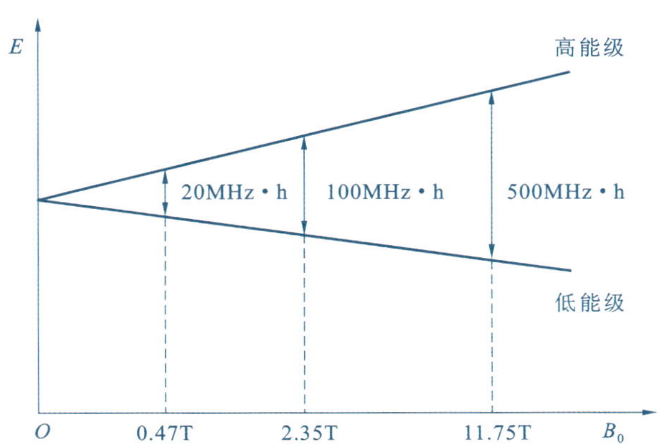

图 10-14 磁场强度对自旋能级和共振频率的影响

(4)匀场

在进行核磁共振实验之前,首先是要选择合适且均匀的磁场。磁场均匀是指在样品的每一个几何位置上都应该有同样的磁场强度。但波谱仪探头中的元件、控温装置及探头支撑体本身的介电性质都会破坏原来磁场的均匀性,更换样品、同一个样品取出后重新放入也会改变磁场的均匀性。因为均匀磁场是进行核磁共振实验的必备条件,所以在每次实验之前要对磁场进行调整,使之均匀,调节磁场的过程就称为匀场。

现实中,通过设置在磁体内壁的匀场线圈进行匀场操作。目前用于校正梯度磁场的匀场线圈包括笛卡儿坐标系三个坐标轴方向(x,y 和 z)、高阶(z^2,z^3,z^4 等)和组合体度(xz,yz,x^2-y^2 等)。匀场要达到的均匀程度取决于制备样品的质量、初始匀场参数以及对分辨率的要求等。匀场是核磁共振实验中十分关键的操作,需要操作者具有充分的理论和实践积累。当然现在很多先进的仪器也都配备自动匀场程序,当对操作程序不熟悉时,利用自动匀场程序也能达到不错的效果。

(5)魔角调节

该过程仅针对固体核磁实验。由于固体分子不能自由运动,自旋耦合较强,核磁共振中核自旋和样品本身所产生的磁场和电场相互作用,会产生化学位移屏蔽作用、偶极作用、四极作用等,化学位移屏蔽作用过大会使得信号宽化、谱图的分辨率很低甚至难以检测到信号,偶极作用会使得共振频率产生一个分布,导致信号展宽而难以观察化学位移。因此,在进行固体核磁实验时,需要利用魔角旋转技术消除各向异性作用,提高分辨率和信噪比,得到高分辨率的谱图。

10.4 核磁共振技术在水泥基材料中的应用 >>>

在水泥熟料及其水化产物中,具有核磁矩的原子核有 ^{29}Si、^{27}Al、^{1}H、^{17}O、^{23}Na、^{25}Mg、^{43}Ca 等,这些原子核都可以发生 NMR 现象,水泥熟矿物及其水化产物的各种结构信息可用来研究水泥基材料的结构。在水泥基材料研究中,^{29}Si 主要用来表征水泥基材料中的非晶相 C—S—H 凝胶;^{27}Al 的自然丰度为 100%,核磁共振的吸收信号很强，即使铝元素含量不高的物质也能获取清晰的 NMR 谱图；^{1}H 主要的应用是基于其低场弛豫技术研究水泥基材料的孔隙特征和水化动力学等。^{43}Ca 的自然丰度和磁旋比均很低，其化学位移只能通过高强度磁场获取，且 NMR 谱图信噪比和分辨率均比较低，因此，目前^{43}Ca、^{17}O、^{23}Na、^{25}Mg 等在研究中的应用较少。限于篇幅，本书仅对^{1}H 与^{29}Si 在水泥基材料中的应用进行简要介绍。

10.4.1 ^{1}H 低场核磁在水泥基材料中的运用

水在水泥基材料中的作用不言而喻，在水化早期，水直接参与水化反应，使水泥基材料获得强度；而在硬化后的混凝土中，水作为一些有害离子的载体，使水泥基材料的性能发生劣化。由于水在任何时期的水泥基材料中都是大量存在的，无论是液态自由水，还是固态结合水的形式，因此，可以利用^{1}H 低场核磁研究水泥基材料各个阶段的结构特征。

(1)水化过程

在水泥基材料中，水分子与孔隙表面的相互作用是影响弛豫的主要机制，即表面弛豫。表面弛豫与孔隙比表面积有如下的关系：

$$\frac{1}{T_1} \approx \frac{1}{T_{1S}} = \lambda_1 \frac{S}{V} \tag{10-30}$$

式中 T_{1S}——表面弛豫；

λ_1——表面弛豫信号强度；

S/V——孔隙的比表面积。

在水泥基材料中存在的不同尺寸的孔隙都有自己的特征表面弛豫值(T_{1i})，所以得到的总弛豫信号为所有孔隙的弛豫之和：

$$M(t) = \sum_i P_i\left[1 - 2\exp\left(-\frac{t}{T_{1i}}\right)\right] \tag{10-31}$$

式中 $M(t)$——t 时刻测量的磁化矢量；

P_i——第 i 个弛豫分量的磁化矢量所占比例。

通过数学变换，我们便可计算出水泥基材料在 t 时刻时不同孔隙中的水的表面弛豫分布曲线。因为在水泥水化阶段的变化中，水泥内部随着水化产物的生成，首先水本身的状态会发生变化，其次水所处的环境(孔隙、水化产物比表面积等)会发生变化，这些均会导致 T_1 发生变化，这是利用浆体中水的弛豫来表征水泥水化进程的原理。

新拌水泥浆体中水的 T_1 弛豫的变化可在一定程度上反映水泥水化程度。水泥的水化进程根据其放热曲线可分为初始快速期(0～0.25h)、诱导期(0.25～2h)、加速期(2～20h)与稳定期(20～72h)。自由液态水约为 3900ms，水与水泥接触后的 15min(初始期)内，水泥的水化程度还处于一个很低的水平，但由于水泥颗粒表面物质的析出与水化产物的生成，水泥颗粒表面已被少量水化产物包裹，受到这些因素的影响，此时，水泥浆体中水的 T_1 时间约为 16.2ms。而随着水化时间的延长，水化产物生成量增加，自由水慢慢都变成了结晶水，其 T_1 弛豫时间显著降低，如图 10-15 所示。

由图 10-15 可知，T_1 随着水化时间的延长而降低。其在诱导期的下降速率较小，在加速期降低速率较大。因为，根据水泥化学的成核理论和保护层理论，诱导期的浆体孔溶液中钙离子浓度逐步升高并达到过饱和，形成氢氧化钙，并促进水化产物的大量生成；但由于初始阶段生成的水化产物包裹在颗粒表面，阻碍了颗粒内部料矿物相的溶解，从而延缓了钙离子到达过饱和浓度的时间。所以诱导期的浆体内水化产物生成量和比表面积的增长均不大，因此浆体中的 T_1 弛豫变化较为平缓，诱导期结束时 T_1 时间约为 14.0ms。

过了诱导期后，水化进入加速期，随着包裹在水泥颗粒表面的产物层破裂，新的表面得以跟水接触反应，大量生成氢氧化钙，促进了水泥颗粒水化并生成大量的水化硅酸钙凝胶。水化产物填充并细化了浆体的孔隙结构，浆体中的水则逐步填充在不同大小的微孔内。由于凝胶产物巨大的比表面积，浆体的比表面积也迅速增大，因此受固相表面的影响，随着水化时间的增长，T_1 弛豫在这一阶段显著降低。

进入稳定期后，水化仍持续进行，但由于此时浆体已经凝结，微观结构已初步形成，浆体内的水以两种形式存

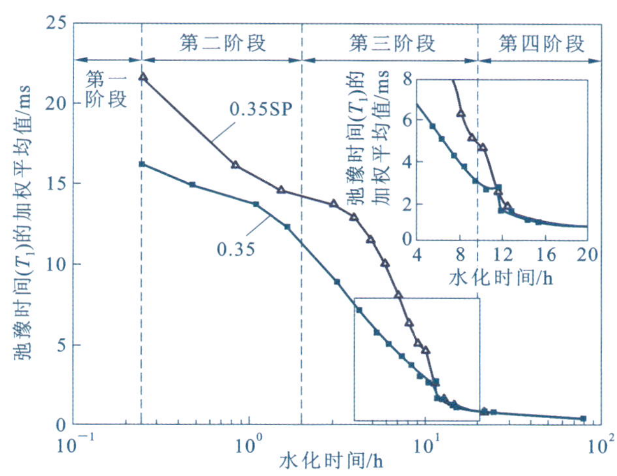

图 10-15 水泥净浆中水的 T_1 加权平均值随水化时间的变化

在:其一为化学结合水,其二为束缚于毛细孔和凝胶孔中的物理结合水。水化 72h 后,T_1 时间已降至 0.42ms。

图 10-15 中处于上部的曲线(0.35SP)为添加了减水剂的水泥净浆浆体弛豫时间 T_1 随着水化时间延长的变化情况,可以看到其变化特征与未添加减水剂的对照组类似,但在稳定期之前,其值均稍高于对照组,这是由于减水剂具有一定的延缓水化的作用。但通过核磁共振实验发现,减水剂对于水化的影响主要只作用于 18h 之前,进入稳定期后两者的差距已不明显。这也说明了减水剂很好地发挥了它应有的作用,即在进入稳定期之前显著提高水泥基材料的流动性以利于施工,而在进入稳定期后使水泥水化正常进行。

(2)孔结构特征的测量

与传统方法(如压汞法与氮吸附等)相比,核磁共振测试水泥基材料中的孔结构特征具有以下优势:第一,核磁共振可测试封闭孔;第二,核磁共振测试对样品没有损伤,可以连续测试,获得水泥基材料内部孔结构的动态变化过程。

根据前述理论,不同的孔径大小对应不同的弛豫时间。因此,浆体孔隙中水的任何一种弛豫(横向弛豫或纵向弛豫)时间都对应着孔隙尺寸的大小。在理想状态下,实际测量的弛豫时间分布曲线可以转化为对应的孔径分布曲线。氢质子在纯本体水中的弛豫时间 T_2 等于 T_1。然而,吸附在表面(如水泥的内部孔隙表面)上的水分子的弛豫时间 T_2 会大大减小,只有几微秒。对于小孔隙的水,观察到的弛豫速率是吸附在孔隙表面和孔隙体中的分子的弛豫速率的加权平均值。这是因为在试验过程中,吸附的水分子与孔隙内的水分子会快速交换。由于吸附水分子的数量与孔表面积成比例,而孔体积内的数量与体积成比例,因此可以通过测量弛豫时间来获得孔径分布。

除此之外,还有一种核磁共振冷冻法可以用来进行孔径分布的测试,根据 Gibbs-Thompson 公式:

$$\Delta T_{\mathrm{m}} = T_{\mathrm{m}} - T_{\mathrm{m}}(r) = \frac{4\sigma T_{\mathrm{m}}}{r\Delta H_1 \rho} \tag{10-32}$$

式中 T_{m}——自由流体的正常熔点;

$T_{\mathrm{m}}(r)$——限制在半径为 r 内的孔隙流体的熔点;

σ——固液界面的表面自由能;

ΔH_1——体积熔化焓;

ρ——固体的密度。

由 Gibbs-Thompson 公式可以看出,束缚在水泥基材料孔隙中的水的结冰温度随孔径大小的变化而变化。因此,通过测量不同冷冻温度下自由水的含量,可以计算出不同温度下结冰水量,此水的体积即对应特定尺寸孔隙的体积。图 10-16 为 J. Y. Jehng 等利用核磁共振冷冻法所测试的水泥基材料中的孔隙粒径分布。

图 10-17 为 Pipilikaki 等人利用核磁共振冷冻法所测试的石灰石硅酸盐水泥的孔径分布,其中“%LL”

代表水泥生产过程中石灰石的掺量。结果表明，随着石灰石掺量的增加，浆体中最可几孔径有缩小的趋势。

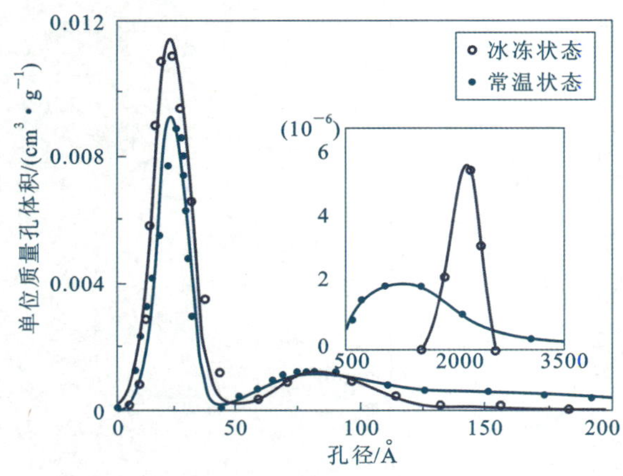

图 10-16 基于核磁共振冷冻法测试的水泥基材料的孔隙粒径分布(纵坐标经过归一化处理)

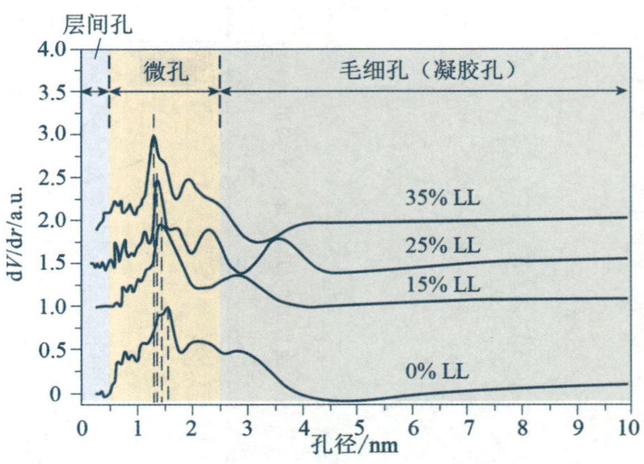

图 10-17 基于核磁共振冷冻法测试的水泥基材料的孔隙粒径分布

低场核磁共振测量比表面积原理基于快速弛豫理论，束缚在孔隙中的流体的自旋弛豫速率正比于孔隙表面积与体积的比值(S/V)，孔隙越小，弛豫速率越大；孔隙越大，弛豫速率越小。虽然横向弛豫速率和纵向弛豫速率都受孔隙表面积和体积比值的影响，但是由于横向弛豫远比纵向弛豫小，因此横向弛豫能够提供更多的关于孔隙结构的信息，经过数学变换，水泥浆体表面积可以表示为：

$$S=\frac{T_{2s}V}{\lambda T_{2i}(V)} \tag{10-33}$$

式中 S——水泥浆体表面积；

λ——孔隙表面水分吸附层的厚度；

V——孔隙中自由水的体积；

T_{2s}——特征横向弛豫时间；

$T_{2i}(V)$——与 V 对应的自由水的横向弛豫时间。

图 10-18 为利用该方法测得的随水化时间延长水泥基材料比表面积的变化情况。可以看到比表面积在 3～10h 及 12h 后均有一个较快速增长期。

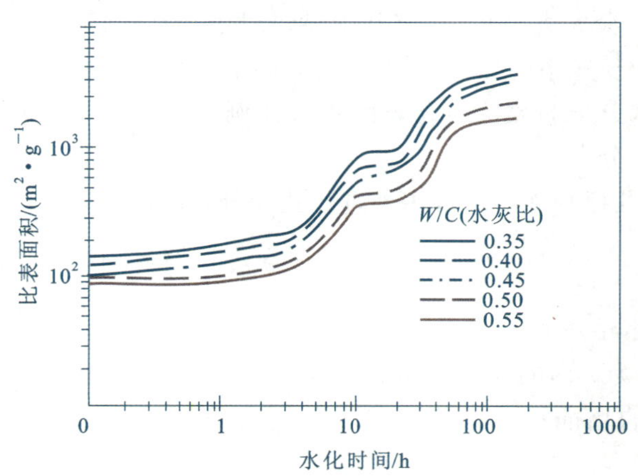

图 10-18 基于快速弛豫理论测试的不同水灰比的水泥浆体的比表面积与水化时间的关系

10.4.2 ^{29}Si 核磁共振在水泥基材料中的应用

^{29}Si 的天然丰度低(只有 4.7%)、弛豫时间长，且其在固体硅酸盐中的化学位移会随着水化产物 C—S—H凝胶聚合度的变化而变化，因此可以通过^{29}Si NMR 谱图和谱线的特征参数的变化来研究水化产物

的微观结构。

^{29}Si 的化学位移主要取决于其最邻近原子的配位情况，配位数越高，屏蔽系数越大，共振频率越低，化学位移朝负值方向移动。在水泥基材料中，^{29}Si 所处的化学环境习惯用 Q^n 来表示，这里的 n 代表氢氧四面体与相邻四面体共享氧原子的个数，共有 Q^0、Q^1、Q^2、Q^3 与 Q^4 等五种情况，如图 10-19 所示。其中，Q^0 表示孤立的硅氧四面体，为水泥熟料矿物和矿渣中的硅酸钙晶体中的硅（不与其他硅氧四面体相连），其化学位移为－72～－68ppm；Q^1 为只与一个硅氧四面体相连的硅氧四面体，硅链末端的硅通过桥氧与一个硅氧四面体相连，其化学位移为－82～－76ppm；Q^2 为硅链中间的硅，表示与两个硅氧四面体相连的硅氧四面体，其化学位移为－88～－82ppm；Q^3 为层状或硅链分枝上的硅，表示与三个硅氧四面体相连的硅氧四面体，其化学位移为－98～－88ppm；Q^4 为高度聚合的三维网格中的硅，表示与四个硅氧四面体相连的硅氧四面体，其化学位移为－129～－98ppm。表 10-3 给出了几种常见的硅酸盐矿物中的 ^{29}Si 的化学位移。

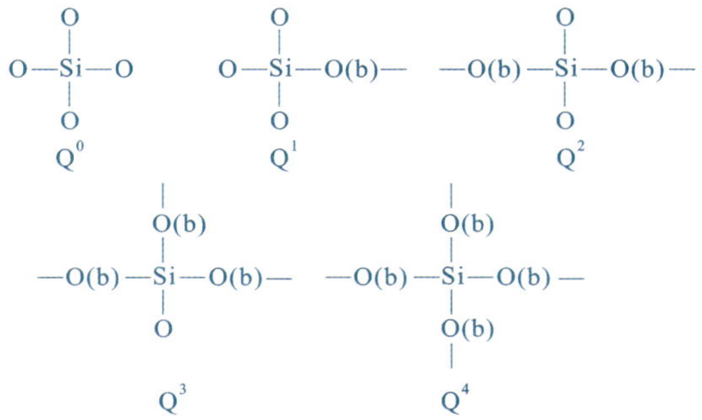

O—Si—O (上下各连 O)　Q^0
O—Si—O(b)— (上下各连 O)　Q^1
—O(b)—Si—O(b)— (上下各连 O)　Q^2
—O(b)—Si—O(b)— (上连 O(b)，下连 O)　Q^3
—O(b)—Si—O(b)— (上下各连 O(b))　Q^4

图 10-19　硅酸盐中 Q^n 结构示意图[其中 O(b)表示桥氧]

表 10-3　一些硅酸盐化合物及矿物中 ^{29}Si 的化学位移

硅酸盐化合物和矿物	化学位移 /ppm				
	Q^0	Q^1	Q^2	Q^3	Q^4
NaH_3SiO_4	－66.4				
$2Na_2H_2SiO_4 \cdot 17H_2O$	－67.8				
$CaNaHSiO_4$	－73.5				
$(CaOH)CaHSiO_4$	－72.5				
$Zn_4(OH)_2[Si_2O_7] \cdot H_2O$（异极矿）		－77.9			
$Ca_6(OH)_6[Si_2O_7]$		－82.6			
$K_4H_4[Si_4O_{12}]$			－87.5		
$Ca_2(OH)_2[SiO_3]$（水硅钙石）			－86.3		
$Ca_4(OH)_2[Si_3O_9]$（变针硅钙石）			－86.5		
$Ca_3[Si_3O_9]$（硅灰石）			－88.0		
$Ca_2NaH[Si_3O_9]$（针钠钙石）			－86.3		
$Ca_6(OH)_2[Si_6O_{17}]$（硬硅钙石）			－86.8		
$Mg_3(OH)_2[Si_4O_{10}]$（云母）				－98.1	
$(Me_4N)_8[Si_8O_{20}]$				－99.3	
$(Et_4N)_6[Si_6O_{15}]$				－90.4	
SiO_2（低温石英）					－107.4
SiO_2（低温方石英）					－109.9

硅酸盐水泥熟料中，硅酸二钙有 α-C_2S、α' L-C_2S、β-C_2S、γ-C_2S 等四种晶型，对应的 ^{29}Si 化学位移分别为

−70.7ppm、−70.8ppm、−71.4ppm 和−73.5ppm。而 C_3S 中的 ^{29}Si 在 NMR 谱图中有七个峰，分别出现在−69.2ppm、−71.9ppm、−72.9ppm、−73.6ppm、−73.8ppm、−74.0ppm、−74.7ppm 七个位置。图 10-20 所示为 C_3S 与 C_2S 的 NMR 谱图。

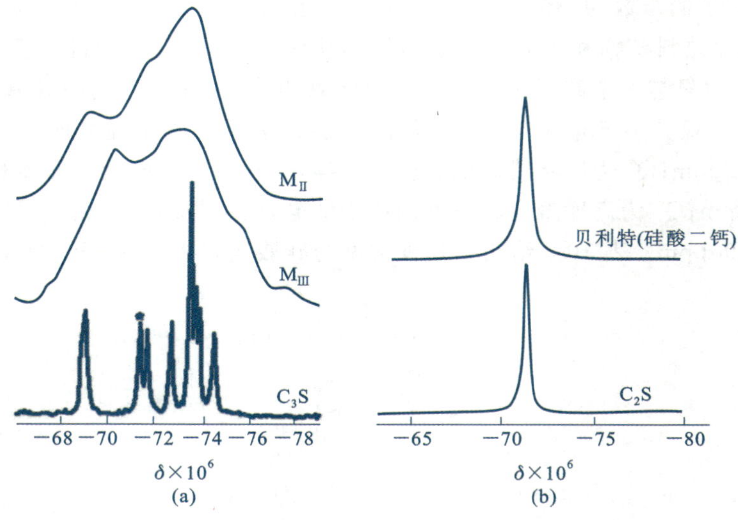

图 10-20 C_3S 与 C_2S 的 ^{29}Si 核磁共振谱图

(a) C_3S；(b) C_2S

水泥颗粒发生反应后，生成结晶水，^{29}Si 周围的化学环境将发生变化，这将导致核磁共振谱峰位置和形状发生变化，图 10-21(a)所示为 C_3S 发生水化后其谱峰发生的变化，可以看到，随着水化龄期的延长，−80ppm与−84ppm 附近的两个谱峰明显加强(分别归属于 Q^1 和 Q^2)，而−70ppm 左右的几个峰(归属于 Q^0)渐渐减弱直至消失，说明大量 C_3S 已经发生了水化。大量研究表明，随着水化龄期的延长，水泥水化产物中的 Q^1 和 Q^2 信号逐步加强，而 Q^0 信号逐步减弱直至消失。不同晶型的 C—S—H 凝胶的核磁共振谱图也存在细微的差异，如图 10-21(b)所示。

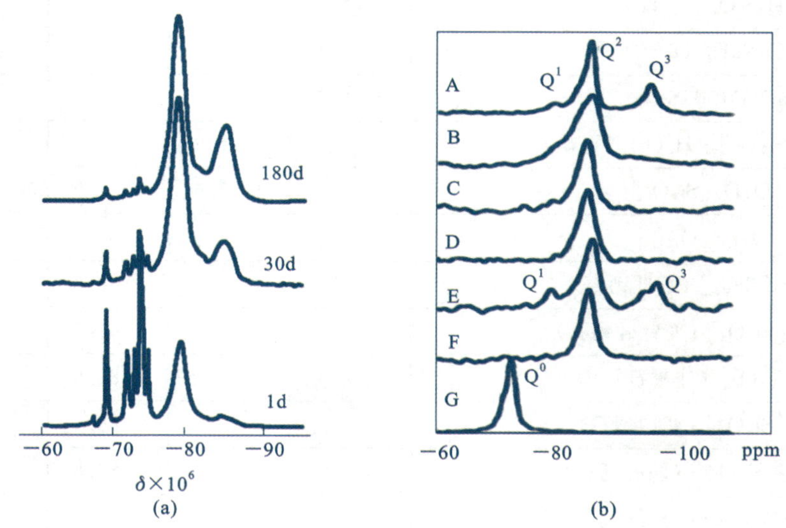

图 10-21 C_3S 在不同龄期的水化试样

(a)与不同晶型的水化硅酸钙；(b) ^{29}Si 核磁共振谱图

因为核磁共振谱峰的强度与原子数目成正比，而原子数目与物相含量及结构均存在对应关系，所以可以根据核磁共振谱峰的特征对水泥水化特征进行定性分析和定量计算。比如由于 Q^0 信号与水泥基材料中的未水化熟料的量成正比，因此，可利用 ^{29}Si 核磁共振信号表征水泥的水化程度(α)，计算公式如下：

$$\alpha=\left(1-\frac{\lambda_{Q^0}}{\sum_{i=0}^{2}\lambda_{Q^2}}\right)\times 100\% \tag{10-34}$$

式中 $\lambda_{Q^n}(n=0,1,2)$——不同峰的信号强度。

同时，由于C—S—H凝胶主要为链状结构，链两端的硅氧四面体相当于Q^1，中间则为Q^2，所以可用^{29}Si核磁共振谱中Q^1和Q^2的信号强度值来表征C—S—H凝胶的平均链长，计算公式如下：

$$MCL=\frac{\lambda_{Q^1}+\lambda_{Q^2}+\lambda_{Q^2(1Al)}}{1/2\lambda_{Q^1}+1/2\lambda_{Q^2(1Al)}} \tag{10-35}$$

式中 $\lambda_{Q^2(1Al)}$——$Q^2(1Al)$峰的累计强度。

同时，还能获得Al/Si比，计算公式如下：

$$Al/Si=\frac{1/2\lambda_{Q^2(1Al)}}{\lambda_{Q^1}+\lambda_{Q^2}+\lambda_{Q^2(1Al)}} \tag{10-36}$$

铝硅酸盐中的^{29}Si的化学位移受到周围Al原子的影响。Al原子数量越多，化学位移越大，一般用$Q^n(mAl)$表示，其中$n=0\sim4$，$m=0\sim n$（表示与中心硅氧四面体相邻的铝氧四面体数目）。

10.5 小　结 >>>

核磁共振波谱法是一种利用样品中磁性核在磁场中的物理特性来表征样品微观结构与组成性质的方法。近年来，低场核磁在水泥基材料研究中的应用越来越广泛，基于^1H核磁共振波谱信号可以快速得到水泥样品中水的分布、含量以及水的状态和演变，并连续地监测水泥基材料中各种状态水的连续变化，得到水泥样品水化动力学过程。基于魔角旋转、多量子魔角旋转等固体核磁技术的发展，水泥基材料中的^{29}Si、^{27}Al等磁性核的使用也越来越广泛，可以用于对水化硅酸钙等水化产物的微观结构进行解析。核磁共振技术与其他微观结构测试技术相结合，使得水泥基材料的研究方法更加完善。

参考文献

[1] 约瑟夫·B.兰伯特，尤金·P.马佐拉，克拉克·D.果奇．核磁共振波谱学：原理、应用和实验方法导论[M]．向俊锋，周秋菊，等译．北京：化学工业出版社，2021.

[2] ABRAHAM R J，FISHER J，LOFTUS P. Introduction to NMR spectroscopy[M]. New York：Wiley，1992.

[3] 高汉宾，张振芳．核磁共振原理与实验方法[M]．武汉：武汉大学出版社，2008.

[4] 袁勤，曾怀忍，毕文伟．核磁共振成像原理与技术[M]．成都：电子科技大学出版社，2015.

[5] 宋启泽，陈洁．核磁共振原理及应用[M]．北京：兵器工业出版社，1992.

[6] 俎栋林，高家红．核磁共振成像——物理原理和方法[M]．北京：北京大学出版社，2014.

[7] 王金山．核磁共振波谱仪与实验技术[M]．北京：机械工业出版社，1982.

[8] 莱歇特．固体核磁共振[M]．长春：吉林科学技术出版社，1989.

[9] 叶朝辉．魔角旋转核磁共振波谱学[J]．波谱学杂志，1984(4)：107-146.

[10] 王可，张英华，李雨晴，等．固体核磁共振技术在水泥基材料研究中的应用[J]．波谱学杂志，2020，37(1)：40-51.

[11] 孔祥明，李可非，阎培渝．水泥基材料微结构分析方法[M]．北京：科学出版社，2021.

[12] 史才军，元强．水泥基材料测试分析方法[M]．北京：中国建筑工业出版社，2018.

[13] 姚武,佘安明,杨培强. 水泥浆体中可蒸发水的^{1}H 核磁共振弛豫特征及状态演变[J]. 硅酸盐学报, 2009(10):1602-1606.

[14] 肖建敏,朱绘美,吴锋. ^{29}Si 固体核磁共振技术在 C—S—H 凝胶中的应用进展[J]. 硅酸盐通报, 2016,35(11):3594-3599.

[15] 佘安明,姚武. 质子核磁共振技术研究水泥早期水化过程[J]. 建筑材料学报,2010(13):376-379.

[16] 佘安明. 水泥浆体中水的状态演变及其与浆体水化过程和微结构的关系[D]. 上海:同济大学,2010.

[17] 李春景,孙振平,李奇,等. 低场核磁共振技术在水泥基材料中的应用[J]. 材料导报,2016(13):133-138.

[18] 孙振平,俞洋,庞敏,等. 低场核磁共振技术在水泥基材料研究中的应用及展望[J]. 材料导报,2011(7):110-113.

[19] JEHNG J Y,SPRAGUE D T,HALPERIN W P. Pore structure of hydrating cement paste by magnetic resonance relaxation analysis and freezing[J]. Magnetic Resonance Imaging,1996,14(7-8):785-791.

[20] PIPILIKAKI P,BEAZI-KATSIOTI M. The assessment of porosity and pore size distribution of limestone Portland cement pastes[J]. Construction & Building Materials,2009,23(5):1966-1970.

[21] BARBIC L,KOCUVAN I,BLINC R,et al. The determination of surface development in cement pastes by nuclear magnetic resonance[J]. Journal of the American Ceramic Society,2010,65(1):25-31.

[22] 肖建敏,范海宏. 固体核磁共振技术在水泥及其水化产物研究中的应用[J]. 材料科学与工程学报,2016,34(1):166-172.

[23] LIPPMAA E,MAEGI M,SAMOSON A,et al. Structural studies of silicates by solid-state high-resolution silicon-29 NMR[J]. Journal of the American Chemical Society,1980,102(15):4889-4893.

[24] BROUGH A R,RICHARDSON I G,GROVES G W,et al. ^{29}Si enrichment and selective enrichment for study of the hydration of model cements and blended cements[M]. Berlin :Springer,1998.

[25] COLOMBET P,GRIMMER A R,ZANNI H,et al. Nuclear magnetic resonance spectroscopy of cement-base materials[M]. Berlin:Springer-Verlag Berlin,1998.

[26] ANDERSEN M D,JAKOBSEN H J,SKIBSTED J. Characterization of white portland cement hydrationand the C—S—H structure in the presence of sodium aluminate by ^{27}Al and ^{29}Si MAS NMR spectroscopy[J]. Cem. Concr. Res,2004,34(5):857-868.